黄河志

卷八

黄河水土保持志

黄河水利委员会　黄河中游治理局　编

河南人民出版社

图书在版编目（CIP）数据

黄河水土保持志 / 黄河水利委员会黄河中游治理局编．—2版．—郑州 ：河南人民出版社，2017．1
（黄河志；卷八）
ISBN 978－7－215－10560－7

Ⅰ．①黄… Ⅱ．①黄… Ⅲ．①黄河流域－水土保持－概况 Ⅳ．①S157

中国版本图书馆CIP数据核字（2016）第259986号

河南人民出版社出版发行
（地址：郑州市经五路66号 邮政编码：450002 电话：65788056）
新华书店经销 河南新华印刷集团有限公司印刷
开本 787毫米×1092毫米 1/16 印张 39.75
字数 700千字
2017年1月第2版 2017年1月第1次印刷

定价：240.00元

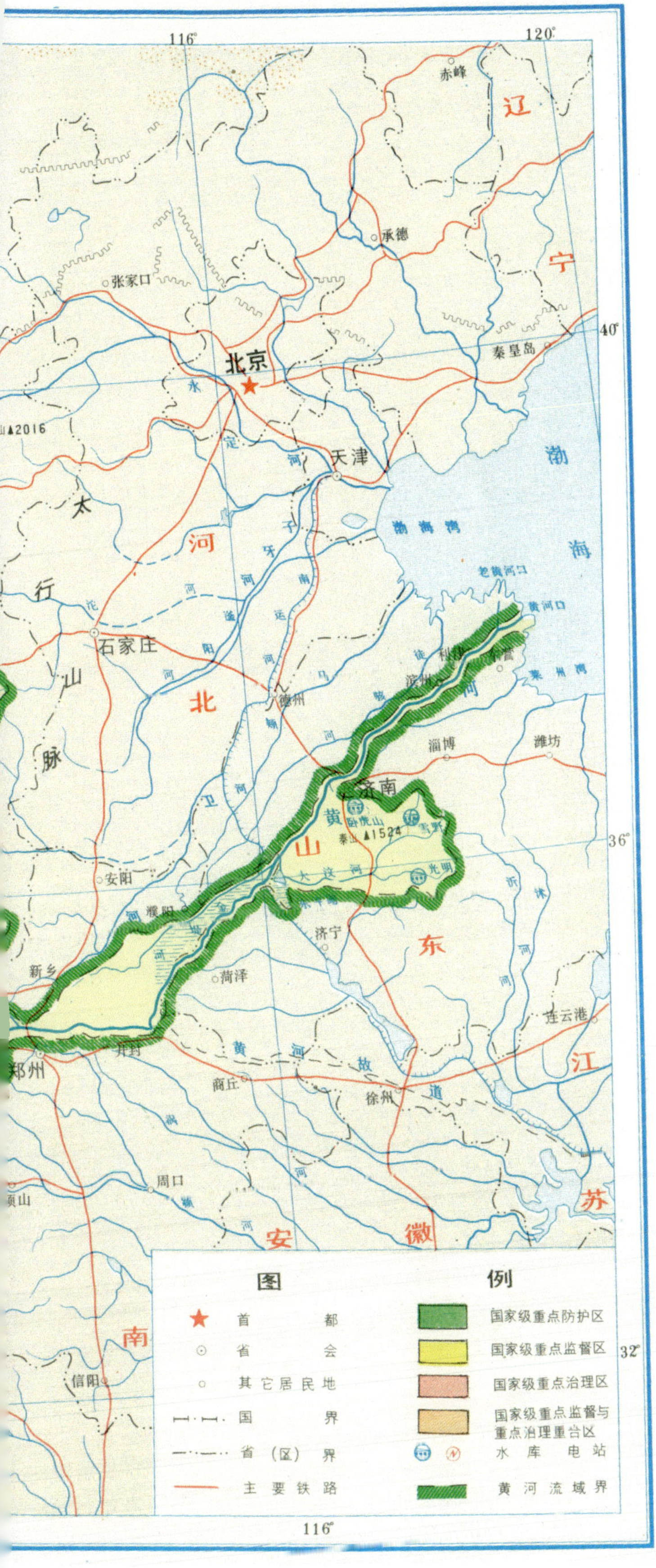
116°
120°
40°
36°
32°
赤峰
辽
宁
承德
张家口
北京
永定河
秦皇岛
天津
渤
海
渤海湾
老黄河口
黄河口
莱州湾
东营
利津
滨州
太
行
山
脉
河
北
石家庄
德州
淄博
潍坊
济南
卧虎山
泰山▲1524
雪野
光明
大汶河
黄
山
东
卫河
安阳
濮阳
济宁
菏泽
新乡
郑州
开封
商丘
徐州
连云港
黄河故道
江
苏
安
徽
周口
信阳
南
图例
首都
省会
其它居民地
国界
省（区）界
主要铁路
国家级重点防护区
国家级重点监督区
国家级重点治理区
国家级重点监督与重点治理重合区
水库 电站
黄河流域界

黄河流域水土保持总体部署示意图

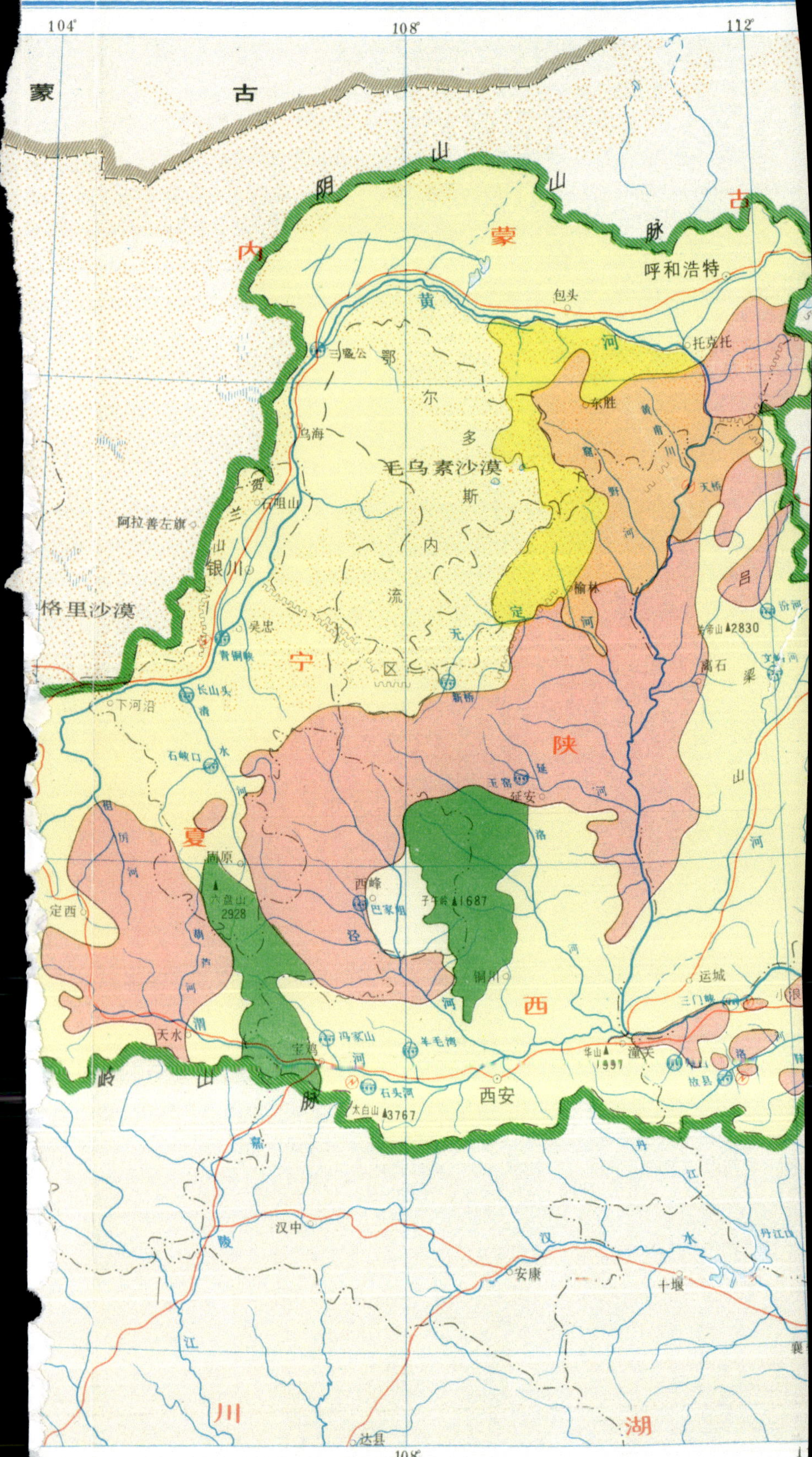

比例尺 1:6 000 000

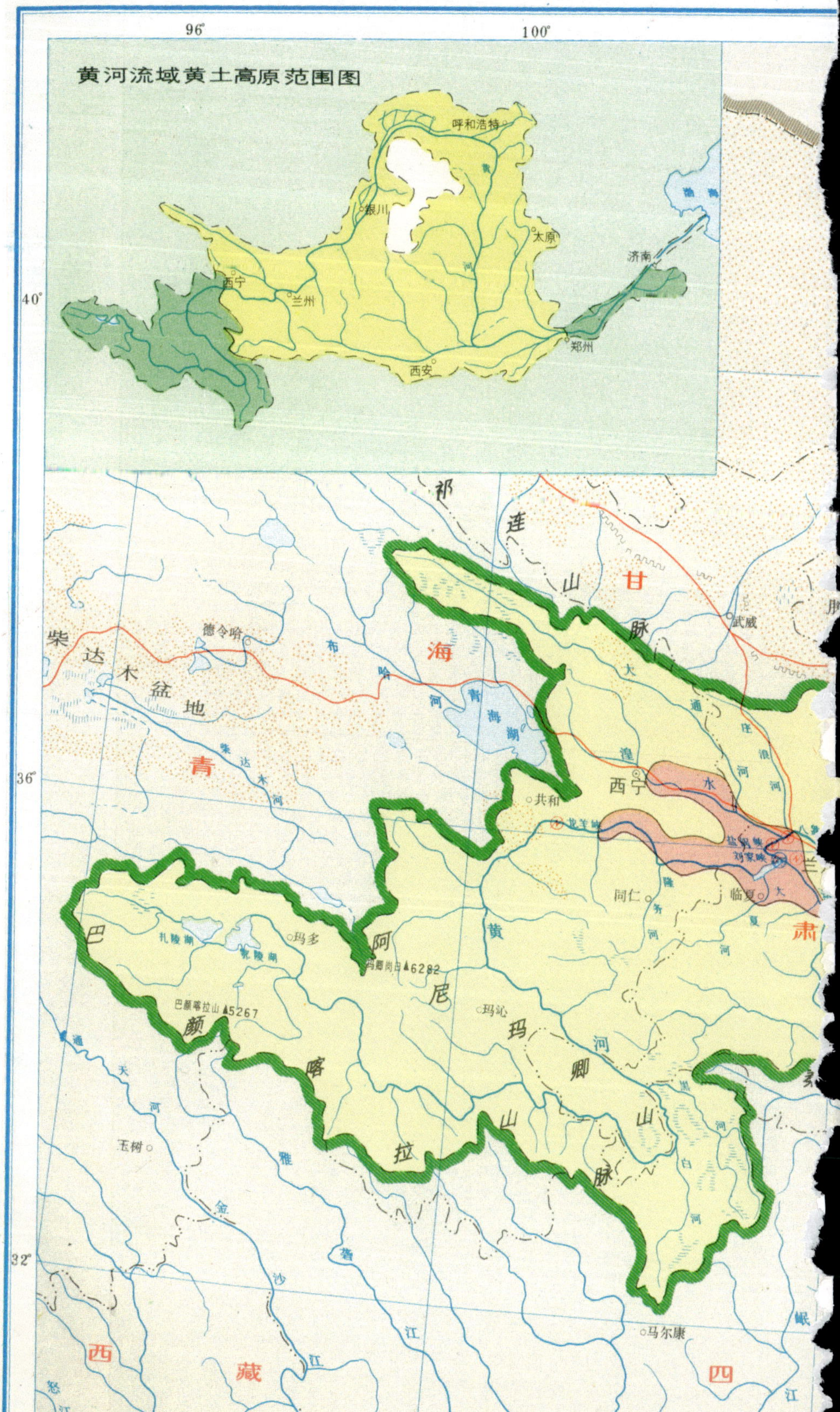
黄河流域黄土高原范围图
呼和浩特
银川
太原
济南
西宁
兰州
郑州
西安
96°
100°
40°
36°
32°
104°
祁
连
山
脉
甘
肃
武威
德令哈
柴
达
木
盆
地
布
哈
河
青
海
湖
海
青
柴
达
木
河
大
通
河
湟
水
庄
浪
河
西宁
共和
龙羊峡
盐锅峡
刘家峡
兰
临夏
大
夏
河
同仁
隆
务
河
巴
颜
喀
拉
山
扎陵湖
鄂陵湖
玛多
阿
尼
玛
卿
山
玛卿岗日▲6282
巴颜喀拉山▲5267
玛沁
黄
河
白
河
黑
河
通
天
河
玉树
雅
砻
江
金
沙
江
马尔康
西
藏
四
怒
江
岷
江

序

李　鹏

黄河，源远流长，历史悠久，是中华民族的衍源地。黄河与华夏几千年的文明史密切相关，共同闻名于世界。

黄河自古以来，洪水灾害频繁。历代治河专家和广大人民，在同黄河水患的长期斗争中，付出了巨大的代价，积累了丰富的经验。但是，由于受社会制度和科学技术条件的限制，一直未能改变黄河严重为害的历史，丰富的水资源也得不到应有的开发利用。

中华人民共和国成立后，党中央、国务院对治理黄河十分重视。1955年7月，一届全国人大二次会议通过了《关于根治黄河水害和开发黄河水利的综合规划的决议》。毛泽东、周恩来等老一代领导人心系人民的安危祸福，对治黄事业非常关怀，亲自处理了治理黄河中的许多重大问题。经过黄河流域亿万人民及水利专家、技术人员几十年坚持不懈的努力，防治黄河水害、开发黄河水利取得了伟大的成就。黄河流域的面貌发生了深刻变化。

治理和开发黄河，兴其利而除其害，是一项光荣伟大的事业，也是一个实践、认识、再实践、再认识的过程。治黄事业虽已取得令人鼓舞的成就，但今后的任务仍然十分艰巨。黄河的治理开发，直接关系到国民经济和社会的发展，我们需要继续作出艰苦的努力。黄河水利委员会主编的《黄河志》，较详尽地反映了黄河的基本状况，记载了治理黄河的斗争史，汇集了治黄的成果与经验，不仅对认识黄河、治理开发黄河将发挥重要作用，而且对我国其他大江大河的治理也有借鉴意义。

1991年8月20日

序

杨振怀

黄河流域是我国水土流失的严重地区。黄河上中游流经世界著名的黄土高原，由于自然条件和社会经济因素制约，特别是历史上不合理的土地利用与资源开发，水土流失非常严重，致使生态环境恶化，水、旱、风、沙灾害频繁。同时，大量泥沙下泄，淤积抬高河道，成为黄河下游经常决口泛滥的重要原因之一。黄河下游的“悬河”，直接构成了洪水对黄淮海平原的威胁，给黄河的治理与开发带来了困难和隐患。

搞好水土保持，改善黄土高原生态环境，既是促进黄河流域经济振兴的必由之路，也是减少输入黄河泥沙，根治黄河水害和开发黄河水利的战略措施。

黄河流域各族人民在长期的生产实践中，创造了许多行之有效的保持水土、发展生产的措施。到了明清两代，有识之士已开始认识到在黄河中游地区治田、淤地，是减沙治河的重要途径，并加以倡导。民国时期，随着近代水利科学的发展，一些专家学者明确提出控制黄河上中游地区水土流失，解决下游洪水泥沙的治河方案，并在陇南、关中地区进行水土保持措施的试验研究和示范推广。但由于旧社会条件的限制，未能大量开展，成效甚微。

中华人民共和国成立后，党中央、国务院对黄河流域的水土保持工作十分重视，毛泽东、周恩来等老一辈党和国家领导人，亲自过问水土保持工作，一直把黄河流域作为全国水土保持工作的重点，从各方面给予关怀和支持。1955年，毛泽东主席作了“必须注意水土保持工作”的批示，并在《看，大泉山变了样子》一文的按语中指出：“有了这样一个典型例子，整个华北、西北及一切有水土流失问题的地方，都可以照样去解决自己的问题了。”1958年，周恩来总理深刻地指出：“不能孤立地靠修水库来解决防洪问题，必须联系、配合各方面的工作，特别是首先要以水土保持为基础。”并强调对水土流失的防治，要通过多种途径，采取综合措施，要为当地群众生产、生活服务。这些重要指示，为黄河流域的水土保持工作指明了方向。

在党中央、国务院和流域各省（区）的领导下，经过广大干部、群众和科技人员40多年的艰苦奋斗，使黄河流域近1/3的水土流失面积得到了初步治理；许多治理较好的地区，显著地改变了贫困面貌，减少了河流泥沙。同时还积累了经验，培养了人才，发展了水土保持科学。通过治理实践，人们从人口、资源、环境与经济协调发展的高度，加深了对黄河流域水土保持重要意义的认识，提高了开展水土保持工作的自觉性。

黄河流域的水土流失量大面广，情况复杂，治理任务十分艰巨，开矿、修路等生产建设造成新的水土流失，也须积极防治。控制黄土高原的水土流失，任重道远，需要几代人长期不懈的努力。

《黄河水土保持志》是《黄河志》的重要组成部分，是我国第一部水土保持志书，它比较全面地反映了黄河流域水土保持的历史与现状，记述了成就、经验和问题。这部志书的编纂出版，对于进一步推动黄河流域的水土保持，改变黄土高原面貌，治理开发黄河，具有重要作用，对国内其他地区开展水土保持工作也有借鉴意义。

1992年8月4日

前　言

黄河是我国第二条万里巨川，源远流长，历史悠久。黄河流域在100万年以前，就有人类生息活动，是我国文明的重要发祥地。黄河流域自然资源丰富，黄河上游草原辽阔，中下游有广阔的黄土高原和冲积大平原，是我国农业发展的基地。沿河又有丰富的煤炭、石油、铝、铁等矿藏。长期以来，黄河中下游一直是我国政治、经济和文化中心。黄河哺育了中华民族的成长，为我国的发展作出了巨大的贡献。在当今社会主义现代化建设中，黄河的治理开发仍占有重要的战略地位。

黄河是世界上闻名的多沙河流，善淤善徙，它既是我国华北大平原的塑造者，同时也给该地区人民造成巨大灾害。计自西汉以来的两千多年中，黄河下游有记载的决溢达一千余次，并有多次大改道。以孟津为顶点北到津沽，南至江淮约25万平方公里的广大地区，均有黄河洪水泛滥的痕迹，被称为“中国之忧患”。

自古以来，黄河的治理与国家的政治安定和经济盛衰紧密相关。为了驯服黄河，除害兴利，远在四千多年前，就有大禹治洪水、疏九河、平息水患的传说。随着社会生产力的发展，春秋战国时期，就开始修筑堤防、引水灌溉。历代治河名人、治河专家和广大人民在长期治河实践中积累了丰富的经验，并留下了许多治河典籍，为推动黄河的治理和治河技术的发展作出了重要贡献。1840年鸦片战争以后，我国由封建社会沦为半封建半殖民地的社会，随着内忧外患的加剧，黄河失治，决溢频繁，虽然西方科学技术逐步引进我国，许多著名水利专家也曾提出不少有创见的治河建议和主张，但由于受社会制度和科学技术的限制，一直未能改变黄河为害的历史。

中国共产党领导的人民治黄事业，是从1946年开始的，在解放战争年代渡过了艰难的岁月。中华人民共和国成立后，我国进入社会主义革命和社会主义建设的伟大时代，人民治黄工作也进入了新纪元。中国共产党和人民政府十分关怀治黄工作，1952年10月，毛泽东主席亲临黄河视察，发出“要把黄河的事情办好”的号召。周恩来总理亲自处理治黄工作的重大问题。为了根治黄河水害和开发黄河水利，从50年代初就有组织、有计划地对黄河进行了多次大规模的考察，积累了大量第一手资料，做了许多基础工作。1954年编制出《黄河综合利用规划技术经济报告》，1955年第一届全国人民代表大会第二次会议审议通过了《关于根治黄河水害和开发黄河水利的综合规划的决议》，人民治黄事业从此进入了一个全面治理、综合开发的历史新阶段。在国务院和黄河流域各级党委、政府的领导下，经过亿万群众和广大治黄职工的艰苦奋斗，黄河的治理开发取得了前所未有的巨大成就。在黄河下游基本上建成防洪工程体系，并组建了强大的人防体系，已连续夺取四十多年伏秋大汛不决口的伟大胜利，使社会主义建设事业得以顺利进行；在中上游建成了许多大中型水利水电工程，流域内灌溉面积和向城市、工矿企业供水有了很大发展，取得了巨大的经济效益和社会效益；在黄土高原地区开展了大规模的群众性的水土保持工作，取得了为当地兴利、为黄河减沙的明显成效；河口的治理为三角洲的开发创造了条件。如今，古老黄河发生了历史性的重大变化。这些成就被公认为社会主义制度优越性的重要体现。

治理和开发黄河，是一项光荣而伟大的事业，也是一个实践、认识、再实践、再认识的过程。治黄事业已经取得了重大胜利，但今后的任务还很艰巨，黄河本身未被认识的领域还很多，有待于人们的继续实践和认识。

编纂这部《黄河志》，主要是根据水利部关于编纂江河水利志的安排部署，翔实而系统地反映黄河流域自然和社会经济概况，古今治河事业的兴衰起伏、重大成就、技术水平和经济效益以及经验教训，从而探索规律，策励将来。由于黄河历史悠久，治河的典籍较多，这部志书本着“详今略古”的原则，既概要地介绍了古代的治河活动，又着重记述中华人民共和国成立以来黄河治理开发的历程。编志的指导思想，是以马列主义、毛泽东思想为理论基础，遵循中共十一届三中全会以来的路线、方针和政策，实事求是地记述黄河的历史和现状。

《黄河志》共分十一卷，各卷自成一册。卷一大事记；卷二流域综述；卷三水文志；卷四勘测志；卷五科研志；卷六规划志；卷七防洪志；卷八水土保持志；卷九水利工程志；卷十河政志；卷十一人文志。各卷分别由黄河水利委员会所属单位及组织的专志编纂委员会承编。全志以文为主，图、表、照片分别穿插各志之中。力求文图并茂，资料翔实，使它成为较详尽地反映黄河的河情，具体记载中国人民治理黄河的艰苦斗争史，能体现时代特点的新型志书。它将为今后治黄工作提供可以借鉴的历史经验，并使关心黄河的人士了解治黄事业的历史和现状，在伟大的治黄事业中发挥经世致用的功能。

新编《黄河志》工程浩大，规模空前，是治黄史上的一项盛举。在水利部的亲切关怀下，黄河水利委员会和黄河流域各省（区）水利（水保）厅（局）投入许多人力，进行了大量的工作，并得到流域内外编志部门、科研单位、大专院校和国内外专家、学者及广大热心治黄人士的大力支持与帮助。由于对大规模的、系统全面的编志工作缺乏经验，加之采取分卷逐步出版，增加了总纂的难度，难免还会有许多缺漏和不足之处，恳切希望各界人士多加指正。

黄河志编纂委员会

1991年1月20日

凡　例

一、《黄河志》是中国江河志的重要组成部分。本志编写以马列主义、毛泽东思想为指导，运用辩证唯物主义和历史唯物主义观点，准确地反映史实，力求达到思想性、科学性和资料性相统一。

二、本志按照中国地方志指导小组《新编地方志工作暂行规定》和中国江河水利志研究会《江河水利志编写工作试行规定》的要求编写，坚持“统合古今，详今略古”和“存真求实”的原则，突出黄河治理的特点，如实地记述事物的客观实际，充分反映当代治河的巨大成就。

三、本志以志为主体，辅以述、记、传、考、图、表、录、照片等。

篇目采取横排门类、纵述始末，兼有纵横结合的编排。一般设篇、章、节三级，以下层次用一、(一)、1、(1)序号表示。

四、本志除引文外，一律使用语体文、记述体，文风力求简洁、明快、严谨、朴实，做到言简意赅，文约事丰，述而不论，寓褒贬于事物的记叙之中。

五、本志的断限，上限不求一致，追溯事物起源，以阐明历史演变过程。下限一般至 1987 年，但根据各卷编志进程，有的下延至 1989 年或以后，个别重大事件下延至脱稿之日。

六、本志在编写过程中广采博取资料，并详加考订核实，力求做到去粗取精，去伪存真，准确完整，翔实可靠。重要的事实和数据均注明出处，以备核对。

七、本志文字采用简化字，以 1964 年国务院公布的简化字总表为准，古籍引文及古人名、地名简化后容易引起误解的仍用繁体字。标点符号以 1990 年 3 月国家语言文字工作委员会、国家新闻出版署修订发布的《标点符号用法》为准。

八、本志中机构名称在分卷志书中首次出现时用全称，并加括号注明简称，再次出现时可用简称。

人名一般不冠褒贬。古今地名不同的，首次出现时加注今名。译名首次出现时，一般加注外文，历史朝代称号除汪伪政权和伪满洲国外，均不加“伪”字。

外国的国名、人名、机构、政治团体、报刊等译名采用国内通用译名，或以现今新华通讯社译名为准，不常见或容易混淆的加注外文。

九、本志计量单位，以1984年2月27日国务院颁发的《中华人民共和国法定计量单位的规定》为准，其中千克、千米、平方千米仍采用现行报刊通用的公斤、公里、平方公里。历史上使用的旧计量单位，则照实记载。

十、本志纪年时间，1912年（民国元年）以前，一律用历代年号，用括号注明公元纪年（在同篇中出现较多、时间接近，便于推算的，则不必屡注）。1912年以后，一般用公元纪年。

公元前及公元1000年以内的纪年冠以“公元前”或“公元”字样，公元1000年以后者不加。

十一、为便于阅读，本志编写中一般不用引文，在确需引用时则直接引用原著，并用“注释”注明出处，以便查考。引文注释一般采用脚注（即页末注）或文末注方式。

黄河志编纂委员会

名誉主任 钮茂生

主任委员 亢崇仁

副主任委员 仝琳琅　杨庆安

委　　员（按姓氏笔划排列）

马秉礼　王化云　王长路　王质彬　王继尧　亢崇仁
孔祥春　白永年　叶宗笠　仝琳琅　包锡成　刘于礼
刘万铨　成　健　沈也民　陈耳东　陈俊林　陈赞廷
陈彰岑　李武伦　李俊哲　吴柏煊　吴致尧　宋建洲
杨庆安　孟庆枚　张　实　张　荷　张学信　姚传江
徐福龄　袁仲翔　夏邦杰　谢方五　谭宗基

学术顾问 张含英　郑肇经　董一博　邵文杰　刘德润　姚汉源
谢鉴衡　蒋德麒　麦乔威　陈桥驿　邹逸麟　周魁一
黎沛虹　常剑峤　王文楷

黄河志总编辑室

主　　任 袁仲翔（兼总编辑）

副 主 任 叶其扬　林观海

主任编辑 张汝翼

黄河水土保持志编纂委员会

主任委员 仝琳琅

副主任委员 孟庆枚　陈彰岑　刘万铨

委　　员 （按姓氏笔划排列）

王其昌　王澄方　韦德行　仝琳琅　刘万铨　向　立
孙建轩　张治富　陈彰岑　孟庆枚　林国华　金　津
荆振民　姚和喜　贾鸿林　董继祥

学术顾问 （按姓氏笔划排列）

王书欣　石　丁　吴尚贤　李远芳　张同宗　杭载瑾
高继善　菅汀夫　曾　伟　蒋德麒

黄河水土保持志编辑室

主　　任 刘万铨（兼主编）

副 主 任 闫文光

编辑说明

一、《黄河水土保持志》是大型多卷本《黄河志》的第八卷。本志从沿革、方略、基础工作、防治概要、治理措施、科学研究和政事等方面，记述了黄河流域水土保持工作的起源、发展和现状，以及历代劳动人民对水土保持的创造和贡献，特别是中华人民共和国成立以来水土保持的伟大成就和工作中的经验与教训。

二、本志编纂工作是由黄河志编纂委员会统一领导和黄河志总编辑室具体组织进行的。根据编纂工作需要，1987年2月成立黄河水土保持志编纂委员会，原黄委会副主任吴书深任主任委员，同时成立黄河水土保持志编辑室。1989年进行调整，黄委会副主任庄景林任主任委员。1991年8月再次进行调整充实后，黄委会副主任仝琳琅任主任委员。华绍祖、王伯元、焦清太、蔡志恒、孙承恩、胡晓铎、谭节升、闫文光、宋尚智、于德广、周建文、马劭烈、张书义、张骅、曾茂林、李绍凯、李敏等曾任委员。在黄河水土保持志编纂委员会的组织和领导下，调配人员，制定编写规约，逐步开展编写工作。至1988年12月完成初稿，1991年12月完成送审稿。两稿均分别发送黄河流域8省(区)和水利部与中国科学院所属有关业务部门、科研部门及有关科研、教学单位50多位专家、教授、学者征求意见；并于1989年3月与1992年2月，先后两次在西安召开评审会，根据各方面专家和评审会的意见，进行了补充修改。1992年7月下旬，由仝琳琅主持，李延安、仝允杲、吴致尧、陈彰岑、陈昇辉等参加，进行了终审。

三、本志在编纂过程中，承水利部农村水利水土保持司，中国科学院西北水土保持研究所、地理研究所、自然资源综合考察委员会，西北农业大学、西北林学院、西北大学、陕西师范大学，黄河流域8省(区)水土保持业务、科研部门等，共98个单位、210多位专家、教授和科技人员的大力支持与通力合作。王威、王广任、王其昌、毛廷寿、许春霞、张志勤、钱祖林、韩荣、单生等，为收集提供资料做了大量工作。

四、本志由刘万铨主编统稿。各篇章的撰稿人(按篇章顺序排列)是：概述与第一篇刘万铨；第二篇张胜利；第三篇第七、八章刘万铨，第九章苏仲仁、王晶；第四篇刘万铨；第五篇第十三章第一节与第十四章第一节周晋丕，第十三章第二、三节闫文光，第十四章第二节周自新，第十五章第一、二节和第十六章涂兴文，第十五章第三节荆振民、王建华，第十五章第四节魏秉钰，第十七章第一节苏仲仁、王晶，第十七章第二、三、四节赵平，第十七章第五、六节田杏芳；第六篇第十八、十九章魏秉钰，第二十章第一、二节和第二十一章涂兴文，第二十章第三、四节田杏芳，第二十章第五节闫文光；第七篇第二十二、二十六、二十七章赵平，第二十三、二十五章田杏芳，第二十四章刘万铨。终审稿修改人（按篇章顺序排列）是：刘万铨、涂兴文、田杏芳、任光华、马世荣、赵平、闫文光。发排稿由叶其扬总纂，栗志、侯起秀参加了编辑工作。翟李越、陶学廉绘图，赵平选编照片。

五、本志是治黄史上第一部水土保持志，编写缺乏经验，难免有缺漏及讹误之处，敬希多加指正。

编　者

1992年11月

目　录

序…………………………………………………………………………李　鹏(1)
序…………………………………………………………………………杨振怀(1)
前言……………………………………………………………………………(1)
凡例……………………………………………………………………………(1)
黄河志编纂委员会成员………………………………………………………(1)
黄河水土保持志编纂委员会成员……………………………………………(2)
编辑说明………………………………………………………………………(1)
概述……………………………………………………………………………(1)

第一篇　流失区概况

第一章　自然条件 ……………………………………………………………(14)
　第一节　地势地貌 …………………………………………………………(14)
　第二节　地面组成物质 ……………………………………………………(16)
　第三节　降　雨 ……………………………………………………………(17)
　第四节　植　被 ……………………………………………………………(19)
　第五节　气　候 ……………………………………………………………(20)
第二章　自然资源 ……………………………………………………………(22)
　第一节　土地资源 …………………………………………………………(22)
　第二节　水资源 ……………………………………………………………(23)
　第三节　光热资源 …………………………………………………………(25)
　第四节　植物资源 …………………………………………………………(26)
　第五节　矿藏资源 …………………………………………………………(27)
第三章　社会经济 ……………………………………………………………(28)
　第一节　土地利用与农村经济结构 ………………………………………(28)

第二节　农村各业生产 …………………………………………………… (30)
第三节　群众生活状况 …………………………………………………… (34)

第二篇　水土流失

第四章　侵蚀演变 …………………………………………………………… (40)
第一节　自然侵蚀 ………………………………………………………… (40)
第二节　加速侵蚀 ………………………………………………………… (42)
第三节　新增侵蚀 ………………………………………………………… (47)
第四节　侵蚀规律 ………………………………………………………… (50)
第五章　侵蚀分布 …………………………………………………………… (54)
第一节　侵蚀形态分布 …………………………………………………… (54)
第二节　侵蚀程度分布 …………………………………………………… (61)
第六章　流失危害 …………………………………………………………… (68)
第一节　对土地的危害 …………………………………………………… (68)
第二节　对河流的危害 …………………………………………………… (73)

第三篇　防治概要

第七章　沿革 ………………………………………………………………… (80)
第一节　西周到晚清 ……………………………………………………… (80)
第二节　民国时期 ………………………………………………………… (83)
第三节　建国以后 ………………………………………………………… (85)
第八章　方略 ………………………………………………………………… (93)
第一节　明清时期 ………………………………………………………… (93)
第二节　民国时期 ………………………………………………………… (94)
第三节　建国以后 ………………………………………………………… (97)
第九章　成就 ………………………………………………………………… (109)
第一节　治理程度 ………………………………………………………… (109)
第二节　减沙效益 ………………………………………………………… (112)
第三节　经济效益 ………………………………………………………… (114)
第四节　社会效益 ………………………………………………………… (118)
第五节　生态效益 ………………………………………………………… (120)

第四篇　基础工作

第十章　调查……………………………………………………（126）
第一节　全局性考察与查勘……………………………………（126）
第二节　重点支流调查…………………………………………（136）
第三节　重点问题调查…………………………………………（141）
第十一章　区划…………………………………………………（152）
第一节　全局性区划……………………………………………（152）
第二节　省级区划………………………………………………（162）
第十二章　规划…………………………………………………（170）
第一节　全局性规划……………………………………………（170）
第二节　地区性规划……………………………………………（186）
第三节　支流规划………………………………………………（196）

第五篇　治理措施

第十三章　坡耕地治理…………………………………………（213）
第一节　保土耕作法……………………………………………（213）
第二节　沟洫……………………………………………………（222）
第三节　梯田……………………………………………………（228）
第十四章　荒地治理……………………………………………（244）
第一节　种草育草………………………………………………（244）
第二节　造林育林………………………………………………（255）
第十五章　沟壑治理……………………………………………（270）
第一节　沟头防护………………………………………………（270）
第二节　谷坊……………………………………………………（273）
第三节　淤地坝…………………………………………………（278）
第四节　保垌固沟………………………………………………（299）
第十六章　小型蓄水工程………………………………………（302）
第一节　水窖……………………………………………………（302）
第二节　涝池、塘坝 ……………………………………………（307）
第三节　引洪漫地………………………………………………（311）

第十七章　专项治理……………………………………………………（319）
第一节　风沙治理……………………………………………………（319）
第二节　矿区治理……………………………………………………（331）
第三节　水库上游治理………………………………………………（338）
第四节　渠道沿线治理………………………………………………（343）
第五节　铁路沿线治理………………………………………………（347）
第六节　公路沿线治理………………………………………………（356）

第六篇　科学研究

第十八章　研究机构……………………………………………………（367）
第一节　站网建设……………………………………………………（367）
第二节　部属研究机构………………………………………………（374）
第三节　省属研究机构………………………………………………（377）
第十九章　研究成果……………………………………………………（390）
第一节　水土流失规律观测研究……………………………………（390）
第二节　水土保持措施试验…………………………………………（396）
第三节　小流域综合治理试验………………………………………（407）
第二十章　研究活动……………………………………………………（418）
第一节　工作会议……………………………………………………（418）
第二节　学术会议……………………………………………………（424）
第三节　协作攻关……………………………………………………（429）
第四节　综合研究……………………………………………………（444）
第五节　学会活动……………………………………………………（454）
第二十一章　专项研究…………………………………………………（459）
第一节　飞机播种林草………………………………………………（459）
第二节　机械修梯田…………………………………………………（463）
第三节　水坠法筑坝…………………………………………………（469）
第四节　定向爆破筑坝………………………………………………（473）
第五节　系统工程应用………………………………………………（477）
第六节　遥感技术应用………………………………………………（479）
第七节　成数抽样应用………………………………………………（482）

第七篇 政 事

第二十二章 机构……………………………………………………(488)
第一节 领导机构……………………………………………………(488)
第二节 管理机构……………………………………………………(495)
第三节 实施机构……………………………………………………(502)
第二十三章 经费……………………………………………………(506)
第一节 水土保持事业费……………………………………………(506)
第二节 有关专项经费………………………………………………(514)
第三节 群众自筹经费………………………………………………(518)
第四节 国际援助经费………………………………………………(521)
第二十四章 管理……………………………………………………(525)
第一节 项目管理……………………………………………………(525)
第二节 组织管理……………………………………………………(530)
第三节 技术管理……………………………………………………(535)
第四节 经费管理……………………………………………………(537)
第五节 经营管理……………………………………………………(540)
第六节 监督管理……………………………………………………(544)
第二十五章 教育……………………………………………………(550)
第一节 高等教育……………………………………………………(550)
第二节 中等教育……………………………………………………(555)
第三节 干部技术培训………………………………………………(559)
第四节 农民技术培训………………………………………………(568)
第二十六章 宣传……………………………………………………(573)
第一节 文字宣传……………………………………………………(573)
第二节 影像宣传……………………………………………………(596)
第二十七章 国际交往………………………………………………(600)
第一节 外国专家来华………………………………………………(600)
第二节 派遣人员出国………………………………………………(605)

概　述

黄河从青海省龙羊峡到河南省郑州桃花峪，流经世界著名的黄土高原，流域面积59.8万平方公里（加上内流区4.2万平方公里，共64万平方公里），其中水土流失面积43万多平方公里，每年输入黄河的泥沙约16亿吨，居世界大河年输沙量的首位。由于水土流失严重，使黄土高原成为我国主要贫困地区之一；泥沙不断淤积河床，又使黄河下游的地上“悬河”成为国家的心腹大患。如何防治黄土高原的水土流失，是治黄工作的重要任务，也是举世瞩目的改善生态环境问题。黄河下游山东境内的大汶河，流域面积8633平方公里，其中水土流失面积5093平方公里，是黄河流域治理水土流失的组成部分。

早在人类活动以前，黄土高原就有土壤侵蚀。由于当时地面大部有林草覆盖，土壤侵蚀较轻微，不致造成危害，处于自然侵蚀状态。自西周开始，由于人口不断增加，土地利用不合理，破坏地面林草植被，造成土壤从自然侵蚀发展为加速侵蚀。

黄河流域的水土流失类型区，大致可分三种情况：一是严重流失区——包括黄土丘陵沟壑区与黄土高塬沟壑区，面积约25万平方公里，大部地区是坡陡沟深，土质疏松，植被缺乏，暴雨集中，水土流失最为严重，每年输入黄河泥沙约占黄河总输沙量的90%；二是局部流失区——包括林区、土石山区、高地草原区、干旱草原区和风沙区，面积约31.7万平方公里，大部地面有不同程度的林草覆盖，水土流失轻微，但林草遭到破坏的局部地方，流失也很严重，每年输入黄河泥沙约占黄河总输沙量的9%；三是轻微流失区——包括黄土阶地区与冲积平原区，面积7.3万平方公里，除阶地上有少量沟蚀外，大部地面平坦，水土流失轻微，每年输入黄河泥沙约占黄河总输沙量的1%。

水土流失的结果，土地日益瘠薄，生态环境恶化，坡耕地田间持水量低，加剧了干旱的发展，粮食产量低而不稳，一般亩产25～50公斤，灾年只有10～15公斤，甚至颗粒无收。1980年前后，严重流失地区农民一般人均粮食250～300公斤，现金收入50～60元。同时，许多地方燃料、饲料、肥料俱缺，还有约500万人口地区，人畜饮水困难。由于沟蚀发展，土地面积日益缩小，沟壑面积扩大，高塬区的许多沟头，平均每年前进3～5米。由于水土流失，大量泥沙下泄，淤积水库、河道，给黄河干、支流的开发和治理带来很大困难。黄土高原每年流失的16亿吨泥沙中，约有4亿吨淤积在下游河道，使河床不断升高，严重威胁着黄淮海平原广大地区人民生命财产的安全。

在宁夏、内蒙古、陕西等省(区)境内还分布有腾格里、库布齐、毛乌素、乌兰布和等沙漠，有长约1000公里河段、面积20万平方公里的地区遭受风沙危害。

黄河流域的水土保持，从古代、近代到现代，经历了三个发展时期。从西周到晚清，劳动人民在生产中创造了坡地修梯田、沟壑筑坝淤地等水土保持措施，其目的是为了获得作物高产，一般由群众自发进行，历代统治者都未把它作为治黄的措施来推广，实施面积很小。民国时期，在李仪祉、张含英等的积极倡导下，把水土保持作为解决黄河泥沙问题和提高农业生产的主要措施，纳入治黄方略，设置水土保持机构，开展水土保持科学研究。中华人民共和国成立后(以下简称建国后)，政府和治黄部门明确水土保持是治黄的基础，是发展当地农业生产的生命线，有组织有领导地大规模地开展，由重点试办到全面发展，在实践中探索前进。虽然有时受政治、经济形势的影响，水土保持经历过曲折的道路，但是，由于广大干部、群众的艰苦奋斗，40多年来，已在约14万平方公里水土流失面积上实施了各类治理措施，并不同程度地发挥了制止侵蚀、提高生产、减少入黄泥沙的作用。

50年代初期，黄河水利委员会(以下简称黄委会)领导下的天水、西峰、绥德等水土保持科学试验站(以下简称天水、西峰、绥德水保站)，分别在天水吕二沟、西峰南小河沟、绥德韭园沟等小流域，进行了综合治理试验。同时分别在渭河、泾河、无定河等流域内，试验推广了沟垄种植、造林、种草、筑坝淤地、修地边埂等单项治理措施。1955年全国人民代表大会通过的《关于根治黄河水害和开发黄河水利的综合规划的决议》，把黄土高原的水土保持纳入国民经济计划，作为治黄事业的重要组成部分。1956～1959年，在农业集体化的推动下，水土保持由过去一家一户的分散治理，发展为一村、一乡的集体大面积治理，涌现出一批成效显著的治理典型。虽然在“大跃进”中，由于“左”的思想影响，一些地方出现“一平二调”、形式主义、高指标和浮夸风等错误做法，但这段时间治理成果仍是肯定的。1960～1962年自然灾害造成的困难时期，许多水土保持机构撤销，人员下放，水土保持工作处于停顿状态。

1963年，随着农村和整个国民经济情况的好转，中央立即采取措施，加强黄河流域的水土保持工作，先后两次召开河口镇到龙门区间42个水土流失重点县会议，制定了重点地区的规划。1964年在西安成立黄河中游水土保持委员会，水土流失重点治理县扩大到100个。1964～1965年间，先后两次召开重点县水土保持工作会议，落实治理任务，水土保持工作又出现新的局面。1966～1970年"文化大革命"期间，水土保持又受到严重干扰，撤销机构，管理松弛，有些地方的梯田、地埂和林草遭到破坏。

1970年，中央召开北方地区农业工作会议，提出了改变农业生产面貌必须搞好农田基本建设的要求，黄河流域的水土保持又获得生机；加之1973年与1977年，黄河治理领导小组、水电部、农林部两次在延安召开黄河中上游地区水土保持工作会议的推动，水土保持再次兴起。陕西、山西等省在修梯田和淤地坝等农田基本建设方面，进展较快；同时，积极推广了水坠法筑坝和机械修梯田等新技术，效果较好。但是这段时间内，黄河流域各地水土保持工作发展不平衡。70年代末期，在清除"左"的影响，强调按劳分配，纠正以往治理中农民出工不计报酬等作法的同时，由于新的组织形式和计酬方法尚未建立，一度影响了水土保持工作的正常开展。

1981年，恢复后的黄河中游水土保持委员会召开第一次会议，总结30多年治理的经验教训，明确黄土高原水土保持的方向和方针，制定了"六五"期间的治理计划，加上1982年全国第四次水土保持会议的推动，黄河流域的水土保持又蓬勃开展起来，各地强调按小流域综合治理，农民参加水土保持坚持按劳分配。随着农村经济体制的改革，出现了按户承包治理的新型组织形式，调动了群众的积极性。从1982年以来，各地保持了积极开展治理的好势头，这是建国以来黄河流域水土保持工作进度较快，效果较好的一段时期。据黄委会农村水利水土保持局（以下简称黄委会农水局）统计，从1950年至1991年，黄河流域8省（区）累计，共完成梯田、条田5081.95万亩，坝地449.12万亩，其他基本农田206.52万亩，造林11937.57万亩，种草3161.09万亩，五项主要措施共治理面积2.08亿多亩，折合13.89万平方公里，占黄河流域水土流失面积44万平方公里的31.6%。此外，还建成水窖、涝池、沟头防护、谷坊、陂塘等辅助性小型工程共400多万处（座）。

几千年来，黄河流域的群众为了提高生产，保障生活，先后创造了沟洫、梯田、保土耕作法等治理坡耕地的措施，造林育林、种草育草等治理荒坡地的措施，谷坊、淤地坝、沟头防护等治理沟壑的措施。建国后，随着工矿、交通、水利、土地开发等事业的发展，有些地方未能正确处理废土、弃石，造成新的水土流失。针对这些问题，群众又创造了矿区、库区、公路、铁路沿线等各种专项治理措施。40多年来，水土保持工作主管部门和有关单位，在总结群众经验的基础上，积极开展科学研究，使水土保持措施不断充实、改进、提高，逐步形成了比较完整的一套措施体系，基本上能有效地治理各类土地上各种形态的水土流失，为发展农业生产、提高群众生活创造了有利条件。

早在3000多年前的商代，群众为了抗旱保墒，结合农事耕作，在坡耕地上创造了区田、甽田、沟垄种植等改变微地形的措施，以后又逐步创造了间作、套种、草田轮作等增加地面被覆的措施。民国时期和建国后，通过试验观测，证明这些措施都有不同程度的保水、保土和增产作用，群众称之为"保土耕作法"。建国初期，在陕西省榆林地区曾小量推广区田、甽田；50年代在甘肃省天水地区、70年代在陕西省延安地区，都大量地推广沟垄种植；80年代初期，山西省水土保持研究所试验成功抗旱丰产沟，在吕梁地区推广。多年来，草田轮作、间作、套种等，在黄河流域各地为农民所广泛采用。

黄河流域坡地修梯田的历史，有明确记述及可考证的是在明清两代。古代农民在坡地耕作中沿等高线留地界，使坡面逐步形成阶梯状。这类梯田至今在陕西、山西、甘肃等省高塬区和阶地区的塬坡上，丘陵第三、第四副区的梁坡上，还有数百万亩。民国时期，根据历史上坡耕地修沟洫蓄水的经验，进行了沟洫梯田的试验和小范围推广。建国初期，黄河流域各地普遍推广坡耕地上修沟埂式梯田(当时称培地埂或修坡式梯田)，要求逐年加高地埂，减缓坡面，经若干年后逐步变成水平梯田。1958年以后，许多地方普遍采取一次修成水平梯田的作法，坡式梯田大部地区不再采用。据各地水土保持试验站观测，在一般降雨下，水平梯田能全部就地入渗，做到水不出田；在较大暴雨下，比坡耕地减少径流泥沙80～90%。坡耕地修成水平梯田以后，一般能增产一倍左右；加上精耕细作，增施肥料，能增产2～3倍。因此，黄河流域水土流失地区，广大干部和群众都把坡地修梯田作为提高粮食产量的主要措施。

黄河流域农民在荒山荒坡上植树种草有悠久的历史。古代植树主要是为了用材和果品收入，种草主要是为了肥田和饲养牲畜。40年代，国民政府农林部在甘肃省天水等地建立水土保持实验区，开始将造林种草作为水土保持措施进行试验。建国以来，明确规定造林种草是荒山荒坡和退耕地上保持水土的主要措施，采取各种奖励政策和行政措施，大力推行。各地水土保持试验站观测，荒陡坡和退耕农地造林种草，基本郁闭后，地表径流减少50～60%，土壤冲刷减少60～90%。一些风沙区经过几十年的努力，营造大型防风林带和农田防护林网，制止了风沙，改造了沙漠，农林牧副业得到全面发展，由过去的“沙进人退”变成现在的“人进沙退”。许多地方结合水土保持建立山地果园，因地制宜地种植各种果树，增加了经济收入。

在沟壑中筑坝，拦蓄洪水泥沙，淤成坝地，是黄土高原具有独创性的水土保持措施。在山西省汾西县等地从明朝万历年间开始筑坝，至今已有400多年的历史。山西省离石、柳林，陕西省清涧、延川等县，都有150～200年的坝地。筑坝淤地，不仅巩固沟床，稳定沟坡，制止沟蚀，而且把荒沟变成高产的良田，一般亩产200～250公斤；增施肥料，精耕细作，亩产可达350～400公斤，高者达500公斤以上。每淤成一亩坝地，平均可拦泥3000吨左右。

50年代初期，进行水土保持重点试办时，各地水土保持站都以小流域为单元，开展综合治理试验，取得良好的效果。一条沟道小流域，就是一个天然的集水区，在丘陵区往往还与乡、村行政单元一致。在开展水土保持中，各地都乐于采取以小流域为单元，进行统一规划，综合治理；用系统工程的原理，把上下游、左右岸、各个部位的各类土地全面考虑，合理配置治理措施，使工程措施与林草措施紧密结合，协调发展，互相促进，水土资源得到充分利用，收到较好的经济效益、社会效益和生态效益。从1980年开始，水利部每年拨专款在黄河流域开展水土保持小流域综合治理试点，全面研究有关小流域的规划、实施和管理工作，用试点小流域的经验，指导解决其他小流域治理工作中出现的问题，进一步推动了黄河流域各省（区）在水土保持中坚持以小流域为单元的综合治理。到1987年底，各省（区）列为重点治理的小流域近2000条，集中治理面积约3万平方公里。

经过40多年的努力，黄河流域水土流失地区，都不同程度地收到了提高生产、减少侵蚀、改善生态环境的作用。一些水土保持搞得比较好的县、乡、村和农户都显著地改变了面貌。据统计，黄土高原138个水土流失重点县，1984年粮食总产102亿公斤，比1979年的83.5亿公斤增加了22%；其中陕西、甘肃、山西、内蒙古4省（区）所属的122个县，1984年人均收入222元，为1979年人均收入60元的3.7倍。陕西省无定河流域经过20多年的治理，流域内榆林、横山、靖边、绥德、米脂、子洲、清涧等7县，1984年粮食总产4.71亿公斤，人均320公斤，比1972年总产2.26亿公斤，人均165公斤，提高了近一倍；大农业总产值1984年人均226元，比1970年人均64元提高了2.5倍。据水文观测资料分析：黄河上中游从龙羊峡至三门峡（库区末端），1960～1969年年均输沙量17.045亿吨，加上同期水库拦沙、灌溉引沙和河道淤积，还原为年均流域产沙量19.802亿吨；1980～1989年年均输沙量7.996亿吨。80年代实测输沙量与60年代流域产沙量相比，平均每年减少泥沙 11.806 亿吨。除降雨偏小影响(4～5 亿吨)和水利工程减沙(2.51 亿吨)外,水土保持减沙约 4～5 亿吨。

建国以来,黄河流域水土保持取得的成就,首先是由于中央的关怀和领导。1952 年 10 月 30 日,毛泽东主席在视察黄河时,指示"要把黄河的事情办好"。同年 12 月 19 日,中央人民政府政务院周恩来总理签署发布《关于发动群众继续防旱抗旱大力推行水土保持工作的指示》,明确了水土保持的路线、方针和政策,并指出"黄河的支流无定河、延河及泾、渭、洛诸流域为全国重点"。根据中央领导的指示精神,黄委会在《关于 1953 年治黄任务的决定》中指出:"黄河为害的根源,在于西北黄土高原的水土流失,因此,把黄河由害河变成利河的关键,在于水土保持工作的能否完成。为了尽早实现黄河治理,……我们必须遵照政务院的指示,大大地加强这一根本性的工作。"1953 年,由黄委会直接领导,中国科学院、农业部、林业部、水利部等有关单位派员参加,共 400 多人,在黄河中上游 31 条支流,组织了大规模的水土保持查勘;同年 4 月 20 日至 7 月 15 日,由水利部张含英副部长率领上述有关单位专家共 36 人组成的西北水土保持考察团,深入无定河、泾河、渭河等重点支流,了解水土流失情况,研究水土保持方略。1954 年中央成立黄河规划委员会,编制了《黄河综合利用规划技术经济报告》,黄土高原的水土保持是该规划的重要组成部分。此后,在治理过程中,国家拨专款予以支援。1957 年,黄河三门峡水库开工兴建,要求加快黄土高原的水土保持。为此,1956～1959 年间,中央先后召开一系列会议,部署工作,落实任务。

国务院水土保持委员会自 1957 年成立后,一直以黄河流域为工作重点。第一届主任陈正人亲自在黄河流域主持召开全国水土保持第三次会议,第二届主任廖鲁言两次亲自主持召开黄河流域 42 个水土流失重点县会议。1964 年根据谭震林副总理的提议,在西安成立黄河中游水土保持委员会和西北林业建设兵团,加强黄土高原的水土保持工作。虽然"文化大革命"中,水土保持受到干扰,但在粉碎"四人帮"后,特别是中共十一届三中全会后,中央就采取积极措施,进一步加强黄河流域的水土保持工作。1980 年 2 月在恢复黄河中游水土保持委员会的同时,建立了黄河中游治理局。1983 年把无定河、三川河、黄甫川、定西县等列为全国水土保持治理重点,拨专款支持,加快治理。在中央的关怀和支持下,黄河流域省、地、县的党政领导和业务部门,都把水土保持作为当地改变贫困面貌的主要措施,根据中央的部署,加强领导,发动群众,开展治理。

黄河流域的水土保持,在中国共产党的领导下,采取了正确的指导思想和工作方针，而且逐步深化。具体提法虽不断有所变化，但基本精神则是始终一贯的。50年代提出，开展水土保持必须坚持依靠群众，与群众生产生活相结合，为群众生产生活服务；80年代进一步提出，把水土保持纳入农村经济体系，为发展农村商品经济、加快脱贫致富服务。50年代提出，开展水土保持必须以小流域为单元，全面规划，综合治理，集中治理，连续治理，治理与保护并重，治理与巩固结合；80年代进一步提出，在小流域综合治理中，应把保持水土与开发利用水土资源结合起来，开发利用与治理保护互相促进。50年代提出，退耕陡坡，增加地面植被，合理利用土地是解决水土流失的根本措施；80年代进一步提出，通过修好种好基本农田，提高粮食单产，促进陡坡退耕，造林种草，发展林牧副业，调整土地利用结构与农村经济结构，把保持水土与脱贫致富结合起来。50年代提出，水土保持是山区生产的生命线和治黄的基础，水土保持的任务是既为当地增产、又为黄河减沙；80年代进一步提出，水土保持是改变山区面貌，发展农林牧副等业各项生产的生命线，是治黄的战略措施，通过水土保持要求取得经济效益、生态效益和社会效益，有效地减少入黄泥沙。由于各地在开展水土保持中，认真贯彻了上述指导思想和工作方针，排除"左"的和右的干扰，使水土保持在发展过程中，坚持了正确的方向。

40多年来，在依靠群众开展水土保持中，随着农业合作化与农村经济体制改革的进程，先后采取了多种不同形式的水土保持责任制与劳力组合，虽然在发展过程中曾出现过偏差，有过教训，但终于得到纠正，总的来看，是适应了各个时期的客观条件，推动了治理工作。80年代以来，水土保持进入了一个新的历史阶段。1980年开始，在农村实行家庭联产承包责任制的基础上，山西省和内蒙古自治区等地出现按户承包治理的责任制，把面积100～200亩的支毛沟小流域和荒山、荒坡、荒沙、荒滩、荒沟（以下简称"五荒地"）按户承包给农民治理；并规定谁治理，谁管理，谁受益，长期不变，子女可以继承。这样就使水土保持做到责、权、利一致，治、管、用结合，极大地调动了群众的积极性。黄委会和黄土高原各地领导，及时总结推广了这一经验，使水土保持很快出现了新的局面。在按户承包治理的基础上，有的地方，还根据不同条件，又发展为联户承包、专业队承包、集体治理分户管理、劳动积累工等多种形式，适应了不同的情况，满足了水土保持用工的要求。各地各级党政和业务领导机构，不断地研究提出和改进水土保持责任制中的有关政策，贯彻按劳分配原则，保护群众治山治水的利益，调动了群众的积极性。

黄河流域水土保持的成就，与水土保持科学研究是分不开的。早在40年代，国民政府农林部就在甘肃天水、陕西西安等地建立水土保持实验区，进行小区径流观测、改良农业技术等试验研究。建国后，50年代初期，黄委会在绥德、西峰、天水等地建立水土保持试验站，随后在水利科学研究所（以下简称黄委会水科所）内设置水土保持研究室；各省（区）先后建立了各级水土保持试验站、研究所和推广站；中国科学院建立了西北水土保持研究所（以下简称中科院西北水保所），陕西省农科院建立了黄土高原综合治理研究所，山西大学建立了黄土高原地理研究所。截至1990年，黄河流域共有各类水土保持科研机构（站、所）38处，专业人员1100多人，先后提出上千项科研成果。同时，还有国内一些科研单位及大专院校，参加了黄土高原水土保持科学研究，作出了贡献。经过近50年，数千名科技人员的共同努力，黄河流域的水土保持科学研究，逐步形成包括水土流失规律、水土保持措施、水土保持规划、水土保持效益、水土保持管理等五个主要组成部分比较完整的体系。基本上解决了治理过程中出现的科学技术问题，有力地促进了水土保持的开展。50年代开始的陕西省绥德县韭园沟，甘肃省西峰市南小河沟、天水市吕二沟和山西省离石县王家沟等小流域综合治理试验，为各地开展小流域综合治理起了示范作用；在试验、示范、推广三结合方针指导下，对各项水土保持措施不断地研究改进，使之逐步趋于完善，提高了治理效益。70年代水坠法筑坝、飞机播种林草、机械修筑梯田等新技术的试验推广，进一步提高了工效，加快了进度，节约了劳力，降低了成本，为地广人稀、劳力缺乏地区开展水土保持找到新的办法。80年代，各地又将遥感技术、系统工程等先进技术用于水土保持；同时更注意了单项研究与综合研究结合，微观研究与宏观研究结合，战术研究与战略研究结合，为黄土高原的综合治理与全面开发提供了大量研究成果。

黄河流域的水土保持，经过广大干部、群众和科技人员40多年来的艰苦工作，使黄土高原面貌发生了变化，开始为黄河下游减少泥沙，初步改善了生态环境。但是，黄土高原的水土流失量大面广，情况复杂，自然条件很差，经济基础薄弱；同时，现有治理措施中，有些质量不高，效益不显著；许多地方边治理边破坏现象还相当严重。因此，防治水土流失的任务还是长期的艰巨的。

第一篇

流失区概况

黄河流域的水土流失区，主要在上中游的黄土高原，其次在下游的大汶河流域。全流域水土流失面积约44万平方公里，其中97.7%在上中游。黄土高原由于水土流失特别严重，建国以来一直是全国水土保持工作的重点。

黄河上中游黄土高原地区与下游大汶河流域的自然条件、社会经济情况，都有较大的差异，水土流失特点和水土保持要求也有所不同。

黄土高原地区幅员辽阔，其中的黄土丘陵沟壑区与黄土高塬沟壑区，地面遍覆黄土，土质松软；地形破碎，坡陡沟深；气候干旱，年雨量少而蒸发量大；地势高，气温低；植被稀少，暴雨集中。不利的自然条件，加以土地利用不合理，水土流失严重，群众生活贫困，是黄河下游洪水泥沙灾害的主要根源。水土保持的目标是：在合理开发利用水土资源的基础上，促进群众加快脱贫致富，同时有效地减少入黄泥沙。

黄河下游主要支流大汶河流域，大部属石质山区，山势陡峻，石厚土薄，水土流失造成土地石化、沙化，影响农林牧业生产。但由于雨量较丰，气温较高，有利于农作物和各类植物生长，虽然人口密度较大，人均土地较少，粮食亩产和人均产粮水平都较高，在黄河流域是经济条件相对较好的地区。水土保持以保住坡地土层，制止土地石化、沙化为主，同时充分利用优越的水热条件，加快发展农林牧副各业生产。

黄河上中游与下游，在水土保持中也有许多共同的特点和要求。上中下游都有丰富的矿藏资源和植物资源，可以开发利用以促进水土保持；上中下游各地都存在由于资源开发与基本建设造成新的水土流失，需要加强预防、保护和监督；上中下游都有局部地区存在“三料”（饲料、燃料、肥料）问题和人畜饮水困难，需要结合水土保持予以解决。

第一章 自然条件

黄土高原的自然条件,有两个显著特点:一是地形破碎,土质疏松,植被稀少,暴雨集中,易于产生水土流失,而且干旱、风沙等自然灾害频繁;二是地形、降雨、土壤、植被等,从东南到西北,有明显的地带性;地势逐渐增高,降雨、温度、植被逐渐减少,黄土的粗沙含量逐渐增多。大汶河流域的自然条件是雨量比较充沛、气候比较温和,有利于植物生长;地貌与地面组成物质以石质山丘为主,水土流失情况与防治措施摆布与黄土高原不同。

第一节 地势地貌

一、地势与山岭

黄土高原地区地势西北高,东南低,自西至东大致分为三个台阶:第一个台阶是六盘山以西的陇中地区,海拔1800～2000米,其中六盘山脊海拔2400米,主峰2928米,境内有屈吴山、兴隆山、马衔山等,海拔2900～3600米。第二个台阶是六盘山以东、吕梁山以西的陇东、陕北、晋西地区,海拔1000～1500米。吕梁山脊海拔2000～2500米,区内白于山(海拔1900米)、黄龙山、崂山,子午岭(海拔1500～2000米),都有黄土覆盖。第三个台阶是吕梁山以东、太行山以西的晋中和晋东北地区,由一系列的山岭与盆地构成,一般海拔1000米左右,盆地海拔700～800米。太行山南段西侧,平行排列有太岳山,海拔1500米,太岳山南端与中条山相连,主峰海拔1900米。太行山北端向西,有恒山、五台山,海拔2000～3000米。

二、其他地貌

黄土高原地区,除上述山岭外,还有以下几种地貌类型:

（一）丘陵

自西至东，从北到南，分布最广泛，面积约22万平方公里。这里丘陵起伏，沟壑纵横，坡陡沟深，支离破碎，地面坡度15度以上的占50～70%，沟壑密度每平方公里沟长3～5公里，最多达6～8公里。海拔高程，西部与北部1500～2000米，东部与南部1000～1500米。

（二）高塬

主要分布在甘肃省庆阳、平凉地区，陕西省延安地区南部和关中地区北部，以甘肃省董志塬和陕西省洛川塬最大，山西省临汾地区有少量残塬。海拔1000～1400米。塬面广阔平坦，地面坡度1～3度，沟壑面积占2/3左右。塬面被沟壑蚕食后，出现由塬变梁、由梁变峁的过渡地貌。

（三）平原

宁夏和内蒙古黄河两岸有河套平原，海拔400～1400米；山西省晋中地区有汾河平原，海拔400～800米；陕西省关中地区有渭河平原，海拔500～700米。

（四）阶地

主要分布在渭河两岸，有2～3级，介于平原与高塬之间，地面广阔与平原相似，但有少量类似高塬地区的侵蚀沟。

（五）沙漠

主要分布在长城沿线，有毛乌素与库布齐两大沙漠，海拔1000～1400米。地面略有起伏，新月形沙丘密布，沙丘间有零星碱滩地分布。

（六）干旱草原

紧接沙漠南沿，不断受沙漠南侵威胁，地面有稀疏草类。境内有4.2万平方公里内流区。

（七）高地草原

主要分布在甘肃省南部和青海省东部，海拔2000～3000米，地面坡度15度以上的占60%。高山、丘陵间有滩地。

大汶河流域地势东高西低，地貌类型有中山、低山、丘陵、山间台地、山间盆地和平原；一般海拔高程100～300米（占70%），少部在300米以上（占20%），最高处泰山极顶1524米，低洼地只有36米。流域内山丘占66.3%，平原占28.2%，洼地与湖泊占5.5%。河流以下有东平湖，是黄河下游山东省境内的主要滞洪区。

第二节 地面组成物质

一、黄土特性

黄土高原地区，除少数石质山岭和沙区外，广大地面上覆盖黄土。黄土是一种土状堆积物，是形成土壤的母质，其主要特点是：呈灰黄色或棕黄色，质地均一细腻，粉沙占总重量的50%左右；结构疏松，多孔隙，有的大孔隙肉眼可见；无沉积层理，有垂直节理裂隙；富含碳酸钙（达10%左右），遇水浸泡易产生湿陷，抗冲抗蚀性能弱。

二、黄土颗粒成分

通常划为五个粒级，即细沙（0.25～0.1毫米），粗粉沙（0.1～0.05毫米），细粉沙（0.05～0.01毫米），粉粘土（0.01～0.005毫米），粘土（小于0.005毫米）。从整体上看，黄土的颗粒成分，具有高度的一致性，粗粉沙和细粉沙的含量超过50%，其他粒级含量较小。由于黄土是自西北向东南由风力挟运而来，因此颗粒组成自西北向东南逐渐由粗变细，粗粉沙含量递减，而粘土含量递增，呈明显地域性变化。从宁夏回族自治区海原县向东北，经甘肃省环县，陕西省志丹县、绥德县，山西省临县至静乐县一线，其西北的黄土粗沙含量高于30%，群众称为“沙黄土”。黄土高原西部，从宁夏回族自治区同心县到甘肃省秦安县，粗粉沙含量由41%递减到12%，粘土含量由7.5%递增到24%；中部由陕西省佳县到淳化县，粗沙含量由42%递减到10%，粘土含量由15%递增到33%。

三、黄土堆积厚度

子午岭两侧的董志塬和洛川塬，是两个堆积中心，环绕这两个中心，黄土厚度一般100～200米。六盘山以西的陇中地区，黄土厚度一般小于100米，但在马衔山至华家岭以北，有些地区黄土厚度达200～300米。渭河北山以南的关中平原、吕梁山以东的山西高原，黄土堆积厚度为50～100米。

四、黄土成因

有许多不同的学说，其中“风成说”得到最广泛的支持。主张这一学说的专家认为，黄土沉积时期，黄土高原是一个复杂的草原盆地，气候干燥寒冷，时常有猛烈的西北风；在黄土高原西北部的中亚、蒙古戈壁荒漠上有各类颗粒的岩石粉末，随大风刮来，较粗颗粒在近处降落，形成毛乌素、库布齐等沙漠；较细的粉沙则降落在较远处，形成深厚的黄土层。距荒漠越远，黄土的组成颗粒越细。黄土以相似的厚度降落在原来起伏不同的地貌形态上，形成了山岭、丘陵、高塬等宏观地貌，再加上长期的水流割切侵蚀，才逐渐形成千沟万壑、支离破碎的侵蚀地貌。由于黄土的沉积不是连续的，在其沉积间断期间，不论高低地面，都发育了土壤，生长了植物。因此，在黄土中有随地形起伏的多层古土壤。

黄土表层，经过耕作与植物作用，形成土壤。不同类型地区，不同条件下，有不同的土壤。一般石质山区分布山地棕壤土、褐色土、黑褐土、灰钙土、草甸土等；丘陵区和高塬区主要分布黑垆土、黄绵土；邻近风沙区主要分布风沙土；平原区和阶地区主要分布塿土和冲积土；风沙区滩地上有盐碱土。

大汶河流域，大部是石质山丘，主要土类有：棕壤土类，多分布在中、低山区；褐土，多分布在河谷平原，部分在青石山麓；潮土，分布在东平湖畔；沙姜黑土，分布在低洼地区。山岭上部土层很薄，有的只20～50厘米，遭受冲刷后，部分地方出现土地石化。

第三节 降 雨

黄土高原地区降雨的主要特点是：年雨量少，年际变化大，年内分布不均，暴雨集中，是造成水土流失和干旱的主要原因。同时，地域分布，有明显的地带性。

一、地域分布

黄土高原各地多年平均降雨量200～700毫米，从东南向西北递减。南部陕西省关中盆地和山西省垣曲盆地一线，年降雨量最大，一般600～700

毫米，向北到内蒙古河套地区减少到200毫米。东部晋东南年降雨量也是600～700毫米，向西到甘肃省靖远县、兰州市减少到200～300毫米。甘肃省永登县和景泰县与沙漠接壤地带，年降雨量小于200毫米。山区由于地形影响，年雨量较大，六盘山、吕梁山、子午岭、黄龙山等，年降雨量都在600毫米以上。

二、年际分布

黄土高原降水的年变率大。一般情况是，多雨年的雨量为少雨年的3～4倍。多雨年降雨量可达平均年降雨量的140～170%，少雨年降雨量只有平均年降雨量的35～65%。降雨变率西北大于东南，东南部年降雨变率为15%，向西北逐渐增到30%。

三、季节分布

黄土高原各地降雨的季节分配不均，汛期(6～9月)降雨量占年降雨量的60～75%；冬春少雨，故易发生春旱。降雨季节分布不均的程度，西北大于东南。冬季三个月降雨量，南部约25毫米，占年雨量的4%，北部仅7～10毫米，占年雨量的1～2%。夏季三个月的降雨量，南部240～350毫米，占年雨量的40～55%；北部降雨130～300毫米，占年雨量的55～60%。春季三个月，南部降雨100～140毫米，北部降雨40～100毫米，各占年雨量的16～23%。秋季降雨量，南部140～200毫米，西北部60～150毫米，各占年雨量的20～30%。

四、暴雨集中

黄土高原各地汛期降雨多以暴雨形式出现，暴雨强度大，常达每分钟1毫米，历时20～30分钟。较大暴雨可达24小时降雨180～200毫米，造成严重水土流失和洪水灾害。如1977年7月5～6日和8月4～5日，陕北地区先后两次暴雨，在暴雨中心处，前一次24小时降雨250毫米，后一次25小时降雨270毫米，一部分支流造成较大的洪水灾害。

大汶河流域多年平均降雨量700毫米以上，具有黄土高原相似的降雨特征，6～9月雨量占全年的75%左右。年际变化大，多雨年(1964年)达

1272.8毫米，少雨年(1968年)只有443毫米。

第四节 植 被

黄土高原的大部分地区，历史上曾有较好的林草植被，由于历代的破坏，至1949年，天然次生林的覆盖率只有6%左右。

黄土高原由于气温和降水自东南向西北递减，天然植被类型具有明显的地带差异性，大致可分四个区：

一、落叶阔叶林区

包括陇山、关中北山至吕梁山一线的东南部地区，是黄土高原植物种类最多、植被繁茂地区。区内盆地、丘陵、高塬、平原，大部分都垦为农田，天然植被主要分布在高山和中山地带，主要植被类型是针叶树和夏绿阔叶林。高山地带分布有云杉、冷杉和落叶松的片状纯林；中山地带有华山松纯林或与其他阔叶树的混交林；低中山有白皮松和侧柏的纯林或混交林。次生的草皮和灌丛以禾本科、菊科、蔷薇科中旱生草类为主。

二、森林草原区

在落叶阔叶林区以北，其北界西起马衔山，经宁夏回族自治区固原县、甘肃省庆阳县、陕西省绥德县，至神木县一线。本区植被稀少，水土流失严重，有的山地还存在残败的次生林，但大部分已经草原化。天然林的主要树种有辽东栎、白桦、山杨，灌木有柠条、酸刺、枸杞、黄蔷薇、虎榛子等，主要草本植物有本氏羽茅、蒉草、白草、铁杆蒿等。

三、草原区

在森林草原区以北，其北以甘肃省靖远县、宁夏回族自治区同心县、陕西省白于山一线为界。代表性草原群落不多，禾本科植物有本氏羽茅、醉马草、龙须草等，另外还有胡枝子、茭蒿、臭蒿、铁杆蒿、茵陈蒿、水草、黄白草、萎陵菜、柠条、马棘、酸枣、紫丁香、黄刺玫、红柳、骆驼蓬、芨芨草、苦豆子等灌木和草类。区内残存的天然森林分布在海拔2000米以上的大、小罗山和屈吴山。在大小罗山有油松、云杉及山杨针阔叶混交林，在屈吴山生长着山杨、白桦林及旱生多刺的灌木。

四、风沙草原区

在典型草原区以北，长城沿线以南。气候上受沙漠影响，草原类型的植物在干旱多沙的环境条件下逐渐退缩，沙地植物随风进袭，形成以耐旱、耐寒的干草原和沙生植物为主，有沙生针茅、蒙古水草、牛枝、猫头草、刺沙蓬、苦豆子、蒙古葱、冷蒿、白草、兴安胡枝子等。在平原、河滩、盐碱地上，有耐碱植物马兰、芨芨草、碱蓬、盐角草等。

此外，地处黄河下游的大汶河流域，属暖温带气候，水热条件较好，植物种类繁多，林木覆盖率为17.4%。

第五节　气　　候

一、气温

黄土高原地区属温带大陆性季风气候，气温的季节变化非常明显，同时东南部与西北部相差很大。黄土高原各地，年平均气温在6～14℃之间，随着地势和纬度的增高，气温相应递减。从南向北，纬度每增加1度，气温平均下降1.33℃；从东向西，经度每差1度，气温平均下降0.73℃。黄土高原南北纬差6度，气温相应差8℃；东西经差11度，气温也相应差8℃。东南部山西省平陆县年均气温13.8℃，往西到陕西省西安市为13.3℃，再往西到甘肃省天水市为11.8℃。平陆往北，到太原市为9.3℃。西安市往北到延安市为9.3℃，再往北到榆林市为8.9℃。

黄土高原各地，冬季长于夏季，越向西北差别越大。大体上是东南部冬季130天，夏季110天，春季65天，秋季60天；西北部冬季200天，夏季40天，春季80天，秋季45天。山地则没有夏季，冬季长达210天，其余皆为春秋气候（以每五天平均气温低于10℃为冬季，高于22℃为夏季，10～22℃之间为春季和秋季）。东南部春夏两季开始较早，西北部秋冬两季开始较早，时间上相差约一个月。关中、晋南3月下旬春季开始，9月上、中旬秋季开始；而陇中、宁南、陕北、晋北等地，春季开始于4月中、下旬，秋季开始于8月上、中旬。

大汶河流域，年均气温12～14℃，7月最高，为26～27℃，1月最低，为－4～－1℃。

二、霜期

黄土高原各地与上述季节相应，东南部与西北部的霜期早迟与无霜期长短也不相同。北部初霜期始于9月中旬，逐渐向南推进；西部初霜期始于7月上旬，逐渐向东推进。无霜期时间，北部80～100天，中部150～180天，南部200～240天。大汶河流域202天。

三、蒸发

黄土高原各地，年雨量少而蒸发量大，是“十年九旱”的主要原因。水面蒸发地域分布，与降雨相反，从东南向西北逐渐递增。一般年均蒸发量东南部1000～1200毫米，西北部(甘肃省景泰县、宁夏回族自治区中卫县到长城以北)1600～1800毫米。陆面蒸发则与降雨一致，从东南向西北递减。一般年均蒸发量东南部400～500毫米，西北部200～300毫米。

以田间蒸发量与降雨量的比值为干燥度，黄土高原各地田间蒸发量800～900毫米，年降雨量200～700毫米，因而干燥度在1.3～4之间。从东南向西北，干燥度递增。晋东南、关中、陇东等地，干燥度小于1.5，属半湿润气候；甘肃省定西县、宁夏回族自治区海原县、陕西省榆林县一线西北，干燥度大于2，属干旱气候；其余地区，干燥度在1.5～2之间，属半干旱气候。

大汶河流域多年平均水面蒸发量1965毫米，最大年蒸发量2381毫米(1960年，肥城)，最小年蒸发量1496毫米(1964年，泰安)。

四、灾害性气候

黄土高原冬季多大风，造成风蚀和风沙危害。区内各地每年都有霜冻和冰雹危害。宁夏回族自治区固原地区，陕西省延安地区，每年发生冰雹3～4次。大风、霜冻和冰雹，都对各地农业生产造成不同程度的损失。

第二章 自然资源

第一节 土地资源

一、人口与土地

黄土高原地区64万平方公里内，1985年总人口7269万，农村人口6074万，人口密度每平方公里总人口112人，农村人口为95人。人均土地面积，总人口人均13.3亩，农村人口人均15.8亩。人口密度和人均土地，都接近全国平均数。总的来看，土地资源比较丰富。人口分布不均，东南部人口较密，西北部人口较稀；平原人口较密，山区人口较稀；水热条件好、农业发达地区人口较密，水热条件差、农业不发达地区人口较稀。人口密度大的地区，人均土地较少，但一般土地质量和气候条件较好，农业产量较高；人口密度小的地区，人均土地较多，但一般土地质量和气候条件较差，农业产量较低。黄土高原范围内，不同水土流失类型区，不同的自然条件，直接影响到人口密度，相应地影响到人均土地数量。大致可分以下四种情况：

（一）人口稀少地区

包括土石山区、风沙区、干旱草原区、高地草原区和林区，共有土地面积31.7万平方公里，农村人口1039万，农村人口密度每平方公里10～80人，平均33人。人均土地20～150亩，平均45.8亩。

（二）人口居中地区

主要在黄土丘陵沟壑区的五个副区，共有土地面积21.7万平方公里，农村人口2086万，农村人口密度每平方公里50～250人，平均96人。人均土地6～30亩，平均15.6亩。人口密度和人均土地，都接近黄土高原的平均数。

（三）人口较密地区

主要在黄土高塬沟壑区，共有土地3.3万平方公里，农村人口527万，人口密度每平方公里160人。人均土地9.4亩。

(四)人口稠密地区

主要在平原和阶地区，土地面积7.3万平方公里，农村人口2433万，人口密度100～700人，平均333人。人均土地2～15亩，平均4.5亩。

二、土地质量与问题

黄土高原土地资源比较丰富，但质量不均，全部土地中，坡地多，平地少。平原区与阶地区有90%以上地面坡度小于5度。其余各区，地面坡度大于5度的面积比例，高塬区在60%以上，丘陵区在90%以上。地面坡度大于25度的面积比例，土石山区占74%，丘陵区占69%，其余各区占15～50%。坡地水土流失严重，是发展农业的一个重要制约因素。

建国以来，尤其是进入80年代以来，修路、建房等占用大量耕地，特别是城镇附近，占用的绝大多数是高产粮田。陕西省每年被占耕地就有30～40万亩，相当于关中地区一个县的全部耕地面积。其它各省(区)都有类似情况，是土地资源中一个亟待解决的问题。

黄土高原地区，有大量的沙漠、沟壑(石沟床)、碱荒地、河滩地，原来不长庄稼，被列为“非生产地”，经过群众修建各类工程或采取改造措施，变成高产良田。如在沟中筑坝淤地，在河滩搞改河造田、引洪漫地，在沙漠中搞引水拉沙造田，修“马槽井”蓄水灌溉改造碱滩地等，已经改造出几百万亩高产稳产基本农田。这方面潜力还很大，有待继续开发利用。

大汶河流域，土地面积8633平方公里，1985年总人口481万，其中农村人口429万。耕地面积515万亩，每平方公里农村人口497人。人均土地面积3亩，农村人均耕地面积1.2亩，属人多地少地区。由于自然条件较好，农业产量较高，1985年平均亩产达504公斤。

第二节 水资源

黄河流域的水资源，据1919～1975年56年系列资料，花园口站天然年径流量为560亿立方米，平均每平方公里7.67万立方米。

黄土高原地区按1985年人口计算，人均水量650～770立方米。按耕地统计面积 1.8 亿亩计，亩均水量约 300 立方米，按黄土高原水土保持规划中改正后耕地面积 2.8 亿亩计，亩均水量 200 立方米。水资源相当贫乏，同时，具有地区分布不均、年际分布不均和年内分布不均，以及含沙量大、难于利用等特点。

一、地区分布不均

总的情况是，南多北少，全流域大致可分三个区：(1)南部——西起青海吉迈，过积石山，经大夏河、洮河，沿渭河至洛河、沁河一线的南侧，降雨丰沛，植被较好，年径流深在 150～200 毫米以上，是流域内径流量最多的地区。(2)北部——大致由甘肃景泰县、皋兰县，过宁夏海原县、同心县至内蒙古包头市一线以北，气候干燥，降雨不多，并有大片沙漠，年径流深在 10 毫米以下，是流域内径流量最少的地区。(3)中部——在上述两区之间，是黄土高原主体，年径流深 20～50 毫米。

按黄河干流河段划分，水资源与人口、耕地关系如下：

(1)兰州以上——有 143 万人，耕地面积(统计数，下同)1432 万亩，人均水量 4355 立方米，亩均水量 2200 立方米，是水资源比较丰富地区。

(2)兰州至河口镇区间——有 990 多万人，耕地 3500 万亩，大部是干旱、半干旱地区，天然径流量很小，是流域内水资源最贫乏的地区。

(3)河口镇到花园口区间——有人口 5300 万，耕地 1.29 亿亩，人均水量 520 立方米，亩均水量 210 立方米，是流域内水资源又一贫乏地区。其中龙门至三门峡区间的泾河、北洛河、渭河、汾河流域，人均水量仅 310 立方米，亩均水量只有 130 立方米。在一些干旱山区和苦水地区，人、畜饮水都很困难。

二、年际分布不均

黄河流域大部分地区的年径流年际分布不均。只有兰州以上年径流量相对比较稳定，年径流量变差系数为 0.22，最大年径流与最小年径流的比值为 2～3。兰州以下干流各站年径流变差系数为 0.22～0.25，最大与最小年径流比值为 3～4。花园口站最大年径流量为 940 亿立方米，最小年径流量为 274 亿立方米。

三、年内分配不均

由于降水的季节分布不均，影响到河川径流年内分配不均。黄河干流各站，汛期水量占全年的60%；一般支流汛期径流量占全年的80～90%，全年径流量不仅集中在汛期，而且集中在几次大洪水。黄甫川1954～1975年平均年径流量为1.86亿立方米，7～10月水量占全年72%；1972年7月的一次洪水量就占当年径流量的69%。

四、水流含沙量高

黄河三门峡站多年平均含沙量为每立方米37.7公斤，黄土高原水土流失严重的各支流，汛期洪峰含沙量高达每立方米300～500公斤，流失最严重地区甚至高达每立方米1000公斤以上。

大汶河流域，水资源条件比黄河中、上游优越，河川径流量18.52亿立方米，农村人均水量432立方米，亩均水量334立方米。

第三节 光热资源

黄土高原地区属温带大陆性季风气候，空气干燥，云量少，光照充裕，光热资源可利用的潜力很大。

一、日照与辐射量

黄土高原地区，理论年辐射总量，从南部的每平方厘米263千卡递减到北部的每平方厘米246千卡。由于各地的海拔高程、云量、大气透明度等的影响，地面上得到的实际辐射量比上述理论值小得多。黄土高原东南部海拔较低，空气湿度大，云量较多，日照时数少，地面得到的总辐射值较低；西北部海拔较高，空气干燥，云量少，日照时数多，总辐射值明显增高。陕西省西安市年日照2066小时，总辐射量每平方厘米129.2千卡，榆林市年日照2929小时，总辐射量每平方厘米145.6千卡；宁夏回族自治区银川市年日照3020小时，总辐射量每平方厘米148千卡。总的来看，黄土高原各地，年日照数 2000～3000 小时，年总辐射量每平方厘米 120～160 千卡，较同纬度的华北平原为高，是我国辐射能源高值区之一。

二、有效热量

黄土高原各地，日平均气温大于和等于 10℃的作物生长活跃期 150～210 天，积温 2800～4500℃，从东南向西北递减。东南部从 4 月上旬到 10 月下旬，积温 4000～4500℃；西北部和山区，从 4 月下旬或 5 月上旬，到 9 月下旬或 10 月上旬，积温 2800～3000℃。平均每一纬度生长活跃期相差 10 天，大于 10℃积温相差 250℃；平均每一经度生长活跃期相差 5.5 天，大于 10℃积温相差 140℃。陕西省西安市作物生长活跃期从 4 月 5 日到 10 月 28 日，持续 208 天，积温 4330℃；陕西省榆林市作物生长活跃期从 4 月 23 日到 10 月 5 日，持续 166 天，积温 3210℃；山西省右玉县作物生长活跃期从 5 月 10 日到 9 月 20 日，持续 133 天，积温 2240℃。

黄土高原各地日温差大，有利于植物干物质形成和薯类与果品糖分积累，提高产品质量。东南部一般日温差 10～16℃，西北部一般日温差 15～25℃。

大汶河流域多年平均日平均气温大于 10℃的积温 4922℃，日照时数 2522 小时，光能辐射总量每平方厘米 120～125 千卡。光能资源与黄土高原相近，而热能资源则优于黄土高原。

第四节　植物资源

据调查，黄土高原有草本植物 530 种，木本植物 260 多种(其中乔木近 100 种，灌木 130 多种，藤本 30 多种)。在水土保持、生产建设和发展商品经济中，可以利用的有以下各种植物：

用材树种很多，主要有：青杆、云杉、油松、华山松、白皮松、落叶松、侧柏、辽东栎、椴树、红桦、白桦、牛皮桦、山杨、青杨、河北杨、小叶杨、银白杨、蒲氏杨、钻天杨、毛白杨、加拿大杨、胡桐、柳树、刺槐、榆树、槐树、楸树、梓树、灰楸、泡桐、沙枣、楝树、栾树、朴树、皂荚、杜梨、白蜡、茶条槭等，其中有的可用于建筑，有的可制作家具、农具等。

果树的主要品种有：苹果、核桃、梨、枣、柿、杏、板栗、石榴、山楂、榛子、杜梨、海棠、草莓、葡萄、文冠果、君迁子等。

药材是一个大类，其中木本药材有：枸杞、连翘、五味子、五加皮、金银花、桃仁、杏仁、酸枣仁、柏子仁、女贞子、寄生等；草本药材有甘草、麻黄、黄芪、党参、黄芩、知母、大黄、冬花、苍术、香薷、薄荷、菊花、茵陈、秦艽、柴胡、远志、防风、桔梗、沙参、百合、玉竹、首乌、半夏、木贼、车前、苍耳等；菌类药材有茯苓、朱苓、马勃等。

此外，编织原料主要有沙柳、柠条、荆条、桑条、紫穗槐、芦苇等；纤维原料有罗布麻、亚麻、白草、马兰、木槿、芨芨草、柠条、草木樨等；油脂原料有油松籽、文冠果、油树籽、五角枫籽、播娘蒿、毛楝、香薷、苍耳、杜梨、山桃、山杏、核桃、水柏、虎榛子、五味子、山荆子、扁核木、臭椿等；山货有木耳、黄花菜、发菜、蘑菇等；其他有供淀粉原料的辽东栎、板栗，供香脂原料的玫瑰、桂香柳，供调味原料的花椒、酒花，供烤胶原料的橡碗子，供观赏的花卉有牡丹、芍药、丁香、山丹丹、黄刺玫、迎春花等。

大汶河流域的林木主要树种近400种，乔木主要有刺槐、松类、杨类、榆类、臭椿、泡桐、麻栎等；灌木主要有黄荆、酸枣、金银花、紫穗槐、胡枝子等；果树主要有苹果、梨、桃、杏、山楂、板栗、柿、大枣等。

第五节　矿藏资源

据1984年统计，黄土高原地区，几项主要矿产资源占全国探明储量的百分比为：煤占70%，铁占50%，稀土占97%，铌占60%，铝占50%，钼占40%，天然碱占50%。石膏居全国首位，其他矿产资源，如铜、铅、锌、铬、硫磺、云母、磷矿、石棉、食盐、芒硝等，都有相当的储量。山西、陕西、内蒙古三角地带（以下简称晋陕蒙接壤地区），包括陕西省的神木、府谷和榆林县，内蒙古自治区的伊金霍洛旗、东胜市、达拉特旗、准格尔旗和清水河县，山西省的河曲、保德、偏关和兴县，共12个县（市），约5万平方公里范围，已探明煤储量共2656亿吨，相当于全国探明储量的1/3，能源基地探明储量的1/2。

黄河中游的陕北、陇东地区，还有丰富的石油和天然气资源，陕北榆林地区1991年已探明天然气控制储量1000亿立方米。

大汶河流域矿藏主要有铁、铜、煤、硫、石膏、铬土、陶土、耐火粘土、闪长石、石英石、磷土矿等。

第三章 社会经济

第一节 土地利用与农村经济结构

黄土高原地区，存在土地利用不合理问题，主要表现为广种薄收，农地偏多，而林地、草地偏少。除平原、阶地和塬面外，全区陡坡农地大部是历代毁林毁草垦殖而来，既破坏了天然植被，又影响了人工植被的培育，其结果是林牧副业得不到应有的发展，又造成农村经济结构不合理，成为本区低产贫困的根本原因。

一、土地利用结构

多年来，黄土高原各地统计数字中，农地面积偏小，荒地面积偏大。1987年春，在黄土高原水土保持规划中，根据农业部的土地详查数据对农地面积进行了改正，相应地改正了荒地面积，对林地和草地面积暂未改动。改正后，黄土高原9.6亿亩土地中，农地2.8亿亩，占29.2%；荒地2.7亿亩，占28.1%；林地1.6亿亩，占16.7%；草地1亿亩，占10.4%；其他用地1.5亿亩，占15.6%。

不同类型地区，土地利用情况不同。一般规律是：地多人少地区，农地所占比例小；地少人多地区，农地所占比例大。黄土高原地区地多人少的五个类型区（土石山区、林区、风沙区、干旱草原区、高地草原区），农地占8.6%，林地占21.3%，草地占17.3%，荒地占39%，其他用地占13.8%；地少人多的平原和阶地区，农地占56.2%，林地占4.9%，草地占3.1%，荒地占14.6%，其他用地占21.1%；人口较多的高塬沟壑区，农地占40.2%，林地占12.9%，草地占9.5%，荒地占21.3%，其他用地占16.1%；人口密度居中的丘陵区，农地占30.7%，林地占13.4%，草地占6.4%，荒地占33.2%，其他用地占16.3%。

合理利用土地，是水土保持的基础。50年代以来，许多水土保持搞得比较好的县、乡、村和小流域，都是从合理利用土地入手，科学地部署农、林、牧业用地，收到了良好的效果。各地根据这些经验，制定了合理利用土地的规划，结合开展水土保持，土地利用不合理的情况，正在逐步得到改变。

二、农村经济结构

黄土高原地区的农村经济结构不合理，主要表现为单一农业(粮食)经营，林牧副业多种经营较差，以致群众难以摆脱贫困。据1980年统计，全区大农业总产值126.2亿元，其中农业产值80.5亿元，占63.8%；林牧副业多种经营产值45.7亿元，占36.2%。人均产值218元，劳均产值611元，每平方公里综合产值2.07万元。劳动生产率和土地生产率都很低。中共十一届三中全会以后，黄土高原各地农村开始调整经济结构，积极发展商品经济，大农业总产值上升较快，1985年达198.8亿元，其中农业产值117.2亿元，占58.9%，林牧副业多种经营产值81.6亿元，占41.1%。人均产值达327元，劳均产值870元，每平方公里综合产值3.26万元。劳动生产率和土地生产率都有所提高。农业产值在绝对量增加的同时，在总产值中的比例下降，林牧副业产值绝对量和在总产值中的比例增加，农村经济结构已初步得到调整。

黄土高原地区，由于自然条件、社会经济条件的制约，各地的综合产值差别较大，大致可分为三种情况：平原和阶地，自然条件较好，交通比较方便，商品经济比较发达，农业生产水平比较高，1985年每平方公里综合产值12.9万元；风沙区、干旱草原区、高地草原区、林区、土石山区，自然条件较差，农业生产水平较低，每平方公里综合产值1.1万元；丘陵区和高塬区，人均土地面积居中，自然条件较差，农林牧业生产水平都不高，每平方公里综合产值分别为2.43万元和4.72万元。

大汶河流域，据1985年统计，土地利用情况是：农地44.7%，林地17.4%(其中果园占3.1%)，草地2.4%，荒地14.8%，水域6.9%，城镇、村庄、道路等其他用地13.8%。工农业总产值44亿元，其中大农业总产值16.7亿元，在大农业总产值中，农业(种植业)占66.6%，林果业占4.5%，畜牧业占22.7%，副业占5.8%，渔业占0.4%。农村经济结构与黄土高原有相似的情况和问题。

第二节　农村各业生产

一、黄土高原

黄土高原各地农林牧副渔业生产各有优势，平原和阶地的优势在农业，林区和土石山区的优势在林业，高地草原区和干旱草原区的优势在畜牧业。但总的来看，大部分地区生产都还处在水平十分低下的阶段，生产潜力还未发挥出来。

（一）农业

作物组成以粮食为主，占播种面积的75～80%，经济作物只占20～25%。80年代以来，结合经济结构调整，经济作物播种面积逐年有所增加。在粮食作物中，东南部以夏粮（主要是小麦）为主，西北部以秋粮（主要有糜、谷、玉米、高粱、薯类）为主。经济作物主要有棉花、油料、甜菜、烤烟、药材、名贵杂豆等。

黄土高原的农业，大部是低产区，但也有部分高产区，低产区内也有部分高产地。分布情况是：平原和阶地是农业主要高产区，土地广阔平坦，大部有水利灌溉，多为一年两熟，一般亩产350～400公斤，高者达500公斤；高塬区的塬面也较广阔平坦，一般亩产150～200公斤，也是比较高产的地区；丘陵区和土石山区80～90%的耕地在陡坡上，水土流失严重，一般亩产25～50公斤，是主要的低产区。

低产地区的高产农地，主要都是基本农田，如丘陵区的坝地和修成小片水地的川台地与沟台地，土石山区与风沙区修成小片水地的沟滩地和碱滩地等，一般亩产200～250公斤，高者达300～350公斤；丘陵区和土石山区的坡耕地，修成水平梯田后，亩产达100～150公斤。

黄土高原大部地区，影响农业低产的因素，除水土流失、干旱等自然灾害外，主要是广种薄收、耕作粗放。特别是丘陵区和土石山区的坡耕地，有的地方，实际人均耕地10～20亩，甚至更多（上报统计只有3～5亩），群众种地有的往返3～4公里，甚至5～10公里。每亩实际只能投工5～6个，耕作十分粗放。许多耕地不施肥，或者只施少量拌种肥（每亩农家肥100～150公斤）。但是，在同样自然条件下，坡耕地改造成水平梯田后，凡是增施肥料（每亩1000～1500公斤农家肥)，精耕细作的，亩产达150～200公斤。凡增施化肥，再加科学种田的，亩产达300～350公斤。

1985年，黄土高原粮田面积2.35亿亩(上报统计1.6亿亩)，总产粮食240.7亿公斤，平均亩产100公斤(按上报统计粮田面积，平均亩产150公斤)。其中梯田3200多万亩，平均亩产149公斤；坝地382万亩，平均亩产184公斤；水地4150万亩，平均亩产314公斤；坡地1.58亿亩，平均亩产36公斤(按上报统计面积8788万亩，平均亩产64.5公斤)。基本农田面积占粮田总面积的33.3%，而粮食产量占总产量的76.4%；坡耕地面积占粮田面积的2/3，而粮食产量不到1/4。

(二)林业

黄土高原地区林业，主要由两大部分组成：一是对原有天然林的保护、管理和经营；二是在"五荒地"和退耕地上造林，并进行管理和经营。天然林主要分布在林区和土石山区，部分丘陵和塬区也有少量分布，面积共7840万亩。人工造林，截至1985年，累计开展面积7860万亩。在现有林地面积中，有防护林5982万亩，薪炭林2568万亩，用材林6637万亩，经济林511万亩，此外，还有果园465万亩。按农村人口平均，每人有防护林1亩、薪炭林0.4亩、用材林1.1亩、经济林0.1亩、果园0.1亩。

黄土高原林地面积的分布，各地差异较大。一般规律是：地多人少地区林地多；地少人多地区林地少。林区、土石山区等五个地多人少地区，面积31.7万平方公里，共有林地1.013亿亩，平均每平方公里320亩，人均9.7亩；地少人多的平原区和阶地区，面积7.3万平方公里，共有林地540万亩，平均每平方公里74亩，人均林地0.33亩；人口较多的高塬区和人口密度居中的丘陵区，土地面积分别为3.3万和21.7万平方公里，分别有林地635万亩和4393万亩，平均每平方公里有林地192亩和202亩，人均林地1.2亩和2.1亩。

据考证，黄土高原许多地方，在古代都有较好的天然林，林地面积曾占总面积的40～50%。到1949年，只剩下约6%。建国以来，各地群众和有关部门积极造林育林，涌现出许多大面积造林的先进典型。如陕西省的靖边、淳化县，山西省的右玉县，内蒙古自治区的伊金霍洛旗等，在全县(旗)范围内大面积造林，效益都很显著。各地还有许多造林搞得好的乡、村和小流域，有效地解决了群众"三料"问题，增加了经济收入。黄河中游晋陕峡谷两岸的红枣，河南省灵宝县、陕西省洛川县的苹果，山西省汾阳县的核桃等，在国内久负盛名，有的已行销国外。林业科研工作及时提出了适地适树、优良树种、造林密度、整地工程、飞机播种和林产品加工利用等大量有用的科研成果，推动了林业的发展。

但是，总的来看，40 多年来，林业的发展还赶不上生产建设的要求。一方面，许多地方群众造林质量较差，加以管理、经营工作未跟上，造林成活率、保存率都很低，许多地方只有 30%左右；同时，不少地方未注意适地适树，在干旱山坡上密植乔木，以致许多地方形成大量“小老树”，在陕北和宁夏一些地方“小老树”约占 50～60%，未收到应有的经济效益和生态效益。在农村经济体制改革过程中，有些地方未能认真贯彻中央有关保护林木的政策，破坏林木的现象时有发生。

（三）畜牧业

黄土高原各地，在畜牧业的经营上可分四种情况：一是载畜量和户均量都高地区，主要分布在高地草原区；二是载畜量低而户均量高地区，主要分布在干旱草原区和风沙区；三是载畜量相对较高而户均量低地区，主要分布在平原区和阶地区；四是载畜量和户均量都低，主要分布在丘陵区和高塬区。

到 1985 年，黄土高原共有大牲畜（牛、驴、骡、马）1294.3 万头，猪 1469.3 万头，羊 3049.1 万只。户均大牲畜约 1 头、猪 1 头、羊 2.5 只。按 1 头大牲畜折合 5 个羊单位计，1985 年，黄土高原共有牲畜 1.1 亿个羊单位，户均约 9 个羊单位。由于各地自然条件、社会经济情况不同，畜牧业发展程度也各异。高地草原区面积 3.7 万平方公里，有牲畜 813.6 万羊单位，平均每平方公里 220 个羊单位，户均 55 个羊单位（单位面积载畜量和户均量都高）；干旱草原区和风沙区，面积 12.9 万平方公里，共有牲畜 830 万个羊单位，平均每平方公里 64 个羊单位，户均 24 个羊单位（单位面积载畜量低，而户均量高）；平原区和阶地区，面积 7.3 万平方公里，共有牲畜 2914 万个羊单位，每平方公里有 399 个羊单位，户均 6.4 个羊单位（单位面积载畜量高，而户均量少）；丘陵区和高塬区，面积分别为 21.7 万平方公里和 3.3 万平方公里，分别有牲畜 3954 万和 712 万个羊单位，每平方公里分别有 182 和 216 个羊单位，户均牲畜分别为 9.3 和 6.5 个羊单位。

黄土高原各地，有传统的优良牲畜品种，如宁夏的滩羊，关中的秦川牛，陕北的佳（县）米（脂）驴等。70 年代以来各地又引进新疆细毛羊、东北白绒山羊等良种，效果较好。陕西省关中地区发展奶山羊，已逐渐形成当地优势，奶牛和役肉兼用牛，也在积极发展中。

发展牧业的主要问题是，有些地方缺乏全面规划，出现了农牧争地和林牧争地矛盾。许多地方毁草垦荒和过度放牧的问题尚未很好解决，造成牧地日益缩小，草场日益退化，不仅影响畜牧业的发展，而且加剧水土流失；有的地方不注意科学饲养，出现牲畜品种退化，数量减少，质量降低；有的地方单纯追求牲畜存栏率，忽视出栏率和商品率，以致畜牧业的经济效益未能充分发挥。80年代以来，有的地方已采取羊群舍饲或半舍饲等办法加以改进。

(四)副业

黄土高原地区的农村副业门路较多，1980年副业产值19.9亿元，到1985年上升到38.5亿元。在1985年的副业产值中，编织1.82亿元，加工10.27亿元，采集0.82亿元，捕猎0.12亿元，其他25.46亿元。

副业收入按地区分别统计为：平原区和阶地区平均每平方公里近3万元，人均90元；风沙区、干旱草原区等五个类型区，平均每平方公里2244元，人均68元；高塬区和丘陵区平均每平方公里分别为6364元和3400元，人均分别为40元和36元。

各地在发展副业中，创造出许多好的经验，不仅增加了经济收入，而且促进了水土保持。副业生产存在的主要问题，一是缺乏全面规划，还未做到有计划地发展；二是许多地方交通运输不便，产、供、销关系不协调，有的副业产品不能及时销售出去，影响群众的积极性。

(五)渔业

黄土高原地区渔业潜力很大，但发展较慢，产值较低。各种人工水面(水库、池塘)和天然水面(海子、聚湫)共有面积184万亩，大部未能利用。1980年渔业产值只有523万元，1985年虽已增长到1669万元，为原来的3倍多，但按当年水面计，平均每亩产值只有9.1元。陕西神木县红碱淖海子，面积约10万亩，80年代中期年产鱼20～25万公斤，平均亩产只有2～2.5公斤。产生上述问题的主要原因是，群众没有养鱼习惯，技术问题未能很好解决。

二、大汶河流域

(一)农业

流域内耕地515万亩，人均1.2亩；基本农田298万亩，人均0.67亩。作物组成中，粮食占60%，以小麦、玉米为主；经济作物占40%，主要品种有花生、棉花、豆类和瓜、菜等。流域内耕地面积在不同类型区内所占比重：山区占22%，丘陵区占37%，平原区占33%，低洼地区占8%。粮食亩产较高，

1985年达541公斤,在大旱的1983年仍有458公斤。

(二)林果业

建国初期只有疏残林地10.8万亩,到1985年已有林地267万亩(农村人均0.62亩),其中桐粮间作面积120万亩,占平原和低洼地区耕地面积的57%。林木主要树种约400种,并有一些土特产果品生产基地。肥城县的桃,宁阳县的枣,泰安市的核桃、板栗,莱芜市的山楂,以及分布在全流域的苹果,都已形成规模性生产,1985年各类果品年产值2亿多元。

(三)畜牧业

1985年有大牲畜14.8万头,生猪147.9万头,羊60.9万只,家禽1241万只,畜牧业总收入3.8亿元,占农村总产值的22.7%。现有荒山草坡184万亩,其中可利用的114万亩,已利用70万亩,但产草量低而不稳,影响畜牧业的发展。

(四)副业

主要有运输、筑路、开采(煤)、加工、服务业等,投入劳力占农村总劳力的25.7%,1985年收入达0.97亿元,占农村总收入的5.8%。

(五)渔业

共有养殖水面近40万亩,1985年产鱼5316吨,收入633万元,占农村总收入的0.38%,平均每亩水面产鱼13.3公斤,比黄土高原略高,但总的来看,仍是薄弱环节。

第三节 群众生活状况

黄土高原大部地区,由于水土流失严重,干旱、风沙、霜冻、冰雹等自然灾害频繁,农林牧各业生产水平很低,加以人口增长过快,群众生活十分贫困,主要表现为一缺粮,二缺钱,许多地方燃料、饲料、肥料俱缺;同时,还有约500万人口的地区,人、畜饮水困难。

一、粮食

粮食缺少,一直是黄土高原群众生活中一个大问题。青海省东部、宁夏回族自治区南部、甘肃省中部、陕西省北部和山西省西部的丘陵沟壑区,经常靠从外地调粮补充。据115个县调查,1976年有39个县人均粮食低于建国初期;1978年(丰收年)仍有25%的县人均粮食不到250公斤,50%的人口口粮不到150公斤。

缺少粮食的主要原因,一是水土流失,二是干旱。80%以上的面积,经常遭受不同程度的干旱威胁。除平原区、阶地区外,大部农耕地分布在坡面,水土流失严重,土地瘠薄,田间持水能力差,很不耐旱,一般年景,实际亩产只有25~50公斤,一遇干旱就严重减产,一般减产40~50%,有的甚至颗粒无收。

经过40多年的努力,修建了大量基本农田,加上科学种田,粮食的单产和总产都有较大的提高,粮食问题开始有所缓解。1949年,黄土高原六个省、区(缺河南)总人口2868万人,农村人口2574万人,总产粮食73.5亿公斤,农村人均286公斤。1980年,黄土高原总产粮食190亿公斤,农村人口平均每人有粮食329公斤。其中平原区和阶地区人均394公斤,土石山区、林区、风沙区、干旱草原区、高地草原区人均259公斤,高塬区和丘陵区人均分别为261公斤和249公斤。1981年以后,由于农村经济改革,加上风调雨顺,1985年,粮食产量有所提高,总产粮食240.7亿公斤,农村人口平均每人396公斤。其中,平原区和阶地区人均480公斤,上石山区和风沙区等五个类型区人均327公斤,高塬区和丘陵区人均分别为402公斤和331公斤。虽然粮食问题有所缓解,但远未根本解决,仍有20%左右的贫困户粮食困难;而且,大部地区基本农田数量少,主要仍靠耕种坡地,产量很不稳定。

二、产值与收入

黄土高原各地农村产值和群众收入都很低。1972年人均分配收入63元,1976~1978年3年平均人均分配收入66.5元。

黄河中、上游地区138个水土流失重点县,1979年人均分配收入59.5元。其中陕西省48个县人均65.4元,山西省28个县人均61.8元,甘肃省37个县人均65.9元。进入80年代以来,农业实行按户联产承包生产,不再从集体中分配收入,各地大农业产值,逐年有所提高。1980年,黄土高原大农业(农、林、牧、副、渔业)总产值126.2亿元,人均218元。其中平原区与阶地区人均259元,风沙区和土石山区等五个类型区人均220元,高塬区人均165元,丘陵区人均183元。从1981年开始,农村经济发展较快,到1985年,黄土高原大农业总产值上升到198.8亿元,人均327元。其中,平原区和阶地区人均391元,风沙区和土石山区等五个类型区人均336元,高塬区人均293元，丘陵区人均256元。地少人多地区，由于自然条件较好，因而人均产值较高；地多人少地区，虽然自然条件较差，但人均土地较多，因而人均产值也较高；介于二者之间的高塬区和丘陵区，人均产值较低。

三、“三料”问题

黄土高原地区许多地方群众还缺少燃料、饲料和肥料。“三料”之间，关系密切，缺其一则影响其二。有的地方，把牛羊粪晒干作燃料（做饭、烧炕取暖）。80年代初期，甘肃省中部18个干旱县，99万农户中，有70多万户每年缺柴3～7个月，群众铲草皮、挖草根作燃料，每年每户要破坏草皮4～7亩，影响牲畜饲草。宁夏回族自治区固原地区，许多群众每年要用50～80%的牛羊粪晒干作燃料，供冬季烧炕取暖。按10公斤肥料可增产1公斤粮食计，据1980年统计，全地区每年烧掉的肥料，约少收粮食1.5～2.5亿公斤。陕北杏子河流域由于牲畜量少，肥料缺乏，有30%左右耕地不施肥（当地叫“甜种”），一般坡耕地每亩只施农家肥150公斤左右，大部是作为拌种肥。由于草原面积日益缩小，草场质量日益退化，产草量、载畜量都很低，一般要15亩左右才能养一只羊，大部地区都是超载放牧。1985年调查，杏子河流域14个乡共超载3万多个羊单位。

四、人畜饮水

1985年前后，黄土高原各地约有500万人口的地区人畜饮水困难，分布比较集中的有甘肃省定西地区、宁夏回族自治区固原地区、陕西省靖边县和定边县等地。同时，陕北、陇东、陇南、晋西的高塬区、丘陵区和土石山区，有的群众住在塬面或高坡上，正常情况下，下沟取水垂直高度200米左右，水平距离500米左右，人、畜饮水也很困难。有的下沟取水往返一次5公里左右。一遇天旱，困难更甚。1980～1981年，定西县大旱，33万人中有13万人及牲畜饮水困难，国家用汽车运水，仅运费就花了120多万元。

大汶河流域群众生活水平高于黄土高原地区。1985年人均粮食453公斤，人均收入385元。但发展不平衡，山区仍有少数群众温饱问题尚未解决，人均收入不到200元，部分群众也存在“三料”困难，同时还有248个自然村约12万人吃水困难。

第二篇

水土流失

黄河流域的水土流失，主要产生于中上游的黄土高原地区。黄土高原水土流失的历史可上溯到240万年前的地质时期，在黄土沉积过程中土壤侵蚀就已开始，但发展缓慢，处于自然侵蚀状态。约于3000年前的西周初期开始，由于人口增长，人类活动渐多，特别是秦汉以后，农耕地由平原地区向丘陵、山区发展，破坏地面林草植被，自然侵蚀发展为加速侵蚀。建国以后，由于人口大量增长，一些地方毁林毁草、陡坡垦种以及开矿、修路等生产建设破坏地貌，又产生新增侵蚀。

黄土高原水土流失最严重的地区，主要在陕西省北部、山西省西部、内蒙古自治区南部、甘肃省东部和中部的丘陵区和高塬区，面积共约25万平方公里，每年每平方公里流失土壤5000～10000吨，最高达30000吨。沟蚀的发展造成地面支离破碎，生产用地日益缩小。据黄委会水保处50年代调查统计，黄河中上游共有大小沟道近27万条，沟壑面积占土地总面积的20～40%。面蚀的发展使坡耕地土层日益瘠薄，土壤肥力下降，田间持水能力差，加剧干旱威胁，粮食产量低而不稳，使广大群众生活长期陷于贫困。同时大量泥沙下泄，淤积水库、河道，降低了水利工程的综合效益，加剧洪涝灾害。数千年来，黄河下游频繁决口改道，其根本原因是黄土高原水土流失造成的。黄土高原的水土流失，已成为世界环境科学中一个重大课题。

黄河流域的科技工作者，通过对水土流失发展过程的研究，基本上弄清了产生水土流失的原因，主要是坡陡沟深、土质疏松、植被缺乏、暴雨集中，这四个自然因素同时处于不利情况下综合作用造成的。通过人类活动，改变其中任一因素，使之处于有利状态，水土流失就可减轻或制止。在土松、雨暴、无植被条件下，用人工把陡坡修成水平梯田，就可减轻水土流失；在坡陡、土松、雨暴条件下，用人工造林种草，增加地面植被，也能减轻水土流失。人们认识到侵蚀发展的这一基本规律，就能进一步自觉地用以指导水土保持的实践。

第四章 侵蚀演变

黄河流域水土流失的演变，经历了自然侵蚀和加速侵蚀两个不同的发展阶段。据考证，早在史前时期，黄土高原就存在缓慢的自然侵蚀（也称古代侵蚀、地质侵蚀或正常侵蚀）；近3000年来，由于人类活动频繁，发展为加速侵蚀（也称现代侵蚀）。特别是近几十年，由于资源开发和基本建设，在局部地方造成的加速侵蚀更为严重。加速侵蚀对黄土高原和黄河下游造成的危害，是防治水土流失工作的主要对象。

第一节 自然侵蚀

黄土高原的自然侵蚀，在黄土沉积过程中就已存在，距今约240万年历史。产生侵蚀的原因是：黄土沉积以前的地面就起伏不平，黄土沉积过程中和沉积以后，地面起伏虽有所减缓，但仍保持相对的起伏地貌。同时地面尚未形成能制止土壤侵蚀的植被，加之黄土本身具有松软易蚀的特性，在暴雨径流作用下，就产生土壤侵蚀。其主要特征是：在没有人类活动破坏植被和地貌的情况下，由于地形、降雨和黄土本身性质等自然因素所造成的一种侵蚀。

一、地形影响

黄土高原在黄土沉积以前，地面起伏不平。据中国科学院黄土高原综合科学考察队（以下简称中科院黄土高原综考队）研究成果，其原有地貌主要分为六种：一是基岩山区，如太行山、六盘山、日月山、秦岭等；二是基岩盆地，上升后即今甘肃省董志塬和陕西省洛川塬等；三是基岩丘陵，分布在陕西省北部和山西省西部等地；四是上升盆地，分布在甘肃省中部、南部和东部等地；五是河谷阶地，分布在黄河干流及其主要支流渭河、汾河、湟水等地；六是沉降盆地，主要分布在黄河干流的宁夏、内蒙古河套地区。

黄土高原地区在第四纪新构造运动中，出现大面积地面缓慢抬升和黄河干流及其主要支流河床缓慢下切，这些地质作用与黄土的沉积同步和交替进行。黄土沉积以前的基岩盆地与上升盆地，地面上升后，逐渐萎缩、干涸，加上黄土堆积，最后形成高塬和丘陵。黄土沉积以后，地面原有的浅洼地和小的水路网被黄土填平，虽然地面起伏有所减缓，但大的水路网依然存在，地面起伏的总轮廓没有改变。在起伏的地面上又无植被，在暴雨径流的作用下，就产生土壤侵蚀。加以由地质作用造成的河床下切，相应地引起各地沟谷的侵蚀基点破坏，在坡沟水流汇集冲刷下，又产生了沟蚀。经过若干万年的发育，形成千沟万壑的地貌，为尔后产生加速侵蚀创造了条件。

科技界有人认为，黄土高原在地质时期的地面抬升与河床下切等地质作用是产生土壤侵蚀的根本原因。这两种作用的实质是：在黄土高原原有地貌基础上，增加了地面高差与河床（沟床）比降，而对土壤侵蚀影响中起主导作用的仍是地形——地面的起伏程度。

二、降雨影响

第四纪以来，黄土高原的气候曾发生温湿与干冷的多次交替旋回，相应地影响地面植被也发生森林、森林草原、干草原和荒漠草原的多次交替旋回，进而影响到自然侵蚀过程也经历了相对轻微和相对强烈的交替旋回。而每一旋回往往需要经历几万年甚至十几万年的漫长时期。其中干冷期为黄土沉积期，侵蚀相对微弱；温湿期黄土堆积缓慢，古土壤发育，雨量增加，侵蚀作用相对强烈。同一时期，由于纬度和气候带的差异，降雨量和强度不同，因而不同地区侵蚀也有相对强烈与相对微弱之分。在漫长的地质历史时期，随着气候温湿、干冷的变化，黄土高原的自然侵蚀相应地出现强弱交替的螺旋型上升发展趋势。在每一次侵蚀强烈期所形成和发展的沟谷系统，都为下一次侵蚀旋回创造了基础条件。

中科院黄土高原综考队认为，黄土沉积以来的自然侵蚀，可分为四个时期，第一个侵蚀期，距今约120～150万年，第二个侵蚀期距今约50～70万年，第三个侵蚀期距今约10～20万年，第四个侵蚀期距今约1～2万年。后两个侵蚀期，黄土高原沟壑增多，地形更有利于产生侵蚀，在同样降雨条件下，自然侵蚀比前两个时期相对强烈。

该考察队对陕西省洛川塬的研究表明，在自然侵蚀时期，这个地区发生的第一期冲沟距今约20万年，深约40米；第二期冲沟距今约10万年，深约

100米;第三期冲沟距今约3万年,多垂直于主沟,呈羽毛状分布;第四期冲沟主要是此后原有冲沟的沟头前进。在此过程中,气候湿润、雨量充沛时,沟谷侵蚀也相应加剧。

第二节 加速侵蚀

黄河流域的水土流失,从自然侵蚀发展为加速侵蚀,主要是人类活动破坏森林、草原天然植被造成的。

一、加速侵蚀过程

在自然侵蚀的后期,黄土高原地区起伏的地形、松软易蚀的黄土和强烈的暴雨等三项自然因素,都有利于产生严重的土壤侵蚀。但同时,这一地区的大部地面已形成能够抑制土壤侵蚀的森林、草原等天然植被,因而侵蚀很轻微。距今6000～7000年以前的新石器时期,由于原始农业的发展,开始出现人类破坏林草植被的活动,但当时人口稀少,破坏力不强,对水土流失未能产生明显的影响。当发展到西周时期,我国进入铁器时代,加之人口增加,对森林、草原的破坏加剧,产生了明显的加速侵蚀。因此,有的学者以距今约3000年的西周开始时,作为黄河流域从自然侵蚀到加速侵蚀的时间分界。

自西周以后,直到民国时期,3000年来黄土高原地区人口增长较快,移民戍边以及农业区逐步由南向北扩展(由平原区和阶地区向丘陵区和草原区扩展),从而使这一地区林草植被破坏日益加剧,水土流失日趋严重。

历史上由于汉族与北方少数民族之间政治、军事形势的变化,不同的朝代,移民戍边活动有张有弛,黄土高原的人口有增有减,农业区由南向北有进有退。这样,就影响到不同时期人类活动对森林草原的破坏有缓有急,导致水土流失的发展也有轻有重。总的发展趋势是呈波浪型逐步加剧。

(一)植被破坏

据文献记载,历史上黄土高原到处是森林、草原。如陕西省的关中平原,在古籍中就有"平林"、"中林"、"棫林"、"桃林"等有关森林的记载。西周以后,由于人口增长和生产力的发展,首先受到破坏的是关中平原地区的森林。山西省吕梁山,唐代曾辟为林区,到明清时已残缺不全。其北的芦芽山,原来是"林木参差,干霄蔽日",到明末已砍伐殆尽。晋北的雁门关与偏关之间,“山势高险,林木茂密”,明代初期视为北方藩篱,但不到百年,山上的林木就“十去六七”。后来采伐的人更是“百家成群,千夫为邻,逐之不可,禁之不从”。

据甘肃省《秦安县志·风俗卷》记载:汉时“山多林木,民以板为室;修习战备,以射猎为先”。说明当时森林茂密。宁夏南部六盘山林区,明代还保留有较多森林,清代人口增长,以开垦、烧炭为生,林木遭到严重破坏。光绪三十二年(1906年)固原知州王学伊说:“固郡自迭遭兵灾以来,元气未复,官树砍伐罄尽,山则童山,野则旷野,……当承平之时,薪已如桂。”

陕西师范大学史念海教授在《历史时期黄河中游森林》一文中,对黄土高原森林面积的演变,归并为四个时期:一是西周时代,大部地面有森林覆盖,到春秋战国后期,平原地区森林已开始遭到破坏;二是秦汉时代,破坏面积接近1/3;三是唐宋时代,破坏日趋严重,破坏面积接近1/2;四是明清时代,森林遭到毁灭性破坏,破坏面积达80~90%。四个时期黄河中游的森林演变情况见图2—1。

(二)侵蚀加剧

北宋时期负责延安边防的范仲淹,根据途中所见记述:“随川取路,夹以峻山,暴雨之期,湍流大石。”(《范文正公文集》)。山西省兴县在明代嘉庆以前,“山林茂密,虽有澍雨积霖,犹多渗滞,而河不为肆”。其后由于植被破坏,水土流失加剧,就是另一种景象:“今群垦日广,诸峦俱童山不毛,每夏秋降水峻激,无少停蓄,故其势愈益怒涌汩急,致堤岸善崩。”山西省岚漪河流域过去森林较多,抗日战争时期(1937~1945年)破坏近半,洪水泥沙冲坏下游大片平川,以致当地流传着“开了岢岚山,漂了兴县魏家滩”的民谣。

据历史地理工作者考证,一些河名的变化,与水土流失加剧、泥沙增多也有关系。如黄河中游的渭河,唐代称为“清渭”。唐代诗人白居易的《泛渭赋》,称渭河是“百里之清流”。可见当时河流含沙量很小。渭河支流牛头河,原名清水河,河岸边有清水县,而今县名未改,但河水早已不清了。内蒙古自治区有清水河县,宁夏回族自治区有源于六盘山的清水河,其名的由来与当时河流清澈少沙有关,但在千百年后的今天,都成了水土流失严重区。

历史上黄河下游的洪水灾害,虽然原因很多,但最根本的原因是黄土高原的植被破坏与水土流失。近3000年来黄河下游河道决溢和改道的次数越来越频繁,与植被破坏面积日益扩大、水土流失日益加剧密切相关。

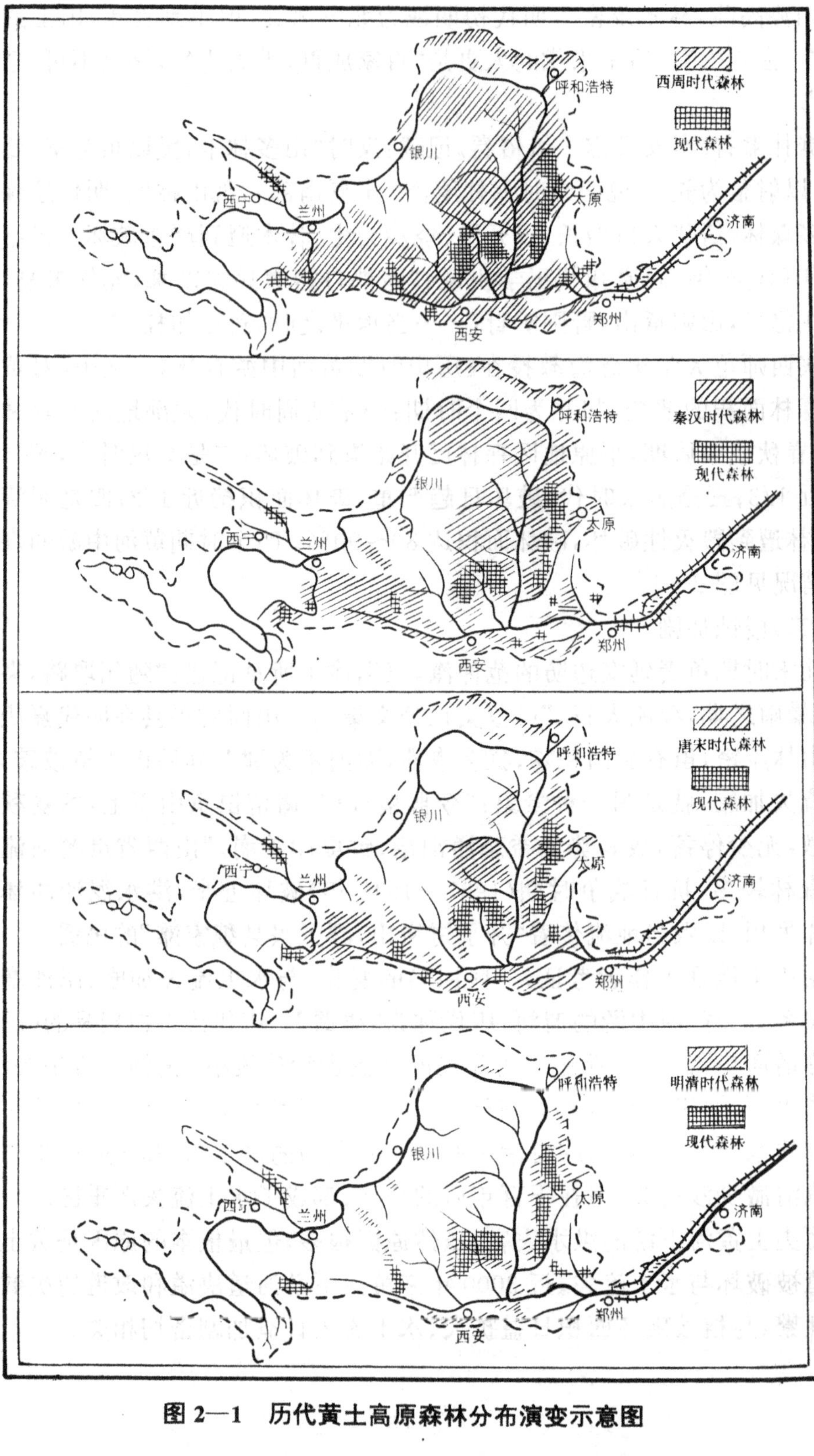

图 2—1 历代黄土高原森林分布演变示意图

二、加速侵蚀因素

黄土高原历史上人类不合理的生产活动，破坏地面植被，是产生加速侵蚀的直接因素。破坏植被的因素很多，最主要的是人口增长和农业区由平原向丘陵发展。此外历代统治者修建宫殿大兴土木和战争期间对森林的破坏，在一定时期和一定范围内也有较大影响。

（一）人口增长与移民戍边

从西汉到晚清的1900年中，黄土高原人口增长近3倍。除自然增长外，重要的是"移民戍边"，将黄土高原南部平原区、阶地区乃至黄河下游的人口移至陕西省北部，山西省西部、北部的丘陵区和草原、风沙区。这些地区人口增长后，为了解决粮食、烧柴和住房问题，就大量毁林、毁草、陡坡垦种，从而造成严重的水土流失。据记载，移民戍边数量较大、时间较长的，以秦、汉、宋、明四个朝代最为突出。

秦始皇统一六国后，一方面将天下富豪集中于关中（今陕西省渭河下游），使关中地区人口大增，一方面对新开拓的地区和陕北高原设置郡县，移民屯戍。派大将蒙恬和长子扶苏，统兵30万，驻守上郡（今陕西省榆林县鱼河堡附近），沿长城一线驻重兵守卫，并把大批犯人迁到陕北等地垦种，以满足军需，使这一地区的森林草原遭到破坏。

西汉初年实行"实关中"的政策，将天下豪族大户集中于关中地区。同时向今青海省东部，甘肃省中部和南部，陕西省北部，山西省西部和北部，以及宁夏等丘陵与草原地区移民。据《史记》和《汉书》记载，西汉时期向黄土高原、鄂尔多斯草原、宁夏与内蒙古河套平原移民总数达数百万之众。其中汉武帝时向陕北大批移民就有三次：元朔二年（公元前127年）"募民徙朔方十万口"；元狩三年（公元前120年）"徙函谷关以东中原贫民于陇西、北地、西河、上郡、朔方、新秦中七十余万口"；元鼎六年（公元前111年）于"上郡、朔方、西河、河西开田官，斥塞卒六十万人戍田之"。这些移民为解决粮食问题，就大量垦种陡坡，同时砍树烧柴，导致林草植被的大面积破坏。

北宋时期，为了军事需要，曾沿边界线地带修筑大量城镇堡寨，进行戍守防御。庆历年间（1041～1048年）的军事边防地带东起今陕西省神木、府谷县，西至今甘肃省陇西、天水等县，全长二千余里，共建军事堡寨200多个，派兵戍守。据《宋史·兵志》记载，"宝元、庆历中，赵元昊反，屯兵四十余万"。在派兵驻守的同时，北宋还招募大批百姓到边防地带垦种粮食，支持戍边，以致这一地区人口大增。北方少数民族辽和西夏，在这一时期也沿分界线北侧，修筑军事堡寨，移民屯垦，人口猛增。

明代，继续沿北部边疆修筑长城，建立军事防御体系，派兵驻守，移民屯垦。《明史·兵志》载："初，洪武六年(1373年)，……密元迤西二千余里，关隘百二十有九，皆置戍守。""成化七年(1471年)延绥巡抚都御史余子俊大筑边城。……由黄甫川西至定边营，千二百余里，墩堡相望。"《明会要·兵六》记载："成化十年，延绥巡抚余子俊筑边墙，东起清水营柴城岩，西抵花马池，延袤七百七十里，……墙内地悉分屯垦。"又据《天下郡国利病书》载："大同巡抚詹荣以守边当积粟，而近边宏赐诸堡三十一所，延亘五百余里，辟治之，皆膏腴田，可数十万顷。"据《明会要·食货·田制》载："万历十一年，议准：陕西延、宁二镇丈出荒田，但不在屯田旧额之内者，俱听军民随便领种，永不起科。"因此，长城沿线人口增加，并从政策上鼓励军民垦荒，森林、草原进一步遭受破坏。

据史料统计，黄土高原地区的人口变化情况如下：西汉元始二年(公元2年)880万；东汉永和五年(公元140年)508万；西晋太康元年(公元280年)204万；隋大业五年(公元609年)1104万；唐天宝元年(公元742年)997万；清嘉庆二十五年(1820年)3400万；1935年2690万；1949年达3600万。人口增长呈波浪状上升趋势。一般情况下，每增加一人，需增加耕地3～5亩。平地种粮不能满足生活需要，农耕地就向陡坡发展，导致森林、草原减少。特别是由于移民戍边活动的影响，黄土高原人口增长速度，丘陵、草原地区大于平原地区，为适应人口增长而开垦的耕地，主要在陡坡上毁林毁草而来，这样，人口增长就成了破坏植被的直接原因。

(二)农业区由南向北扩展

据考证，在2000多年以前的战国时期，黄土高原的北半部是游牧区，南半部是农业区，分界线大致从今山西省太原经河津到陕西省宝鸡。农业区主要是平原、阶地和部分高塬区，分布在今关中、晋西南与豫西等地。游牧区主要是丘陵区和草原区，分布在今陕北、晋西、晋北和泾、渭、北洛河上游。游牧区内有较好的林草植被，没有陡坡垦种，水土流失轻微。

战国以前，黄土高原北半部为犬戎、北羌等少数民族所据，过着游牧生活，其活动范围逐步扩展到前述太原——河津——宝鸡一线。秦至西汉，国力强盛，向北方开拓，曾把农业区向北推进到阴山与贺兰山下。但当时新开拓的地区仍有大片森林和草原，并未全部垦为农地。东汉初年，匈奴、羌、乌桓等游牧民族大量内徙，居住于本区北部与西部，总量达数百万人。与此同时,汉族居民却大幅度减少。因此,上述农牧分界线以北地区,又开始由农变牧,逐步恢复到春秋战国时期状态,一直延续到西晋和北朝时期。

唐代前期,国力强盛,曾把农业区扩展到今青海省东部和甘肃省中部,但同时也重视畜牧业的发展,在农业区内保留大片牧地。唐代后期,国力顿衰,朝廷对地方失去控制,各藩镇将领拥兵自重,加之土地兼并加重,粮食问题突出,大批贫苦农民逃往草莽密林之中,依靠垦种“荒闲陂泽山原”为生。统治者为了缓和矛盾,被迫将一些牧地分给贫民、军吏垦种,使广大的丘陵和山塬地区的森林草原遭到严重破坏。

北宋时期,宋与辽和西夏军事对峙,双方都在戍边地带发展农业,使农牧区的界线大致稳定在长城沿线地带。元代北方游牧民族纷纷南徙,圈占大片土地,使北方地区农耕地面积明显缩小。同时又大量北迁内地农户,在北部边境进行屯田,因而使农、牧业的分布状况变得比较复杂,许多地方逐步形成半农半牧区。明代为巩固北部边防,在今山西、陕西、宁夏、内蒙古等省(区)修建长城,大兴军屯与民屯,使沿长城地带成为农业与牧业的分界线。清康熙年间人口暴增,贫苦农民流向山原地区滥耕滥垦,长城以南的农业区已全被开垦,就向北、向西发展到鄂尔多斯草原和宁夏、甘肃及青海东部。

综上所述,3000 年来,黄土高原的农业区基本上由南向北(并由东向西)扩展,农耕地由平原、缓坡地向丘陵、陡坡地扩展,与之相应的是林草植被破坏,水土流失加剧。

第三节　新增侵蚀

新增侵蚀仍属加速侵蚀。建国后,人口增长迅速,陡坡开垦等破坏植被的现象仍有发生。同时由于开矿、建厂、修路、建房(挖窑)等活动日益频繁,从而造成大量新的加速侵蚀。这种新增侵蚀与历史上的加速侵蚀不同点是,过去主要是农业生产破坏植被,现在除农业生产方面情况继续外,又加上资源开发和基本建设,不仅破坏植被,而且破坏地貌和土层,大量弃置土石。在遭到破坏的地方,水土流失特别严重。

一、陡坡开荒毁林毁草

据中科院黄土高原综考队调查的黄土高原地区总人口,1949 年为

3639.5 万，1982 年第三次人口普查数 7811.3 万，1985 年公安户籍统计数 8139.2 万人，加之超生后不报户口，实际人口要高于此数。1949～1985 年，黄土高原地区净增人口 4499.7 万人，其中自然增长 3758.6 万人，占人口增长总数的 83.5%。人口增长较快的地区有：甘肃东部和临夏回族自治州，陕北地区，豫西地区，晋西和晋西北地区，宁夏南部山区。这些都是水土流失严重的丘陵区，同时也是全国著名的贫困地区。由于人口增长过快，陷入"越生越穷，越穷越生"和"越穷越垦，越垦越穷"的恶性循环之中。

由于人口剧增，人们为了获得必要的口粮，极力扩大耕地面积，大量毁林毁草陡坡开荒。据中科院黄土高原综考队调查，宁夏回族自治区南部的西吉、海原、固原 3 县，在 1950～1980 年间，人口增加 1.46～2.5 倍，耕地面积增加 1.3～2 倍，平均每增加一人，新开荒地 6.34 亩。同期，甘肃省环县人口由 9.8 万增至 22 万，耕地面积由 150 万亩扩大到 380 万亩，每增加一人开垦面积达 18 亩，其中 15 度以上的坡耕地面积占 57%。

陕西省延安地区 1977～1978 年陡坡开荒 204.4 万亩，而同期建设的"三田"（水地、坝地、梯田）和林草面积仅为 60 余万亩。1986 年黄河水利学校和绥德水保站对无定河流域开荒面积进行调查，1950～1985 年全流域开荒 244.7 万亩，增加土壤流失量 1.7 亿吨。其中有三次大开荒：第一次是 1960～1962 年 3 年自然灾害期间，粮食短缺，为了解决温饱问题，曾把开荒扩种作为增产粮食的手段，因而出现群众性的大规模开荒，有的地方开荒面积甚至达到人均 2 亩以上；第二次是 1966～1969 年"文化大革命"期间，有的地方片面强调"以粮为纲"，又一次出现毁林毁草、陡坡开荒的现象；第三次是 1980～1981 年实行家庭联产承包生产责任制后，荒山荒坡承包给农民，土地使用权由农民掌握，由于缺少相应的管理措施，有一些地方的陡坡又被垦为农地。由于盲目开荒，引起天然林地大面积减少。

据甘肃省庆阳地区林业处 60 年代和 80 年代两次资源调查，子午岭林区的林线以平均每年 0.5 公里的速度后移。其中华池县的林线后移 20 多公里，正宁县和宁县的林线已移至子午岭主脉，子午岭南北两端已沦为荒山秃岭；仅子午岭西侧的泾河流域范围以内，建国以来森林面积就减少了 137.6 万亩。

大汶河流域，开荒也较严重。据泰安市调查，1949～1990 年全市新开荒地 10.29 万亩；其中有的新开荒地每年每亩土壤流失量 6～11 吨，这些泥沙淤积在塘坝、水库、河道，每年清淤费就达 20 万元。

二、开矿与基本建设

晋陕蒙接壤地区80年代中期，列为国家能源和重化工基地开发重点。伴随矿山建设和电力、冶金、建材企业以及新修铁路、公路的施工，大面积剥离表土，地貌和植被破坏，使本区原已十分严重的水土流失状况又进一步恶化。不少施工单位将大量废土、弃石、矿渣，随意堆置或倾倒在沟岸、河边，随暴雨洪水冲走，造成新的水土流失。据陕西省水保部门调查，神木、府谷、榆林3县到1990年底，共有232个大中小型煤矿，162个建材、冶金、交通项目在矿区施工，占用和破坏土地面积2845.6亩，产生的弃土废渣60%直接向河岸、沟道、山坡倾倒。内蒙古自治区准格尔煤田面积约1365平方公里，第一期工程首先开采黑岱沟露天矿，建设规模为年产原煤1500万吨，每年因开矿新增加入黄泥沙约1000万吨，而且多为粗颗粒泥沙。神府东胜煤田，面积约3.1万多平方公里，第一、二期工程，开发面积约3200多平方公里。据黄委会水科所调查估算，第一期工程，建设规模为年产原煤1443万吨，移动土石排弃量1.74亿吨；第二期工程建设规模为年产原煤3639万吨，移动土石排弃量4.6亿吨，预计1987～2000年开矿新增加的水土流失量年均约1200～1400万吨，流失量约占废弃量的1/4～1/3。

黄河流域其他地方采矿、开石、淘金等，造成局部地区水土流失也十分严重。据1990年甘肃省皋兰县水保监察站调查，全县有挖沙人员4780人，年挖沙量140多万立方米，洗沙台238个，因洗沙每年有42万立方米泥沙流入黄河。山西省临汾市龙祠乡，80年代初在沿山30公里设有近30家石料场，使该省的一级泉域保护区受到严重威胁。太原市近郊共有113个开石单位、178处采石场，其中位于风景区和绿化区内就有90处。据山西省水保局调查，全省1万多个采石场，年弃土石渣达6000多万吨。山东省泰安市水保部门调查，80年代末，莱芜市乡镇兴办各类矿点60处，倾倒废渣15万吨，尾沙30万吨，每年有30多万吨弃土废渣直接进入沟河、水库。内蒙古自治区察右中旗金盆乡金矿，1980年以来共动土石方1000多万立方米，弃土废石埋压土地7000多亩，毁林800多亩，沟道堵塞。1985年8月山洪暴发，增加河流泥沙10余万吨，矿区直接经济损失近12万元。

黄河流域各地在建窑、修路等活动中，所造成的水土流失也很严重。据1985年黄河中游治理局对陕西省榆林、横山、米脂、绥德、子洲、清涧6县的调查，1980～1985年6县共修建窑洞动土方10483万立方米，平均每年动土方1747万立方米。废弃土石顺坡面倾倒直至坡脚，6年增加河流泥沙6265万吨，流失量占移动土方量的45.9%。同期内，6县新修和改建县、乡、村三级公路，又移动土方4459万立方米，弃于路旁的废土达3145万立方米，增加土体流失1042万吨。

此外，黄河流域有的地区，农民铲草皮，挖草根，破坏草场植被，造成新的水土流失也相当严重。据宁夏回族自治区西吉县1981年调查，全县一年燃料总耗量为2.53亿公斤（干重），其中用作燃料的畜粪和秸杆只有1.14亿公斤，仅能维持5个月，其余7个月的燃料，主要靠上山割草、铲草皮、挖草根。1985年甘肃省调查，临洮县挖草根、铲草皮面积达116万亩，占荒山、荒坡、荒沟总面积的77%；秦安县每年铲草数量达8700万公斤；庆阳县南庄乡挖甘草，破坏荒山面积约1250亩，林草面积120亩，田间地埂15亩。

第四节 侵蚀规律

黄河流域的水土流失，从自然侵蚀发展为加速侵蚀，其发展过程都是人为因素与自然因素互相交织综合作用的结果。黄河流域各地水土保持科研站、所，通过定位观测，从微观上研究了降雨、地形（坡度、坡长）、植被、土壤等自然因素对水土流失的影响。有的水土保持科技工作者，还从宏观上探索了黄土高原人为因素与自然因素不同的组合方式，导致水土流失的加剧或减缓，以了解水土流失的基本规律，进而探索防治水土流失的基本途径，使侵蚀发展规律的研究直接为水土保持工作的宏观决策服务。

一、自然因素

无论是史前时期的自然侵蚀还是有人类活动以来的加速侵蚀，都是降雨、地形、植被、土壤（地面组成物质）四项主要自然因素在各种不同组合情况下的综合结果。这方面研究成果很多，摘述如下：

（一）降雨与水土流失的关系

降雨是发生水力侵蚀的主要外营力。降雨特性（降雨量、降雨强度、雨型以及前期影响雨量等）直接影响侵蚀力的大小。

1.降雨量是影响侵蚀的主要因素之一，在同一地区，不同年份，年降雨量越大，侵蚀量也越大。多雨年的土壤侵蚀量往往是少雨年的2～3倍，甚至

4～5倍。但是,在不同地区,年降雨量较多的,自然植被较好,可能出现侵蚀反而并不严重的情况。黄土高原水力侵蚀最活跃的地区年降雨量一般多在400～500毫米之间,其中产生侵蚀的降雨量主要是汛期的暴雨。

2. 降雨强度对侵蚀的影响最大,降雨强度越大,水土流失越严重。黄河中游地区决定年侵蚀量大小的是年内少数几场暴雨,许多地方,往往一次特大暴雨对侵蚀影响巨大,其侵蚀量可占年总侵蚀量的60～70%。一次降雨过程中的雨型特点与侵蚀的关系也很密切。中国科学院地理研究所(以下简称中科院地理所)陈永宗等根据陕西省子洲县团山沟径流小区资料分析,前期降雨强度较小,后期强度较大的暴雨,侵蚀最为强烈。每次产流降雨过程中发生侵蚀的时段,主要是产流后15～20分钟内。

黄河中游地区属典型超渗产流区,降雨强度是影响产流产沙的关键。陕西省子洲县驼耳巷沟,流域面积5.74平方公里,1963年8月26日1小时降雨57.4毫米,降雨强度大,虽然前期土壤含水量仅1毫米,但径流系数却高达0.65,产生了较大的水土流失;而同年另一次降雨,虽然前期土壤含水量26.1毫米,降雨量达86.2毫米,但降雨历时21.5小时,平均强度只有每小时4.1毫米,径流系数仅0.023,水土流失很轻微。中科院西北水保所王万忠对降雨与侵蚀关系的研究指出,黄土高原引起侵蚀的降雨次数平均每年为6次,仅占年雨次的6%,占汛期雨次的14%;引起侵蚀的雨量平均每年为140毫米,占年降雨量的26.4%,占汛期降雨量的38.6%;造成黄土高原土壤侵蚀的降雨主要是短历时(1～4小时)、中雨量(20～50毫米)和高强度(平均强度每小时5～20毫米和5分钟最大雨量超过7毫米)的暴雨。黄河流域各地的降雨特点是:年雨量少(大部地区400～500毫米)而暴雨集中,汛期降雨量占年降雨量的70～80%,其中大部又集中在几次强度较大的暴雨。

(二)地形对水土流失的影响

从微观看,一个坡面的坡度越陡,降雨入渗量越小,地表径流的冲刷力越大,因而水土流失量越大。各地水保试验站大量的小区观测结果无一例外,已为学术界所公认。在同样坡度下,坡面越长,汇集的径流越多,其下部的土壤冲刷越严重。黄土丘陵区许多坡面的浅沟,一般在分水岭以下50米左右出现,由此向下,距分水岭越远,汇集的径流越多,浅沟的宽度、深度越大,水土流失越严重。从宏观看,不同类型地区,由于地面坡度、坡长的不同组合,影响到水土流失量差异很大。平原区和阶地区的塬面部分地面平坦,水土流失很轻微。高塬区由于有30%左右的平坦塬面,水土流失没有丘陵区严重。在丘陵区的五个副区中,第一、二副区与第三、四副区比较,坡面陡坡较多,沟壑密度较大(增加了陡坡的比重),因此水土流失更为严重。

(三)植被与水土流失的关系

林草所形成的地面植被,枯枝落叶覆盖地面保护土壤,改良土壤结构,由于枝叶截持降雨,可保护地面免受雨滴打击,增加土壤入渗,减少地表径流的流量和流速,从而提高土壤抗蚀性,减少水土流失。一般情况是:植物郁闭度越大,水土流失越轻微。陕西省北洛河流域刘家河水文站,控制面积7325平方公里,属黄土丘陵沟壑区,1959~1970年观测,多年平均降雨量542.8毫米,径流模数每平方公里36500立方米,输沙模数每平方公里13300吨。与其相邻的北洛河支流葫芦河张村驿水文站,控制面积4715平方公里,也是黄土丘陵沟壑区,但大部生长有次生林,在同一时期观测,多年平均降雨量621毫米,比前者大14.4%,而径流模数每平方公里只有23000立方米,输沙模数每平方公里仅有115吨,比前者分别减少37%和99.14%,植被对减轻水土流失的作用十分显著。

(四)土壤及地面组成物质与水土流失的关系

黄土高原大面积严重的水土流失,与地面遍覆深厚松软的黄土直接有关。黄土的主要成分是粉沙壤土,遇水易崩解,抗冲、抗蚀性能很弱,极易流失。黄土的颗粒组成从北到南逐渐由粗到细,土壤的粘结力由南向北逐渐减弱。黄土高原的土壤侵蚀模数由南向北逐渐加大,与此直接有关。黄河上中游地区,除黄土高原遍覆黄土外,还有土石山区、石质山区和风沙区,其地面组成物质不是黄土而是岩石和明沙。暴雨中明沙渗透很快,地面基本不产径流;岩石抗冲力强,虽然径流系数很大,但没有土壤流失。所以,不同的地面组成物质,其水土流失情况差异很大。

二、基本规律

上述四项自然因素对水土流失影响的研究成果,为研究水土流失的基本规律奠定了基础。黄委会黄河中游治理局运用上述研究成果,并通过对黄土高原不同类型区水土流失情况的调查研究,提出水土流失的两条基本规律,并用于指导编制《黄河流域黄土高原水土保持专项治理规划》中,正确处理工程措施与林草措施、治坡措施与治沟措施的关系。

第一,降雨、地形、土壤、植被等四项自然因素,必须同时处于不利状态,水土流失才能产生或加剧;四因素中的任一因素,如处于有利状态,水土流失就可减轻或制止。黄河流域的黄土丘陵沟壑区,水土流失之所以严重,是因为坡陡沟深、土质疏松、植被缺乏、暴雨集中,四个因素同时处于不利情况。但黄土高原不同类型区的下述四种情况水土流失就很轻微:第一种是坡陡、土松、无植被,但降雨强度不大,雨降到地面,全部入渗,不产生地表径流,因而也不会产生水土流失。黄土高原各地非汛期一般降雨属此。第二种是雨暴、土松、无植被,但地面平坦,暴雨时地表径流很小,而且流速小,因此,水土流失很轻微。如平原区、阶地区和高塬区的塬面属此。第三种是雨暴、坡陡、无植被。但地面是明沙,不起径流,或是岩石,虽有径流但冲不走土粒,风沙区或石质山区属此。第四种是雨暴、坡陡、土松,但地面有较好的植被覆盖。暴雨时径流少、流速小,土壤基本上不产生冲刷。林区和土石山区的有林部分属此。

第二,人类活动可以改变上述四个因素中的某一项,使之改变组合情况,从而加剧或减轻(甚至制止)水土流失。一切人类活动(人为因素)对加剧或减轻(制止)水土流失,都是通过四项自然因素不同组合而起作用的。黄土高原历史上,自然侵蚀时期,当时地面坡陡、土松、雨暴,但有良好植被,四个因素中三个处于不利,一个处于有利,因而土壤侵蚀很轻微;由于人类活动破坏了地面植被,使四个因素同时处于不利,因而水土流失加剧,从自然侵蚀发展为加速侵蚀。建国以后,人们在水土流失严重的陡坡上造林,种草,建设人工植被,虽然土松、雨暴的情况未变,但四个因素中已有一个变为有利,因而水土流失大为减轻,甚至完全制止。从破坏植被加剧水土流失,到建设植被减轻水土流失,这方面的人为因素都是通过自然因素而起作用的。

建国以来,黄土高原地区的群众,在坡陡、沟深、土松、雨暴、无植被的水土流失十分严重的坡耕地和沟壑中,修水平梯田和谷坊、坝库,改变了小地形,使原来四个不利因素中,有一个变为有利,水土流失也大为减轻,甚至完全制止。这是人为因素通过四项自然因素不同组合而起作用的又一个十分重要的方面。

总的看来,人类的力量(包括科学的力量)目前还不能改变黄土高原暴雨集中、土松易蚀的特点,也不能改变山岭、丘陵等宏观地形;但在影响水土流失的四项自然因素中,人们可以破坏植被和地面而加剧水土流失,也可以建设植被或改变小地形而减轻甚至制止水土流失。这是各项水土保持措施能够有效地防治水土流失的基本原理,也是人们研究水土流失发展规律的主要收获。

第五章 侵蚀分布

第一节 侵蚀形态分布

黄河流域的土壤侵蚀，主要有水力侵蚀、重力侵蚀和风力侵蚀三种形态。水力侵蚀普遍分布于有暴雨径流冲刷的坡面与沟壑。重力侵蚀主要分布在沟头和沟岸，由于岸坡过陡，土体本身的重力作用产生崩塌、滑塌，往往与水力侵蚀交织产生。风力侵蚀主要分布在长城沿线风沙区与干旱草原区，与之相邻的丘陵区也有不同程度的风蚀。

一、水力侵蚀分布

在黄河流域各地，凡有暴雨径流的地方，都不同程度地产生了水力侵蚀，侵蚀过程中，由于水的流动、冲刷，土壤离开原来位置，因而一般称为水土流失，是黄河流域土壤侵蚀分布最广的一种形式。水土流失地区的主要地形部位一是坡面，二是沟壑。由于产生侵蚀的地形部位不同，分为面蚀与沟蚀，在面蚀与沟蚀内，又有各种不同的侵蚀形态。此外，还有产生在沟头、沟边的陷穴。

(一)面蚀

在黄土高原各地，面蚀是土壤侵蚀中最普遍的一种形式，凡是裸露的土地表面，都有不同程度的面蚀存在。其具体形态有雨滴击溅侵蚀、片状侵蚀及细沟侵蚀等。

1. 雨滴击溅侵蚀。雨滴击溅侵蚀是一次降雨中最初发生的比较普遍的侵蚀现象。雨滴以很大的动能冲击裸露的地面，把土粒从土块中分离出来，溅向空中，落向下坡，随水流走。溅蚀还对土壤物理性状产生破坏作用，使土壤表面形成泥浆薄膜，堵塞土壤孔隙，阻止雨水下渗，为加快产生坡面径流与片状侵蚀以及雨后土壤板结提供条件。据清华大学教授钱宁和王兴奎研究,由于雨滴击溅侵蚀可使产流一分钟后最高含沙量达每立方米600公斤左右。

2. 片状侵蚀。片状侵蚀主要产生在坡耕地。当降雨强度超过土壤的渗透率时,出现薄而分散、不固定的微小股流联合体,把土壤中可溶性物质及比较细的土粒带走,有的不留侵蚀痕迹,有的形成宽、深各约1厘米、长数十厘米的辫状微小沟纹,由于进展缓慢,不易引起人们的注意。这种片状侵蚀可使土壤质地变粗,熟化层变薄,肥力减退,农业产量降低。

在荒坡上,往往由于过度放牧,植被稀疏,地面抗蚀性不均匀,形成横坡坑洼。当降雨产流时,地面的薄层水流向坑洼汇集,地面发生不均匀侵蚀,呈鱼鳞状分布,是片状侵蚀的一种特殊形式。

在土石山区土层较薄的坡面,特别是在农耕地上,由于面蚀反复进行,坡面表土中的细粒越来越少,而留下的粗沙石质越来越多,导致坡面满布粗沙和石砾,不仅地力降低,而且耕作困难,甚至弃耕,群众称土地砂砾化和石化。山东省大汶河流域石山区常有这种现象。

3. 细沟侵蚀。在黄土高原各地,较大暴雨后,陡坡农耕地上常出现深、宽各2~5厘米、甚至10~20厘米的细沟,顺坡成网状分布。在距分水岭5~10米处开始产生,越向下宽度和深度逐渐加大,横剖面呈"V"形,能因犁耕而消失。所蚀土壤都是肥沃的表土,对农业生产危害较大。

(二)沟蚀

黄土高原支离破碎的地貌主要是由沟蚀造成的。按其大小和分布位置有沟间地上的沟蚀(主要包括浅沟侵蚀与切沟侵蚀)、沟谷陡坡上的沟蚀(主要是悬沟侵蚀)和沟谷侵蚀(主要是冲沟侵蚀)三种情况。

1. 浅沟侵蚀。在土层较厚的坡面上,随着面蚀的发展,地表径流进一步集中,由小股流合并为较大的股流,冲刷力增大,向下切入底土,形成浅沟。其横剖面为宽浅锅底形,没有明显的沟沿。其比降与所在坡面的坡度大体一致,深几十厘米至1~2米,宽、深大致相等。一般在距分水岭10~20米处开始产生,越向下越宽越深。浅沟的沟头极不明显,其下部与切沟沟头相连。浅沟多出现在黄土丘陵区的荒坡上,坡耕地上也有分布。各条浅沟间的距离不等,比较密集的浅沟间距20~50米,使坡面农地在横向上呈波状起伏,非犁耕所能填平,影响到耕作困难。

2. 切沟侵蚀。切沟大部是由浅沟发展而来,坡面径流汇集到浅沟中,下切力增大,沟身切入黄土母质,产生具有明显沟头和沟沿的切沟。开始时一般宽、深各约1~2米,以后逐渐发展到5~10米,甚至更深。切沟横断面初期多呈“V”形，后来呈“U”形。沟底纵剖面初期大体与原坡面平行，达15～25度，后来下部逐渐减缓到10度左右。切沟主要分布在黄土梁峁坡下部和塬边，它使耕地日益破碎，坡面、塬面日益缩小，是沟间地上最严重的土壤侵蚀形态。

3. 悬沟侵蚀。悬沟多见于谷沿线的直立陡崖上，外形如悬挂在陡崖上的半个竹筒，深度几十厘米至1～2米，宽度1米至数米。悬沟是梁峁坡水流在谷沿线下方陡崖上长期侵蚀的产物。75度以下坡面上的悬沟，受黄土垂直节理和潜蚀的影响，在悬沟底部常分布有状如漏斗的深穴；75度以上坡面上的悬沟，常受黄土层间石灰结核层的影响，形成许多跌水。悬沟沟头上方常与浅沟相连，使沟岸扩张，大量土体移动。

4. 冲沟侵蚀。冲沟大部是由切沟发展而来，一般多产生在支、毛沟的上游。沟身断面较大，水流更集中，一般深度和宽度可达20～70米，长度数十米至数百米不等。现代冲沟多是黄土堆积以后，人类历史时期发育起来的。冲沟所在位置属于沟谷地，并已具沟谷雏形，较大冲沟底部可见一级洪积阶地。由于冲沟下切、侧蚀、溯源侵蚀比较活跃，加之重力侵蚀分布普遍，是黄土地区侵蚀最强烈、水土流失最严重的形态。

（三）陷穴

陷穴分布比较集中的地区主要在黄土高原中部及北部，尤其是甘肃省西峰市董志塬区和六盘山以西的秦安县和会宁县等地较多。黄土塬区陷穴多出现在距塬边2～80米范围内，最远不超过100米。黄土丘陵区梁峁坡上陷穴多发育在沟谷沿的局部低平处和陡崖上的裂缝处。此外，梯田的田坎基部，水流常沿着田鼠洞穴冲刷成陷穴。

陷穴的产生是由于地表径流沿黄土中的缝隙渗入地下，进行地下潜蚀，黄土自重湿陷，造成碟状洼地，进一步发展为陷穴。有的地方若干个陷穴由坡上到坡下连续分布，穴底有共同的暗道相通，成为串珠状陷穴，可以直接演变成冲沟。每个陷穴的地下都有通向下坡或沟壑的通道，通道末端有出水口。在水流作用下，地下通道不断扩大，形成盲沟（或暗沟）。有的地方通道的长度很短，成为穿洞。穿洞不断扩大，其上方土体又未下塌，则构成天生桥。据中科院地理所陈永宗调查，沙黄土地区陕西省靖边县长渠沟和榆林县青云沟，陷穴极少。黄土丘陵第四副区的甘肃省兰州市小金沟、定西县安家沟，平均每平方公里各1.2个和6.4个。土质含沙较多的黄土丘陵第一副区北部的山西省河曲县道黄沟、兴县蔡家崖沟，平均每平方公里各4.7个和3.6个。而黄土丘陵第一副区南部的山西省离石县王家沟、陕西省绥德县高舍窝，每平方公里分别有陷穴 11.6 个和 16 个。黄土丘陵第三副区的甘肃省秦安县王家沟、会宁县稍岔沟，每平方公里分别有陷穴 22.8 个和 14.9 个。黄土高塬沟壑区甘肃省西峰市南小河沟中游 6.7 平方公里内，平均每平方公里有陷穴 32.2 个。黄土梯田发生的陷穴侵蚀，据天水水保站 60 年代调查：秦安关新庄、武山邓家堡、甘谷涝巴沿等地，每 1500 亩梯田中有陷穴 255 个，平均口径 1.7 米，年均总侵蚀量 198.8 吨。

二、重力侵蚀分布

黄河流域各地，重力侵蚀主要分布在沟壑内的沟头和沟岸。由于黄土本身的特性，沟头沟岸经常陡峭甚至壁立，当其下部遭受淘刷，或上部水分饱和等原因，由土体本身重力产生崩塌、滑塌等重力侵蚀，使沟壑向长、宽、深三个方面发展，成为沟壑发展的主要形式。沟壑的重力侵蚀在时间上和空间上一般不是连续出现，而是在某些部位、某些时间出现。但每产生一处，则侵蚀量很大，一般几十、几百、几千立方米，有的几万、几十万立方米，个别的达几千万立方米，成为小流域泥沙的主要来源。有的地方，崩塌、滑塌的土体，将沟道堵死，形成“聚湫”（天然水库）。根据黄委会西峰、天水、绥德 3 个水保站在典型小流域的调查，重力侵蚀面积占流域面积％（A 值）和重力侵蚀流失量占总流失量％（Q 值）分别如下：黄土高塬沟壑区的西峰南小河沟，A 值为 9.1％，Q 值为 57.5％；黄土丘陵沟壑区第三副区的天水吕二沟，A 值为 30.7％，Q 值为 68.0％；黄土丘陵沟壑区第一副区的绥德韭园沟，A 值为 12.9％，Q 值为 20.2％，可见重力侵蚀的严重性。

（一）滑坡

甘肃省科学院地质灾害研究中心靳泽先、韩庆宪等 80 年代中期调查，黄土高原的滑坡有晚更新世早期的古滑坡，全新世早期的老滑坡和全新世晚期的新滑坡三个集中期。古滑坡复活的很多，如甘肃省东乡县的洒勒山、陕西省宝鸡峡等滑坡。老滑坡在甘肃省东乡县巴谢河、兰州市，宁夏回族自治区海原县等地都有分布，老滑坡复活的实例也很多。新滑坡分布广泛，滑坡体轮廓到处清晰可辨。黄土高原滑坡分布具有区域上的分带性、空间上的群体性和顺流的线状展布性等特点。

1. 区域分带性。区域分布的基本规律是西强东弱，南密北稀。六盘山以西地区，滑坡强烈，出现的机率大，六盘山以东地区，相对滑坡较弱，出现的机率小。南北方向上大致以 400 毫米降水量等值线为界，南部为滑坡强烈发育区，北部为滑坡微弱发育区。沿秦岭北坡与黄土高原接壤地带有一条宽约20～60公里的滑坡密集发育带，滑坡范围占总面积的20～30%。此带内滑坡类型齐全，有闻名中外的甘肃省东乡县洒勒山大型现代滑坡、天水市葡萄园基岩滑坡，还有普遍发育的降雨浅层滑坡和人工灌溉引起的滑坡。

2. 空间群体性。从滑坡分布图上可以明显看出，滑坡是成群地连片分布，在空间组合上具有明显的群体性。

3. 顺流线状展布性。沟壑与河流两岸边坡受地表径流强烈冲刷，洪水还严重地对岸边进行侧蚀和对沟(河)床进行底蚀，因此沟道与河流两岸滑坡发生比较普遍。甘肃省东乡县巴谢河北岸陈家集至甘坪37公里河段内，就有52处滑坡，连续不断，其中有的还互相叠置。

黄土区的滑坡按照移动土体的规模和厚度，可分为四种类型：深层滑坡，滑动土体厚度大于20米；中层滑坡，滑动土体厚度6～20米；浅层滑坡，滑动土体厚度2～6米；表土滑移，滑移厚度一般小于2米。

黄土高原各地发生滑坡一般是土体上部为透水层，下部为不(或弱)透水层，中间有一滑动区。大量滑坡多发生在黄土与红粘土(隔水层)接触面以上地层中，红粘土是本区主要滑坡床面。

黄土丘陵区有些地方，滑坡后形成"塌地"，坡度比原坡面缓。山西省农业遥感应用研究所应用彩红外航片对陕北安塞县滑塌地进行解译，该县因滑坡造成的塌地有三种类型：一是发育稳定的湾塌地，主要分布于县境中部和南部，面积达81.8平方公里，共56个。二是基本稳定型塌地，分布于县境东部，面积75.7平方公里，共有70个。三是发育不稳定型塌地，主要分布县境北部和东南部部分地区，面积83.3平方公里，共84个。

无定河流域因滑坡造成的塌地也广泛分布。据调查，陕西省子洲县和米脂县有的村庄塌地占总耕地的1/4～1/3，多者可达一半左右，稳定的湾塌地经改造利用可变为基本农田，增产效益显著。

滑坡体堵塞沟道时，可形成天然水库，群众叫"聚湫"。有些"聚湫"是由地震引起滑坡形成，如1920年宁夏回族自治区海原县大地震和1556年陕西省华县大地震所造成的滑坡，将沟道堵塞，形成"堰塞湖"(聚湫)。据不完全统计，仅无定河流域现存的天然"聚湫"有16座，其滑塌土方量约4000万立方米，总库容7000万立方米，控制流域面积约200平方公里，蓄水约900万立方米，拦沙约5000万立方米，淤地2600多亩，对减少河流泥沙起了一定作用。该流域部分天然聚湫情况见表2—1。

表2—1 **无定河流域部分天然聚湫情况表**

聚湫名称	位置	形成时间	原坝高（米）	现坝高（米）	总库容（万立方米）	淤地利用面积（亩）	蓄水量（万立方米）
周湾	吴旗县周湾乡	1965年2月	45.0	82.0	7200	400	630
高石壳	靖边县畔沟乡	1970年7月	29.5	31.0	428		250
宋大湾	靖边县王渠乡	1962年3月	51.0	50.0	1290	250	10
泥家沟	靖边县石窑沟乡	清道光三年（1823年）	60.0	63.0		400	
花豹湾	靖边县新城乡	清咸丰年间（1851～1861年）	65.0	65.0		230	
曹家河	子洲县槐树岔乡	1970年6月	15.0	28.0	80		50
中沟	子洲县槐树岔乡	1959年	20.0	26.0		100	
黄土洼	子洲县裴家湾乡	明隆庆三年（1569年）	60.0	60.0		600	
田家沟	子长县南沟岔乡	1964年	25.0	28.0		30	

(二)滑塌和崩塌

滑塌是由于沟岸陡峻，土体的剪切力大于抗剪力，而沿剪切面下滑。崩塌是由于沟岸或沟头下部遭流水淘空，土体失去平衡而下坠。这种现象主要分布在黄土高原的陕北、晋西、陇东、陇南和内蒙古南部等地，一般发生在这些地区的干沟和支毛沟的上中段，滑塌体的体积大小不等。

黄土丘陵沟壑区第三副区的天水市吕二沟，流域面积12平方公里，60年代初期调查，有滑塌体64个，总体积243.4万立方米，平均每平方公里内有滑塌体20.3万立方米。多数沟道特别是沟道的中上游段和支毛沟内，每处滑塌体积不大，但多而成群。由于滑塌发生时土体受到强烈扰动，大多为松散状且多裂缝，极易被水流冲走。1961年吕二沟一次洪水就冲走滑塌体10万吨，占当年该沟土壤流失量的42.6%。高塬沟壑区的西峰市南小河沟，

1962年春调查，残存有崩塌体5.7万立方米，残存滑塌体14.9万立方米，几乎全部分布在上中游。

黄土高塬区和丘陵区(特别是其中第五副区)沟头前进多以土体崩塌形式进行。沟岸扩张是崩塌与滑塌共同作用的结果。黄土高原千沟万壑的地貌，主要由这种侵蚀形态造成。

(三)泻溜

泻溜，在黄土高塬沟壑区分布较广，黄土丘陵沟壑区也有少量分布，一般发生在沟岸红粘土和页岩、泥岩陡峭坡面。裸露陡坡上的土(岩)体受风化作用分离破碎，在重力作用下呈小块向下滚落，直接进入沟道，且常被暴雨洪水挟走。据天水水保站观测，天水市吕二沟流域产沙总量中有4.5%的泥沙来自泻溜侵蚀。据西峰水保站1957年在南小河沟的支沟杨家沟观测，由泻溜面送入沟中的泥沙占年输出泥沙的14.8%。1958年在南小河沟泻溜面上设小区观测，在6～10月的5个月内，流失泥沙量平均每平方米8.2公斤。陕北黄甫川、孤山川、窟野河流域内的中生代砂岩十分松软，极易风化，当地群众称为砒砂岩，冬末春初大量泻溜侵蚀物质堆积在坡麓和沟底，成为粗颗粒泥沙的重要来源。南京大学地理系1965年在黄甫川支流纳林川调查，根据对黄土陡崖上灌木根部的出露长度和年轮分析，当地平均每年泻溜剥蚀深度5～6厘米，局部地方达8～9厘米。

由于各种重力侵蚀造成的塌落土量很大，致使有的地方暴雨中形成泥流或泥石流，流体容重每立方米可达1.3～1.8吨或更多，对沟道下游危害很大。1978年7月12日，甘肃省天水市莱子沟和刘家湾沟2小时降雨105毫米，沟内产生大量崩塌和滑塌，出现罕见的泥流，雨后在沟口堆积厚达10～15米的泥沙，将宝(鸡)天(水)铁路一段掩埋或冲毁，造成严重损失。

三、风力侵蚀分布

风力侵蚀是由风力破坏、搬运地表物质的侵蚀现象。

黄土高原受风力侵蚀和风沙危害的面积约有20万平方公里，主要分布在长城沿线以北、阴山以南、贺兰山以东，大同至呼和浩特一线以西，包括风沙区、干旱草原区和丘陵第五副区与第一副区的一部分。山西省西北部，内蒙古自治区伊金霍洛旗、准格尔旗，陕西省神木、府谷、榆林、横山、靖边和宁夏回族自治区同心、盐池等县的地面组成物质较粗，遭受风蚀后，有的地方形成沙丘。这些沙丘目前有的已经固定，有的处于流动和半固定状态。黄土高原北部与风沙区相邻的丘陵区多数梁宽峁大，坡面较长，风力沿坡长累积，加剧了风蚀。从风沙区吹来的流沙，多呈片状覆盖在梁峁坡上，其面积约占土地总面积的10%左右。梁峁被流沙覆盖后，地表径流减少，水蚀减弱，但风蚀加剧。据调查，黄土高原北部丘陵区的风蚀深度每年可达0.5～1厘米。内蒙古自治区伊金霍洛旗与准格尔旗年风蚀深度可达1厘米，地面布满砂粒，峁坡上风蚀残丘有的高达2米左右。粗颗粒物质在风力推动下沿地面滚动，堆积在背风坡，有的直接进入沟谷，被洪水搬运进入黄河及其支流。

在风沙区和邻近风沙地区，每年春季耕地表层土壤(甚至连种子和肥料)常被大风刮走，或被外地吹来的沙土埋压禾苗，严重影响农业生产。

第二节　侵蚀程度分布

黄河流域各地，由于地形、土质、降雨、植被以及人为因素不同，土壤侵蚀程度也各异。对侵蚀程度的宏观研究，一般都以黄河干支流水文站观测的年输沙量推算而得。几十年来，有关专家曾对黄河干支流输沙量和不同地区的侵蚀量进行分析，从宏观上阐明侵蚀强度的分布情况。各地水保试验站曾通过典型观测分析，提出小流域坡沟泥沙来源，从微观上阐明不同类型地区不同地形部位侵蚀强度的分布情况。

一、河流输沙量分布

(一)黄河干流泥沙来源

黄河泥沙来源的特点是产沙地区集中，产沙时间集中。根据1919～1977年统计，黄河干流河口镇站年输沙量为1.4亿吨，占全河沙量16亿吨的8.7%，河口镇至潼关区间来沙14.6亿吨，占全河沙量的91.3%；其中河口镇到龙门区间来沙为9.08亿吨，占全河沙量的56.7%。

从行政区划来看，黄河泥沙主要集中来源于中游的陕北、晋西和内蒙古伊克昭盟以及泾、渭河中上游与河源区。据1950～1959年观测资料分析，在以上地区26.6万平方公里的面积上，来沙16.22亿吨，其中以陕北最多，陕西榆林地区面积4.7万平方公里，占上述地区面积的17.7%；来沙5.14亿吨，占该地区总产沙量的31.7%。其次是晋西北，面积3万平方公里，占上述地区面积的11.3%，来沙2.37亿吨，占该地区总产沙量的14.6%。

（二）支流泥沙来源

黄河各支流泥沙分布相差很大。输沙模数每年每平方公里大于10000吨的地区有三片：一是河口镇至清涧河口之间的晋陕间支流；二是无定河（主要指其支流红柳河、芦河、大理河）、清涧河、延河、北洛河及泾河支流马连河的河源区，亦即广义的白于山河源区；三是渭河上游北岸支流，包括葫芦河中下游和散渡河等，即六盘山河源区。

1984年，黄土高原水土保持规划工作组根据各支流输沙模数统计，输沙模数每平方公里大于5000吨的严重水土流失区面积共15.6万平方公里，年输入黄河的泥沙为14亿吨，占黄河年输沙量16亿吨的87.5%。其中输沙模数每平方公里大于10000吨的面积共7.7万平方公里，每年输入黄河的泥沙约10亿吨，占黄河输沙量的62.5%，泥沙来源十分集中。

（三）粗沙来源

粗沙是指粒径大于0.05毫米的泥沙。各地水文站观测资料表明，暴雨洪水中，含沙量越大，粒径越粗，凡是高含沙量的河流，粗泥沙也多。黄河流域水土流失严重的多沙地区，往往同时又是粗沙的主要来源区，这是土壤侵蚀分布的又一个重要特点。60年代初期，钱宁根据多年研究结果指出，黄河干流泥沙主要来自河口镇到龙门区间10多万平方公里，为国家主管部门把这一地区作为开展水土保持的重点提供了依据。钱宁等还指出，粗泥沙主要来自两个区域，一是黄甫川至秃尾河等支流的中下游地区，一是无定河中下游及白于山河源区。黄委会龚时旸、熊贵枢根据1965～1974年水文观测资料进一步分析后指出，黄河泥沙的主要产区和粗颗粒的主要产区是一致的。这种产沙地区集中的特点为重点治理多沙粗沙产区提供了依据（见图2—2、2—3）。

（四）黄河泥沙的输移比

黄河干、支流泥沙的输移比，表示土壤侵蚀量与河流输沙量的关系。其数值大小主要与地面组成物质（颗粒大小，是否易被挟运）和沟道、河道状况（比降大小影响挟运泥沙能力）等因素有关。当输移比接近于1时，说明沿程基本没有淤积，根据河流输沙量推算地面土壤侵蚀量，比较接近实际。龚时旸、熊贵枢70年代中期的研究表明，在河口镇到龙门区间黄河泥沙主要来源区的黄土丘陵沟壑区，土壤侵蚀一吨，进入黄河泥沙也大致是一吨，即泥沙输移比接近于1。因此认为，在此区的小流域水土保持减少土壤侵蚀一吨，可以使进入黄河的泥沙也减少一吨。

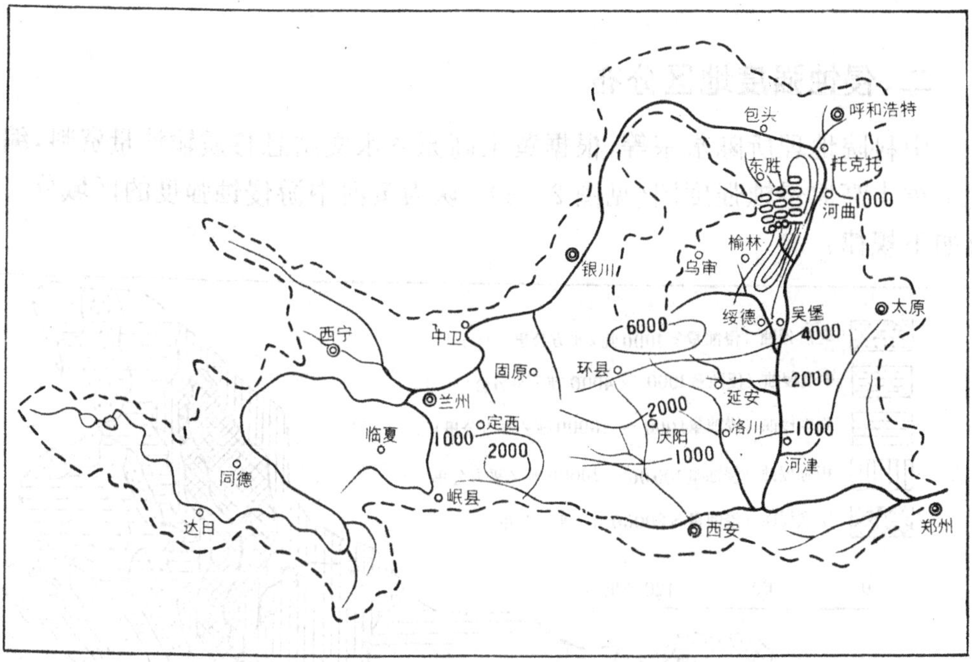

图 2—2 黄河中游粗泥沙输沙模数示意图

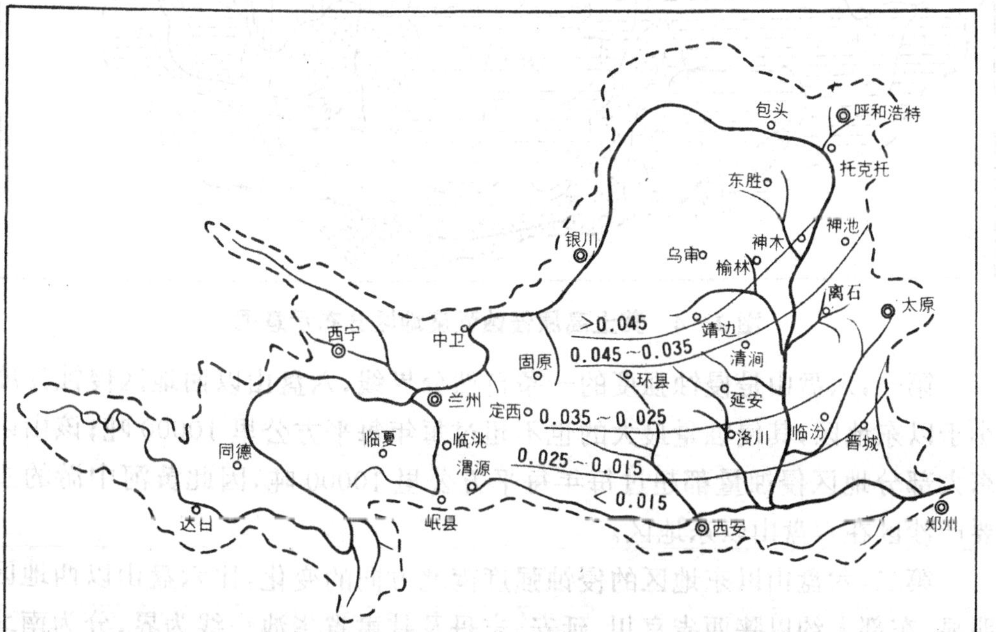

图 2—3 黄河中游黄土颗粒中径变化示意图

二、侵蚀强度地区分布

中科院地理所陈永宗等，根据黄土高原各水文站悬移质输沙量资料，编制了黄土高原侵蚀强度图(见图 2—4)。认为黄河中游侵蚀强度的区域分布有如下规律：

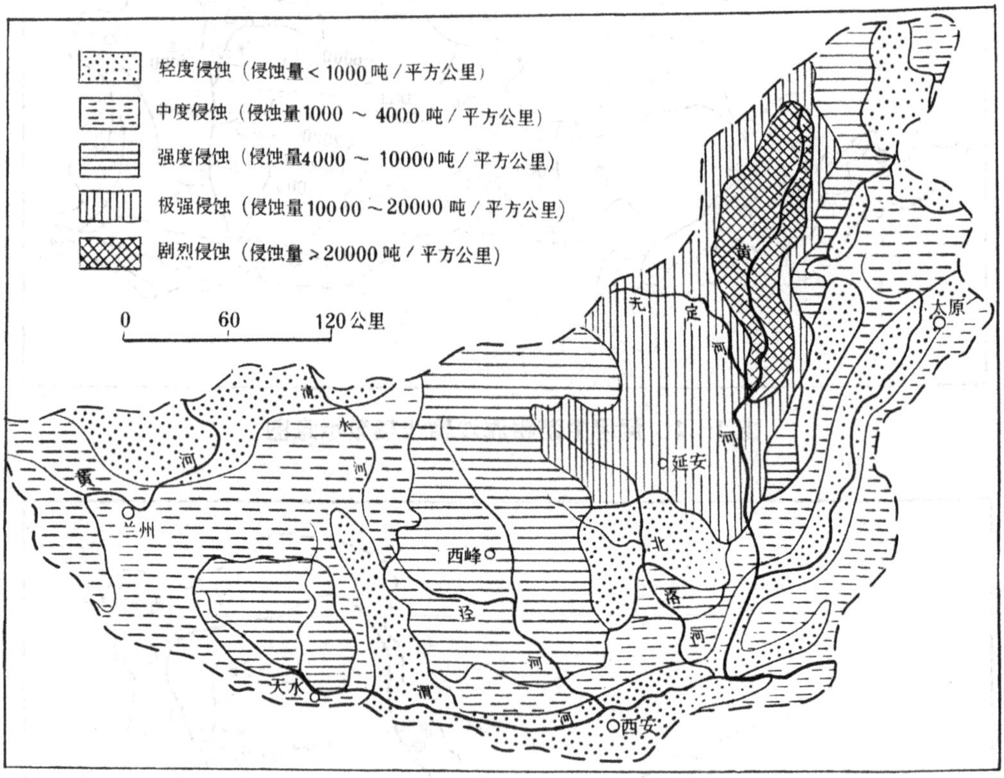

图 2—4 黄土高原侵蚀强度地区分布示意图

第一，六盘山是侵蚀强度的一条自然分界线，六盘山以西地区侵蚀强度小于以东地区，其侵蚀量最大的也不超过每年每平方公里 10000 吨；该山以东大部分地区侵蚀量都超过每年每平方公里 10000 吨，因此黄河中游的主要产沙区在六盘山以东地区。

第二，六盘山以东地区的侵蚀强度南北方向的变化，比六盘山以西地区明显。东部大约以陕西省宜川、延安、志丹及甘肃省华池一线为界，分为南北两部分，北部侵蚀量大部分地区每年每平方公里大于 10000 吨，最大可达每年每平方公里 38000 吨，此线以南地区每年每平方公里都小于 7000 吨。六盘山以西以华家岭、定西一线分成南北两部分，侵蚀量的分布特点与东部相反，即南部大于北部，如散渡河流域的侵蚀量是每年每平方公里 9821 吨，而祖厉河是每年每平方公里 5840 吨。

第三，黄土高原存在几个高强度的侵蚀中心，即黄甫川中下游、窟野河中下游、泾河上游、北洛河上游、渭河上游支流散渡河、洮河中下游。以上这些地区的侵蚀量都高于周围地区。

三、坡沟侵蚀强度分布

黄土高原的主体部分是黄土丘陵沟壑区和黄土高塬沟壑区，其沟坡产沙分布，基本上代表了黄土高原的坡沟侵蚀程度的分布。

(一)黄土高塬沟壑区

以甘肃省西峰市南小河沟流域为代表。西峰水保站根据 1955～1974 年的径流泥沙测验资料分析，径流主要来自沟间地，泥沙主要来自沟谷地。塬面面积占全流域面积的 65.8%，径流占 67.4%，泥沙占 12.3%。沟谷面积占全流域的 24.7%，径流占 24%，泥沙却占 86.3%。塬面侵蚀量中 92.2% 来自村庄和道路冲刷，农地的侵蚀量仅占塬面侵蚀量的 7.8%。沟谷的侵蚀量绝大部分产生于沟床下切和重力侵蚀，其侵蚀量占沟谷侵蚀总量的 96.2%。据南小河沟支沟董庄沟的测验资料分析，塬面径流进入沟谷和不进入沟谷的侵蚀量，前者比后者大 2.3～2.4 倍。可见，作好塬面的水土保持工作，使塬水不下沟，以及防治沟谷中沟床冲刷和重力侵蚀，是制止塬区侵蚀的重点。

(二)黄土丘陵沟壑区

各地水保试验站和有关专家，从不同地貌类型和不同土地类型两方面，分别研究了土壤侵蚀强度分布。

1. 不同地貌类型侵蚀强度分布。根据侵蚀地貌形态，黄土丘陵沟壑区沟道小流域以峁边线(即现代沟谷谷沿线)为界，分为两个区域：峁边线以上部位为沟间地，以下的部位为沟谷地(见图 2—5)。

黄土丘陵沟壑区的五个副区，其坡沟地形情况不尽相同。沟间地和沟谷地的面积比例变化较大，相应的坡沟侵蚀程度也各不相同。黄委会华绍祖对丘陵区 8 条小流域统计表明，沟间地占流域面积的 50.3～75.6%，平均 60.8%；沟谷地占 24.4～49.7%，平均 39.2%。中科院地理所罗来兴、陈永宗等调查，陕北和晋西的丘陵区，沟间地与沟谷地大致各占一半，或沟间地占 60%，沟谷地占 40%。陇中多数丘陵区沟间地占 70%，沟谷地占 30%。

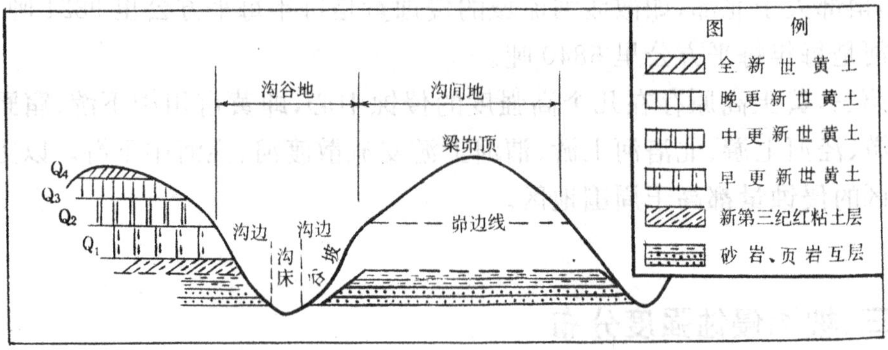

图 2—5　黄土丘陵沟壑区沟道小流域地层剖面示意图

黄土丘陵沟壑区五个副区，每一副区的沟道流域内沟间地与沟谷地的侵蚀量都有差别，在同一类型区中，大沟与小沟也不一样。一般情况是，沟谷地所占面积大的，其侵蚀量大于沟间地，沟谷地所占面积小的，其侵蚀量不一定大于沟间地。丘陵第一副区内陕北绥德韭园沟和晋西离石王家沟的情况是：沟谷地的侵蚀模数大于沟间地的侵蚀模数，这是因为沟谷汇集了坡面上的径流，随着流量的增加，侵蚀力也随之加强，同时沟谷地的坡度一般大于沟间地的坡度，重力侵蚀活跃。山西省水保所曾伯庆，在分析山西省离石县羊道沟流域（面积 0.206 平方公里）的泥沙来源后认为，沟间地（占流域面积的 49.73%）侵蚀模数为每平方公里 6740 吨，沟谷地（占流域面积的 50.27%）侵蚀模数为每平方公里 27300 吨，后者为前者的 4 倍。该流域产生的泥沙总量中有 80%来自沟谷地。龚时旸和蒋德麒在分析陕西省子洲县团山沟、绥德县团园沟和韭园沟及山西省离石县王家沟等流域的径流泥沙资料后认为，沟谷地的侵蚀模数比沟间地大 1.1～1.76 倍。

2. 不同土地利用的侵蚀强度分布。据调查，黄土丘陵沟壑区第一副区的韭园沟和王家沟，非生产用地（裸露的陡坡、悬崖、沟床、村庄、道路）的侵蚀模数最大，每年每平方公里土壤侵蚀达 20000 吨以上，其次是坡耕地和牧荒地。由于这个类型区耕垦指数高，而且耕地中陡坡比重很大，所以农耕地的侵蚀总量最大，达 50%以上。在耕垦指数较低，耕地坡度较缓的地区，不同土地利用下的侵蚀情况就不同。陕西省靖边县杨湾沟，地处半风沙、梁峁地区，大部分耕地坡度较小，侵蚀不严重，只有现代沟床侵蚀剧烈。据 1959～1961 年观测，沟间地的年均侵蚀模数为每平方公里 4504 吨，而沟谷地的年均侵蚀模数为每平方公里 12700 吨，而且沟谷地侵蚀总量大大超过农耕地的侵蚀总量。有关专家结合坡沟侵蚀程度的研究，同时指出，黄土丘陵沟壑区坡沟侵蚀方式及侵蚀形态呈现出有规律的带状分布。

中科院地理所陈永宗对黄土区沟道流域产沙方式的垂直分带系统，概括为两个侵蚀带和七个亚带，即(I)沟间地水流侵蚀带——下有三个亚带：(I_a)梁峁顶部溅蚀、片流、片蚀产沙亚带，(I_b)梁峁坡中上部散流、细沟、浅沟侵蚀产沙亚带，(I_c)梁峁坡中下部散流、暴流、浅沟、切沟侵蚀产沙亚带。(II)沟谷地水力、重力和洞穴侵蚀综合作用带——下有四个亚带：(II_a)谷沿陡岸水蚀、崩塌侵蚀产沙亚带，(II_b)谷坡水蚀、重力侵蚀、洞穴侵蚀产沙亚带，(II_c)坡麓冲刷堆积亚带，(II_d)沟槽暴流冲刷、重力侵蚀产沙亚带。各带的侵蚀形态不同，影响到其侵蚀程度也不同。

第六章 流失危害

第一节 对土地的危害

一、降低土壤肥力

黄土高原的坡耕地土壤遭受侵蚀以后，水、土、肥一起流失，以致土地日益瘠薄，成为发展农业生产的主要制约因素。据各地水保试验站观测，一般5度以下的耕地，每年每亩流失土壤1吨左右，25度左右的耕地，每年每亩流失土壤8～10吨，甚至更多。每吨土壤中含全氮0.8～1.5公斤，全磷1.5公斤，全钾20公斤。黄土高原多年平均每年流失16亿吨泥沙中含氮、磷、钾总量约4000万吨。在丘陵沟壑区，一般年景坡耕地实际亩产25～30公斤，或50公斤左右，灾年只有10～15公斤，甚至颗粒无收。黄土高原之所以成为全国有名的低产区，水土流失是主要原因之一。

侵蚀不仅减少了土壤中氮、磷、钾含量，而且也使土壤中微量元素减少。硼、锌、钼、锰、铁等微量元素，虽然在植物中含量甚微，但对农作物的增产却有良好的效果。据测验，侵蚀土壤中的微量元素，常比非侵蚀土壤减少1/3～1/2。活性微量元素的不足，不仅造成农作物明显减产，而且还影响农牧产品的质量。

侵蚀对土壤的物理、化学性状带来一系列不利影响。水力侵蚀使土壤结构遭到破坏，造成耕作层板结，土壤透水性降低，持水能力变差，土壤中微生物活动受到阻碍，不利于根系发育和作物生长，影响农业产量。风力侵蚀不仅大量消耗水分，而且刮走土壤表层的细颗粒和肥料，使土壤质地变粗，土壤结构和肥力严重恶化。

根据中科院西北水保所李鼎新等调查，水土流失使地带性土壤遭受破坏，岩性土取代了地带性土壤。陕西省杏子河流域，由于水土流失，地带性黑垆土表层变薄，土壤向岩性化方向演变，现有的黑垆土面积仅占全流域地带性土壤总面积的0.29%，岩性土占地带性土壤99.71%。岩性土壤的肥力呈明显下降趋势。不同区域土壤侵蚀的强弱和土壤养分的含量关系密切，陇东高塬区和陇中丘陵区由于水土流失严重，土壤肥力下降，土壤有机质含量小于1%的占耕地面积60%，陇中会宁县则占80%；全氮含量小于0.1%的占耕地面积60～76%，有效养分更低。土壤侵蚀极为严重的陕北、晋西丘陵区，坡耕地土壤肥力下降比陇东和陇中更严重。土壤肥力下降后，生态环境变坏，导致农业减产。杏子河流域不同侵蚀土壤区小麦产量调查，岩性黄绵土养分总储量低，尤以有效养分更低，农作物产量徘徊在每亩10～25公斤之间。而且，随着土壤侵蚀的加剧，土壤肥力退化日益严重，天旱时农作物产量每亩只有10公斤左右，25度以上坡地小麦亩产量仅为梯田亩产的22.7～36.3%。天水水保站观测，水土流失与农作物产量关系密切，坡度越陡，冲刷量越大，农作物产量越少。以17度坡地与5度坡地相比，在同样土质、同样作物、同样施肥量情况下，侵蚀量增加2.5倍，作物产量减少36%。

黄河流域水土流失区，坡耕地每年因水力侵蚀损失土层厚度0.2～1厘米，流失严重的地方可达2～3厘米。内蒙古自治区东胜市和准格尔旗的一些丘陵坡地，表土已冲蚀殆尽，砒砂岩裸露，许多土地已丧失了生产能力。位于黄甫川下游的陕西省府谷县麻镇乡陈家圪堵村，由于侵蚀严重，耕地土层已全部流失，连垫圈土还要到几公里外的地方去取，群众无法再继续生产、生活下去，1972年3月全村17户64口人被迫迁移。内蒙古自治区伊克昭盟的一些地方，也有类似情况。

山东省大汶河流域石山区，由于长期水土流失，坡耕地土层厚度小于30厘米的面积已达83万亩，石化、沙化面积已达50万亩，严重影响农业生产。

二、加剧干旱发展

黄土高原大部处于干旱、半干旱地区，年雨量少，季节分布不均，农业生产遭受不同程度的干旱威胁。而严重的水土流失又加剧了干旱的发展。一般情况是，在缺乏植被的情况下，坡耕地表面的土壤受到暴雨的打击、破坏，土壤孔隙被堵塞，雨水下渗速度减小，大量径流顺坡下泄。据各地水保站试验观测，在强烈暴雨中，60～70%甚至更多的降雨量从坡面流走，坡耕地只能吸收很少一部分。同时黄土高原蒸发量大，耕层土壤水分易于蒸发散失。

加以暴雨集中,强度很大,造成严重的水土流失,使土地日益瘠薄,田间持水能力差,更易遭受干旱威胁。

黄土高原北部干旱草原区和风沙区,年降雨 200～300 毫米,属干旱地区,面积约 10 万平方公里。东南部平原、阶地、土石山区和丘陵第三副区,年降雨 600～700 毫米,属半湿润地区,面积约 10 万平方公里。其余广大面积上各类型区,年降雨量 400～500 毫米,属半干旱地区,面积约 44 万平方公里。在黄土高原各地,不同程度地遭受干旱威胁的面积占总面积的 80%以上。据 1985 年统计,建国以来黄土高原平均每年不同程度的旱灾面积 1100 万亩,最大成灾年面积达 3500 万亩。黄土高原大部农耕地在坡上,一般年景坡地实际亩产只有 25～30 公斤或 50 公斤左右,一遇天旱,就严重减产,一般减产 40～50%,有时甚至颗粒无收。

黄土高原降雨量少而蒸发量大,是造成干旱的基本原因。历史上各地破坏森林,引起水土流失加剧,造成大面积生态环境恶化,加重了干旱的威胁。同时,严重的水土流失又使坡耕地降低了抗旱能力,从而增加了干旱现象的发生。据黄土高原各地历史考证,随着水土流失的加剧,旱灾出现的机率也相应地频繁。

山西省在 1464～1949 年的 486 年中,共发生旱灾 284 次,平均 1.71 年一次;1950～1979 年的 30 年中,共发生旱灾 22 次,平均 1.36 年一次。1955 年、1957 年、1960 年、1965 年、1972 年五次大旱,全省(包括海河流域)成灾面积 2000 万亩,粮食减产 6.5～8.5 亿公斤。

陕西省北部丘陵地区,水土流失严重,干旱灾害频繁,在 1629～1949 年的 321 年间,共发生旱灾 131 次,平均每 2.5 年一次。1950 年以来,上升为平均 2 年一次。1961～1977 年,陕北每 3～5 年就有一个旱年,其中有两次全区性的大旱。1965 年大旱,榆林地区近 1000 万亩耕地几乎绝收。

据甘肃省干旱地区 18 个县 1933～1976 年 44 年资料统计,大旱和旱年 17 年,占 38.6%。定西地区 1958～1979 年的 22 年中,有 18 年发生不同程度的干旱,其中严重的 6 年(1959 年、1961 年、1966 年、1969 年、1971 年、1976 年),占受灾年份的 1/3。

宁夏回族自治区的干旱草原区,平均 5 年中有 4 年是旱年,黄土丘陵区每两年就有一个旱年。1973 年,南部山区由于降雨迟,春夏连旱,秋作物下种困难,造成粮食大幅度减产,山区 8 县粮食总产仅 1.2 亿公斤,人均粮食 91 公斤。盐池、同心、海原、西吉等县,1950～1977 年的 28 年中,不同程度的旱灾有春旱 17 次,夏旱 17 次,秋旱 7 次,春夏连旱 11 次,夏秋连旱 5 次,春夏秋连旱3次。28年中出现大旱5次,平均5～6年一次。

山东省泰安县志和气象历史资料记载,旱灾出现的频率,随着县境内森林破坏和水土流失的加剧,也相应增多。从唐代到明永乐年间(公元668年～1425年)758年间没有旱灾;从明永乐末年到清末(1425～1911年)488年中出现46个干旱年,平均每10.6年一次;民国时期(1912～1949年)的38年中,出现旱灾6次,平均每6.3年一次。

三、破坏地面完整

沟蚀的发展,特别是沟头前进与沟岸扩张,将黄土高原割切得支离破碎,沟壑面积日益扩大,耕地面积日益缩小。黄土丘陵沟壑区,一般沟壑密度达每平方公里沟长2～7公里,沟壑面积占土地总面积的30～50%,有的达60%以上。黄土高塬沟壑区的甘肃省董志塬,沟壑面积已占总面积的43.74%。

高塬沟壑区和丘陵沟壑区第五副区的塬地、墚地、壕地,由于地形影响,地表径流集中注入沟头,因而沟头前进破坏地面特别剧烈。丘陵沟壑区的其余各个副区,沟头以上水流不太集中,因而前进速度相对地缓慢一些。据中科院西北水保所调查,位于丘陵沟壑区第二副区的杏子河流域,1958～1978年的沟头前进年均速度,上游为2.47～3.67米,中游为1.27～2.57米,下游为0.65～3.01米。

在泾河、无定河、清水河等流域的河源区,存在着三边高,中间低,类似盆地的农业用地,当地群众称为塬地、墚地或壕地,这些土地产量较高,是重要的农业基地,但是这些地区沟头前进很快。1974年黄委会水科所调查,甘肃省环县西北部的毛井、车道两乡,墚地上沟头前进年均50米以上者占统计年数的42%,年均100米以上者占25%。毛井乡陈家墚村,1968年一次洪水使沟头前进500米,损失粮食5000公斤。车道乡乔渠村,1960～1970年内由于沟头前进共损失墚地120亩。陕西省无定河支流芦河流域塬地上,沟头平均每年前进3～5米。

宁夏回族自治区固原县的壕地沟头前进速度,据中科院西北水保所用1957年和1979年两次航测照片进行对比分析,其沟头的年均前进速度为5.32米,其中赵新庄沟年均前进速度15.7米。全县因沟头前进每年损失耕地5000～6000亩。

高塬沟壑区塬面地表径流都集中在道路,许多道路下边连着沟头,因而沟头前进速度很快。甘肃省董志塬西峰市东沟沟圈的沟头，在60年内前进300米，平均每年5米；该沟的一条支沟在20年内前进189米，平均每年9.45米；南小河沟马家拐沟，1947年一次暴雨沟头前进23米。甘肃省环县城东塬的一个沟头，1933年一次暴雨前进80米；洪德乡张家塬窑沟脑44年中前进500米；柑水乡水沟沿村沟头43年前进1500米；毛井乡砖城子村19年前进1200米。陕西省洛川县黑木沟沟头平均每年向塬区推进1.75米。

高塬沟壑区的塬面被切割得支离破碎，主要是近1000～3000年以来发生的。据《元和郡县志》三《宁州》记载，甘肃省庆阳县董志塬，在唐代叫彭塬，当时南北长42公里，东西宽32公里；现在南北长大致如旧，东西宽仅18公里，最窄处还不到0.5公里。千余年来，由于这个塬两边马连河西岸和蒲河东岸许多沟壑的蚕食，使塬的面积缩小到不及原来的1/2。西周时著名的周塬，在今陕西省关中的西部，包括今凤翔、岐山、扶风、武功4县的大部，宝鸡、眉县、乾县、永寿4县的小部，东西长70余公里，南北宽20余公里，当时古公亶父率领周族定居这里时，"周原朊朊，堇荼如饴"，是一片富饶肥美的土地。现在这个塬已被切割成南北长条块，最宽的塬面也不过13公里，地貌发生了很大的变异。陕西省洛川塬，本是一个完整的塬面，由于沟壑发展，现在已切割成六个小塬面，遭受着1200余条支毛沟的蚕食。陕西省淳化县境北部的梁武帝村，其旁为秦汉时期甘泉宫旧址所在地，这座封建王朝的离宫别苑，曾经是一代制定大政方针的场所，宫城之外尚有一个云阳县城。现在的梁武帝村东西濒临两条深沟，昔日相当宽广辽阔的地方，今日剩下的宽度不到两公里。山西省大宁县太德塬，在清代宣统年间，塬面积有1.3万亩，而目前仅有0.9万亩，在不到100年的时间内，塬面土地减少了30%。山西省平陆县和芮城县之间的闲塬，在北宋时南北长7公里，东西宽4公里，现在这个塬名依然存在，但是塬的中间却添了几条深沟，把塬面分割成几道长条地块，名虽未变，但名实早已不符。

四、土地沙化与沙压

长城沿线一带的风沙区、干旱草原区和黄土丘陵区，土地沙化和风沙埋压土地的问题十分严重。风沙区内的流动沙丘，每年从西北向东南方向移动3米左右，吞没大量牧场和农田。与风沙区紧邻的黄土丘陵区，已有上千平方公里变成盖沙区。干旱草原区和风沙区中的固定、半固定沙丘，一旦植被破坏，立即就地起沙，使原来的牧地变成沙荒地。内蒙古自治区伊克昭盟在1957～1977年的21年内，由于土地沙化损失农田和牧地1500多万亩，平均每年70万亩。宁夏回族自治区盐池县1956年沙化土地面积占总面积的19.7%，1977年发展到59.2%。陕西省榆林县在1949年前100年内，由于沙漠南移，被流沙埋压的农田约100万亩。

流沙南侵的历史可以上溯到2000多年前。汉武帝时(公元前140～前88年)，在今乌兰布和沙漠所在地建立的朔方郡，下设10县，其中临戎、三封、窳浑3县是东西两汉300余年内的军事屯垦中心。但到北宋时期(公元960年～1127年)这3个县就被风沙掩埋1米多深。陕西省榆林地区北部与内蒙古自治区伊克昭盟接壤处的毛乌素沙漠，历史上曾是有名的"卧马草地"，是元代成吉思汗晚年屯马和操练的地方。由于风沙南侵，到明清时期，这里已成一片荒漠。北宋时期，西夏国都统万城，在今陕西省靖边县白城子，当时没有风沙，水丰草茂。西夏国首领赫连勃勃曾赞叹说："美哉！临广泽而带清流。王行地多矣，未有若斯之美。"但是，在统万城建立300年后，城下开始积沙，500年后城垣被深埋在沙漠中。风沙一直南侵，到1949年，流沙前沿已到榆林城下，并延伸到城南40公里的鱼河堡附近。据《宁夏新志》记载：宁夏盐池县铁柱泉城，建于明嘉靖十九年(1540年)，当时："铁柱泉水涌甘冽，日饮数万骑弗涸。……幅员数百里又皆沃壤可耕之地。"而目前该城及其附近早为大片流沙所埋没。

第二节 对河流的危害

水土从坡面流失后，洪水泥沙进入黄河干、支流，其主要危害有二：一是引起洪涝灾害，威胁人民生命财产的安全。二是淤塞水库、河道，降低其蓄水、行洪和综合利用的功能。两项危害在黄河流域各地都不同程度地存在，特别是洪水危害在黄河下游更为严重。

一、引起洪涝灾害

黄河流域的洪涝灾害，不仅在黄河下游，而且在中上游都不同程度地存在，其根源都是黄土高原地区严重的水土流失。

黄河下游自西汉至1949年的2000多年中，决口1500多次，每次决口都造成人民生命财产的巨大损失。清道光二十三年(1843年),黄河三门峡以上发生大洪水,不仅陕县以上地区造成很大灾害,而且下游在中牟决口,河南、安徽两省30余州县受灾。

黄河下游的洪水灾害,历代治河文献记载甚多。古代治河专家已认识到泥沙淤积与河患的因果关系,并提出处理泥沙的治河方策。近代以来,人们的认识不断深化,治河思想也逐渐全面系统。在30年代,李仪祉、张含英等明确提出水土流失是造成洪灾的主要原因。水土流失不仅造成洪水量大峰高,更重要的是造成黄河下游河床的泥沙淤积,加剧洪水灾害和防洪困难。

黄河流域除下游洪水危害外,中游支流的洪水危害也很严重。1961年8月21～23日,内蒙古自治区达拉特旗连续3天降雨240多毫米,八大"孔兑"(蒙语,指河沟)洪水暴涨,冲毁沿滩麦田39万亩,淹没村庄11处,倒塌房屋8000多间,死亡19人,冲走牲畜1000多头,包(头)东(胜)公路中断,13万亩耕地被泥沙压埋,沿滩有的地方淤沙厚达3～4米。1988年8月3～5日,黄河中游地区连降暴雨,黄甫川一次降雨127.3毫米,洪水冲毁淤地坝86座,占总坝数的12.9%。1989年7月21日,内蒙古自治区伊克昭盟一带骤降暴雨,东胜市3小时降雨120毫米,黄甫川流域的田圪坦一次降雨231毫米,洪峰流量为10600立方米每秒,窟野河神木水文站洪峰流量11000立方米每秒,致使正在建设的神府、东胜煤田及铁路、公路等受到严重破坏,直接经济损失达1000多万元。

山东省大汶河流域莱芜市,1984年7月12日暴雨,山洪暴发,冲毁库塘35处,河堤决口669处,造成内涝9.8万亩,冲毁农田5.3万亩,倒房4630间,死亡2人,牲畜死亡1.7万多头,直接经济损失1045万元。

二、淤塞水库河道

(一)淤塞水库降低综合利用功能

据黄委会水文局调查统计,1950～1989年,黄河中上游干支流大中小型水库共淤积泥沙143亿吨,相当于淤废库容1亿立方米的大型水库100多座。其中三门峡水库淤积79.15亿吨,其他干流水库共淤27.62亿吨,支流大、中型水库共淤30.24亿吨,支流小(一)型水库共淤6.22亿吨。

黄河三门峡水库原设计335米高程以下总库容96亿立方米,1960年9月建成蓄水;由于淤积严重,1962年3月已淤积17.5亿立方米,被迫改变运用方式,综合利用功能大大降低。山西省汾河水库总库容7.23亿立方米,

1961年建成蓄水，到1989年底，已淤积3.3亿立方米，占总库容的45.6%，严重影响了太原市的防洪、城市工业用水和150万亩农田的灌溉。陕西省延安地区王窑水库，坝高55米，总库容2.03亿立方米，1972年建成拦洪后，至1986年底共淤积8400万立方米，占总库容的41.4%，平均每年损失库容560余万立方米。甘肃省庆阳地区巴家嘴水库，总库容4.95亿立方米，1960年建成蓄水，到1986年10月，共淤积2.05亿立方米，占总库容的41.4%。黄河中上游各级支流和沟道，历年修建的中、小型水库，由于水土流失严重，库容被淤掉而改作淤地坝利用的，到处都有。

黄河下游大汶河流域，1985年规划统计有大中小型水库719座，总库容11.5亿立方米。其中大中型水库20座，已淤积3600万立方米，工程效益显著降低，相当于失去3座中型水库。

（二）淤塞河道降低行洪能力

黄土高原输移到下游的泥沙，使下游河道继续升高，泄洪能力逐渐降低，建国后虽然两岸大堤已加高3次，但洪水威胁依然严重。

泥沙淤塞河道，在中、上游地区也加剧了洪水危害。黄河中游水土流失严重的一些多沙粗沙支流，来沙淤堵黄河的事例时有发生。内蒙古自治区八大“孔兑”之一的西柳沟，位于达拉特旗境内，河道长106.3公里，流域面积1194平方公里，河道比降3.57%，其来水来沙曾5次淤堵黄河。1961年8月21～23日，连续3天降雨240多毫米，西柳沟发生洪水，龙头拐水文站洪峰流量3180立方米每秒，相应最大含沙量每立方米1204公斤，洪水挟带大量泥沙进入黄河后，在河中形成一条沙坝，将河水堵壅，形成倒流，致使达拉特旗昭君坟对岸的包钢水源工地被淹。1966年8月13日，流域内降雨136.7毫米，西柳沟发生洪水，龙头拐水文站洪峰流量3660立方米每秒，相应最大含沙量每立方米1380公斤，洪水入黄后，使昭君坟水位抬高2.33米，直到9月10日20时黄河才逐渐恢复到淤积前的水位，黄河受堵近一个月。1989年7月21日凌晨，八大“孔兑”上游骤降暴雨，青达门雨量站降雨量186毫米，八大“孔兑”齐发洪水，汇入黄河，在昭君坟河段出现了一条长7公里、宽600～1000米、高2米的水下沙坝，全部沙量达1750～3000万吨。7月21日6时，使当时流量1000立方米每秒的黄河水位达到1010.22米，超过1981年5450立方米每秒相应水位0.52米，测流设施全部被淹。21日晚11时，河水越堤横流，昭君坟水文站站房四周水深达1米以上，包头市的黄河公园变成一片汪洋；7月30日河床局部冲刷，水位开始回落，直到8月15日主槽沙坝才全部冲开，历时25天。

黄河主要支流黄甫川、孤山川、窟野河，由于洪水含沙量高，都曾发生过淤堵黄河的事例。1979 年 8 月 10 日，黄甫川洪峰流量 4960 立方米每秒，最大含沙量每立方米 1400 公斤，8 月 12 日洪峰流量 5990 立方米每秒，相应最大含沙量每立方米 1280 公斤。在此期间，黄河干流河曲水文站流量 1890～3120 立方米每秒，天桥水库末端淤积，并顶托干流，产生回水，使石梯子、上庄水位站的水位升高 0.5～1.5 米，淤积上延距坝 27.7 公里。1981 年 7～8 月，黄甫川连续 5 次洪水，含沙量均大于每立方米 1100 公斤。7 月 21 日洪峰流量 5120 立方米每秒，含沙量每立方米 1220 公斤；8 月 6 日洪峰流量 1150 立方米每秒，含沙量每立方米 1280 公斤，使石梯子左股河槽淤塞，石梯子、上庄水位站的水位上升 1～2 米。1982 年 7 月 29 日至 8 月 8 日，黄甫川出现 3 次含沙量大于每立方米 1000 公斤的洪水，也对干流产生顶托，使石梯子水位站断面淤高约 2 米，同流量的水位升高 1～1.5 米。1977 年 8 月 1～2 日孤山川降雨 144 毫米，发生最大流量 10300 立方米每秒的洪水，最大含沙量每立方米 817 公斤；洪水入黄后形成沙坝，黄河来水受到严重顶托，致使府谷水文站水位抬高 1.9 米，回水范围达 6 公里。1976 年 8 月 2 日，窟野河上游降雨 248 毫米，最大洪峰流量 14000 立方米每秒，洪水输沙量 1.76 亿吨，占本站年输沙量的 61.1%；洪水入黄后将大量巨石、煤炭、卵石等推到黄河对岸，迫使黄河回水 12 公里。

（三）淤塞河道影响航运

黄河航运在峡谷河段不存在泥沙淤积影响问题。而在宁夏、内蒙古河套平原和黄河下游平原河道以及关中的渭河，航运兴衰同河道的淤积关系是很密切的。历史上长时期内这里的航运比较发达，特别是黄河下游，上自战国，下迄明代，与黄河沟通的还有多条人工运河，构成黄、淮、海航运网络，当时是统治者赖以生存的漕运动脉，“漕运高船往来不绝”。但是平原地区的河道，均因黄土高原大量水土流失，泥沙不断淤积，致使运河消失，黄河河道变浅。据《河南省志·内河航运志》记述，河南境内郑州黄河铁路桥至台前县张庄，河道长 391 公里，常水位时水深 0.7～1.5 米，枯水期水深只有 0.6～1 米，河道宽浅，水流散乱，行船困难。

黄河支流渭河下游，古代是连接黄河向长安的运粮航道，《汉书》有“穿漕渠通渭”，“凿漕直渠自长安至华阴”的记载。到了唐代，仍是漕运必经之道。近代由于泥沙淤积严重，渭河下游已不通航。

第三篇

防治概要

黄河流域水土流失的防治工作历史悠久,从古代到现代经历了三个发展阶段:第一阶段,从西周到晚清几千年历史中,广大群众为获得农业丰产创造了丰富的耕作经验,其中很多是有利于保持水土的措施。第二阶段,民国时期,当时的执政者和治黄主管部门,从治黄的要求出发,已把水土保持作为一项专门事业,进行调查研究,提出治理方案,建立组织机构,开展科学试验,并在局部地区开展小范围的治理。第三阶段,建国以后,水土保持作为解决黄河泥沙问题和黄土高原人民脱贫致富的战略措施,纳入国民经济建设计划,从中央到地方,各级领导重视,设置专职机构,组织群众全面、持久、大规模地开展,不仅减轻了水土流失危害,而且发展了水土保持科学,在我国水土保持发展史上,作出了前所未有的伟大业绩。

水土保持的发展是正确方针、方略指导的结果。明代水利专家周用提出“沟洫治黄”,徐贞明提出“治水先治源”和清代胡定提出“汰沙澄源”等主张,都反映了把水土保持纳入治黄方略的思想,但由于时代条件的限制,未能实现。民国时期,在李仪祉、张含英等水利专家倡导下,水土保持作为解决黄河泥沙问题的重要措施而纳入治黄事业,是治黄方略上的突破性进展。建国后,把减少入黄泥沙、为治黄服务作为水土保持方针,是几千年治黄经验的总结。在治理实践中,水土保持方针和指导思想日趋明确和完善,其要点是:水土保持必须为生产服务,为治黄服务;必须依靠群众,艰苦奋斗、自力更生为主,国家支援为辅;必须以小流域为单元,全面规划,因地制宜,坡沟兼治,综合治理。80年代中期以后,进一步强调水土保持必须以经济效益为中心,发展商品经济,促进群众脱贫致富,为20世纪末奔向“小康”打下基础。

40多年来,黄河流域广大干部、群众在正确方针指导下坚持不懈地治理,共完成治理措施保存面积约14万平方公里,占水土流失面积44万平方公里的31.6%,取得了明显的经济效益、社会效益和生态效益。水土流失严重地区的贫困农民80%以上解决了温饱;黄河三门峡(水库末端)以上年均输沙量由60年代的年均17.045亿吨,减少为80年代的年均7.996亿吨,其中水土保持各项措施减沙4亿吨以上。

第七章 沿　革

第一节 西周到晚清

早在奴隶社会时期，黄河流域就有大禹“平治水土”的传说。在有文献记载的3000多年历史中，从西周开始，经春秋、战国，到秦、汉、魏、晋，随着农业生产的发展，逐步提出了合理利用土地的要求，并采用了蓄水保土、保护山林和缓坡平整土地等保持水土的措施。唐、宋以后，进而创造了在塬坡及丘陵陡坡修梯田和在沟中筑坝拦泥淤地的措施；一些干旱缺水地区，创造了水窖、涝池等小型拦蓄措施。

一、土地利用的原则

《左传》记载，鲁襄公二十五年（公元前548年），楚国芀掩的《庀赋》中对不同类型土地，提出不同的利用方式和征收赋税的原则：“度山林，鸠薮泽，辨京陵，表淳卤，数疆潦，规偃潴，町原防，牧隰皋，井衍沃，量入修赋”。大意是：预留出一定面积的山林，以供给国家需要的木材；管理好天然薮泽，使草木繁茂，以备狩猎；不宜耕种的丘陵高地，应从耕地中剔除；标记出瘠薄的盐碱地，实行减税；统计出易受水淹的地方，减免其赋税；规划出低洼地，以容纳积水；塬边地带，只允许少量开垦；近水的河滩地，作为牧场；肥美的好地，作为农田；依照各种土地收入的多少，定其赋税。据《商君书》记载，先王时代有“任地待役之律”，即一个地区各类土地的利用，要有一定的比例。具体要求，山林占十分之一，薮泽占十分之一，溪流占十分之一，城市道路占十分之一，恶田占十分之二，良田占十分之四。并且指出，这样作的好处是，有足够的土地生产粮食，有足够的都邑、道路供人民居住与活动，有足够的林、牧、渔业产品供人民享用，同时有足够的湖泊、沼泽，以容蓄洪水。

二、保护山林的法令

早在3000年前，当时的统治者就注意到需要保护山林，防止破坏，并设置“虞”官，主管其事。西周时期仍将管护山林、薮泽的官吏叫山虞、泽虞，或统称虞师。《佚周书》载：“禹之禁，春三月，山林不登斧，以成草木之长。”孟子向梁惠王提出：“斧斤以时入山林，材木不可胜用也。”都是要求对山林要爱护，不可乱砍滥伐。秦始皇统一中国后，曾颁布“一山泽”的法令，要求禁止私人任意砍伐森林。他在登泰山后，又下令“无伐草木”，并对有林的深山实行封禁，还设立了“少府”官职，主管其事。秦以后历代王朝，都不同程度地颁布过有关“禁山泽”的法令。

三、保持水土的措施

古代黄河流域人民创造的水土保持措施有十多种，其中最主要的有七种。

(一)保土耕作法

黄河流域最早的蓄水保土耕作法是甽田。据《汉书·食货志》记载，甽田是用两耜合并在一起，在耕地上顺等高线开沟，宽深各一尺，庄稼种在沟中，就能起到蓄水保土作用。

从甲骨文中发现的“甽”字分析，早在4000多年以前，后稷就开始采用甽田法。西汉时农官赵过把这项技术进一步发展为代田法，并把它推广到河南、山西、陕西以及甘肃东部一带，比一般耕地增产25～50%，被认为是“用力少而得谷多”的好措施。到商代，伊尹创造了区田法，距今已有3000多年历史。

(二)沟洫

古代的沟洫，主要是在平原的下湿地开挖排水沟渠，用以排除田中积水。天旱时也可封闭，蓄水抗旱。《论语》中有孔子赞扬禹“尽力乎沟洫”的记载。《周礼》中关于井田制度的记载，说明当时是以沟洫结合道路进行农田地块的划分；而沟洫则是由小到大，由近到远，由支渠到干渠，一直到河川，形成完整的排水体系。《左传》记载，郑国大夫子产执政时，有许多好的政绩，其中一项是“田有封洫”。随着农业向坡地发展，坡耕地上的沟洫，顺等高线分布，就有蓄水保土、减轻土壤冲刷的作用。开沟取土时，培土于沟上或沟下，就形成沟埂式的坡式梯田。沟洫的发展与梯田的发展，有较密切的联系。

（三）梯田

古代随着人口的增殖，缓坡地上种粮不能满足社会的需要，于是农耕地逐渐向毗邻的陡坡地发展。在农民分户垦殖中，自然留下地楞，虽然田面尚未水平，但从上到下，台阶分明，逐步形成梯田。这样的梯田，在陕西省彬县、长武、洛川和甘肃省泾川、平凉等县高塬区的塬坡上，以及甘肃省天水、定西、兰州等县、市丘陵区的坡面上，仍有大量分布。据建国初期调查，山西省洪洞、赵城等县，像这样的老梯田，已有600多年历史。

（四）种草

远在2000多年前，黄河流域就有种草养田的“草土之道”。西汉元封六年（公元前105年），皇帝下令种苜蓿，作为养马的饲料。后来，苜蓿的种植由长安传到塞北，逐步传遍整个黄土高原。到南北朝时，开始把苜蓿引入作物轮作，以改良土壤。《广志》一书中有“苕草，可以美田，叶可食”的记载。1313年，明代科学家徐光启所著《农政全书》中，也有种毛苕子作绿肥的记载。元世祖曾下诏“布种苜蓿，以防饥年”，则使种草的作用，在养畜和养地之外，还能在灾年供灾民充饥。由于种草本身与群众生产生活关系密切，所以数千年来黄河流域各地群众都有结合农事种草的习惯。

（五）造林

战国时已将山上和水边种树作为富国之道。《管子》中提出“行其山泽，观其桑麻，而贫富之国可知”，并说“十年之计，莫如树木”。孟子提出“五亩之宅，树墙下以桑，匹妇蚕之，则老者足以衣帛矣”，倡导种桑养蚕，提高人民穿着水平。《史记·货殖列传》有“安邑千树枣，渭川千亩竹”的记载。到汉代，黄河流域各地种植的果树，已有40多种。元世祖即位之初，就颁发《农桑辑要》，要求“每丁岁种桑枣二十棵”，“种杂果者，每丁十株”；还规定“所在礼司申报不实者罚之”，“纵畜损坏禾稼桑枣者，责其偿而后罚之”。

（六）淤地坝

筑坝淤地是黄河流域群众具有独创性的水土保持措施。有资料可考的山西省汾西县筑坝淤地约有400年历史。据50年代调查，山西省柳林县贾家塬，有180多年的坝地；陕西省清涧县辛关村，有190多年的坝地，子洲县岔巴沟和米脂县马家铺等地，有80多年的坝地。这些坝地，一般都比较零星分散。而山西省洪洞、赵城等县的坝地，不仅有100多年的历史，且比较集中连片，有的地方沟沟有坝，坝坝成地，一台连一台，已形成沟地川台化，充分发挥了增产、减沙作用。

(七)引洪漫地

引洪漫地在黄河流域有悠久的历史,至今许多地方还有古代修建的引洪漫地工程。陕西省富平县赵老峪的引洪漫地,据考证起源于战国时的秦国,距今已有2000多年。陕北定边县八里河的引洪漫地,始于清道光二十三年(1843年),由于洪水冲破原来的封闭垌地,下泄后,将下游荒滩淤成良田,咸丰十一年(1861年)开始耕种,到清末淤灌面积已发展到1.26万多亩。内蒙古境内大黑河的引洪漫地,在清代的200多年时间内,先后修建万亩以上引洪渠四条,发展引洪漫地数万亩。

第二节　民国时期

民国时期,战事连绵,政局动荡,国民经济停滞不前,黄河流域的水土保持不可能有计划地开展;且由于战争和陡坡开荒等原因,森林、草原遭到严重破坏,水土流失日益加剧,下游河道淤积严重。这时,一些专家学者在深入研究历代治河方略基础上,结合西方科学技术,认识到黄河河患的症结在于泥沙,泥沙的根源在于上中游黄土地区的水土流失,从而提出开展水土保持,进行调查研究,建立组织机构,开展科学试验,并在小范围内进行推广,为其后大规模开展水土保持奠定了基础。

一、进行调查研究

30年代和40年代,李仪祉、张含英先后任黄河水利委员会委员长期间,都曾率领科技人员对黄河上中游的水土流失和水土保持进行调查研究,并明确地把水土保持纳入治黄方略。1943年4～12月,国民政府美籍顾问罗德民(Walter Clay Lowdermilk)博士,率领中外专家赴黄土高原陕、甘、青等省进行考察,提出开展水土保持科学试验和示范推广等意见。

二、提出治理方案

1933年,李仪祉在黄河水利委员会第一次委员会上提出在晋、陕、豫等省沿黄山丘广植森林保持水土的提案,并获通过。1935年,在他拟定的《黄河治本计划概要叙目》中指出:黄河下游的泥沙,主要来自上中游的水土流失。主张治黄要上中下游并重，治标与治本兼筹，在上中游大力“培植森林，平治阶田，开挖沟洫，设置谷坊”。1947 年张含英在《黄河治理纲要》中提出，通过在黄河上中游地区实施“土地之善用”，“地形之改变”与“沟壑之控制”等水土保持措施，为下游缓洪减沙。这是在国家治黄主管部门第一次提出把水土保持作为减少黄河泥沙的治黄方略，具有深远的意义。

三、建立组织机构

1933 年，在黄河水利委员会工务处设置林垦组，1940 年设置林垦设计委员会，直属黄委会，其主要任务是专管有关水土保持方面的工作。1941 年，在甘肃天水和陕西西安分别设置陇南和关中水土保持实验区。这些专职机构的设置，是黄河流域水土保持历史上的创举。

四、开展科学实验

1924～1925 年，罗德民在金陵大学任教时，为研究黄河流域的水土流失及其防治途径，在山西省沁源、方山、宁武等县境内，设置径流小区，进行水土流失观测，这是我国水土保持试验研究工作之始。1941～1942 年陇南、关中、天水水土保持实验区建立后，又开展坡耕地修地埂、保土耕作法、沟壑造林、修谷坊以及水土流失规律等方面的研究，并取得一些成果。

五、示范推广

1939 年开始，在黄河水利委员会领导下，利用潼关苗圃的苗木，在朝邑、平民两县沿黄荒滩造林，到 1947 年共造林约 1 万亩，27 万株。1941 年，在甘肃省建设厅长张心一的倡导下，由该厅与水利林牧公司共同拨款 3000 元，在兰州市的南、北二山，开展水土保持造林。1942 年，甘肃省政府成立造林委员会，同时在省农业改进所内增设保土组，研究荒山造林问题。经过两三年试验示范，到 1949 年底，在兰州南、北二山挖水平沟植树约 11 万株，折合 1000 多亩。1945 年 5 月，关中水土保持实验区在西安市荆峪沟流域，修建小型留淤土坝一座，控制流域面积 2.6 平方公里，土方量 2 万立方米，这是黄河水利委员会在黄河上游修建的第一座小型留淤土坝。1946 年 4～5 月，该实验区利用美国援华补助水土保持专款 500 万元，在荆峪沟流域的南寨沟又修建了第二座留淤土坝，控制面积 6.17 平方公里，坝高 16.2 米，土方量 4.65 万立方米。同时，组织动员群众在塬面上修软埝 1 万多亩。

抗日战争后期，陕甘宁边区政府在陕北、陇东、宁南一些水土流失地区，也局部开展了修梯田、筑坝、引洪漫地、造林、种草等水土保持工作。

第三节　建国以后

建国以来，黄河流域的水土保持工作，经历由重点试办到全面发展的过程，在广大水土流失区，实施各项治理措施，起到了提高生产、制止侵蚀、减少入黄泥沙的显著作用。这在中国历史上是前所未有的。

一、第一阶段(1950～1962 年)

1950 年 1 月，黄委会研究室召开水土保持座谈会，明确提出“水土保持是黄河流域的主要工作之一”。同年成立了西北黄河工程局，组织沟壑治理查勘。在 1950～1953 年内，相继成立陇东、陕北水土保持工作站，并接收天水水保实验区(后来三站都改名为水土保持科学试验站)，在陕北、陇东、陇南等水土流失严重地区，开始进行水土保持的试验、示范和推广工作。1952 年 12 月，中央人民政府政务院总理周恩来签署发布《关于发动群众继续开展防旱抗旱运动并大力推行水土保持工作的指示》，指出“由于各河治本和山区生产的需要，水土保持工作目前已属刻不容缓”，“应以黄河的支流无定河、延水及泾、洛、渭诸河流域为全国的重点”。同月，黄委会在《1953 年治黄任务的决定》中，把水土保持作为“变害河为利河”的关键，要求“大大地加强这一工作”。

1953 年，黄委会组织共 400 多人的 9 个水土保持查勘队，对中、上游地区水土流失严重的 31 条支流进行全面深入的查勘，收集了这些地区的有关自然条件、社会经济情况、水土流失情况及群众水土保持经验等大量资料，为研究制定水土保持规划提供了科学依据。同年 5～8 月，以水利部副部长张含英为团长，率领有关单位专家 36 人组成的西北水土保持考察团，在黄河中、上游水土流失严重地区，进行调查研究，提出了全面开展水土保持的指导性意见和建议。1954 年，在国家计划委员会(以下简称国家计委)领导下，成立黄河规划委员会，编制了《黄河综合利用规划技术经济报告》，黄河上中游的水土保持，是其重要内容之一。1955 年 7 月，在第一届全国人民代表大会第二次会议上，邓子恢副总理作了《关于根治黄河水害和开发黄河水利的综合规划报告》，大会通过了相应的决议。从此黄土高原的水土保持，正式列入国民经济建设计划，由中央主管部门和黄河上中游 7 省（区）各级政府有组织、有计划地开展。

1955 年，随着农业合作化的发展，黄河流域各地水土保持全面展开，由过去一家一户分散地进行单项治理，发展为一村一组合作，一坡一沟成片治理，出现了一些集体治理的好典型。毛泽东主席在《中国农村的社会主义高潮》一书中，赞扬了山西省阳高县大泉山和离山县的水土保持工作，对黄河流域各地干部、群众鼓舞很大。群众开展的水土保持措施主要有：坡耕地上培地埂，搞沟垄种植和掏钵种植等保土耕作法，塬面缓坡地上修软埝，荒山荒坡造林种草，支毛沟中修小型淤地坝。西北黄河工程局组织技术人员，指导群众在陕北、陇东等地的较大沟壑中，修建大型淤地坝，进行试验和探索。

1958～1960 年，黄河流域的水土保持群众运动进入高潮。由过去一村一组的小联合，发展到一乡一县或几个县的大联合，如甘肃省定西、通渭、会宁、静宁 4 县联合治理华家岭等。这段时期，人们热情很高，但缺乏冷静思考。一方面，由于广大干部群众的辛勤劳动，确实搞了不少水土保持措施，而且具体作法上也有许多发展。例如坡耕地治理，过去一般是培地埂（又称坡式梯田），当时有些地方，采取上切下垫，一次修成水平梯田，很快就在各地得到推广。另一方面，由于受“左”的思想影响，出现了不少偏差：有的地方，搞形式主义，高指标、浮夸风盛行，实际治理面积与上报治理成绩相差很大；同时，普遍存在“一平二调”，刮“共产风”，农民出工不计报酬，甚至自带干粮行李无偿地到几十里外的邻乡、邻县去参加“大兵团作战”。这些错误作法，挫伤了群众的积极性。许多“大兵团作战”工地上，红旗招展，人山人海，而实际工效不高。虽有这些偏差，但这段时期广大干部群众的劳动成果仍是肯定的。当时修的梯田、坝地，在此后几十年中，一直发挥着增产和减沙作用。

从 50 年代初到 60 年代初，中央对黄河流域的水土保持，一直抓得很紧。黄河上中游 7 省（区）从 1954 年以后，陆续设立水土保持委员会和水土保持局（处），在不同类型区建立水土保持试验站或推广站。1955 年 10 月召开的第一次全国水土保持会议，1957 年 12 月召开的第二次全国水土保持会议，都重点研究了黄河流域的水土保持问题。1958 年 9 月全国第三次水土保持会议，是以黄河流域陕西、甘肃等省的水土保持先进县为参观现场而召开的。在这期间，1956 年 12 月、1957 年 8 月和 1959 年 10 月，由中央有关部委领导主持，先后三次在北京和三门峡召开了黄河流域水土保持工作座谈会，专题研究如何加快黄土高原水土保持工作问题。1959 年 11 月，国务院水土保持委员会召开黄河流域 7 省（区）水土保持会议，由 7 省（区）主管农业的副省长参加，周恩来总理在会上作了重要讲话。会前代表们乘飞机参观了黄土高原各地水土保持治理成果，回北京开会期间进行了评比。会议期间还在中央人民广播电台广播大厅召开了黄河及永定河中、上游地区水土保持广播大会，中央有关部委和黄土高原水土流失重点省（区）领导在大会上讲话，组织各地干部群众收听，并及时打电话到广播大厅，汇报成绩，表决心，鼓干劲。特别是 1960 年三门峡水库建成开始蓄水以后，在“保卫三门峡”（为三门峡水库减少泥沙）口号下，对加快水土保持进度的要求更为迫切。在“大跃进”气氛下，提出了“三年小部，五年大部，八年基本完成”黄土高原水土保持任务的不切实际的计划。为了贯彻上述要求，采取了许多措施，除召开上述各种会议外，还通过多种形式，广泛开展宣传活动。

正当黄河流域水土保持群众运动全面开展的时候，遇到国家经济困难。各地的粮食、日用品等供应十分紧张，中央提出了“调整、巩固、充实、提高”的方针，其中包括“精简机构，下放干部”这一具体措施。黄河流域许多省（区）的水土保持机构被撤销，人员下放，水土保持工作陷于停顿。据黄委会调查统计，陕西、甘肃、山西 3 省与 1957 年相比，水土保持机构撤销了 58～80%，人员减少了 60～95%。陕西省的水保试验站由 16 处减为 4 处；水土流失严重的榆林专区，水土保持干部由 1957 年的 260 人减为 17 人。甘肃省 1956～1957 年全省约有水土保持干部 1500 人，精减后只有 140 人。山西省原有水土保持干部 573 人，精减后保留 230 人；全省水土保持试验站由原来的 5 处 170 人，减为 1 处 50 人。其余各省（区）都有类似的情况。在此形势下，部分地区还出现毁林、毁草、陡坡开荒和破坏梯田、地埂等现象。水土保持工作转入低潮。

二、第二阶段（1963～1970 年）

随着全国国民经济情况的好转，中央立即采取措施，加强黄河中游的水土保持工作。1963 年 1 月，国务院水土保持委员会在北京召开黄河中游水土流失重点区治理规划会议，部署河口镇到龙门区间水土流失严重的 42 个县着手编制水土保持规划。同年 4 月 18 日，国务院发布《黄河中游水土保持工作的决定》，指出在上述 42 个县开展重点治理对改变当地贫困面貌和减少入黄泥沙的重要意义，并对规划治理的方针、措施等，提出原则性的要求。同年11月，国务院水土保持委员会在北京召开黄河中游水土流失重点区第二次水土保持会议，会前根据各地上报的规划资料进行汇总，提出《黄河中游42个水土流失重点县水土保持规划》。会上对这个《规划》进行了讨论，并部署了1964年的治理任务。黄河流域的水土保持工作，又开始恢复。

1964年，根据谭震林副总理的提议，为了加强黄土高原的水土保持工作，在西安成立黄河中游水土保持委员会，接着又成立西北林业建设兵团。黄河中游水土保持委员会成立后不久，立即着手编制了《1965～1980年黄河中游水土保持规划》。规划中考虑各地要求，把原有42个重点县扩大到100个(1973年和1977年两次延安水保会议又增加38个县)。1964年9月在西安召开的黄河中游水土流失重点区第三次水土保持会议和1965年9月在西安召开的黄河中游水土保持委员会第一次会议，都基本按照上述规划要求，部署了治理任务，使水土保持工作进一步得到加强。

从1963年开始，中央在水土保持工作中十分注意吸取"大跃进"中的教训，纠正"一平二调"、形式主义、高指标、浮夸风等错误作法，在42个县和100个县的规划中有了体现，并在北京、西安会议上作了反复强调。在治理方针上，进一步强调结合群众生产，为群众生产服务。在治理措施上，强调以坡耕地治理为主。1964年毛泽东主席发出"农业学大寨"的号召，黄河流域水土保持相应地强调学习大寨"艰苦奋斗、自力更生"的精神。1964年9月，黄河中游水土流失重点区第三次会议期间，特地邀请大寨大队党支部书记陈永贵到会，介绍经验。总的来看，这段时期，黄河流域水土保持工作的发展进程，基本上是健康的。

1966年开始的"文化大革命"，使黄河流域的水土保持工作深受其害。从1966年夏天开始，工作基本陷于停顿；1969年冬，黄河中游水土保持委员会和西北林业建设兵团奉命撤销，大部人员下放到陕北农村；天水、西峰、绥德3个水土保持试验站交地方管辖，科研工作大部陷于瘫痪；黄河流域各省(区)的水土保持机构几乎全部撤销，人员下放，工作停顿，科研中断；有的科研站、所，改为生产性农场，观测研究设施遭到破坏；各地出现严重的毁林、毁草、陡坡开荒等现象，水土保持工作再次受到很大影响。

三、第三阶段(1971～1980年)

1970年10月，中央在北京召开北方地区农业会议，明确要求，加快改变北方各省(区)农业生产面貌,必须像大寨那样加强农田基本建设工作。1970年12月至1971年1月,经国务院批准,水电部主持在北京召开黄河流域8省(区)水利水电部门参加的治黄工作座谈会,认真总结经验,提出今后的规划设想是:在上中游大搞水土保持,力争尽快改变面貌;在下游确保安全,不准决口;积极利用黄河水沙,为工农业生产服务。黄河流域各省(区)传达贯彻这两次会议精神,决定在水土流失地区,积极开展兴修梯田、坝地、小片水地等。1971年夏,陕西、甘肃、宁夏3省(区),重新学习毛泽东主席1949年给陕甘宁边区的《复电》,进一步鼓舞了广大干部群众的建设热情。因此,从1971年开始,许多地方以县为单位,除平原地区以水利为主外,在山区、丘陵区主要是兴修梯田、坝地、小片水地,同时也搞了些造林、种草,水土保持工作又全面开展。

1973年4月和1977年5月,黄河治理领导小组、水电部、农林部,先后两次在延安召开黄河中游地区水土保持工作会议。1973年的会议,提出"以土为首,土水林综合治理,为农业生产服务"的方针;1977年的会议,重申了这一方针。两次会议都强调搞水土保持首先要解决群众吃饭问题。在治理措施上,强调要搞好基本农田,改善农业生产基本条件。1977年会议要求,3～5年内水土流失地区达到一人一亩旱涝保收、高产稳产基本农田;除人多地少地区外,一般达到人均一亩林、一亩草。

为了加快水土保持进程,陕西、山西、内蒙古等省(区)积极推广水坠法筑坝、机械修梯田和飞机播种造林、种草等新技术;有关科研单位也积极配合,组织协作攻关,开展试验研究,解决了推广实施中有关技术问题,提高了工效,加快了进度,节约了劳力,使水土保持措施在技术上获得突破性进展。

从1976年10月以后,到1979年贯彻中共十一届三中全会精神,其间强调农民参加水土保持必须按劳记工,按工付酬。农村逐步实行家庭联产承包责任制后,许多地方水土保持中旧的一套作法被否定,新的办法尚未建立起来,如何组织劳力、调动群众积极性的问题,一时未能很好解决。在这样的过渡阶段,黄河流域水土保持工作一度受到影响。

四、第四阶段(1981年～1992年)

1979～1980年间,科学技术界对水土保持进行了热烈的学术讨论。从1979年春到1980年冬,国家科学技术委员会(以下简称国家科委)、国家农业委员会(以下简称国家农委)、中国科学院、农业部、林业部、水利部等有关部委，先后在西安、郑州、兰州等地，召开了四次关于黄土高原水土保持综合治理和农业生产建设方向的大型学术会议。会上对水土保持的作法虽有不同意见的争论，但对加强黄土高原水土保持工作的要求则基本一致，这就为黄河流域水土保持的深入开展，做了大量舆论工作。1980年春，国家农委批复恢复黄河中游水土保持委员会，并新建黄河中游治理局，作为黄河中游水土保持委员会的办事机构，为水土保持工作的深入开展作了组织准备。

1981年11月，恢复后的黄河中游水土保持委员会在西安召开第一次会议，总结30年来水土保持工作的经验、教训，提出“六五”期间水土保持的计划任务和政策性措施。会后，黄河上中游7省(区)和一些水土流失重点地(盟)、县(旗)，相继建立健全了水土保持机构。黄河中游治理局组织人员到各地调查研究，了解情况，并通过《水土保持简报》等形式，加强宣传报导，交流经验，促进各地治理工作的开展。根据黄河上中游7省(区)统计，1981～1985年，平均每年完成治理措施面积约1万平方公里，按林草成活和保存情况落实，每年实际完成5000平方公里，5年共新增治理措施面积2.5万平方公里，加上1980年以前原有7.5万平方公里，共有治理措施面积约10万平方公里，占黄河上中游地区水土流失面积43万平方公里的23.3%。在1956～1980年的25年中，平均每年新增治理措施面积3000平方公里；1981～1985年，平均每年新增治理措施面积5000平方公里，治理进度比过去有所加快，质量也有所提高。1986年开始的“七五”计划期间，仍保持前五年的好势头。总的来看，80年代以来，是黄河流域水土保持持续、稳定发展和效果最好的一段时期。

取得上述进展的根本原因，是中央对黄河流域水土保持的重视，并采取一系列加强这项工作的有力措施。1980年夏，水电部在陕北、晋西和内蒙古的伊克昭盟三地，部署了第一批36条水土保持试点小流域，拨专款支援，为大规模开展小流域综合治理探索新的经验；1982年又增加经费，扩大试点范围。1983年，全国水土保持工作协调小组确定，将黄河流域水土流失严重的无定河、三川河、黄甫川和定西县，列为全国水土保持的重点，拨专款加强治理。1983～1986年，胡耀邦等中央领导同志多次到黄土高原视察水土保持工作，并深入到小流域综合治理现场，检查指导，对干部群众鼓舞很大。1985年6月，中共中央书记处农村政策研究室和全国水土保持工作协调小组，在郑州联合召开黄河上中游水土保持工作座谈会，中央有关部、委和黄河上中游7省(区)主管农业的省级领导同志参加，研究进一步推动水土保持的政策和措施。1986年，进一步调整和加强了黄河中游水土保持委员会的领导，并于当年12月，在西安召开了第二次委员会，研究新形势下出现的新问题(开矿、修路等造成新的水土流失)和应采取的对策。为了加强河口镇到龙门区间多沙粗沙区的治理，1984年国家计委和水电部研究提出，在这些地区加强面上治理的同时，在沟中增修库容50～100万立方米以上的治沟骨干工程，以提高防御标准，并从1986年开始，拨专款进行试点，以后又逐年增加投资，逐步扩大工程范围。

这段时期，面上治理工作进展较快的又一重要原因是，推广了“户包”治理这一新型的水土保持责任制。1980年以来，晋西、陕北和内蒙古南部一些地方，在农村家庭联产承包责任制的基础上，出现了按户承包治理支毛沟或“五荒地”的水土保持责任制。规定谁治理，谁管理，谁受益，长期不变，子女可以继承。这样，就使水土保持做到责权利一致，治管用结合，收到了很好的效果。1982年山西省忻州地区首先推广河曲县旧县乡农民苗混瞒以户承包治理的经验，很快在全省得到普及。1983年9月，黄委会在忻州地区召开现场会，推广“户包”治理经验，使黄土高原的水土保持出现了新局面。到1985年底，承包治理户达400万户，占总农户的38%，承包治理面积8000万亩，承包期内累计完成治理措施面积3000万亩，占同期黄土高原新增治理措施面积的80%。据100户典型调查，承包治理后，一般都增加经济收入30%左右。在按户承包治理的基础上，有的地方根据不同条件，又发展为联户承包、专业队承包、劳动积累工治理、集体治理分户管理等多种形式，适应了不同的情况，满足了水土保持用工的需要。各地各级政府和业务领导机构，又不断地研究提出和改进水土保持责任制中有关的政策问题，保护了群众的利益，进一步调动了群众的积极性。

这段时期，除水土保持主管部门外，一些有关部门对推动和加强黄河流域水土保持工作，也作出了积极的贡献。林业部“三北”(东北、华北、西北)防护林建设，以长城沿线为重点，在黄土高原水土流失地区，造林数千万亩；农业部“三西”农业建设，在宁夏回族自治区的西吉、海原、固原地区和甘肃省以定西为代表的18个干旱县(和河西地区)，投资扶持群众兴修梯田、坝地、小片水地和造林种草；陕西省陕北建设委员会1980年以来，利用中央给陕北老区的扶贫款，开展了小流域综合治理和农田基本建设；联合国粮食计划署和世界银行等国际组织，先后在宁夏回族自治区西吉县、陕西省米脂县、甘肃省定西县等地，专款支援大面积造林和水土保持综合治理。

“六五”期间，各地完成的治理措施面积中，90%以上是林草，基本农田面积所占比例偏小。“七五”计划开始后，强调要抓好农田基本建设，梯田、坝地、小片水地所占比例，逐步增加到10～15%或更多。

随着国民经济建设的加快发展，黄河流域各地开矿、修路等基本建设和工业生产造成新的水土流失，情况也日益严重；同时，许多地方对于保护森林、草原、禁止陡坡开荒的法规执行不严，以致许多天然林草植被遭到严重破坏，有的地方甚至破坏大于治理，成了水土保持工作中的一大问题。对此，中央和各省(区)于1990年前后新设监督机构，制定监督制度，采取包括法律在内的各种保护林草植被、防止造成新的水土流失的措施。1991年6月《水土保持法》公布施行后，这方面的工作得到进一步的加强。

1990年国家计委批准了《黄河流域黄土高原地区水土保持专项治理规划》，1992年水利部把《黄河流域水土保持规划》和《黄河流域多沙粗沙区治理规划》纳入《全国水土保持规划纲要》体系，由国家拨专款支持实施，为水土保持的加快发展，创造了有利条件。

第八章 方 略

黄河流域水土保持方略的形成，经历了三个时期：从西周到晚清，水土保持未作为一项事业，也没有明确的方略，明、清时期，有少数专家提出把水土保持与治理黄河联系起来的主张；民国时期，在治黄方略中把水土保持作为减少泥沙的主要措施，相应地为治黄减沙服务也就成为水土保持的主要方略之一；建国以后，在大规模的水土保持实践中，水土保持的方针、方略经过不断的修改、补充，日臻完善，有力地指导了水土流失防治工作的开展。

第一节 明清时期

一、周用的主张

明嘉靖二十二年(1543年)，负责治黄工作的周用，提出在整个流域面积上修沟洫，作为治河的方案。他在上奏皇帝的《理河事宜疏》中指出："治河、垦田，事实相因，水不治则田不可治，田治则水当益治，事相表里。"他所谓"治田"，就是在田间修沟洫，"天下皆修沟洫，天下皆治水之人"，并且指出，这样作的好处是"一举而兴天下之大利，平天下之大患"。这是治黄史上最早出现的"沟洫治黄"论，也是把水土保持和治黄事业联系起来的最早主张。

二、徐贞明的主张

明万历年间(1573～1620年)，水利专家徐贞明在所著《西北水利议》一书中指出："水利之法，当先于水之源"，"水聚之则害，而散之则利；弃之则害，而用之则利"，提出"治水先治源"。即对西北黄土高原的治理，主张先治理上游，在上游采取"散水"的措施，把洪水分散拦蓄利用，使其散而不聚，不致在下游汇聚成灾。他的这些主张,将治水、垦田、保持水土紧密结合起来,在今天仍有着重要意义。

三、胡定的主张

清乾隆八年(1743 年),陕西道监察御史胡定上奏乾隆皇帝的《胡定条奏河防事宜》中说:“黄河之沙,多出自三门峡以上及山西中条山一带破涧中,请令地方官于涧口筑坝堰,水发,沙滞涧中,渐为平壤,可种秋麦。”这种“汰沙澄源”的主张,就是在黄河上中游支流的沟壑中筑坝淤地,拦截泥沙,不使泥沙输入黄河。

四、卢法尔的主张

清光绪二十四年(1898 年)九月,李鸿章聘请比利时水利工程师卢法尔,查勘研究黄河问题。卢法尔用近代西方水利科学观点,提出了在黄河上中游解决泥沙问题的治黄方略。他说:“治河如治病,必先查其源”,“黄河在山东为患,而病源不在山东”。并明确指出,黄河的病源是山西、陕西水土流失产生的泥沙。关于上中游水土流失的治理,他提出“设坝用以拦沙,或择大湖用以减水”,对于“源头及濒水诸山”,“应令栽种树木以杀水势”。并借鉴西方各国植树经验,建议国家颁发《种树条例》,保障林业的发展。

第二节 民国时期

民国时期,特别是 1933 年黄河水利委员会成立以后,中外专家通过对黄河流域的全面考察和查勘,提出了各自的治黄设想和主张,一般都把加强上中游地区的水土保持作为治黄方略的主要内容。虽然由于历史条件的限制,这些主张还不够完善,当时的政府也不可能全面组织实施,但各方面专家的主张,对水土保持事业的开创和发展,起到了一定的推动作用。

一、李仪祉的主张

李仪祉在 1933～1935 年任国民政府黄河水利委员会委员长期间,亲赴黄河上、中、下游查勘，并针对我国古代2000多年治河偏重下游河道，黄河得不到根治的情况，提出治黄要上、中、下游并重。他在《黄河治本计划概要叙目》中，肯定汉之王景、明之潘季驯、清之靳辅等人治黄功绩的同时，指出古人治河存在的问题是："而于河之洪流未能节制，含沙未能减少，犹之病者，标病虽去，本病未除，故难以其后不为患，""故去河之患在防洪，更需防沙。"他在《治黄意见》中进而明确指出："河患症结所在之大病，是在于沙，洪水不减，沙患不除，则河恐无治理之一日。"在这样思想指导下，他提出的治河主要目标之一是"使泥沙的来量大减，河床不淤"。如何减少泥沙，他在《导治黄河宜注重上游请早期派人测量研究案》中指出："历代治河皆注重下游，而中上游曾无人过问，实则洪水之源源于中上游，泥沙之源源于中上游。""诚以导治黄河，在下游无良策。数千年来，但注重下游，漠视上游，毫无结果。故惩前毖后，望吾会是后研究黄河知所择也。"同时还提出："今后之治河者，不仅当注意孟津、天津、淮阴三角之内，而应移其目光于上游。"对于如何保持水土，他提出了一套完整的办法及其技术要点，主要有以下三方面：荒山荒坡造林种草，防止冲刷；坡耕地修阶田，开沟洫，截留田间雨水；沟中修坝堰、谷坊，在溪沟中截留雨水，制止沟壑发展，变荒沟为良田。

二、张含英的主张

张含英1942年任黄河水利委员会委员长，1946年率领黄河治本研究团，赴黄河上中游进行考察，写了《黄河流域之土壤及其冲积》、《黄土高原和水土保持》等著作。指出："黄河下游水害之症结，在于泥沙，在于黄河上中游的水土流失。"他在1947年写的《黄河治理纲要》中，对水土保持在治黄中的地位作了充分肯定。在《纲要》的第一部分《治黄总则》中指出：治理黄河，必须就全河立论，不应就下游论下游，而"应上中下游统筹，本流与支流兼顾，以整个流域为对象"。在《纲要》的第三部分《泥沙之控制》中指出："欲谋泥沙之控制，首先应注意其来源。""泥沙的主要来源为晋陕区、泾渭区及晋豫区。"他在对水土流失形成的过程和因素进行了深入分析之后，提出了在黄土高原保持水土、控制泥沙的一整套治理措施，包括"对流域以内土地之善用（农作、草原、森林三者，按地形与土壤划分使用），农作法之改良（采用等高种、轮种等法），地形之改变（采用新式阶田之法）及沟壑之控制"。对水土保持的减沙和缓洪作用，他也作了充分的肯定，指出："今若能延缓雨水之下行，减低径流之数量，即可以防洪水之泛滥，节制土壤之冲刷，维护上游之农田，并能免除下游之昏垫，如是，则黄河之祸患可以解决泰半矣。”

三、罗德民的主张

罗德民1922～1927年在金陵大学任教期间，根据对黄河流域水土流失情况的研究成果，写了《影响暴雨径流和土壤侵蚀的因子》一文，提出“人为加速侵蚀”这一重要概念，明确指出水土保持工作的目标是缩小和消除加速侵蚀。

1942年，他应国民政府农林部和黄委会的邀请二次来华，并于1943年4～11月率领西北水土保持考察团，考察了陕、甘、青等省水土流失严重的部分地区。他在《西北水土保持考察报告》中，认为“土壤冲刷之结果，足以破坏耕地，提高河道泥沙，增加治河困难，更以地肥流失，耕作为艰，生产减低”，造成“河流泛滥”，影响“国家之安宁”。主张“依地尽其利之原则，计划土地分类”，采取各种水土保持措施，“控制土壤冲刷”，减少入河泥沙，“藉以提高生产，增进农民之购买力，终则社会工业化之目标，获得实现”。对水土保持工作，主张从实验研究开始，在全国建立5个水土保持实验区，并具体将黄河上中游地区划分为12个区域，建议战时（抗日战争时期）即着手准备，购置实验用地，由美国协助培训人员、代购仪器等，战后即分区开展水土保持实验、示范和推广工作。

四、治黄顾问团的意见

1946年夏，国民政府最高经济委员会设治黄顾问团，聘请美国水利专家雷巴德、萨凡奇、葛罗同为顾问，欧索司为秘书，还有公共工程委员会顾问柯登和我国专家多人参加，同年12月10日在南京集合，随即组织查勘，历时30天，考察黄河的上中下游。

考察后于1947年1月17日提出《治理黄河初步报告书》，其中对水土保持的减沙作用及其在治黄中的地位，作了肯定的评价：“水土保持狭义言之，指的是梯田耕种以免层冲，陡坡种草植树以御侵蚀，沟壑建坝以防崩溃。”“在荒地上植树种草，在沟壑中筑坝拦洪，皆属十分必要，其效果纵不能根治泥沙，亦可使入河泥沙减少。”同时也指出，水土保持“在全流域推广生效”，需要“数百年”时间。

五、柯登的意见

国民政府公共工程委员会顾问柯登参加治黄顾问团查勘后，写了《开发黄河流域之基本工作纲要》，提出29条研究工作纲要，其中第11条是“水土保持”。在此文的附件《开发黄河流域之说明》中，阐述了他的治黄思想11条。其中第3条指出：“下游河槽之淤淀，为引起破坏性洪水的原因。水土保持为防治洪水的唯一永久对策，且为不断增加其他利益的唯一方法。”第7条指出：“水土保持现在即应大规模展开。”第8条指出：“应以军队、农民及以工代赈之工人，从事于水土保持以及灌溉和垦殖工作。”

六、日本东亚研究所的意见

日本帝国主义侵略中国期间，为了掠夺资源，1939年日本东亚研究所组织了“第二次调查委员会”，抽调各方面专家298名，研究黄河的治理与开发利用，经过4～5年时间，1944年编制了约733万字的黄河治理规划的综合调查报告书。报告书中提出“森林治水”计划，主张在黄土高原大量植树造林，“防治土壤侵蚀，涵养水源，调节洪流，作为黄河治本最重要的任务”。报告认为：“过去数千年来，黄河泛滥，最根本最重大的原因，是黄土的特性及地上植物的丧失所生成的举世无比的流沙量，若对这种流沙量无法解除，则各种治水方策将难保持久。减少流沙量最永久的、根本的、而且最经济的生产方策，只有森林治水方策。”

第三节　建国以后

建国以来，黄河流域水土保持工作的逐步深入发展，与正确的方针指导有着密切的关系。这些方针一般是国家或黄河流域主管部门以文件下达，或在重要会议上由领导同志讲话明确，以及国家批准实施的规划中反映。其主要内容有四个方面：一是明确水土保持的目的和任务，既要为治黄服务，又要为发展生产服务；二是明确解决水土流失的主要措施，以预防为主，防治结合，在治理措施中强调坡沟兼治，综合治理，因地制宜；三是明确开展水土保持的路线和政策，强调要依靠群众，自力更生，艰苦奋斗；四是明确开展水土保持的步调和进度。40多年来,黄河流域的水土保持方针,在不同的发展阶段,不同时期,有过不同的提法。但是除在发展速度上有快慢不同的要求外,方针中前三方面的内容,基本精神是始终一贯的,而且随着工作的深入,水土保持方针的内容也相应逐步深化。

一、工作方针

(一)第一阶段(1950~1962年)

1952年12月19日,中央人民政府政务院总理周恩来签署发布的《关于发动群众继续开展防旱抗旱运动并大力推行水土保持工作的指示》(简称《指示》),第一次比较全面地提出我国的水土保持方针。黄河流域水土保持始终是遵照这些方针开展的。《指示》明确要求水土保持要以根治河流和发展山区生产为基本任务。指出"水土保持是一项长期的改造自然的工作,由于各河治本和山区生产的需要,水土保持工作目前已属刻不容缓"。"应当首先集中在已经开始和即将开始根本治理的河流,……应以黄河的支流无定河、延水、泾、洛、渭等诸河流域为全国的重点"。关于水土保持的主要措施,《指示》提出要以"预防为主","首先应在山区丘陵和高原地带有计划地封山、造林、种草和禁开陡坡,以涵蓄水流和巩固表土,同时应推行先进的耕种方法,如修梯田、挑旱渠、等高种植和牧草轮作等办法,期使降落的雨水尽量就地入渗,缓和下流,不致形成冲刷的流势和流量。对于已经冲刷的山溪沟壑,即应先支沟,后干沟,自上而下,由小而大地修筑拦沙坝和缓流坝,以改变沟壑纵向的坡度,延缓洪水下泄的速度,截留其挟带下泄的泥沙,淤出的土地并可增加生产"。关于开展水土保持工作的路线,《指示》提出"水土保持是群众性、长期性和综合性的工作,必须结合生产和实际需要,发动群众组织起来长期进行"。"必须与农、林、水利和畜牧各项开发计划密切配合,才能巩固扩大(水土保持)工作的成绩"。"必须依靠群众,通过群众,使群众自愿地行动起来"。

根据《指示》精神,1952年12月,黄委会在《关于1953年治黄任务的决定》中明确把水土保持作为根治黄河的关键任务,指出:"黄河危害的根源,在于西北黄土高原的水土流失。因此,把黄河由害河变成利河的关键,在于水土保持任务能否完成。"1954年2月12日,黄委会在《关于1954年治黄任务的决定》中提出:水土保持工作要贯彻"全面了解,重点试办,逐步推广,稳步前进"的方针。

1955年10月10～19日，全国第一次水土保持工作会议提出水土保持工作的方针是："在统一规划、综合开发的原则下，紧密结合农业合作化运动，充分发动群众，加强科学研究和技术指导，并且因地制宜，大力蓄水保土，努力增产粮食，全面地发展农林牧业生产，最大限度地合理利用水土资源，以实现建设山区、提高人民生活、根治河流水害、开发河流水利的社会主义建设的目的。"

1956年12月8～14日，黄委会在郑州召开黄河流域第一次水土保持会议，提出水土保持应贯彻"全面规划，综合开发，坡沟兼治，集中治理，积极发展，稳步前进"的方针。并强调应按流域集中治理，要注意因地制宜。

1957年8月3～13日，国务院水土保持委员会在北京召开黄河中游水土保持座谈会，主任委员陈正人在会议总结中指出："全面规划，综合开发，坡沟兼治，集中治理"的方针，经过几年工作的实践证明是正确的，大家一致认为仍是今后水土保持工作的方向。

1957年12月4～21日，全国第二次水土保持会议在北京举行，会议提出的水土保持方针是："预防与治理兼顾，治理与养护并重；在依靠群众发展生产的基础上，实行全面规划，因地制宜，集中治理，连续治理，综合治理，坡沟兼治，治坡为主。"

1958年8月，全国第三次水土保持会议提出的水土保持方针是："在依靠群众发展生产的基础上，做到治理与预防并重，治理与巩固结合，数量与质量并重，达到全面彻底保持水土，保证农田稳定高产。"同时根据黄河流域的经验，提出"山区园林化，坡地梯田化，沟壑川台化，耕地水利化"的最高标准。在当时"大跃进"影响下，会议对黄河流域水土保持进度提出"三年突击，两年扫尾，五年基本控制"的过高要求。

50年代后期，一些地方出现形式主义，结合群众生产不够，同时在治理中发生治坡与治沟，工程与生物的争论，中央都通过重申水土保持方针，给予及时解决。

1960年1月12日，国务院水土保持委员会召开黄河流域7省(区)水土保持电话会议，提出以下方针："政治挂帅，依靠群众，水土保持治理与发展生产相结合，生物措施与工程措施相结合，治标与治本相结合，治理与巩固相结合，技术指导与群众运动相结合。"

1961年12月，国务院水土保持委员会召开黄河流域7省(区)水土保持工作会议，确定的方针是："依靠群众，从当地群众的生产生活着手，与当地群众的生产相结合；以生产队为基础，以群众的集体力量为主，国家支援为辅;以治理坡耕地为主,坡耕地的治理和荒坡、风沙、沟壑治理相结合;荒坡、沟壑和风沙治理,应以造林种草和封山育林为主。”

1962 年 4 月 13 日,国务院批转国务院水土保持委员会《关于加强水土保持工作的报告》中指出:“水土保持是一项长期的艰巨的任务,应根据自然条件和劳力情况,有计划有步骤地进行。”“水土保持必须结合农林牧生产,结合群众当前利益和生产的需要进行。”

(二)第二阶段(1963~1970 年)

在 1960~1962 年的经济困难时期,水土保持基本上处于停顿状态,1963 年开始恢复发展后,除继续贯彻执行 1962 年前的方针外,还根据工作发展,不断提出新的要求。

1963 年 1 月 9~18 日,国务院水土保持委员会主持召开的黄河中游水土流失重点区治理规划会议(即重点区第一次会议)上提出的水土保持方针是:“水土保持必须与当地群众的生产和生活相结合,以治理坡耕地为主;坡耕地、荒坡、风沙、沟壑治理相结合,荒坡、沟壑、风沙的治理,以造林、种草和封山育林、育草为主。”

1964 年 8 月 29 日~9 月 10 日,黄河中游水土流失重点区第三次会议提出的水土保持方针是:“(1)依靠群众,自力更生;(2)从生产出发,为生产服务;(3)从实际出发,因地制宜;(4)全面规划,综合治理;(5)以农为主,农林牧结合;(6)修管并重,防治结合;(7)集中力量,抓好重点。”并且指出:这七条方针,必须全面贯彻执行,否则就会在方向上发生错误。会议还根据谭震林副总理的指示,提出 1965 年工作的具体方针是:“巩固提高,广泛地总结经验,条件具备的地区放手发展。”

60 年代中期以后,全国逐步掀起“农业学大寨”高潮,在水土保持中虽未作为方针提出,但在实际工作中已不断强调要发扬大寨“自力更生,艰苦奋斗”的精神。

(三)第三阶段(1971~1980 年)

60 年代中期后,因受“文化大革命”影响,有人否定水土保持在治黄中的作用。为此 1970 年 12 月至 1971 年 1 月,水电部在北京召开的黄河流域 8 省(区)参加的治黄工作座谈会上,重申了水土保持为治黄服务和为生产服务的方针。70 年代前期和中期,水土保持工作积极贯彻了“农业学大寨”精神,突出“以土为首”的水土保持方针。

1971 年 3 月 30 日,水电部批转《关于治黄工作座谈会的报告》中指出:水土保持工作必须坚持“自力更生、艰苦奋斗”的方针。并强调:“自力更生、艰苦奋斗，还是国家包办、物质刺激，这是治黄走什么道路，执行什么路线的大问题。”

1973年4月14～26日，黄河治理领导小组、水电部、农林部主持在延安召开的黄河中游水土保持工作会议上提出：水土保持工作要纳入“农业学大寨”的轨道，实行“以土为首，土水林综合治理，为发展农业生产服务”的方针。1977年5月在延安召开的第二次黄河中游水土保持工作会议上，要求继续贯彻执行这一方针。

(四)第四阶段(1981～1992年)

黄河流域的水土保持在70年代后期经历了暂时的低潮以后，随着农村经济体制的改革，各地水土保持工作逐步恢复，并持续、稳定发展，到90年代初，随着国家经济建设的加快，水土保持也提出加快治理的要求，并进一步加强预防监督工作。

1981年11月1～6日，恢复后的黄河中游水土保持委员会在西安召开的第一次会议，提出今后水土保持工作总的要求是：“农林牧并举，因地制宜，各有侧重；决不放松粮食生产，积极发展多种经营；切实搞好林业、牧业两个基地的建设。水土保持必须为这个生产建设方针服务。”在具体工作中要求：“治理与预防并重，除害与兴利结合；工程措施与植物措施并重，乔灌草结合，草灌先行；坡沟兼治，因地制宜；以小流域为单元，统一规划，分期实施，综合治理，集中治理，连续治理。”

1982年6月3日，国务院发布了《水土保持工作条例》。《条例》提出水土保持工作的方针是：“防治并重，治管结合，因地制宜，全面规划，综合治理，除害兴利。”

1983年9月3日，全国水土保持工作协调小组颁发的《关于加强水土流失重点地区治理工作的暂行规定》中提出：开展水土保持工作要依靠群众，贯彻自力更生为主，国家支援为辅的原则。要全面贯彻“防治并重，治管结合，因地制宜，全面规划，综合治理，除害兴利”的方针。

1984年4月30日，国家计委批复的《黄河治理开发规划修订任务书》中指出：“泥沙是黄河治理的一个重要问题，也是下游洪水危害的主要原因。……防治水土流失是治黄的一项战略任务，也是我国国土整治的一个重要组成部分。”重申了水土保持为治黄服务的方针。

80年代中期，黄河流域各地水土保持工作进度较快，但有的地方重视质量和效益不够；同时各地开矿、修路、陡坡开荒等造成新的水土流失日益加剧。因此1986年12月1～5日，黄河中游水土保持委员会第二次会议上提出“七五”期间(1986～1990年)要贯彻“提高质量,稳定速度,突出效益,坚决保护”的指导思想。

1990年11月经国家计委报请国务院同意实施的《黄河流域黄土高原地区水土保持专项治理规划》中,明确指出黄土高原水土保持的指导思想是:“一,从国家经济建设的宏观战略出发,充分认识黄土高原水土保持为国家除大害、兴大利的重要作用,把黄土高原的水土保持列为国家经济开发与国土整治的重点项目,集中人力、物力、财力,加快开发治理。这不仅影响本区的经济开发,而且关系到国家建设的全局。二,对黄土高原的水土保持建设,必须有强烈的紧迫感,抓住有利时机,积极开展;无论为当地群众解决温饱,还是为黄河下游减少泥沙,都必须要求建设速度超过人口增长和人为破坏的速度,才能摆脱恶性循环,有效地解决水土流失问题。”规划还提出以下三点要求:“一,把黄土高原的水土保持与经济开发紧密地结合起来,以开发促治理,以治理保开发。要求各项治理措施既要蓄水保土、减轻水土流失,又要开发利用水土资源,大力增产粮食和林牧副业产品,为发展农村经济和商品生产服务。二,以小流域为单元,进行综合治理,正确处理工程措施与林草措施、治坡措施与治沟措施的关系。工程与林草、治坡与治沟,各有各的作用,不能互相代替,在实施中必须紧密配合,协调发展,互相促进;在不同类型地区、不同发展阶段,应当有所侧重。三,结合水土保持,逐步调整土地利用结构与农村生产结构,实现合理利用土地,合理经营农村生产,提高水土保持的经济效益,加快脱贫致富步伐。”

进入90年代,在国家正式颁布《水土保持法》和中央提出加快改革开放、加快经济建设,特别是“加强农业和农村工作”的精神指导下,水土保持工作的指导思想有三个特点:一是把预防监督、防止产生新的水土流失放在水土保持工作的首位。二是加快水土保持综合治理的步伐,使之与国民经济协调发展。三是在促进水土流失地区脱贫致富的同时,要为奔向“小康”打下基础。

1991年6月29日,七届全国人民代表大会常务委员会第二十次会议通过的《中华人民共和国水土保持法》第四条规定:“国家对水土保持工作实行预防为主,全面规划,综合防治,因地制宜,加强管理,注重效益的方针。”

由水利部主持从1990年开始编制的《全国水土保持规划纲要》(其中黄河与长江是水土保持重点),1992年5月经全国水资源与水土保持工作领导小组审查同意,并于同月22～24日在北京召开的全国第五次水土保持会议正式宣布实施。规划的指导思想是:“以党的十三届八中全会《关于进一步加强农业和农村工作的决定》为指针，认真贯彻执行《水土保持法》，根据《中华人民共和国国民经济和社会发展十年规划和第八个五年计划纲要》的要求，使水土保持与国民经济发展相协调，加快防治步伐，为保护水土资源，提高土地生产力，促进山区群众脱贫致富服务；为治理大江、大河、大湖，减轻洪水、泥沙危害服务；为保护交通、工矿和促进国民经济持续、稳定、协调发展，实现国民经济发展第二步战略目标服务。”同时要求“具体应遵循以下原则：(1)为水土流失地区稳定地解决温饱和奔向小康打下基础。(2)把预防摆到首位，强化监督、监测，将不合理人为活动造成的水土流失减少到最低限度。(3)以重点治理为依托，点面结合，以小流域为单元，实施综合治理。(4)在治理上，从全国来看是持久战，要树立长期治理思想，分批开展，逐步推进；但从一条小流域、一片重点治理区来看，又是速决战，应集中力量，连续治理，限期完成。(5)因地制宜，因害设防，注重效益。我国各地自然情况和社会经济条件各异，在防治措施和指标上必须因地区而异，防止一刀切；在治理措施布局上必须因害设防，防止形式主义。”

在全国第五次水土保持会议上，国务院副总理、全国水资源与水土保持工作领导小组组长田纪云在讲话中指出：“搞好水土保持，防治水土流失，这是我们必须长期坚持的一项基本国策。因此我们必须从战略的高度认识水土保持是山区发展的生命线，是国土整治、江河治理的根本，是国民经济和社会发展的基础。”“为了贯彻最近中央提出的加快改革开放步伐，集中精力把经济建设搞上去的精神，90年代水土流失防治速度必须加快，才能适应农业和国民经济发展的需要。”对90年代的水土保持工作，田纪云副总理提出四点要求：认真贯彻《水土保持法》，建立领导任期目标责任制；多渠道增加投入，大力开展水土保持；水土保持与经济开发要紧密结合，以水土保持保经济开发，以经济开发促水土保持；抓好重点治理，以点带面，逐步推进。并明确提出：“当前国家的重点主要是抓好黄河中上游和长江中上游以及水土流失严重地区的重点治理。”

根据上述精神，1992年10月黄委会提出了《黄河流域水土保持规划纲要》和《黄河流域多沙粗沙地区水土保持规划》，作为《全国水土保持规划纲要》的一个重要组成部分。

二、两次争论

黄土高原地域辽阔，情况复杂，水土保持又是综合性工作，涉及农、林、牧、水各个方面。如何开展水土保持,历来就有各种不同的认识和主张。建国以来,比较大的争论,主要有两个方面:一是关于水土保持措施中治沟治坡的争论;二是关于黄土高原建设方针的争论。

(一)治沟治坡的争论

建国以来,从中央到地方,各级水土保持主管部门,都把"坡沟兼治,综合治理",作为水土保持工作的指导思想。但在实施中,由于多种复杂的因素,有些地方未能完全做到;在认识上,有些专家、学者和科技工作者,由于所从事的专业和接触实际的不同,分别提出偏重治沟或偏重治坡的主张,因此在50年代中期引起争论,比较有代表性的简述如下:

1955年10月,黄委会主任王化云在全国第一次水土保持会议上,以《黄土丘陵沟壑区水土保持考察报告》为题作了讲话。当谈到山西省柳林贾家塬坝堰沟的典型时说:"贾家塬的淤地坝是在坡面没有治理的情况下修建的。这个坝距今已有200年的历史,淤地70多亩,并且近20年没有养护,如今仍然屹立无恙。这就雄辩地说明了纵然坡上不治理,沟里也能打坝,那种认为坡面不治理,沟里打不住坝的说法在这个地方看是不对头的。"在同一次会上,中国科学院副院长竺可桢在讲话中谈到水土保持方针时说:"我认为在黄土高原上水土流失的根本问题是对于沟的改造和利用问题。因为:(1)沟是径流集中、水土集中,引起冲刷、泻溜、陷穴的薄弱环节;(2)沟中常常是最肥沃的。""如能对沟加以适当的利用和改造,再配合梁、塬、坡上的其他措施,就能够从根本上解决黄土高原区的水土流失问题。""所以,把较多的精力集中于沟的治理和利用上,这是一个战略问题。"

1956年《新黄河》5月号刊登中共陕西省委农村工作部干部胡树德《对水土保持工作中几个问题的认识》一文,对上述两篇讲话中关于治沟的论点提出不同的看法。文章以陕西省绥德县韭园沟吴家畔村的土地利用现状和韭园沟土壤冲蚀量的计算数字为例,认为"占土地总面积比例最大的60%的耕地,它的冲蚀量最大,占总冲蚀量的3/4以上","沟中的(坝)地水多肥多是沟上大面积土地上水土流失的结果"。文章还认为"水对土壤的冲刷破坏乃是水土流失的总根源","制止水土流失的办法是要和水土流失的原因作斗争","因而就防止水土流失的基本原则讲,也应该是由上到下、上下结合,而不是'根本问题在于沟的治理和利用'.沟的治理和利用只能是改造山区自然面貌统一治理中的一部分"。

该刊同期还刊登了西北黄河工程局工程师林华甫的文章,他主张"最好是沟内打坝提前实施"。文章以绥德县韭园沟和榆林县小川沟的典型规划为例，认为“两沟能修梯田的面积，分别占该沟土地总面积的22.7%和27%，大约7年时间才能修平；再者，全部修梯田后，在3/4的土地上，泥沙仍要流失下去；同时在修梯田的土地上头几年仍有一小部分泥沙下流”，“这就需要在沟内逐级修建大坝、小坝去截拦，使流下的泥土淤成地，流下的水拦蓄灌溉，增加生产。沟沟打坝后，沟底固定，比降变缓，则沟岸两旁不会塌陷，同时也保护了坡面。”文章还写道：“面上修好后，泥沙下来就少，沟内就淤不成地，这样有泥时不拦，无泥时修坝的办法是不合理的。”作者还在另一篇文章中提出“把陕北的千沟万壑都堵起来”的主张。

1956～1958年，在《新黄河》和一些报刊上，还发表了多篇讨论性文章，有的偏重于治沟，有的偏重于治坡。但其共同点是：主张治沟的，也提出同时要注意治坡；主张治坡的，也不反对在治坡为主的同时，要注意治沟。但水土保持主管部门的大多数专家和实际工作者认为：治坡与治沟、生物和工程，在水土保持中各有各的作用，必须因地制宜，紧密配合，协调发展，互相促进。

在此期间，中央领导同志对治理的方法在讲话中有明确的阐述，对统一认识、指导水土保持工作起到了重要作用。

1957年12月，在全国第二次水土保持会议上，中华人民共和国副主席朱德在讲话中指出：“根据一般的规律，面蚀是水土流失的根源，因此，应以坡耕地的治理为主。在一个农业社的范围内，应该从分水岭到坡脚，从支毛沟到干沟，自上而下，由小到大，节节蓄水，分段拦沙，成坡成沟地集中治理。在治理过程中，要把修梯田、地埂、挖塘同改进耕作技术、造林、护林、种草等密切地结合起来，以达到蓄水保土、增加生产的目的。”

在同一次会上，国务院水土保持委员会主任陈正人根据全国八个水土保持典型，总结了几条经验：第一条是“集中治理，连续治理”；第二条是“全面利用，综合治理，小型为主”；第三条是“治标治本相结合，坡沟兼治，治坡为主”。他还针对当时有的地方偏于治沟修坝，忽视治坡措施的倾向，着重指出：“水土流失主要来自坡面，因此，治沟必须首先治坡，必须要控制坡面，才能真正有效制止水土流失。部分地区经验证明，不治坡，光治沟，企图只是拦沟筑坝，把希望只寄托在筑坝的工程上，证明这不是真正有效的办法。拦沟筑坝虽然对于当前一时的拦蓄泥沙起一定的作用，但这只能是一时治标，不能治本。我们应该使治本治标相结合，治坡治沟相结合，但又必须治本、治坡为主。”

（二）建设方针的争论

黄土高原的建设方针，历来就有不同的认识。50年代中期就有人主张将陡坡耕地立即退耕，全部造林种草或封山育林。至于群众吃饭问题，有的主张人口外迁，有的主张调进粮食。1980年前后，一些同志又提出类似的主张，在报刊上发表文章，引起广泛的争论。

1978年11月26日，《人民日报》发表了国家科委副主任童大林和中国科学院副秘书长石山关于黄土高原生产建设方向问题的两篇文章，提出黄土高原的生产建设方向，应当以林牧为主。他们认为，在黄土高原应大量退耕陡坡，造林种草，只有这样才能解决制止水土流失和改变贫困面貌的问题。并以陕北米脂县高西沟村为例说，高西沟原有3000亩坡耕地，退耕2000亩，造林种草，既制止了水土流失，又改变了贫困面貌。以此来证明林牧为主方向的正确性。至于黄土高原大量退耕后，群众吃饭问题如何解决，两文提出可以从外地调进粮食，黄土高原群众则可用林牧产品交换。1979～1980年，中央有关部委先后在西安、郑州、兰州等地召开四次有关黄土高原水土保持综合治理的学术讨论会，黄土高原的土地利用(生产建设)方向是中心议题之一。《人民日报》、《光明日报》等重要报刊，开辟专栏先后登载专家、学者、工程技术人员对此的讨论文章。从会议和报刊反映的各方面意见来看，大多数专家和业务部门的科技工作者，都不同意整个黄土高原以林牧为主的意见。黄河上中游7省(区)各级地方领导和社会舆论，也不同意这种意见。有的地方性规划，虽然文字上写了以林牧为主，但规划内容中的土地利用，实际上仍是农林牧并举。

1980年3月29日～4月6日，在西安召开黄土高原水土流失综合治理科学讨论会，由国家农委副主任何康、国家科委副主任童大林、中国科学院副秘书长石山主持。参加会议的有关方面专家和科技工作者230多人。会上中科院西北水保所所长朱显谟介绍了由他主持编制的《黄土高原综合治理规划方案》(初稿)，强调黄土高原的生产建设方向要以林牧为主，认为"以农为主，以粮为纲的生产建设方针不符合黄土高原的情况，违背了自然规律"，要求规划中的水土保持方向"首先就是要把造林种草、恢复地表植被、改善农业生产的生态系统当作治本措施，放在首要地位，其它一切生产措施，都要服务这个总目标"。童大林在大会上讲话中提出，"按照自然规律和经济规律，西北黄土高原应该搞成牧业基地和林业基地(或林果基地)。如果搞成了这两种基地，不但解决了这里的生产建设和人民生活的落后贫困问题，而且可以从根本上治理水土流失和北阻风沙的侵袭"。由于参加会议的代表大多数不同意整个黄土高原以"林牧为主"的提法，并要求修改《规划方案》，会后，邀请有关单位科技人员10多人参加，于1980年8月28日，重新提出了一个规划方案，题为《关于加速黄土高原水土流失综合治理尽快建成牧业基地和林果基地的报告》，由国家科委、国家农委、中国科学院3个单位联合上报党中央和国务院，后来未得到肯定的批复。

1981年11月，黄河中游水土保持委员会第一次会议上，谢怀德主任的工作报告中讲到关于“六五”期间的水土保持任务时提出，“在土地利用与农业生产结构上，要有计划地逐步改善。首先，要求在1～2年内，采取果断、有力的措施，坚决制止毁林毁草和陡坡开荒，保护好现有植被；同时，在1985年以前，基本上把近几年内新开的荒地和划给社员的自留柴山、饲草地和荒沙、荒坡全部造上林或种上草。要求到1985年，在保证群众粮食自给有余前提下，广种薄收的农地面积有所减少，人工林草面积有所增加，向合理利用土地的方向前进一步”。这是自1979年以来，在关于黄土高原土地利用的讨论进行两年多之后，黄河流域水土保持主管部门在正式布置任务中，对土地利用提出的明确要求。

1981年下半年，全国农业区划委员会和国家农委联合提出，要求进行黄土高原农业发展战略研究。1983年春，陕西、山西、甘肃、宁夏4省(区)农业区划委员会及中科院西北水保所、陕西省农科院、陕西师范大学、山西大学、黄委会、黄河中游治理局等有关单位的40多名专家与科技人员，以黄土高原合理利用土地、保持水土为重点，采取室内外结合的办法，开展了上述课题的调查研究。同年4月提出研究报告。报告在分析黄土高原农业资源条件与特点、农业生产现状与主要问题的基础上，提出了黄土高原农业(农林牧副渔)发展战略：“本区农业发展的战略目标是：合理利用土地，增加植被，保持水土，防治黄河水患；建立自给性农业，商品性牧业，保护性林业，农林牧副综合发展；实现生态与经济系统的良性循环，提高人民物质文化生活水平。”这是在国家科研课题的集体研究成果中，明确地否定了整个黄土高原“以林牧为主”的生产建设方向。关于群众吃饭问题，报告主张粮食自给，并论证了这样做的必要性与可能性。指出：“为什么粮食必须自给？一是境内有一定数量的人口，需要量大，靠外地供应实难满足；二是地域辽阔，交通不便，就是有粮也难运到群众手中。如1965年陕北发生春夏连旱，灾情较重，中央从13个省(区)动员1000多辆汽车，运进1.5亿公斤粮食。由于长途运转，每公斤粮食合1.6～2元，不仅经济上不合算，社员口粮也难以保证。”“粮食能不能自给？回答是肯定的。根据土地适宜性评价，全区宜农地最终人均2～3.4亩，若基本上都修成基本农田，并且其中有水地、坝地0.5

～1亩，人均粮食可达350公斤以上，粮食完全可以自给。”

此后在规划工作和水土保持方针上，都贯彻了全面发展，解决当地群众吃饭问题的思想。1990年11月国家计委批复同意实施的《黄河流域黄土高原地区水土保持专项治理规划》，在分析黄土高原的问题和根源的基础上，提出了四项基本对策，其中第一条是：“抓住一个关键——修好种好基本农田，用少种高产多收的办法，解决群众吃饭问题，制止陡坡开荒，扭转恶性循环。30多年来，黄土高原各地的群众经验和科技成果证明，这个要求是能够实现的。”《规划》中通过算几笔大账，说明只要坚持按上述要求办，到20世纪末，或21世纪，也能做到农村人口粮食自给。同时指出：“在此过程中，不致因人口增加，再去陡坡开荒，陷入恶性循环。这就为合理利用土地，保持水土，发展生产，打下可靠的基础，是黄土高原长治久安之计。”第二条主要对策是实现两个调整，即“在调整土地利用结构基础上，调整农村产业结构”。“调整土地利用结构的方向是：压缩农地（退耕陡坡、造林种草），改造荒地（造林育林，种草育草），增加林地和草地”。对黄土高原9.6亿亩（64万平方公里）土地，“调整的远景设想是：林地（包括天然林地）、草地（包括天然草地）各占30%左右，农地和其他用地（包括城镇、村庄、道路、河流、水面等），分别占25%和15%”。这样，就整个黄土高原来说，实质上是农林牧并举。《规划》中还根据各地不同的自然条件和社会经济情况，将黄土高原的土地利用大致区划为三种类型：一类是地多人少地区，以林牧为主；一类是地少人多地区，以农业为主；一类是介于二者之间的地区，农林牧并举。总的要求，不同类型地区，不同条件下，土地利用中农林牧的比例，一定要因地制宜、扬长避短、发挥优势，不要生搬硬套搞一刀切。

第九章 成 就

建国以来，黄河流域的水土保持取得了前所未有的巨大成就，治理了31.6%的水土流失面积，并获得明显的减沙效益、经济效益、社会效益和生态效益，同时还积累了经验，培养了人才，开展了国际交流，促进了科学技术的发展。

第一节 治理程度

据黄委会农水局水保处统计，在1950～1991年的42年内，黄河流域8省(区)共完成梯田、坝地、其他基本农田和造林、种草等五项主要水土保持措施2.08亿亩，折合13.89万平方公里，占8省(区)水土流失面积44万平方公里的31.6%。按42年平均，年均进度0.75%。上述治理面积中，有梯田(包括塬面条田、埝地)5081.95万亩，坝地449.12万亩，其他基本农田206.52万亩，造林11937.57万亩，种草3161.09万亩。

一、各省(区)治理程度

由于黄河流域各省(区)的自然条件和社会经济条件不同，治理程度也有差异。

据调查与统计，一般情况是：人口密度较大、劳力较多的河南、山东和流失面积大、治理任务重的山西、陕西、甘肃5个省，治理进度快，治理程度较高，年均治理进度为0.73～1.07%，治理程度达30.8～44.8%；内蒙古、宁夏、青海3省(区)地多人少，劳力缺乏，年均治理进度相对较慢，分别为0.44%、0.44%和0.40%，截至1991年累计治理程度分别为18.4%、18.6%和16.8%。

黄河流域各省(区)治理程度情况见表3—1。

表 3—1

黄河流域各省(区)治理程度表(1950～1991 年)

项目		单位	青海	甘肃	宁夏	内蒙古	陕西	山西	河南	山东	合计
梯田条田		万亩	157.02	1786.11	166.90	93.05	1257.62	1124.18	344.67	152.40	5081.95
坝地		万亩	2.38	35.29	61.43	47.84	87.82	133.33	42.63	38.40	449.12
其他基本农田		万亩		3.96	4.59		60.29	100.98		36.70	206.52
造林		万亩	388.15	1990.16	388.99	1900.43	3978.67	2531.64	609.73	149.80	11937.57
种草		万亩	108.61	1105.51	265.65	457.80	981.98	227.89	12.95	0.70	3161.09
合计		万亩	655.16	4921.03	887.56	2499.12	6366.38	4118.02	1009.98	378.00	20836.25
		平方公里	4374.40	32806.87	5917.07	16660.80	42442.53	27453.47	6733.20	2520	138908.34
水土流失面积		平方公里	26000	106500	31800	90500	101000	61300	16500	6630	440230
累计治理程度		%	16.8	30.8	18.6	18.4	42.0	44.8	40.8	38	31.6
年均治理进度		%	0.40	0.73	0.44	0.44	1.00	1.07	0.97	0.91	0.75

二、各时期治理程度

据《建国 40 年黄河流域水土保持效益计算》的统计，黄河流域 8 省(区)不同时期治理进度也不同，50 年代、60 年代进度较慢，70 年代、80 年代进度加快(见表 3—2)。

表 3—2　**黄河流域各时期治理程度表(1950～1987 年)**

项目	单位	各时期新增治理面积			
		1950～1955年	1956～1965年	1966～1978年	1979～1987年
梯田	万亩	98.80	518.63	1772.18	604.78
条田	万亩	31.45	162.45	1211.66	−52.63
坝地	万亩	4.99	46.79	234.56	153.08
造林	万亩	73.62	914.55	2916.58	6173.59
种草	万亩	103.45	236.88	409.70	1944.21
合计	万亩	312.31	1879.30	6544.68	8823.03
	平方公里	2082.07	12528.67	43631.20	58820.20
年平均治理面积	平方公里	347.01	1252.87	3356.25	6535.58
年平均治理进度	%	0.08	0.28	0.76	1.49
时段末累计治理面积	平方公里	2082.07	14610.74	58241.94	117062.14
时段末累计治理程度	%	0.47	3.32	13.24	26.61

三、各类型区治理程度

不同类型区，由于自然条件、社会经济情况(特别是人口、劳力)、水土流失特点与严重程度不同，影响到治理的难易，因而治理的进度也有差异。根据《黄土高原水土保持专项治理规划》分析，1950～1985 年的 36 年中，黄河上中游九个不同类型区，年平均治理进度与累计治理程度见表 3—3。

表 3—3 **黄河上中游各类型区治理程度表(1950～1985 年)**

项目	单位	丘陵沟壑区	高塬沟壑区	黄土阶地区	冲积平原区	土石山区	风沙区	干旱草原区	高地草原区	林区
梯田	万亩	1804.0	617.0	377.2	57.0	443.5	2.4	51.4	31.8	33.1
坝地	万亩	212.2	21.1	77.8	13.0	115.0	3.6	22.3	0.0	2.3
水地	万亩	748.4	219.3	631.9	55.7	178.5	109.6	103.4	14.8	10.1
造林	万亩	3378.9	584.8	114.6	30.2	1863.1	1128.7	212.1	14.3	180.2
种草	万亩	1417.4	259.0	33.4	9.6	290.4	205.9	41.1	23.9	25.9
果园	万亩	173.7	79.3	51.6	10.1	54.3	6.4	2.9	0.1	25.8
合计	万亩	7734.6	1780.5	1286.5	175.6	2944.8	1456.6	433.2	84.9	277.4
	平方公里	51564	11870	8577	1171	19632	9711	2888	566	1849
年均治理面积	平方公里	1432.3	329.7	238.3	32.5	545.3	269.8	80.2	15.7	51.4
水土流失面积	平方公里	181400	30600	19600	2400	93100	37000	45400	15700	8800
年均治理进度	%	0.79	1.08	1.22	1.35	0.59	0.73	0.18	0.10	0.58
累计治理程度	%	28.4	38.8	43.8	48.8	21.1	26.2	6.4	3.6	21.0

第二节　减沙效益

水土保持各项措施减少黄河干、支流泥沙的作用，是生态效益的一个重要组成部分，不仅直接影响治黄的战略决策，而且对世界生态环境的改善具有重大意义。从 1950 年开始，各级水土保持部门对此十分重视，进行了大量的观测和专题研究，取得了从单项措施到小流域综合治理、从黄河支流到干流等一系列研究成果。大量研究成果表明，水土保持各项治理措施的减沙作用是很显著的。

一、支流减沙

80 年代中期，山西省水利厅水保局对直接入黄的偏关河、朱家川、岚漪河、蔚汾河、湫水河、三川河、屈产河、昕水河、鄂河、涑水河、汾河等11条一级支流观测分析,1970年以后的10年与1970年以前的10年对比,在汛期降雨量只偏小4.6%的情况下,由于水土保持综合治理,使径流量减少34.5%,输沙量减少38.6%。其中三川河流域,面积4161平方公里,从50年代开始治理,1983年又列为全国重点治理区,水土保持开展较好。据三川河下游后大成水文站观测:1957~1976年,平均汛期降雨405.6毫米,年输沙量2922.8万吨;1977~1986年,平均汛期降雨403.3毫米,年输沙量1203.2万吨。后10年与前20年相比,汛期降雨量十分相近,而年输沙量却减少了1719.6万吨,减少比例为58.8%。

陕西省水土保持勘测规划研究所对无定河、延河、清涧河等重点治理支流的水土保持减沙作用,进行了调查研究,于1992年3月提出计算成果如下:

无定河流域(白家川水文站以上)面积为29662平方公里,实测1956~1969年平均降雨量448.9毫米,输沙量2.17亿吨;1970~1979年平均降雨量368.9毫米,输沙量1.16亿吨;1980~1989年平均降雨量371.5毫米,输沙量0.53亿吨。80年代与50年代、60年代相比,平均降雨量偏小17.2%,平均输沙量减少75.6%。通过降雨~产沙关系和水保措施减沙综合分析,在80年代平均年减沙1.64亿吨中,降雨偏小影响减沙占40%,水土保持与水利工程减沙占60%。

延河流域(甘谷驿水文站以上)面积5891平方公里,实测1956~1969年平均降雨量547.8毫米,输沙量6580万吨;1970~1979年平均降雨量493.1毫米,输沙量4680万吨;1980~1989年平均降雨量534.6毫米,输沙量3190万吨。80年代与50年代、60年代相比,平均降雨量偏小2.4%,而平均输沙量减少51.5%。通过降雨~产沙关系和水保措施减沙综合分析,在80年代平均年减沙量3390万吨中,降雨偏小影响减沙占0.6%,水土保持与水利工程减沙占99.4%。

清涧河流域(延川水文站以上)面积3468平方公里,实测1956~1969年平均降雨量508毫米,输沙量5046万吨;1970~1979年平均降雨量450毫米,输沙量4269万吨;1980~1989年平均降雨量463毫米,输沙量1448万吨。80年代与50年代、60年代相比,平均降雨量偏小8.9%,平均输沙量减少71.3%。通过降雨~产沙关系和水保措施减沙综合分析,在80年代平均年减沙3598万吨中,降雨偏小影响减沙占36.9%,水土保持与水利工程减沙占63.1%。

上述3条支流起减沙作用的水利工程，主要是水库拦沙和灌溉引沙。在水保和水利工程共同减沙的作用中，水利工程所占比重如下：无定河流域占25.1%，延河流域占27.3%，清涧河流域占7.8%。总的来看，水土保持的减沙作用是主要的。

二、干流减沙

据黄委会水文局整编的观测资料，黄河龙羊峡至三门峡（水库末端）区间，建国以来实测平均年输沙量如下：1950～1959年17.804亿吨，1960～1969年17.045亿吨，1970～1979年13.601亿吨，1980～1989年7.996亿吨。随着水土保持的开展，黄河泥沙有逐年减少的趋势。80年代与60年代相比，平均每年减少泥沙9.049亿吨。

根据同一资料来源，60年代平均每年水库拦沙2.076亿吨，灌溉引沙0.605亿吨，河道淤积0.076亿吨。将这三项加上实测输沙量17.045亿吨，还原为流域产沙量19.802亿吨。80年代的实测输沙量与60年代的流域产沙量相比，平均每年减少11.806亿吨。

80年代后期以来，水利部、黄委会多次组织专家和科技人员对黄河的减沙问题进行研究和分析计算。大家共同的认识是，70～80年代黄河泥沙比50～60年代减少的原因主要有三：一是降雨偏小影响，二是水利措施的作用（水库拦 沙和灌溉引沙），三是水土保持的减蚀、保土、减沙作用。至于80年代比60年代减沙总量11.806亿吨，其中水利措施减沙2.51亿吨，已有实测资料；降雨偏小影响由于各方面专家采用的分析计算方法不同，结果也不同，多数专家计算结果认为，在40～50%之间；在80年代的减沙总量中除去上述二者，主要是水土保持的作用，多数专家计算结果认为约4～5亿吨。

第三节　经济效益

黄河流域水土流失地区，群众生活贫困，主要问题是缺粮和缺钱。水土保持的经济效益，首先是提高粮食产量，解决群众温饱问题；同时促进林牧副业发展，增加群众经济收入。40多年来，凡是水土保持搞得比较好的县、乡、村和农户，经济效益都很显著，有的已走上脱贫致富道路。

一、提高粮食产量

水土保持中的梯田(条田、埝地)、坝地、小片水地(引洪漫地)等措施,由于蓄水保土,改善了农业生产的基本条件,有利于增施肥料,精耕细作,因而在提高粮食产量上,效果十分显著。据各地群众实践和水土保持试验站的试验观测:一般梯田粮食亩产 100～150 公斤,比坡地增产 50～75 公斤;坝地粮食亩产 200～250 公斤,坝地是荒沟淤成的,生产的粮食基本上是净增产;小片水地亩产粮食 300～350 公斤,比旱平地增产 100～150 公斤;在尚未修成水平梯田的坡耕地上,采取沟垄种植或“丰产沟”等保土耕作法,可以提高粮食产量 20～30%或 40～50%,甚至 1 倍以上。

陕西省吴堡县经过 20 多年努力,共修梯田 10.7 万亩,坝地和小片水地 1.24 万亩,人均基本农田 1.84 亩。1984 年全县粮食总产 2300 万公斤,人均 378.5 公斤,比治理前总产提高 3.6 倍,人均粮食提高近 1 倍。山西省汾西县面积 865 平方公里,人口 10.8 万人,土壤侵蚀模数每年每平方公里 11000 吨。1970 年全县粮食总产 2000 万公斤,亩产 75 公斤,人均 200 多公斤;1984 年有坝地 5.83 万亩,平均亩产 325 公斤,由于坝地增产,全县粮食总产达 5300 万公斤,平均亩产 180 公斤,人均 490 公斤。坝地面积为粮田面积的 19.9%,坝地产量为粮食总产的 56.9%。

陕西省无定河流域经过 20 多年的治理,流域内榆林、横山、靖边、绥德、米脂、子洲、清涧等 7 县,1984 年粮食总产 4.7 亿公斤,人均 320 公斤,比 1972 年总产 2.27 亿公斤,人均 155 公斤,提高了 1 倍。山西省西部山区 29 个县,建国后 20 多年一直吃国家供应粮;通过水土保持和其他增产措施,提高了粮食产量,1973 年开始做到粮食自给,1973～1977 年 5 年,还向国家交售 2.5 亿多公斤粮食。甘肃省自 1982 年以来,粮食产量始终稳定在 50 亿公斤以上,并逐年稳步增长,1989 年达到 67 亿公斤。增产的原因,除河西走廊地区主要靠水利外,在黄河流域水土流失地区主要靠梯田、坝地增产。据该省水利厅水土保持局调查分析,1980～1989 年水土保持措施增产粮食平均每年达 4.5 亿公斤。

以甘肃省定西和宁夏回族自治区西(吉)海(原)固(原)为代表的 28 个干旱县,属贫困地区,在国务院贫困地区经济开发小组的支持下,1983～1990 年,人均每年新增梯田 0.1 亩,累计人均 2 亩。1991 年 6 月以后遇大面积伏旱又接秋旱,旱情虽不及 1982 年,但接近 1987 年,该年粮食总产仍达

43 亿公斤,较 1982 年总产 19 亿公斤、1987 年总产 29 亿公斤,分别增长 126%和 48%。水平梯田加上科学种田对抗旱增产起到了显著作用。

山东省莱芜市 1978 年开始水土保持综合治理,到 1990 年共修水平梯田 4.68 万亩,加上其他增产措施,使全市粮食总产达 4.44 亿公斤,较 1978 年提高 44%。

二、增加经济收入

黄河流域各地群众,在水土保持中大量造林、种草、建果园,促进了林、牧、副业生产,从而增加了经济收入。

根据各地群众实践和水土保持试验站的试验与观测:一亩果树或经济林,盛果期年产量 100~500 公斤;人工种草每亩可产鲜草 500~1000 公斤,2~3 亩地可养一只羊,比荒地提高载畜量 4~5 倍;许多乔木花期可提供蜜源,灌木枝条可供编织,从而使群众增加了经济收入,逐步脱贫致富。

据《黄土高原水土保持专项治理规划》统计资料分析,1980 年黄河上中游 7 省(区),有果园 328 万亩,年产值 3.05 亿元;到 1985 年,果园面积增加到 465 万亩,年产值达 4.23 亿元,比 1980 年增长 38%。

造林种草,提供饲料,促进了畜牧业和副业生产的发展。据黄委会水保处统计资料,到 1985 年,青海、甘肃、宁夏、内蒙古、陕西、山西 6 省(区),累计造林保存 7500 万亩,种草保存 2300 万亩,大牲畜由 1949 年的 652 万头发展到 1186 万头,羊由 1255 万只发展到 2896 万只,猪由 162 万头发展到 1217 万头。同时饲养家禽 6581 万只,家兔 818 万只,养蜂 56 万箱,养蚕 182 万张。

造林种草为工副业提供了原料。据黄河中游治理局 1987 年调查,黄河上中游地区沙棘林总面积 1200 万亩,其中人工种植 310 万亩,建各类沙棘加工厂 80 个。1986~1987 年,两年群众售沙棘果收入约 400 万元;1986 年各沙棘加工厂的总产值达 4160 万元。

林、牧、副业的发展加上粮食增产,使大农业总产值和人均收入不断增长,特别是改革开放,搞活经济,各地把水土保持与商品经济结合以来,增长更为明显。1980 年黄河上中游 7 省(区)大农业(农林牧副渔)总产值 126.2 亿元,1985 年增长到 199.2 亿元,增长了 57%。1981 年以前,人均年产值不足 100 元,1982 年为 132 元,1983 年为 178 元,1984 年为 260 元,1985 年达到 327 元。

黄土高原的无定河、三川河、黄甫川，甘肃省定西县(祖厉河上游)，原来治理基础较好，1983 年列为国家治理重点，加快了治理进度，到 1990 年经济效益都比较显著。无定河开展重点治理小流域 174 条，水土流失面积共 11359 平方公里，已治理 6523 平方公里；人均收入 1982 年为 144 元，1990 年达 319 元，提高了 1.22 倍。三川河开展重点治理小流域 71 条，水土流失面积共 1021 平方公里，已治理 641 平方公里；人均收入 1982 年为 53 元，1990 年达 420 元，提高了 6.9 倍。黄甫川开展重点治理小流域 46 条，水土流失面积共 1531 平方公里，已治理 855 平方公里；人均收入 1982 年为 116 元，1990 年达 565 元，提高了 3.87 倍。定西县开展重点治理小流域 46 条，水土流失面积共 1850 平方公里，已治理 1053 平方公里；人均收入 1982 年为 41 元，1990 年达 333 元，提高了 7.12 倍。

陕西省靖边县，40 多年来，共造林 258 万亩，经营管理较好。进入 80 年代以后，全县每年采伐柳椽 35 万多根，檩子 2 万多根，价值 300 多万元。以沙柳为原料的柳编产品 370 多种，远销欧、亚 13 个国家，年收入 100 多万元。种枸杞 1000 余亩，年产 10 多万公斤，价值 80 多万元。种草 10 多万亩，促进了畜牧业发展，1983 年全县有羊 25.4 万只(户均 7 只)，大家畜 4.6 万头(户均 1.3 头)，分别比 1979 年增加了 21.1%和 47%。全县大农业总产值由 1000 多万元上升到 4900 多万元。

陕西省礼泉县从 70 年代中期开始，结合水土保持在北部山区发展苹果，到 1991 年，全县苹果面积发展到 15 万亩，挂果面积 7 万亩，总产量 7000 万公斤，收入超亿元，其中北部山区 10 个乡占 90%以上。这 10 个乡农民人均纯收入达 980 元，比全省平均水平高出近 1 倍。80 年代后期，北部山区涌现出一大批苹果万元户、10 万元户。苹果生产起步较早的东庄乡刘家村，果园面积 1400 亩，占原耕地面积的 50%，1991 年苹果收入 320 万元，人均 3200 元。苹果产业已成为礼泉县财政收入的重要支柱，从 1988 年开始征收苹果特产税，税额逐年上升：1988 年 27 万元，1989 年 287 万元，1990 年 414 万元，1991 年达 617 万元，占当年该县财政收入的 29.8%。

山西省临县，地处水土流失严重的黄土丘陵沟壑区第一副区，80 年代初期列为全国贫困县之一。这个县在黄河岸边种枣树已有上千年的历史。该县结合水土保持大量发展枣树，成为全县增加经济收入的一项重要措施。1960 年全县有枣树 100 万株，年产红枣 91.5 万公斤；1982 年发展到 10 万亩，年产红枣 1100 万公斤，收入 780 多万元，占全县农业总收入的 30%。这个县丛罗峪乡杨家山村农民郭有宽，全家 9 人，1982 年产红枣 1 万公斤，人均收入达800元。

第四节 社会效益

一、调整农村生产结构

黄土高原地区,长期以来土地利用不合理,广种薄收,单一农业经营,形成"越垦越穷,越穷越垦"的恶性循环,是影响这一地区社会经济发展,造成生态环境恶化的一个大问题。建国以来,许多地方,以乡、村或小流域为单元进行治理,由于修好种好基本农田,提高了粮食单产,在保证粮食总产增加的前提下,逐步退耕陡坡,造林、种草,促进了林牧副业全面发展,在调整土地利用结构的同时,相应地调整了农村生产结构。

陕西省米脂县高西沟,面积4.2平方公里,50年代有200多人,种3000亩坡耕地,人均粮食250～300公斤。从1958年开始,逐年修成基本农田近1000亩,到70年代后期,人口增至400多人,人均2亩基本农田,粮食每年人均超过500公斤。在此基础上,逐年退耕陡坡达2000亩,造林1000亩,种草1000亩,实现了粮、林、草"三三制"(三者各占土地面积的1/3),农林牧副业全面发展,扭转了恶性循环,摆脱了贫困。从60年代中期起,各级水保部门都认真研究并积极推广高西沟的经验。70年代后期,国家主管部门还在《人民日报》上宣传推广。几十年来,黄土丘陵沟壑区与高塬沟壑区中的大部地区,根据高西沟的经验,因地制宜调整土地利用结构和农村生产结构,开展水土保持工作,取得了较好的效益。

黄河中游治理局直接管理的第一批32条试点小流域,土地总面积647.6平方公里,1980～1985年开展水土保持综合治理,调整土地利用结构和农村生产结构,大农业总产值得到大幅度提高。1979年,农地和荒地分别占总面积的29.3%和42.2%,林地和草地分别占总面积的11.6%和2.3%;到1985年,农地和荒地分别减少到24.8%和27.2%,林地和草地分别增加到30.3%和3.8%。1979年,大农业总产值402万元,其中农业产值占59.7%,林牧副业产值占40.3%;到1985年,大农业总产值达1021万元,其中农业产值占40.5%,林牧副业产值占59.5%。

据《黄土高原水土保持专项治理规划》中黄河上中游7省(区)上报数统

计，在土地总面积9.6亿多亩中，1980年农地和荒地分别占24.4%和38.2%，林地（包括果园，下同）和草地分别占12.7%和9.5%；大农业总产值126.2亿元，其中农业产值占63.8%，林牧副渔业产值占36.2%。在“六五”计划期间，由于积极开展水土保持，土地利用结构和农村生产结构得到调整，从而使大农业总产值也有相应提高。到1985年，农地和荒地分别减少到23.3%和33.4%，林地和草地分别增加到16.8%和11.0%；大农业总产值提高到199.2亿元，其中农业产值占58.8%，林牧副渔业产值占41.2%。

黄河中游无定河、三川河、黄甫川和甘肃省定西县4个重点治理区，共有土地面积40806平方公里（6121万亩）。1982年土地利用情况是：农地和荒地分别占21.8%和42.6%，林地和草地分别占14.3%和6.8%。经过7年治理，农地和荒地分别下降到20.2%和25.8%，林地和草地分别上升到27.3%和12.2%。农村总产值1982年3.76亿元，1990年上升为5.95亿元，提高了58.2%。农村总产值中各业产值和比重变化如下：农业产值1982年共2.2亿元，1990年上升为3.19亿元，所占比重由58.5%下降到53.6%。林牧副渔业产值1982年共1.56亿元，1990年上升为2.76亿元，所占比重由41.5%上升到46.4%，农村生产结构得到初步调整。

甘肃省定西县土地利用结构与农村生产结构调整幅度较大。该县3604平方公里总面积中，1982年农地与荒地分别占36%和41.5%，林地和草地分别为6%和2.1%。1990年农地、荒地分别下降到31.9%和14.5%，林地和草地分别上升到17.8%和15.1%。全县农村总产值1982年共3605万元，1990年上升到10134万元，提高了1.8倍。1982年农业产值1941万元，1990年上升为4579万元，但比重却由53.8%下降到45.2%。1982年林牧副业产值1664万元，1990年上升到5555万元，所占比重由46.2%上升为54.8%。

二、解决“三料”问题

群众“三料”问题中最主要的是燃料。每天要烧柴做饭，冬季要烧炕取暖，由于缺乏燃料，许多地方群众把本来可作饲料的作物秸秆和本应作肥料的牛羊粪便当柴烧。在开展水土保持中，通过造林种草，使大部群众解决了烧柴问题，相应地使饲料、肥料问题得到缓解。

宁夏回族自治区彭阳县白岔村，自1977年以来累计造林1.8万亩，零星植树424万株，靠抚育修枝就基本上满足了群众的烧柴需要。该自治区西吉县由于大面积造林、种草,使群众的烧柴问题逐年得到缓解。该县1983年林草提供燃料1.54亿公斤,占全县农村燃料总需量2.69亿公斤的57.2%;1984年增加到2.05亿公斤,占总需要量2.75亿公斤的74.5%;1985年达到2.25亿公斤,占总需要量2.8亿公斤的80.4%,加上全县农户普及节柴灶以及国家供应煤炭,基本上满足了农村燃料的需求。

甘肃省天水地区西小河流域的西坪、王窑、大庄3个乡,历年造林41530亩,户均9.2亩,每年修枝解决需柴量的93.8%。甘肃省渭河支流芦刘沟小流域,面积47.9平方公里,历年造林1.5万亩,种草5700亩,有效地解决了群众的"三料"问题,并促进了畜牧业的发展。1980年,该流域共有1872户,需柴586万公斤,缺柴140万公斤;有大小牲畜5276头(只),需草512万公斤,缺草67万公斤;各类耕地需肥1804万公斤,缺肥138万公斤。到1985年,共有2036户,需柴611万公斤,而林草枝条和作物秸秆提供燃料612万公斤,满足了需要;有大小牲畜6479头(只),需饲草706万公斤,而种草和作物秸秆产饲草709万公斤,满足需要还有余;各类耕地需肥3058万公斤,由于牲畜和人口增加,人畜粪肥达3143万公斤,满足了需要。

第五节 生态效益

水土保持各项治理措施的生态效益,包括蓄水保土、减轻土壤侵蚀、改良耕地土壤性质和改善小气候,因此减轻了洪、旱、霜、冻、风沙灾害,为农业生产创造了良好的生态环境。本节着重记述改善地表径流状况、改善小气候和改善耕地土壤性质。

一、改善地表径流状况

水土流失地区的地表径流有两个主要特点:一是暴雨时地表径流流量大、流速快,沟中洪水来猛去速,经常造成洪灾;二是平时沟中常水流量很小,开发利用困难。开展水土保持以后,暴雨时地表径流量减少,流速减缓,沟中洪水减少,灾害减轻;同时常水流量加大,有利于开发利用。

青海省互助县西山乡朱尔沟小流域,1964年8月19日降雨53毫米,沟口洪峰流量达321立方米每秒;1971年7月25日降雨39.6毫米,沟中洪水把40吨重的混凝土桥墩冲走50米远;1976年8月1日降雨32.2毫米，沟中洪水把居民住房冲倒，5 人被冲走淹死。经过治理，减洪效益十分显著，1981 年 8 月 17 日降雨 54.9 毫米，沟中洪水流量小，未发生房屋倒塌和人畜伤亡事故；1986 年 7 月 9 日，降雨 30.1 毫米，沟口最大流量 47.48 立方米每秒，仅冲倒沟边一些新栽的杨树，村庄、农田没有损失。

陕西省绥德县韭园沟小流域，面积 70.7 平方公里，从 50 年代初期开始进行水土保持综合治理，沟中常水流量逐年增多。1954～1960 年平均 23 公升每秒，1961～1968 年平均 36 公升每秒，1975～1983 年平均 60 公升每秒，比治理前增加两倍左右。

内蒙古自治区土默特左旗白石头沟，原有林木被破坏殆尽，封山育林 20 年，先后发生了四次变化：光山变草地，草地变灌丛，灌丛变乔疏林，疏林变密林。由于流域内 84 平方公里的面积全部绿化，洪水泥沙减少，沟中清水常流，最小流量由 0.07 增至 0.2 立方米每秒；沟口一座水库，10 年内只淤积 5 万立方米，保持了有效库容，扩大灌溉面积 2 万亩。

二、改善小气候

水土保持造林措施，达到一定数量后便能改善小气候，包括降低风速、减少风暴次数，提高地面温度、湿度，减轻霜冻、干旱危害等，从而有利于农业生产，提高作物产量。

据陕西省榆林地区观测，在农田防护林网内，风速可降低 48.5%，蒸发量降低 22.9%，春秋播种期间，地温提高 1.5～2.5℃，气温提高 0.7～2.4℃。夏季气温降低 0.4～1.1℃。1957～1961 年，每年大风日 39 天，沙暴日 66 天；1972～1978 年，由于农田防护林网的作用，大风日减少到每年 5 天，沙暴日减少到每年 16 天。过去春季要播种 3～4 次才能捉苗，现在只播种一次就能捉苗。

山西省右玉县，1965 年起，因地制宜地营造农田林带，在风口等地营造成片林，使耕地实现了林网化。据测定，农田林网使小气候发生了以下变化：(1)降低了风速，减轻了流失。林带全年平均有效防风范围在 20 倍树高左右，在此范围内减风效能为 36%，在 7 倍树高处可达 41.8%。与旷野相比，夏季林带内可减少风蚀 40%，冬春季减少 22～28%。在林带后 4 倍树高以内，由于林带的消能作用，集沙增多 0.6～2.1 倍。(2)提高了地温。在有效防护范围内，全年日均地表温度提高 0.4℃，防风最佳处提高 0.5℃，在树木末叶期可提高 1.5℃。地温在 20 厘米耕层内提高 0.6℃，在整个作物生长发育期可增加土壤积温60℃。在盛叶和末叶期的5～9月间,气温平均提高0.2℃,防风最佳处可提高0.5℃。(3)减少了蒸发,土壤含水量增加。林带防护范围内全年水面蒸发较对照区减少8.8%,作物生长的6～9月间减少5.7%,春旱严重的5月份减少9.6%。土壤含水量,在30厘米土层中,盛叶期提高0.6%,末叶期提高0.8%,春季5月份提高1.5%。

三、改善耕地土壤性质

黄河流域各地,除平原和阶地区外,耕地中坡地占70～90%,由于水土流失,地力日益瘠薄,使土壤空隙减少,容重增加,土壤水分和氮、磷、钾及有机质等含量很少,造成作物产量低而不稳。坡耕地修成水平梯田以后,水土流失减轻90%以上,耕地土壤性质得到改善,土壤空隙增加,容重减小,土壤水分和氮、磷、钾及有机质等含量显著提高,有利于作物茁壮生长,获得高产,这是梯田比坡地增产的基本原因。

1962～1964年黄委会绥德水保站在辛店沟试验场的坡耕地与梯田中分别取土样分析,在0～100厘米深土层内取平均值,坡耕地土壤含水量9.47%,有机质含量0.289%,全氮含量0.0532%;梯田土壤含水量10.72%,有机质含量0.363%,全氮含量0.0707%,三者分别比坡耕地提高13%、26%和33%。

山西省水保所在离石县王家沟梯田上取土样分析,新修后利用一年的梯田,有机质含量为0.5%,全氮含量为0.067%,有效磷含量为18p.p.m;利用三年以后的梯田,有机质含量为0.64%,全氮含量为0.074%,有效磷含量为72p.p.m,三者分别比利用一年的梯田提高28%、10%和300%。

1945～1953年,黄委会天水水保站在梁家坪试验场的坡地与梯田中分别取土样分析,坡耕地含水量为8.5%,有机质含量为0.435%,全氮含量为0.0375%,全磷含量为0.126%;梯田含水量为13.0%,有机质含量为1.035%,全氮含量为0.0565%,全磷含量为0.18%,四者比坡地分别相对提高52.9%、137.9%、50.7%和42.8%。

第四篇

基础工作

黄河流域在开展水土保持过程中，进行了大量的调查（考察、查勘）、区划和规划等基础工作，用以科学地指导水土流失的防治。调查、考察和查勘又是进行区划和规划必不可少的步骤和基础，调查过程本身也是研究过程。随着基础工作的深化和研究水平的提高，区划和规划已逐步形成水土保持科学的一个重要组成部分。

早在民国时期，少数中外专家就对黄河流域的水土流失与水土保持进行过考察和调查，提出了有益的见解和建议。建国以后，水利部、黄委会和中国科学院又先后组织了多次考察和调查。调查范围有全局性的和地区性的，调查内容有综合性的和专题性的，各类调查成果都为水土流失防治工作提供了科学依据。水利部和黄委会的调查大部是短期的，一般1～2个月，最长一年左右，调查内容直接为推动当前工作服务。50年代初期全局性的综合考察和查勘，为编制全局性的规划打下了基础；其后在水土保持发展的每一转折时期，及时组织专题调查，解决了当时治理工作中的迫切问题，推动了水土保持工作的开展。中国科学院组织的调查大部是较长期（一般3～5年）的综合性的，而且把调查工作作为科学研究的主要途径之一。

50年代初期，在全流域和各省（区）的水土保持规划中，都进行水土保持（或水土流失）分区工作，根据规划范围内不同类型地区的不同条件，分别提出不同的治理要求，使水土保持的发展方向与措施布局做到因地制宜，严格地按照客观规律办事。进入80年代以后，黄委会与黄河流域部分省（区）根据有关理论，正式进行了水土保持区划，供各级水土保持规划中采用。

40多年来，黄河流域各地进行过多次水土保持规划。省、地、县、乡各级按行政范围进行的规划，随着国家和地方政治经济形势的变化，一般每5～10年都进行一次修订。在此过程中，水利部、黄委会也进行过多次全局性规划与重点地区、重点支流的规划，以指导水土流失防治工作的开展。每次规划都对规划范围内的基本情况、水土流失与水土保持情况作进一步的研究，并获得认识的进一步深化。通过对不同层次规划的制定和修订，提高了防治工作的水平。

第十章 调 查

民国时期和建国后一段时间，黄河流域水土保持的调查、考察、查勘工作，大部分是全局性的，主要任务是全面了解黄河上中游和黄土高原水土流失与水土保持的情况、问题和经验，研究黄河流域水土保持的战略问题。80年代以后，逐步开展了以水土流失严重的黄河支流为对象的地区性调查和考察，主要任务是研究这些支流和地区加快水土保持的途径和措施。此外，每当水土保持工作出现新情况时，主管部门都及时组织专人进行重点调查，研究解决问题的措施，推动水土保持工作的进一步开展。

第一节 全局性考察与查勘

民国时期到建国以后，以水土保持为主题曾多次进行过全局性考察和查勘，其中历时较长、人员较多、成果较丰富、影响较深远的，先后共五次。

一、国民政府农林部西北水土保持考察

1943年4～11月，国民政府行政院美籍顾问罗德民率领考察团，在我国西北水土流失严重的甘肃、陕西、青海3省的部分地区进行水土保持考察，历时7个多月，行程1万余公里，比较深入地了解水土流失情况和产生的原因，调查当地农民的水土保持经验，探讨在西北黄土高原如何进行水土保持实验研究，如何提高农、林、牧业生产等问题，并选定水土保持的实验示范区，提出开展实验示范工作的具体计划和建议。

这次考察是应国民政府农林部和黄河水利委员会的要求进行的。参加考察团的人员有：张乃凤（美国康乃尔大学学士、威斯康辛大学农学硕士、农林部农业实验所土壤肥料组主任）、蒋德麒（金陵大学学士、美国米里苏达大学硕士、农林部农业实验所技正）、梁永康（交通大学学士、美国密西根大学硕士、农林部农田水利工程处副总工程师）、傅焕光（菲律宾大学学士、农林

部中央林业实验所技正兼水土保持实验区主任）、叶培忠（金陵大学学士、英国爱丁堡大学硕士、农林部水土保持实验区技正）、冯兆麟（金陵大学学士、农林部水土保持实验区技士）、章元羲（河北省工学院学士、美国康乃尔大学硕士、行政院水利委员会技正）、陈迟（浙江大学学士、甘肃省农业改进所技正）。

考察期间曾三次去天水，两次去西安。在甘肃考察兰州、天水、平凉、华家岭、六盘山、崆峒山以及河西走廊等地，在天水重点研究吕二沟实验区与瓦窑沟实验区的工作。在陕西考察西安、大荔、泾阳、黄龙等地，在西安重点研究荆峪沟实验区的工作。在青海考察西宁、湟源、共和等地，并深入到黄河上游的高地草原。沿途对有关水土流失现象、水土保持群众经验、农林牧业土地利用及其对水土流失的影响等，都作了调查和记载，并拍摄照片。在西安曾与陕西省政府主席熊斌及黄委会负责人开会讨论。考察结束后，罗德民起草《西北水土保持考察初步报告》约 1.5 万字，简要地介绍考察的收获和对下一步水土保持实验研究工作的建议。1943 年，根据罗德民的建议，由美国运来一批仪器，赠给天水水土保持实验区，开展实验工作。但由于国际国内形势的变化，考察报告中的建议未能全部实施。这次考察主要收获有：

（一）了解水土流失情况、危害和产生的原因

考察报告认为：水土流失主要产生在坡耕地，其次是沟壑。“耕作之坡地，一经洪雨，即生径流而冲刷土壤”，“耕耘于过陡之坡地，亦属多见，有及 60%（35 度）坡度者。于湟源（县）视察其 55%（32 度）坡地一块，经雨后指状之冲刷，发生全面土壤流失在 2 厘米以上”。对坡面流失加剧的原因，考察报告认为是土地利用不合理，破坏了地面植被造成的。“冲刷现象，以耕地高度利用而愈甚”，“土壤之冲刷，以耕作之不当而大增”，“全区内草野冲刷不生，而（坡）耕地之冲刷无不严重也”，“草皮破坏，水土（流失）之问题以生，盖草皮一去，土随雨流，地利全失，降雨亦失其效”。坡面水土流失的危害，考察报告认为“破坏之地占全区三分之一以上，而全区十分之九均有冲刷现象”，“当雨降于蓄水保土未加准备之耕地，冲刷随之，更以涓滴汇流，冲刷愈甚，而巨大之荒沟成矣”。“土壤之加速冲刷，足以减少此区之生产”，“农民以耕地日小，地肥与降雨之流失，而益行贫困矣”。对于沟壑的发展以及沟中重力侵蚀等问题，考察报告指出：“谷地及荒沟两旁沟向上行，因之荒沟日多而肥沃之耕地随之败坏。”“黄土具垂直缝隙，（沟中）陡立之岸，高达五十公尺，益增冲刷之可能，而陷穴更多，水流搜根刮脚，苟坡脚削进一公尺，则黄土厚度之蚀削，可达五十公尺，土裂分离，土块下堕，溶解于洪流中，因而大增河流

之含沙量。”

(二)提出保持水土的措施

1. 控制(坡面)径流，增加渗透。报告认为，根本途径是“依地利而规划土地分类，以坡度为主要条件之一”，“经详细研究，确定林、牧、农三区的坡度限制”。“主要工作在于使土地经全面改良后，可以吸收全部之降雨”。报告中提出治理措施要从三方面入手：一是研究农民已有的经验，二是采用美国已有的发展(成果)，三是另行试验研究。报告中列举几项即可进行试验和推广的耕作措施，如等高耕作、条带耕作、梯田、地坎沟、田坎种树、作物留茬、沟洫等。在荒沟陡坡上植树造林，为了加快进度，报告提出“利用飞机投播内含种子之土弹。此项土弹为种子、粘土、肥料之组合，宜于雨后为之，以深入于地面”。

2. 沟壑与荒沟之治理。主要措施有谷坊、留淤坝、种树种草等。报告指出，其中有的措施“非农民所能为”，需“有可靠之设计”，“应注意试验”。

3. 减少河流含沙量。首先主要是靠上述治坡、治沟各项措施，同时还需搞好沿河两岸的护岸工程。

(三)安排实施程序

1. 战时。主要是进行准备工作，包括建立实验示范区(确定五个区，每区面积 5000～10000 亩)；培训技术人员(派 10 名专家去美国培训，战后回国主持五个区的工作)；建立水文站、雨量站，收集基本资料；建立苗圃，引进优良树种、草种；调查群众水土保持经验；试验、研究关于沟中修留淤坝和沿河修护岸工程等技术问题。

2. 战后。正式实施实验研究计划，主要任务有二：一是“加速实验区之建设”，由北向南推广，并拟定了 16 个推广地区；二是“完成土壤与土地利用调查，自西北而及全黄河流域，终及全国”，并“应以航测之结果，配合进行”。

二、中央水利部西北水土保持考察

1953 年 4 月 20 日至 7 月 15 日，由中央水利部与黄委会牵头，会同中央农业部、林业部、中国科学院、西北行政委员会等单位，组成西北水土保持考察团，共 36 人，中央水利部张含英副部长为团长，黄委会赵明甫副主任、西北行政委员会水利局李赋都局长、中央农业部土地利用局张心一副局长、中国科学院土壤专家熊毅为副团长。考察历时 85 天，行程 2150 公里，北至榆林，西至兰州，以水土流失严重的无定河、泾河、渭河等支流为重点，着重考察研究了高塬沟壑区与丘陵沟壑区的水土流失发展规律和保持水土、发展生产的措施。考察中采取一般了解与重点深入相结合，先后考察了陕西省榆林、绥德、延安的丘陵沟壑区，甘肃省庆阳、平凉的高塬沟壑区，榆林北部的风沙区；重点考察了绥德、西峰、天水3个水保站的科研工作，韭园沟、南小河沟、吕二沟等典型小流域治理；还考察了崂山、崆峒山的林区，皋兰山、兴隆山的植物，兰州南北两山的水土流失情况等。考察中与西北行政委员会和各地党政领导交换了开展水土保持工作的意见。工作结束后，写出《西北水土保持考察团工作报告（初稿）》。《报告》认为，水土保持是根治黄河、发展农业生产、提高人民生活的根本工作，也是综合性改造自然的工作。开展西北水土保持，应在现有工作基础上，采取“全面了解，重点试办，逐步推广，稳步前进”的方针。在“保塬、固沟、护坡、防沙”总的要求下，以“拦泥蓄水，合理利用土地”的办法，逐步开展农、林、牧、水相结合的综合性的水土保持工作，有计划有步骤地作到“水不下塬，泥不出沟，土不下坡，沙不南移”。为了达到上述目的，《报告》提出应进行以下工作：

（一）做好基本工作

1. 加强水土保持的科学研究。要求着重研究关于沟壑治理、合理利用土地、各种耕作方法、土壤改良等对保持水土和发展农业生产的作用。

2. 有计划地进行观测工作。为准备黄河流域的全面计划（规划）和进一步研究黄河泥沙问题，要求加强水土流失区的测量工作和水文观测工作。建议最好利用航空测量，以减少野外工作困难。

3. 培养水土保持工作干部。应从两方面入手：(1)抽调指导农业生产的区、乡基层干部，轮流学习水土保持中各种基本知识，提高工作能力；(2)在西北农学院或黄委会的水利学校附设西北水土保持训练班，分配农、林、牧、水等中专毕业生，施以短期训练。

（二）结合农业生产开展群众性的水土保持工作

《报告》认为，逐步扭转农民广种薄收思想，逐步改变不合理的耕作方法，是开展群众性水土保持工作的重要关键。并着重阐明以下几点：

1. 提高单位面积产量对于提高农民生活与合理利用土地有密切关系。

2. 发动群众尽量利用泉水、河水以及一切可能利用的水源发展小型灌溉，对提高西北干旱地区单位面积产量有重要意义。

3. 修筑沟边埂及沟壑造林种草，对于阻止沟壑发展极为有效。

4. 引导农民首先在35度以上陡坡停止耕种，改植林草。35度以下的陡坡农田，应提倡草田带状间作和草田轮作，以提高粮食产量，减少水土流失。

为了开展这一工作,《报告》提出,应先在各县农场、水土保持站及有条件的农业合作社进行试验,以示范农民。考虑到群众经济困难,报告中提出需要国家制定下列办法:对小型水利、造林、育苗等给以贷款;陡坡农地改种林草的,缓征农业税;加强技术帮助;帮助解决山区土产运销问题。

(三)有计划地发展林业与培植草原

《报告》提出,应采取“巩固与发展并重”的方针,并进行以下工作:

1. 现有林区应加强保护抚育工作。大面积林区应设置营林机构,一般林区应组织群众,结合生产,加强保护管理工作。

2. 发动群众,在塬边、沟坡、荒地、隙地造林。每户每年植树500株,4~5年后可解决部分燃料问题,10年后可获全部解决。

3. 在沙区应营造(固沙)林带,有计划地营造防风林带,阻止沙漠南移。

4. 在退耕的农地上培植优良牧草,解决牲畜饲料困难。

5. 现有草地应组织群众加强管理,防止破坏。有计划地限制载畜量,实施轮牧制,进行草地改良,提高牧草品质。

(四)建立综合性国营农场

《报告》建议,国家在陕西省绥德专区和甘肃省庆阳专区各建立一个综合性国营农场,实施综合性生产方式和科学的耕作方法,取得经验,以教育全体农民,并对附近的农业生产合作社给以技术上的援助和指导。

(五)建立水土保持工作领导机构

1. 中央及西北财政经济委员会,设立水土保持工作计划专门机构,统一计划,加强有关部门的配合。

2. 加强重点省、专区和县主管农、林、牧、水利等业务部门的组织,负责水土保持业务的领导。

3. 充实黄河流域现有的水土保持机构,加强试验研究与推广工作。

《报告》中对西北黄土高原情况、问题的阐述和对水土保持工作的意见,在1954年进行的黄河综合治理规划中,基本得到采用,并在其后30多年黄河流域水土保持的规划和治理中,起到了积极的指导作用。

三、黄委会黄河中游水土保持查勘

1953年5~12月,黄委会组织力量,对黄河中游水土流失地区31条支流,进行大规模的水土保持查勘。中国科学院土壤研究所、地理研究所、植物研究所和中央农业部、林业部、水利部、西北行政委员会等,都派员参加。其中有土壤学家席承藩、朱显谟，地理学家罗来兴，植物学家崔友文、王作宾，农学家朱莲青等。黄委会共调集农、林、牧、水利、土壤、植物、水文、气象、测绘、地质等专业技术人员129人，行政人员159人，工人130人，加上有关单位参加人员，共400余人，组成9个查勘队。4月23日，黄委会主任王化云向全体查勘队员作了动员报告。5月5日出发，分别于11～12月结束外业，整理资料，写出查勘报告。各队在查勘中，一般都以支流（或河段）为单元，通过了解自然、社会经济条件和水土流失情况，进行了水土流失分区。在每一类型区内，一般都进行一条典型小流域的深入调查和具体规划，点面结合，总结群众经验，提出不同类型区治理的主要措施。有的队还进行河道查勘，选出若干拦泥库坝址。

9个查勘队的查勘范围是：第一队无定河与清涧河；第二队泾河；第三队浑河（红河）、偏关河、县川河、朱家川、岚漪河、蔚汾河；第四队湫水河、三川河、昕水河、屈产河；第五队渭河；第七队黄甫川、孤山川、窟野河、秃尾河、清水川、佳芦河；第八队北洛河；第九队延河、仕望河、云岩河、濂水、白水川、盘道川、猴儿川、错开河、芝水；宁（夏）托（克托）队大黑河。这次查勘以无定河和泾河为重点。

1954年又组织两个查勘队，第一队负责湟水、庄浪河；第二队负责祖厉河、清水河、山水河、大营川。工作内容和工作方法与1953年相同。

1953年和1954年11个查勘队，共写出约1000万字的查勘报告，详细介绍所查勘的37条支流与相应河段的自然条件、社会经济、水土流失情况和群众水土保持经验，并对各支流今后开展水土保持工作与需要采取的治理措施，分别提出了方向性意见，在不同类型地区还提出了一批拦泥水库和若干小流域典型规划，资料十分丰富，意见也切合实际，为1954年编制《黄河综合利用规划技术经济报告》中的水土保持规划提供了主要依据。

1955年，黄委会组织专人，在11个队查勘报告的基础上，写出查勘报告汇编，除系统地介绍黄河上中游各主要支流的基本情况外，并根据当时国家的经济建设情况，结合黄土区域的具体条件，提出在开展水土保持工作中应该全面考虑的问题和必须掌握的几条原则：

（一）改造自然与改造社会相结合

在我国小农经济仍占优势的情况下，必须结合农业集体化、机械化的发展程度，有计划地进行水土保持工作，以改善全区的社会、自然面貌。

（二）水土保持与农业生产相结合

本区以经营单纯的农作物为主，水土流失严重，农民生活贫困，采用广种薄收的办法维持生活。开展水土保持工作，必须在现有基础上提高农业生产，解决目前的人民生活问题，逐步达到合理利用土地，稳定农业收成。在农业生产提高的基础上进行封山造林，停耕陡坡和草田轮作等措施，才能得到农民的接受和推广。

(三)水土保持与根治黄河相结合

西北农业建设与黄河治理有密切关系，而黄河开发又须符合于国家经济建设的统一计划，在综合开发中，应全面考虑以符合最大经济利益为原则。目前实施水土保持的方针，是以发展农业为主，结合林、牧、水利，以治本为主，治标为辅，即以消除侵蚀原因为主，配合拦蓄，达到减少黄河泥沙的目的。

四、中国科学院黄河中游水土保持综合考察

1955年5月，中国科学院成立黄河中游水土保持综合考察队，当年在山西省西部进行考察工作。1956～1958年，先后到陕西省北部、甘肃省东部和中部进行考察，前后历时4年。考察范围东起汾河，西至洮河，南至秦岭，北达长城内外，共约35万平方公里。

参加考察的有中国科学院所属地球物理、地质、地理、植物、土壤、农业、生物、经济等研究所，中国农业科学院、中国林业科学院、黄委会，北京大学、南京大学、北京农业大学、兰州大学、河北农学院、东北地质学院，山西、陕西、甘肃3省的农业厅、林业厅、水利厅、农村工作部以及有关地、县的农业、林业、水利等单位，先后共300人。考察队由中科院土壤研究所马溶之任队长，植物研究所林镕任副队长，设立委员会，由王守礼、刘东生、罗来兴、朱显谟、高尚武、崔友文、任承统、楼桐茂、李继侗、李连捷、陈道明等任委员，集体领导全队工作。考察队下设地质、地貌、土壤、植物、水文、气象、农牧、森林、经济等9个专业组，分别负责各项专业的考察。同时设立田间工程小组，负责农业改良土壤措施的各项有关任务；设立测量小组，担任各个典型地点的测绘工作。

通过考察，在各项专业研究报告的基础上，提出黄河中游的自然区划、农业区划、经济区划、水土保持土地合理利用区划，同时还提出8个典型小流域的水土保持土地合理利用规划和3个农业合作社的土地利用规划。工作过程中，先后编写了《山西西部水土保持调查报告》、《陕西北部水土保持调查报告》、《甘肃东部与中部水土保持调查报告》，其中第一个调查报告于

1957年由科学出版社出版。考察结束后，还集体编写《黄河中游地区水土保持手册》，1959年由科学出版社出版。这次考察提出的主要意见如下：

（一）对水土保持方向的意见

考察队认为，黄河中游地区严重的水土流失是各种自然因素和过去封建制度压迫下土地不合理利用的相互影响所造成的结果。水土保持是改造自然的一项错综复杂的工作，根治水土流失与提高农业生产水平是不可分割的任务。依据不同地区的自然条件和人为干扰造成的侵蚀情况以及社会经济特点，规定发展山区多样生产的途径和所应采取的农、林、牧、水综合治理措施，以求获得土地的合理利用，是水土保持的正确方向。特别在水土流失严重地区，应根据生产发展要求和土壤侵蚀过程，首先规定农、林、牧用地的适当比重，有条件地放弃陡坡耕地，还林还牧；其次提出农、林、牧、水各项有效措施相互配合和同时并进，在空间上取得从上而下的全面配置，在时间上取得造林植草与田间工程的有机联系。依据自然发展规律和社会经济情况，结合国家生产建设和农业合作化的要求，贯彻中央规定的"全面规划，综合开发，坡沟兼治，集中治理"的方针，才可收到水土保持应有的效果。

（二）对水上保持土地合理利用区划的意见

水土保持区划的目的在于指出一个地区的经济发展方向和农业改造的途径，并说明在不同地区不同自然条件之下，应采取怎样的措施来保持水土并提高农业生产。区划不宜过细，须具有显著的地区差异性始可划分。考虑到国家对黄河中游农林牧生产的要求，对黄河中游考察范围近35万平方公里黄土地区进行了两级区划，分为3个一级区和15个二级区：

1．汾渭盆地及晋西、陕北、陇中黄土丘陵农业区，面积约16.6万平方公里，下分4个二级区。自然条件比较好，许多地方潜在能力还很大。丘陵区人口较多，普遍耕种陡坡地，水土流失严重。

2．晋西北、陕北、陇东黄土丘陵及石质山地农牧区，面积约9.3万平方公里，下分8个二级区。自然条件比较差，不宜过分着重农业的发展，应本着农牧并重的方向进行生产。

3．吕梁、太岳、中条、秦岭、六盘山山地森林区，面积约8.7万平方公里，下分3个二级区。自然条件更差，根本不宜发展农业，应以发展林、牧业为适当。

（三）对合理利用土地规划的意见

1．黄河中游土壤侵蚀严重地区，地广人稀，产量很低，应提倡修水平梯田和坝地、台地，要求每人保留5～6亩，精耕细作，发展灌溉，建立基本农田，保证高额丰产。距村较远的坡地，改为草田轮作。在保证粮食产量不断增加的情况下，有计划地退耕陡坡，还林还牧。

2. 在确定农林牧用地的标准时，应先按照每块土地评定的等级，安排它最适当的用途，使投入适当的劳力和资金后，能获得最大的经济效益，并能提高土壤肥力。在以农为主的地区，每块土地应尽先考虑用作农地，凡是采取必要的措施后能获得高额而稳定丰收的土地，应划为农地或基本农地，以不超过20～25度为宜。其余土地应尽先满足果园和牧地的需要，尚余宜林的土地则划为林地。在林牧区，规划土地应兼顾林牧的需要。经济林需要较好的土地，宜优先考虑；在不宜农耕的土地中，选土质较好，坡度较缓，地块较大的土地划为牧地；林地一般配置在沟坡和梁峁坡较陡和较破碎的地块和部分退耕地上，坡度多在30～45度之间；60度以上的陡崖可划为封坡育草育林区。

3. 根据第三次全国水土保持会议精神，在进行土地利用规划时，农林牧用地的配置应符合下列原则：(1)农业方面要逐步改变广种薄收习惯，把土质较好，地形、水利、交通条件较好，便于耕作管理的土地划为农地，作为基本农田逐步实现耕地水平梯田化、水利化、园田化。(2)大量植树造林，扩大林地面积，积极发展果树和经济林，渠旁、路旁、宅旁、隙地都要植树，使远山高山变成森林山，近山低山变成花果山。(3)充分利用坡地、隙地和部分产量很低的农地种植牧草，推行草田轮作和划区轮牧，以扩大牧地面积，提高草地产草量，积极发展畜牧业。

五、中国科学院黄土高原综合科学考察

1983年国家计委向中国科学院提出对黄土高原进行综合科学考察的任务，1984年成立中科院黄土高原综考队，由中国科学院自然资源综合考察委员会(以下简称中科院综考会)牵头，参加单位有中科院地理所、西北水保所、西北植物所、地质所、水文地质所、沙漠所、能源所、成都地理所、遥感所，交通部综合运输研究所及黄河上中游7省(区)有关水保研究所等15个科研单位，还有中国人民大学、北京大学、西北农业大学、陕西师范大学、兰州大学及地矿部、黄委会、黄河中游治理局等。参加考察的共50个单位，长期坚持工作的150余人，加上断续参加的共约500人，其中高级职称科技人员占一半以上。

中科院综考会副主任张有实(研究员)任队长，地理所副所长孙惠南(研

究员)和中科院综考会杜国垣(研究员)、西北水保所刘玉民(高级工程师)、综考会陈光伟(副研究员)、郭绍礼(研究员)任副队长。在综考队下设综合组和自然环境、土壤侵蚀、沙漠、气候资源、土地资源、生物资源、水资源、农林牧、能源、工业与城市、交通、乡镇、环境保护、人口、旅游、重点县等16个专业组。

考察范围以黄河流域黄土高原地区为主,同时包括海河上游的黄土高原地区,面积共74万平方公里。考察目的是在弄清黄土高原的自然资源、土壤侵蚀和大农业、工矿交通等生产情况的基础上,提出开发治理的总体方案与各项专题报告。1985年,黄土高原地区综合治理开发的考察研究,被列为“七五”(1986～1990年)期间国家重点攻关课题。

为了指导学术研究和审定考察成果,1988年春,成立了学术委员会,主任委员刘东生,副主任委员张有实、陈述彭,委员(45人,以姓氏笔划为序)万建中、马鸿运、方华荣、王斌、王华东、刘岳、刘万铨、刘东生、刘玉民、刘再兴、刘丽茹、刘培桐、刘锡田、石山、石玉林、史念海、张九林、孙惠南、任华国、朱显谟、朱震达、红江良、李连捷、李凯明、陈光伟、陈述彭、陈梦熊、杜国垣、吴传钧、武吉华、杨景尧、张天曾、张有实、张宗祜、姜恕、郭绍礼、唐克丽、黄志杰、黄秉维、高博文、贾慎修、龚时旸、彭琳、覃定超、蒋德麒。秘书张天曾(兼)。

1984年夏秋,综考队负责人和少数科技人员,赴黄土高原各地进行“预察”,了解基本情况,收集有关资料;同年冬建立健全组织,制定考察计划,按专业组分别落实任务。1985～1987年,由东到西,分别对山西、陕西、内蒙古、宁夏、甘肃、青海等省(区)的黄土高原部分进行了考察;1988年,对晋陕蒙接壤地区能源重化工基地约5万平方公里的开发治理问题又进行专题重点考察。1989年开始,进行分析汇总,提出各专业的考察专题报告和黄土高原开发治理总体方案意见。考察过程中在各专业组陆续提出200多份研究报告的基础上,经分析、汇总整理为关于黄土高原综合开发治理的23项专题报告,题为:自然环境演变及其综合治理前景、水土流失及其治理途径、土地沙漠化及其防治、气候资源及发展农林牧业的气候条件、水资源及其合理开发利用、生物资源及其合理利用、种树种草条件及其分区、土地资源及其合理利用、农林牧业的发展方向及合理布局、粮食生产前景及解决粮食的途径、畜牧业发展前景、林果基地建设、乡镇建设及繁荣农村经济的途径、农村能源解决的途径及分区、矿产资源及其分布、能源基地建设及其前景、工业发展与布局、城市发展与布局、综合运输网的发展与布局、环境容量及“三废”污染的预测与治理、人口问题、旅游资源及其开发、重点考察县的综合治理开发规划。

对黄土高原开发治理的基本方略，综考队的指导思想是：以开发促进治理，在治理中开发，使生态效益、经济效益和社会效益协调发展；在经济开发的基础上，使治理工作能持久地、稳定地发展下去。在此思想指导下，对黄土高原治理开发的分区，以便于经济开发为主要原则，考虑大的自然地带和经济、社会条件的相对一致性，保持县级行政区划的完整性，把黄土高原从东到西分为：豫西晋东南区（41个县、市）；晋北大同区（24个县、市）；汾渭谷地区（78个县、市）；晋陕蒙接壤区（12个县、市）；晋西陕北黄土丘陵区（30个县、市）；陇东陕北黄土高原区（22个县、市）；“两西”（甘肃定西地区、宁夏西海固地区）天水区（21个县、市）；内蒙古河套区（14个县、市、旗）；鄂尔多斯风沙高原区（4个县、旗）；宁夏平原区（13个县、市）；兰州区（16个县、市）；青东区（14个县、市）等12个开发治理区。

各项专题报告经专家审查后，陆续由科学出版社出版，公开发行。黄土高原开发治理总体方案编制完成后，上报国家计委，供领导决策研究参考。

第二节　重点支流调查

建国以来，为研究编制黄河流域重点支流的水利建设与水土保持规划，黄委会和有关省（区）曾组织过多次调查，积累了丰富的资料。现择二例记述。

一、无定河流域综合治理调查

1982年3月，黄委会主任王化云提出进行无定河流域综合治理调查，任务是“调查研究，总结经验，大力推广，促进发展”；要求通过调查，总结水土保持措施、水土保持科学研究和技术推广工作等方面的经验；在调查的基础上，作出包括农林牧和能源布局的无定河治理规划。

这次调查由黄河中游治理局牵头，会同黄委会水保处、水文局、设计院、水科所和绥德、天水、西峰水保站，以及陕西省水保局、榆林地区水电局等单位，共40人，组成无定河流域综合治理调查队，由黄河中游治理局副总工程师谭节升任队长，黄委会水保处工程师蔡志恒和中游局规划处副处长汪凤瑞任副队长，黄委会水科所原所长、高级工程师吴以敩和水保处副处长陈彰岑任顾问。黄委会副主任兼黄河中游治理局局长王生源、中游局副局长王廷仕领导并参加了调查队的工作。调查队分综合组、水利工程组、水土保持措施一组、二组和后勤组。1982年5月出发，进行野外工作，8月结束外业，9～12月集中进行内业资料整理，1983年1月提出《无定河流域综合治理调查报告》。同时提出的还有无定河流域自然、社会经济、治理情况及效益调查报告(2件)，各项治理措施调查报告(7件)，综合治理典型调查报告(11件)，流域治理规划意见(1件)及专题探讨意见(5件)。调查报告中提出的收获，主要有以下几方面：

(一)各项治理措施在流域治理中的作用及地位

1．梯田。具有保水、保土、保肥的特点，有明显的增产效益和减沙效益。据调查，旱梯田亩产100公斤，水浇梯田亩产200公斤，分别比坡地增产1～2倍和4～5倍。据绥德水保站观测，水平梯田减少径流90～100%，减少泥沙95～100%。无定河流域98.4万亩梯田中，有10～20%的损坏率，急需加强管护。

2．淤地坝。具有显著的增产和减沙效益。除抬高侵蚀基点、防止沟床下切及沟坡侵蚀外，主要是拦泥淤地。据流域内846座淤地坝调查，平均每亩坝地拦泥3150立方米，其中1970年以前修的，平均每亩拦泥2238立方米；1971年以后修的平均每亩拦泥4307立方米。在无定河流域的减沙效益中，44%的泥沙是由淤地坝拦截的。一般旱坝地亩产175公斤，水坝地亩产350公斤，分别比坡地高4倍和7倍，特别在抗旱中具有重要作用。但无定河流域由于坝地的洪水和盐碱化问题未解决好，在近30万亩坝地中，利用率只有76.5%。今后修建淤地坝应严格按照规划设计的要求进行施工，提高工程质量，加强管理养护，加强坡面治理，减轻洪水威胁；同时要加强坝地排涝治碱的研究，培育耐碱作物，提高坝地利用率。

3．林草措施。据绥德水保站试验观测，造林种草可减少径流50%以上，减少泥沙60%以上。据榆林治沙研究所观测，沙地造林后地表风速降低57%，沙丘移动速度从造林前的每年7～8米，减小到每年1米左右。30年来，无定河流域林草发展曾几起几落。现有林地绝大部分是幼林、疏林，其中大部分是“小老树”，仅榆林地区就有“小老树”100万亩。占林地总面积70%的灌木林，郁闭度也很差。人工草地不稳，过度放牧，草场退化沙化严重。许多地方，造林不考虑立地条件，不适地适树，只造林不管林，有的甚至一边造林，一边毁林。

4. 川台地水利化。水地一般亩产200～250公斤，是高产稳产的主要农地。流域内川台地一般都有水利设施，但水量不足，灌溉保证率较低。芦河、红柳河两大坝库群内碱滩地很多，可灌面积约40万亩，但由于地高水低，引水困难，已灌的不到1/3。流域年总水量约15亿立方米，利用的只有22%。因此，还应修建必要的大、中型蓄水库和电力抽水站，充分利用水源，提高灌溉保证率。在沟中修水库，应用上坝拦泥、下坝蓄水的办法，延长水库寿命。同时积极采用引洪淤灌、蓄清排浑等办法，扩大灌溉效益。

5. 干支流坝库工程。流域内有大、中型坝库工程31座，总库容13.9亿立方米，已淤库容5.35亿立方米。其中新桥、旧城两座水库已运用23年，前15年用于灌溉，累计灌溉面积30万亩，净增产粮食1583万公斤；由于水库淤满，后8年改作农田，拦泥2.8亿吨，总产粮食867万公斤，仅粮食一项，产值803万元，除收回建坝全部投资外，还收益95万元。今后应进一步搞好坝系规划，搞好工程配套，保证防洪安全，提高经济效益，保持并提高拦泥效益。

(二)流域综合治理效益

1. 经济效益。无定河流域经过长期的综合治理，农业生产基本条件得到初步改善。

1981年流域农业总产值2.71亿元，为1975年的1.65倍；粮食总产3.99亿公斤，为1949年的3.2倍；人均粮食303公斤，为1949年的2倍。全流域基本农田(梯田、坝地、水地)面积占耕地总面积的37.5%，而基本农田粮食产量却占总产的50%左右。1977年，联合国沙漠会议对干旱、半干旱地区人口密度的限定标准为每平方公里8～20人，无定河流域虽地处干旱半干旱地区，而人口密度已达每平方公里43.5人，尚能生存下来，主要是依靠基本农田的抗旱高产作用。

2. 减沙效益。由于进行流域综合治理，取得了明显的减沙效益。据水文观测分析，1961～1970年流域平均输沙量2.04亿吨，1971～1980年流域平均输沙量0.95亿吨，后10年比前10年输沙量减少53.5%。1956～1980年的25年内，全流域累计减少入黄泥沙18亿吨，其中坡面梯田林草占12%，沟中淤地坝占44%，大、中型水库占44%。

无定河上游主要支流芦河、红柳河，由于修建了一批大、中型水库，水利工程拦蓄大量泥沙，减沙效益更为显著，70年代与50年代相比，年输沙量减少82.2～88.5%。

二、杏子河流域综合考察

杏子河是延河的一级支流，全长106公里，流域面积1486平方公里，水土流失十分严重，流失面积占总面积的93%，侵蚀模数每年每平方公里15000吨。1972年在中游建成王窑水库，集水面积820平方公里，总库容2.03亿立方米，到1981年已淤6420万立方米，占总库容的31.7%，占有效库容的43%。流域共15个乡、117个村，1981年有总人口5.17万人，平均每平方公里34.8人，人均土地43亩。由于土地利用与生产结构不合理，加以自然灾害严重，农业生产水平很低，群众生活十分贫困。

为研究加快杏子河流域的治理进度，探索提高治理效益的科学途径，在陕西省政府和中科院西安分院的领导下，1982～1983年进行了杏子河流域自然资源与水土保持综合考察。考察工作由中科院西北水保所牵头，参加考察的有中科院地理所、陕西省农牧厅、延安地区和流域所属安塞、志丹、靖边3县的农业、林业、畜牧、水利、水保、气象、土壤、农经等有关方面的科技工作者共120人。考察队由西北水保所副所长杨文治任队长，唐克丽、邹厚远、田思聪、王尚德任副队长。下设综合、侵蚀地貌、土壤侵蚀、气候资源、土地资源、植被资源、土壤资源、水文工程、农业、林业果树、畜牧草场、农业经济、测绘、编辑等14个专业组。1982年7～10月和1983年7～9月进行野外考察，1984～1985年进行室内分析，1986年1月提出《黄土高原杏子河流域自然资源与水土保持》考察报告，由陕西科学技术出版社出版。1986年，经国务院批准，将杏子河流域的水土保持综合治理列入世界粮食计划署开发项目，获得国际援助，按规划组织实施。

杏子河流域自然资源与水土保持考察报告，共4篇21章，约56万字，详细阐述了杏子河流域的土壤侵蚀、自然资源、农林牧业生产与水土保持现状，并提出了水土保持综合治理规划。要点如下：

(一)关于影响现代侵蚀的主要因素

报告在详细阐述了地质、地形、地面组成物质、降雨、植被等自然因素的基础上，着重指出，陡坡开荒、滥垦滥伐等不合理的土地利用，是加剧土壤侵蚀的主要人为因素。考察中了解到，杏子河流域在历史上曾是梢林茂密地区，梢林的破坏主要发生在近50年内。考察期间在上中下游共选12条典型小流域，以野外调查和判读航片为基础，在1∶10000地形图上，分别勾绘出1958年与1975年的实际有效植被面积(覆盖度大于60%的乔灌林地)，通过量算对比，了解到在133.4平方公里典型范围内，1958年有效植被面积为9.52%，1975年为4.23%，17年内有效植被面积减少了55.6%，扣除其中新增加的有效植被面积1.51%，1975年实际有效植被面积比1958年降低了71.4%，17年内植被破坏面积为新增面积的4.6倍。关于陡坡垦种情况，考察中对3条典型小流域的量算表明：沟间地（梁峁坡）面积占总面积50.5%，沟间地上农耕地面积占92.6%，农耕地中坡度大于25度的占48.1%。这说明陡坡耕地增加与植被面积减少同步，正是土壤侵蚀日益加剧的主要人为因素。

（二）关于合理利用土地问题

考察中根据杏子河上、中、下游不同自然条件与社会经济情况（主要是人口密度），分别提出了调整土地利用的优化方案，表现为农地、林地、草地三者面积在“现状”和“10年后”（1996年）分别占可利用土地面积的百分比。总的趋势是：减少农地，增加林地，牧地除上游适当增加外，中游和下游都有所减少。（见表4—1）

表4—1 **杏子河流域土地利用现状与调整意见表**

位置	农业用地（%）		林业用地（%）		牧业用地（%）	
	现状	10年后	现状	10年后	现状	10年后
上游	58.5	20.4	9.0	35.6	32.5	44.0
中游	36.9	23.9	4.6	32.1	58.5	44.0
下游	45.0	28.7	13.5	45.3	41.5	26.0

林地的增加，主要是由于农地减少，其次是部分牧地减少；而农地的减少，主要是由于基本农田增加，提高了粮食单产，从而促进了陡坡耕地退耕。基本农田与坡耕地占可利用土地和农耕地面积比率见表4—2。

表4—2 **杏子河流域耕地现状与调整意见表**

项目	位置	基本农田（%）		坡耕地（%）		农业用地（%）	
		现状	10年后	现状	10年后	现状	10年后
占可利用地	上游	1.3	8.8	57.2	11.6	58.5	20.4
	中游	3.4	5.9	33.5	18.0	36.9	23.9
	下游	2.4	8.2	42.6	20.5	45.0	28.7
占农耕地	上游	2.2	43.1	97.8	56.9	100.0	100.0
	中游	8.2	24.7	91.8	75.3	100.0	100.0
	下游	5.3	28.6	94.7	71.4	100.0	100.0

（三）林草建设方案

1. 林草建设的目的。为解决农村“四料”（燃料、饲料、肥料、木料），发展农村商品生产，并为保持水土和保护王窑水库服务。要求在中、上游建成牧业饲料基地，在中游建成山杏(杏仁)基地，在下游建成苹果基地。

2. 林草建设的途径。应以人工造林种草为主，结合进行封山育林和育草(并辅以补播和补植)，在中、上游荒山荒坡面积大的地方还可适当采用飞机播种造林种草。此外，科学研究部门应积极试验机械造林种草。

3. 树种草种。上游主要选用柠条、沙棘、杞柳、小叶杨、柳树、榆树、紫花苜蓿、草木樨、沙打旺、红豆草等，中游主要增加刺槐、山杏、山桃、胡枝子、黄花菜等，下游主要增加油松、苹果、山楂、新疆核桃、桑树、文冠果、连翘、紫穗槐等。“四旁”(路旁、渠旁、村旁、宅旁)植树，中下游以椿、榆、楸、槐、柳、杨、红枣、花椒等为主，上游以榆、柳、小叶杨、新疆杨为主。

4. 利用经营和有关措施。主要有：固定林地草地使用权，按规定划给农民承包、经营使用；建立管护制度，认真执行国家森林法、草原法和《水土保持工作条例》；发展饲料和果品加工业，加强公路建设，促进畜牧业、林果业及其他种植业、加工业的商品生产；天然草地要以草定畜，实行轮封轮放，人工草地要以割草为主，推行舍饲，逐步改放牧为舍饲、半舍饲。

(四)实施规划措施的建议

考察报告提出了九项措施，主要有：建议省、地政府部门把杏子河流域列为治理重点，拨专项经费支持；河流的上、中、下游3个县分别建立水土保持开发公司，负责专项经费的使用，运用经济规律管理治理工作，有计划地推行小流域治理承包责任制；严禁开荒，对已开的荒地从现在起一律还草还林；严格控制人口增长，发展农村教育事业，增加智力投资；加强技术指导；在公购粮方面采取特殊政策，以利农民休养生息。

第三节　重点问题调查

建国以来，黄委会随着国家政治经济形势的发展，在黄河流域水土保持工作每次转折变化时期，都及时组织调查，了解水土保持的情况和问题，提出推动水土保持继续前进的措施。这种调查和考察很多，本节择要予以记述。

一、1956年调查

1956年5月18日至7月23日，黄委会赵明甫副主任和中央水利部、农业部、林业部等单位的工程技术人员一行10人，陪同苏联水土保持专家扎斯拉夫斯基(M·H·Заславский)，从北京出发，考察了山西省吕梁地区，陕西省榆林、绥德、延安地区，甘肃省庆阳、平凉、天水地区和兰州市，还考察了绥德、西峰、天水、离山水保站。这次考察的目的，一是了解水土保持群众运动的情况、经验和存在问题，二是结合研究水土保持的方针方向。考察中，除在有关专区、县、乡、村深入了解外，还在太原、西安、兰州等地分别听取了晋、陕、甘3省关于水土保持工作情况的汇报，并与地方党政领导交换了意见。考察中的主要收获如下：

(一)水土保持情况

在农业全面合作化的基础上，随着根治和开发利用黄河工程的建设和农业生产高潮的到来，各省的水土保持工作已进入由重点示范到全面开展的新阶段，1956年上半年各地已形成声势浩大的群众运动。陕、甘、晋3省出动的劳力，一般在30%以上，最多时达60～80%。半年内3省完成控制面积3.07万平方公里。

(二)治理经验

治理中开始出现了一乡一社(农业生产合作社大多是一个村)集中治理支毛沟小流域和少数联乡联社集中治理几百平方公里中等流域的经验。考察中根据群众经验，总结了“坡地梯田化、沟壑川台化、荒山荒坡绿化、川台地水利化”的坡沟兼治、集中治理的经验。同时针对社会上开始出现的“治坡治沟谁先谁后”的争论问题，提出“应该根据当地的自然条件、经济效益和劳力情况出发，按照因地制宜的原则，结合群众的当前利益与长远利益，制定具体措施，不能强求一致”。

(三)关于劳力组织形式

考察认为，以水土保持基建专业队与突击治理相结合的形式较好。山西省和甘肃省的部分地区，已开始采用专业队形式，一般占总劳力5～10%，常年坚持搞水土保持。突击治理形式，各地已普遍采用，一般在解冻后播种前、播种后夏锄前、夏锄后秋收前、秋收后上冻前四个农隙时期开展十天、半月或一两个月。考察中发现，有的地方没有按劳付酬，提出要求纠正。

(四)关于规划

当时根据《全国农业发展纲要》的要求，一般省、专区和县都制定了农业生产发展规划，在水土流失地区，包括了水土保持规划。但大多数乡和社都没进行规划。考察中重点考察了3条小流域和8个乡(社)的规划。发现一般作了规划后，对群众鼓舞很大，但还存在对规划任务和发展方向不够明确的问题。因此提出:“在水土流失地区,规划任务不仅要作到最大限度地合理利用山区资源,发展农林牧多目标经济,同时还要作到有效地控制水土流失,以保证高度的劳动生产率和最高的产量。”关于规划中农林牧业的关系问题,当时不同部门之间也有争论。考察组提出:“只有全面发展农林牧业,才能挖掘山区潜力,充分利用山区资源和有效地制止水土流失。”“在当前阶段应以农业为主,同时相应地发展林牧业。”“根据不同地区、不同特点,采取不同重点和步骤,是完全符合国民经济发展、山区人民需要和水土保持要求的。任何不从实际出发,强调一面的片面观点和唯自然论观点,都是有害的。”

(五)关于技术指导

考察中发现各项治理措施中存在许多具体技术问题,对梯田、淤地坝、小水库等的规划、设计、施工等方面,提出了加强技术指导的具体要求和需要加强科学研究的意见。苏联专家扎斯拉夫斯基对黄委会的3个水土保持试验站,提出了今后工作的四点建议:进行水土保持综合性的试验和效益观测,特别是坡地梯田化的试验;进行各种农业技术措施的试验和效益观测;加强对比沟的试验和观测;加强与农业生产合作社的联系,具体指导并协助进行土地利用规划与大田试验,作出典型,以便推广。

二、1959年调查

1958至1959年,黄河流域的水土保持比1956年规模更大,取得了很大的成绩,但同时也出现了形式主义、浮夸风等偏向。1959年冬,黄委会组织7个工作组,分赴黄河流域7个省(区)的13个专区、36个县、42个治理点,进行全面的调查,如实反映了“大跃进”中水土保持的成绩、经验和问题。但对某些错误做法(当时认为是正确的),采取了肯定的态度。

(一)情况反映

调查报告记述:1959年秋冬,黄河流域各地“组织了大规模的(水土保持)突击运动,不少专县都制定了‘三、五、八’的具体规划(即三年小部、五年大部、八年基本完成治理任务),……采取了大兵团、大协作、大突击、大搞高工效的群众运动,按流域、按山系大面积的集中治理,出现了空前未有的高工效、高速度、高质量和高标准的水土保持新高潮。截至(1960年)1月上旬统计,参加运动的人数有1000万人,占总劳力的30%,有的省达到了80%以上;完成新开展治理面积5.7万平方公里,占年度计划7万平方公里的

81%”。

由于受浮夸风的影响，这些情况同实际出入很大。据黄委会水保处1980年的调查落实，从建国初期到1979年，30年累计治理措施面积只有7.5万平方公里。

（二）主要经验

报告根据调查情况，重点突出了甘肃省祖厉河、华家岭、董志塬及山西省石楼县等大面积按流域、按山系治理的典型。同时根据当时的指导思想，总结面上水土保持的主要经验是：加强党的领导，坚持政治挂帅，鼓足干劲，高举总路线的红旗，大搞群众运动；依靠人民公社，开展共产主义大协作；大面积的全面治理与修干支流水库同时并举；开展高工效运动，节省劳力，加快进度；建立指挥机构，开展评比竞赛，贯彻群众路线的工作方法。

三、1961年调查

1961年10月25日至12月3日，根据国务院水土保持委员会的指示，由农业部、中科院、中共中央西北局农业办公室、黄委会等单位，组成联合调查组，到甘肃省天水、庆阳，陕西省绥德、延安等地区，进行水土保持工作调查。调查目的主要是了解1958年“大跃进”中水土保持工作的教训，供中央领导研究参考，以便及时纠正。调查完成后写了《黄河流域天水、庆阳、绥德、延安地区水土保持工作考察报告》。

（一）总结教训

报告中总结水土保持工作的教训，主要有以下几个方面：

1. 违背“以农业为基础”的方针，片面强调按流域、按山系、大面积、高标准治理，过多地占用农业劳力，影响了当年生产。

2. 未贯彻社会主义“按劳分配”的原则，挫伤了群众的积极性。强迫命令打破社界、队界，无偿调用劳力搞大协作、大兵团作战。天水地区统计，搞水土保持平调土地9037亩、树木14.3万多株、房屋2936间、工具用具9.3万余件、劳动工日2554万个，退赔用款2219万元。

3. 有些地区治理措施未能因地制宜，以致劳民伤财，收效不大。绥德县提出“山山戴绿帽”，群众说：“好看是好看，就是忘掉了吃饭。”延安地区打旱井24.1万眼，顶用的只有3～4%。

4. 对水土保持的长期性、艰巨性认识不足，要求任务过急过大，搞强迫命令，助长了浮夸风、共产风。水土保持经费使用，存在不合理现象，用于非生产方面(建招待所、开支招待费等)所占比重大。绥德县1961年水土保持经费27万元,全部用于大型水利工程。

(二)改进意见

对如何改变一些地方水土保持工作停滞不前的情况,报告提出:

1. 要进一步解决认识问题。一些“点”上基本解决了,但“面”上还没有解决,要以点带面,点面结合,把水土保持纳入农业生产责任制中,做到有安排,有行动,有办法,有成效。

2. 要坚决制止盲目开荒。开荒扩种有蔓延趋势,各地已采取一禁二罚的措施,但最重要的还是引导,指出陡坡开荒是一条损己害人、杀鸡取蛋的绝路。

3. 建议适当增加水保经费,加强对山区建设的支援。除少数社、队能自筹一部分资金外,多数社、队只能投工,自筹资金有一定困难,国家给以适当支援,有利于促进工作开展。

四、1970年调查

1970年上半年,根据水利电力部指示,黄委会组织6个调查组,共70多人,于3月中旬至6月上旬分赴黄河流域8省(区)的42个地(市、盟)、101个县(旗)中的158个乡、村,调查建国20年来农业、水利、水土保持的发展情况,提出今后发展意见。

(一)农业发展情况和问题

调查用数字说明,1969年黄河流域总人口6883万人,其中农业人口5849万人,共有耕地2.06亿亩,人均约3亩。1969年粮食总产157.5亿公斤,比1949年91亿公斤增长73%;人均粮食229公斤,比1949年人均221.5公斤增长3%。粮食生产水平很低,上中游几个省(区)大部缺粮。青海省20年来国家供应粮食8.5亿公斤,大旱的1960年调入0.9亿公斤。甘肃省丰收年勉强自给,小灾小调入,大灾大调入,1969年缺粮0.5亿公斤。陕西省榆林地区1953年以来,共调入粮食4亿公斤。内蒙古自治区1960年以来,除1964年外,年年吃返销粮。山西省一般年成需调入粮食1～1.5亿公斤,1957年大旱,调入5亿公斤,1968年调入4亿公斤。

调查分析粮食紧张的主要原因:一是人口增长过快。黄河上中游青海、甘肃、宁夏、内蒙古、陕西、山西6省(区)1949年共有人口4138万人,1969年增至6883万人,年增长率达3.3%。二是基本农田建设进度慢、数量少、标准不高、抗灾力弱。全流域1969年人均只有水地0.58亩，而且分布不均。甘肃省人均仅0.22亩，陕北地区人均仅0.24亩。三是在农田水利建设上“重平川轻山区，重大型轻小型，重骨干轻配套，重建设轻管理，重工程轻实效”的现象比较普遍。四是毁林开荒，广种薄收，造成严重的水土流失，导致土地越种越薄，产量越来越低，荒地越开越多的恶性循环。

（二）“四五”规划（1971～1975年）

“四五”期间，各省（区）解决粮食问题的规划是：青海，1970年计划粮食总产7.5～8亿公斤，1975年总产达到11亿公斤；甘肃，1970年计划总产42.5亿公斤，1975年总产达到70亿公斤；宁夏，1970年计划总产10亿公斤，1975年总产达到15亿公斤；内蒙古，1970年计划总产21.5～22.5亿公斤，1975年总产达到35亿公斤；陕西，1970年计划总产65亿公斤，1975年总产达到75亿公斤；山西，1970年计划总产60亿公斤，达到自给有余。

（三）意见和建议

1. 牢固树立治黄为农业增产服务的思想，大力开展以基本农田建设为中心的治山治水运动。要治山、治沟、治川结合，在川道和沟道里，闸滩、闸沟，淤垫结合，拦泥造地，尽可能扩大川地和沟坝地面积，近山缓坡建设水平梯田，山上和陡坡植树种草，同时，要自力更生，小型为主，蓄、挖、提、引结合，解决干旱缺水问题。

2. 建议“四五”期间在干支流上安排一批骨干工程，同时发动群众，自力更生，土法上马，大办中小型水电工程。

3. 建议中央有关部门，扶助山区“五小”工业（小钢铁厂、小煤矿、小机械厂、小化肥厂、小水泥厂）的发展，使这个地区农业机械化问题得到较快的解决。

4. 全面规划，加强领导。在中游地区需要解决支流规划和集中力量打歼灭战的问题，一条河一条河地治理。

五、1978年调查

1973年黄河治理领导小组、水电部、农林部在延安召开第一次水土保持工作会议后，黄河流域的水土保持工作情况有所好转。1977年又在延安召开第二次水土保持工作会议，总结经验，明确方针，布置任务。1978年，黄委会先后组织了3次调查，了解各地贯彻延安会议的情况。其中黄委会水保处上半年派出4个组，分赴青海、甘肃、宁夏、内蒙古、陕西、山西；下半年又派两个组，对陕西省米脂县和山西省柳林县进行重点调查。调查结束后写出《关于1978年黄河中上游水土保持工作情况报告》。同年9～11月，由黄委会副主任李延安率领设计院副总工程师叶永毅，水保处工程师冯国安、孙承恩等，对陕北、陇东、晋西和内蒙古南部水土流失严重的16个地(盟)、19个县(旗)、61个典型社、队和小流域进行调查，并和陕、晋两省水利、水保部门交换意见，写出《黄河中游水土流失严重地区加速治理问题的报告》。两个报告的主要内容是：

(一)情况与评价

对6省(区)1978年水土保持总的评价是：上半年行动较差，下半年行动较好；同1977年比较，完成数量较少，但质量较好。同时认为，各地工作有三个特点：领导重视，拨乱反正，生产管理和组织领导正在加强；工作扎实，讲求实效；广大干部、群众和科技人员解放思想，积极投入黄土高原建设方针的讨论。

(二)存在问题

报告指出，水土保持存在的问题是：工作进度慢，治理程度低，工程质量差；社队底子薄，群众收入少，想加快进度，但力不从心；点面脱节，发展不平衡，点上好、面上差的情况比较普遍；单一农业经营，广种薄收，盲目开荒，片面强调“以粮为纲”，忽视全面发展；政策不落实，干部作风差，水保机构和技术人员少；部分地区声势小、进度慢，有徘徊观望现象。1978年6省(区)水平梯田修建进度，比1977年少55%。陕西省黄河流域计划修梯田、坝地、小片水地129万亩，实际完成58万亩，为计划的45%。甘肃省1978年大部分地区是修订计划，有些地、县处于半停滞状态。

(三)原因分析

报告分析产生上述情况的主要原因，一是各地都在拨乱反正，取得了很大成绩，但批判浮夸、瞎指挥后，有的地方不敢继续大干快上，不敢指挥，放任自流。犯有类似旬邑、志丹县错误(“一平二调”和强迫命令)的少数干部，抱有等待挨整、换班的消极态度。二是连续两年暴雨较多，陕北、晋西水毁工程较多，干部群众中议论也比较多，对今后农田基本建设的主攻方向和如何行动等，看法比较混乱。三是过去搞水土保持一般采取群众运动大会战与专业队常年干相结合，1978年初参观太原、东平等地农田基本建设后，认为专业队已不适应形势需要，准备搞地区级和县级的大会战，而全国农田基建会议之后，又肯定专业队的作用，因此不知怎么搞才能适应当前的需要。甘肃省1977年欠收，群众出工的补助粮无法解决，大部分专业队未恢复。宁夏固原地区,专业队因缺乏必要的机械设备而解散。

(四)建议

针对存在的问题,为了加快治理,报告建议:

1. 讨论确定黄土高原生产建设和水土保持方针。建议采取如下方针:依靠群众,国家支援,狠抓以改土治水为中心的农田基本建设,大量植树种草,全面发展农林牧副各业,为保持水土、发展生产、增加收入、提高生活服务。

2. 研究拟定近期奋斗目标,以鼓舞斗志,调动广大干部群众的积极性。建议提出如下奋斗目标:到1990年人均粮食400公斤以上,收入150元以上,初步治理面积60%,减少入黄泥沙40%。

3. 继续抓紧流域治理。特别是多沙粗沙重点支流的治理,同时大抓林草建设。

4. 加强水土保持科学技术工作。建议黄委会设置黄河中游水土保持研究所,重点省(区)没有水土保持科研机构的应恢复或增设,重点地、县也应增设或恢复水保试验站。公社应有专职水利水保技术员,列入国家编制。并建议提高水保人员的福利待遇,以资鼓励。

5. 增加经费、物质支援。估计治理每平方公里约需投资2万元,1990年以前需国家投资平均每年1.5亿元。

6. 加强领导,健全机构。建议恢复国务院水土保持委员会,下设水土保持总局或办公室;黄河中游各省(区)都应恢复水土保持委员会,并设立职能性水土保持局。

六、1981年调查

1981年5月8日至20日,黄委会与山西省水利厅水保局组成联合调查组,由黄委会副主任袁隆率领,调查了忻州、吕梁地区的河曲、保德、兴县、方山、离石、中阳、柳林7个县的9个村和7条小流域。主要是调查研究在农村实行生产责任制新形势下,如何开展水土保持工作。主要收获是:

(一)农村新情况

调查中了解到,中共十一届三中全会以来,农村普遍实行了家庭联产承包的生产责任制,出现了剩余劳力,群众抓农业搞粮食心切,有些地方出现大量开荒扩种现象,农田基本建设缓了下来。如何继续开展农田基建,搞好水土保持,基层干部和群众中有不同认识,影响到水土保持的正常开展。虽然少数“点”上搞得较好，而相当多的社、队水土保持工作却停顿下来，许多县、乡、村的水保专业队解散。

（二）劳力组织形式

在新形势下，如何组织劳力，如何调动群众积极性，调查中了解到有以下几种形式：

1. 专业队。例如方山县的乡、村水保专业队，自愿报名，集体组织，专业承包，联产计酬。实行“三统”（统一组织领导、质量标准、检查验收）、“五定”（定人员、任务、时间、报酬、奖惩）、“一包干”（任务大包干）。

2. 专业户。例如中阳县张家庄乡，有45户修梯田的专业户，60个劳力，承包修梯田258亩，按修筑标准，由生产大队给以合理报酬。

3. 专业工。如育苗、果园、护林等，由有技术专长的农民个人承包，按完成数量、质量联产计酬。

4. 农田基建工（即劳动积累工）。根据劳力平衡情况，规定每个劳力每年投入农田基建的工日，并制订奖惩制度，超者奖，短者罚。

5. 随包产田包基建。在农业包产的同时，把修楞补堰、填平沟壑和修平土地三项任务也包了进去。

6. 剩余劳力自由组合，承包重点小流域治理中的某些工程任务，按完成数量质量，验收合格后付酬，收入归己。

（三）领导支持

调查中还了解到，地、县两级领导，对积极开展水土保持有正确的认识和坚定的信心。例如吕梁地区各级多数领导同志认为：水和土是发展农林牧业的基础；泥沙流进黄河是害，留在当地是利；要建设富饶的社会主义新农村，必须继续搞好水土保持。1980年水利部、黄委会在三川河流域开展的11条小流域综合治理试点，采取合同制，8个月来，取得了较好的效果，国家投资67万元，完成治理措施面积15.3平方公里，修骨干坝4座，淤地坝45座，顺河堤1070米。说明只要有适当的经费补助，并精心组织，水土保持是可以搞好的。

七、1985年调查

1984年1月1日，中共中央发布的《关于1984年农村工作的通知》中指出：“根据国家或集体的安排，在荒山、荒沙、荒滩种草种树，谁种谁有，长期不变，可以继承，可以折价转让。……专业户承包小流域治理，更应保证他们的利益。”1985 年 1 月 1 日，中共中央、国务院发布的《关于进一步活跃农村经济的十项政策》中指出：“山区 25 度以上的坡耕地要有计划有步骤地退耕还林还牧，以发挥地利优势。口粮不足的，由国家销售或赊销。”为了更好地贯彻中央的指示精神，全国水土保持协调小组拟于 1985 年第二季度召开黄河中上游水土保持工作座谈会，并指示水电部农田水利司、黄委会与黄河中游治理局，联合组织调查组，进行以户包治理和陡坡退耕为重点的水土保持调查。三个单位共抽调领导干部和科技人员 16 名，由水电部农水司司长丁泽民、黄委会副主任吴书深率领，组成四个调查组，从 3 月 15 日至 4 月 20 日，分赴陕北、晋西、陇东、陇中和内蒙古南部等地，进行了一个多月的调查，为会议作了准备。5 月中旬将调查成果摘要整理后，以《水利电力简报》形式（第 19、20、21、22 期），上报中共中央、国务院和国家计委、国家经济委员会等部门。两个重点问题调查成果要点如下：

（一）关于户包治理

1980 年以来，山西省和内蒙古自治区的一些地方，群众在农村家庭联产承包责任制基础上，创造了以户承包治理小流域和“五荒地”的经验，收到很好的效果。1983 年，黄委会在山西省忻州地区召开现场会议，推广户包治理后，各地积极响应，发展很快，出现了一批好典型，加快了治理进度，得到了经济实惠。内蒙古自治区（黄河流域部分），由于推广了户包治理，1981～1984 年共完成治理措施面积 5731 平方公里，相当于 1980 年以前历年完成措施（保存）面积的总和。该自治区达拉特旗从 1980 年开始承包治理“五荒地”，目前已有 73%的农户承包了 307 万亩，占水土流失面积的 38.9%，已完成措施面积 162 万亩，占承包面积的 52.8%。1984 年人均粮食 250 公斤，收入 125 元，分别比历年最高值提高 35.5%和 72.0%，有 75%的农户解决了温饱。山西省许多农户把发家致富的希望寄托在承包治理（开发）小流域上。存在的主要问题：一是由于多种原因，约有 20%的农户“包而不治”；二是有些地方政策不够落实，部分群众思想还有顾虑；三是技术服务未跟上，部分承包户治理质量差，经济效益不显著。针对上述问题，各地干部、群众提出如下意见：

1. 当前户包治理主要是巩固完善，少数地方可能还要发展，但不太多。从户包发展实践和农村劳力统筹安排来看，小流域治理承包户占总农户的 30～40%是比较合适的。目前应首先完成现有承包面积的治理，把经济效益搞上去，不要急于扩大新的承包范围，特别是治理难度大、经济效益差的瘦沟、远山，不要急于一次承包出去。

2. 巩固户包治理的关键是经济效益。主要办法是：林粮、林油、林菜、林药等间作、套种；种草养畜；发展药材、黄花、红柳、果树。

3. 稳定和完善户包政策，确保承包户的权益。特别应注意发放土地使用证和坚持履行承包合同，使农民打消怕变等疑虑。

4. 建立服务体系。着重协助农民搞好规划、解决种苗、提供信息和技术指导。

（二）关于陡坡退耕

多数干部已经认识到，在水土流失严重地区，必须逐步退耕陡坡，造林种草，调整好土地利用比例。对待这个问题，一定要实行积极稳妥的方针，退耕的速度不能过快，保证粮食总产不能下降。甘肃省的做法比较积极稳妥，全省 25 度以上陡坡耕地约 900 万亩，计划在 3～5 年内退耕 800 万亩，1984 年已退耕 108 万亩。1983～1984 年，全省林草建设有突破性的进展，两年共造林 460 万亩，种草 297 万亩，分别为 1982 年以前累计造林种草保存面积的 59%和 94%。他们的主要经验有以下几点：

1. 退耕陡坡决心要大，步子要稳，因地制宜，不搞“一刀切”。人少地多，且有较多缓坡地，或已有一定数量基本农田的地方，退耕可快一些；人多地少，陡坡比重较大的地区，退耕速度不可过快；土石山区，山陡地薄，难度较大地区，应采取特殊政策和措施，避免因退耕影响群众口粮。

2. 采取类似户包治理的政策，谁退、谁治、谁受益，长期不变，允许继承，允许折价转让。但必须退一亩地，种一亩草，养一只羊，才能兑现赊销或补贴粮食。

3. 建设基本农田，解决群众温饱，是退耕的基础。根据群众生产生活需粮，每人须有 3 亩基本农田，平均亩产 150 公斤以上，才能解决温饱问题。各地普遍要求增加“三田”（梯田、坝地、小片水地）建设投资，提高补助标准，以加快建设步伐。

4. 退耕地要尽快种上草和树，把畜牧业和多种经营发展起来，使农民退耕的收入超过原来种粮的收入，以巩固退耕的成果。当前，有的地方退耕地的产品不能及时转化成商品，使农民的经济受到损失。各地干部、群众建议国家从扶贫款或地方财政中提取适当比例，作为草转畜、林果加工的专用基金，以提高退耕地的经济效益，巩固退耕成果。

第十一章 区 划

第一节 全局性区划

建国以来,有关单位在黄河流域(特别是黄土高原地区)进行过多次水土保持区划或分区工作,其中正式用于水土保持规划而又得到国家主管部门同意的,先后共两次:第一次是1954年黄河综合利用规划土壤侵蚀分区;第二次是80年代黄土高原水土保持专项治理规划中的水土保持分区。在1954年黄河综合利用规划土壤侵蚀分区后,有些单位在研究黄土高原水土保持和大农业生产建设方向中,都进行了区划和分区工作,成果很多,各有特点。本节择述如下:

一、黄河综合利用规划分区

1954年编制《黄河综合利用规划技术经济报告》的水土保持规划时,中科院地理所所长黄秉维,将黄河龙羊峡到桃花峪区间的60多万平方公里,划为9个土壤侵蚀类型区,即黄土高塬沟壑区、黄土丘陵沟壑区、黄土阶地区、冲积平原区、高地草原区、干燥草原区、石质山岭区、风沙区和林区;黄土丘陵沟壑区又分为5个副区,这样共13个类型区。

(一)分区的主要依据

一是侵蚀形态(水力侵蚀、风力侵蚀、重力侵蚀),二是侵蚀程度(严重、一般、轻微),三是侵蚀因素(自然因素中的地形、降雨、土壤、植被,社会经济因素中的人口密度、耕垦指数等,其中最主要的是地形特点)。分区的结果,各区在上述诸方面,都有明显的差异,因而在水土保持规划中,各区的生产发展方向与治理措施布局,都因地制宜,各有特点。

(二)分区的方法步骤

1. 把有较好林草被覆因而水土流失轻微的土地划出为一类,即林区、高地草原区。

2. 把由于地形(平缓)和地面组成物质(石质)不易产生侵蚀的土地划为一类,即冲积平原区与石质山岭区。

3. 把地面组成物质为明沙,气候干旱、风蚀强烈的土地划为一类,即干燥草原区与风沙区。

4. 把地面组成物质为黄土,地形、降雨等因素都易于产生水土流失的划为一类,即黄土高塬沟壑区、黄土丘陵沟壑区、黄土阶地区。其中前两个区,坡陡沟深,地形破碎,水土流失严重;黄土阶地区,地面比较平坦完整,沟壑较少,土壤侵蚀相对地比较轻微。

5. 在黄土丘陵沟壑区中,根据地形、降雨、人口密度、耕垦指数等差异,又分为5个副区:

第一副区——平均坡度最大,耕垦指数最高;水蚀异常强烈,大部地区风蚀也很强烈。

第二副区——平均坡度较第一副区稍缓,耕垦指数较低,有不少轮荒坡地和部分坡式梯田;水蚀甚强烈,风蚀强烈。

第三副区——平均坡度比第二副区又稍缓,但耕垦指数与第一副区相若,有历史上遗留的坡式梯田;水蚀、风蚀强度与第二副区相同。

第四副区——平均坡度与第三副区同,耕垦指数却低得多;坡地中有一些轮荒地,畜牧业比重较大;年雨量在300毫米以下,暴雨频率较小,历时亦较短;水蚀中度,风蚀甚强烈。

第五副区——平均坡度与第三、四副区相同,耕垦指数较低;坡地中有一部分轮荒地,畜牧业比重一般大于农业;东部水蚀强烈,西北部水蚀中度,风蚀则全部强烈。

这个区划在《黄河综合利用规划技术经济报告》中应用并公布以后,成为黄河流域水土保持工作分区和措施配置的基本依据,沿用至80年代,在新的水土保持规划中作了修订。

二、黄土高原水土保持规划分区

1983年,国家计委下达关于编制《黄河流域黄土高原地区水土保持专项治理规划》的任务。在进行这次规划中,关于水土保持分区问题,认为1954年黄河综合利用规划中提出的土壤侵蚀分区还是适宜的,只需对其中某些类型区的范围和面积,作些局部调整。

1986年在研究修改《黄河流域黄土高原地区水土保持专项治理规划》时，根据大家意见，把原来9个类型区，作为二级区划，并按照不同侵蚀程度，把9个类型区归并为3个大区（即严重流失区、局部流失区、轻微流失区），作为一级区划。考虑到黄土高原西北部与东南部在雨量和温度上差异较大，在冲积平原中将宁夏、内蒙古平原与陕、晋、豫平原分开；在土石山区中将青、甘、宁、内蒙古等4省（区）的土石山区与陕、晋、豫3省的土石山区分开，与原来丘陵区下属的5个副区一起，都作为第三级区划。黄河上中游7省（区）根据上述区划提出本省（区）的水土保持分区，汇总起来，共43片，每片除具备上述三级区划的共同特点外，同时还具有当地自己的特点（见图4—1）。

规划中对上述第一、二两级区划简况及其土地利用与水土保持宏观部署如下：

（一）严重流失区

包括黄土高塬沟壑区与黄土丘陵沟壑区，面积约25万平方公里，1985年总人口3010万人，其中农村人口2602万人，平均每平方公里104人，人均土地14.4亩。年雨量400～550毫米，年均气温7～10℃。耕垦指数一般40～50%，高的达60%左右，丘陵区90%以上是坡耕地。农村总产值中农业产值占60%以上，历史上形成广种薄收，单一农业（粮食）经营，粮食产量低而不稳，人民生活十分贫困。

本区水土流失严重，年侵蚀模数一般每平方公里5000～15000吨，多的达20000～30000吨，每年入黄泥沙约占黄河输沙总量的90%。土地利用方向是农林牧并举，通过修好种好基本农田，提高粮食单产，促进陡坡退耕，大力造林种草，改广种薄收为少种高产多收，改单一农业（粮食）经营为农林牧副业综合经营。从长远看，农林牧业用地和其他用地比例，宏观上大致可调整为4∶3∶3∶2。

水土保持必须采取工程与林草协调，治坡与治沟并举的综合治理措施。在措施布局上，高塬沟壑区采取塬面、塬边（沟头）、沟坡、沟底四道防线，保塬固沟；丘陵沟壑区一般采取坡耕地修梯田，荒坡种林草，沟底修谷坊、淤地坝三项建设。丘陵区的5个副区，由于地形、人口等因素的差异，在措施布局上应各有侧重：第一、二副区沟中修坝淤地在农田基建中占相当比重；第三、四副区农田基建则以坡地修梯田为主；第五副区中的埫地（墚地、壕地），则主要搞引洪漫地，保埫（墚、壕）固沟。

（二）局部流失区

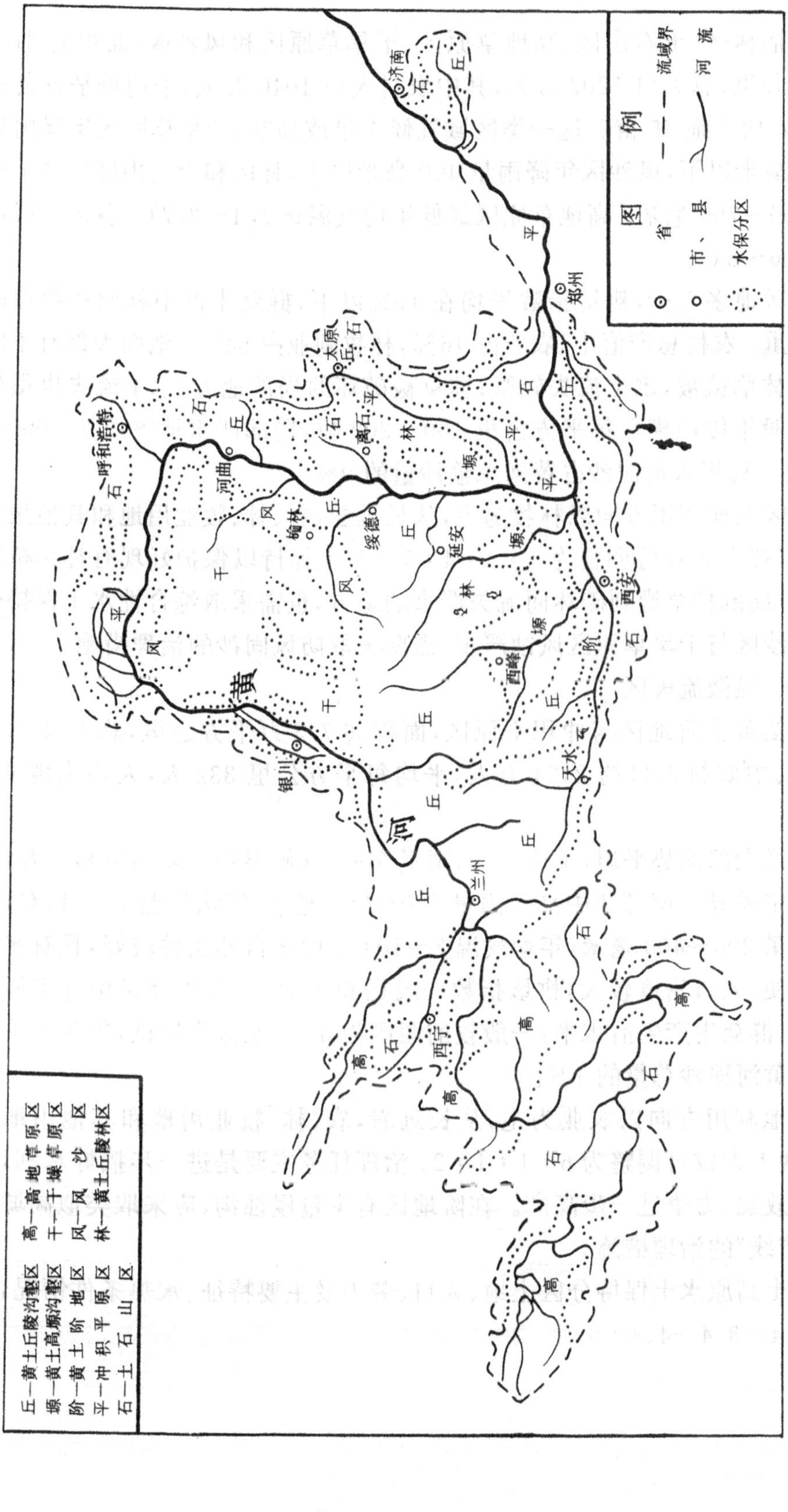

图4—1 黄河流域水土保持分区示意图

包括林区、土石山区、高地草原区、干旱草原区和风沙区，面积共31.7万平方公里，总人口1207万人，其中农村人口1040万人，平均每平方公里38人，人均土地45亩。这一类区域气候干旱或高寒，干旱草原区年降雨量在200毫米以下，风沙区年降雨量400毫米以下，林区和土石山区年降雨量可达500～700毫米。高地草原区最低年均气温达1.1～3.7℃，各区一般年均气温6～8℃。

本区地多人少，耕垦指数平均在10%以下，群众生产中林业和牧业占相当比重。农村总产值中，农业占46%，林牧副业占54%。地面大部有不同程度的林草植被，水土流失轻微；林草被破坏的局部地方，水土流失也很严重。一般年侵蚀模数每平方公里100～200吨，局部严重地方可达2000～5000吨。每年入黄泥沙占黄河总输沙量的9%。

本区土地利用方向以林牧为主，从长远看，农、林、牧业用地和其他用地比例，宏观上大致可调整为1∶4∶4∶1。水土保持以保护好现有林草植被为主，对局部林草遭到破坏而流失严重的地方，也需采取综合性水土保持措施。风沙区与干旱草原区风蚀严重，需要采取防风固沙的治理措施。

(三)轻微流失区

包括黄土阶地区与冲积平原区，面积共7.3万平方公里，总人口3052万人，其中农村人口约2424万人，平均每平方公里332人，人均土地4.5亩。

本区大部地势平坦，土质肥沃，雨量充沛，气候温和。年雨量和气温，南北有一定差异。南部和中部年雨量500～700毫米，年均气温10～14℃；北部年雨量200～400毫米，年均气温8～10℃。由于自然条件较好，且有水利灌溉之便，人口密度较大，耕垦指数一般在60%以上，历来就是粮棉主要生产基地，群众生产生活水平，一般较前两区为高。水土流失轻微，每年入黄泥沙约占黄河输沙总量的1%。

土地利用方向以农业为主，从长远看，农、林、牧业用地和其他用地比例，宏观上大致可调整为6∶1∶1∶2。治理任务主要是进一步搞好水利，提高灌溉效益，力争进一步高产。在阶地区有少量侵蚀沟，应采取类似高塬区“四道防线”的治理措施。

黄土高原水土保持分区土地、人口、劳力及主要特征、水热条件情况，分别见表4—3、4—4、4—5。

表 4—3 **水土保持分区土地人口劳力情况表(1985年)**

水土保持分区			面积(万平方公里)		人口(万人)		劳力(万个)		人口密度(人/平方公里)		人均土地(亩/人)	
			总	流失	总	农村	总	农村	总	农村	总	农村
严重流失区	黄土丘陵沟壑区	第一副区	7.03	6.02	539	486	186	169	77	69	19.6	21.7
严重流失区	黄土丘陵沟壑区	第二副区	2.70	2.01	157	136	54	50	58	50	25.8	29.8
严重流失区	黄土丘陵沟壑区	第三副区	3.55	2.61	784	725	290	271	221	204	6.8	7.3
严重流失区	黄土丘陵沟壑区	第四副区	2.33	2.00	408	333	160	130	175	143	8.6	10.5
严重流失区	黄土丘陵沟壑区	第五副区	6.15	5.50	534	395	214	161	87	64	17.3	23.4
严重流失区	黄土高塬沟壑区		3.24	3.06	588	527	216	190	181	163	8.3	9.2
严重流失区	小计		25.00	21.20	3010	2602	1120	971	120	104	12.5	14.4
局部流失区	土石山区	青甘宁蒙副区	6.82	4.76	258	196	90	75	38	29	39.7	52.2
局部流失区	土石山区	陕晋豫副区	7.04	4.55	612	561	220	200	87	80	17.3	18.8
局部流失区	风沙区		6.50	3.70	103	82	35	32	16	13	94.7	118.9
局部流失区	干旱草原区		5.70	4.54	100	89	40	35	18	16	85.5	96.1
局部流失区	高地草原区		3.68	1.57	88	75	34	32	24	20	62.7	73.6
局部流失区	林区		1.96	0.88	46	37	17	14	23	19	63.9	79.5
局部流失区	小计		31.70	20.00	1207	1040	436	388	38	33	39.4	45.7
轻微流失区	黄土阶地区		2.30	1.96	975	871	374	338	424	379	3.5	4.0
轻微流失区	冲积平原区	宁蒙副区	2.72		408	354	151	135	150	130	10.0	11.5
轻微流失区	冲积平原区	陕晋豫副区	2.28	0.24	1669	1199	611	451	732	526	2.0	2.9
轻微流失区	小计		7.30	2.20	3052	2424	1136	924	418	332	3.6	4.5
合计			64.00	43.40	7269	6066	2692	2283	114	95	13.2	15.8

表4—4

水土保持分区主要特征情况表

水土保持分区			地形地貌						林草覆盖率（%）	水土流失特点	年侵蚀模数（吨/平方公里）
			主要特征	沟壑密度（公里/平方公里）	地面坡度组成（%）						
					<5度	5～15度	15～25度	>25度			
严重流失区	黄土丘陵沟壑区	第一副区	峁状丘陵地形破碎	3～7	9	7	16	68	10～15	沟蚀面蚀都很严重	10000～30000
		第二副区	峁状丘陵间有残塬	3～5	7	19	22	52	15～20	沟蚀面蚀都很严重	5000～15000
		第三副区	梁状丘陵为主	2～4	7	32	42	19	20～25	面蚀为主、沟蚀次之	5000～10000
		第四副区	梁状丘陵为主	2～4	8	21	40	31	25～35	面蚀为主、沟蚀次之	7000～10000
		第五副区	平梁大峁有山间盆地	1～3	21	27	39	13	10～20	沟蚀为主、面蚀次之	3000～6000
	黄土高塬沟壑区		塬面宽平沟壑深切	1～3	39	17	21	23	20～30	沟蚀较重、面蚀较轻	2000～5000
局部流失区	土石山区	青甘宁蒙副区	山高坡陡谷深	1～3	3	4	21	72	20～40	坡耕地上有面蚀	100～5000
		陕晋豫副区	山高坡陡谷深	2～4	3	4	21	72	20～40	坡耕地上有面蚀	100～5000
	风沙区		沙丘密布间有滩地	2～3	90	6	3	1	20～30	风蚀为主、沙丘移动	200～2000
	干旱草原区		低丘宽谷间有滩地	1～2	2	58	30	10	30～40	风蚀为主、水蚀轻微	200～2000
	高地草原区		高山丘陵间有滩地	1～2	12	24	31	33	40～80	坡耕地上有面蚀	200～500
	林区		梁状丘陵覆盖次生林	2～4	8	3	44	45	60～70	坡耕地上有面蚀	100～200
轻微流失区	黄土阶地区		有二三级宽平台阶	1～2	84	14	1	1	3～6	面蚀轻微略有沟蚀	1000～3000
	冲积平原区	宁蒙副区	广阔平缓无割切	0.2～0.3	100				3～5	流失轻微	100～200
		陕晋豫副区	广阔平缓无割切	0.2～0.3	100				3～5	流失轻微	100～200

表 4—5 **水土保持分区水热条件简况表**

水土保持分区			年均降雨量（毫米）	年均径流深（毫米）	年均气温（℃）	＞10℃积温（℃）	无霜期（天）
严重流失区	黄土丘陵沟壑区	第一副区	400～500	40～50	6.5～9.2	3400	120～180
		第二副区	450～500	30～60	7.7～9.7	3000	140～180
		第三副区	500～550	80～130	6.6～11.3	2500	150～190
		第四副区	400～450	25～50	3.8～7.8	2300	90～160
		第五副区	300～400	10～25	5.2～8.2	2300	130～160
	黄土高塬沟壑区		500～600	30～50	8.5～10.5	3700	160～190
局部流失区	土石山区	青甘宁蒙副区	200～400	50～100	6.0～8.0	2500	80～150
		陕晋豫副区	500～700	100～200	8.5～10.5	3500	100～190
	风沙区		150～400	15～20	6.0～8.0	3200	150～170
	干旱草原区		180～240	2～5	7.2～8.5	3200	150～170
	高地草原区		400～600	25～80	1.1～3.7	600	70～100
	林区		600～700	25～100	7.4～11.5	3000	140～180
轻微流失区	黄土阶地区		500～650	50～150	9.3～12.6	3400	160～230
	冲积平原区	宁蒙副区	200～300	5～25	6.0～8.0	3000	120～180
		陕晋豫副区	500～600	50～150	10.5～13.8	4000	120～240

三、黄土高原综合治理分区

1980 年 3 月，国家农委、国家科委、中科院在西安联合召开黄土高原综合治理学术讨论会，受这三个单位的委托，中科院西北水保所朱显谟研究员在会上提出《黄河中游黄土高原的综合治理》规划意见。

这个规划中的“分区治埋方案”，根据生物气候特点，将黄土高原划分为四个地带和一个地区。在四个地带内，又根据地貌和其他有关因素（包括社会经济条件），进一步划分为 23 个区。分区论述其自然、社会经济特点，提出其农业生产发展方向与水土保持治理措施。

（一）风沙草原地带

位于黄土高原北部，西起甘肃省景泰北山、贺兰山，东至黄河及内蒙古自治区和林格尔高地，南至长城，北至阴山，面积17.952万平方公里，每平方公里6～13人。这一带区气候干旱，寒冷，多风，日照丰富。下分石质山区、河套平原区、风蚀波状高原区和沙丘区。

（二）草原地带

北界风沙地带，南界东起山西省五寨县，经陕西省绥德、子长、志丹县，宁夏回族自治区固原县，甘肃省会宁、定西、兰州、永登县，至青海省民和县，面积13.038万平方公里。这一带区气候干旱、寒冷，耕垦指数较高，植被破坏较多，暴雨集中，水土流失严重。下分永（登）、兰（州）、景（泰）、靖（远）低山宽谷区，屈吴～罗山断续山地区，定西、西吉干旱黄土丘陵区，海（原）、同（心）、固（原）、盐（池）宽谷黄土丘陵区，环（县）、吴（旗）、华（池）、志（丹）黄土丘陵区，绥（德）、米（脂）、佳（县）黄土峁状丘陵区，陕西、内蒙古沙盖黄土丘陵区和山西、内蒙古宽谷丘陵区。

（三）森林草原地带

北界草原地带，南界秦岭北坡森林地带，西界甘青石质高山区，东抵太行山，横跨黄土高原中南部，面积22.52万平方公里。这一带区气候比较温和，年雨量较多，黄土深厚，地形多样，自然资源丰富，生产条件比较优越。生产方向农林牧并举。下分甘南土石山区，陇中黄土丘陵区，六盘、吕梁土石山区，甘陕黄土塬区，子午岭、黄（龙山）乔（山）梢林区，陕北晋西残塬丘陵区，汾渭盆地区，汾河流域土石山区，晋南、豫西丘陵阶地区和伊、洛、沁河平原区。

（四）森林地带

分布在黄土高原的南部边沿，西起甘肃省岷县，东到河南省栾川、嵩县，地跨甘、陕、豫3省20余县（市），面积3.57万平方公里。这一带区气候垂直变化明显，是重要的林业基地，生产以林为主。本地带只有一个区，即秦岭北坡林区。

（五）青藏高原草甸草原森林地区

在我国自然区划上属于独立的大区，在地域上超出了黄土高原范围。面积6.439万平方公里。根据自然、社经条件，下分门源、海晏北部祁连山地、大通河两侧山地和甘南高原三个单元。

四、黄河流域水土流失类型分区

1983年黄委会提出编制《黄河流域地图集》的任务，其中《黄河流域水土流失类型分区图》由黄委会水土保持处蔡志恒工程师编制。作者根据1954年《黄河综合利用规划技术经济报告》中的土壤侵蚀分区，总结分析30年来这个分区在使用中反映出来的优点和不足，全面研究并提出分区原则和标志指标，于1984年8月完成分区修订稿，经审定后编入《黄河流域地图集》。

（一）分区原则

1. 差异性与相似性结合。同一类型区应有必要的相似性，不同类型区应有明显的差异性。采用两级分区。

2. 分区的标志指标，应紧扣在水土流失中起主导作用的因素。在地形、降雨、土壤（地面组成物质）、植被这四项主要自然因素中，起主导作用的是地形。山岭、丘陵、高原、平原等不同地形，其土壤、植被、降雨等常有差异，而侵蚀模数这一重要分区标志指标，更有明显的差异，因此，以地形作为第一级分区的主要因素。

3. 深入浅出，简明扼要，通俗易懂，分区不宜太粗，也不宜太细。太粗不利于实施，太细则不利于宏观战略研究。

根据上述原则，确定将黄河流域（包括黄河下游山东部分）划为6个一级区（类型地区）和18个二级区（类型区）。

（二）分区概要

1. 土质丘陵沟壑地区（割切丘状地）。下分黄土平岗丘陵沟壑区、黄土峁状丘陵沟壑区、黄土梁状丘陵沟壑区、黄土山麓丘陵沟壑区、干旱黄土丘陵沟壑区、风沙黄土丘陵沟壑区、森林黄土丘陵沟壑区、下游湿润丘陵沟壑区等8个二级区。

2. 黄土台塬沟壑地区（割切台状地一）。下分黄土高塬沟壑区、黄土残塬沟壑区和黄土阶地区等3个二级区。

3. 冲积平原地区（割切台状地二）。下分冲积平原区和“悬河”滩地区两个二级区。

4. 高地草原地区。下分沮洳高地草原区、干爽高地草原区和风沙高地草原区等3个二级区。

5. 土石山区。

6. 荒漠地区。

第二节　省级区划

从50年代开始，黄河流域各省(区)在进行全省(区)水土保持规划中，都根据各地的不同特点进行了分区。进入80年代，大部省(区)先后正式开展了水土保持区划工作，为进一步修订规划、指导实施提供了依据。本节择述较有代表性的4个省的区划成果如下：

一、陕西省水土保持区划

1979年，陕西省水土保持局主持，全省10个地(市)、100多个县水利水保局参加，开始编制全省水土保持区划，1985年完成，历时6年。直接参加此项工作的省、地、县水保科技人员340多人。1985年，区划成果获全国农业区划二等奖。

本次区划分省、地(市)、县三级。先从县级区划入手，首先作好各县区划，然后汇总为地(市)和省的区划。每县的区划都独立成册，一般20～30万字，详细论述了该县总体的和分区的自然条件、社经情况、水土流失特点、生产发展方向、主要治理措施等。省上汇总时，首先编制了各县区划成果的简要汇编，包括每县的水土保持分区图和4000字左右的简要说明。

全省区划分5个一级区，16个二级区。其中前4个一级区属黄河流域，第5个一级区属长江流域。

(一)长城沿线沙地防风固沙区

位于该省最北部，面积13410平方公里。地势平缓，沙丘连绵，结构疏松，风蚀严重。治理措施主要是建设防风固沙林，同时开展引水拉沙，建设基本农田。下分风沙碱滩强度风蚀区和流动沙丘极强度风蚀区两个二级区。

(二)陕北丘陵沟壑坡沟兼治区

北邻长城沙地，南到渭北高塬，面积67384平方公里。丘陵起伏，沟壑纵横，植被缺乏，暴雨集中，水土流失十分严重。侵蚀模数一般每年每平方公里10000～20000吨，东北部黄河沿岸达20000～30000吨。治理方向以小流域为单元，坡沟兼治，集中治理，综合治理。下分丘陵沟壑剧烈、极强度侵蚀区，丘陵沟壑极强度、强度侵蚀区，梁峁塬极强度、强度侵蚀区和丘陵沟壑次生林不明显微度侵蚀区等4个二级区。

（三）渭北高塬沟壑固沟保塬区

北接黄土丘陵沟壑区，南与渭河平原相连，面积29977平方公里。塬面侵蚀较轻，塬下沟坡重力侵蚀活跃，沟蚀严重。治理措施是：塬面农田修水平埝地，结合道路整治与沟头防护，做到水不下塬，沟坡造林种草，沟底修坝建库，保塬固沟。下分高塬沟壑强度、中度侵蚀区，渭北台塬阶地轻度、微度侵蚀区和丘陵残塬次强度、轻度侵蚀区等3个二级区。

（四）渭河平原护岸保滩区

位于秦岭以北、渭北高塬以南，面积10851平方公里。渭河横贯其中，两岸有3～4级阶地。地势平坦，水土流失不明显，但河流两岸常有洪水淘刷发生塌岸，是本区治理重点。治理措施是河流两岸加固堤防，营造护岸林、护滩林；台塬地区修水平埝地，改造旧式台田，全面绿化沟坡。下分川道台塬不明显侵蚀区和渭南台塬阶地次强度侵蚀区两个二级区。

（五）秦巴土石山坡沟防治区（略）。

二、甘肃省水土保持区划

1983年春，甘肃省水利厅水土保持局主持进行全省水土保持区划工作，参加的有兰州水土保持试验站和9个地、州、市的水土保持科技人员，于1985年7月完成。1989年12月获甘肃省资源调查与区划成果一等奖。

区划分为三级：一级区以土壤侵蚀类型与气候特征为主要指标；二级区以地貌类型和地面组成物质为主要指标；三级区以降水特征和植被类型为主要指标。全省分3个一级防治区、7个二级亚区、28个三级小区。3个一级防治区是：黄河流域防治区、长江流域防治区和内陆河流防治区。以下记述的是第一个防治区。

黄河流域防治区，位于乌鞘岭以东，子午岭以西，秦岭、迭山以北，其西北部与青海、宁夏接壤，面积14.552万平方公里，占全省面积的32.1%。下分3个二级亚区、16个三级小区：

（一）陇东黄土高塬亚区

位于该省东部，西有陇山，东有子午岭，东南与陕西省为邻，西北与宁夏回族自治区接壤，西南角与天水地区相连，面积34632平方公里。塬面侵蚀较轻，沟蚀严重。塬边沟头溯源侵蚀强烈，沟壁重力侵蚀活跃，塬面不断遭到蚕食。侵蚀模数每年每平方公里5000～9000吨，最高达11000吨。总人口285万，每平方公里82人。是甘肃省重要产粮区，素有陇东“粮仓”之称。北部一带干旱缺水，人畜饮水困难。生产建设方向是农林牧全面发展。治理方向是保塬、治坡、治沟结合。下分庆(阳)北丘陵沟壑小区、庆(阳)中残塬丘陵小区、平(凉)、庆(阳)高塬沟壑小区、平(凉)南山地丘陵小区、子午岭森林小区等5个三级小区。

(二)陇中黄土丘陵亚区

位于该省中部，北靠宁夏回族自治区，西接青海省和武威地区，东邻平凉地区，南以秦岭和太子山的分水岭为界，面积76617平方公里。水蚀面积占90%，面蚀沟蚀都很严重，现代侵蚀沟十分活跃。侵蚀模数每年每平方公里4000～8000吨，其中散渡河流域高达15000吨。人口965万，每平方公里126人。有利因素是土地宽广，光照充足，温度适中，洪水资源丰富。不利因素是气候干旱，水土流失严重，人畜饮水困难。农业生产单一，广种薄收，自然灾害频繁，产量低而不稳，群众生活贫困，有“陇中苦，甲天下”之称。生产建设方向，在粮食自给基础上，逐步建成林牧业基地。治理方向是北部荒坡营造薪炭林，退耕地种草，抓好用洪用沙，修好隔坡梯田、沟坝地、沙田，以及水窖、涝池等人畜饮水工程；南部修水平梯田，推行蓄水保土耕作法，荒坡、“四旁”营造用材林、薪炭林，有条件的尽量发展经济林和人工种草。下分(天)祝南土石山地小区、景(泰)靖(远)低山宽谷小区、中北丘陵沟壑小区、中部丘陵沟壑小区、中南丘陵沟壑小区、陇山西坡土石山林小区和(秦)岭北土石山林小区等7个三级小区。

(三)甘南高原草原亚区

位于该省西南部，在迭山分水岭以北，太子山分水岭以南，东至岷县与漳县、宕昌交界处，西及西南分别与青海、四川两省接壤，面积34274平方公里。气候高寒，天然植被较好，切割轻微。侵蚀模数每年每平方公里100～500吨。人口70万，每平方公里20人。林草资源丰富，是林牧商品主要产地。生产建设方向，逐步建成林牧业基地。防治措施是，以预防为主，严禁乱垦、滥伐、滥牧，搞好育林、营林，合理利用并改良草场，有计划地建设以基本农田为主的工程防治体系，充分利用水利、水力资源，逐步实现草原现代化。下分洮岷山间盆地小区、洮河土石山林小区、夏(河)碌(曲)高原草原小区和玛曲沮洳草原小区等4个三级小区。

三、山西省水土保持区划

山西省水土保持区划工作开展较早。1953年，黄委会水土保持查勘队

100余名科技人员在山西省西部的查勘成果，为区划打下了基础。1955年中科院黄河中游水土保持综合考察队173名科技人员，在山西省西部考察期间，研究有关水土保持区划问题。同年山西省人民政府组织省政府办公厅、水利局、林业厅和省农科院以及各地、市、县的有关科技人员共326名，着手编制黄河中游晋西地区的水土保持区划。1957～1958年，根据晋西地区水土保持区划的经验，进行了全省范围内的水土保持区划。并在此基础上编制全省水土保持治理规划，经省人民政府批准，纳入山西省国民经济建设计划。在此后的20多年中，结合修订水土保持规划，全省的水土保持区划也不断地充实修改，逐步完善。

区划的原则，是按照地理位置、地貌特征、地面物质组成、侵蚀类型、侵蚀强度、水文气象、植物被覆和社会经济条件、土地利用、生产发展方向、治理措施等因素，将全省划为6个一级区，16个二级区。

(一)晋西北丘陵缓坡防风固沙区

主要分布在长城沿线一带6个县，面积2924平方公里。自然特点是：地形平缓，地广人稀，土质疏松，气候干旱，风大沙多，植被稀少，耕作粗放，以风蚀为主，水蚀也较严重。人口密度每平方公里65人，人均土地23亩，人均耕地10亩左右，耕垦指数40%，裸露坡耕地风蚀模数为每年每平方公里1200吨。生产方向以林牧为主，粮食自给，开发矿业，加快致富，逐步调整农、林、牧用地及生产结构。治理措施是以防风固沙为主，营造防风固沙林带，建设方格林网田，大种灌木，覆盖沙地、沙丘，大搞人工种草与改良牧坡，提高产草量和载畜量，划区轮牧，以草定畜，促进畜牧业发展；固定农田，培肥改土，大治河滩，引洪漫地，提高产量。下分流动沙丘极强度侵蚀区、半流动沙丘强度侵蚀区和风沙缓坡滩地中度侵蚀区等3个二级区。

(二)晋西黄土丘陵沟壑坡沟兼治区

主要分布在忻州、吕梁两个地区14个县，面积29173平方公里。自然特点是丘陵起伏，沟壑纵横，地形破碎，土质疏松，植被稀少，气候干旱，水土流失极为严重，沟壑密度每平方公里5公里，侵蚀模数每年每平方公里10000～20000吨。年平均降雨量500毫米左右，年平均温度8℃，大于10℃积温3300℃，无霜期150天左右。人口密度每平方公里127～130人，人均土地11.8亩，人均耕地5～6亩，耕垦指数47%，广种薄收，耕作粗放，农、林、牧用地和产业结构严重失调。生产方向是，在保证粮食自给的前提下，积极造林、种草、栽果树，走农林牧副渔全面发展、农工商联合经营的道路。治理措施以小流域为单元，进行综合治理，集中治理，连续治理，大力建设基本农田，坡地修水平梯田或隔坡梯田，沟中筑坝淤地；利用退耕地和荒坡造林、种草，建立苹果、红枣、核桃、蚕桑基地，发展商品经济。本区分黄土丘陵沟壑剧烈侵蚀区、黄土丘陵沟壑极强度侵蚀区和黄土丘陵沟壑强度侵蚀区等3个二级区。

（三）晋西南黄土残塬沟壑固沟保塬区

主要分布在临汾地区7个县，面积6754平方公里。自然特点是：黄土深厚，塬面倾斜，起伏不平，塬边破碎，坡陡沟深，沟蚀强烈，沟壑密度每平方公里4公里，侵蚀模数每年每平方公里8000～10000吨。年平均温度12℃，大于10℃积温3850℃，无霜期180天。人口密度每平方公里90人，人均土地16.6亩，人均耕地6.6亩，耕垦指数36.6%。生产方向是，以农为主，粮食自给有余，扩大果树栽培和经济作物，大力造林、种草，实现农、林、果、牧相结合，发展多种经营，促进商品经济发展。治理措施是保塬固沟为主，防止沟壑发展蚕食塬面，塬地建设平整方田和大块软堰，浅沟种果树，深沟造林和筑坝淤地。下分黄土残塬沟壑剧烈侵蚀区、黄土高塬沟壑极强度侵蚀区和黄土高塬沟壑强度侵蚀区等3个二级区。

（四）黄土丘陵阶地区

主要分布在省内五大盆地周围的坡积、洪积台地区，涉及县市较多，面积19386平方公里。自然特点是，黄土台地处于山川相间，耕地土质较好，耕作方便，但地面不平，里高外低，植被较少。侵蚀模数每年每平方公里5000吨以下，沟壑密度每平方公里2～3公里。年平均降雨量500毫米左右，年平均温度11℃，大于10℃积温3600℃，无霜期150～200天。人口密度每平方公里265人，人均土地5.7亩，耕地3.6亩，耕垦指数57.4%。生产方向是以农为主，大力发展加工、纺织、运输业，走农工商联合经营的道路。治理措施是大力建设基本农田，达到人均3亩左右，“四旁”及沟洼造林，坡沟种植牧草，发展圈养牲畜。下分汾河中下游丘陵阶地强度侵蚀区、漳卫河流域丘陵阶地中度侵蚀区和滹沱、桑干河流域丘陵阶地中度侵蚀区等3个二级区（后两区不在黄河流域）。

（五）土石山地山洪防治区

主要分布在太行山、吕梁山、中条山、太岳山、五台山、恒山等山脉的山脊及两麓地带，面积78705平方公里，占全省总面积的50.2%。自然特点是，山势较高，气候较寒，石质山林区植被好，但大部是石厚土薄，岩石裸露，暴雨多，易引起山洪暴发和泥石流灾害。侵蚀模数每年每平方公里2000吨左右，沟壑密度每平方公里2～3公里。年平均降雨量450～710毫米，年平均温度5～10℃，大于10℃积温1800～3900℃，无霜期110～190天。该区人口密度每平方公里82人，人均土地18.3亩，人均耕地4亩左右，耕垦指数20%。生产方向是以林牧为主，粮食自给，充分利用矿产和生物资源，发展工副业和商品经济，合理调整农、林、牧用地的结构。治理措施是，在石质山林区，着重保护好现有林地不被破坏；在森林边沿地带有散生母树的地方，封山育林、育草，增加植被，保持水土；荒山荒坡大力植树造林，朝阳沟道两坡栽植苹果、梨、红果、花椒等树种；支毛沟内修筑谷坊，较宽沟道闸沟淤地。下分石质山林轻度侵蚀区、石质山地中度侵蚀区、土石山地中度强度侵蚀区和土石山地极强度侵蚀山洪易发区等4个二级区（本区东部不在黄河流域）。

（六）冲积平原护岸保滩区

主要分布在太原、大同、晋中、临汾、运城、忻（州）定（襄）及上党河谷盆地区，面积18880平方公里。自然特点是，地势平坦，土质肥沃，雨量较多，气候温和，交通便利，水利灌溉条件较好，光热资源丰富，河道塌岸严重，盐碱地较多。年均降雨500～600毫米，年均温度10～14℃，大于10℃积温2288～4508℃，无霜期120～227天。人口密度每平方公里353人，人均土地3亩左右，耕地2亩左右，是全省的粮、棉主要生产基地。侵蚀模数每年每平方公里200吨左右。生产方向是以农业为主，多种经营，加强基本农田建设。治理措施是耕地园田化，提高产量，整治河道，防止河岸坍塌，治滩造地，防止盐碱化，做到防洪保收；加强平原四周沟道治理，防治山洪危害；盆地边沿的台地修成水平台田，坡脚大力造林，防止洪流下泄冲坏平原农田。

四、山东省水土保持区划

1983年7月，山东省人民政府作出在全省开展水土保持普查的决定。1984～1987年，省、地（市）、县三级，先后抽调5170多人次，国家投资140多万元，完成了普查任务。在此基础上，由下到上进行县、地（市）、省各级水土保持区划。

区划原则是：地形、地貌、岩性、土壤、植被、水文、气象等因素，要求相对一致；土壤侵蚀类型、现状、特点、危害程度、发展规律等，要求相对一致；农业生产结构，主要防治方向、措施等，要求相对一致；保持行政区界一定的完整性，一级区划不破县界，二级区划不破乡、镇界。

区划命名，采用地理方位、地貌、水土流失程度三段命名法。将全省分为

3个类型区(一级区)、12个亚区(二级区)。3个类型区是:鲁中南中低山丘陵剧烈侵蚀区,下分6个亚区;胶东低山丘陵强度侵蚀区,下分3个亚区;鲁西北黄泛平原中强度风蚀水蚀区。

山东省黄河流域部分11个县(市、区)中,大部(平阴、东平、肥城、长清、历城、莱芜、章丘等县、市和泰安市郊区)属第一个类型区的第一个亚区;小部(宁阳、新泰、泰山等县、市)属第一个类型区的第二个亚区。这个类型区和两个亚区的主要情况如下:

(一)鲁中南中低山丘陵剧烈侵蚀区

东临沭潍大断裂带,西至京杭运河,南到省界,北靠黄河、小清河。总面积5.34万平方公里,总人口3045万人,其中农村人口2624万人,平均每平方公里491人,人均耕地1.3亩。山丘面积占总面积的67%。海拔1000米以上的山有泰山、沂山、蒙山、鲁山、徂徕山等5座,向外逐渐降为500~600米的低山,到边沿地带则为300米以下的山麓丘陵。本区属暖温带半湿润大陆性季风气候,年均气温12~13℃,日照2500~2800小时,大于10℃积温4300~4700℃,无霜期190~220天。年均雨量700~900毫米,暴雨多,强度大,为全省暴雨中心,一日最大降雨513~576毫米,年均径流深350毫米。土壤以棕黄土为主,褐土次之。森林被覆14.5%。水土流失面积2.83万平方公里,侵蚀模数每年每平方公里2000~4000吨,最高5843吨,是全省水土流失最严重的地区。

(二)泰沂山北低山丘陵强度侵蚀亚区(第一亚区)

总面积8700平方公里,耕地495万亩,总人口450万,其中农村人口357万,平均每平方公里410人,人均耕地1.4亩。地貌类型主要为石灰岩组成的丘陵与低山。年降雨量700毫米左右,多暴雨。由于过度垦殖,水土流失相当严重,流失面积6282平方公里,占山丘面积的80.5%,侵蚀模数每年每平方公里1000~3000吨。除个别人工林场和旅游点外,到处是荒山秃岭,缺水现象严重,有294个村的14万多人饮水问题尚未解决。1985年人均收入294元。主要治理措施是大力封山育草造林,发挥蚕茧、山楂、桃等资源优势,扩大商品生产;因地制宜修建缓水、拦水、蓄水工程,补给地下水,增加水资源;加强坡耕地改造,发展优良牧草和薪炭林,增修围山腰工程,更好地保护培植酸枣、荆条等野生资源,为治穷致富奠定基础。

(三)泰沂蒙中低山剧烈侵蚀亚区(第二亚区)

总面积2.03万平方公里,耕地1161万亩,农村人口782万,平均每平方公里385人,人均耕地1.5亩。全区地势高亢,群山屹立,山高坡陡,沟谷深邃，多为火成岩、变质岩和岩浆岩，间有沉积岩。土壤多为棕壤和棕壤性土。年降雨量800～900毫米，变率大，暴雨多，且强度大，日降雨量可高达300～400毫米。水土流失严重，形成山上基岩裸露，土层很薄，加之天然植被破坏，每逢暴雨，山洪暴发，并有泥石流，造成严重危害。水土流失面积1.35万平方公里，占山丘面积的80%，侵蚀模数每年每平方公里3000～6000吨。主要治理措施是山上造林，山腰种果树，山下修基本农田，山沟修谷坊、坝堰，节节拦蓄。大力推广梯田埂坎上种花椒和金银花的经验，增加经济收入。造林应实行封、造、管并重，乔、灌、草结合，提倡牛座槽，羊圈养，防止破坏植被。对大于20度的陡坡耕地，要退耕还林，对继续耕种的坡地和坡式梯田（包括果园）要逐年深翻平整，增加保水保土抗旱保墒能力，为提高单产创造条件。

第十二章 规　　划

建国以来,黄委会和黄河流域各省(区),在不同时期根据不同的目的和要求,先后进行过多次水土保持规划。有全局性规划(黄河流域,其中主要是黄土高原)、地区性规划和支流规划,也有以行政区划(省、地、县、乡、村)和以小流域为单元进行的规划。规划方法,80 年代以前都采用经验规划法(常规方法)进行;80 年代以来,在一些重点小流域逐步采用了系统工程原理和线性规划方法,并辅以微机计算,提高了规划成果的质量。

第一节　全局性规划

黄河流域(主要是黄河上中游黄土高原地区)水土保持全局性规划,先后共进行六次,其中得到国家正式批准实施的有:1954 年编制的黄河综合利用规划中的水土保持规划、1983 年国家计委下达任务编制的《黄河流域黄土高原地区水土保持专项治理规划》和 1992 年作为《全国水土保持规划纲要》附件的《黄河流域水土保持规划》。其余三次是:《1958～1962 年黄河水土保持规划(草案)》、《1965～1980 年黄河中游水土保持规划》和《黄河中游黄土高原综合治理规划》,未经国家主管部门正式批复,也没有付诸实施。

一、黄河综合利用规划中的水土保持规划

1954 年,在国家计委领导下,由黄河规划委员会主持编制《黄河综合利用规划技术经济报告》(简称“技经报告”)。委员会下设办公室和 11 个专业组,其中水土保持组共有工程技术人员 40 人,由黄委会水科所副所长全允杲任组长,中科院地理所所长黄秉维、黄委会西北黄河工程局工程师石元正、林业部工程师刘家声为副组长。下设土壤侵蚀组(由中科院地理所人员组成)、农业组(由农业部人员组成)、林业组(由林业部人员组成)、水利组、综合组、支流水库组、泥沙组(以上四组由水利部、黄委会人员组成)等专业

小组。规划工作大致经历了三个阶段:第一阶段3～6月,各专业小组提出本专业规划意见初稿;第二阶段7～9月,各组间综合平衡,落实技术经济指标;第三阶段10～12月,整理规划成果,写出各专业的规划报告和水土保持规划总报告。

规划工作中,除利用1953年水利部西北水土保持考察和黄委会组织的各条支流水土保持查勘所提供的资料外,还从陕西、山西、甘肃等水土保持重点省抽调熟悉情况的技术干部,在北京配合水土保持规划,研究不同地区的农林牧业生产发展方向与相应的技术经济指标。负责指导水土保持规划全面工作的是苏联水工施工专家谢·斯·阿格拉可夫(C·C·Аглаков),负责指导水土保持减沙效益计算的是苏联水文与水利计算专家维·安·巴赫卡洛夫(B·A·Бахтиаров)。

(一)目标与任务

黄河流域水土保持的目的有二,一是减少入黄泥沙,二是充分利用流域内的水土资源发展生产。为了实现上述目标,规划工作具体完成了以下任务:

1. 分析研究了流域内土壤侵蚀的情况与发展条件,确定了土壤侵蚀的主要区域和必须进行水土保持工作的范围。

2. 在总结当地群众水土保持工作经验的基础上,拟定了农业、林业、水利和水土保持综合治理措施。

3. 确定了实施范围内各种措施的远景和第一期工作量,以及第一期工作所需的劳力、材料及经费,并估算其效益。

4. 提出了需要进行的勘测、设计和试验研究工作的意见。

(二)规划原则

鉴于水土保持工作具有广泛的综合性,规划工作注意掌握水土保持规划的综合性的原则是:

1. 采取各项水土保持措施注意减少泥沙与增加生产的统一,以预防性措施为主,制止性措施为辅,面上的治理措施与支流拦泥水库相结合。

2. 对农林牧水各项措施注意相互协调,根据不同时间、地点、条件,决定各部分的发展方向、主从地位和各项措施量的比重。

3. 规划成果注意在经济上的可能性和技术上的合理性,并注意局部与整体、上游与下游、目前与长远各方面利益的相互结合与照顾。

(三)方法与步骤

1. 土壤侵蚀情况的分析研究:(1)根据水文资料和查勘资料,概括了解黄河流域土壤侵蚀的类别(水力、风力、重力)、范围、程度;(2)分别研究自然因素(地面组成物质、地形、气候、水文、生物)和社会经济因素(陡坡开垦、过度放牧、伐木挖草索取燃料、肥料等)对土壤侵蚀的影响;(3)分析水力侵蚀(面蚀与沟蚀)、风力侵蚀(风沙移动与黄土吹蚀)的特性及其相互关系;(4)最后根据各地的侵蚀形态和因素,划分侵蚀类型区,估计侵蚀程度,作为进行水土保持规划的基本依据。

2. 各项水土保持措施的部署及其指标的确定:(1)首先总结当地群众的经验和水保试验站的研究成果,并参考苏联的水土保持经验;(2)根据不同类型区的自然、社会经济条件和土壤侵蚀特点,分别采取不同的措施组合;(3)在主要侵蚀类型区,分别选出典型小流域,进行典型规划,作为推算远景工作量的依据;(4)各项措施的工作量、投入(劳力、材料、经费)、效益(增产、减沙),都各有明确的计算方法与定额,并经过集体研究确定;(5)规划中各项技术经济指标都分别按类型区、按流域、按省反映。

3. 水土保持减沙效益计算:(1)首先划分计算单元并量算其面积,黄河龙羊峡到三门峡(陕县),共划分 20 个实施区(泾、渭、北洛、汾、无定河等 10 余条较大支流各为一个实施区,其余按河段划分实施区)。每一实施区为一计算单元,每一单元内分别包含 2～3 个或 4～5 个不同类型区。每个计算单元内分别量算出各个类型区和各种土地利用(农地、林地、草地、荒地、非生产地)的面积。(2)进行泥沙来源平衡。将陕县多年平均输沙量 13.8 亿吨,根据水文资料,分配到 20 个计算单元,再根据水保站的观测资料,分配到每个类型区的每一土地利用上,求得其侵蚀模数(实为输沙模数)。(3)根据各地水保站的观测资料,研究确定不同土地利用上实施各项水保措施后的减沙系数(即减沙模数为输沙模数的%)。在确定这些数值时,都经集体研究,一般都取较低值。(4)根据规划中提出的 20 个实施区(即计算单元)各项水保措施第一期(1955～1967 年)工作量,分别计算出各类型区各种土地上的减沙量,逐区累加,得全流域水土保持减沙效益。(5)支流水库减沙效益,根据水库库容和控制面积上的年输沙量计算。在计算来沙量中,要扣除水土保持措施已减少的泥沙量。

(四)支流拦泥水库规划

黄河综合利用规划技经报告中的支流拦泥水库规划,是水土保持规划的组成部分,其主要内容如下:

1. 目标和任务。规划认为,修建三门峡水库,综合利用效益很大,但每年入库泥沙 13.8 亿吨,严重威胁水库的寿命。黄河流域水土保持见效缓慢,为了延长枢纽加高的年限，必须修建支流拦泥水库，立即有效地减少入黄泥沙，以保证三门峡水库的调节库容。

2. 规划原则。主要是应符合为三门峡水库拦泥的要求，所选支流要求输沙模数与年输沙量都大；与面上水土保持配合，尽可能综合利用水利资源，结合群众利益，满足当地各部门的要求；地形、地质、施工、移民等技术上可能；投资少，收效大，经济上合理。

3. 确定第一期工程。作为研究对象的24座支流水库中，经比较、研究，确定修建以拦泥为主的大型水库五处，即泾河的大佛寺、渭河支流葫芦河的刘家川、北洛河的六里峁、无定河的镇川堡、延河的甘谷驿。同时结合地方水利事业，提出小型拦泥水库五处，修建在严重冲刷区内的小支流上，推荐渭河以北地区的漆水河和石川河各一处，小沙湾至清涧河口之间的葭芦河、孤山川和朱家川各一处。当时由于小型水库资料缺乏，不能作具体规划，故提出待勘测后再选定。

(五)水土保持第一期(1955～1967年)计划

1. 农业技术措施。改良耕作技术1.27亿亩，草田轮作牧草870万亩，改良天然牧草1.35亿亩，人工牧场670万亩，果园200万亩。

2. 农业改良土壤措施。停耕陡坡1100万亩，修梯田2800万亩，修带截水沟梯田1400万亩，坡耕地上修地边埂1470万亩，修等高沟埂1700万亩，修大型水簸箕36万亩。

3. 森林改良土壤措施。造林2100万亩，育苗70万亩，封山育林3660万亩。

4. 水利改良土壤措施。修水窨3.7万个，修涝池2000万立方米，小型灌溉476万亩，引洪漫地100万亩，修沟壑土坝300座。

5. 支流拦泥水库。计划大型5座，小型5座。

6. 投资与效益。完成上述任务，需国家投资7.32亿元。此外，10座支流水库需国家投资6.76亿元。第一期水土保持任务完成后，预计当地农业产量将增加一倍，进入三门峡水库的泥沙将减少50%(其中25%为支流水库拦沙)。

1955年7月，第一届全国人民代表大会第二次会议，通过了《关于根治黄河水害和开发黄河水利的综合规划的决议》，将上述水土保持规划列入国家建设计划。在实施过程中，由于政治经济形势的影响和规划本身存在的问题，规划中的水土保持措施及其进度、投入、效益等指标，未能按计划实现。随着客观情况的变化，规划不断修改，并为新的规划所代替。

二、1958～1962年黄河水土保持规划

1958年4月21～25日，国务院总理周恩来在三门峡工地召开施工现场会议。周总理在会议总结时谈到，配合三门峡工程应有三个规划（水土保持规划、河道整治规划、干支流水库规划），并指出，治黄的方针是“全面规划，各方配合，依靠群众，改变面貌，其中心基础是水土保持”。还指出，水土保持规划，不但要保持水土，而且要利用水土；水土保持对治黄的作用要减径流，拦泥沙，削洪峰。

为贯彻执行周总理的指示，同年5月，黄委会成立规划办公室，进行“三大规划”。其中水土保持规划由水保处人员参加，并邀请陕西、山西、甘肃3省水土保持工作人员配合，编写出《1958～1962年黄河中游水土保持规划草案》。在当时“大跃进”中“左”的思想影响下，规划提出了一些过高的要求，实际上是对1954年《黄河综合利用规划技术经济报告》中水土保持规划进度的重大修改。

（一）规划方针

《规划草案》提出的方针是：贯彻“以蓄为主，以小型为主，以社办为主”的水利建设方针和“全面规划，综合治理，集中治理，连续治理”的水土保持方针。对黄河流域的水土保持，提出了加快治理进度的任务，要求在2～3年内，水土流失地区实现山区园林化、沟壑川台化、坡地梯田化、耕地水利化，迅速起到减径流、拦泥沙、削洪峰的作用。

第二个五年计划期间的基本任务是“苦战三年，两年巩固与发展，五年基本控制”，全部完成水土流失面积35.2万平方公里的治理任务。

（二）治理进度

《规划草案》提出5年内各项治理措施进度是：(1)植树造林2.1亿亩，种草育草1.9亿亩，绿化荒山荒坡及村庄道路，实现山区园林化。(2)修谷坊1674万道，淤地坝68万座，可淤地3000万亩，实现沟壑川台化。(3)修梯田7025万亩，实现坡地梯田化。(4)修小水库7万余座，并配以旱井和蓄水池，实现耕地水利化。(5)改进农业技术，实现耕地园田化。

这次规划的指标都很高，实践证明，这样不切实际的高指标，不可能按规划实施，是规划工作的一个教训。

三、1965～1980 年黄河中游水土保持规划

1964 年 5 月，中央工作会议期间，国务院副总理谭震林召集陕西、甘肃、山西、内蒙古、宁夏 5 省（区）和国家计委、国家科委，国务院农业办公室和农、林、水各部负责同志，座谈黄河中游水土保持问题。7 月 9 日，中共中央和国务院批转谭副总理《关于加强黄河中游水土保持工作的报告》，决定成立黄河中游水土保持委员会，同时决定调派 10 万劳动大军，参加地广人稀地区的造林种草等水土保持建设。谭副总理指示，新成立的黄河中游水土保持委员会要制定一个黄河中游水土保持工作的长远规划。据此，由黄河中游水土保持委员会科技处副处长贾振岚主持，草拟出《1965～1980 年黄河中游水土保持规划的初步设想》（简称“规划设想”）。1964 年 8 月 29 日至 9 月 10 日，由黄河中游水土保持委员会主任李登瀛主持，在西安召开黄河中游水土流失重点区第三次会议。参加会议的有河口镇到龙门区间 42 个重点县和泾河、北洛河、渭河流域的 58 个重点县（共 100 个重点县）的负责同志。会上对“规划设想”进行讨论，提出补充修改意见。同年 11 月，根据各地意见修改后，“规划设想”定稿，上报国务院水土保持委员会，同时提供给 1964 年 12 月召开的治黄工作会议参考。规划要点是：

（一）基本情况

规划范围从青海省龙羊峡到河南省三门峡，面积 58 万平方公里，包括青海、甘肃、宁夏、内蒙古、陕西、山西、河南 7 省（区）的 229 县（旗、市），水土流失面积 43 万多平方公里。流失区内有耕地 1.73 亿亩，人口 2140 万，劳动力 930 万。年均输入黄河泥沙 16 亿吨。其中来自各省（区）的泥沙量大体是：青海 0.29 亿吨，甘肃 4.16 亿吨，宁夏 0.4 亿吨，内蒙古 1.82 亿吨，陕西 6.57 亿吨，山西 2.63 亿吨，河南 0.03 亿吨。

（二）治理方针

“规划设想”提出以下方针：依靠群众，自力更生；从生产出发，为生产服务；从实际出发，因地制宜，全面规划，综合治理；以农为主，农林牧结合；修管并重，治防结合；集中力量，抓好重点。

（三）分区要求

“规划设想”按不同人口密度分区，提出了各区不同的治理要求：

1. 地广人稀地区。主要分布在晋西北、陕北的北部、甘肃省的环县、宁夏回族自治区的清水河流域和内蒙古自治区南部的黄土丘陵、风沙、草原等

地区，包括67个县(旗、市)，面积26.8万平方公里，农村人口364万，劳力158万，耕地5190万亩。水土流失面积17.5万平方公里，除河套平原外，人口密度每平方公里30人以下，人均耕地10多亩。地广人稀、气候干旱、土地瘠薄，长城沿线多沙丘分布，风蚀剧烈。应以发展林业生产为主，大力营造防风固沙林，建立林牧业基地，因地制宜实行"三变"(变坡耕地为草埂梯田、柠条沙柳林网田，变撂荒轮歇为草田轮作，变天然牧坡为灌木放牧林和人工草场)。达到每人有4～5亩基本农田(包括林网田)和6亩林、6亩草的要求。

2. 人多地少地区。主要分布在晋中南、豫西、晋陕峡谷两岸和陇南、渭北等地的黄土丘陵、高塬和阶地区，包括110个县(市)，面积15.8万平方公里，农村人口1350万，劳力590万，耕地7780万亩。水土流失面积11.2万平方公里，人口密度每平方公里80人以上。人口稠密，耕垦指数高，地形破碎，植被稀少，水土流失极为严重，一向为农业区。治理措施应因地制宜地实行"三改"(改坡耕地为梯田，改荒沟为良田，改荒坡陡洼为林草基地)，达到每人有2～3亩基本农田和1亩林、1亩草的要求。

3. 一般地区。主要分布在晋西、陕北、陇东、陇中和青海省东部等地的黄土丘陵和高塬地区，包括52个县(市)，面积14.2万平方公里，农村人口428万，劳力177万，耕地4330万亩。水土流失面积11.1万平方公里，人口密度每平方公里30～80人，每人有耕地8～10亩。应以发展农业为主，"三改"、"三变"结合施行，达到每人有3～4亩基本农田、2亩林、2亩草的要求。

(四)规划指标

根据"一年准备，五年铺开，十年大发展"的要求，提出1965～1980年16年规划的主要指标如下：

1. 黄河中游地区。1965～1980年16年内新增各项措施面积12.6万平方公里，连同1964年已有治理面积6万平方公里，累计18.6万平方公里。加上10万劳动大军的国营造林种草2.2万平方公里，共20.8万平方公里，占流失面积的52%。16年内需国家投资8.1亿元，其中水保业务2.6亿元，大型淤地坝1.7亿元，国营造林3.8亿元。上述规划实现后，粮食亩产由50公斤左右提高到100～150公斤，人均占有粮由100～150公斤和200～250公斤，提高到300～350公斤和500公斤左右。预计可减少泥沙5.7亿吨，占三门峡年输沙量的35.5%。

2. 水土流失重点区。重点地区100个县，总面积25万平方公里，人口1488万，劳力623万，耕地9100万亩。水土流失面积19万平方公里，占三门峡以上水土流失面积的42%，年输入黄河泥沙14亿吨，占三门峡年输沙量的88%。1965～1980年16年内，新增治理措施面积9.13万平方公里，连同1964年已有治理面积3.23万平方公里，累计12.36万平方公里。加上近9万人的国营造林种草2.02万平方公里，共14.38万平方公里，占水土流失面积的76%。上述规划实现后，经济上可获得与整个黄河中游同样的粮食增产效益，同时可减少入黄泥沙5.25亿吨，占这100个县年输沙量的37.5%。

1966年"文化大革命"开展后，这个规划未能实施。

四、黄河中游黄土高原综合治理规划

1979年2月，国家科委副主任张承先在西安主持召开关于黄土高原水土保持综合治理的学术讨论会。许多代表建议，根据当前加强水土保持工作的需要，应重新编制黄土高原的水土保持规划。同年10月，水电部在郑州召开黄河中下游治理规划学术讨论会，许多代表也提出类似的建议。12月，国家农委、国家科委、中科院联合作出决定，责成中科院西北水保所牵头，编制《黄河中游黄土高原综合治理规划》，同时决定，1980年3月在西安召开大型学术讨论会，审议这个规划。

规划工作由西北水保所所长朱显谟主持，中科院地理所、综考会，黄委会、林业部"三北"局、中国农科院畜牧研究所、陕西省农林科学院、北京林学院等单位，共40余人参加。从1979年12月到1980年3月，在西安编制出《黄土高原综合治理规划方案》(初稿)，1980年3月29日至4月6日，在西安召开的黄土高原水土流失综合治理科学讨论会上，朱显谟向大会作了介绍。讨论中许多代表不同意《规划方案》中笼统地要求整个黄土高原"以林牧为主"的生产建设方向，要求对这个规划方案作较大的修改。根据大家的意见，会后由国家农委何康副主任主持，重新组织人力，在西安、北京修改规划方案。参加这项工作的有：中科院西北水保所，黄委会，陕西、山西、甘肃3省水保局(处)等单位的科技人员共10余人，历时两个多月，完成了修改任务。1980年8月28日，国家科委、国家农委、中科院联合向中共中央、国务院报送了《关于加速黄土高原水土流失综合治理尽快建成牧业基地和林果基地的报告》，后未得到批复。《报告》中提出修改后规划方案主要内容如下：

(一)加速治理迫切性

《报告》分析了水土流失对黄土高原生产、生活的危害和洪水泥沙对黄河下游的威胁后，指出"治理黄土高原已成为刻不容缓的重大问题"。

(二)把黄土高原建成林牧基地

《报告》指出,出路在于按照客观规律办事,扬长避短,把黄土高原建成牧业基地和林果基地。提出:林草能有效地控制水土流失,逐步改变自然环境,为农业生产创造较为有利的条件,可以从根本上解决粮食问题。

(三)综合治理分区指导

《报告》把黄土高原分为5个大的类型,在生产建设方向上各有侧重:丘陵沟壑区,应重点发展畜牧业和果树生产,逐步建成牧业基地和果品基地;河谷平原和高塬沟壑区,应以农业为主,建成商品粮基地,但也要农牧结合,以牧养农、兴牧促农;土石山区,应大力营造水源林,建成林业基地;风沙区,应建成牧业基地,但也要营造防风固沙林。

为了实现上述要求,规划提出,在总面积8亿亩土地中,造林2.5亿亩,种草2亿亩,果园0.5亿亩,农耕地1.5亿亩。

(四)需要投资

需要投资为:种草10亿元,加上牧业建设,共需15亿元;造林25亿元;果园10亿元;基本农田中,梯田0.3亿亩,需1.5亿元;水地、坝地0.1亿亩,需20亿元;小流域综合治理骨干工程9000座,需9亿元。以上共需80亿元,20年内完成,平均每年投入4亿元,接近当时(1980年)每年的实际投资数。据专家估计,每年收入约在200亿元左右,人均收入约在200元左右。

(五)效益估计

《报告》指出:"上述计划完成后,就能基本控制水土流失,使下泄泥沙大幅度减少,下游河床逐年下切,从而免除河患,并节省大批劳力和大堤岁修、加高费用。黄河每年约400多亿立方米水量,就可用于发电、灌溉和养鱼,还能北拒沙漠南侵,并进而改造毛乌素沙漠,使沙漠变成绿洲。"

五、黄土高原地区水土保持专项治理规划

1983年3月9日,国家计委向全国水土保持工作协调小组发出《关于请组织编制西北黄土高原水土保持专项治理规划的通知》。根据这一通知精神,全国水土保持工作协调小组于6月上旬向国家计委报送了《西北黄土高原水土保持专项治理规划任务书》。8月11日,国家计委转发国务院有关部、委和黄土高原7省(区),将这项任务正式列入水保、水利、农牧、林业等有关部门的工作计划。

(一)编制经过

1983年7月，全国水土保持工作协调小组办公室主任丁泽民在西安主持召开黄土高原水土保持规划工作会议，邀请农业部、林业部、水电部、黄委会、黄河中游治理局及黄河上中游7省(区)有关人员参加，会上宣布成立黄土高原水土保持规划工作组，明确工作组人员由农、林、水三部和黄土高原7省(区)人员组成，任命黄河中游治理局刘万铨为组长、农业部土地管理局郑振源、林业部造林司李一功为副组长。办事机构设在黄河中游治理局。8月，全国水土保持工作协调小组向黄土高原7省(区)转发"规划工作方案"。7省(区)先后成立规划领导小组和规划工作组，到1984年春，7省(区)所属黄河流域有关地区和县，也都成立规划领导小组和规划工作组。各级规划领导小组分别由省、地、县三级主管农业的副省长、副专员、副县长任组长，农业、林业、水利、水保等有关业务部门的负责人为组员。各级规划工作组成员包括各级农业、林业、水利、水保方面的技术人员。参加规划工作的省、地、县领导小组成员约1300人，工作组成员约3700人。关于规划名称，考虑到规划范围是按黄河流域从黄河龙羊峡到桃花峪区间所属7个省(区)，又分属于西北、华北、中南三个区域，经向上级请示同意，将规划名称定为《黄河流域黄土高原地区水土保持专项治理规划》。

1983年12月，在西安召开了黄土高原水土保持规划工作组第一次(扩大)会议，具体布置了1984年的规划工作任务。到1985年春，各省先后验收了地、盟、州、市的规划，并进行汇总，完成了省(区)级规划。

1985年3月，在西安召开规划工作组第四次会议，验收7省(区)的规划成果。会后由工作组进一步审核、汇总、协调、平衡，经规划工作组第五次会议讨论修改，10月份提出约10万字的《黄河流域黄土高原地区水土保持专项治理规划》初稿。同年11月，丁泽民主持在西安召开会议，邀请国务院有关部委和7省(区)有关专家60多人，对规划初稿进行评议。认为这个规划基本上符合国家计委提出的规划要求，经修改后，可以作为送审稿上报，供国家决策研究。

(二)修改经过

1985年12月上旬，全国水土保持工作协调小组组长钱正英在北京召开会议，对规划初稿作进一步审议，参加会议的有协调小组的各部委及水电部、黄委会有关负责同志。会上大家对规划报告初稿提了不少修改意见。其中比较重要的有四个问题：论证不足(主要指投入指标和效益指标)；深度不够(主要指未提出各项治理措施当前存在的问题)；界限不清(主要指水土保持与农林牧业生产之间的关系)；重点不突出(对黄土高原的重点地区和重点项目放的位置和写的份量不够)。钱正英在总结发言中对规划报告的补充修改提出了四点要求:从黄土高原的客观条件和水土保持发展过程中,总结出规律性的东西;在此基础上提出开发治理的战略;提出治理中的重点地区与重点项目,分清地方重点与国家重点;提出政策性措施意见。此外,钱正英还强调,必须计算水土保持对黄河的减沙作用,不能回避这个问题。

据此,规划工作组及时组织人力,对规划中论证不足的问题,进行了补充调查和论证。从1986年初到1988年底,在黄委会内部进行了多次反复研究,对修改提纲和规划要点也多次修改。但由于对规划进度等问题,黄委会领导人意见不一致;对规划所提出治理的重点支流,水电部领导推荐窟野河、延河、县川河,黄委会领导推荐窟野河、秃尾河、孤山川,上下认识不一。因此,规划工作又拖了两年。

1989年春,原国家计委国土局总工程师刘善建,受水利部和国家计委的委托,专程到郑州,与黄委会、黄河中游治理局有关负责同志研究规划的修改与上报问题。他详细查阅了从1985年到1988年先后修改过的10多种稿本,最后认定以1985年10月写出的初稿为基础,进行修改,黄委会庄景林副主任积极支持。这样,在黄委会内部1986～1988年反复研究了3年的规划修改问题,至此有了结论。同年5月,规划工作组正式提出《黄河流域黄土高原地区水土保持专项治理规划(送审稿)》,以黄河中游治理局黄保办字〔1989〕第022号文报送黄委会。同年6月,黄委会以黄水保〔1989〕9号文上报水利部。同年11月,水利部侯捷副部长受杨振怀部长委托,以全国水资源与水土保持工作领导小组名义,邀请原全国水土保持工作协调小组成员单位有关领导和专家,对规划进行审查评议。评议意见是:赞成这个规划,认为这个规划"搞得比较好,指导思想明确,基础工作扎实,提出的治理方略、措施、分区治理部署、实施步骤、进度等,都符合黄土高原实际,切实可行"。同时也提出一些补充修改意见。

1990年3月,全国水资源与水土保持工作领导小组办公室,以全水办〔1990〕2号文件,将规划送审稿及5个附件,报送国家计委。4月,国家计委邀请黄土高原7省(区)1市(西安市)计委和中央有关部、委的专家40多人,对规划又进行一次审查,结论与过去基本一致。与会专家要求国家尽快批准这个规划,早日付诸实施,以推动黄土高原的开发治理。1990年11月20日,经国家计委报请国务院同意,对规划作了批复,指出:"黄土高原地区水土流失的防治,要以发展生产,改变贫困面貌,改善生态环境和减少入黄泥沙为目标。"要求各地积极组织实施。

(三)规划要点

1. 黄土高原的主要问题和原因。规划指出,黄土高原的主要问题,一是自然灾害严重,二是人民生活贫困。自然灾害主要有三:一是水土流失,二是干旱,三是长城沿线的风沙。人民生活贫困的主要表现,一是缺粮缺钱,基本生活困难;二是燃料、饲料、肥料俱缺;三是约500万人口地区人畜饮水困难。规划分析了产生问题的原因,一是不利的自然条件,二是人类对土地不合理的利用,特别是由于人口增长,群众吃饭问题引起的广种薄收、单一农业(粮食)经营,破坏了地面林草植被,造成严重的水土流失和"越垦越穷,越穷越垦"的恶性循环。

2. 治理目标与基本对策。针对上述问题和原因,规划提出水土保持治理的目标是就地蓄水保土,减轻土壤侵蚀。在此基础上,第一要促进群众解决温饱、脱贫致富,获得经济效益;第二要制止恶性循环,建成农林牧业协调发展、稳定丰收的生产基地,提高抗御自然灾害(特别是干旱)的能力,获得生态效益;第三要为当地黄河支流和黄河干流下游减少泥沙,获得社会效益。三个效益是不可分割的整体,但实施中应以经济效益为中心。基本对策是:(1)抓住一个关键。修好种好基本农田,用少种高产多收的办法解决农民群众吃饭问题,促进陡坡退耕,造林种草,扭转恶性循环,改变黄土高原面貌。(2)实现两项调整。一是调整土地利用结构,其方向是压缩农地(退耕陡坡,造林种草),改造荒地(造林育林,种草育草),增加林地和草地。调整后黄土高原土地利用的远景设想是农地占25%,林地和牧地各占30%左右,其它用地占15%。根据不同自然、社经条件,还从宏观上把黄土高原大致分为林牧为主、农业为主、农林牧并举等三大土地利用类型。二是调整农村产业结构,改单一农业(粮食)经营为农林牧副业综合经营,全面发展。规划阐明1981～2000年的20年间,在大农业总产值中,要求农业(粮食为主)比重从2/3下降到1/3,林牧副业多种经营比重从1/3上升到2/3。(3)开展三项建设。一是建设基本农田(梯田、坝地、小片水地);二是增加林草植被,造林育林,种草育草;三是在水土流失特别严重(侵蚀模数每年每平方公里5000吨以上)地区,修建治沟骨干工程。三项建设都以小流域为单元进行综合治理。(4)搞好四项措施。一是防止人类活动(开荒、开矿、修路等)破坏土地,增加新的水土流失;二是尽快把水土保持产品转化为商品,使农民群众得到经济实惠;三是在目前尚未修成水平梯田的坡耕地上,积极采取蓄水、保土、减蚀的耕作措施;四是因地制宜地修建水窖、涝池、谷坊、沟头防护等小型拦蓄工程,解决人畜饮水困难,制止沟头前进与沟底下切。

3. 分区防治总体布局。根据黄土高原各地不同的自然条件、社会经济情况与水土流失特点，将黄土高原分为3个一级区，下属9个二级区，分别提出不同的防治要求。总的是两项基本任务：一是保护现有植被，预防产生水土流失和土地沙化，主要在林区、土石山区（有林部分）、高地草原区、干旱草原区和风沙区等5个局部流失区；二是治理水土流失，主要在黄土丘陵沟壑区（下分5个副区）与黄土高塬沟壑区两个严重流失地区。对5个局部流失地区中遭到破坏产生流失的地方，也应积极开展治理。风沙区风蚀严重，应采取防风固沙措施。对冲积平原和黄土阶地这两个轻微流失地区，主要任务是搞好水利建设，力争粮食高产，对低产地区进行粮食调剂。

4. 重点地区与重点项目。规划中对黄土高原各地侵蚀模数在每年每平方公里5000吨以上的15.6万平方公里，国家投资开展治沟骨干工程与重点支流治理两个重点项目，以提高防御标准，加快治理进度。本世纪内在河口镇到龙门区间13万平方公里范围内（其中侵蚀模数每年每平方公里10000吨以上多沙粗沙区7.7万平方公里）优先安排。治沟骨干工程“七五”期间进行试点，共修200座，1991～2000年重点开展，共修1800座。重点支流治理，将水土流失严重的窟野河、秃尾河、孤山川、延河、县川河等5条支流列为重点，加快治理进度。

5. 主要技术经济指标。(1)进度。有两个方案：第一方案是将黄土高原7省（区）的规划汇总而成，每年开展面积1.08万平方公里，保存6000平方公里（900万亩）；第二方案是在上述基础上适当调整而成，每年开展7500平方公里，保存4000平方公里（600万亩）。在第二方案的保存面积中，基本农田占30%，林草占70%，计有梯田120万亩、坝地30万亩、水地30万亩，造林（包括果园）320万亩，种草100万亩。上述面积造林每年开展640万亩，保存320万亩，种草开展300万亩，保存100万亩。这是第二方案与第一方案主要不同点之一。按第二方案，黄土高原1985年原有治理措施面积10万平方公里，到2000年，累计治理措施面积将达16万平方公里，占原有流失面积43万平方公里的37.2%。15年内平均年进度为0.93%。此外，水窖、涝池、沟头防护、谷坊、塘坝等小型拦蓄工程，1985年原有312.8万处（座），1986～2000年平均每年新增48.9万处（座），15年内共新增733.5万处，共有蓄水容量26.68亿立方米。规划建议，国家按第二方案下达任务，各省（区）在保证完成国家下达任务的基础上，可以创造条件，向第一方案努力，争取加快治理进度。(2)投入。按照第二方案，每年共需投入劳力2.45亿工日，每年每个劳力投入水土保持用工，严重流失区17工日，局部流失区

15工日，轻微流失区3工日。每年需投入经费5.35亿元，其中群众自筹70%（主要是投劳折合投资），每年3.75亿元，地方和国家共同补助30%，每年1.6亿元，平均每治理1平方公里需补助4万元。(3)效益。规划中主要计算了经济效益、生态效益和社会效益三方面：第一，经济效益。原来缺粮严重的局部流失区（1040万人）与严重流失区（2600万人）农村人均粮食，分别由1985年的327公斤与366公斤，提高到2000年的397公斤与398公斤，可以达到基本自给。关于增加经济收入，按基本农田增产粮食，灌木、乔木增产枝条、木材，果园、经济林增产果品，种草增产牧草等四项主要产品，扣除有关生产费用，按有效增产面积、有效增产时间计算，1986～2000年新增各项治理措施的上述四项产品，累计净增产值为99.7亿元，而15年内新增各项治理措施累计共需投入经费80.4亿元（包括群众投劳折合投资），二者相比，收大于支，经济上是合算的。第二，生态效益。主要是减少入黄泥沙。到20世纪末，梯田、淤地坝和10万立方米以下小水库三项，每年可为黄河减少泥沙5.3亿吨；造林、种草二项措施，将能减少入黄泥沙1.5亿吨。每年共可减少入黄泥沙6.8亿吨，占黄河多年平均输沙量16亿吨的42.5%。第三，社会效益。解决群众“三料”问题，特别是燃料，到2000年，原来“三料”困难的严重流失区，农户将发展到610万户，每户年需烧柴1500公斤。那时每户将有灌木6.7亩（每亩年产枝条250公斤）、乔木2.2亩（每亩年产枝条75公斤），可以满足烧柴需要。到2000年，人畜饮水困难地区人口将发展到600万人，120万户，将有牲畜1800万羊单位。按每人每年需饮用水量15立方米，共需9000万立方米。规划到2000年共有水窖250万个，总容量近1亿立方米，有涝池48.3万个，总容量4.83亿立方米，为所需水量的5倍多，可以满足需要。

六、黄河流域水土保持规划

（一）任务来源与编制过程

1990年11月，国家计委向水利部下达编制《全国水土保持规划纲要》的任务，要求在全国30个省（自治区、直辖市）和长江、黄河、珠江、海河、淮河、松（花江）辽（河）流域水土保持规划基础上进行。同年12月，水利部在天津市召开了有全国各省（区、市）和各大流域参加的水土保持规划工作会议，制定了规划编写提纲和工作要点。其中对黄河流域的要求是：根据统一的编写提纲和全国新的部署，在国家已批准的《黄河流域黄土高原地区水土保持专项治理规划》的基础上，进行适当补充和修改，编制《黄河流域水土保持规划》。

1991年上半年，全国各大流域和各省(区、市)陆续将规划成果报送水利部，经审核、汇总、调整、平衡，编制出《全国水土保持规划纲要》，1992年5月报全国水资源与水土保持工作领导小组审查。5月下旬在北京召开的全国第五次水土保持会议上，领导小组组长田纪云宣布，今后全国水土保持照此规划实施；同时强调，黄河流域、长江流域和各个大型水利水电工程上游是全国水土保持重点。会议期间领导小组作出决定，今后10年内国家每年拿出一批粮食和工业品，用“以工代赈”方式，支援水土流失严重的贫困地区开展水土保持，其中黄河流域与长江流域各约1/3，其他流域共约1/3；要求各流域尽快作出具体安排，把水土保持任务落实到基层，加快治理进度。

根据这次会议和《全国水土保持规划纲要》的要求，黄委会与黄河中游治理局于7月下旬在西安召开水土保持规划工作会议，进行部署，将治理任务分配到8省(区)、1市(黄土高原地区7省(区)和山东省及计划单列的西安市)。8省(区)、西安市根据统一的规划编写提纲和治理任务要求，在已有规划基础上进行补充和修改，于8月底9月初陆续报送新的规划，由黄河中游治理局进行审核、汇总，编制出《黄河流域水土保持规划》，报送水利部，作为《全国水土保持规划纲要》的附件之一。这是黄河流域第一次编制包括下游的全局性水土保持规划。

(二)规划主要特点

根据水利部的要求，《黄河流域水土保持规划》是在《黄河流域黄土高原地区水土保持专项治理规划》基础上进行必要的补充、修改而成，因而这个规划具有以下特点：

1. 规划主要依据。原有黄河上中游7省(区)的基本情况、治理现状、防治方略、各类型区治理措施布局等，基本上保持原规划内容不变，但需增加黄河下游山东境内(以大汶河流域为主)的有关情况；规划中其余各部分也同样增加了山东省黄河流域的有关内容。

2. 规划总体部署。原有黄土高原规划以治理为主，这次黄河流域规划贯彻“预防为主”的精神，根据《全国水土保持规划纲要》中所确定的内容，着重抓好三个国家级重点区(跨省、区的重点区为国家级)：(1)重点防护区。一是子午岭林区，二是六盘山林区。前者包括陕西省富县、黄陵、宜君、甘泉、延安、安塞、志丹、铜川、耀县、旬邑、淳化，甘肃省合水、华池、正宁、宁县等共15个县(市)、73个乡(镇)，面积共约1.5平方公里；后者包括宁夏回族自治区固原、隆德、泾源，甘肃省平凉、华亭、庄浪、崇信、张家川、清水、北道区（原天水县）和陕西省的陇县、千阳、宝鸡等共13个县（区）、72个乡（镇），林区面积共约7500平方公里。规划纲要要求对这两个区的天然森林制定保护措施，逐级落实任务，加强预防管理，制止人为破坏，确保在本世纪内不再有毁林事件发生。(2)重点监督区。晋陕蒙接壤地区的煤田开发区确定为国家级重点监督区，包括山西省忻州地区的河曲、保德、偏关3县，陕西省榆林地区的神木、府谷、榆林3县（市），内蒙古自治区伊克昭盟的东胜、准格尔、伊金霍洛、达拉特等4个市（旗），面积共5.4万平方公里。规划要求重点区内各地（盟）、县（旗、市）健全监督机构，充实监督人员，建立监测站网，对开矿、修路等工程项目，要求有关生产建设单位制定水土保持规划，与主体工程同步实施，各级水保部门依法进行监督。(3)重点治理区。以侵蚀模数每年每平方公里5000吨以上的15.6万平方公里多沙粗沙地区为国家级重点治理区（基本情况与治理要求见《黄河流域多沙粗沙区治理规划》）。

3. 规划治理进度。根据《全国水土保持规划纲要》对加快治理进度的要求，1991～2000年，全国每年新增治理保存面积中，黄河流域需完成10000平方公里，比黄土高原专项治理规划中要求每年完成4000～6000平方公里的速度，加快1倍左右。

（三）主要技术经济指标

1. 进度指标。黄河流域8省（区）每年新增治理措施保存面积1万平方公里，占8省（区）水土流失面积44万平方公里的2.3%。其中国家级重点治理区每年新增治理措施保存面积7487平方公里，占该区水土流失面积15.6万平方公里的4.8%（见表4—5）。

表4—5 **黄河流域水土保持规划治理进度安排表** 单位:平方公里

项目		青海	甘肃	宁夏	内蒙古	陕西	山西	河南	山东	合计
每年新增治理措施保存面积		733	2738	566	1187	2832	1414	585	300	10355
其中	重点地区	247	2216	293	747	2466	1173	197	148	7487
	一般地区	486	522	273	440	366	241	388	152	2868

各省（区）根据上述规划治理进度，修订原黄河各支流水土保持规划进度，并将各项治理任务分别落实到有关地（盟、州、市）和县（旗、市、区），便于管理实施。

2. 投入指标。完成上述任务，每年需投入劳力5亿工日；投入经费10

亿元，其中国家支援3亿元，地方政府投入1亿元，群众投入劳力折合投资约6亿元。

3. 效益指标。第一，经济效益——黄河上中游原来缺粮的严重流失区，到20世纪末人均基本农田2～3亩，其中0.3～0.5亩水地和坝地，以丰补欠，可稳定达到人均年产粮食400公斤；人均年纯收入600～800元(1990年不变价格)，90%以上的农户可以脱贫。黄河下游山东境内，到20世纪末人均年产粮食500公斤，人均年纯收入1000元，50%以上农户达到小康水平。第二，社会效益——到20世纪末，农村“三料”问题和人畜饮水困难，基本得到解决。山东省石质山区土地石化、沙化问题基本制止。第三，生态效益——各项治理措施加上治沟骨干工程，每年共可减少入黄泥沙8亿吨左右。

第二节 地区性规划

黄河流域水土保持重点地区规划，是根据某种特殊需要提出的。在地域上，一般是跨省或跨县，属于黄河干流或支流的某一段，而不是完整流域。重点地区规划分布见图4—2。

一、黄河中游42个重点县水土保持规划

1963年1月9～18日，国务院水土保持委员会主任廖鲁言主持，在北京召开黄河中游水土流失重点地区第一次会议，参加会议的有黄河中游河口镇到龙门区间水土流失严重的42个县(旗)和陕西、山西、内蒙古3省(区)及有关地(盟)业务主管部门的负责同志。这次会议专门研究这个区域的水土保持治理规划问题。经过讨论，在会议总结提纲中，明确了规划的方针、原则、治理标准、方法步骤、分期治理要求等，责成42个县(旗)和有关省(区)、地(盟)会后抓紧编制规划上报。

1963年4月18日，国务院发出《关于黄河中游地区水土保持工作的决定》，指出：“黄河流域……从内蒙古河口镇到山西龙门，这一段黄河两岸的11万平方公里的地区，包括陕西、山西和内蒙古3省(区)的42个县(旗)，水土流失尤为严重，三门峡水库入库泥沙的60%来自这块地区，因此应该以这块地区作为黄河流域水土保持工作的重点。集中力量把这块地区治理

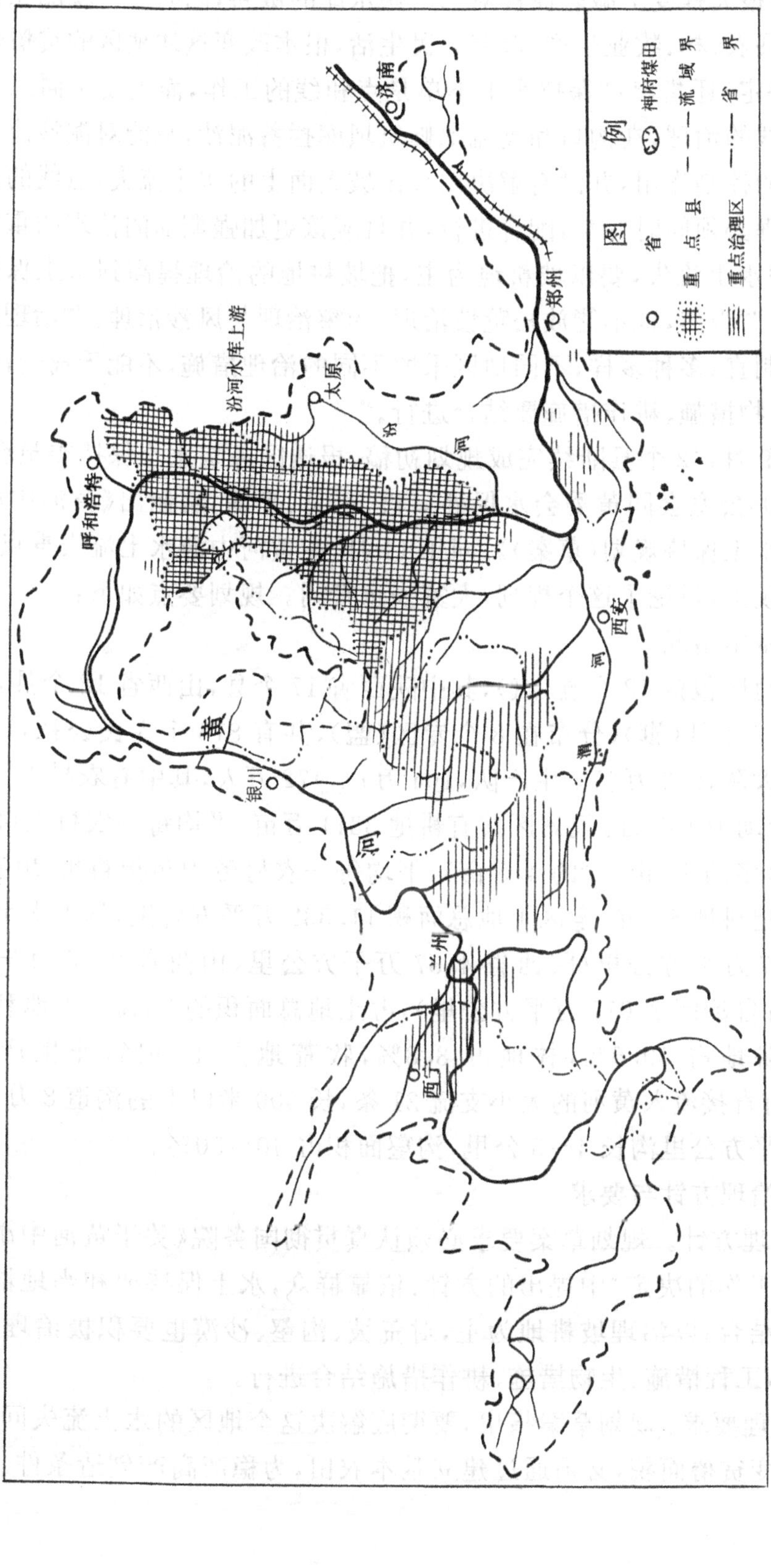

图 4—2 重点地区规划分布示意图

好，就能在很大程度上减轻泥沙对三门峡水库的威胁，同时……就能在很大程度上发展农、林、牧业生产，改善人民生活，根本改变这块地区的贫瘠落后面貌。”《决定》还指出：“保持水土不单是点和线的工作，而主要是面上的工作。点和线的治理，在沟口和支流上修筑坝库拦蓄泥沙，只能对泥沙流入干流起一定的控制作用，并没有解决山头山坡大面上的水土流失。点线的治理和面的治理必须同时并举，配合进行，并且应该更加强调面的治理的重要作用。”“治理水土流失，要以坡耕地为主，把坡耕地的治理提高到水土保持的首要地位。”“当然，也不能放松荒坡治理、沟壑治理与风沙治理。”“治理措施必须因地制宜，多种多样，不同地区采取不同的治理措施，不能千篇一律，工程措施、生物措施、耕作措施要结合进行。”

同年9月，42个县陆续完成规划初稿，报送国务院水土保持委员会，由该委员会办公室会同黄委会水保处审核、汇总、平衡，编制出《黄河中游42个重点县水土保持规划(草案)》。同年11月，在黄河中游水土流失重点地区第二次会议上，讨论了这个规划，大家表示赞同。规划要点如下：

(一)基本情况

规划地区包括42个县(旗)，其中陕西省17个县，山西省18个县，内蒙古自治区7个县(旗)，分布在8个专区(盟)，共有815个人民公社，1.3万多个生产大队，5.3万多个生产队，104万户，472万人，其中有农村人口450万，农村劳动力165万。规划区共有耕地3311万亩，平均每一农村人口有耕地7.4亩(多的15亩，少的4.5亩)，平均每一农村劳力负担耕地20亩，每头耕畜负担耕地50亩。全区土地总面积11.332万平方公里，其中水土流失面积8.637万平方公里(陕西省4.37万平方公里，山西省2.25万平方公里，内蒙古自治区2.017万平方公里)，占土地总面积的76%。土地利用情况是：农耕地占19.6%，林地占8.8%，牧荒地占47.9%，非生产地占23.7%。有直接流入黄河的大小支流21条，长500米以上的沟道8万多条，丘陵区每平方公里沟长4～5公里，沟壑面积占40～50%。

(二)治理方针与要求

1. 治理方针。规划草案要求必须认真贯彻国务院《关于黄河中游地区水土保持工作的决定》中提出的方针：依靠群众，水土保持要和当地群众生产生活相结合；以治理坡耕地为主，对荒坡、沟壑、沙漠也要积极治理；必须因地制宜，工程措施、生物措施、耕作措施结合进行。

2. 治理要求。规划草案指出，要彻底解决这个地区的水土流失问题，从根本上改变贫瘠面貌，必须通过建立基本农田，为稳产高产创造条件。在不减少(粮食)总产量的情况下,逐步退耕陡坡,大量造林种草,发展畜牧业,由单搞粮食生产发展为农、林、牧、副业多种经营。黄河中游坡耕地占耕地总面积80%以上,梯田是基本农田的主要组成部分,解决粮食问题主要依靠梯田,应及早大力兴建。坝地和水地产量高,见效快,凡是有条件的,都应积极进行。应积极利用荒山荒沟造林种草,建立饲料、燃料基地。在发展步骤上,应优先种植刺槐、杨、柳、柠条、沙棘、苜蓿、草木樨等生长快、效益大,可以作饲草、燃料和用材的优良树种和草种,并注意发展枣树、核桃等木本粮油树种。

(三)分期任务与进度

1. 规划草案中将1963~1980年的18年,分为三个时期,分别提出不同要求:前三年(1963~1965年)继续调整、巩固、提高现有的治理措施和试点,搞好种苗基地建设和培训干部等工作;中间五年(1966~1970年)全面铺开,要求以生产队为单位计算,消灭空白点;后十年(1971~1980年)大发展,要求在总结经验的基础上,加快治理进度。

2. 规划草案中对三个时期的治理进度要求如下:1963~1965年新增治理面积4071平方公里,占流失面积的4.7%,年均进度1.6%;1966~1970年新增治理面积11549平方公里,占流失面积的13.4%,年均进度2.7%;1971~1980年新增治理面积26724平方公里,占流失面积的31%,年均进度3.1%。

3. 各个时期累计治理面积如下:1962年原有13260平方公里,占流失面积的15.3%;到1965年累计将达17331平方公里,占流失面积的20.1%;到1970年累计将达28880平方公里,占流失面积的33.4%;到1980年累计将达55604平方公里,占流失面积的64.4%。

(四)效益估计

1. 增产效益。1962年人均水平梯田0.1~0.3亩,水地和坝地不到0.1亩;到1980年,人均水平梯田1.6亩,水地和坝地0.6亩。由于基本农田增加,粮食单产和人均粮食也相应提高。1962年,粮食平均亩产15公斤以下的9个县,20~35公斤的25个县,35公斤以上的8个县;要求到1980年,粮食平均亩产15公斤以下的降为2个县,50~100公斤的29个县,100公斤以上的11个县。1962年人均粮食150公斤以下的9个县,150~250公斤的26个县,250公斤以上的7个县;要求到1980年人均粮食250公斤以下的降为1个县,250~500公斤的32个县,500公斤以上的9个县。

2. 减沙效益。1962年以前多年平均年输沙量9.08亿吨,要求到1980

年减少3.34亿吨，为年输沙量的36.8%。

1964年，黄河中游水土保持委员会根据各地要求，把重点县从42个增加到100个。同年11月，根据工作发展需要和谭震林副总理的指示，编制《1965～1980年黄河中游水土保持规划》，把100个重点县纳入其中。42个重点县的规划只实施了一年，由这个规划所替代。

二、山西省汾河水库上游水土保持规划

山西省汾河水库，在太原市西北娄烦县境内，1959年建成，担负着太原市工业和城市用水、中下游防洪以及晋中平原150万亩农田灌溉的任务。总库容7.23亿立方米，设计淤沙库容3.45亿立方米。在集水面积5268平方公里中，有严重水土流失面积3688平方公里，年均侵蚀模数每平方公里4500吨，年均入库泥沙达1940万吨。至1988年统计，库内已淤积泥沙3.2亿立方米，占总库容的44.3%，占设计淤沙库容的92.8%。由于水库尾部翘高，已侵占兴利库容6000万立方米。水库严重的泥沙淤积，引起山西省领导的高度重视。1983年，召开了减轻水库泥沙淤积问题的专题研究会，会上有关专家提出大坝加高、吸泥船减淤、异重流排沙、大坝底孔排沙、水库上游加强水土保持等几种不同的对策方案。通过对比研究，否定了前三个方案，初步认定加强水土保持和大坝底孔排沙两个方案，作为进一步研究的基础。1987年7月，中共山西省委、省政府主要领导人考察了汾河水库上游宁武、静乐、岚县、娄烦4县的水土保持工作，在充分肯定水土保持对促进大农业生产作用的同时，并肯定了水土保持的减蚀、拦泥作用。当即议定，把水土保持作为水库减淤和水库上游4县群众脱贫致富的主要措施。随后，省委、省政府决定，由地方财政每年拨专款2000万元，连续10年，用于加快开展水库上游4县的水土保持。为了加强这项工作的领导，成立了汾河上游水土保持领导小组，由副省长郭裕怀任组长，省计委副主任郑友三、水利厅副厅长孙建轩任副组长，省科协主席刘锡田、省人大农林组副主任许四复为顾问，省财政、林业、农牧、农机、土地管理等厅、局，太原市和忻州、吕梁二地区，以及宁武、静乐、岚县、娄烦4县等有关单位的领导为领导小组成员。经研究确定，对水库上游的水土保持，从1988年开始，三年起步，五年初见成效，十年基本完成治理任务，把汾河水库上游建成大面积、高标准、高效益的水土保持示范区。根据省委、省政府的决定，由省计委牵头，省水利厅水保局承办，从农、林、牧、水等有关单位抽调技术干部，组成规划工作班子，经过实地查

勘，条块结合，反复修改，于 1987 年冬提出汾河水库上游水土保持规划。规划要求，实施以梯田、坝地、滩地（引洪漫地）、林业、草业、果树等项建设为主要内容的立体开发、综合治理，做到定性、定量和重点项目到位。对有关部门的分工，省政府规定，林业部门负责造林，农业部门负责种草，水利水土保持部门负责修梯田和建坝库，分工负责实施。治理经费随治理任务下达，林草、工程等各项治理经费，分别由负责各项治理任务的单位管理和使用。1988 年春，省计委邀请省内有关专家，对规划进行论证，认为规划方略正确，措施得力，有很高的科学性和实用性。根据规划安排，省、地、县、乡各级积极做好各项准备工作，当年夏季就开始付诸实施。规划要点如下：

（一）基本情况与分区治理要求

汾河水库上游流域面积 5268 平方公里，包括宁武、静乐、岚县、娄烦 4 个县的 61 个乡（镇），1020 个自然村，9.39 万户，39.13 万人，14.11 万个劳力，耕地 306.2 万亩。规划中对三个不同类型区，分别提出不同的治理要求。

1. 黄土丘陵沟壑区。面积 1918 平方公里，占流域面积的 36.4%。土壤年侵蚀量 2075 万吨，占流域侵蚀总量的 87.67%。侵蚀模数每年每平方公里 10820 吨，是全流域治理重点。人口 17.6 万人，每平方公里 92 人。要求推广岚县冯周小流域经验，坡沟兼治，综合治理。

2. 土石山区。面积 3061 平方公里，占流域面积的 58.1%，土壤年侵蚀量 283 万吨，占流域侵蚀总量的 11.96%。侵蚀模数每年每平方公里 924 吨。人口 15.32 万人，每平方公里 50 人。要求以保护现有植被防止破坏为主，推广静乐县王明滩小流域的经验。

3. 河川阶地区。面积 289 平方公里，占流域总面积的 5.5%，年侵蚀量 8.8 万吨，占流域侵蚀总量 0.37%。侵蚀模数每年每平方公里 304 吨。人口 6.22 万人，每平方公里 215 人。水土保持主要搞引洪漫地、河滩造田，同时搞好河道整治。

（二）进度与效益

1. 进度。经过 10 年（1988～1997 年）的综合治理，要求新增治理措施面积 270.8 万亩（1805.3 平方公里），到实施期末，累计治理程度达 57.6%，年均治理进度 4.9%。治理措施中，修梯田 32 万亩，建大中型淤地坝 120 座，可淤地 1.92 万亩，治滩造地 8.6 万亩，缓坡地修软埝加保土耕作措施 39.9 万亩，实行草田轮作农田 37.5 万亩，造乔木林 48.7 万亩，种灌木 20 万亩，人工种草 41.8 万亩，改良天然牧坡 20.4 万亩。

2. 效益。到实施期末，各项治理措施每年可减少入库泥沙 1458 万吨，为原来入库泥沙量的75.2%。每年可增产粮食1959万公斤，实施区内人均粮食可达400公斤。

（三）规划主要特点

1. 不搞分期分批的“点中之点”，大面积、全方位一起上，按户承包、专业队承包与统一使用劳动积累工相结合，集中连片治理。

2. 把迅速为水库减沙放在第一位，治理重点放在产沙量最多的黄土丘陵沟壑区，以工程起步，搞沟滩联治，把16.5万亩滩地作为泥库使用。沟内建大、中型淤地坝、调沙库，从支沟、干流两套引洪体系进行洪灌拦泥淤滩。沟中坝库只拦泥不蓄水，把清水全部放入汾河水库拦蓄，以减少水量损失。

3. 在突出搞好水地、滩地、坝地、梯田等基本农田的同时，把造林（特别是灌木）、种草、果园建设好，达到综合治理、全面发展的要求。

4. 结合治理需要，加强科学研究，搞好科研生产联合体，组织大跨度横向联合。主要抓好以下几方面研究课题：(1)用彩红外航片，查清全流域土地利用和治理措施现状，作为规划基础。并将规划要求按县落实到地块，提出可以操作的实施规划。(2)建立水文观测体系，研究泥沙（特别是粗沙）运行规律，监测各项治理措施的减沙效益。(3)做好治沟骨干工程前期工作，运用先进技术，保证工程安全，提高经济效益。建立引洪淤灌体系，研究洪灌淤滩技术及其减沙效益。(4)建立生态型流域，研究乔木、灌木、果园、牧草的合理配置与丰产技术。

三、神府煤田水土保持规划

神府煤田位于陕西省北部乌兰木伦河与窟野河干流两侧，涉及神木、府谷两县，是神府—东胜煤田的重要组成部分。矿区煤层埋藏浅，煤质优良，易于开采，是我国大型煤炭生产基地之一。随着煤田的大规模开发，以及修路、建厂等生产建设活动，将产生大量排弃物，如不及时采取有效防治措施，将造成严重新的水土流失。陕西省政府和有关主管部门对此十分重视。1987年春，陕西省计委与科委联合下达了编制《陕西省神府煤田开发区水土保持综合治理规划》的任务。由陕西省水土保持勘测规划研究所主持，榆林地区水利水保局、水保研究所和神木、府谷两县水利水保局参加，共40人，从1987年初开始，到1988年2月完成。规划工作通过全面普查与重点详查，采取统计分析与成因分析相结合的方法，测算了煤田开发过程中的排弃土石量、土壤侵蚀量与入黄泥沙量，做到定性与定量结合。最后用系统工程方法，进行矿区水土保持规划，完成了《神府煤田开发区水土流失预测及水土保持综合治理规划》的总报告和这个矿区的工程措施规划与林业措施规划两个专项报告。经陕西省水土保持局和榆林地区主管部门研究同意后，上报省计委，列入陕西省国土开发规划，并组织实施。规划主要内容如下：

(一)基本情况

矿区南北长 64 公里，东西宽 15～55 公里，规划面积约 2145 平方公里，地质储量 212.1 亿吨，井田面积 1395 平方公里，可采储量 150.6 亿吨。区内地势西北高，东南低，海拔在 960～1385 米之间。矿区西部及西南部为沙漠滩地，约占总面积的 10%；东部和东北部为黄土丘陵沟壑区，梁峁起伏，沟壑纵横，地形破碎；西北部梁面宽缓，顶覆细沙，称黄土丘陵盖沙区；东南部梁短峁小，谷坡陡峻，沟深 50～150 米，沟壑密度每平方公里沟长 2～4 公里，沟谷地与沟间地面积各占 50%左右，地面坡度 15 度以上的面积占 60%。本区属大陆性半干旱气候，年均气温 6.6℃，干旱少雨，年均雨量 396.8 毫米，6～9 月雨量占全年的 76%，年际变差大。植被稀少，土质松软，结构不良，抗蚀力差，暴雨中水土流失十分严重。侵蚀模数西北部风沙滩地区每年每平方公里 4000～8000 吨，中部黄土丘陵盖沙区和东南部黄土丘陵沟壑区每年每平方公里 8000～20000 吨。

规划区内包括神木、府谷县的 10 个乡，总人口 5.9 万人，其中农村人口 5.6 万人，农村劳力 2.6 万个，人口密度每平方公里 27 人，人均耕地约 6 亩。

(二)对新增水土流失预测

规划中具体计算了露天矿、井矿、公路、铁路、供水、供电、建筑、建材等各个方面基建期与生产期的废土、弃石、矿渣的排弃量。第一期(1987～1992 年)为 0.344 亿吨，第二期(1993～2000 年)为 2.887 亿吨。矿区原来年均入黄泥沙 2317 万吨，加上排弃物，新增水土流失，到第一期末，年入黄泥沙将达 3104 万吨，增加 34%，到第二期末，年入黄泥沙将达 3549 万吨，增加 53.2%。如遇丰水年，第一期末将增加 82.2%，第二期末将增加 108.3%。

(三)指导思想与措施布局

1. 指导思想。(1)坚持开发与保护相结合。在煤田开发的同时，积极防治水土流失，重点防治新的水土流失，保护环境。(2)积极兴建拦渣坝、拦沙坝、护河堤，以拦渣、拦沙、保矿、保田，同时结合造地，缓和用地矛盾。(3)加强基本农田与牧业建设，开展多种经营，在保证农民粮食自给基础上，为矿区提供肉、禽、奶、蛋、蔬菜和瓜、果等农副产品。

2. 治理措施与进度安排。治理措施分两个方面，一是对原有严重水土流失积极进行综合治理，二是对矿区各类排弃物进行有效的科学处理。1987～2000年，共修梯田1.4万亩，小片水地0.34万亩；造林（包括防风固沙林、护岸林、护坡林、护路林、农田防护林、环境保护林）共65.44万亩，种草39.8万亩；沟中修拦沙坝298座，可淤地1.73万亩，拦泥1亿立方米；拦渣坝90座，可堆放排弃土石1140万立方米，拦泥1140万立方米，淤地0.42万亩；在矿井、公路、铁路等集中排弃土石区，修护堤42.2公里，堆放排弃土石423万立方米，经过平整，可作为工业场地；在乌兰木伦河、牸牛川等河流滩地上，修河堤35.2公里，堆放土石4458万立方米，保地0.96万亩。通过上述治理措施，1987～1992年新增治理水土流失面积320.6平方公里，占矿区面积的14.9%，年均进度2.5%；1993～2000年新增治理水土流失面积411平方公里，占矿区面积的19.2%，年均进度2.3%；到2000年，累计治理水土流失面积1272.3平方公里，占矿区面积的59.3%。

（四）效益估计

到2000年，各项新增治理措施累计堆放、拦蓄排弃土石量6069万立方米，占总排弃量的36.8%，累计拦截泥沙1.72亿吨，占增沙后入黄泥沙的37.9%。矿区人均基本农田1.65亩。2000年与1986年比较，粮食亩产由67公斤提高到132公斤；人均粮食由388公斤提高到548公斤；人均大农业总产值由354元提高到902元。群众生活将得到较大提高，同时将为矿区提供丰富的农副产品，对改善矿区生态环境、矿区资源开发和生态系统走向良性循环，起到推动作用。

四、黄河流域多沙粗沙区治理规划

1992年5月上旬，国务院副总理田纪云，在河南、山东视察黄河防汛工作时指出："黄河防汛要坚持综合治理。从长远看，要大力推进上中游的水土保持工作，解决水土流失问题，逐渐减少进入黄河的泥沙。"为贯彻田纪云副总理的指示，黄委会于5月18日以黄农水〔1992〕5号文向水利部报送《关于加快黄河流域多沙粗沙区治理的报告》，提出在10年内加快多沙粗沙区水土流失的治理，见到显著成效。报告内容得到水利部原则同意，要求将这类地区在《黄河流域水土保持规划》和《全国水土保持规划纲要》中，作为国家级重点治理区，国家每年拿出一批粮食和工业品，采取"以工代赈"方式，支援开展水土流失治理，并要求作出具体实施规划。同年7月下旬，黄委会与黄河中游治理局在西安召开规划工作会议，黄河流域8省（区）水保部门负责人参加，会上布置了规划工作任务和具体要求。8月下旬至9月上旬，8省（区）陆续提出重点治理地区的水土保持规划，经黄河中游治理局审核、汇总、综合、平衡，编制出《黄河流域多沙粗沙严重水土流失区水土保持规划》。主要内容如下：

（一）基本情况

黄河流域多沙粗沙严重水土流失区规划范围，总面积19.1万平方公里，其中水土流失面积15.6万平方公里，约占黄河流域总流失面积44万平方公里的35.5%。主要分布在河口镇到龙门区间21条支流和泾、北洛、渭河上游，以及湟水、伊河、洛河和大汶河等支流的局部地区。涉及黄河流域8省（区）的21个地（盟）、103个县（旗），总人口2493万，其中农村人口2126万，有劳动力796万个。这类地区平均侵蚀模数均在每年每平方公里5000吨以上，高的达20000～30000吨，年输沙量约13亿吨，占黄河多年平均输沙量16亿吨的81.3%。这里又是粗沙的主要来源区，粒径大于0.05毫米的粗沙近7亿吨，黄河下游河道的淤积，主要是这些粗沙造成的。

这类地区，大部分是革命老区，在抗日战争和解放战争时期作出了重大贡献；又是蒙、回等少数民族聚居分布区。但由于严重的水土流失，人民的生产、生活水平很低，有20%的农户仍处在温饱线以下。该区煤炭和天然气等矿藏资源十分丰富，是正在建设中的国家能源重化工基地。伴随而来的铁路、公路、工厂等基本建设，对植被和地貌的破坏和新增水土流失日益加剧。因此，必须采取有效措施，在加强预防监督的同时，加快治理进度，以控制水土流失。

（二）治理措施布局

指导思想是：以小流域为基本单元，沟坡兼治，综合治理，合理利用水土资源，发展生产，加快群众脱贫致富，改善生态环境，减少入河泥沙。主要措施是：

1. 为保证粮食自给，狠抓基本农田建设，10年内新建基本农田2000万亩。

2. 为增加群众收入，发挥当地果品优势，加强经济林建设，10年内新增经济林果1000万亩。

3. 为防治荒山荒坡水土流失，解决农村群众烧柴和用材问题，10年内新造灌木林4500万亩，乔木林1500万亩。

4. 为促进畜牧业发展，利用退耕地和荒山荒坡，10年内新增牧草（留床面积)1500万亩。

5. 为提高防御暴雨标准,加快减少入黄泥沙,10年内新修治沟骨干工程2500座,旧坝加高2500座。

(三)主要技术经济指标

上述措施,10年共新增治理水土流失保存面积7万平方公里,年进度4.5%,群众投工17.2亿工日,平均每个劳力每年投23个工日,需要国家投资25亿元,平均每年2.5亿元。在10年的总投入中,国家投资占25%,地方政府投资占12.5%,群众投劳折资占62.5%。体现了群众自力更生为主,国家支援为辅的精神。

规划实现后,10年累计可增产粮食132亿公斤,果品139亿公斤,活立木990万立方米,枝柴367亿公斤,饲草399亿公斤。仅上述五项以1990年不变价格计算,总产值221.6亿元。10年平均每年减少入黄泥沙6～7亿吨,可使黄河下游河道淤积明显减轻。

规划上报后,将根据水利部的审查意见,进行必要的调整,纳入《全国水土保持规划纲要》,并进一步按支流编制实施规划,由国家拨付补助专款,组织实施。

第三节　支流规划

黄河流域以水利建设为主要内容的支流规划很多,其中虽也含有水土保持部分,但多不够全面,且大都未正式报批和实施。80年代进行的几条重点支流的水土保持规划,都是根据开展工作的需要,完成后大都及时批准和实施,有一定的代表性。重点支流规划分布见图4—3。

一、无定河、三川河、黄甫川规划

1982年5月,全国水土保持工作协调小组组长钱正英提出要在全国开展8个重点地区治理的意见,其中有4个重点在黄河流域。据此,在黄委会领导下,由黄河中游治理局副总工程师刘万铨主持,在原有规划工作的基础上,进行分析、加工,于6月中旬提出《无定河流域水土保持综合治理规划》;7月中旬,黄委会水保处处长陈席珍协助内蒙古自治区准格尔旗科技人员,在原有规划基础上加以补充,提出《黄甫川流域水土保持综合治理规划》;7

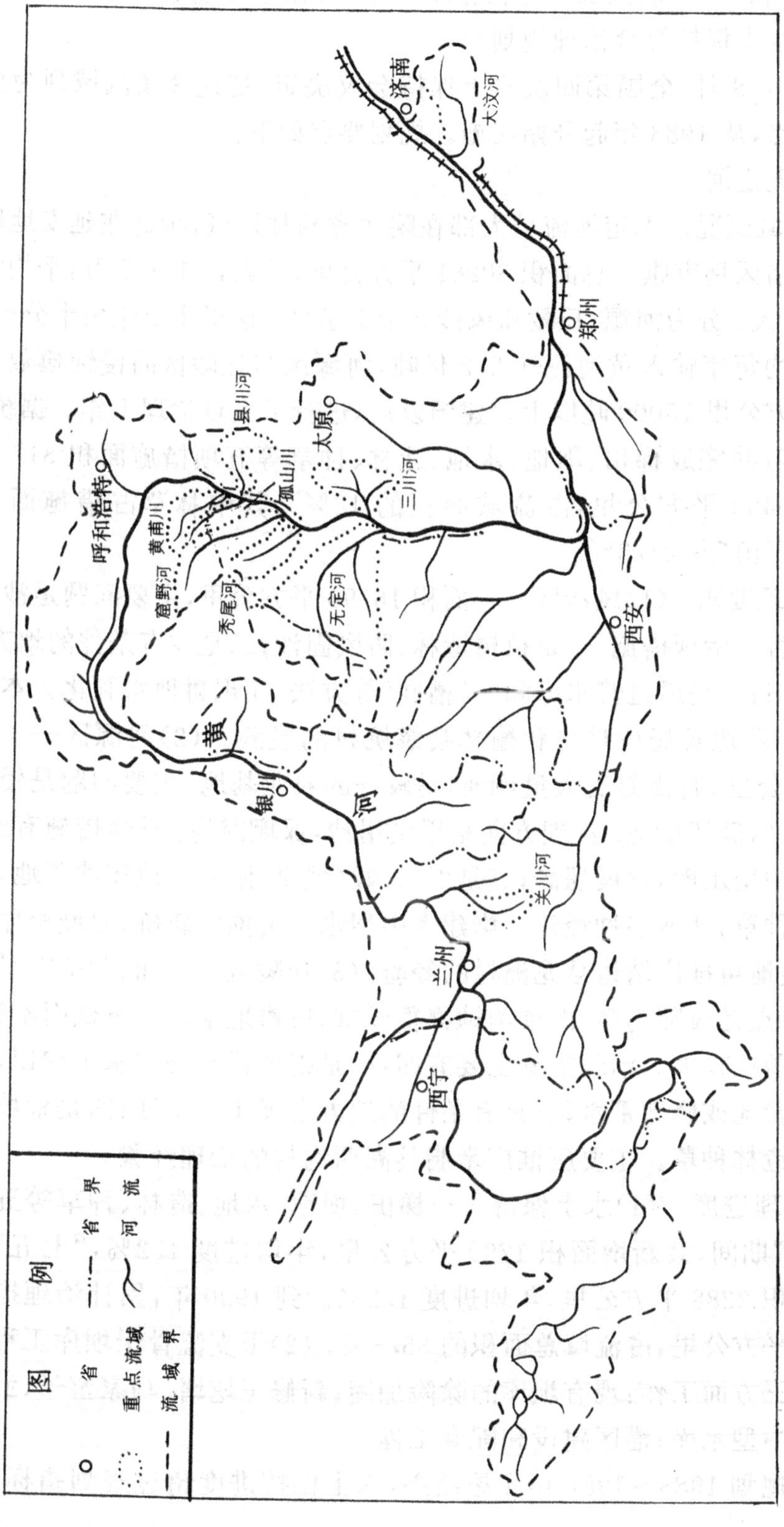

图4—3 重点支流规划分布示意图

月下旬山西省吕梁地区农委主任张洪才主持，在原有规划基础上，提出《三川河流域水土保持综合治理规划》。

1982 年 8 月，全国第四次水土保持会议决定，把这 3 条流域列为全国的治理重点，从 1983 年起开始实施。规划要点如下：

(一)无定河

1. 流域概况。无定河流域大部在陕西省榆林地区，少部在延安地区和内蒙古自治区乌审旗。总面积 30261 平方公里，总人口 127.2 万，平均每平方公里 42 人。分为河源、丘陵和风沙 3 个类型区。这里水土流失十分严重，治理前平均每年输入黄河泥沙 2.2 亿吨，河源区与丘陵区的侵蚀模数都在每年每平方公里 15000 吨以上。建国以后，进行了大量治理工作。据统计，到 1980 年，共完成梯田、坝地、水地、造林、种草等五项措施面积 817.6 万亩，折合 5450 平方公里，占流域面积的 18%。其中林草占措施面积的 75.2%，“三田”占 24.8%。

2. 治理要求。(1)风沙区——面积 16790 平方公里，主要问题是沙漠南移风沙危害。治理措施：一是植树造林，防风固沙；二是在有条件的地方，引水拉沙造田；三是通过修水库和“马槽井”等方法，实现耕地水利化。本区治理，应推广靖边县杨桥畔村和榆林县蟒坑村的经验。(2)河源区——面积 3680 平方公里。特点是有大量埫地，是较好的农业基地。主要问题是侵蚀沟头溯源前进，破坏埫地。治理方向是用洪用沙，保埫固沟。具体措施有三：一是修建大中型水库，发展灌溉；二是引用沟洪坡洪，淤漫埫地和沙荒地；三是坡上造林种草，开展多种经营。修建大中型水库可推广新桥、旧城等库坝经验，引洪漫地可推广靖边县龙洲村的经验。(3)丘陵区——面积 9791 平方公里，主要特点是坡陡沟多，面蚀沟蚀都很严重，坡耕地粮食产量低而不稳，群众吃饭问题比较大。治理措施主要有四：一是把坡耕地修成水平梯田；二是沟中筑坝淤地或修库蓄水；三是有条件的地方发展小片水地；四是荒坡地和退耕陡坡造林种草。主要应推广米脂县高西沟村的治理经验。

3. 治理进度。(1)水土保持——梯田、坝地、水地、造林、种草等五项措施，“六五”期间，共新增面积 1799 平方公里，年均进度 1.2%，“七五”期间共新增面积 2288 平方公里，年均进度 1.5%。到 1990 年，累计治理措施面积 10667 平方公里，占流域总面积的 35.3%。(2)干支流骨干坝库工程——主要进行三方面工作：现有坝库的除险加固；新修王圪堵、马家窑了、武家坡等 3 座大中型水库；灌区建设和配套工程。

上述规划 1983～1987 年实施结果，水土保持进度超过规划指标，年均进度在3%以上；干支流骨干工程，规划中建议新修的3座水库未实施，另修建了尤家峁中型水库。

（二）三川河

1. 流域概况。三川河流域在山西省吕梁地区，由南川、北川、东川3条支流汇集而成，面积4161平方公里，包括柳林、中阳、离石、方山4个县的全部或大部。总人口41.2万，其中农村人口35.5万，平均每平方公里85人。分河川区、丘陵区和土石山区3个类型区。治理前，流域年均输沙量4025万吨，输沙模数每年每平方公里9673吨。丘陵区水土流失严重，年均输沙量2933万吨，输沙模数每年每平方公里15500吨，多年来水土保持工作开展较好。据1981年底统计，完成各项治理措施面积667平方公里，占总面积的16%。其中林草占51.8%，“三田”占48.2%。

2. 分区治理要求。(1)河川区——面积500平方公里，平均每平方公里310人，人均土地4.8亩，耕地1.7亩。地势平坦，气候温和，交通方便，矿藏丰富。发展方向以农为主，通过灌区配套和川地打井，尽快把现有川平地全部建成高标准园田；通过治河造地，筑坝淤地，新增加一部分耕地。大力发展工副业，以副促农。本区治理应推广柳林县木村和离石县居义村的经验。(2)丘陵区——面积1892平方公里，平均每平方公里107人，人均土地14亩，耕地4.8亩。坡陡沟深，流失严重，广种薄收，农业产量很低，许多地方人畜饮水困难。治理方向，首先要加快建设基本农田，争取1990年人均达1.5～2亩；第二，大力营造经济林和薪炭林，草灌乔并举，绿化荒山荒坡；第三，加快解决人畜饮水、烧柴、通电、农副产品加工问题，解放劳动力。应积极推广柳林县韩家峪村的经验。(3)土石山区——面积1770平方公里，平均每平方公里31人，人均土地近50亩，耕地9亩。气候高寒，植被较好，降雨较多，人少地多，流失较轻。发展方向以林牧为主，首先保护好现有山坡林草，封山封坡育林育草，用飞机播种，改良现有牧坡草地；同时要建设好基本农田，逐步实现粮油下沟下川，退耕陡坡还林还草。应积极推广方山县神堂沟和离石县于家沟的经验。

3. 治理进度。梯田、坝地、水地、造林、种草等五项措施，到1985年累计面积932平方公里，占流域面积的22%，到1990年累计面积1398平方公里，占流域面积的33%。“六五”期间平均年进度1.5%，“七五”期间平均年进度2.2%。

（三）黄甫川

1. 流域概况。黄甫川流域面积3246平方公里，大部在内蒙古自治区准格尔旗(2798平方公里),北部有33平方公里在达拉特旗,南部有415平方公里在陕西省府谷县。共有农村人口8.5万人,平均每平方公里26人。分3个类型区:础砂岩丘陵区,600平方公里;沙化丘陵区,660平方公里;黄土丘陵区,1986平方公里。多年平均输沙量0.6亿吨,侵蚀模数每年每平方公里18500吨。泥沙粒径大于0.025毫米的占80%,是黄河中游水土流失最严重、粗沙最多的一条支流。到1981年统计,上报完成各项治理措施面积491平方公里,占流域面积的15%,同时兴修小(一)、小(二)型水库175座,总库容1.45亿立方米,控制面积794平方公里。

2. 治理方向。(1)根据流域内人口少、川台地多的特点,实行"农田下川,林牧上山"。全流域有可建成基本农田的川、台、滩地共18万亩,人均约2亩,如全部建成利用,可促进陡坡农地退耕还林还牧。(2)根据当地气候干旱特点,造林以柠条为主,并采用耧播,以加快进度,节约劳力。(3)根据当地土壤砂性大,沟中常流水多的特点,继续推行水坠法筑坝淤地,修库蓄水。(4)根据本地区地广人稀,居住分散的特点,将部分荒山荒坡承包给农民,"谁治、谁管、谁受益"。

3. 治理进度。梯田、坝地、水地、造林、种草等五项措施面积,规划要求到1985年要求累计达1081平方公里,占总面积的33.3%,平均年进度4.6%;到1990年累计达1778平方公里,占总面积的54.8%,平均年进度4.3%。累计措施面积中,林草占91.4%,"三田"占8.6%。

二、关川河规划

甘肃省关川河是黄河支流祖厉河上游的二级支流,全长180公里,流域面积3511平方公里,分布在定西、会宁、通渭、陇西和榆中5县。其中定西县境内面积2660平方公里,占流域总面积的75.8%。流域内气候干旱,自然灾害频繁,农业生产水平很低,群众生活十分贫困。1983年,定西县列为全国水土流失重点治理区,在国家的关怀和经济支援下,加快了水土保持进度,出现了官兴岔、石家岔等较好的水土保持典型,群众的生产生活开始有所好转。为了进一步加快治理进度,改变当地贫困面貌,甘肃省政府研究决定,从世界银行贷款(长期低息)增加水土保持投资。1980～1984年内,世界银行几次派员到定西县进行考察,确定以定西县境内关川河流域的西部为接受使用贷款开展水土保持的第一期工程实施区。在甘肃省水利厅水保局、定西地区水利局等单位的具体指导下,制定了《定西县关川河流域水土保持综合治理工程总体规划》,邀请省内有关专家进行评审修改后,由世界银行专家进行评估,同意了规划内容和贷款要求。1987年9月,在美国华盛顿,由中国驻美大使代表中国政府与国际复兴开发银行签订了信贷协定书,规定1987～1992年为接受贷款、实施水土保持的期限。1989年10月,在规划实施两年之后,由甘肃省水土保持学会主持,邀请省内外有关专家,对原规划和执行情况进行评审。认为规划指导思想明确,抓住了定西县的主要问题;规划的分区治理意见符合当地的实际;两年的执行情况是,进度快,质量好,效益显著。同时,也提出了一些补充修改意见。规划要点如下:

(一)基本情况

实施区范围包括15个乡,195个行政村,3.9万户,20.5万人,9.1万个劳力,总面积1981平方公里,占定西县面积的54%。多年平均降雨量425.3毫米,年均气温6.3℃,无霜期141天。自然灾害频繁,1957～1982年的26年中,发生春旱、初夏旱、伏秋旱共32次。1950～1978年29年中有14年发生雹灾。1950～1974年的25年中受霜冻成灾的有13年。粮食产量低而不稳,"三料"俱缺,不少群众靠挖草根、铲草皮、烧畜粪补燃料不足,生活十分贫困。多年来,积极开展水土保持,到1986年,已建成基本农田(梯田、坝地、小片水地、旱条田)43万亩,人均2.1亩,造林33万亩,种草22万亩,共有治理措施面积654平方公里,占流域面积的33%。

(二)规划要求

1987～1992年的6年内,新修梯田20.1万亩,坝地2.5万亩,造林32万亩,种草31万亩,草场改良30万亩,水窖、涝池、谷坊、沟头防护等近16万处(座)。新修农村公路205公里,架设农电线路400公里。新增治理措施面积764平方公里,占流域面积的38.6%。

(三)治理效益

第一期工程全部完成后,实施区内粮食平均单产可由原来的40多公斤,提高到100公斤以上,人均粮食可由275公斤,提高到400公斤;大农业总产值可由4900多万元,提高到8800多万元,人均年收入可由220多元提高到370多元。水土流失可以得到基本控制,粮食、"三料"和人畜饮水问题都可得到缓解。

三、大汶河规划

大汶河是黄河下游的主要支流,位于山东省境内,流域面积的97%在泰安市所属区域内。根据山东省水土保持委员会部署，泰安市水土保持委员会办公室于1984年开始，进行全市的水土保持普查、区划和规划工作。泰安市总面积9332平方公里，其中86.7%(8091平方公里)在大汶河流域。因此，泰安市与大汶河的水土保持普查、区划、规划工作，基本上是同步进行和完成的。

这次规划工作，依照《山东省水土保持普查、区划、规划技术要点》和国家计委1983年《关于转发西北黄土高原水土保持专项治理规划任务书》的通知和黄委会1984年提出的《黄河主要支流开发治理工作大纲》等有关文件精神进行。工作开始前，层层举办技术培训班，首先由流域内各县、市、区分别进行普查、区划与规划，然后汇总为泰安市与大汶河流域的区划和规划。1986年7月，提出规划报告初稿，经泰安市人民政府和山东省水土保持委员会审查并批准实施。大汶河流域水土保持规划要点如下：

(一)基本情况

大汶河流域面积8633平方公里。包括泰安市所属7个县(区)的113个乡(镇)，5347个自然村，总人口481万，其中农村人口429万。有水土流失面积5093平方公里，占流域面积的59%。

(二)分区治理方向

在省水土保持区划基础上，分5个水土保持区，各区的生产、治理方向分别是：

1. 泰汶北东中低山丘陵强度剥蚀侵蚀水源涵养林果油牧区。位于泰山东麓，沂山、鲁山以西，是大汶河南北两支的分水岭，海拔700～1000米，山峦起伏，地势陡峻，山岭上部岩石裸露，大部山坡植被稀少。总面积3339平方公里，占流域面积的38.7%，水土流失面积1834平方公里，占本区面积的54.9%，侵蚀模数每年每平方公里6500吨。总人口135万人，其中农村人口115万人，平均每平方公里344人，人均耕地1.35亩。由于广种薄收，单一粮食经营，破坏植被，水土流失日趋严重。区内有泰山、徂徕山、莲花山等国营林场，植被较好，有国内著名的旅游胜地泰山。盛产板栗、山楂、苹果、核桃等，果品产量高、质量好，有的出口国外，具有较好发展前景。生产治理方向应在粮食自给基础上，退耕陡坡，多种经济林，建成果品、肉食、奶羊、渔业基地。对荒山荒坡实行封育，改顺坡耕作为修水平梯田，沟中修建谷坊、塘坝、水库，解决人畜饮水困难。

2. 泰汶南低山丘陵强度溶蚀侵蚀水源涵养林果粮油区。位于流域南部，海拔200米左右，地形复杂，沟壑密布，部分沙石山区风化严重，土层瘠薄，青石山区岩石裸露。水源奇缺，人畜饮水困难。总面积905平方公里，占流域面积的10.5%；水土流失面积686平方公里，占本区面积的75.8%；侵蚀模数每年每平方公里6163吨。总人口48万，其中农村人口46.8万，平均每平方公里517人，人均耕地1.55亩。生产治理方向，与前一类型区相近，大搞农田基建，提高单产，促进陡坡退耕，建立林果基地，积极发展核桃、花椒、山楂、苹果、香椿、大枣、金银花等经济树种。因地制宜修建水库、塘坝、谷坊、旱井，解决人畜饮水困难。

3. 泰汶西低山丘陵强度溶蚀侵蚀沟坡兼治林果粮棉区。位于流域中下游，海拔一般600米以下。山丘上部陡峭，岩石裸露，土层瘠薄，下部缓坡土层逐渐增厚；林草稀疏，地形复杂，沟壑较多。总面积1410平方公里，占流域面积的16.3%；水土流失面积1121平方公里，占本区面积的79.5%；侵蚀模数每年每平方公里5000吨。总人口97万人，其中农村人口65.5万人，平均每平方公里465人。由于干旱，生产水平较低，解决水源后，生产潜力很大。生产治理方向，大力发展林果药杂，建成果品基地。坡耕地逐步修成水平梯田，荒山荒坡加紧封育，涵养水源，在沟中修水库、塘坝，缺水地区修水窖、旱井，解决人畜饮水困难。

4. 泰汶中平原轻度侵蚀农田防护粮麻菜区。位于泰、沂山南麓，大汶河沿岸，属山间冲积平原。地势平坦，土层深厚，土质肥沃，灌溉条件较好，开发历史悠久，耕作精细，有较多的优势产品，社会经济基础较好。总面积2450平方公里，占流域面积的28.4%；水土流失面积1189平方公里，占本区面积的48.5%；侵蚀模数每年每平方公里560吨。总人口188万，其中农村人口172万，平均每平方公里702人，人均耕地1.39亩。由于单一粮食生产，多种经营开展较差，剩余劳力未充分发挥作用。生产治理方向，应坚持以粮食生产为主，农林牧副渔全面发展，农工商综合经营；建设以城镇为基点，以林网为骨架的集约型园艺式粮麻菜工副业区。充分利用劳力资源，积极发展工副业生产。搞好防洪防涝、灌区配套，建设农田防护林网，推广农桐间作。

5. 泰湖汇洼平原轻度侵蚀农田防护粮棉渔牧区。位于流域下游和康汇河沿岸，包括东平湖。低洼易涝，是黄河与大汶河的主要滞洪区。总面积529平方公里，占流域面积的6.1%，其中耕地34.3万亩，水面20万亩。水土流失面积263平方公里，占本区面积的49.7%；侵蚀模数每年每平方公里137吨。总人口37万，其中农村人口29.5万，平均每平方公里568人，人均耕地1.17亩。农业生产比较脆弱，湖区一水一麦，涝年粮食减产，群众生活无保障。水资源丰富，水产有很大潜力。湖区重点任务是承担黄河滞洪，确保下游安全。生产发展方向，湖区与沿河平原，搞好排灌设施，改革耕作制度，保证粮食自给；充分发挥湖泊、坑塘优势，大力发展渔业和水产，巩固扩大商品鱼基地。结合农田防护林网，发展速生丰产林和粮桐间作；利用荒滩隙地，发展畜牧业，做到农林牧副渔全面发展。

（三）规划主要指标

1. 进度。截至1985年，有梯田154.4万亩，造林262.58万亩，种草11.91万亩，塘坝4118座，谷坊61800座，治理面积2859平方公里。规划1986～2000年，新增梯田90.84万亩，造林108.26万亩，种草11.2万亩，治理面积1402平方公里。到2000年，累计梯田245.24万亩，造林370.84万亩，种草23.11万亩，治理面积4261平方公里，占水土流失面积的83.7%。

2. 投入。完成上述治理任务，1986～2000年，共需投入劳力1.33亿工日，平均每年每劳需投入水土保持7～8个工日。共需投入经费1.2亿元，其中群众自筹80%，约0.96亿元，国家补助20%，约0.24亿元。每治理1平方公里需经费8.6万元，其中国家补助1.72万元。

3. 效益。上述治理措施完成后，到2000年，可减少河流泥沙1536万立方米，每年可节省河道水库清淤费用700万元；粮食亩产由1985年的540公斤提高到700公斤；人均粮食由453公斤提高到665公斤，人均收入由385元提高到1000元。

四、窟野河、秃尾河、孤山川规划

1986年10月，黄委会主任龚时旸提出，为配合神府、东胜矿区的开发，作为《黄河流域黄土高原地区水土保持专项治理规划》的组成部分，需要开展窟野河、秃尾河、孤山川3条重点支流的规划，并于1987年初布置规划任务，由黄委会领导，委托黄河中游治理局主持，组织黄委会办公室、设计院、水保处、水科所、水资源保护所、绥德水保站等7个单位共70多人参加，组成规划项目组，由黄河中游治理局副总工程师闫文哲任组长。规划任务有水土保持与治沟骨干工程，以及水利、水资源、环境保护、矿区治理等共6个专项。规划组于1987年5月开始现场野外工作，1988年10月完成外业任务。1989年4月，提出规划要点报告，报黄委会审查后，同年7月向水利部汇报。根据全国政协副主席钱正英的指示精神，水土保持与治沟骨干工程两个专项由水利部审查，其他专项水利部不再专门审查。据此，对水土保持和治沟骨干工程两个规划进行修改补充，1990年4月完成规划报告送审稿及其有关附件，于同年11月经黄委会报水利部审查同意。规划的部分成果已被有关部门采用和实施。水土保持规划要点如下：

(一)窟野河

1. 基本情况。流域面积8706平方公里，水土流失面积8244平方公里，占总面积的95%。总人口30.75万，平均每平方公里35人。多年平均年输入黄河泥沙1.16亿吨，侵蚀模数每年每平方公里5000～40000吨。建国以来，进行了大量工作。截至1988年，流域内共兴建库容大于50万立方米的骨干坝68座，小于50万立方米的淤地坝737座。修梯田5.02万亩，造林110.38万亩，种草36.65万亩，治理措施面积共201.76万亩，折合1345平方公里，占流失面积的16.3%，年均进度0.41%。

2. 分区发展方向和治理措施。(1)黄土丘陵区——面积1817平方公里，沟壑密度每平方公里沟长3.13公里，切割深度100～200米，大于25度以上坡地占总面积的61.2%。土质疏松，植被稀少，暴雨集中强度大，水土流失严重，局部侵蚀模数高达每年每平方公里30000～40000吨，以水力侵蚀、重力侵蚀为主。治理措施是坚持沟坡兼治，林草、工程、耕作措施结合，加强治沟骨干工程建设，建立完整的水土保持防护体系。生产发展方向是农林牧副综合发展，积极开展多种经营。(2)沙质丘陵区——面积4413平方公里，沟壑密度每平方公里沟长2.7公里，切割深度50～150米。主要特点是在峁梁坡和顶部较大面积覆盖薄层积沙，北部低缓沙丘断续覆盖，还有相当面积为光板硬梁地或风蚀凹地。水土保持的重点是防风固沙，治沙和治川、治滩、治沟、治坡相结合。把造林种草，防风固沙，发展畜牧业作为该区脱贫致富的突破口。生产发展方向，以林牧为主，林牧农结合，全面发展。(3)砾质丘陵区——分布在河源区，面积2476平方公里，海拔1280～1617米，沟壑密度每平方公里沟长2.2～2.5公里，切割深度20～100米。沟多坡陡，砒沙岩广布，治理难度较大。治理措施是，河源区加强沟头防护建设；大面积砾石、岩屑覆盖的硬梁地，采取隔坡水平沟等工程和造林措施。生产发展方向是，逐步将以农为主改变成以牧为主，农林牧结合，多种经营，全面发展。

3. 规划期(1989～2000年)治理要求。(1)新建和加固治沟骨干坝、淤地坝1518座，总控制面积7007平方公里，新增库容8.23亿立方米。新修梯田11.18万亩，坝地9.95万亩，水地8.65万亩，造林180.19万亩，种草48.96万亩，新增治理措施面积共258.93万亩，折合1726平方公里，年均进度1.75%。另外新修沟头防护600处、谷坊22400座、池塘700座。(2)完成前述各项措施总需投工3651万工日，总需经费2.747亿元。(3)到2000年，人均粮食可由现在的330公斤提高到400公斤，人均年产值可由现在的390元提高到750元。每年可减少入黄泥沙4231万吨，占该河多年平均实测产沙量的36.5%。

(二)秃尾河

1. 基本情况。流域面积3294平方公里，总人口约11万人，平均每平方公里33人。上游风沙区，以风力吹蚀、磨蚀为主；下游丘陵区，以水蚀和重力侵蚀为主。局部剧烈侵蚀区，侵蚀模数达每年每平方公里15000～20000吨，1959年一次暴雨洪水，每平方公里侵蚀量达12358吨。到1988年，兴建治沟骨干坝43座，已拦泥1735万立方米。已建成坝地1.19万亩，梯田5.60万亩，水地4.15万亩，造林79.86万亩，种草6.31万亩。各项治理措施面积共97.11万亩，折合647平方公里，年进度0.5%。

2. 分区发展方向和治理措施布局。(1)西北风沙滩地区——面积1923平方公里，生产发展方向是，在现有土地利用的基础上，以防风固沙为主，巩固扩大林草面积，逐步实现以牧林为主，粮食调剂自给；营造大面积防风固沙林和农田防护林，充分利用天然湖泊(海子)水资源发展水产养殖业。(2)黄土丘陵沟壑区——面积1371平方公里，生产发展方向是农林牧综合发展，以牧养农，以农促牧，以林保农，以草养畜，多种经营，全面发展，逐步实现区域性粮食自给。

3. 规划期内(1989～2000年)治理要求。新建大小淤地坝1216座，总库容2.08亿立方米，可淤地32520亩。新修梯田15万亩，坝地1.83万亩，水地3.85万亩，造林85.34万亩，种草29.71万亩，各项措施新增治理面积共135.73万亩，折合905平方公里，年均进度约2.3%。完成前述措施共需投入劳力2072万工日，需经费17722万元。到2000年，每年可减少入黄泥沙近100万吨，人均粮食由现在的315公斤提高到450公斤，人均年收入由现在的162元提高到343元。

(三)孤山川

1. 基本情况。流域面积1272平方公里，总人口7.37万人，平均每平方公里58人。流域属黄土丘陵沟壑区，水土流失十分严重，侵蚀模数每年每平方公里19000吨，年输沙量2400万吨，其中粗沙量1100多万吨。到1988年，已建成大小淤地坝426座，总库容7399万立方米。各项措施保存面积为：梯田3.64万亩，坝地1.06万亩，水地2.88万亩，造林11.99万亩，种草12.95万亩，治理措施面积共32.52万亩，折合217平方公里，平均年治理进度 0.43%。

2. 生产发展方向。实行综合治理，农林牧并举，逐步改广种薄收为少种高产多收，在粮食自给的同时，大力植树种草，逐步建成林牧业基地。规划期内(1989～2000 年)治理措施要求：新修梯田 5.4 万亩，坝地 2.72 万亩，水地 1.8 万亩，造林 19 万亩，种草 16.1 万亩，共计 45 万亩，折合 300 平方公里，平均年进度 2%；新建骨干坝、淤地坝 392 座，总库容 23521 万立方米，可淤地 2.71 万亩。

3. 投资与效益。完成前述任务，总需投工 1022 万工日，总需经费 9211 万元。到规划期末，每年可减少入黄泥沙 935 万吨，占流域多年平均输沙量的 39%；人均粮食由现在的 431 公斤提高到 498 公斤，人均收入由 249 元提高到 320 元。

五、县川河规划

1988 年 3 月，经水利部领导同意，将窟野河、秃尾河、孤山川、延河、县川河等 5 条支流同时纳入《黄河流域黄土高原地区水土保持专项治理规划》，作为其中的重点支流治理项目。同年 5 月，在郑州召开的治黄规划座谈会期间，全国政协副主席钱正英指示，要进行县川河流域的水土保持与治沟骨干工程的实施规划。据此，黄委会将此项任务交给黄河中游治理局，由局属规划院具体负责，经与山西省水利厅联系，该厅于 1989 年 6 月向黄委会报送《县川河流域规划任务书》。同年 6 月，黄委会作了批复。8～11 月，黄河中游治理局规划院派出 20 名工程技术人员，在山西省水利厅和忻州地区及流域所属各县的配合下，完成外业工作。水土保持、治沟骨干工程等组，分别提出专项成果，经汇总于 1990 年 11 月提出 1991～2000 年的规划报告初稿。1991 年 3 月，经向山西省水利厅水保局汇报，同意按规划实施。规划要点如下：

(一)基本情况

县川河流域位于山西省忻州地区西北部，总土地面积 1571 平方公里，总人口 6.63 万，其中农村人口 6.44 万，平均每平方公里 41 人。多年平均输沙量 1261 万吨，输沙模数每年每平方公里 8026 吨。从 50 年代开始，经过 30 多年的治理，截至 1989 年底，完成各项治理措施面积 44.1 万亩，折合 294 平方公里，占流域总面积的 18.5%。在治理措施面积中，造林占 85.4%，种草占 2.4%，“三田”占 12.2%。

(二)分区治理方向

1. 土石山区。面积 207 平方公里,平均每平方公里 34 人,分布在河源管涔山西麓的延伸地带,基岩出露面积较大,石厚土薄,气候高寒,天然植被成片分布,水土流失程度中等。生产发展方向应以林为主,防治措施实行封、育、造结合,大力种植针叶用材林和沙棘灌木林等,结合天然牧坡的更新改造,适当发展畜牧业,在高山退耕还林的基础上,因地制宜积极建设基本农田,做到粮食自给。

2. 黄土缓坡丘陵沟壑区。面积 551 平方公里,平均每平方公里 37 人,位于流域中上游地段,峁大梁宽,地势平缓,干旱缺水,气温较低,风蚀沙化严重,属强度水土流失类型区。发展方向,以草灌为主,大力营造防风固沙林,建立草、灌、乔并举,片、带、网结合的生物防护工程体系,积极发展畜牧业;改变广种薄收,实行集约经营,发展粮油型农业,提高商品率,增加收入。

3. 黄土梁峁丘陵沟壑区。面积 813 平方公里,平均每平方公里 44 人,地形破碎,气候干燥,雨量少而集中,旱涝灾害频繁,水力、重力侵蚀严重,属极强度水土流失类型区。生产发展方向以农为主,农林牧副全面发展。积极建设基本农田,推广旱作农业,提高单产,促进陡坡退耕;相应发展农区牧业、林果业及与之有关的加工业;有条件的地方,大搞煤炭、硫磺开发;突出土杂果栽培和土杂豆生产,建立以林果为主的生物防护体系和以果粮间作为主的耕作体系。

(三)治理进度

1. 规划期内共新增梯田 10.9 万亩,坝地 0.7 万亩,水地 0.1 万亩,造林 35 万亩,种草 19.6 万亩,新增治理面积共 66.3 万亩,折合 442 平方公里,年均进度 2.8%;到 2000 年,累计治理措施面积 736 平方公里,占流域总面积的 46.9%。其中造林占 65.9%,种草占 18.6%,“三田”占 15.5%。

2. 治沟骨干工程。现有坝库除险加固 17 座,新建治沟骨干工程 145 座。到 2000 年,全流域库容大于 50 万立方米的治沟骨干工程达 162 座,平均每 10 平方公里 1 座,控制面积 781 平方公里,总库容 1.62 亿立方米,可拦泥 1.25 亿吨,淤地 1.66 万亩。总工程量 768 万立方米,总投工 2199 万工日,总投资 3276 万元。

(四)效益预估

规划实施后,到 20 世纪末,年减少入黄泥沙 482 万吨,占流域产沙量的 38.8%。人均基本农田 3.1 亩,人均占有粮食由 505 公斤提高到 666 公斤,人均收入由 317 元提高到 757 元。

第五篇

治理措施

黄河流域水土流失严重，群众在长期生产实践中，针对坡耕地、荒地和沟壑的不同情况，创造了许多行之有效的治理措施；同时在坡、沟不同位置上及风沙区，创造了许多小型蓄水工程和治沙措施；建国后又针对开矿、修渠、筑路等生产建设活动所引起的新的水土流失，采取了多种专项治理措施。这些措施都能有效地治理各类土地上不同形态的水土流失，并为改变黄土高原面貌，促进群众脱贫致富创造了有利条件。

坡耕地治理，古代就有在缓坡地上修筑梯田的实践。建国后特别是50年代末期以后，黄河流域水平梯田得到大量发展，在山区、丘陵区成为改造坡耕地、提高农业产量的主要措施。甽田、代田、草田轮作等保土耕作法，分别起源于西周、汉代和魏、晋时期。沟洫起源于夏朝，开始是用于平地排水，后来在坡地上顺等高线布设，就兼有蓄水保土作用。民国时期，沟洫转化为沟洫梯田（坡式梯田），与保土耕作法同时作为水土保持措施，在坡耕地上进行试验示范和推广。建国后，由于水平梯田的普遍兴修，这两种措施在大部分地区基本不再采用，但在地广人稀地区，坡式梯田仍被作为一项过渡性措施。沟垄种植、抗旱丰产沟、草田轮作等保土耕作法，也在部分地区少量推广。

荒地治理措施中，人工造林始于春秋战国时期，人工种草始于西汉时期。民国时期，造林种草已作为水土保持措施，进行试验示范和小面积推广。建国后，造林种草不仅成为治理荒地的主要措施，而且是解决群众“三料”，增加经济收入的主要途径。

沟壑治理措施中，筑坝淤地，变荒沟为良田，是黄土高原群众具有独创性的一项水土保持措施。山西、陕西境内修建最早，至今仍保留有400多年前的淤地坝。建国后，淤地坝得到大力推广，拦泥、淤地、抗旱、增产效果显著。沟头防护始于清代前期，是高塬沟壑区制止沟头前进的有效措施。沟底修谷坊虽然只有40余年的历史，但由于制止沟底下切效果较好，在山区、丘陵区发展很快。

小型蓄水工程中，引洪漫地措施起源于春秋战国时期，其后历代均有发展；水窖起源于明代，涝池、塘坝起源于西周和春秋时期。这些措施在一定程度上能够起到减轻水土流失，解决人畜用水的作用。

专项治理措施中，风沙区的治理始于明代，建国后发展很快。引水拉沙造田是黄河流域独创的治沙措施，它不仅能够有效地制止流沙危害，改善生态环境，而且还可以把大量沙荒地改造成农林牧副业生产基地。其他如矿区四周、水库上游，渠道与铁路、公路沿线的水土保持专项治理措施，也都取得明显效果。

第十三章　坡耕地治理

坡耕地在黄土丘陵沟壑区和土石山区分布广泛，约占耕地总面积的80～90%以上；在高塬沟壑区的塬边和沟坡也有少量分布。坡耕地坡度一般在15度以上，有的大于25度，水土流失十分严重。据观测，25度左右的坡耕地，每年每亩流失水量30～40立方米，流失土壤8～10吨，致使耕地土壤日益瘠薄，农业生产低而不稳，群众生活长期贫困，迫切需要加强治理。

第一节　保土耕作法

一、沿革

西周至春秋战国时期，黄河流域的群众为抗旱保墒、肥地增产，先后创造了甽田、轮作、复种、深耕等措施；汉代至魏、晋、南北朝时期，又创造了代田、区田、间作、套种、草田轮作等措施。这些措施分别具有改变微地形、增加地面被覆和改良土壤的功能，客观上起到保水保土的作用。民国时期，经一些专家倡导，开始进行试验和小范围推广。建国后，黄河流域各地，在继承古代传统耕作措施的基础上，不断推广、改进，并创造许多新的保土耕作法。50年代共推广10多种，1958年水平梯田广为修建后，保土耕作措施逐渐减少。70年代中期以后，仍有沟垄种植、抗旱丰产沟和草田轮作等措施，在部分地区继续推广。

(一)改变微地形的保土耕作法

古代有甽田、代田、区田法，近代有垄作区田，现代有掏钵种、水平抗冲沟和抗旱丰产沟等。其作用在于顺等高线增加地面糙率，蓄存天然降水，减轻水土流失，达到农业增产的目的。

1. 甽田。据《汉书·食货志》载："后稷始甽田，以二耜为耦(用两耜合并在一起)，广尺深尺曰甽，长终亩(和亩等长)，一亩三甽，一夫三百甽，而播种于畎中。”这是我国最早的沟垄种植法。春秋战国时期,畎田法得到进一步发展。《吕氏春秋》中《任地》篇载:“上田弃亩,下田弃畎。”“上田”即是高旱的田,“弃亩”是放弃垄上不种而种垄沟;“下田”是低湿的田,“弃畎”是放弃垄沟不种而种垄上。

2. 代田。汉武帝征和四年(公元前 89 年),赵过任搜粟都尉(农官),在陕西关中推广代田法。据《汉书·食货志》记载:“过能为代田,一亩三甽(同畎),岁代处(每年轮番),故曰代田,古法也。”代田法要求种植行(垄沟)和行间(垄背)每年互换位置,比之畎田又进了一步。此法在土壤耕作中有两个特点:其一,开沟作垄。“一亩三畎”,就是一亩地要作三条沟,三条垄,垄宽和沟宽都是一尺。其二,垄沟互换。垄和沟的位置逐年代换。这是“代田”一词的来源。由于当时采取先官田,后民田,先示范,后推广的方法,曾将代田法推广到很大的范围。据《汉书·食货志》载:“是后边城、河东、弘农、三辅、太常民,皆使代田。”推广范围,主要在今甘肃、宁夏等省(区)西北部,陕西省关中地区,山西省西南部以及河南省西部等地。其后由于区田法的出现,其精耕细作、少种多收的优点胜过代田,代田法就逐渐被区田法所代替。

3. 区田。《氾胜之书》载:“区田以粪气为美,非必须良田也。诸山陵、近邑高危、倾阪及丘城上,皆可为区田。”区田法在当时不但用于平地,还可用于山陵、坡耕地。其中适宜坡地的区田法因劳力和土地条件不同,采取不同的尺寸,分为“上农夫区”、“中农夫区”和“下农夫区”。《氾胜之书》说:“上农夫区,方、深各六寸,间相去九寸。一亩三千七百区,一日作千区。”“中农夫区,方七寸,深六寸,相去二尺。一亩千二十区,一日作三百区。”“下农夫区,方九寸,深六寸,相去三尺。一亩五百六十七区,一日作二百区。”对作物都有株行距的规定,在作物生长期间,要求做好中耕除草。这些作法都符合合理密植、精耕细作、防治水土流失要求,比一般田作物产量能成倍增长。

在《氾胜之书》提出区田法后,经北魏贾思勰的《齐民要术》引用,关于区田法的研究著作颇多,如王毓湖的《区田十种》、李剑农《先秦西汉经济史稿》以及明末顾炎武《天下郡国利病书》等,均有详尽论述。从汉末到明初,区田法有所发展,也较为盛行,后来由于技术复杂、费工较多等原因,并未普及。

4. 垄作区田。垄作区田又称沟垄种植。20 世纪 40 年代,天水水土保持实验区张绍钫、高继善等人,在蒋德麒技正指导下,总结群众“拥堆子”和“串堆子”的经验,加以改进,发展为垄作区田。在梁家坪农业试验场坡地上进行试验,1946 年开始在甘肃省天水市郊示范推广,建国以后,逐渐推广到陇东、陕北以及山西、内蒙古、青海等省(区)。据 1957 年统计,仅甘肃省推广面积达 110 万亩，深受农民群众欢迎。50 年代中期，垄作区田加地边修埂，成为坡耕地保持水土的主要措施。

5. 蓄水聚肥改土耕作法。此法又称“抗旱丰产沟”，山西省水保所史观义、杨才敏等在研究坑种、垄种的基础上，60 年代中期开始试验，70 年代试验成功，80 年代在吕梁地区推广，后来又普及到黄河流域的山东、内蒙古和流域外的河北、湖北等省(区)。

6. 掏钵种。是根据历史上陕北群众掏钵种瓜发展演变而来。1951～1952 年已开始在陕西省米脂、绥德、佳县、子洲 4 县全部或部分地方推广。基本作法是在 20 度以下的坡地上，沿等高线按作物的株行距挖一方坑，长、宽、深各约 20 厘米，上下两行坑距交错，呈“品”字形，坑内种作物，群众叫掏钵种，又称坑田。掏钵种进一步发展，挖成长、宽、深各约 50 厘米的方坑，用生土在坑的下沿和左右两侧作成土埂，把上方 50 厘米左右的表土集中放在坑内，上下两行坑成“品”字形交错排列，当地群众叫“区田”。50 年代后期，陕西省榆林地区曾大力推广，粮食亩产可达 250～350 公斤，比一般坡地亩产 50 公斤左右提高 4～6 倍。此后，其他地区和一些省也曾应用推广，收到一定效果。但因挖坑主要靠手工操作，花劳力较多，在坡地大搞水平梯田以后，这种作法没有普及推广。

7. 休闲地水平抗冲沟。黄河流域有些以夏作物为主的地区，麦收后时值 7、8、9 月暴雨季节，休闲地上水土流失加剧。甘肃省天水地区、山西省运城地区群众就在耕翻过的休闲地上开挖水平抗冲沟，收到较好的蓄水保土效果。50 年代天水、绥德水保站进行过试验，在休闲坡地上，顺等高线，每隔 2 米犁一道水平沟，并在沟内每 2～3 米作一小土垱，避免蓄水横向流动，蓄积了雨水，防止了冲刷。经测定可以减少径流、冲刷 80～87%。

8. 等高耕作。甽田、代田、区田、沟垄种植，抗旱丰产沟等保土耕作法，都是沿等高线进行耕作的，一般都能起到保水、保土，增加作物产量的作用。这是坡地耕作最基本的水土保持耕作技术。但是，在塬面、阶地和川道的许多地方，5～10 度以下的坡耕地上，由于地界等原因，往往未坚持等高耕作，而是顺坡耕作，从而加大水土流失。建国后，水保主管部门曾在这些地方，提倡改顺坡耕作为等高耕作，作为保持水土的基本措施进行试验和推广。

(二)增加被覆的保土耕作法

增加地面被覆的耕作法主要有间作、套种、复种、草田轮作和休闲地种植绿肥等。

1. 间作、套种、复种。早在公元前 7 世纪春秋时期，由于水、旱等自然灾害，影响粮食产量，群众采取黍、稷和麦进行轮作、复种，作为增产粮食的应急措施。《左传·庄公七年》记载："七年秋(大水)，无麦苗，不害嘉谷也。""今五月，周之秋。平地出水，漂杀熟麦及五稼之苗。""黍稷尚可更种，故曰不害嘉谷。"这是黍、稷和小麦轮作复种的萌芽，距今已有2600多年历史。到了东汉，间作、套种在园圃作物中已开始推广。到公元6世纪，间作、套种、混种已被广泛应用。南北朝时期，作物的轮作与复种又得到进一步发展。据清代《知本提纲》、《农言著实》和《马首农言》这三部秦晋农书记载，黄河流域干旱地区主要的农作制有两种基本类型：一种是小麦和豌豆、扁豆、油菜的间作、套种，收获后，经过夏季休闲再种小麦；另一种则以小麦为主，加入苜蓿轮作。到明清时期，在水肥条件较好的地区，已注意集约化经营，有些田块上采取间作、套种、混种和轮作、复种相结合的种植制度，如《修齐直指》记载陕西省兴平县一带农民粮菜和经济作物两年13收的种植办法。

建国后，50年代和60年代，黄河流域广大地区曾因地制宜地推广各种形式的间作、套种和复种，如粮豆间作、粮粮套种以及麦收后复种玉米、马铃薯、荞麦等。这些措施，对于增加地面被覆，减轻水土流失，增加作物产量都起到很大作用。

2. 草田轮作。草田轮作(也称粮草轮作)始于魏、晋、南北朝时期，距今已有1700多年的历史。据《齐民要术》记载，轮作制中，除将绿肥和豆类作物插入轮作外，还有以小麦为主，插入苜蓿轮作期较长的种植制度。黄河流域最早采用草田轮作的是陕西、河南及甘肃省的陇东、陇南等地区。到了唐代，草田轮作已推广到全国。明代的《群芳谱》，记载了陕西关中地区和山西晋南地区实行粮草轮作的经验。建国后，陕西、甘肃、山西等省，大力推广苜蓿与小麦轮作以及油、豆、草轮作，在地广人稀的地区，群众采取荞麦地里带种冬油菜和草木樨，第一年收荞麦，第二年5月收油菜籽，秋季收草木樨，既增加地面被覆，保持水土，又提高地力，增收粮油。

3. 休闲地种植绿肥。这种作法是黄河流域群众在野草沤肥的经验上发展起来的。早在西周和春秋战国时代(公元前1066年～公元前211年)，黄河流域的农民就知道利用锄掉的杂草肥田。《诗经·周颂》中有"荼蓼朽止，黍稷茂止"的记载，把腐烂在田里的荼蓼和生长茂盛的黍稷联系起来。在《礼记·月令》和《吕氏春秋》中均有"土润溽暑，大雨时行，烧薙行水，利以杀草，如以热汤，可以粪田畴，可以美土疆"的记载，说明当时人们已认识到利用野生杂草沤粪肥田的效果。战国时《荀子·富国》篇中有"掩田表亩，刺草殖谷，多粪肥田，农夫众庶之事也"的记载，说明这时农民已把割野草沤粪肥田作为一项重要的农事活动。西晋时郭义恭所著《广志》一书记载农民由利用野生绿肥和养草肥田发展到栽培绿肥作物,经历300年左右的时间。其后流传1000多年,到明清时代绿肥作物种类增多,有紫云英、满江红、金花菜、香豆子、爬山豆、油菜、萝卜、黧豆、茅草、水苔、蔓菁等10余种。

建国后,黄河流域许多地方,研究出适应于各地种植的长期绿肥(苜蓿)、中短期绿肥(草木樨)和短期绿肥(箭舌豌豆、毛苕子、田菁、柽麻、绿豆)的种植方法。不但增加植被,减少水土流失,而且解决了用地养地用养结合的问题。

(三)改良土壤的保土耕作法

主要有深耕和深松耕、增施有机肥料、铺压砂田等。这些措施,在提高农业产量的同时,还有增加渗透、保蓄水分、减少径流冲刷的作用。

1. 深耕与深松耕。早在春秋战国时期,黄河流域的农民就认识到耕作深度与改良土壤的关系。《吕氏春秋·任地》篇有"其深殖之,度阴土必得"的记述,要求耕作深度应到表土下层水墒的部位。该篇同时还提出一系列耕作原则,其中有一条是"湿者欲燥,燥者欲湿",强调耕地要注意土壤水分状况,既不能太湿,也不能过干,并要求做到"五耕五耨,必审以尽"。到战国时期,黄土高原农业区深耕比较普及。汉代《氾胜之书》提出土壤耕作的基本要求是"凡耕之本,在于趣时,和土,务粪泽,早锄,早获"。要求保持土壤水分,要从墒情出发,以趋利除弊。公元6世纪,贾思勰所著《齐民要术》总结抗旱耕作技术,指出:"凡耕高下田,不问春秋,必须燥湿得所为佳。""若水旱不调,宁燥不湿。"要求在水旱不调时,宁肯燥耕,不可湿耕,使土壤中保持适当的水分。明清时期,传统耕作技术进一步完善,关中农书《知本提纲·农则》开始用阴阳五行学说,阐述"阳"、"火"与"阴"、"水"之间的关系,其实质是提出土壤耕作的任务,就是要调节土壤中水、肥、气、热各种因素的相互作用。

建国后,黄河流域群众对耕作深度总结为"浅—深—浅"这样一个模式,能较好地接纳雨水,增加渗透,减轻水土流失。其具体作法是:夏收后,首先进行浅耕(一般14～17厘米)灭茬,在地表形成一个疏松的覆盖土层,避免水分蒸发。夏收一个月左右,需进行深耕,即伏深耕,耕犁深度可达20～27厘米(机耕),要求掩草晒垡,使土壤养分释放,重新积蓄肥力。到9月上、中旬种麦前10～15天进行最后浅耕,结合耙耱,保存土壤水分,供小麦播种和来年春旱时利用。陕西关中地区有"伏里深耕田,赛过水浇田"和"麦收隔年墒"等农谚,反映了深耕的保水作用。

2. 增施有机肥料。商代以前,黄河流域的农业尚不知施肥,一般以撩荒形式来维持地力，商代以后开始发展为“休闲农业”。从战国晚期到秦汉数百年间，农民逐步认识到施肥对促进作物生长的作用，西汉时开始对农作物施肥，当时《氾胜之书》所述的区田法，就有“以粪气为美”的记载。我国历史上农业施肥，一般都是有机肥，主要是人畜粪便和绿肥，当时的目的主要是为了增产，但同时也起到改良土壤、蓄水保墒、提高抗蚀性能的作用。这种情况，延续了几千年。

建国后，黄河流域的水土保持工作者，在总结历史经验的基础上，通过研究耕作土壤的抗蚀性能，进行科学试验和观测，试验研究结果证明，对坡耕地增施有机肥，不仅能使作物生长良好，增强植被，提高产量，而且由于改良土壤，增加入渗，提高抗蚀性能，暴雨中减少了地表径流和土壤冲刷。

3. 铺压砂田。主要分布在甘肃、青海、宁夏等省(区)的干旱地区以及山西汾河沿岸。其中以陇中地区分布最广，有近200年的历史。清嘉庆年间(1796～1820年)，皋兰、永登等县连年干旱，山坡地颗粒无收，有一农民在山坡上发现，地鼠打洞扒出来的砂砾堆上却生长着几株穗粒壮实的小麦，由此悟出砂砾能防旱的道理，于是从山地里挖出砂砾，平铺在整好的土地上，然后施肥播种，果然得到丰收。后来经过附近农民的改进和推广，逐渐形成一种抗旱保墒的耕作措施。1941年抗日战争期间，急需大量粮草，议员郭福金等人提出《关于发展砂田的议案》，敦促甘肃省政府采用免税等办法，奖励铺压砂田，以增产粮食。1943年甘肃省政府派人到秦王川调查，了解到“该地本属旷野，清道光年间(1821～1850年)农夫铺砂耕种，遂成肥美沃壤，大宗产出小麦，运销兰州，有‘米粮川’之称”。20世纪40年代，甘肃省农业改进所对铺砂的功效与方法进行试验研究，获得良好结果。1946年甘肃省政府在5年建设工作纲领中，拟定5年内完成50万亩农田铺砂任务。但因连年战争，财政困难，物价暴涨，农民生活困苦，砂田面积增加非常缓慢，到1949年也没有实现。

建国后，党和政府非常重视砂田建设，每年列入农业发展计划，发放经费，采取多种办法鼓励农民扩大砂田面积，同时不断地更新旧砂田。到1985年底，甘肃全省砂田面积已扩大到135万亩。

二、推广情况与效益

建国以来，黄河流域的保土耕作措施曾有发展，但与梯田、淤地坝等措施比较，很不稳定。因为这种措施随当年耕作而有效，又随作物收获而消失，很难统计出措施的面积和有关数据。50年代后期以来，各地采用保土耕作法较少。70年代中期以后，仅在部分地区推广以下几项措施：

（一）沟垄种植

70年代中期，延安地区把沟垄种植作为农业增产的重要措施，推广100多万亩，连同轮作、套种等措施共达264万亩，每年增产粮食5000万公斤左右。1983年8月，中国农学会土壤肥料研究会和陕西省水土保持局在延安召开全国水土保持耕作法学术讨论会，强调保土耕作法的重要性，沟垄种植是被推崇的重要措施之一。据80年代初延安地区30处小区观测，当降雨使坡面产生20毫米径流深时，垄沟不发生径流；当降雨使坡面产生30毫米径流深时，垄沟可拦蓄27～29毫米雨水，同时还可促进作物增产。又据延安市农技站调查，全市推广沟垄种植后，1981～1982年，平均总产6243.5万公斤，比未推广这项措施的1974～1976年相近年景下平均总产增加31.6%。

（二）抗旱丰产沟

80年代在山西、山东和内蒙古等省（区）推广，其中山东省推广面积达100多万亩。据山西省中阳县胡家岭村1981～1982年观测，在坡度21度、坡长20米的耕地上修丰产沟的，比坡度16度、坡长10米的耕地减少径流91.6%，减少冲刷97.4%。1980年晋西部分山区遇到少见伏旱，7、8、9三个月降雨比历年同期降雨减少58%，342亩抗旱丰产沟示范田，与一般耕作坡地相比，阳坡地增产170～390%，阴坡地增产86.4～128.6%。山西省中阳县抗旱丰产沟推广面积1978年只有28亩，1982年发展到3030亩，种植作物由玉米、高粱发展到冬小麦、谷子等多种作物，亩产均稳定在250～350公斤。

（三）草田轮作

主要在甘肃、陕西、山西等省的部分地区推广。轮作中的草类，建国以前只有苜蓿，50年代增加草木樨，60年代增加毛苕子、箭舌豌豆，70年代又增加沙打旺、红豆草。各地统计的人工种草面积中，有1/3～1/2是草田轮作中的人工种草。不少地方将粮食作物、经济作物与豆科作物、牧草进行轮作倒茬种植，既保持了水土，又增加了作物产量，效果良好。甘肃省天水市牡丹乡李关村，1970年以来，利用草木樨和玉米轮作，1974年玉米种植面积较种草前减少56亩，但亩产却由75公斤增加到181.5公斤，总产由3.5万公斤增加到8万公斤，4年翻了一番多。秦安县王尹乡五四村，70年代以来，采取草木樨与粮食作物轮作，第一年种莜麦（或胡麻）带种草木樨；第二年收草木樨柴、籽，秋季种冬麦；第三年收麦复种荞麦，3年5茬（3茬粮食作物2茬草木穇)，每亩 3 年收粮 155 公斤，年均收粮 51.7 公斤，比原来单种粮食每亩平均收粮 40 公斤增产 29.3%；同时还增收草木樨秸秆，解决烧柴困难。山西省五寨县孙家坪乡汶儿水村，自 1974 年以来，从总耕地 3500 亩中抽出 1100 亩，实行油料作物与草木樨、苜蓿轮作，人均耕地由 17.2 亩减至 11.8 亩，总产却由 6.5 万公斤增加到 10.5 万公斤，1983 年人均产粮 500 公斤，油料 150 公斤。陕西省绥德县定仙墕乡，土地瘠薄，一般亩产粮食只有 25 公斤左右，1974 年采用草木樨、苜蓿、沙打旺与粮食作物进行轮作，草田轮作面积由过去的 1000 亩增至 6500 亩，1975 年粮食总产达 210 万公斤，比 1973 年的 100 万公斤增长一倍多。

三、技术

（一）沟垄种植（垄作区田）

1. 起垄。从坡耕地的下方开始，沿等高线，耕出一道犁沟，将种子和肥料撒在犁沟里，再在上方耕一犁，翻土覆盖种子和肥料。然后视作物所需的间距而定，空出一犁或半犁的位置再犁出犁沟，重复如上做法，这样犁过的地方变成沟，空出的地方翻土堆成了垄（见图 5—1）。

2. 打碎土块。播后不能耙耱，用木榔头把沟垄的土块打碎，保持沟垄完整，并兼压实作用，使种子与土壤紧密结合，以利出苗。

3. 作小土挡。由于所做沟垄不会很水平，为避免所蓄雨水横向流动，群众用锄在垄沟中每隔 1.5 米左右做一横土挡（比垄稍低），并使垄与垄之间土挡互相交错，以便分区蓄水保土。

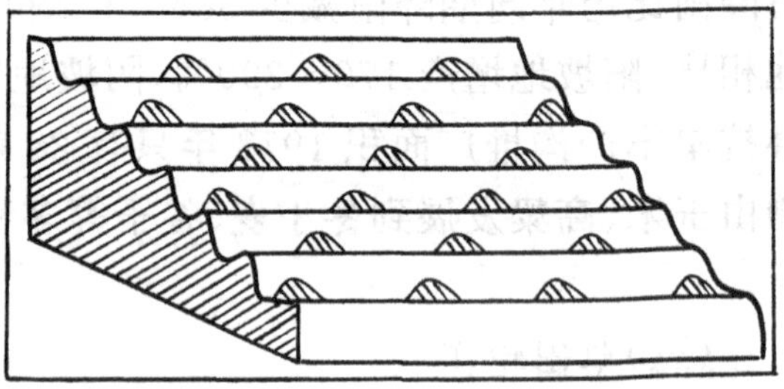

图 5—1 垄作区田示意图

4. 田间管理。结合中耕进行培土，一是防止倒伏，二是有利于根系发育。这种做法的缺点：一是与平作相比，工序比较麻烦，每亩要多费 0.5～1 个工。二是播种时起垄，加大土壤蒸发面，遇到春旱严重的年份，不易捉苗。为了解决这一问题，群众根据气象预报的雨情和墒情，采取先平作后起垄的办法，叫做“平播起垄”。

（二）抗旱丰产沟

1. 人工操作法（见图 5—2）。(1)先从坡耕地下方地边开始，沿等高线将

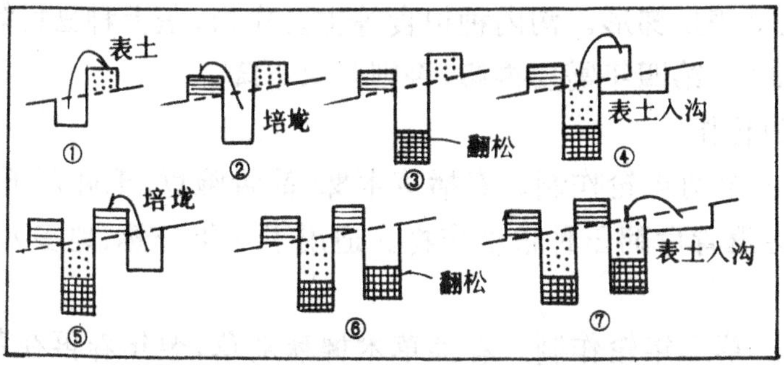

图 5—2 抗旱丰产沟人工操作示意图

33.3 厘米宽的表土翻到地的上方，形成一道沟；(2)在沟内再向下挖 33.3 厘米宽、一锨深，挖出的生土在沟下方作一土垄；(3)沟内深翻一锨；(4)将堆存在沟上方的表土填入沟内，完成第一种植沟；(5)第一种植沟上方 33.3 厘米宽，生土翻一锨，再从其上方取 33.3 厘米宽、一锨深的生土翻到其下方翻松的生土上，培起第二道土垄，开出第二种植沟；(6)取土后的第二沟再深翻一锨；(7)将其上方 66.6 厘米宽表土翻入第二种植沟内。此后按上述做法依次挖沟培垄，完成 1 亩约需工 10 个。此法用工较多，劳动强度较大，适合地少人多，劳力较充裕地区。

2. 人畜配合法。用山地步犁从地边以内 20 厘米处耕二犁，人工辅助翻到地上方开出第一沟；沟内套耕二犁，人工翻土到地边，加高边埂；沟内再耕二犁，把底土翻松；第一沟内侧耕四犁，人工辅助用锨、耙把表土翻入第一沟，完成第一种植沟；表土以下生土套耕四犁，并将上方二犁生土翻到下方二犁上培起生土垄，即完成一沟一垄。如此依次挖沟培垄，一牛七人每天可完成 1.5～2 亩，比人工操作法提高工效 1～1.5 倍。

3. 人机配合法。80 年代初，抗旱丰产沟引入山东后，山东省临沂县农机局和县科委戴志行、张树岭等人，针对人工开挖抗旱丰产沟用工多、劳动强度大难以大面积推广的问题进行研究，于 1984 年研制成功抗旱丰产沟机犁，1985 年 5 月鉴定合格，并投入批量生产。该机分大、中、小三种型号：大型 LF—450 型，50 马力拖拉机牵引作业，一次完成一个丰产沟单元；中型机，由 25 马力拖拉机牵引，LFX—400 型、LFZh—400 型联合作业完成一个丰产沟单元。这种大、中型机犁于 1986 年 8 月获国家专利。小型机，由 12 马力拖拉机牵引，但耕深与耕宽较小。小型机也于 1987 年底初审合格，获国家专利。以上三种机犁比人工操作提高工效 40～300 倍，但造价较高，适于地多人少而经济条件较好地区。

采用抗旱丰产沟的地块，沟垄相间，肥土集中，生土培垄，每条种植沟宽约一市尺,生土垄呈梯形。沟内种粮食等主要作物,垄上种豆科绿肥。每修一次可增产3年,第四年需要再修,否则效果下降。

(三)草田轮作

1. 一粮一草两年轮作制。春播草木樨、箭舌豌豆、毛叶苕子等牧草,冬前翻压或翌春返青后翻压种粮食作物。适用于一年一熟、地多人少、土壤瘠薄的地区。

2. 一粮二草三年轮作制。春播草木樨秋刈草,翌年春再在草木樨行内套种草木樨。第一茬草木樨收籽,第二茬草木樨秋季翻压,第三年种粮食作物。适用于一年一熟的牧区或以牧为主的半农半牧区。

3. 二粮一草三年轮作制。春播草木樨,秋季翻压,第二、三年种粮食作物。或春播草木樨,当年刈草,第二年返青后翻压种粮食作物,第三年还种粮食作物。适用于一年一熟的高寒地区。

4. 二粮二草四年轮作制。第一年春播草木樨,第二年翻压或收籽,第三、四年种粮食作物。适用于一年一熟的半农半牧区。

5. 三粮一草三年轮作制。第一年小麦收后复种玉米,冬前或早春种牧草,夏季翻压种粮食作物。适用于以农为主的川塬区或浅山区。

6. 粮草多年轮作制。种苜蓿3～5年,翻耕后种粮食作物3～5年。适用于地多人少,畜牧业比重较大的地区。

第二节 沟 洫

一、沿革

(一)夏商周时期

大禹治水时,人们在田间开挖沟洫以排泄积水和洪水。这一时期沟洫主要用于排水,后来逐步发展为排蓄兼用。同是田间水道,小者为沟,大者为洫。周代实行井田制度,田间开挖沟洫不止是排水防涝,而且兼有蓄水灌溉的功能。春秋时期,对沟洫还相当重视,郑国大夫子产,由于整治沟洫而被作为一项政绩载入史册。战国以后随着井田制的废弃,沟洫也相应消失。

(二)西汉至明清

西汉以后,由于人口增加,粮食种植逐渐向坡地发展,沟洫在坡地上顺等高线布设,除排水外,还兼有蓄水保土的作用。明代研究黄河问题的学者,提出通过沟洫蓄水,减轻黄河水害,将沟洫与治黄联系起来。周用、徐贞明、徐光启等都对“沟洫治黄”大加倡导。周用提出“天下皆修沟洫,天下皆治水之人”,并认为这样可以“一举而兴天下之大利,平天下之大患”。徐贞明在所著《潞水客谈》一书中首先阐明了“水聚之则害,而散之则利,弃之则害,而用之则利”的原理,然后指出,“东南多水而得水利,西北少水反被水害,沟洫一开,则少水而受之有所容,多水而分之有所渫,雨旸因天,蓄泄随地,水害除而水利在其中矣”。并说“河之无患,沟洫其本也”。

(三)民国时期

民国时期治黄的领导者中也有人提出沟洫治黄主张,并进行试验和在小范围推广。1922年,李仪祉所著《黄河之根本治法商榷》,曾把田间修沟洫作为黄河减少水沙的三种办法之一,认为“沟洫可以容水,可以留淤,经渫取可以粪田,利农兼以利水”。

1927年,陕西省建设厅制订《恢复沟洫及防止沟壑扩展的计划》中指出:“凡垦种之地均须督令农人修治平整,三畔高仰,中间略低,沿畔开沟,中间再设纵横十字沟洫,并沿畔植树,如此,则降雨时上地余水,下地承受,节节收容,使肥沃之质不致消失,而河中之水与沙亦有节制。”1934年,黄河水利委员会第一次委员会通过的工作纲要中,提出恢复沟洫制,认为“西北阶田,必须以政府之力量,督导人民平治整齐,再加沟洫,方为有效”。

40年代,张含英在《黄河答客问》中,也主张用沟洫法以清泥沙之来源,指出“国家若能以恢复沟洫之制为治黄政策之一,……50年后必有可观”。1944年,李赋都倡导“沟洫堤埂之制”,提出在西北地区“夏秋二季,雨水甚多,泄流入河,于农无益,若能利用沟洫储之田中,则可增旱期之水分”。他还对沟洫的作法,提出“由沟内挖土,推置于下边沿沟地带,即为沟洫堤埂。逐年取高垫低,可将坡地变成阶田”。此后,在坡耕地顺等高线修的沟洫,即称为沟洫梯田。

1942年,国民政府农林部天水水土保持实验区,择定南山梁家坪试验场进行梯田沟洫工程试验,其后又在吕二沟、石马坪等地推广,至1945年,共修成沟洫3.1万多米,实施面积达2000亩。1943年,罗德民率西北水土保持考察团现场调查时,在陕西省西安市高桥塬上,发现农民筑埝保水经验,所修的埝(也称软埝)与考察团示范推广的宽埂梯田水平沟相仿,只是地埝不等高,有待改进。同年6月中旬,关中水土保持实验区商讨改进农民筑埝方法,于8、9月间,由实验区在六马沟指导农民按等高线修筑宽埂式梯田水平沟1万多亩。由于所筑宽埂梯田水平沟密切结合生产,能蓄水保土,增产粮食,当地又有此传统习惯,因此颇受群众欢迎。

(四)建国以后

黄河流域各地曾把修筑沟埂式梯田(或称坡式梯田),作为治理坡耕地、保持水土的主要措施,结合生产,积极推广。1952年8月,黄委会西北黄河工程局派出科技人员,到陕西省长安县荆峪沟南北二塬,开展坡耕地挖水平沟工作,共完成9000亩。与此同时,甘肃省天水市田家庄、武山县邓家堡等地也积极推广这项措施。到1955年上半年,天水专区已修各种沟洫9.9万亩。山西、陕西省也在部分地区示范推行。各地实践结果,坡耕地修沟埂式梯田以后,可以减少水土流失30~50%,提高作物产量5~20%。群众中流传着"一亩地,三道埝,该收八斗收一石"的说法。

1955年编制的《黄河综合利用规划技术经济报告》的水土保持规划中,就有坡耕地修等高沟埂1700万亩、修带截水沟梯田1400万亩的任务。据此,在以后几年里,各地开展水土保持运动中,一半以上劳力投入修沟埂式梯田,群众叫培地埂或坡式梯田。当时要求,应随着沟内泥沙淤积,逐年加高地埂,使田面坡度减缓,若干年后,可以自然变成水平梯田。国家规定坡面修筑了沟埂,叫"初步治理",变成水平梯田后叫"基本治理",要求各地按照这个标准统计治理成绩。1958年以后,各地普遍一次修成水平梯田,这种沟埂式梯田基本不再采用。但有些地方,仍把沟埂式梯田作为治理坡耕地的一种辅助性措施。有关专家主张,在地多人少、劳力缺乏地区,还应提倡修坡式梯田,通过逐年耕翻,变成水平梯田。

二、技术

沟洫的技术,包括规划、设计、施工、管理等方面。古代的沟洫,在有关文献上记述其平面布置概要。民国时期,李仪祉所著《沟洫》一文中,对不同地形条件下的沟洫,也提出了平面布局意见。农林部天水水土保持实验区对梯田沟洫的规划、设计和施工提供了实践经验。建国后,有关单位与科技工作者,对沟埂梯田(或坡式梯田)的断面设计进行研究,并推广应用。在施工和管理上,要求对沟上的土埂分期加高,或把埂下的沟分期加深以便逐渐变成水平梯田。由于这项措施推广时期不长,而坡式梯田则逐渐被水平梯田所代替,上述要求尚未实现。

(一)规划

西周时推行的“井田”制度，对于京畿农田中的沟洫和道路，也有其总体布置。《周礼·地官》记载：“凡治野，夫间有遂，遂上有径；十夫有沟，沟上有畛；百夫有洫，洫上有涂；千夫有浍，浍上有道；万夫有川、川上有路，以达于畿。”其中遂、沟、洫、浍、川为田间不同等级的排灌渠道；径、畛、涂、道、路为渠旁相应的不同等级的道路。《周礼·考工记》对于不同规模的农田，设计有不同尺寸的沟渠：“匠人为沟洫，耜广五寸，二耜为耦，一耦之伐，广尺深尺谓之甽，田首倍之。广二尺深二尺谓之遂。九夫为井，井间广四尺深四尺谓之沟。方十里为成，成间广八尺深八尺谓之洫。方百里为同，同间广二寻深二仞谓之浍，直达于川，各载其名。”这比《地官》中对沟洫系统的记述更为具体，而且把沟洫加密，在遂之下，多了个甽，由五级沟洫增为六级，使田间排灌作用效果更好。

民国时期，李仪祉所著《沟洫》，不仅积极倡导在西北黄土高原各地推行沟洫措施，而且根据不同的地形条件，分别提出了不同的沟洫配置要求：

1. 对地势中间为脊、南高北低的坡面，则沟洫布置中间有车路，路两旁有沟，沟通旁“支”，“支”又分“歧”，只有路旁之沟，水可流通，其余“支”、“歧”，皆可封闭，以留耕作之路。

2. 两面依山、两面临壑之地，则依山为路，路旁一面有沟，沟通旁“支”，“支”又分“歧”，中间亦有路。沿山脚路旁之沟，必须且广且阔，以容纳山坡流水，分布支沟。与路交叉之点以桥相通。临壑作沿沟，以收余水。田间沟洫收容不下的水，可使仍归其壑。不过这些归壑的水路，要加以修整，使不致冲刷崩溃。再则壑底修横堰，平成台阶，使水势不致急陡。

3. 对历史上遗留下来的旧梯田（田面不平，上下两台之间有楞坎），其沟洫布置要求将一台梯田分三段，自上而下，两旁为坡路。沿田畔退后约5尺许开挖“沿沟”，中间分“支”、“歧”，大致按地势，每一段田面，皆外俯内仰，沟的坡度自然向外，故沿沟必较宽深。也有地段平整或外仰内俯的，其收水之效更佳。雨势过大沟洫不能收容的，势必漫溢，由田旁坡道流走，故道旁也设有沟。

4. 对河岸川地和平原上的沟洫需注意兼利排蓄。其干沟（或名为洫）之上端引河水出，下端仍通入河内。干沟分“支”，亦上下相通。“支”又分“歧”，通于田间。此种沟洫，也可以兼作灌溉之用，干沟于适当处设有闸门，放水蓄水可自由支配，其由河道引出，或用涵洞或用闸门，可因地制宜，有洪水时，放水入沟洫，可以减少河堤溃决危险。

（二）设计

50年代黄河流域各地水保科研单位和科技工作者，曾积极研究并提出坡式梯田(沟埂)的断面设计，以适应当时大规模推广这项措施的需要。

1. 在高塬沟壑区的塬面，坡度很缓(一般在3度以下)，群众修的沟埂，断面坡度也较缓(一般10度左右)，呈波浪形，埂上、沟内都可以种植作物。当地群众把这种沟埂叫软埝，在塬面上沿等高线修建，顺坡每20～30米或40～50米修一条。

2. 在丘陵沟壑区或土石山区，坡耕地坡度较陡，大部在15～25度之间，坡式梯田(沟埂)断面的设计，主要考虑以下三个因素：(1)沟埂的容量，要能拦蓄坡面10年一遇的暴雨径流和泥沙；(2)由于坡面冲刷，泥沙淤在埂后沟内，蓄水容量减小，必须及时加高，以保证沟埂的安全；(3)随着地埂逐年加高，加上耕作时向坡地下方翻土，田面坡度逐年减缓，需要研究加快坡面减缓的措施和田面变成水平所需的时间(年)。黄河流域各地为此进行大量试验研究，对断面设计要求：(1)根据不同地面坡度、土质，不同频率的降雨强度和土壤冲刷量，确定坡面上相邻两道沟埂间的距离。一般15～25度坡面，沟埂间距为15～20米。(2)根据上述范围内的径流量和冲刷量，确定沟埂的断面尺寸。一般沟底到埂顶相对高1米左右(挖填各0.5米)，沟底宽与埂顶宽各0.4～0.5米。埂的外坡与沟的上沿坡一般1∶2左右，埂的内坡与沟的下沿坡(二者相连)一般1∶1左右。(3)为了加快坡面变缓速度，有的地方把沟修在埂下，加高地埂时，从埂下取土。但这种作法，埂上蓄水容量较小，必须加大地埂高度，才能满足蓄水容量要求。

3. 甘肃省天水、定西、兰州等地，有大量历史上遗留的旧梯田，田面不平(还有10～20度的坡度)，地块较大(一般宽30～40米或50～60米)，上下两台之间有天然地坎(高5～10米，有40～50度的陡坡)。对这样的坡耕地，群众采取以下几种沟洫形式，进行治理：(1)地坎沟。在天然地坎脚下，开挖蓄水沟，其断面尺寸，根据地坎高低、坡度陡缓和实际受雨面积确定。如地坎沟本身不水平，则在沟内加修横挡，分段蓄水(见图5—3)。(2)软埝式水平沟。田面原有3～9度的缓坡，地中修软埝式水平沟，上口宽4～5米，内外坡不超过15度，沟底和沟

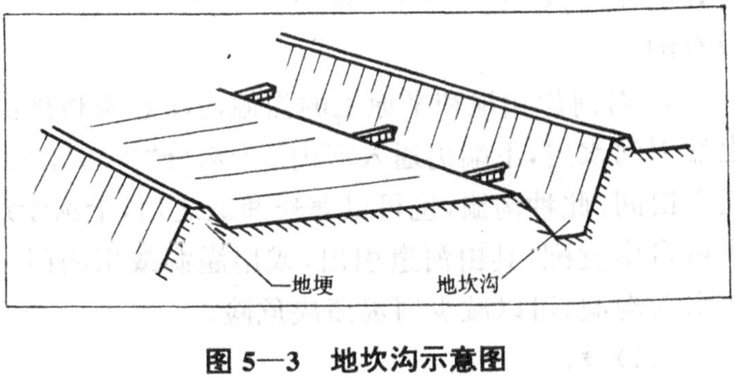

图5—3 地坎沟示意图

坡，都可种植作物。(3)硬埂式水平沟。田面原有9～17度的坡度。地中修硬埂式水平沟，开沟取土作埂，沟口宽2～3米，沟底宽0.5米，沟深0.7～1米。内外坡不大于20度，埂高0.6米，通过耕作时向下翻土和加高土埂，可使坡面逐年减缓，最终变成水平梯田。(4)窄深式排水沟。在17度以上的陡坡，黄土层较薄，底土为粘土。地表径流不易入渗的地方，采用窄深式排水沟，上口宽1～1.5米，深0.8～1米，沟坡1∶1左右，与等高线略呈1～3%的坡度，以利排水。

(三)施工

沟洫系统和沟埂式梯田的施工，一般需经三个步骤：

1. 定线。根据规划、设计要求，在坡面上划出沟埂线和沟渠底部的中心线位置、走向，明确上下两坎间的距离。一般蓄水型沟埂，都沿等高线，走向水平；少数排水型沟埂，根据设计要求，基本顺等高线，但有一定比降。当坡面有浅沟或不规则地形时，需注意"大弯就势，小弯取直"，不能死扣顺等高线，造成田面曲度太大，不便耕作。

2. 清理表土。根据设计断面，把地埂基表土铲起，堆在埂脚线外，使埂上的土方都由挖沟取出的生土作成，并座落在生土基础上，有利于土埂巩固。然后将表土均匀铺上。

3. 根据设计的沟埂断面尺寸，上方开沟取土，下方用土筑埂。施工中注意，在一条沟埂中，挖沟要均匀下降，筑埂要均匀上升，防止分段筑埂接茬处出现缝隙。在地面有浅沟处小弯取直时，修在浅沟中的土埂，其断面应加大些，使其顶部与一般地面土埂顶部水平，避免埂后积水穿洞或因顶部偏低径流漫顶，导致工程损毁。

(四)管理

沟洫系统和沟埂式梯田的管理，应着重抓好三件事：

1. 每年汛前，普遍检查一次，清除沟中淤泥，加高培厚土埂，使沟中能保持足够的蓄水容量。遇有土埂穿洞等损毁现象，及时补修，防止暴雨中扩大。

2. 每年汛后，或较大暴雨后，要及时检查沟埂情况，遇有严重淤积或损毁，及时清除和补修。

3. 为了加快减缓田面坡度，耕作中尽量采用来回都能向下方翻土的犁铧(如山地步犁)，同时，每年从土埂下方取土，加高土埂。

第三节 梯　　田

一、沿革

(一)清代以前

黄河流域群众在长期生产实践中,为了提高粮食产量,发展农业生产,对坡耕地进行加工改造,创造了梯田。

清康熙年间(1662～1722年),陕西兴平杨屾所著《知本提纲》中有:“山坡可梯而种,水泽可架而收。”据郑世铎注:“……如梯之形,是谓‘梯田’,然后可以耕种无碍,……是知地利之不足,人力尚能补助,垦荒之益大矣。”历史上遗留下来的梯田,至民国时期在高塬沟壑区与黄土阶地区的塬坡上、丘陵沟壑区第三、第四副区的梁坡上,还有数百万亩。主要分布在陕西省长武、彬县、洛川、富县,甘肃省泾川、平凉、天水、定西,山西省洪洞、赵城、永济、夏县、孝义、汾阳等县。

据1957年黄委会水保处调查,洪洞、赵城一带的梯田,已有600多年的历史,其中娄村一个村共有耕地2600多亩,从坡顶到沟底,全部修成梯田,而且大部分田面接近水平或完全水平。这与当地人口密度较大、劳力较多有关。而在其他人口密度较小、劳力较少的地区,旧梯田的田面大部不平。对历史上遗留下来的梯田,40年代初期,罗德民在他的《西北水土保持考察报告》中记述:“黄土区内的梯田,最堪引人注意,究其如何形成尚不得而知,或以为先从等高耕犁草原开始,每隔一定间距,留一天然草埂,以为私人田界,而自上而下翻土,加以垫高,其后地愈平,而埂坎愈高,梯田得以形成。”他对梯田形成原因提出的见解,比较切合实际。

黄河下游山东省境内大汶河流域的土石山区,历史上也有沟洫梯田,当地把坡耕地修沟埂叫“堰”。清康熙年间,蒲松龄在其所著《农桑经》一书中,对我国农民长期种植山地的经验进行总结时说:“山地得力在堰。”并引用农谚说:“地无唇,饿煞人。”他指出地堰在山地种植的作用是:“一则不致冲决,二则雨水落淤,名为天下粪。若水大不可过防者,则以石叠其水道,使勿刮地成渠。”反映了土石山区的梯田,保持水土与提高农业生产作用与黄土高原是一致的。

（二）民国时期

1922 年，李仪祉在《黄河根本治法之商榷》中，主张在坡耕地上修沟洫梯田。指出："将田分作沟、塍（地埂）、畔（地坎），畔须高，……塍顶面作弧形，易于耕耘，……雨雪水量可停蓄在沟中，田面土壤不致冲刷，于农大有裨益，于河大有帮助，这法推行于西北各地，只要政府认真推行，想非难事。"1939 年，中国共产党领导的陕甘宁边区政府号召组织变工、扎工等互助合作形式，倡导在坡耕地上修地埝（沟埂梯田）。1945 年边区政府建设厅，又在《战时农业生产方案》中，调查总结了吴堡县王树林修小埝窝地，绥德县张兴芝兴修梯田的典型经验。到 1946 年，全边区共修梯田、打坝埝、水漫地 8 万多亩，提高粮食产量一倍。1942 年，陕西省建设厅长凌勉之在《陕政月刊》上撰文，提倡在坡耕地修沟洫梯田，指出："本省当局，鉴于增进粮食生产，实为当务之急，而保持土壤尤为增进农产之本，于是订定保持土壤办法，通令全省遵照实施，期将所有倾斜地亩，仿照古代沟洫之法，改筑梯田。"1943 年，陕西省政府秘书长辜仁发，在《陕政月刊》上撰文，倡导修筑水平梯田。提出："利用梯田种植作物，不特增加种植面积，而且减少水土冲刷。"同时指出："近来虽间有农民造成梯田者，然因囿于旧习，率为外低内高，不知改良，对于雨水之冲刷，土壤之流失，仍属无可避免，而地力亦因之日见减退。应督饬指导农民，一律开辟或改为水平梯田。"这是"水平梯田"一词在黄河流域历史文献上首次出现。由于当时社会条件的限制，修水平梯田的主张未能实现。这段时期内，在罗德民的帮助下，甘肃天水和陕西西安两个水土保持实验区，在小范围内进行沟洫梯田的试验和示范，未能大面积推广。

（三）建国以后

黄河流域各地，把坡地修梯田作为保持水土和提高农业产量的一项重要措施，得到很大的发展。50 年代前期，黄土高原地区一般是修坡式梯田（沟埂梯田），当时开展得比较好的是甘肃省天水地区。1952 年 8 月，天水地区首先在武山县邓家堡搞试点，以东顺、南峪等 4 个乡为中心，3 个月内修成坡式梯田 5 万多亩，占各乡坡耕地总面积的 45%。由于工程质量较高，蓄水保土减蚀增产效果较好，很快引起各方面的重视。1955 年和 1957 年全国第一和第二次水土保持会议，都组织代表到天水地区进行考察，起到重点示范、推动全面的作用。陇东、陕北、晋西先后涌现庆阳县南佐村，吴堡县李家塬、绥德县韭园沟三角坪，中阳县楼外沟等先进典型，由点到面，普遍推广。当时的基本要求是，各地修地埂后要逐年加高，最后形成水平梯田。在此期间，有的地方群众把两条地埂之间的坡面，用上切下垫的方法，一次修成水平梯田，仅天水地区，1956年就修水平梯田5400多亩。1958年各地普遍要求一次修成水平梯田，此后坡式梯田的形式，在大部分地少人多地区基本上不再采用。1958年9月全国第三次水土保持会议在甘肃省武山县召开，会议上提出了把实现“四化”要求作为水土保持的最高标准，其中一条是“坡地梯田化”。这样水土保持部门与广大群众的要求完全一致。

1961年12月，国务院水土保持委员会在北京召开黄河流域7省(区)水土保持会议，提出水土保持“以治理坡耕地为主”的方针，进一步肯定了坡地修梯田的重要作用。1964年毛泽东主席号召“农业学大寨”，同年8月黄河中游水土流失重点区第三次水土保持会议在西安召开，强调贯彻“农业学大寨”精神，要求大搞农田基本建设，以建设梯田、坝地、引洪漫地为中心，组织科技人员下乡蹲点搞样板，积极推动，并要求黄河流域各地平均每人每年新修一分梯田。1973年，黄河治理领导小组、水电部、农林部在延安召开黄河中游地区水土保持会议，要求在3～5年内，每人达到一亩旱涝保收、高产稳产农田，其中梯田的质量标准是：在一般年景，粮食亩产达到200公斤。此后，梯田在黄河流域各省(区)进一步大力推广。从70年代中期开始，山西省西部山区29县积极开展机械修梯田的试验研究和推广，收到很好的效果。80年代后期到90年代初期，该省又从扶贫经费和水保经费中拨出专款，支持29县进一步开展机械修梯田，以加快梯田建设进度。陕西省每年夏收后和秋收后，分别在关中塬、阶地和陕北丘陵区，发动群众大搞以修水平梯田为中心的农田基本建设运动。省政府作出决议，要求在1988～1990年3年内，每年新修50万亩。青海、宁夏、内蒙古、河南等省(区)，从80年代中期以来，新修水平梯田的面积逐年上升，各级领导和广大群众，对坡地修梯田增产作用的认识日益深刻，经验也日益丰富。在黄河流域各省(区)中，坡地修梯田进度最快的是甘肃省。该省采取专业队常年修与群众运动突击修相结合的办法，投入劳力较多，群众掌握技术较好，加快了梯田建设进度。据1975年统计，全省黄河流域内就成立1.1万多个各种形式的农田基本建设专业队，共50.6万多人，占总劳力的14%。同时配合梯田的修建，还编写有《修好种好水平梯田》、《甘肃省“三田”建设试行办法》、《坡耕地治理技术问答》等宣传材料。省属各水保试验站，积极开展有关坡地修梯田的试验研究工作，先后提出《隔坡梯田》、《梯田建设优化技术》、《夏季梯田建设》和《旱梯田培肥和保墒高产稳产》等研究成果。甘肃省还总结出“干旱地区三件宝，梯田造林和种草”的经验，在水土流失地区要求每人2～3亩梯田，各级领导认识一致，抓住不放，从80年代中期以来，每年新修70～80万亩。

二、分布、效益和问题

(一)分布

一般地少人多、劳力较充裕的地区,修梯田较多;地多人少,劳力较缺乏的地区和地势比较平坦的地区梯田较少。梯田主要分布在黄土丘陵沟壑区和黄土高塬沟壑区。据《黄河流域黄土高原地区水土保持专项治理规划》1985年统计:黄土丘陵沟壑区第一副区有梯田457.2万亩,人均0.9亩;第二副区有梯田169.7万亩,人均1.2亩;第三副区有梯田600.2万亩,人均0.8亩;第四副区有梯田136.8万亩,人均0.4亩;第五副区有梯田440.1万亩,人均1.1亩。高塬区有梯田617万亩,人均1.2亩;阶地区有梯田377.2万亩,人均0.4亩(黄土高塬沟壑区与黄土阶地区塬面1~5度缓坡,修成宽面低坎的水平梯田,群众叫"水平条田"或"水平埝地");土石山区一般就地取材,修成石坎梯田,有443.5万亩,人均0.6亩。此外,风沙区、干旱草原区、高地草原区、林区和冲积平原区,一般很少修梯田,5个区共有梯田175.7万亩,人均0.2亩。

上述统计的梯田,绝大部分是水平梯田,也有极少数是50年代遗留下来的坡式梯田。至于造林整地修建的田面宽1~2米的反坡梯田和果园梯田,未包括在上述统计数字内。据黄委会农水局统计,截至1991年,全流域累计完成梯田(包括条田、埝地)5081.95万亩。其中青海157.02万亩,甘肃1786.11万亩,宁夏166.9万亩,内蒙古93.05万亩,陕西1257.62万亩,山西1124.18万亩,河南344.67万亩,山东152.4万亩。

(二)效益

各地水保主管部门与科研单位,对梯田的效益进行了大量调查研究和试验,取得丰富的科学资料。梯田的主要效益是:

1. 蓄水保土,减轻土壤侵蚀。据各地观测资料,现有坡耕地每亩每年流失水量20~40立方米,流失土壤1~5吨,最高达10吨以上。在每吨流失的土壤中,含有机质6~8公斤,全氮0.5~1.2公斤,全磷1.1~1.5公斤,全钾20~21公斤。水、土、肥的流失是造成低产贫困的主要根源。修成水平梯田后,改变了微地形,暴雨中提高了土壤的入渗能力,减少了地表径流及其冲刷力,起到显著的蓄水、保土、保肥作用。甘肃省定西县安家坡村,1963年6月14日,一次降雨101毫米,不同坡度的坡耕地实测,每亩径流量24~45立方米,土壤冲刷量3.8~8.3吨,而水平梯田则全部就地入渗,做到水不出田。陕西省米脂县高西沟，1958年8月1～2日，一次降雨150毫米，梯田没有发生径流；1961年9月，连续降雨20天，其中有一段集中降雨131.2毫米，梯田流失量仅1%。陇县九字沟小流域观测，1982年7月29日降雨33.3毫米，在24度的坡耕地上，每亩流失表土3.25吨，而水平梯田则没有产生地表径流和土壤侵蚀。

2. 改善农作物的生长条件。坡地修成水平梯田后，保持了水、土、肥，提高了土壤中水分、肥分的含量，有利于作物生长。据陕西省绥德县调查，干旱时期，0～50厘米土层内的储水量，坡耕地为31.1毫米，而新修梯田为39.3毫米，修平3年后的梯田为49.5毫米，分别比坡耕地储水量提高26%和59%。在春旱严重地区，群众认为修梯田是“借伏雨抗春旱，蓄秋水增春墒”的有效办法。许多地方结合修梯田，把原来耕作不便的零碎小块地联成便利耕作的长条地，群众称赞是“坡地变平地，烂地变好地，瘦地变肥地”，都乐于增加投工投肥，精耕细作，一般比坡地增加施肥量50～100%，种植密度也加大30～50%，充分发挥了水肥的增产效益。据山西省离石县王家沟60年代测定，新修梯田经过培肥后，0～15厘米耕作层土壤，有机质含量比原坡地增加1～2倍；全氮含量增加1倍以上，水解氮含量增加近2倍。80年代又在王家沟选新、老梯田和有代表性的坡耕地进行对比测定，在坡向、高程等相同条件下，0～200厘米土层内的土壤含水量，新修梯田为325.5毫米，比坡耕地多62.6毫米；老梯田为276毫米，比坡耕地多16.1毫米。说明坡地修成梯田后作物产量的增加，主要是由于田间水分转换效率的提高。

3. 有利于改进耕作制度。坡耕地水肥条件差，一般只能种低产作物；修成水平梯田以后，土壤中水、肥、气、热等条件得到改善，能种植高产作物并选用优良品种。甘肃省定西县青岚乡上街村的陡坡耕地，过去只能种荞麦和大燕麦；修成水平梯田以后，能种谷子，1977年谷子亩产156公斤。陕北、晋西丘陵区，玉米、高粱等高产作物，一般都种在川道有灌溉条件的耕地上，但有的群众在土壤培肥以后的老梯田上，种玉米、高粱，也能获得丰收。山区许多乡村群众都把试验田、种子田、丰产田设在水平梯田里。群众已把兴修水平梯田，作为改变以低产作物为主的旧农作制度，实施以高产作物为主的新农作制度的重要途径。

4. 提高作物产量。坡地修梯田最主要的作用，就是提高作物产量。青海省湟源县申中乡，1972年前没有梯田，粮食总产量只有241.5万公斤，平均亩产73.9公斤。至1984年兴修梯田累计达2.93万亩，粮食总产量达704.1万公斤。互助县西山乡从1975年开始加快梯田建设，到1985年达

2.2万亩，占总耕地面积的30%，年产粮食900多万公斤，比70年代年产粮食450万公斤翻了一番。内蒙古自治区准格尔旗西营子乡黄家圪旦村，1987年前修的水平梯田，糜子正常年亩产可达200公斤，比原坡地亩产100公斤增加1倍。陕西省吴堡县，原是个典型贫困山区，经过30多年努力，建成基本农田11.94万亩，其中水平梯田10.7万亩，人均1.65亩。丰收的1984年，梯田亩产163公斤，比坡地亩产59公斤增产1.8倍。结合其他增产措施，全县粮食总产，由1965年的419万公斤，1984年上升到806万公斤，提高了92.3%。梯田面积占粮田面积的46%，而粮食产量却占全县总产的57.7%。

5.促进土地利用结构和农村产业结构调整。山西省中阳县天洼村，地处黄土丘陵沟壑区，有74户，243人，80个劳力，人均土地20亩，其中耕地10亩，由于广种薄收，水土流失严重，群众年年缺粮，同时林草也上不去。1982～1984年，全村大搞水土保持，建成水平梯田350亩，坝地100亩，在夺得粮食高产的基础上，逐步退耕陡坡520亩，栽植苹果90亩，核桃120亩，造林160亩，种草150亩。同时，利用荒山造林1500亩，种草140亩，促进了养殖业的发展。1984年粮食总产18.6万公斤，人均765.4公斤，养殖业收入1.61万元，人均67元。陕西省长武县鸭儿沟流域面积54.4平方公里，1971～1982年共建梯田3.5万亩，占耕地面积的82.9%，改善了农业生产条件，粮食产量增长1倍多，促使陡坡退耕1.1万亩；农村经济总收入较1973年提高了2.35倍，其中农业收入比重由75.3%下降到63.4%，林牧副收入比重由24.7%上升到36.6%，农业生产结构逐步得到改善。

（三）问题

1.发展不平衡。由于自然条件影响和人们认识上的差异，有的地方坡地修梯田行动比较迟缓，40年来进展不大。以县为单元统计，同样是水土流失严重地区，有的县已经达到人均2亩以上，有的县还不到人均1亩；到80年代后期，有的县每年人均新增梯田1分以上，有的县仅2～3厘。

2.有些梯田未增施肥料和精耕细作，仍是粗放经营，以致增产幅度不大。实践证明，在年降雨500毫米左右地区，增施肥料、精耕细作的，大面积梯田亩产可达150～200公斤，小面积亩产可达300公斤以上，而粗放耕作的，亩产仍在100公斤以下。

3.有些梯田的规划、设计、施工、管理等技术环节上有缺陷，暴雨中常出现田坎坍塌。绥德水保站1985年调查，绥德、米脂两县15个村的6131亩梯田，暴雨后梯田坎破坏情况分为四类：一类好的，田坎基本完整，约占

21%;二类田坎有少量损坏,但田面平整,约占 43%;三类田坎损坏较严重,田面一般尚平整,约占 19%;四类田坎损坏严重,田面不平的约占 17%。田坎滑塌是当前梯田破坏的主要问题。据陕西省米脂县高西沟、绥德县蒲家洼等 7 个村调查,田坎总长 12415 米,基本完好的占 57.3%,不同程度损毁的占 42.7%。梯田损坏形式多种多样,原因也很复杂。据绥德县韭园沟调查,在损毁田坎总长 4488 米中,有以下几种情况:(1)田坎表层脱落,占总长的 33%。(2)田坎块状坍塌,占总长的 53%。原因是,田坎高而陡,填土未夯实。(3)埂基崩塌,占总长的 12%。主要是由于清基不好或耕作掏空所致。(4)田面陷穴穿洞,占总长的 2%。由于初修时,低凹处填土夯打不实,遇雨淋溶湿陷以及獾鼠打洞造穴影响。梯田田坎损毁也与重修轻管和年久失修有关。据米脂县 8 个村调查,在总长 2619 米田坎中,50 年代修的损坏率占 77%,60 年代修的损坏率占 14.7%,70 年代修的损坏率占 5.4%,80 年代修的损坏率占 1.3%。

三、技术

修建梯田的技术,包括规划、设计、施工和管理四个主要环节。民国时期已有水保部门和专家开始进行研究;建国后,黄河流域各省(区)的水保业务部门和科研单位将此作为重点课题,进行大量调查研究和科学试验,提出比较全面的研究成果。

(一)规划

梯田的规划,包括地块选定、地块规划、道路规划以及进度规划等。建国以前,修梯田没有全面规划。建国初期,有些地方曾引用我国南方"山顶梁峁戴绿帽,山腰缓坡修梯田"的经验,不适应黄土区的地形特点。1958 年"大跃进"中,有些地方不管坡度陡缓,一律从山顶修到坡脚,有的地方修梯田虽选在缓坡上,但因距村较远,交通不便,不仅影响精耕细作,而且加大农民的劳动强度。经过反复实践和研究,各地总结出一套梯田规划的原则:

1. 进行总体规划。把梯田的修建纳入山区生产建设与小流域综合治理总体规划,在土地利用规划的基础上划分耕作区,根据当地人口增长速度和群众生产生活的需要,确定梯田建设的规模和数量。

2. 地段选定。一般选择地形稳定(非滑坡区)、土层深厚(黄土区要求 3 米以上)、土质较好、坡度 25 度以下、距村较近、集中连片的便于经营管理的坡耕地。有条件的地方优先考虑位置较低,靠近水源处修建,以利于发展灌溉。

3. 道路与耕作区的规划。坡地修梯田，一般以道路为骨架，划分耕作区，在耕作区内再布设梯田地块，要求每一耕作区至少一侧或两侧有路可通，以便利交通运输。具体布设分两种情况：(1)山区、丘陵区，耕作区主要在陡坡上，以一面坡或一个完整山头为耕作区，从坡脚上山，先顺沟修路。一般路面坡度在15度以下，当坡度大于15度时，则在坡面按“S”形布设道路，以减缓路面坡度。路面宽2米左右，可通架子车。(2)高塬区、阶地区的塬面，坡度一般在3度以下。耕作区大部是四面有路，相互正交把耕作区划分为矩形或正方形。道路大部与渠道结合。路面宽一般在3米以上，以便利机耕和灌溉。

4. 地块规划。无论陡坡或缓坡，梯田地块都顺等高线布设。由于地形条件和对梯田的利用要求不同，在地块布设中又各有不同的侧重点：(1)高塬区、阶地区有灌溉条件的梯田，其地块布设，在基本上顺等高前提下，按行水方向保持1%左右的比降，以利提高灌水工效。为了适应大型机械耕作，田面长度不小于200米，宽度不小于30米。(2)山区、丘陵区，地形比较复杂，在坡面有浅沟处，一般采取“大弯就势，小弯取直”，避免曲度太大，不便耕作。许多情况下，田面照顾了等高，不能同时照顾等宽，在同一台梯田内，两头坡度较陡处田面较窄，中间坡度较缓处田面较宽。在两个山头相连的分水鞍处(群众叫“墕”)布设梯田时，一般都以此处为基点，分别向两个山头定等高线，作为第一台梯田，然后分别向此台以上和以下定等高线，布设其他各台梯田，群众叫“连山过墕”，这样对耕作和交通都比较方便。

5. 旧梯田改造。在高塬沟壑区的塬坡上和丘陵沟壑区第三、第四副区的部分坡面上，有历史上遗留下来的旧梯田，上下两台之间有地坎，但田面不平，宽度不一，暴雨中仍有水土流失。梯田规划中，应根据不同情况，分别采取不同措施进行改造：(1)原来田面过宽的，根据不同坡度，将一台分成二至三台，重新修建标准梯田。(2)田面宽度适宜而田面不平的，在原来田面基础上加工整平。(3)原来地坎与等高线偏离太大的，打破原来地坎，根据具体地形，重新布设地块。(4)原来地块太零碎，不便耕作的，结合整修，小块并大块，以利耕作。

6. 进度规划。主要考虑以下几点：(1)根据修成每亩梯田所需劳力和每年能投入修梯田的劳力，确定每年修梯田的数量。(2)根据不同作物(夏粮或秋粮)收割时间和下一茬作物播种时间，确定修梯田的季节和修梯田的时间。一般夏粮区修梯田主要在夏收后，约有1～2个月时间；秋粮区主要在秋收后，约有4～5个月时间。(3)为了使梯田集中连片，有些地块需要调整作物茬口。(4)如果用机械施工，则需根据机械的施工工效和有关影响因素，另作专项安排。

(二)设计

梯田的设计，主要是指对梯田断面的设计。按断面的不同形式有水平梯田、坡式梯田、隔坡梯田三种(见图5—4)。坡式梯田(或沟埂式梯田)的设计要点，在前节《沟洫》中已有记述。本节着重记述水平梯田和隔坡梯田的断面设计。

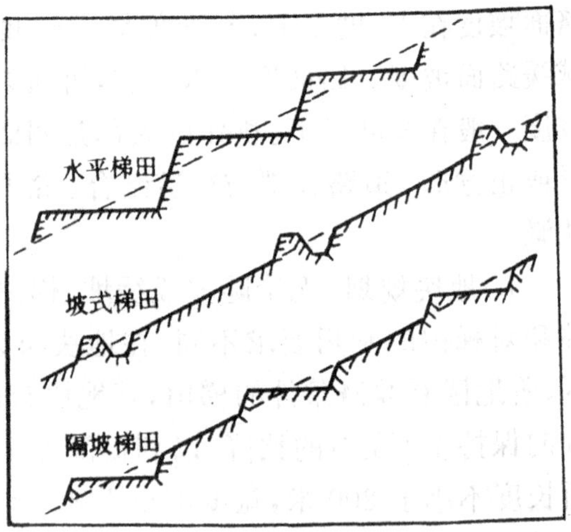

图5—4 三种形式梯田断面示意图

1. 水平梯田的断面设计。建国以前，黄河流域没有大量倡导修水平梯田，也没有做这方面的研究工作。建国初期，各地以修坡式梯田为主，研究水平梯田设计的也很少。1957年春，黄委会水土保持处调查总结了山西省洪赵县娄村历史上群众修水平梯田的经验，分析了水平梯田的要素，首次提出梯田的断面设计，大致指出不同地面坡度的梯田，其田面宽度与田坎高度、田坎坡度各不相同。一般情况是：地面坡度越陡，田面宽度越小，相应的田坎高度越大，而田坎坡度越缓。此后10～20年内，各地水土保持部门根据当地具体条件，分别提出了与上述情况相似的梯田断面设计，指导群众正确地开展水平梯田的建设。

但是，少数地方未按设计要求办事，曾出现两种偏向：一种是为了图省工，田面修得过窄，有的只有3米左右，不便耕作，而且田坎蒸发面比例加大(一般邻近田坎1米左右，由于蒸发量大，土壤水分较差，影响作物产量)，不利于增产；一种是误认为田面越宽越好，有的梯田在陡坡上田面宽40～50米，缓坡上田面宽100～200米，造成人力、物力、财力和时间上的极大浪费。特别在70年代中期，一些地方采用机械修梯田，这种现象更多。针对上述问题，70年代后期，黄土高原机修梯田协作组把"梯田最优断面设计"作为重点课题之一，进行深入研究，提出比较全面的研究成果。所谓"最优断面"，就是"在能适应机耕和灌溉要求，保证田坎稳固前提下的最小断面"。这样的梯田田面宽度适宜，既不致窄到不便耕作，又不致宽到造成浪费。在保证质量的前提下，能最大限度地节省土方和人力、物力、财力的投入，加快修建梯田的进度。

梯田“最优断面”设计的关键，是合理地确定田面宽度。同一地面坡度，采用不同的田面宽度，所需的投入相差很大。以往的梯田设计，只考虑土方量，未考虑运距，认为修梯田的投入，只是与田面宽度成一次方的正比关系。1965年夏，西峰水保站在研究塬面地埂规划比较方案中，曾考虑土方乘运距，叫做“工作量”，但未深入研究。70年代后期，黄土高原机修梯田协作组提出土方乘运距为“梯田需功量”这一新的概念。同时指出，梯田每亩需功量与田面宽度的平方成正比，当田面宽度分别加大为原来宽度的2倍、3倍、4倍和5倍的时候，则梯田需功量分别为原来的4倍、9倍、16倍和25倍，这就找到了过宽田面造成严重浪费的根源，进一步从理论上肯定了采用“最优断面”的必要性，指导各地在修梯田中不要采用过宽的田面。

在黄土高原不同的土壤侵蚀类型区，由于地形条件和群众习惯不同，采取了不同的梯田断面设计。如黄土丘陵沟壑区第一、二副区，坡耕地中25度左右的占60%，梯田田面较窄，一般5～10米；而第三、四副区由于有天然地坎，坡耕地坡度大部在15～20度之间，因而梯田田面较宽，一般在10米以上；高塬区塬面坡度很缓，一般在3度以下，因而田面更宽，一般在30米以上。根据各地群众实践与科研成果，提出黄河流域几个主要土壤侵蚀类型区，不同坡度下梯田的断面设计要素见表5—1、5—2、5—3。

2. 隔坡梯田的断面设计。在一个坡面上，每修平一台梯田，上方留出一定面积(为平台宽的1～3倍)的原坡面不修，把坡面上产生的暴雨径流，拦蓄于水平田面上，可以增加田面土壤水分，促进作物增产。50年代后期，陕北、陇南等地，曾少量示范推广。70年代，世界上不少国家很注意发展径流农业，隔坡梯田就是发展径流农业的一项具体措施，引起干旱地区水保科研部门重视。80年代以来，陕西省延安水保研究所、甘肃省兰州水保试验站等单位，还继续进行试验研究。其断面设计的要点有二：一是研究确定水平田面的宽度；二是研究确定斜坡部分的宽度(一般以其与水平田面宽度之比表示)。水平田面的宽度一般是根据种植的作物确定，种粮食作物的田面宽些，一般在5米以上；种果树或经济林的田面窄些，一般在5米以下。确定斜坡部分的宽度，一般根据各地降雨、土壤、蒸发、径流情况考虑两条原则：(1)要求一次最大暴雨中，斜坡上的径流能被水平田面所完全容蓄；(2)要求一般降雨下，斜坡上的径流能满足水平田面对“天然灌溉”的需要。因此，在干旱少雨地区，斜坡部分比例大些，一般为平台的4～6倍；在雨量较丰地区，斜

表5—1　**黄土丘陵沟壑区第一、二副区梯田设计断面要素情况表**

地面坡度（度）	田面宽度（米）	田坎高度（米）	田坎坡度（度）	田坎占地（%）	土方量（立方米/亩）	需功量（立方米—米/亩）
5	17～22.6	1.5～2.0	80	1.53	125～167	1420～2510
10	11～13.7	2.0～2.5	75	4.88	167～208	1220～1900
15	8.8～10.4	2.5～3.0	70	9.44	208～250	1220～1730
20	7.4～8.5	3.0～3.5	65	16.0	250～292	1230～1650
25	6.4～7.0	3.5～4.0	60	24.0	292～333	1240～1550

表5—2　**黄土丘陵沟壑区第三、四副区梯田设计断面要素情况表**

地面坡度（度）	田面宽度（米）	田坎高度（米）	田坎坡度（度）	田坎占地（%）	土方量（立方米/亩）	需功量（立方米—米/亩）
5	20～30	1.3～2.7	80	2	150～225	2000～4500
10	15～20	2.8～3.5	78	4～3	233～292	2330～3890
15	12～15	3.4～4.3	76	7	285～358	2260～3580
20	10～12	4.1～4.9	74	11	342～408	2270～3260
25	8～10	4.5～5.6	70	17	375～466	2000～3110

表5—3　**黄土高塬沟壑区缓坡梯田设计断面要素情况表**

地面坡度（%）	田面宽度（米）	田坎高度（米）	田坎坡度（度）	田坎占地（%）	土方量（立方米/亩）	需功量（立方米—米/亩）
1	50～60	0.5～0.6	80	0.2	42～50	1390～2000
2	40～50	0.8～1.0	80	0.4	67～83	1780～2780
3	30～40	0.9～1.2	80	0.5	75～100	1500～2660

坡部分比例小些，一般为平台的2～3倍。

隔坡梯田只用1/2～1/3的投入，就能有效地控制整个坡面的水土流失，并使水平田面得到“天然灌溉”。在地多人少的地区，还可研究推广。

（三）施工

建国初期，黄河流域各地梯田的施工，几乎全是手工劳动，用铁锨、镢头挖土，靠背斗、担子搬运，用脚踩实或用石、铁杵夯实，劳动强度大，工效低。50年代中期，逐步采用架子车运土，工效有所提高。50年代后期，甘肃省兰州水保试验站开始进行机械修梯田的试验研究，在梯田施工上是一个突破。70年代中期，随着农业机械化的发展，山西、陕西、内蒙古等省(区)开始采用机械施工。据不完全统计，到1987年青海、甘肃、宁夏、内蒙古、陕西、山西6省(区)机修梯田、条田面积约100万亩。但由于机械费用高，而农村群众一般经济收入较低，故大部分地区仍以人工修梯田为主。

梯田的施工主要有保留表土、修筑埂坎和修平田面三道工序。在一台田面上，有若干人同时参加施工，对三道工序各有明确的分工，特别是修筑埂坎，需有一定技术，一般常固定专人负责。保留表土和修平田面，有时互相穿插进行。修梯田用工，以挖运土方平整地面工作量最大，占总用工量的50～70%，修筑埂坎占15～25%，保留表土占10～20%。梯田施工经验主要是：

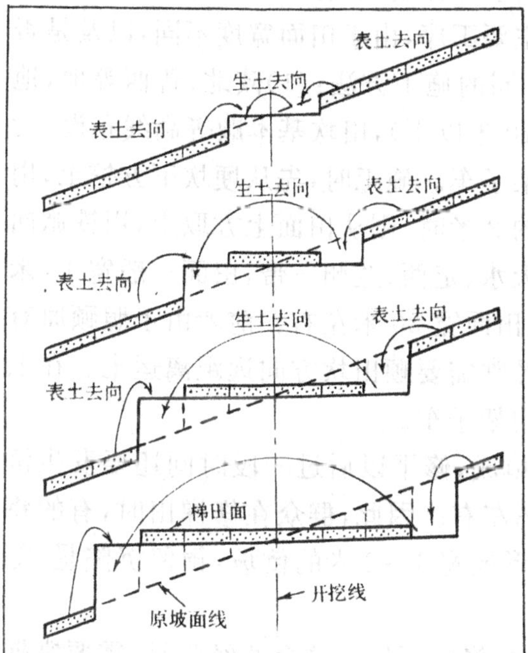

图5—5 表土逐行置换法示意图

1. 保留表土。为了保证新修水平梯田当年增产，许多地方都十分注意保留表土，根据各地不同具体条件，分别采用以下方法：(1)表土中间堆置法。适用于10度以下，田面宽15～20米的情况。先将田面表土堆置在田面中部不挖不填位置上，从上方挖土，填平下方，然后将中部堆置的表土均匀铺在田面上。(2)表土逐行置换法(见图5—5)。陕西省关中地区叫“倒桃子”，适用于5度以下缓坡地，地面均整，田面较宽(30米以上)的情况。先将田面中部约2米宽修平，然后将其上下两侧各1米宽表土取来铺上，挖上侧1米宽，填下侧1米宽，将平台扩大为4米，再向上下两侧各发展1米。每取1米宽表土，就向新修平的1米铺上表土，边挖、边运、边填、边还原，既省工，质量又能保证。(3)表土逐台下移法(见图5—6)。群众叫“蛇蜕皮法”，适用于坡度较陡(15度以上)，田面较窄(10米以下)。梯田一般由下而上，逐台修建。先将最下一台修平，不保留表土，将第二台表土取下，铺在第一台；再把第二台修平，将第三台表土取下铺在第二台。如此逐台向上修，表土逐台向下移，能比较全面保留表土。

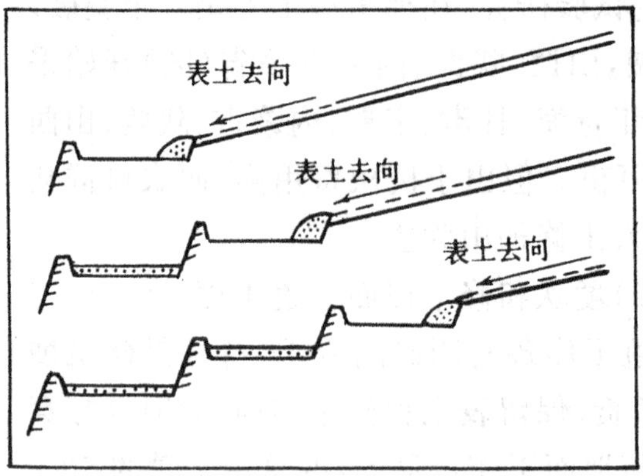

图 5—6 表土逐台下移法示意图

2. 修筑坎埂。一要清理埂基，二要分层夯实。埂基宽度不小于 1 米，修筑时土壤含水量在 15～20%之间，每次铺土厚 10 厘米左右，夯实后的干容重不低于每立方米 1.2～1.3 吨，以保证坎埂的修筑质量。埂坎的临空面用铁锹拍实拍光。陕西省关中地区群众建设塬面梯田时，对田边埂坎，像筑墙一样，用椽子或木板夹上夯实，群众叫做"椽帮埝"。具有坎埂端直，坚固耐久，养护省工等优点。

3. 修平田面。这是梯田施工的主要工序，由于田面宽度不同，以及是否有顺田坎方向远距离运土，有两种不同的施工方法：(1)陕北、晋西等地，地面坡度较陡，梯田田面较窄（一般在 10 米以下），田坎基本顺等高线布设。没有远距离运土，修平田面，一般不用架子车。施工时，先从埂坎下方挖土，用铁锹向上翻土培埂填膛。到埂坎高约 2 米时，则从田面上方取土，用铁锹向下翻土填膛，把地修平。(2)甘肃省天水、定西、兰州一带，田面一般宽 10 米以上，高塬区、阶地区塬面缓坡梯田，田面宽 30 米左右。前者由于照顾原有老地坎，后者由于照顾田埂线取直，经常需要顺田坎方向远距离运土。在上述情况下，修平梯田田面，一般都需用架子车。

由于田面的填方部分是由虚土填成，修平以后过一段时间还要发生沉陷，沉陷深度一般为填方厚度的 10%左右。因此，群众在修梯田时，有的将田边填得比水平面高 10～20 厘米，形成宽 1～2 米的倒坡，预留沉陷量，等土体沉实后，还能保持田面水平。

土石山区修梯田一般是就地取材，修成石坎。群众的经验是，需要掌握以下要领：(1)清好埂基。石埂地基要比地面低 50 厘米，修成平台或倒坡，如有条件应清到石基上，使根基稳固，防止在浇水或犁耕时淘空根基。(2)备好石料。备料中要拣明石（摆在地面）与挖暗石（埋在土中）相结合。石料采好后，按大小分开堆放。(3)掌握埂坎尺寸。外坡一般取 1∶0.75，内坡接近垂直，埂顶宽 1～2 米，埂底宽 2～4 米。(4)分层砌坎。群众把砌石的要求，编成口诀："底石要大，里外交插；条石平放，片石斜插；圆砌品形，块石压槎；石缝交错，嵌石咬紧；小石填缝，大石压顶；填饱粘土，切忌沙壅。"(5)平整田面。石坎砌好后，将田面的小石头，拣放在石埂内侧，然后里切外垫取土，去高垫低，平整田面。(6)田边修蓄水埂。田面平好以后，在石坎的顶端修筑30厘米高，50厘米宽的田边蓄水埂，其作用有二：一是稳压石埂，防止砌石移动；二是拦蓄雨水，利于灌水和保护地边完整(见图5—7)。

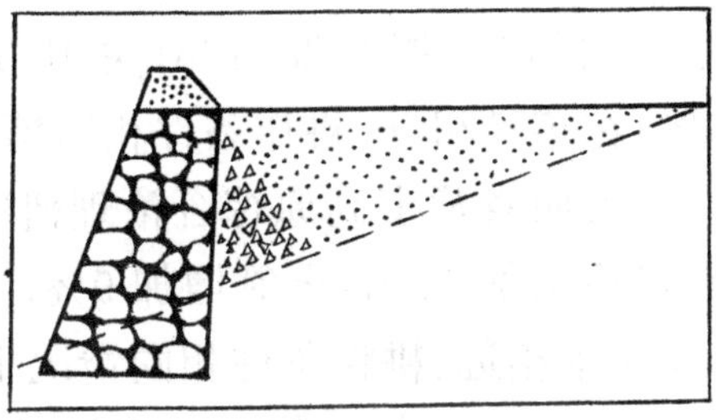

图5—7 石埂梯田断面示意图

(四)管理

黄河流域各地群众，在梯田的管理上着重抓好三件事：

1. 生土熟化，精耕细作，保证当年增产和持续高产。坡地修成水平梯田后，不可能完全保留表土，特别是田面挖方部分，即使保留表土，土层很薄，下面全是坚硬的生土，不利于作物生长，许多地方都出现当年减产，有的甚至在3年以后才能达到原来的产量。因此，从50年代后期开始，各地水保科研部门都把新修梯田生土熟化作为一项重要课题，进行试验研究，结合在群众中进行调查，总结出一套保证当年增产和持续高产的行之有效的经验：(1)深翻松土。深翻的重点是田面的挖方部分，耕翻的深度至少在25厘米以上，劳力多的用铁锨翻，有机耕条件的用机引犁翻耕。如用一般畜力翻耕，则采取“套二犁”的办法，加大耕翻深度，以利作物生长。(2)增施肥料。新修梯田即使注意保留表土，土壤养分同原坡地比较，仍有损失，因此必须用增施肥料来弥补。山西省水保所根据多年试验结果，在年降雨量500毫米的晋西半干旱区，亩施农家有机混合肥2500公斤较为经济合理。(3)偏施肥。新修梯田田面挖方部分，不仅土质坚硬，而且养分特别差。群众在新修梯田增施肥料中，对挖方部分偏多施肥，单位面积施肥量比填方部分多1～2倍或更多，许多是结合深翻时施下，效果更好。(4)施用黑矾等化合物促进改善土壤理化性状。山西省水保研究所试验，在施用有机肥的同时，配合每亩增施5～10公斤黑矾，经过3年试验，不同作物增产9.6～18.9%。(5)种植马铃薯、黄豆、黑豆等能适应生土的先锋作物。甘肃省定西县新修梯田第一年种植马铃薯，一般亩产500～1500公斤。山西省西部山区根据当地春旱严重的特点，新修梯田选择晚秋作物谷、糜等以避免春旱，可使产量高于早秋作物，比坡地增产10.2～20.8%。天水地区的经验是种马铃薯和豆类最好，胡麻、糜谷次之。如果保留表土，墒情好，肥料多，阳光气候适宜，也可以种高粱、玉米、小麦。

新修水平梯田，通过采用上述各项措施，保证当年增产，此后结合每年耕作，注意培肥土壤，土壤理化性状可以不断向好的方向发展。绥德水保站测定，老梯田土壤状况，1981 年比 1961 年的有机质增加 78%，全氮增加 150%；在年景相近、耕作条件相同情况下，粮食产量 1979 年比 1959 年增加 97%。陕西省黄土高原综合治理研究所测定，老梯田肥力，1983 年比 1979 年有机质增加 17%，全氮增加 9%。陕西省米脂县杜家石沟的梯田粮食亩产，在年景相近、耕作条件相同情况下，1976 年比 1960 年增加 27%。

2. 田坎的养护维修。主要是保护田坎稳定，防止暴雨中被地表径流冲坏和崩塌。各地群众对梯田的养护维修，着重做好以下几点：(1)每年雨季到来之前，认真检查梯田的田坎和田面，田坎损毁的，及时修补；田面不平、有凹处集水的，及时填高，并截断田面水流到田边的通路。(2)雨季后或每次较大暴雨后，再一次认真检查，发现问题及时处理。(3)在梯田以上坡面有来水的地方，修好截水沟，防止外水进入梯田。每年汛前汛后，对截水沟进行检查，见有泥沙淤积或缺口漏水等问题，及时处理，以保持其截水功能。

3. 田坎利用。黄河流域的梯田坎埂有天然坎埂与人工坎埂两种，天然坎埂一般坡度为 40～50 度，坡长 6～9 米，坎埂占地面积 20～30%；人工坎埂是坡耕地修成水平梯田时就地取土筑成，一般坡度 50～60 度，坡长 2～5 米，坎埂占地面积 10～15%。黄河流域有些地方，历史上群众就有利用田坎种植有经济价值树草的习惯。建国后，特别是进入 70 年代以来，在有些地方得到更好的发展，既保护了埂坎，又增加了收入。山西省沁水流域，农民经过长期实践，创造了在田坎上栽桑的技术：培育适生苗，沿田坎每隔 2 米种一株，10 年生的最大根深 2.5 米，水平分布 1.6～1.8 米，根系为网状结构，可固结土壤范围 2～2.5 米，在埂高 2.5 米以下的土埂梯田，基本不产生径流冲刷。一条田坎的桑树组成一条林带，可承接 15～30%的降雨。1981 年调查，沁水县端氏村，每养一张蚕可值 201 元，需成本 109.6 元，纯收入 91.4 元。甘肃省定西水保试验站 1958 年在安家坡流域梯田坎上，采用杞柳插条秋季造林，一般成活率在 80%以上，到 1967 年，平均株高 2.6 米，覆盖度占田坎的 60%，同年 6 月 4 日降雨 101.4 毫米，历时 4.53 小时，梯田坎安全无损。五龄、六龄的杞柳亩产枝条 392 公斤，价值 54.9 元。陕西省永寿县马坊乡郭门村，1976～1980 年引进杞柳在田坎上栽植，每 0.5 米一穴，每穴割枝条 1～1.5 公斤，1.2 万米埂长，年产枝条 2.4～3.6 万公斤，每公斤 0.2 元，年收入现金 4800～7200 元。山西省河曲县曲峪村已修成梯田 1200 亩，一般田坎高 1.5～2 米，坎坡 70 度，在田坎上栽植红柳，株距 0.5～1 米。据庙儿梁调查，每亩梯田的田坎面积 24～36 平方米，产条 6～10 公斤，全村共植

2.2 万丛，年产条 2～2.5 万公斤，产值 4000～5000 元。陕西省韩城市乔子乡马村农民高增进，在 2 亩梯田坎上栽植花椒 89 株，年收椒 125 公斤，收入 2500 元。该市主管部门，总结这一典型经验，制订了“奋斗三年，建成百里双千万株地埂花椒基地”的目标。1985～1987 年全市栽椒 1500 万株，又用两年时间补植，到 1989 年已在 23 万亩梯田坎上共植花椒 2300 万株。据 1988 年统计，全市花椒总产 93.5 万公斤，经济收入 2000 多万元，占全市农业总产值的 27.4%，按农村人口计人均 88 元。花椒主产区的盘龙乡每年产椒 15 万公斤，收入近 300 万元。甘肃省合水县河畔乡，自 1978 年以来利用梯田坎栽植金针菜，一般亩产，栽种第二年 50 公斤，第三年 100 公斤，第五年 190 公斤。全乡金针菜总产，1983 年 7.5 万公斤，人均收入 28.7 元；1984 年 12.5 万公斤，人均收入 31.8 元。

第十四章 荒地治理

黄河流域的荒地包括荒山、荒坡、荒沟、荒滩、荒沙，群众称为“五荒地”。在土地利用中，凡耕地、林地、草地、其他用地和非生产地外，可以利用而暂未利用或未充分利用的土地都属荒地。据《黄河流域黄土高原地区水土保持专项治理规划》1985年统计，黄土高原地区荒地共32165.1万亩，其中青海2390.1万亩，甘肃7096.4万亩，宁夏3368.1万亩，内蒙古11131.8万亩，陕西4769.5万亩，山西2271.3万亩，河南1137.9万亩。据《山东省泰安市大汶河流域水土保持规划综合报告》1985年统计，全流域荒地155.6万亩。荒山、荒坡大部坡度陡峻，一般在20～30度，植被缺乏，只有稀疏的野草。除风沙区的沙荒地以沙丘移动和风蚀为主外，丘陵区、高塬区和土石山区的荒地，都有不同程度的水土流失，侵蚀模数一般每年每亩2～4吨，低于坡耕地；但有的局部地方高于10吨，超过坡耕地。

黄河流域的荒地，既是水土流失的主要来源之一，又是供发展林、牧、副业的主要基地。群众对荒地的治理，既着眼于减轻水土流失，更着重于开发利用，增加经济收入和解决“三料”短缺问题。荒地治理措施主要是种草育草和造林育林。

第一节 种草育草

黄河流域各地，按自然条件和社会经济条件，分为农业区、农牧区（半农半牧）和纯牧区三大类（见图5—8）。其中：农业区主要分布在黄土高原的东南部平原区、阶地区、高塬区和丘陵区第三副区与第一、二副区南部。农牧区主要分布在农业区以北，丘陵区的第四、五副区和第一、二副区北部。牧区主要分布在农牧区以北和以西的高地草原区和干旱草原区（其中河套平原局部面积属农业区）。从恢复植被、蓄水保土和发展畜牧的基本途径来看，农业区主要是人工种草，农牧区和纯牧区主要是封坡育草和草场改良。

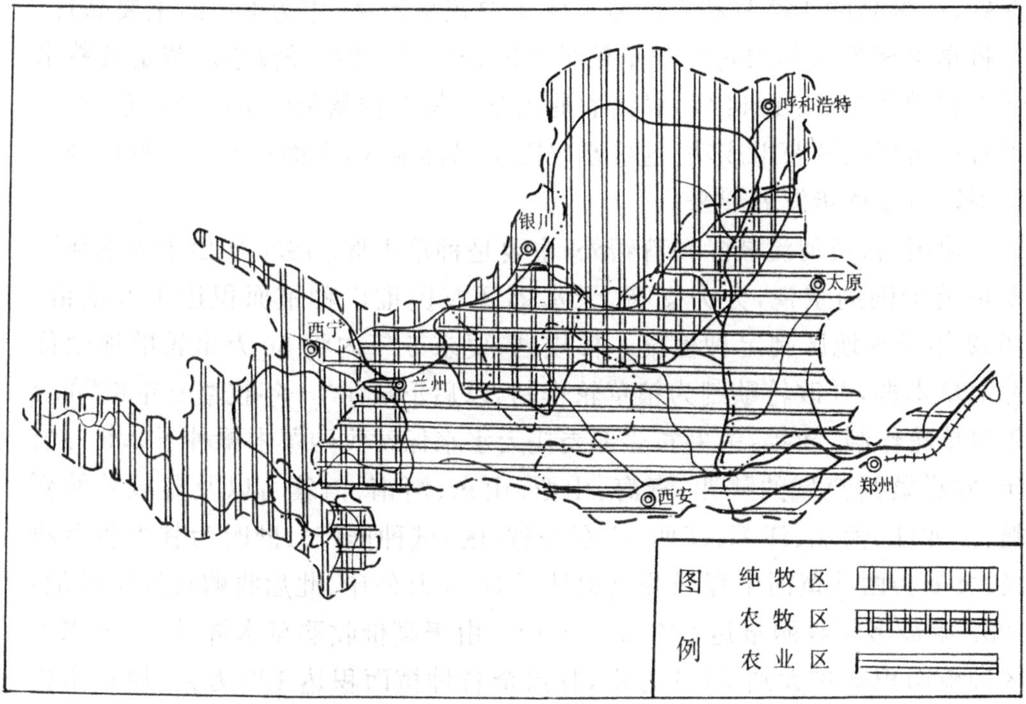

图 5—8 黄河流域纯牧区农牧区农业区分布示意图

一、沿革

(一)人工种草

远在2000多年前,黄河流域就有以草养田的“草土之道”。西汉元年(公元前105年),“神马当从西域来,得乌孙马好,名曰‘天马’。俗嗜酒,马嗜苜蓿,汉使取其实来,于是天子始种苜蓿、蒲陶(葡萄),肥饶地,则离宫别观旁尽种蒲陶、苜蓿,极望”(《史记·大宛列传》)。当时种苜蓿,一是喂马,二是观赏。由于苜蓿又能当蔬菜,灾荒之年可代粮食,还可肥田,所以很快由长安引种到塞北,遍及黄土高原。南北朝时,苜蓿已介入作物轮作的种植制度,作为肥地之本。《唐书·王毛阶传》记载,唐玄宗开元年间在陇东、陕北一带大面积人工种植苜蓿,使马匹由24万发展到43万,“牛马皆数倍”。著名的陕西秦川牛、关中驴的培育与广种苜蓿密切相关。

民国时期,已开始将种草作为水土保持措施,并进行草木樨、红豆草等优良牧草的引种试验和小面积推广。1942年,天水水土保持实验区建立了牧草原种圃,先后采集、引种牧草和饲料作物539种,选育出抗逆性强、适应性好、产量高的152号和153号二年生白花草木樨，作为推广的主要品种，并将草木樨列入草田轮作和草粮带状间作试验，并在径流小区测定其蓄水保土和增产效益。1944年，甘肃农业大学王栋教授从英国带回红豆草，在甘肃省小面积试种获得成功。这些都仅限于局部地区，大面积的人工种草是在建国以后才逐步发展起来。

建国后，黄河流域除种苜蓿外，主要是种草木樨。1950年由于天水地区专员吴治国的重视，大力支持，天水郊区农民推广种植面积达1万余亩。1952年天水地区制定种植草木樨规划，要求5年内将50万亩轮歇地全部种上草木樨，并改轮歇制为粮草轮作制，以后形成了“一年牧草三年粮”的4年粮草轮作制。同年，中央农业部委托天水水保站收购草木樨种子2.5万公斤，发送黄河流域的陕西、青海、山西、山东、河南、内蒙古以及流域外的新疆、黑龙江、河北、江苏、江西、广东等省(区)试种推广。同时为甘肃省畜牧局、黄委会西北黄河工程局等收购种子10.5万公斤。此后收购量逐年增加，1957年最多年收购量达247.5万公斤。由于高价收购草木樨种子，天水地区种植面积曾扩大到76.5万亩，甘肃全省种植面积达120万亩，使草木樨的种植逐步遍及全流域。同期有关省(区)引进种植的牧草还有毛叶苕子，最初多种植在平原区，后来引种到甘肃、内蒙古一带，以陕西、甘肃、山东3省种植最多。

60年代初期及“文化大革命”期间，人工种草面积急剧下降。天水地区草木樨种植面积由1957年的76.5万亩，下降到1962年的1万亩，1966年曾恢复到50万亩，1972年又下降至9.2万亩。甘肃、山西、陕西、内蒙古等省(区)还先后引进红豆草、沙打旺等优良牧草，并在一定范围内推广。1975年后，沙打旺已基本成为风沙区和黄土丘陵沟壑区的主要飞播草种。

80年代以来，黄河流域的人工种草发展较快，苜蓿、草木樨、沙打旺、红豆草等牧草，在流域各省(区)均有种植。尤其是1983年8月，中共中央总书记胡耀邦视察青海、甘肃、陕西等地时，要求西北各地要把种草种树、发展畜牧业作为改变当地贫困面貌的根本大计来抓，随后，甘肃、青海、陕西3省省委、省政府相继作出开展大规模种草种树的决定，推动了人工种草的发展。据黄委会农水局统计，截至1991年流域8省(区)人工种草3161.09万亩。

(二)天然草场改良

1949年以前，黄河流域基本上没有开展草场改良工作，广大牧区、农牧区的草场，主要是自然长草，很少管理，草场的人为破坏与鼠害、虫害都十分严重。

建国初期，为了加强草场的改良和管理工作，1953年周恩来总理签署公布的《关于内蒙古自治区、绥远、青海、新疆等地若干牧区畜牧业生产的基本总结》中规定，要“保护培育草原，划分与合理使用牧场、草场”，“在半农半牧区或农牧交错地区，以发展牧业生产为主。为此，采取保护牧场，禁止开荒的政策”。1958年国家颁布的《全国农业发展纲要》中也规定“在牧区要保护草原，改良和培育牧草”。这些政策和规定，有力地推动了草场改良工作。从50年代开始，青海、甘肃、宁夏、内蒙古等省（区）采取的改良措施，主要是修建灌溉渠道、消灭鼠害虫害，60年代后又增加草地围栏、封育补播等措施。“文化大革命”期间，改良草场基本中断；同时，由于当时农村工作受“重农轻牧”思想的影响，牧区和草山区出现大量开垦种粮现象，致使草场的破坏速度大大高于改良速度，造成草场退化、沙化和水土流失加剧。70年代以后，草场改良逐步恢复。1976年，甘肃省甘南藏族自治州与省、县畜牧部门，分别在玛曲县尼玛乡沙河村和夏河县甘甲乡卫东村进行草场改良建设试验。1979年春，兰州水保试验站在榆中县北山韦营乡玉家湾、下大山等地布设封坡育草试验。1980～1985年，中科院西北水保所在宁夏回族自治区固原县进行草地封育试验。1987～1988年，青海省水土保持局水保试验站在互助县西山朱尔沟流域开展牧坡封育试验。1988年，宁夏固原县科委在县东部半干旱黄土丘陵区进行草场改良。这些工作都取得显著的经济效益、社会效益和生态效益。

二、分布、效益与问题

（一）分布

1. 人工种草分布。在不同类型区的分布，据《黄河流域黄土高原地区水土保持专项治理规划》1985年统计，黄土丘陵第一副区453.8万亩，第二副区220.4万亩，第三副区431.9万亩，第四副区34.3万亩，第五副区367.0万亩，高塬沟壑区259.0万亩，黄土阶地区33.4万亩，冲积平原区9.6万亩，土石山区290.4万亩，风沙区205.9万亩，干旱草原区41.1万亩，高地草原区23.9万亩，林区25.9万亩，合计2396.6亩。按省（区）分布，据黄委会农水局统计，截至1991年，全流域共计3161.09万亩，其中，青海108.61万亩，甘肃1105.51万亩，宁夏265.65万亩，内蒙古457.80万亩，陕西981.98万亩，山西227.89万亩，河南12.95万亩，山东0.7万亩。

2. 天然草场分布。黄河流域成片草原主要分布在青海省的果洛、海南、黄南、海北等自治州,甘肃省甘南藏族自治州,内蒙古自治区伊克昭盟和宁夏回族自治区银南等地区。黄土高原地区,成片草原较少,大部分草场分布在荒坡沟崖和干旱山地上。据《黄河流域黄土高原地区水土保持专项治理规划》1985年统计,各省(区)天然草场总面积8317.4万亩,其中青海2379.6万亩,甘肃2034.4万亩,宁夏882.1万亩,内蒙古2093.2万亩,陕西211.4万亩,山西636.1万亩,河南80.6万亩。按各类型区的分布为:黄土丘陵沟壑区473.6万亩,黄土高塬沟壑区126.1万亩,黄土阶地区31.8万亩,冲积平原区120.1万亩,土石山区2630.4万亩,风沙区601.8万亩,干旱草原区1188.8万亩,高地草原区3041.1万亩,黄土丘陵林区103.7万亩。

(二)效益

人工种草凡成活、郁闭的,效益都十分显著,不仅保持了水土,而且促进了畜牧业的发展,使农民经济收入增加,生活得到改善。

内蒙古准格尔旗五步进沟小流域1981～1989年观测,17度坡的裸地,每年每平方公里流失水量3.35万立方米,流失土壤2286吨;同样坡度的人工草地每年每平方公里流失水量1.98万立方米,流失土壤242吨。人工草地比裸地减少地表径流41%,减少土壤冲刷98.5%。

山西省偏关县营盘梁村,从1957年开始种苜蓿,1965年扩种到846亩,1960～1962年卖苜蓿收入3900余元,户均121.9元;同时还把苜蓿地分给农民自管自割,扶持群众养猪,由1956年的17头,发展到1965年的122头,户均3.8头,大家畜由38头增加到56头。由于畜多肥多,促进粮食大幅度增产。

宁夏回族自治区固原县中川村,自1974年开始,每年保持300亩苜蓿作饲料基地,300亩草木樨进行草田轮作,到1980年,大家畜新增61头,达到107头,羊发展到391只,人均羊1.3只,牧业总收入达1.8万元;同时还为农业提供68头强壮役畜,使每头役畜负担耕地面积由1974年的120亩,减少到1980年的82亩;提供了大量肥料,使畜肥占全村耕地施肥量的70%,促进了农业生产,粮食总产由1974年10.85万公斤,提高到1978年16.2万公斤。

陕西省耀县孙原村,1981年扩种苜蓿640亩,粮田面积减少10%,粮食亩产由1979年的145公斤,提高到1983年的195公斤,总产由73.2万公斤上升到105.6万公斤。同时还收割苜蓿干草23.5万公斤,促进了畜牧业的发展,1983年养羊达到785只,比1982年增长45%。

甘肃省广河县水泉乡,充分利用荒地种植苜蓿,至1983年达8454亩,比1979年的1691亩增长近4倍；大牲畜2847头，比1979年1826头增长56%；羊6304只，比1979年4657只增长35%。4年共售大牲畜1190头，羊1165只，皮革2787张，羊毛2.29万公斤，收入现金50.4万元，户均290元。

（三）问题

1. 人工种草存在问题：(1)统计上报面积大，实际保存面积小。山西省水利厅水保局1986年对全省水土保持治理面积进行了落实，其中，人工种草实有226.1万亩，统计上报面积为290.5万亩，比实有面积超报64.4万亩；另外对三川河流域内的方山县神堂沟、木爪沟，离石县茂塔沟、王家沟、岔沟，中阳县高家沟、乔家沟，柳林县杨家峪沟、东洼沟等9条试点小流域，进行实地丈量验收，种草实有面积为1237亩，超报7855亩。吕梁地区水利水保局1986年实地抽查验收77个村庄的水土保持设施面积中，人工种草次年保存面积只占统计上报面积的34.7%，用面积加权平均，保存率还不足一半。黄河流域其他地方也有类似的问题。造成统计上报面积大，实际保存面积小的原因是多方面的，主要是统计方法不一致，也有管理不善的问题。(2)种草目的不明确。在农区和半农区的农田中，种草（安排在轮作中）主要目的是肥田；荒坡退耕地种草，在保持水土的同时，为了解决群众"三料"，促进脱贫致富。但有些地方种草没有紧密结合上述目的，而是为了应付上级，有的只是为了领取种草补助费，有什么草种什么草，单纯完成任务，种后又不认真管理。(3)种草利用无计划，收割不适时，随意割取随意喂养。在开花时舍不得刈割，多数在成熟后甚至霜冻枯黄后收割，营养成份损失严重。饲草缺乏均衡利用，不是各种牧草与秸杆适当搭配，而是有啥喂啥或啥方便喂啥。草畜不协调，有的草多畜少，更多是畜多草少。有的未能适时收割，靠自然风干，有的遇雨霉烂，损失很大。有的喂养前加工粗放，浪费很大，影响牧草的经济效益。

2. 天然草场存在的问题：(1)产草量季节不均，饲养供求不协调。天然草场的产草量主要受气候因素的制约，一般情况下，牧草生长期降雨量大于200毫米、蒸发量小于1500毫米的地区，可获正常收成；降雨量250～350毫米，蒸发量小于1200毫米的地区，可大幅度增产；降雨量小于200毫米，蒸发量大于1600毫米的地区，则欠收。因此，各地草场的生产能力不同，进而影响牧业生产的不稳定。黄河流域西北部冬季漫长，夏季短暂，一般每年6～7月是产草量高的夏季草场，但利用时间只有2～3个月；11月以后是产草量低的冬季草场，时间长达6～7个月。从而造成夏季草场利用不足，冬季草场供不应求的现象，致使牲畜夏壮—秋肥—冬瘦—春死。(2)人为破坏与自然破坏严重，致使草场退化、沙化扩大，水土流失加剧。内蒙古鄂尔多斯中部、东部地区，原有植被较好，但经过1958年、1962年和“文化大革命”期间大规模开垦，破坏了生态平衡。同时不少地方任意在草场采药、挖草根、铲草皮、烧生灰，破坏十分严重。据宁夏回族自治区草场植被资源调查队1985年调查，全区挖甘草破坏草场，50年代年均1.2万亩，60年代年均2万亩，70年代年均4.6万亩，而1982年一年就达10万亩。内蒙古自治区伊克昭盟每年收购甘草150万公斤，破坏草地13～16万亩。同时许多地方草场鼠害、虫害严重，挖洞不止，加剧风蚀和水土流失。(3)超载放牧。不少牧区、半牧区用草不管草，超载放牧，掠夺式经营，使许多草山变成光山秃岭，引起草场退化和沙化。甘肃省临夏回族自治州1983年共有天然草地787.5万亩，其中可利用草地684.4万亩，理论载畜量为41.5万个羊单位，而实际放牧168.8万个羊单位，超载3倍多。宁夏回族自治区的草场理论载畜量为228.5万个羊单位，1985年实际放牧294.5个羊单位，超载66万个羊单位。内蒙古畜牧研究院1984年调查，阿拉善左旗草场退化面积达3万多平方公里，约占可利用草场面积的70%。陕西省榆林地区天然草场退化、沙化面积1082.3万亩，占可利用草场面积的60.2%。

三、技术

(一)人工种草

1. 培育优良草种。选种优良草类，是提高种草效益的关键。优良草种的条件是经济价值高，保土能力强，生长迅速，繁殖容易，耐旱耐寒耐瘠薄，能适应黄河流域的自然特点，主要草种为：(1)豆科的苜蓿、草木樨、红豆草、沙打旺、毛叶苕子、多变小冠花、箭舌豌豆等。(2)禾本科的无芒雀麦、扁穗鹅冠草、扁穗冰草、燕麦草、星星草、老芒麦、羊草、芦苇等。(3)藜科的饲用甜菜和百合科的金针菜等。

上述草类中苜蓿、草木樨、红豆草、毛叶苕子、沙打旺等5种豆科牧草，由于抗寒抗旱、耐瘠薄、根系发达、枝叶繁茂、蓄水保土能力强、适口性好、产量高、花期长，既可作饲料、燃料，又可作绿肥，同时还是良好的蜜源作物，黄河流域广为种植，深受群众喜爱。

苜蓿、草木樨、红豆草、沙打旺、毛叶苕子5种优良牧草简况见表5—4。

表5—4　**黄河流域五种优良牧草简况表**

种　名	分　布	特　性	作用与经济价值
苜　蓿	主要分布陕西、甘肃、山西、内蒙古等地	多年生，喜温暖和半干燥、半湿润气候。适宜生长于排水良好、土层深厚、富于钙质的土壤，不耐涝	半干旱丘陵区种植苜蓿带或苜蓿沟，对保持水土、增加产量有较好效果。枝叶营养丰富适口性好，可建立稳定的饲料基地
草木樨	主要分布陕西、甘肃、山西、内蒙古等地	越年生，喜湿润和半干燥气候，适生富含石灰质中性或微碱性壤土，多以轮作、套种或休闲地作绿肥	被覆地表保持水土，倒茬压青肥地增产，枝叶可作饲草，花是良好的蜜源，种子炒熟磨细可作饲料，秸杆可作燃料、纤维原料
红豆草	甘肃、青海、陕西、内蒙古、山西、宁夏引种	多年生，喜干燥，适宜石灰质土壤生长，不适于酸碱土和地下水位较高的土壤生长，不宜连作	干草含粗蛋白质16.8%，粗脂肪4.9%，无氮浸出物49.6%。叶子中含有多种维生素。鲜草反刍家畜食后不得膨胀病
沙打旺	在山西、陕西、甘肃、内蒙古、河南、山东等地推广	多年生，喜温热，抗风沙，耐碱抗寒。适宜在水土流失区的荒坡、沟沿、沟头或林间种植	茎叶含粗纤维，可沤麻，作燃料，种子可榨油。宜作反刍动物饲草，其它家畜可与别的饲草混合饲喂
毛叶苕子	主要分布甘肃、陕西等地	一、二年生，喜砂土、砂壤土或粘性壤土，不适宜低洼积水和重粘性土壤种植。适宜果园间作和麦后复种	枝叶细嫩，家畜喜食。鲜草肥分高，约含氮0.67%、磷0.07%、钾0.41%、钙0.23%，枝叶密茂保持水土，压青能培肥地力，提高产量

2. 抗旱栽培技术。黄河流域大部是干旱、半干旱地区，由于雨量稀少，自然条件恶劣，人工种草不易出苗，往往播种面积大，成苗面积小，80年代以来，群众创造一些抗旱种草经验，其中效果最好的有以下两条：(1)工程整地。宁夏回族自治区西吉县群众在荒坡上种草，一般是先修工程，蓄积雨水，然后种草，效果很好，在干旱条件下，每亩产草量675公斤，比天然草坡产草量提高10倍。种草的工程整地有两种形式：一是沿等高线开沟，沟宽40～50厘米，深20厘米，沟间每隔数米作一横挡，以防积水串流，在沟底种草。

二是沿等高线修筑反坡窄梯田，群众叫“带子田”，宽70～100厘米，反坡约15度，外高里低，每隔数米修一横挡，在田内和埂上种草。上下两行沟、带之间的距离，一般2～5米不等，视坡度陡缓而定。这一技术在宁夏的西吉、海原、固原等县干旱、半干旱地区应用推广。(2)选好播种时间。甘肃省兰州水保试验站，80年代在榆中县韦营乡孙家岔流域(海拔1900～2200米，年降雨量只有250毫米左右)的过牧荒坡上种草，用苜蓿、草木樨、沙打旺等草种，进行抗旱栽培试验。从1982年7月5日开始，每隔5天播种一次。试验结果，沙打旺最佳播期为6月25日至7月25日之间，在连续3年干旱少雨条件下，仍获平均每年亩产鲜草500公斤的好收成。这一技术已通过省级鉴定，并在当地推广。

3. 主要草种栽培技术。(1)苜蓿。由于种子小，硬籽较多，播前需用沙磨或辗压，擦破种皮，或用温水浸种。播前要求精细整地，深耕细耙。春、夏均可播种，最好趁雨墒播种，也可采取冬前寄子播种，播量每亩0.75～1.5公斤。为了获得优质高产鲜草，在中花期前收割为好，过早产草量低，过迟草茎木质化，影响草的质量。(2)草木樨。新鲜草子的硬籽率高达40～60%，播种前要用碾子碾压，碾到荚壳全部脱落，种子发毛为止，播量每亩2～2.5公斤，采用条播、撒播、穴播，以条播为主，为了提高产草量，还可采用混播。播期以春秋两季为宜，内蒙古、宁夏风沙区也可在夏季播种。收割时应注意留茬高度，以10～15厘米为宜，保持2～3个茎节，以利再生。(3)红豆草。一般带荚播种，每亩4～5公斤，条播、撒播、穴播均可，山坡退耕地撒播量可增到6～7公斤。春、夏、秋均可播种，但秋播不宜太晚，以免越冬困难。红豆草地施用磷、钾肥，对产草、产籽量均有显著效果。(4)沙打旺。由于种子小，顶土力弱，覆土宜浅，苗期生长缓慢，因此要求细致整地。播期4～5月，每亩播量1～1.5公斤，飞播天然草场每亩播量0.5公斤为宜。苗期要及时中耕除草，保护幼苗生长。沙打旺作为青饲，最好和其他牧草混播，以利提高适口性。沙打旺在一些地区不结实或结实率很低，据内蒙古畜牧学院草原系试验，可采取宽行距稀播，并用液氮冷冻处理种子，都可提高沙打旺种子产量。(5)毛叶苕子。要求深翻整地，播种时覆土宜浅，春夏均可播种。毛叶苕子需经一定低温时期才能形成结实器官，正常开花结实，因此留种地宜于秋播。播种量根据用途而定，压青或饲用每亩4～5公斤，留种用每亩2.5～4公斤。收割要适时，压青或饲用始花期为好。压青时注意耕翻质量，必要时可先收割铡碎，再顺犁沟翻压。

(二)草场改良

1. 农牧区。该区草场改良主要措施有以下几种:(1)封坡育草。甘肃榆中县和宁夏固原县采用此法,效果良好。1979年春,兰州水保试验站沈其俊等在榆中县北山韦营乡玉家湾、下大山等地,选超载放牧的坡地(地形为梁峁丘陵半阳斜坡,土质属灰钙土或暗灰钙土,无天然林地、灌丛),划区封育。至1982年6月,对玉家湾封育37个月的地段进行观测,结果表明植被覆盖由封育前的13.8%,提高到67.6%;干草产量由封育前的每亩10.8公斤,提高到108.4公斤。植物群落比超载放牧时期有较大改善,一些豆科植物(如达乌里胡枝子和锦鸡儿属植物)、禾本科植物(如无芒隐子草)等数量也随封育期的延长不断增加到18种。甘肃省大力推广这一措施,仅榆中县1985年就实施35万亩。(2)轮封轮收。首先明确划分草场所有权,将所辖草场划分若干放牧区,在牧草生长季节,要求每个牧区有1～2月的停牧时期。在确定牧场放牧量时,以草场面积的3/4放牧,1/4轮歇,使退化严重的草场得到生息时间。同时,根据牧草生长情况,确定单位面积载畜量。其标准是每只羊每天有3.5～4公斤食草,保证基本营养要求。青海省根据草场牧草生长和利用特点,划分为春夏秋冬四类季节草场,不同季节在不同草场上轮牧。夏季主要利用高山和山地阴坡草场,冬季利用避风向阳的河谷阶地和山麓草场,春秋两季利用夏冬两类草场的过渡地带,使各类草场都有生长发育的机会。(3)建立人工草场及草种基地。结合当地条件采用两条措施:一是广种苜蓿,精心管理,力争获得高产。二是抓好一年生青饲作物(禾草),如草谷子,草燕麦等,以补青饲草的不足。另外还可种植沙打旺、聚合草等外地优良牧草,建立饲草基地和提供优良草种。同时,还推行草田轮作,实行以草促农,以草促牧。(4)营造灌木放牧林。黄河流域农牧区大都分布有天然柠条林,为群众利用,解决冬季雪封牧坡和春季牧草青黄不接时牲畜放牧缺草问题。有计划地营造放牧林,与牧场轮封轮牧紧密结合,将严重退化草场划为封牧区时,在其间播种柠条等灌木。采用挖穴造林,每亩300～500穴,犁耕条播行距1.5～2米,播后封育3～4年即可放牧。在灌丛老化后可平茬更新,效果很好。(5)改放牧为舍饲。西峰水保站1979年开始,在南小河沟进行羊只舍饲试验。流域内的南佐村,1978年底以前,累计造林3307亩,由于羊只啃食破坏等原因,实际保存面积只有764亩,保存率为23%;孔家塬村历年造林面积为4700亩,经普查仅存48亩,保存率只有1%。在基本实现羊只舍饲后,1982～1984年,南佐村造林3447亩,种草3700亩;孔家塬村造林3450亩,种草1503亩,经林业部门验收检查,其成活率、保存率均在95%以上,促进了牧业和农业生产,提高了经济效益。舍饲后全流域每年羊只产羔1200只，收入3.6万元，户均88元。南佐村1983年羊只比1978年增加57%，羊毛收入增加6.6倍，同时积粪量提高35%，促进了粮食产量的提高。舍饲前约有3%的人从事羊只放牧，舍饲后利用田间作业休息时间或回归途中割草，节省了专事放牧的劳力。70年代后期，甘肃、陕西、内蒙古等省（区），有些地方群众采取这种作法。

2. 纯牧区。由于纯牧区草场大面积连片，在改良措施上与农牧区有不同的作法。(1)封育草地。把草地封闭一个时期不再进行放牧，让牧草有良好的生息繁殖机会，使产草量很快得到恢复和提高，然后再进行轮牧。其管理办法：有的用刺丝围栏，有的打土墙，群众称之为草库仑。有的用人工看管，分短期划管（春夏季划管，冬春季利用）和长期划管（2～3年）两种。长期划管往往与补种改良相结合。宁夏牧区1984年围栏面积保存5.7万亩，人工看管封育2.5万亩，草场划管封育产草量比未封育产草量提高2～3倍。青海牧区各地，每年都要组织草库仑大会战，到1985年全省建设草库仑面积达2800万亩。据内蒙古草原工作站统计，全区1972年建设草库仑68万亩，载畜量3966万头（只）；到1982年，累计保存草库仑面积2002万亩，载畜量增加到4218万头（只）。青海原河卡草原工作站和铁卜加草原改良站，于1963～1964年在草甸草场上封育1～2年，牧草生长旺盛，优良牧草增多，每亩鲜草产量增加1.6～2.2倍。(2)松耙草场。始于80年代初，在内蒙古和宁夏得到普遍应用，并收到良好效果。内蒙古突泉县草原站在羊草草地上进行浅翻松耙试验，松耙后草地土壤的理化性状显著改善，与未松耙的草地对比，0～30厘米土壤的空隙率增加了36.6%，土壤温度提高1.2℃，土壤水分含量增加96.7%，根茎长度增加7.2倍，每平方米草地羊草株数增加10.5倍，草地总产草量和羊草产量分别增加1.9倍和2.6倍。这种作法一般只在根茎性禾草草地上，选择土层厚、湿度大、不易引起风蚀的地块进行，同时还注意以下两点：一是松耙适宜时间，一般多在雨季来临前进行；二是松耙深度，要求深于根茎入土的深度，如羊草根茎深为10厘米，松土深度应为15～20厘米。(3)补播牧草，更新草场植被。宁夏盐池县大水坑乡椰条井村草地围栏，1978年通过人工补播蒙古冰草（每亩1公斤）和沙蒿（每亩0.25公斤），使植被得到改善，亩产青草190～320公斤，比未补播的同类围栏亩产60～85公斤提高2～3倍。1982年固原县草原站在东部丘陵区的河川、寨科、甘城等地，采取沿等高线带状翻耕后，播种沙打旺改良天然草地。缓坡地的带宽和带间距各1.5～2米，坡度较陡的带宽及带间距各1米。结果表明：经过翻耕处理后3年生沙打旺，与未耕翻撒播沙打旺对比，平均株高增加5.5倍,分枝数增加6.5倍,根径粗增加3.8倍,主根长增加2.1倍,亩产草量提高1.81倍,达到3612.5公斤。(4)建立人工饲草料基地和天然割草场,为草原减轻载畜负担。盐池县腾格里乡永红村,封育草滩,建立割草基地,年割草量由2.5万公斤增加到15万公斤,畜牧业得到长足发展。(5)开辟水源,加强草场水利建设。宁夏缺水草场约有2750万亩,占草场面积的22.9%。一般采取修水窖、涝池、拦洪坝等措施,拦蓄雨水径流;在地下水位高,水质好的地方,打土井、机井,改进提水工具,利用地下水,千方百计使草场得到一定程度的灌溉,提高产草量。

第二节 造林育林

一、沿革

(一)西周至晚清

1.颁布保护山林法令。西周时期各诸侯国分布于黄河中下游地区,曾提出不少护林政策和限制滥伐的措施,并设置专司护林的“虞人”、“山虞”、“林衡”等官职。对森林的合理利用,也建立一定的制度。据《礼记·王制》记载:“孟春元月,禁止伐木;木不中伐,不鬻于市,草木零落,然后入山林。”齐相管仲曾向齐王进言:“山林虽近,草木虽美,宫室必有度,禁伐必有时。”进而提出“为人君而不能谨守山林菹泽草莱,不可以为王天下”的主张。《左传》记载鲁襄公二十五年(公元前548年),楚蒍掩《庀赋》中即有“书土田,度山林”之记载,不仅对土地宜做何用进行权衡划分,对国家利用森林也作了规定。秦始皇在焚书时还下令“种树之书不得连株”。《汉书》记载李悝为魏文侯作尽地力之教中,有“除山泽邑居三分之一”,不在耕垦之列,其用意也在保护森林。秦商鞅在废井田、开阡陌,大搞农垦的同时,也将山林不列在耕垦之列。

2.倡导人工造林。春秋战国时,少数有识之士提倡人工造林。《管子》载“十年之计,莫如树木”,就是其中一例。当时人工营造的主要是与人们生活关系密切的经济林。黄河中下游见于历史记述的,有漆园、竹园及柞林。《韩非子》中有利用漆液以漆器皿之记载,《禹贡》中有鲁国“厥贡漆、丝”的记载,《史记·货殖列传》中亦指出“山东多漆丝”。这些都说明当时利用漆树产漆,利用桑树发展蚕丝的技术已有相当基础。西汉自文景之后，对各地宜种的树木，亦有明确规定，如“安邑千树枣，燕秦千树栗，渭川千亩竹，齐鲁千亩桑麻”。随着人口的增加，蔬果、服饰的需要，园艺与蚕桑又得到进一步发展。到隋唐时期，园圃中种植的经济林木已有40多种，如桃、李、梅、杏、柿、枣、栗、榛、梨、桑、椒、樱桃等。秦始皇二十七年(公元前220年)，为军事需要，沿长城内外修筑驰道900公里，横穿陕、甘两省14个县，驰道两旁每三丈植松一株，为大规模种植行道树的先声。清代陕甘总督左宗棠倡导从陕西西安至甘肃玉门，沿线夹道植柳，绵延数千里，世称“左公柳”。

(二)民国时期

民国时期，在有关专家倡导下，开始把造林育林作为黄河流域水土保持主要措施之一，设置专门机构，并在一定范围内组织实施。虽然当时社会条件限制，这些工作开展时间不长，规模不大，但把植树造林从数千年来只是为了经济效益，转变到为治理黄河服务，这是具有历史意义的重大发展。

1932年9月，国民政府公布了新的《森林法》共10章77条。1933年10月陕西省政府决定，设陕西省林务局。此后，西北地区相继建立许多林业局、场，仅渭河流域1934～1935年成立的林场，有陕西省林务局西楼观林场、眉县槐芽林场、西安林场、长安县草滩林场、朝邑平民林场。1936年，陕西省林务局在陇县固关镇成立关山林区管理处，负责甘陕交界处次生林的管护。1937年，在绥德县西山寺成立陕北林务分局，经营陕北残林和治沙造林工作。1941～1943年间，中央农林部建经济林场四处，其中两处设在陕西陇县，经营发展核桃林，并于1941年在渭河南岸周至县马召镇，成立秦岭国有林区管理处，管理秦岭次生林。1942年，农林部颁布《奖励经营林业办法》17条，鼓励人民植树造林。同年为进一步加强护林工作，内政、农林两部颁布《森林警察事项》14条，某些林场设立森林警察建制；行政院又颁布《森林法》57条，并在榆林筹设西北防沙林场，营造防沙林。1943～1946年，陕甘宁边区政府提倡有计划造林，在靖边县张家畔一带，长40公里、宽25公里的平滩与沙滩造林50万亩。

1932年前，国民政府曾下达沿黄沿渭营造各种保安林的政令。当时陕西省计划在黄河流域造植的保安林有：黄河水患防御林，陕北风沙防蔽林，各县镇村堡公众卫生林及秦岭水源涵养林。

1938年4月，经济部部长翁文灏呈行政院转国防最高会议核定，国民政府通过陕西、甘肃、绥远3省沿黄沿渭造林实施方案及办法，因当时绥远省被日军侵占，给陕、甘两省拨款1.2万元。1945年，天水水土保持实验区经过勘定规划和3年努力，在沟壑造林、河滩造林、柳篱挂淤方面取得较好效果。刺槐造林在天水大柳树沟沟坡种植成功，造林232亩，并在吕二沟口滩地、李广墓、三台寺等地共营造刺槐3.7万余株，成活率92～97%。天水市吕二沟口外营造的柳篱挂淤林带，稳定了大片荒滩，由青年学生每年植树节造林，定名为青年林，到建国初期，仍有林地1000余亩。

（三）建国以后

1950年以来，黄河流域的造林育林工作发展迅速，国家和地方主管部门在每个时期，都采取相应的造林行动，其中重大行动有以下几项：

1.50年代。(1)西北五省（区）青年造林——1952～1953年，中央林业部部长梁希率领苏联专家聂纳洛阔莫夫等，考察了泾河、洛河、延水和无定河流域，针对各地水土流失实际情况，提出了林业建设方案。要求第一个五年计划期间，在陕西、甘肃、山西、河南、青海、内蒙古等省（区）黄河支流上游水土流失严重的地方，造林260万亩，封山育林700万亩。还要求完成陕北防沙林与黄河中游地区水源林的营林调查设计工作和造林总体规划。1955年2月，林业部召开黄河流域营林座谈会，研究部署黄河中上游水土流失严重地区的造林问题。同年7月第一届全国人大二次会议通过《关于根治黄河水害和开发黄河水利的综合规划的决议》后，在共青团中央号召下，青年造林运动在全流域展开。到1955年底，陕西、河南等6省（区）造林22.6万亩，其中陕西省300多万青少年，在陕北黄土高原和无定河、渭河、延河两岸植树800多万株。总计第一个五年计划期间，黄河中游共营造水土保持林1900多万亩，各河流水源地封山育林7980万亩。1956年，《全国农业发展纲要》中，提出了在12年(1956～1967年)内绿化祖国的任务。黄河流域各地，掀起了大规模的群众造林、护林、育林运动。同年3月1～11日，共青团中央、林业部、黄委会在延安召开了陕西、甘肃、山西、河南、内蒙古5省（区）青年造林大会，会议通过了《关于绿化黄土高原和全面开展水土保持工作的决议》。会议期间，团中央书记胡耀邦、林业部长罗玉川、黄委会主任王化云率领与会1000多名代表及延安广大军民，在原中共中央所在地杨家岭等地植树造林。在这次会议的推动下，黄河流域和全国各地，很快掀起了造林高潮。仅甘肃全省1956年春，参加造林的人数就达到555万人，其中青年200万人。兰州市3月1～15日，就有17.6万多人，从相距10多里的黄河运水到南北二山，浇灌植树170多万株。(2)甘肃省定西地区华家岭造林——1958年9月，国务院水土保持委员会在甘肃省武山县召开全国第三次水土保持会议后，甘肃省委提出大战华家岭的计划。自1958年10月10日起，在省委直接领导下，成立了两区4县协作指挥部，调集通渭、会宁、定西、静宁4县劳力3.7万人，在西起定西县宁远镇牛营店，东到静宁县牛家山，沿西（安）兰（州）公路长105公里、宽约15公里、总面积1063平方公里的范围内，开展大面积造林绿化工作。至当年11月4日，第一期工作结束。1959年春继续奋战，共计40天，同年冬及1960年春进行加工整修。会战期间各县县委书记、县长深入现场指挥，亲自带领农民群众、技术人员采用水平沟、鱼鳞坑、反坡梯田等整地工程，拦蓄径流，提高造林成活率。离村远的山峁营造防护林、用材林或薪炭林；近村山峁实行林草间作、三带合一（林带、草带、水平截水沟带），以经济林为主。经过4县共同努力，共完成以造林为主的各项措施治理面积840平方公里。

2.60年代。1964年组建西北林业建设兵团，在陕、甘、宁、青、内蒙古等省（区）专司营造各种类型防护林和管护、抚育、改造天然次生林。林业部副部长惠中权兼任兵团司令员，下设三个师，两个独立团，陕西省为第一师，甘肃省为第二师，宁夏回族自治区为第三师，青海、内蒙古各成立一个独立团，实行劳武结合，以林为主，农林牧副综合经营。兵团组建不久，受到“文化大革命”的影响，虽未能善始善终，但广大指战员在护林、育林、营林、采种、育苗等各个方面，做了大量工作，取得明显成绩。据不完全统计，甘肃省林建第二师自1965年组建至1974年底撤销，9年多时间内，较好地保护了关山、子午岭原有600余万亩残败的次生林，改造次生林6.5万亩，封山育林61万亩，森林抚育63万亩，抚育出材（其中大量为小径材）12.8万立方米，促进了次生林的生长，解决了林区内外部分民用材。同时，在荒山和林间空地共造林64万亩，采种38.5万公斤，育苗4.5万亩，培育母树林0.5万亩，补植造林5万亩，“四旁”植树40多万株，幼林抚育130万亩（次）。在关山、子午岭、太统山等地营造的油松林，成活率达90%左右，生长快，林相稳定，多已成林。三团太统山林场营造的油松林已大量结实，被平凉县定为油松母树林基地，该团创造的油松抗旱保土造林法，在全师推广。四团西坡林场油松种子园的培育，也取得了成绩。在水土保持工程方面，修平坡耕地5万亩，建小水库两座。在以林为主的前提下，农、牧、副、工都有不同程度的发展。在9年多的生产建设中，还涌现出不少先进单位，其中有护林防火、封山育林受到甘肃省表扬的三团石桥林场；有结合水土保持营造核桃林2.9万余亩，居全国第二的三团珍珠山林场；有营造水土保持林保存10多万亩的二团乔川、一团三岔林场等。宁夏林建第三师自1965年组建至1974年撤销期间，管护六盘山、罗山水源涵养林，并在固原、海原、同心、中宁等干旱山区营造水土保持林，成活率达90%以上，管理总面积达289万余亩。该师撤销后，为宁夏保留一批技术人员，充实了林业建设力量。

3.70年代。(1)“三北”防护林建设——1978年11月，国务院批转了国家林业总局《关于在“三北”(东北、华北、西北)风沙危害、水土流失的重点地区建设大型防护林的规划》，并成立了“三北”防护林建设局。黄河中上游的甘肃、陕西、青海、宁夏、内蒙古、山西等省林业厅，亦先后成立“三北”防护林体系规划办公室，开展了防护林规划和建设工作。据统计，从1978～1989年，黄河中上游陕、甘、青、宁、晋、内蒙古6省(区)，共完成造林保存面积9276.4万亩，其中第一期工程(1978～1985年)5967.7万亩，第二期工程从1986年开始至1989年为3308.7万亩。“三北”防护林建设自实施以来，水土流失及风沙危害均有不同程度减缓，农业生态环境有所改善，粮食产量增加，畜牧发展。但存在一定程度的虚报，造林成活率低，病虫鼠害也较严重。(2)陕西省淳化县会战造林——淳化县地处渭北黄土高塬沟壑区南沿，总土地面积984平方公里。1974年因地制宜制定了林业发展规划，要求“实现一场(社社队队办林场)、五带(营造五条万亩经济林带)、六个‘十’(每个生产队栽培苹果、核桃、梨、泡桐、柿子、花椒各10亩)”的计划。造林采取大会战形式，1975年仅万人以上的造林行动就有8次，造林6.1万亩，1976年造林13万亩。至1979年累计造林保存面积27.3万亩，全县人均用材林2亩，经济林0.7亩，“四旁”树百株以上，林木覆盖率从3.5%提高到9.6%，成为黄土高原植树造林、保持水土的先进典型。(3)陕西省延安市营造延河防护林——1976年，延安市政府决定，沿延河干流两岸50公里内营造防护林带，定名为“双百里”防护林带，成为延安市防护林体系的主干。林带西起延安市枣园乡幸福水库，东迄与延川县接壤的甘谷驿乡，林带隔河夹峙，两岸宽各0.5～7.5公里，面积5.2万亩，计水土保持用材林4.54万亩，经济林6633亩。到80年代初期，延河两岸林木葱郁，已收到削减风蚀、保持水土的显著效果。6000多亩经济林，1984年产各种果品65万多公斤，木材蓄积量已达20多万立方米。(4)甘肃省天水市百万亩防护林基地建设——1976年甘肃省天水市人民政府确定，在全市各县范围内，开展百万亩防护林网基地建设。涉及渭河流域7县(区)、92个乡镇、1080个行政村。1977～1987年完成第一期工程，共造林120.8万亩，保存面积63.4万亩，骨干林网初步形成，平均保存率达到52%，使渭河北岸各县林木覆盖率由3～5%，提高到5～10%，一些乡达到10～15%，一大批乡取得明显的生态、经济和社会效益。1983年获中共甘肃省委、省政府及天水市委、市政府的表彰奖励，1984年获全国水土保持工作协调小组奖励。

4.80年代。(1)黄河沿岸青年防护林建设——1984年,由共青团中央与林业部、水电部共同发起,在宁夏、内蒙古、陕西、山西、河南、山东等省(区)范围内开展黄河沿岸青年防护林的营造工作。河南省于1984年由共青团省委、省军区政治部、财政厅、林业厅、水利厅、黄河河务局等单位,联合成立河南青年黄河防护林工程指挥部,到1988年,沿黄7个地(市)、25个县在黄河两岸宽5公里、长715公里的范围内,营造水土保持林和防风固沙林、护岸林124.7万亩,"四旁"植树3000多万株。陕西省1984～1985年,沿黄13县在规划的防护林带范围内造林39万余亩,育苗1.89万亩。宁夏回族自治区1984年以来,由共青团省委和林业厅、水利厅及沿黄各县,共同组织广大青年,自筹苗木义务植树,每年参加10余万人次,造林5万亩。其他各省都不同程度地开展此项工作。据1989年9月24日中央电视台报导,沿黄6省(区)6年内共营造黄河沿岸防护林440多万亩,全长3000公里。(2)宁夏回族自治区西吉县退耕造林——1982年西吉县防护林建设被列为联合国援建工程。为了确保工程如期完成,县、乡成立指挥机构,并通过召开会议,举办各类学习班等多种形式,向广大群众宣传,同时制定规划、计划、技术设计、粮款补助办法以及实施、验收等管理办法。1982～1985年共造林种草156.2万亩,使全县农林牧用地结构发生了很大的变化,农用地的比例由1978年的67.4%,调整到46.3%,林业、牧业用地由1981年的3.3%和9.3%,分别调整到20.1%和27.5%。农业生产开始由粗放经营向集约经营方式过渡,精耕细作和科学种田的水平逐年提高,加之气候适宜,全县粮食连续获得丰收。

此外,建国后黄河流域各省(区)在大力进行造林的同时,还积极开展封山育林工作。50年代,宁夏回族自治区对贺兰山、罗山、六盘山等3个天然次生林区封山育林面积470多万亩。山西省在1950～1957年间,有60多个县实行封山育林700多万亩。陕西省黄龙县瓦子街林场,从50年代初开始,封山育林10年,促使油松天然更新,森林面积扩大10余万亩。内蒙古自治区土默特左旗大青山林场,自60年代初开始,对白石头沟流域全面实行封山育林,到80年代初,流域内以白桦、山杨为主的次生林和人工油松造林面积达4.2万亩,活立木蓄积量11.7万立方米,灌木林2.1万亩,森林覆盖率40%以上,乔、灌、草植被总覆盖率达70%以上。1983年以来,在国家扶持下,宁夏又先后在六盘山周围的西吉、固原、海原、隆德、彭阳、泾源、同心及沿黄的中卫、灵武、陶乐等县,封山育林120.5万亩。到1988年,成林114.9

万亩，其中乔木型21.4万亩，灌木型35万亩，乔灌混交型58.5万亩。

二、分布、效益与问题

（一）分布

据《黄河流域黄土高原地区水土保持专项治理规划》1985年统计，保存天然次生林7837万亩，人工林7861.3万亩。其中按水土保持类型区林地的分布是：黄土丘陵第一副区天然林122.6万亩，人工林1709.6万亩；第二副区天然林483.9万亩；人工林366.1万亩；第三副区天然林153.8万亩，人工林539.5万亩；第四副区天然林88万亩，人工林220.5万亩；第五副区天然林85.9万亩，人工林623.8万亩；高塬区天然林49万亩，人工林586.4万亩；阶地区天然林18.1万亩，人工林116.8万亩；平原区天然林58.9万亩，人工林346.1万亩；风沙区天然林184.4万亩，人工林1128.7万亩；高地草原区天然林306.1万亩，人工林14.3万亩；土石山区天然林4597.7万亩，人工林1817.1万亩；干旱草原区天然林144.6万亩，人工林212.2万亩；林区天然林1544万亩，人工林180.2万亩。据黄委会农水局统计，截至1991年，全流域人工林为1.19亿亩。其中青海388.15万亩，甘肃1990.16万亩，宁夏388.99万亩，内蒙古1900.43万亩，陕西3978.67万亩，山西2531.64万亩，河南609.73万亩，山东149.8万亩。

黄河中游地区地形复杂，各林种分布一般与地形地貌有关，大致情况是：防风固沙林、护牧林主要分布在长城沿线风沙区以北及宁夏、内蒙古沿黄滩地；水土保持林主要分布在黄土丘陵沟壑区及高塬沟壑区的边沿地带；用材林、薪炭林和经济林主要分布在河川、谷地、川台地和丘陵区的低山地带以及乡镇、村庄周围；农田防护林一般主要分布在高塬区的塬面及河川、平原和阶地等地区，大多结合渠、路形成护田林网。

（二）效益

1．保持水土。陕西省延安地区黄龙水保站观测，有林的沟与无林的沟比较，地表径流减少78.4％，泥沙减少94％，树冠截留降雨15～30％，降低洪峰流量70％。淳化县夕阳沟，1972～1975年平均每年每平方公里侵蚀模数为730吨，大面积造林后，1976～1980年下降到545吨。内蒙古自治区清水河县单台子乡大树沟面积2.7万亩，造林1.7万亩（行间种牧草），1984年夏，3小时连续降雨56毫米，沟内未发生洪流，沟坝地小麦获得丰收。

2．防风固沙。陕西省榆林地区的榆林、横山、靖边、定边、神木、府谷、佳县等地，处于毛乌素沙漠的南沿，沙区东西长 420 公里，南北宽 12～120 公里，总面积 1.9 万平方公里。建国初期，林木覆盖率仅为 2%（主要是臭柏、沙柳、沙蒿），流沙已越过长城，前沿达榆林城南 50 公里的鱼河堡，风、沙、涝、旱、霜冻、冰雹等自然灾害频繁。到 1985 年，造林保存面积已达 1053 万亩，覆盖度提高到 36.8%，原有流沙 862 万亩，已固定 400 万亩，半固定 150 万亩。榆林县建国初期沙地 716 万亩，大面积不断移动的黄沙，压埋农田、草场、房舍，造成气候失调，自然灾害不断。到 1985 年，沙区造林保存 323 万亩，取得了初步效益。春、秋季大风次数显著减少，强度降低，年降雨量比 70 年代有所增加。据榆林地区林业部门长期监测，农田林网防护区与空旷地比较，风速减低 28.8%；榆林县牛家梁、孟家湾等地造林后，沙丘高度降低 1/3 以上，年移动速度由建国初期的 7～8 米，减少到 1 米左右，1985 年前后，人均占有粮食稳定在 350 公斤以上。

3. 解决燃料。青海省化隆县扎巴乡下洛乎燕村、黑城乡大拉曲村和昂思乡关相口村，60 年代以来坚持种沙棘，面积达 3400 多亩。从 1977 年起，每年平茬取柴 24 万多公斤，解决群众半年的燃料。宁夏回族自治区彭阳县白岔村，1977 年以来累计造林 1.8 万亩，零星植树 424 万株，10 年后大部成材，抚育修枝基本上解决了农村群众的烧柴。隆德县沙塘乡东湾村三组，70 年代初期开始造林，后期开始间伐利用，15 年来共砍椽 8000 根，檩条 700 余根，每年获得薪柴约 5.5 万公斤，人均 125 公斤。山西省兴县马圈沟村，共有 61 户，过去每年为拾烧柴就用去 2500 个工日。1968 年开始种柠条，4 年共造林 1700 多亩，人均近 8 亩。1971 年开始受益，仅平茬就收枝柴 5.5 万多公斤，人均 250 公斤，解决了烧柴问题。偏关县 1978 年前营造 17 万亩柠条林，至 1984 年发展到 36 万亩，一些村镇除利用柠条编织农具外，并解决了部分农村的燃料问题。燃料缺乏的马家埝、黄龙池等 7 个乡的 5000 多户群众，利用柠条当柴烧，一年可节省煤炭费用 50 万元。甘肃省秦安县芦刘沟，流域面积 47.9 平方公里，有 2036 人，1980 年前，每年缺燃料 4 个月，秸杆、畜粪全部烧掉，还要大量铲草皮、挖草根，破坏植被。1980～1983 年营造水土保持林 1.5 万亩，林地面积从 4.2%上升为 20.8%。1985 年林木修枝 397.5 万公斤，加上作物秸杆，基本自给有余。

4. 增加经济收入。(1)编织收入——黄河上中游群众利用沙柳、杞柳、簸箕柳等枝条，发展编织业。甘肃省永靖县营造红柳林后，不仅保持了水土，同时也发展了红柳编织业。红泉乡 1983 年出售红柳条 35 万公斤，收入现金 5 万元。该乡董安山村，出售红柳条，户均收入 469 元。内蒙古自治区伊克昭盟种植的灌木林,除利用柠条加工灌木草粉获得经济效益外,利用沙柳条发展编织业,组织群众精细编织柳条工艺品,远销欧美、港、澳等11个国家和地区,仅此一项,全盟每年可增加收入300多万元。陕西省榆林地区,共有沙柳414万亩,每年编织收入580多万元。该地区靖边县柳编产品达370多种,出口国外,年收入达180多万元。(2)果品收入——黄河流域各地结合水土保持,营造大量果树与经济林,约有果树品种3000种。其中分布最广、群众获利较多的是苹果、红枣。苹果主要分布在陕西的关中地区和陕北地区,甘肃的天水、兰州等市,宁夏的银川市、灵武县,山西的临汾、运城地区,河南的三门峡市。建国前,陕西全省种植苹果树只有2000多亩,至1980年发展到83万亩,年产苹果12.5万吨以上,关中、陕北已成为苹果基地。宁夏1990年苹果栽植面积已达32.2万亩,产量3.48万吨。枣树主要分布在河南、山东、陕西、山西、甘肃、宁夏等省(区),其中以陕西、山西两省之间的黄河峡谷区及支流河谷区分布最为集中。陕西省清涧县玉家河乡,1980年红枣(干重)产量达30多万公斤,收入18万元,户均117元,该乡红枣收入占农业总收入的50%左右,其中有些村的红枣收入占农业总收入的60~70%。山西省临县1960年已有枣树近96万株,年产红枣近92万公斤。1979年,全县红枣总产突破500万公斤,1982年枣树面积发展到10万多亩,总产量达1100万公斤,收入达780多万元,占全县农业总收入的30%。黄河下游大汶河流域果品生产历史悠久,肥城县的桃、宁阳县的枣,年产量都在200万公斤以上。泰安市郊的核桃、板栗,年产250多万公斤。莱芜市的山楂,每亩年产值达2000~3000元。1985年大汶河全流域的苹果年产值1.7亿元。

5. 封山育林效益。甘肃省武山县马河乡1951~1964年封育的林地,通过抚育获椽材7800多根,满足群众盖房130多间的需要。天水县吴寨乡前进村,1963~1972年间,封育结合抚育更新,收入现金22万元,占该村总收入的25%。山西省静乐县后文明村1953~1972年间封育的林木中,有700亩已成檩材,初步起到了涵养水源的作用,促进了农牧业增产,1971年粮食总产相当于1958年前总产的4倍,人均500公斤;大牲畜由1958年前的80余头增加到1972年的1050头。青海省玉峰乡白峨村,封育灌木1500亩,10年后,每年间伐盖房用的箔材7500公斤,烧柴16.5万公斤。内蒙古自治区凉城县水泉乡,1983年前人均收入不足100元。1984年实行封山育林,补种3000亩落叶松。1985年割干草20多万公斤,牲畜比1983年增加700余头,人均收入180多元。

(三)问题

1. 造林保存率低。据林业部1983年统计,国营造林保存面积,平均仅为原统计面积的40%。根据重点调查,在保存面积中,生长健壮已成林的,只占30%左右;生长一般或稍差,需加强抚育才能成林的约占50%;生长不良未成材先衰的约占20%。1986年12月,林业部《黄河流域林业发展规划意见》中指出,30多年来,造林保存率在30%左右,与全国保存率相近。内蒙古、甘肃、陕西3省(区)的林业区划中反映的造林保存率为:内蒙古自治区至1979年末累计保存面积约为造林面积的30%,甘肃省到1979年造林保存率为31%,陕西省1949年以来造的林到1975年保存率为25.4%。山西省水土保持局调查,该省三川河流域,50年代造的林到1982年保存率为34.4%。

1980年以后,造林保存率有所提高,约达50%左右。"三北"造林工程第一期(1978~1985年),陕、甘、宁、青、晋、内蒙古6省(区)平均保存率达53.1%。据甘肃、内蒙古抽查,成活率85%以上的,占上报面积的46%.

2. 人为破坏严重。建国以来,国务院、林业部以及有关省(区),颁布了一系列保护山林的指示、文告、法令、政策、决定,但各地执行不力,森林破坏情况未得到有效的制止,乱砍滥伐森林事件到处发生,毁林开荒相当普遍,许多已治理的地区产生了新的水土流失。宁夏回族自治区固原县,50年代初有天然林72万亩,至1983年只剩10万亩,毁林86.1%。1982年陕西省泾惠渠380公里干支渠中,200公里渠岸树木被砍光。宝鸡峡灌区干支渠45万株树被盗伐只剩12万株;219万株国家与农民合作造林,仅剩36万株。据甘肃省水利厅1962年不完全调查,全省毁林开荒面积达50万亩。天水市小陇山和榆中县马衔山林木被破坏30%;陇西县砍掉人工幼林13万多亩,占该县幼林总面积的50%;庆阳地区的华池、合水、宁县、正宁4县,50年代初,共有林地3500平方公里,因开荒拓田,到1980年已减少1480平方公里。子午岭是甘肃省破坏严重的林区,据庆阳地区统计,1979年前,该林区内有"远耕队"295个,毁林开荒2.97万余亩;据省林业局1979年调查,林区内共办各种农场、家属工厂达26处,共毁林开荒5.9万亩。林区4县的17个供销社,无视国家木材管理及护林政策,大量收购木材,加剧了林区的破坏。

3. 病虫害严重。不仅天然次生林病虫害发生频繁,人工林危害也十分普遍。1973年子午岭天然林区发生柳毒蛾,辽东栎林枯黑如焚。80年代以来各地林区松梢螟危害此起彼伏,很少防治。1986年不完全统计,"三北"防护林中病虫害与鼠害发生面积共有7000余万亩，其中虫害5000万亩，病害1500万亩，鼠害500万亩，而病虫害防治面积仅有988万亩。

4. 工作有失误。一是80年代以前，政策不稳定，对群众的“自留山”，时而收归集体，时而下放个人，挫伤了群众积极性，有的群众利用“下放”或“收回”的时机任意砍伐树木。二是对保护山林的法令执行不力，有的地方，为了“搞活经济”对山林实行“开放”，但政策界限不清，给一些只顾眼前利益者和有意破坏者以可乘之机。三是在60年代初和“文化大革命”期间精简机构，撤销了大量基层组织(县以下的林业工作站)，影响了造林育林工作的管理。

三、技术

黄河流域各地植树造林有悠久历史，在长期实践中，对造林中的各个技术环节积累了丰富的经验。古代造林主要是在平地种植经济树和用材林，对水土流失地区的造林技术经验较少。从民国时期到建国以后，各地在水土保持造林中进行大量试验研究工作，技术水平不断提高，特别在宏观规划中对干旱半干旱地区陡坡造林、风沙区造林，提出适地适树的系统技术，以及因地制宜地采取各种类型的工程整地技术，则是黄河流域所特有的。这些技术的发展，丰富了造林和水土保持科学。

(一)宏观规划

古代，虽无正式的造林规划，但对不同地区种植不同树木，也有粗略的规定。民国时期和建国以后，黄河流域的人工造林，曾进行多次宏观规划，其中有林业部门的造林规划，也有水土保持部门在综合治理措施中的造林规划。这些规划，在不同时期，曾对造林工作起到指导作用。但有的造林规划，对黄河流域水土流失地区的特点注意不够，树种偏重于乔木和用材林，以致在干旱、半干旱地区，形成大量“小老树”，效益较差。进入80年代以来，认真总结经验，在水土流失地区，造林以灌木为主，同时，注意发展适当数量的经济林，以解决“三料”问题和增加经济收入。

建国后，除林业部在黄河流域制定了造林规划外，历次黄河流域(或黄土高原)水土保持规划中，都有造林宏观布局规划，流域各省(区)根据全河总体规划制定相应的造林发展规划。这些规划的主要任务：一是在土地总面积中确定林地所占面积比例；二是确定用于造林的主要土地类型；三是确定造林的主要林种及其所占比例；四是确定造林的大致进度。如1990年国家计委批准的黄土高原水土保持专项治理规划中提出：在黄土高原9.6亿亩土地中，发展远景林地(包括天然林与人工林)约占30%左右;1991～2000年的10年中，每年造林640万亩，保存320万亩。在上述造林面积中灌木占56.3%，乔木占25.0%，经济林与果园占18.7%。

(二)适地造林

对造林树种的选择，在战国时期，已知“相高下，视肥瘠”选择树种。《周礼·考工记》中有植树必须按照树木的特性及其与地势、土壤关系的记载。西汉初期，根据土地类型的分异，提出在不同土质的土地上应选适宜的树种，对五种土壤的土质和适宜造林的树种，作了具体记述。公元前100年的《淮南子·主术训》中载：“肥、硗、高、下，各因其宜，丘、陵、阪、险，不生五谷者，树以竹木。”《齐民要术》对诸多树木的树性、土宜作了大量记述，对耐旱之榆树，喜湿的柳树，以及竹和箕柳等树种，分别提出了适宜的栽培土地，同时认为“地势有良薄，山泽有异宜，顺天时，量地利，则用力少而成功多。任情返道，劳而无获”。宋元时期，对造林育苗地宜之选择，记载较详。明清时期，对发展果树，尤其重视树性与土宜相一致，清代张履祥《张氏补农书》中说：“物性有宜肥宜瘠，亦有宜燥宜湿，宜湿者于卑处植之。”

民国时期，天水水土保持实验区在造林工作中注意适地适树的原则，把喜水湿的柳树、杨树等种在沟底、河边，把耐干旱的刺槐、白榆等种在坡上。建国以后，各地水土保持试验站，不仅在造林中注意了“适地适树”，而且把“适地适树”作为一项重要课题，进行试验和调查研究。1981年，黄委会水土保持处与北京林学院水土保持系共同主持，黄河流域各有关水土保持试验站参加，组织协作攻关，共同研究黄土高原各地的适宜树种，1984年取得研究成果。但是，在80年代以前的30多年中，由于林业工作中的失误，黄河流域许多地方群众，在造林中未能做到“适地适树”，在干旱、半干旱地区的山坡上，成片地大量密植乔木，其结果不仅影响到成活率、保存率，而且造成50～70%的“小老树”，生态效益和经济效益都很差。进入80年代以后，各地认真总结这方面的经验教训，改变过去的作法，陕西省榆林地区群众提出“沟、坡、峁，乔、灌、草”的造林种草经验，沟底种乔木，坡上种灌木，峁顶种牧草，基本符合“适地适树”的要求。1989年完成的《黄河流域黄土高原地区水土保持专项治理规划》中，对水土流失地区造林应“适地适树”的问题，提出如下的宏观要求：“在干旱、半干旱地区，山坡造林应以灌木为主，乔木主要种在沟底和‘四旁’。在干旱地区造林中，灌木应占70～80%，在半干旱地区造林中，灌木应占50～60%。”

(三)工程整地

我国古代，主要在平地上种树，一般未考虑工程整地。从南北朝以后，虽有全垦作垅、开穴成坑、锥地成孔、挖地成区等整地形式，但未形成系统。建国以来，在水土流失严重的陡坡上造林，为了蓄水保土、有利于苗木成活生长，群众逐步创造了鱼鳞坑、水平沟、反坡梯田等工程整地，收到了很好的效果。各地水土保持科研单位，根据不同地区的降雨、地形(主要是地面坡度)、土质、地表径流、土壤冲刷等不同情况，分别提出不同的工程整地形式和设计尺寸，使这项工作逐步形成水土保持造林技术中一个重要组成部分。

1. 反坡梯田整地。群众在种树以前，先在坡面从上到下，每隔 3～5 米沿等高线开挖成宽 1～2 米并有 10～15 度反坡的窄梯田，田面宽窄和上下两带间的距离，随地面坡度而定，树苗一般种在田面的外侧填方处。

2. 水平沟整地。沿山坡等高线布设，一般沟长 3～6 米，深 30～50 厘米，宽 50～70 厘米，上下两沟间距视坡度而定，一般 3～5 米；树苗植在沟中。

3. 水平阶整地。作法与反坡梯田基本相同，田面纵横两方都水平，没有反坡，比反坡梯田略为省工。

以上三种作法，都适于坡面比较完整、整地工程顺等高线能延伸 100～200 米以上的梁峁坡地。

4. 鱼鳞坑整地。适于坡面破碎、不便采用上述三种形式的地方，随形就势，等高配置。坑呈半月形，上下呈“品”字形交错，似鱼鳞覆被地表。挖坑时用生土作埂，成圆弧形。一般坑长 70～80 厘米，宽约 60 厘米，深 50 厘米，每坑植树一株，特殊情况下也有植二株的。

此外，黄河流域各地群众，还因地制宜地创造不少各具特色的整地造林法：陕西省靖边县农民刘直亮于 1952 年创造掏钵换土造林法，二人操作，采取流水作业，当挖好第一树坑后，一人持树入坑，另一人挖第二树坑，并将土填入第一坑内，依次轮换进行，随挖随填，用肥土培根，减少土壤水分蒸发，有利幼树成活。该县推广此法后，造林成活率由 52%提高到 95%。绥德、米脂等地群众，创造了套二犁整地造林法，在坡地上按行距用山地犁沿等高线向下翻两犁，在第二犁沟内，再套翻一犁，做成 30～40 厘米的水平沟，沟内植树造林，比人工开沟植树省工 70%左右。

(四)种树方法

黄河流域各地，根据不同树种的特性和种树时间等有关条件，分别采用植苗造林、扦插造林和播种造林三种不同的方法。

1. 植苗造林。南北朝时《齐民要术》已有记载，至隋唐有更完备的技术总结。到宋元时期，植苗造林技术已突破南北朝时期植苗造林“以正月为上时”的范畴，只要在树木休眠时，即可植树造林。为了保证成活成林，还注意带土栽植，王祯《农书》中对松柏幼苗造林及大树移植技术记载更详。清代植苗造林技术，在造林时间、注意事项、操作技术各方面，基本沿用历代经验。建国以后，黄河流域各地群众在植苗造林中，基本上贯彻执行了林业部提出的《造林技术规程》的有关要求：造林苗木按等分级，避免混栽，以免林木过早分化；开穴的深浅、大小，应能容纳苗根；植苗时，苗放穴正中，栽端扶正，深浅适度，根系自然舒展；活土拥根，生土盖顶，分层踩实，最后穴上覆虚土保墒；土质较松的地上植苗，可开窄缝栽植松类小苗；当造林地土壤过于干旱，不能保证幼林成活时，必须浇水。

2. 播种造林。南北朝时期《齐民要术》记载，当时仅对一些适应性较强、发芽较易或移植困难的树种如柞、栎等采用。明代王祯《农书》中对松柏的直播造林技术，从采种、浸种、撒播或点播到采取一系列田间管理措施，都有详细记载。明代《农政全书》中对直播造林的选种、催芽播种以及减少鸟兽危害等，都记述了具体作法。明王象晋《群芳谱》中对于侧柏的直播，有水选良种和湿地催芽的技术记载。

建国后，黄河流域各地，对柠条、紫穗槐等灌木普遍采用直播造林，在技术上注意了以下几个环节：(1)直播造林的种子，必须经过检疫、检验、精选和发芽试验，凡不合格的种子，一律不用。(2)细致整地，将播种穴内的土块细碎，拣净石块、草根。(3)播种后覆盖细土，镇压后再覆一层虚土，覆土厚度一般为种子厚度的2～4倍。(4)半干旱地区直播造林，播前还将播穴内的底土先行踩实提墒。(5)鸟兽害严重地区，采用药剂拌种，以防害保苗。

3. 扦插造林。始见于春秋时期的黄河中下游地区。据《庄子》载：“杨横之即活，侧之即生，折而插之亦生。”《战国策》对插柳亦有记载：“夫柳，纵横颠倒，树之皆生。”《齐民要术》中对杨、柳、箕柳、竹的扦插记载尤详，并在技术上有所发展。宋元时期的插条造林，除上述树种外，已涉及针叶树，王祯《农书·百谷谱松条》中对插杉桧等都有记述。明清时期，扦插造林技术有了进一步提高，多选用发育阶段低、易生根的根株萌条，以提高扦插成活率。建国以后，黄河流域各地，对杨、柳等树种，多采取扦插造林，并在技术上抓好以下几个环节：(1)扦插时间，干旱或水分不足地区，一般选在秋季扦插。(2)插条选择注意质量，一般选树皮光滑的一二年生枝条，长35～50厘米，插前在水中浸12～24小时，以利成活。(3)插条时，在种植点上，先做一孔，插条其中，上端与地表平齐。如林地系较干燥的沙土，再覆2～3厘米沙土。

甘肃省平凉县太统林场，60年代进行了小叶杨大面积扦插造林，插条选一年生拇指粗壮条，百条束捆，浸泡在流动河水中2～3天，截成长35～40厘米，下端用0.5%高锰酸钾消毒半小时，然后扦插，荒山造林成活达95%以上，当年平均高达1.5米左右。除扦插造林外，有些地方还采用了成活更高的埋条造林技术，将插条斜埋于20厘米深沟中，覆土5～6厘米后踏实。埋条选2至3年枝，长1～1.5米。80年代各地对一些不易生根的树种，相继采用生长素、生根粉处理，获得较好的效果。

（五）抚育管理

1. 松土除草。群众在实践中总结出“一培、二净、三不伤”的经验。一培是结合松土把苗穴周围的肥土培于苗木根部；二净是把杂草除净，碎石块拣净；三不伤是不伤根、不伤皮和不伤侧芽。松土做到近苗浅，外围深。一般除草在造林后的第一年进行2～3次，第二年进行1～2次，第三年进行1次；在水土流失严重地区，结合维修各项整地工程的土埂一起进行。

2. 补植、修枝、平茬。造林后每年秋季检查一次幼林成活率和保存率，根据国家规定，确定补植或重造。成活率低于20%的幼林重新造林，成活率在20～50%的幼林在春初或秋末结合抚育进行补种（选用原树种人苗栽植）。在幼林生长出现分枝多、干矮和丛生等情况时，及时进行修枝，切口紧贴树干。一般保留的树冠高度，大约为树高的1/2或1/3左右。对紫穗槐、柠条、沙棘等灌木树种，不断进行平茬更新。时间在每年冬初林木停止生长之后至翌年春初林木开始萌动之前，最好是在林地冻结时进行。

3. 防治病虫害。主要办法有药剂拌种、喷药毒杀、人工捕捉及剪除病枝、病叶。幼林常见的病害有黄褐斑病、赤枯病等，用波尔多液药剂防治，一般在雨天喷洒。幼林常见的害虫有金龟子、蝼蛄、松毛虫等，用人工捕捉或喷洒砒酸铅溶液或666稀释溶液防治。

第十五章 沟壑治理

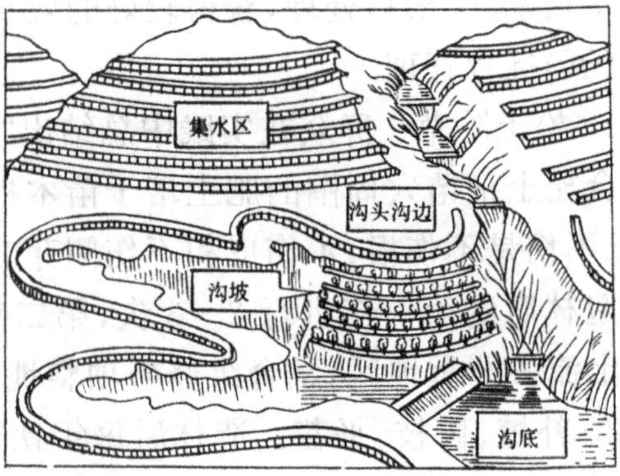

图 5—9 沟壑治理总体部署示意图

黄土高原有大小沟壑27万多条，各类沟壑以沟头前进、沟底下切、沟岸扩张三种形式，不断向长、深、宽三个方向发展，危害十分严重。千百年来，黄土高原地区的群众，采取从沟头、沟坡到沟底，从支毛沟到干沟一系列的配套工程，同时在集水面上修梯田、造林、种草等综合措施（见图5—9），收到了减轻和制止沟蚀、充分利用水土资源的效果。

第一节 沟头防护

一、沿革

黄河流域修沟头防护工程有300多年的历史。山西省太谷县上安村于清顺治十一年（1654年）修建的沟头防护及所立碑石至今犹存。甘肃省西峰市方家沟圈沟头防护工程，建于1915年。50年代初，群众把沟头防护作为制止沟头前进，保护塬面和坡面的重要水土保持措施，开始有计划地修建。到70年代，群众把修沟头防护和大面积平田整地结合起来，收到更好的效果。甘肃省东部和陕西省渭北高塬区及阶地区，群众把沟头防护围埂向两侧沟边延伸成为沟边埂，拦蓄雨水，制止沟岸扩张，并在埂外种植灌木或牧草，固结沟岸，充分利用土地。陕西省渭北塬区沟边总长约5万公里，群众将沟边埂作为水土保持重要措施，仅1986～1989年4年内就完成了1万多公里。据《黄河流域黄土高原地区水土保持专项治理规划》1985年统计，黄河上中游7省(区)累计修建沟头防护工程36万多处，其中山西25.1万处，河南6.6万处，内蒙古2.1万处，甘肃1.6万处，青海0.75万处，宁夏0.28万处，陕西0.14万处。

凡修建沟头防护工程的沟头，只要工程合乎标准，质量达到要求，而且管护较好，沟头都停止了发展。山西省太谷县上安村修建沟头防护后，300多年来沟头没再前进，保护了村庄道路和1300亩塬地的安全。甘肃省西峰市方家沟圈沟头以上塬面面积0.64平方公里，自1915年修建沟头防护工程后，70多年来沟头没再前进。路家水沟沟头在未修建防护工程前，平均每年前进2米，1955年修建沟头防护工程后，到1990年已35年，沟头没再前进。马家拐沟50年代在上游胡同中节节修筑蓄水堰，沟头修了防护埂，分散拦蓄上游来水，制止了沟头前进。

二、技术

(一)主要形式

沟头防护是在集流区全面规划、综合治理的基础上进行修建，群众多依据沟头及其附近环境条件，分别采用蓄水式或排水式。排水式需要材料较多，成本较高，因此，群众修筑的多为蓄水式。蓄水式沟头防护有埂墙涝池式、围埂林带式和多级坝埂式三种。

1. 埂墙涝池式。在有道路绕过沟头的地方，修成埂墙涝池式沟头防护，在高塬沟壑区采用较多，1949年前的沟头防护多为此种形式。为了行人、车辆和牲畜的安全，并阻止水流下沟，围绕沟头筑墙或修埂；同时在其上游适当地点，开挖涝池，拦蓄来水。甘肃省西峰市方家沟圈，围绕沟头打围墙一道，墙跟垫高，在其上游道路两旁开挖涝池，拦蓄全部来水，不但制止了沟头前进，涝池蓄水还可供群众洗涤和牲畜饮用(见图5—10)。

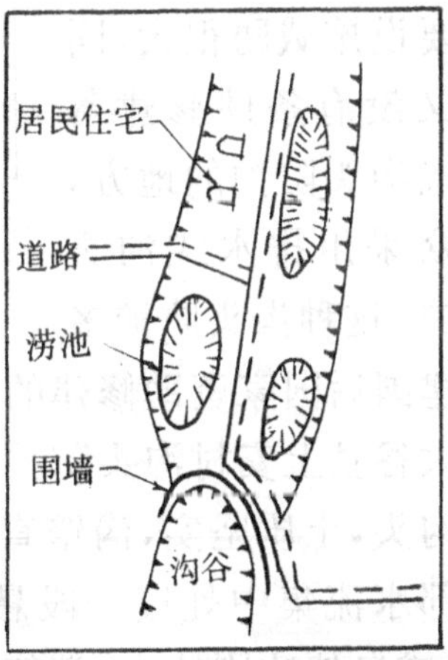

图5—10 埂墙涝池式沟头防护(甘肃省董志塬方家沟圈)

2. 围埂林带式。在集流面积不大、形状为扇形、坡度比较均匀的农田边沿，沟头防护采用围埂林带式，50年代初推广这种形式较多。甘肃省西峰市路家水沟沟头，集水区为1%左右坡度向沟头倾斜的塬面农地，并有一道胡同为沟头输送水源，修筑沟头防护采取以下办法：(1)修筑连续围埂一道，长500米，距沟边3～8米，埂高1.0～1.5米，每隔20米修一横挡，阻止洪水在埂堰里侧向流动。(2)围埂与沟头中间的破碎地带，种植灌木紫穗槐，围埂内侧种植10米宽的小叶杨和桑树混交林带。(3)胡同内修蓄水堰，拦截上游来水。(4)修田间工程。因地制宜，全面治理，制止沟头前进(见图5—11)。

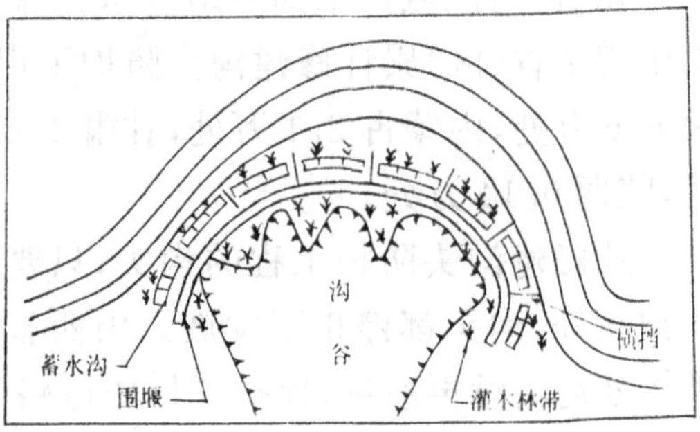

图5—11 围埂林带式沟头防护

(甘肃省董志塬路家水沟)

3. 多级坝埂式。黄土高塬沟壑区和阶地区，沟头上多接胡同，若胡同内无居民，分段修筑坝埂，俗称蓄水堰或胡同坝，形成多级坝埂式沟头防护。西峰市马家拐沟和石家堡北沟的沟头防护就是这种形式，50年代后期推广这种形式较多。蓄水堰结合道路胡同布设，高度与两岸地平，便利交通。胡同中种植树木，充分利用土地(见图5—12)。

4. 排水式。在沟头前进对村镇、道路和群众的房窑以及其它重要设施威胁很大，同时又没有条件修建蓄水式沟头防护的地方，群众采用排水式沟头防护。这种沟头防护多为建国后国家资助修建的。排水式沟头防护有悬臂式和陡坡式两种。山西省太谷县上安村沟头防护为石砌园筒式。陕西省韩城市河渎村、耀县阿来村的沟头，土质坚实，沟壁直立，来水量小，采用悬臂式排水沟头防护，在沟头上部水流集中处接一段悬臂式的木槽排水，下加支撑，将水泄入沟底消力池，或自然冲刷坑内，消能后平缓流入沟道。1984年春，中科院西北水保所在陕西省安塞县茶坊实验区桃树湾沟头，修建悬臂喷咀式跌水，沟底用柳谷坊消能，组成工程与植物结合的沟头防护，经3年的洪水考验，泄水情况和柳谷坊消能效果较好(见图5—13)。陕西省渭北地区在土质松散，易于冲

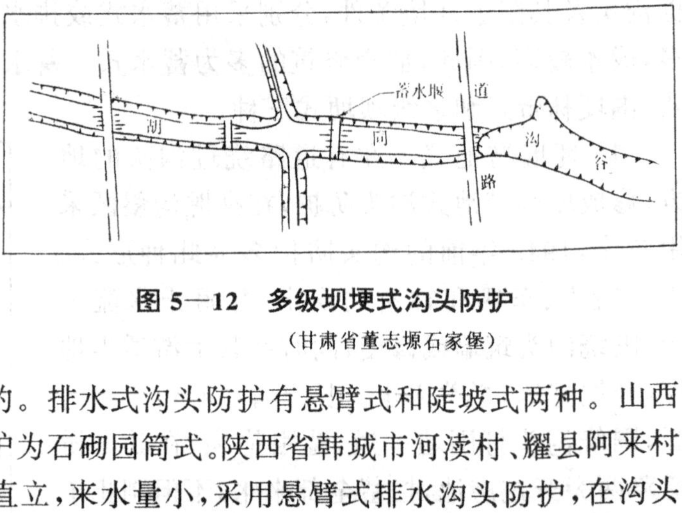

图5—12 多级坝埂式沟头防护

(甘肃省董志塬石家堡)

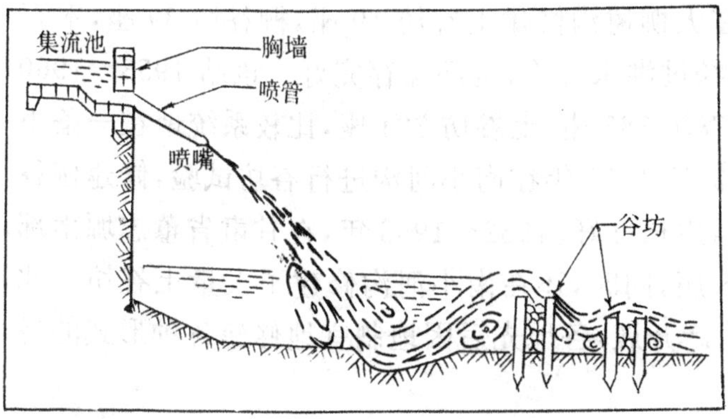

图 5—13 排水式沟头防护断面示意图

(陕西省安塞县桃树湾)

刷,来水量大,沟壁又有一定的坡度,落差较小(一般小于 5 米)的沟头,多采用青砖或块石浆砌成陡坡式跌水工程,排水入沟。

(二)主要技术

根据各地群众实践,修建沟头防护工程,一般需要掌握好以下几个技术环节:

1. 作好设计。调查集流区面积、土地利用与治理情况,根据当地雨量、雨型,计算出洪水流量和总量,进行设计。蓄水式的沟头防护要求能拦蓄一定标准的洪水,并且不致于危及附近居民。排水式沟头防护要求能将洪水及时泄下。

2. 调查沟头地质、地形情况,避开陷穴、裂缝等不利位置。蓄水式埂墙应与沟边保持一定距离,以保证安全。

3. 掌握施工质量。埂墙、坝堰修筑前清好基,施工时夯打坚实,排水设施要坚固牢靠。

4. 经常检查,作好管护,防止埂墙蓄水穿洞等事故发生。

第二节 谷　坊

一、沿革

黄河流域各地在沟底修筑谷坊,其目的是为了巩固并抬高沟床、稳定沟坡、制止沟蚀。谷坊的结构有柳、土、石三种不同类型。1944 年,国民政府农林部天水水土保持实验区,在甘肃省天水市大柳树沟进行试验,这条沟流域面积 0.49 平方公里,主沟长 1.35 公里,平均比降 17.8%,有支毛沟两条,在沟中共修柳谷坊 85 座。由于坡面未进行治理,洪水流量大,加上工程质量差,当年大部冲毁。1948 年改在这条沟中修建砌石谷坊 12 座。1955～1957

年，黄委会天水水保站又在大柳树沟修建土谷坊19座，柳谷坊39座，木石谷坊3座，木梢谷坊2座，经过洪水考验，全部保存完好。该站1953～1960年又在天水吕二沟修建柳谷坊383座，土谷坊324座，比较系统地在一条小流域内全面推广。西峰水保站1951年在南小河沟进行谷坊试验，修建柳谷坊25座，柳桩成活率99%，生长良好。1952～1953年，在甘肃省董志塬南部沟道推广修建柳谷坊7888座；同时，还在南小河沟修建了大量土谷坊。此后，随着水土保持工作的广泛开展，各地先后因地制宜地修建各种形式的谷坊，治理沟壑。

谷坊由于工程小，开始时许多地方对技术重视不够，缺乏必要的规划设计，尤其在50年代后期"大跃进"中显得更为突出，很多谷坊标准低，设施不配套，工程质量差，在暴雨洪水中易遭冲毁。同时许多地方对工程管理养护不够，也是保存率低的重要原因。如董志塬南部的柳谷坊由于无人管护，在1960～1962年期间大部被毁坏。

各地水保部门，在实践中不断总结经验，对谷坊的修建技术，提出改进办法和明确要求，促进了谷坊的进一步推广。80年代各地开展小流域综合治理中，一般采取支毛沟上游修谷坊工程，与其下游的淤地坝、小水库等结合，形成完整的坝系。

二、分布与效益

(一)分布

据《黄土高原水土保持专项治理规划》统计，截至1985年，黄土高原7省(区)共修建谷坊103.4万座，其中山西61.1万座，内蒙古16.2万座，河南15.3万座，陕西6万座，甘肃2.7万座，宁夏1.1万座，青海1万座。按类型区统计，土石山区最多，为43.9万座，其次为黄土丘陵第一副区42.2万座，黄土丘陵第三副区7.3万座，黄土丘陵第五副区4.3万座，黄土高塬沟壑区2.1万座，黄土阶地区1.3万座，黄土丘陵第四副区1万座，其余均在0.5万座以下。按谷坊密度来分，每平方公里座数是：黄土丘陵第一副区为5.96座，土石山区3.17座，黄土丘陵第三副区2.05座，黄土丘陵第五副区0.7座，黄土高塬沟壑区0.64座，黄土阶地区0.54座，其余均在0.5座以下。

据《大汶河流域水土保持规划》统计，截至1985年，该流域共修谷坊6.18万座，每平方公里7.3座。

（二）效益

黄河流域各类谷坊一般都起到固沟、拦泥作用，淤出的小块平地，可以种植利用，增加经济收入。甘肃省西峰市南佐村挖钱沟，沟长1500米，1984年修建柳谷坊46座，1986年7月调查，谷坊保存完好，柳桩90%以上成活，株高3～4米，沟床不但未冲深，而且每座谷坊上游都淤高0.5米以上。甘肃省宁县白店王沟，1952年修建柳谷坊，1982年调查，每座谷坊上游淤高1～2米，沟底形成阶状台地。1954年西峰市杨家沟修建柳谷坊75座，到1963年保存69座，共拦泥1557立方米，平均每座拦泥22.6立方米，10年内沟底平均淤高0.4米，沟床由尖窄形变为宽平形，两岸崩塌、滑塌、泻溜土体停在坡脚，沟岸坡度减缓，重力侵蚀逐渐减轻。柳谷坊在巩固沟底的同时，还具有直接生产效益。据1962年西峰水保站调查，杨家沟的柳谷坊，平均每座44根柳桩，保存28株，成材17株（高8米以上，基径粗22厘米以上）；白店王沟柳谷坊不断间伐，30年大部更新三次，依然生长旺盛，株高10米以上，基径20厘米以上。柳谷坊固定沟床后，其上游淤出的小块台地土肥墒好，为充分利用沟床土地创造了有利条件，一般用来营造沟底防冲林，既巩固了沟底，又增加了收益。南佐村高家水沟，50年代初期在500米长的一段沟中修建柳谷坊30座，沟床停止下切，而且全部淤成小平台，1964年在沟台地营造防冲林，植柳1300株，22年来沟床稳定，间伐的木材盖了30间房子，还有部分出售。

土谷坊、石谷坊凡是保存完好的，固沟拦泥作用也很明显。1958年甘肃省秦安县泉麻沟修建16座土谷坊，1960年8月调查，其中7座拦泥2769立方米，平均每座拦泥396立方米，共淤地2.24亩，平均每座淤地0.32亩，淤地内种植了农作物。西峰市南小河沟中的范家沟、门前沟等修建土谷坊，淤成平坦的沟台地，种植树木，结合坡面治理，沟壑不再发展，沟底已成茂密的林地，土地得到了充分利用。山东省大汶河新泰市大公圩北跺石沟，1982年干砌石谷坊6座，巩固了沟床，延长了泄洪时间，1991年全部淤平，拦泥500多立方米，沟底种树，生长旺盛。

三、技术

（一）主要步骤

1. 勘测调查流域情况。修建谷坊之前，要把流域面积、土地利用、治理情况，沟道地质、长度、宽度、比降，洪水和常水大小，建筑材料分布、数量等情况调查清楚，确定采用何种谷坊型式。

2. 作好规划。在小流域全面规划、综合治理的基础上，进行沟道治理规划。谷坊从上到下，系统布设，力争一次修成，使能收到群体固沟作用。其间隔距离，一般是下坝顶与上坝底平，或成1%的坡度。

3. 认真管理养护。柳谷坊建成后要防止人畜损坏，汛前雨后及时检查，修补冲毁部分；每年修剪整枝，5～8年后适当间伐，促进树干正常生长。对土谷坊要及时处理裂缝、水壕、跌穴，保证坝身完整、坚固。溢洪道如有塌土堵塞，应彻底清除，泄水陡坡如有损毁，要尽早修补，并采取防冲措施，保证安全泄洪。石谷坊如有裂缝、蛰陷或块石淘冲，要及时修补、处理。

（二）设计和施工

1. 柳谷坊。在陇东塬区较多，建筑材料分布广泛，能就地取材，施工技术简单，建设费用少，固沟作用持久，适合在土质沟床，流域面积1平方公里以下的沟道采用（见图5—14）。其结构形式以双排编梢、中填礓石者（即柳石谷坊）较多，每排桩直线形排列，排长超出常见洪水线，排距50厘米，桩距30厘米，前后排柳桩错开；柳桩梢径7～10厘米，长1.5～2米，打入土中0.5～1米，外露0.5～1米。打成的柳桩桩顶多为同高，也有两边高、中间低，与沟底形状相似的弧形。桩打好后，同排柳桩以柳梢编联，排间礓石填至预定高度，以柳梢盖顶，并用铅丝将前后排联系绑牢，使其成为整体（见图5—15）。

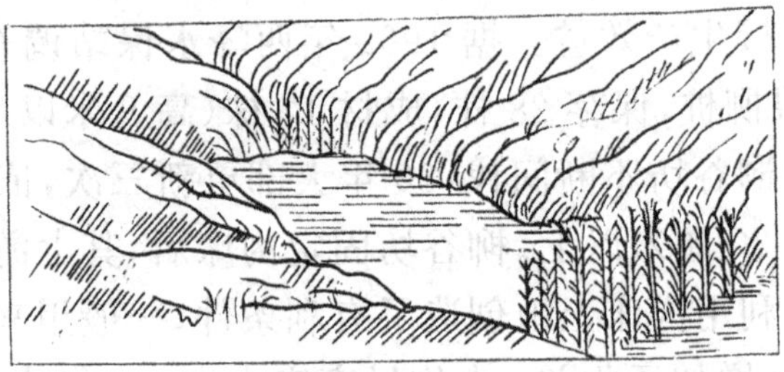

图5—14 柳谷坊示意图

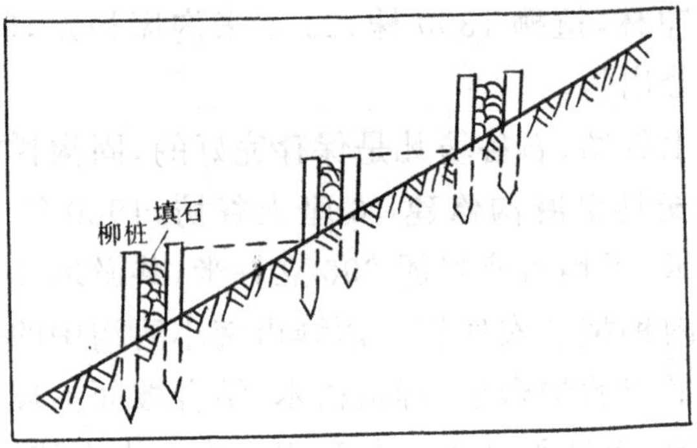

图5—15 柳谷坊剖面示意图

2. 土谷坊。塬区和丘陵区均有，土质沟床和石质沟床都可以修建。坝高多在10米以下，库容数百至数千立方米。顶宽1.5～3米，背水坡1∶1～1∶2，迎水坡1∶1.5～1∶2.5，坝端开挖溢洪道，排泄洪水。施工时要认真清基，坝体夯打坚实，干容重达每立方米1.5吨左右，注意搞好坝体与岸坡结合。甘肃省秦安县群众1958年在土谷坊上铺草皮，当年8月1日暴雨，草皮谷坊坝顶过水最大水深30厘米，最大单宽流量0.28立方米每秒，谷坊完好无损。80年代初，有些地方曾试用尼龙袋装砂土修建谷坊或用塑料编织袋装砂土修建谷坊及作土谷坊护坡，经过洪水考验，效果比较好。

3. 石谷坊。多在土石山区的石质沟床上修建，土质山区和黄土丘陵区的石质沟床也有少量石谷坊。黄河流域石谷坊比较集中的地区主要是山东省境内的石质山区。石谷坊主要有干砌阶梯式和浆砌重力式两种。由于当地降雨多，强度大，暴雨机率高，谷坊顶部都留有溢洪口。溢洪口的尺寸，干砌阶梯式石谷坊按10年一遇洪水设计，浆砌重力式石谷坊按20年一遇洪水设计。两种石谷坊设计和施工步骤如下：

(1)干砌阶梯式石谷坊。坝高一般2～4米；顶宽根据坝顶过水深度决定，水深0.5～1.2米的，顶宽为1～1.3米；迎水坡1：0.2，背水坡1：0.8(见图5—16)。坝体用比较大的块石干砌而成，下游坡砌成阶梯状，排洪时可以逐级消能，减缓水势。基础应选在石质沟床，施工前进行清基。如果基础地质较差，需要在坝下修筑消力池，其长度为坝高的1.5～2倍。

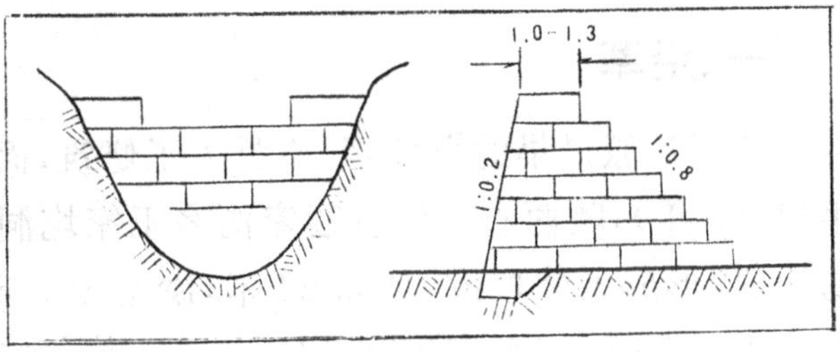

图5—16 干砌阶梯式石谷坊示意图

在沟窄、水急、两岸岩石坚硬的地方，可把干砌阶梯式石谷坊修成拱坝式。一般坝高2～3米；顶宽根据坝顶过水深度决定，一般0.8～1米；迎水坡1：0.2，背水坡1：0.4。这种谷坊因坝身断面小，省工省料，且能抵御较大洪水和急流冲击，但砌石技术要求较高。

(2)浆砌重力式石谷坊。这种浆砌重力式石谷坊的作用是不仅能巩固侵蚀基点，而且能蓄水灌溉。一般坝高3～5米；坝顶宽根据过水深度决定，当坝顶过水深0.5～2米时，坝顶宽度为坝高0.5～0.6倍；迎水坡1：0.1，背水坡1：1。

这种浆砌石谷坊，断面大，稳定性高，但用料较多，造价较高(见图5—17)。

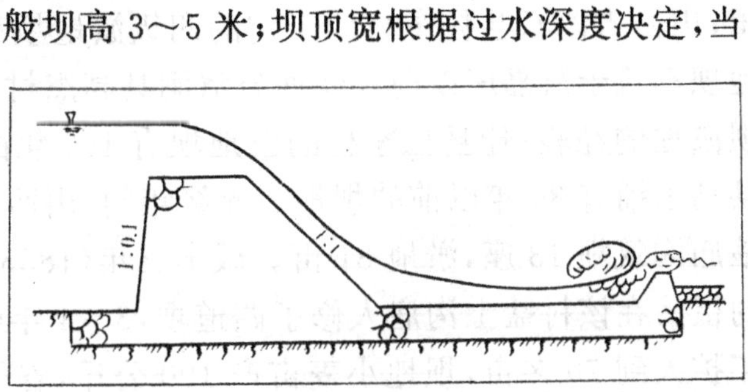

图5—17 浆砌石谷坊断面示意图

第三节 淤地坝

在沟壑中筑坝淤地，变荒沟为良田，在黄河流域（特别是黄土丘陵沟壑区）是巩固并抬高侵蚀基点，减轻沟蚀，充分利用水土资源的一项有效措施，也是建设高产稳产基本农田的一项重要内容。在黄河中游的陕北、晋西等地有300多年历史。建国以后，调查、研究和实践大量增多，人们的认识进一步提高，淤地坝得到很大发展。

一、沿革

黄河流域最早的淤地坝，不是人工修筑，而是天然塌方形成。明隆庆三年（1569年），陕西省子洲县裴家湾乡王家圪洞（黄土坬），由于山坡滑塌，堵塞沟道，形成天然聚湫，坝高62米，淤地800亩，集水面积2.72平方公里，坝地年年丰收，亩产250公斤左右。人工修筑淤地坝，有文献可考的，最早是在明万历年间（1573～1619年）。山西省汾西县志记载“涧河沟渠下湿处，淤漫成地易于收获高产”，“向有勤民修筑”。当时的知县毛炯曾布告鼓励农民筑坝淤地，提出“以能相度砌棱成地者为良民，不入升合租粮，给以印贴为永业”。“三载间给过各里砌修成地者三百余家”。从此，筑坝淤地在汾西县得到发展。到1949年，该县已建成坝地数千亩。清乾隆八年（1743年），陕西道监察御史胡定给乾隆上的《河防事宜条奏》中写道：“黄河之沙多出自三门峡以上及山西中条山一带破涧中，请令地方官于涧口筑坝堰，水发，沙滞涧中，渐为平壤，可种秋麦。”清代中叶，筑坝淤地在山西省西部和陕西省北部一些地方也有发展。山西省洪洞县娄村一带在清光绪以前就已沟沟有坝，坝坝成田；山西省离石县佐主村回千沟的四级淤地坝和骆驼咀华家塌沟的五级淤地坝都筑于清嘉庆以前。陕西省清涧县高杰村乡辛关村在嘉庆以前就有筑坝淤地的经验；佳县仁家村的淤地坝有160年的历史；子洲县岔巴沟、米脂县马家铺有80年以前的坝地。光绪年间，山西省离石县郝家山村农民在娘娘庙沟筑坝13座，淤地81亩。咸丰三年（1853年）柳林县贾家塬村贾本淳的祖父在该村盐土沟雇人修了四道坝，3～4年就淤成20余亩坝地，以后逐年扩大到70多亩，坝地小麦亩产190公斤，谷子亩产200公斤。光绪三年（1877年）大旱，附近坡地颗粒未收，而贾家的坝地小麦仍亩产140公斤，坝地丰产的事实曾轰动一时。1922 年当地有钱人家雇人修大坝,没钱人家采取以工换工修小坝,淤地坝在这一地区逐渐发展起来。

民国时期,李仪祉于 1927 年提出在沟中筑坝淤地,防治沟壑扩展,减少入黄泥沙的技术方案,作为治黄方略的一个重要组成部分。1945 年由国家投资,黄委会关中水保实验区在西安市郊荆峪沟流域的支沟内修建留淤土坝一座,控制流域面积 2.6 平方公里,土方量 2 万立方米,是黄河流域第一座“官办”淤地坝。

建国以来,在总结历史经验的基础上,把筑坝淤地作为水土保持一项重要措施,积极试验推广,大致经历四个阶段:

(一)1949~1957 年

这期间主要是进行重点试办和示范。1949 年秋,陕北行署干部陶克带领米脂县农场水土保持组的技术人员,在该县城郊孙家山水花园子沟试修了 3 座淤地坝;1950 年,又修了 11 座。1952 年绥德水保站成立后,以绥德、米脂、佳县、吴堡 4 县为重点试办区,积极宣传推广修坝淤地,两年内筑坝 214 座,一般坝高 5~10 米,单坝控制面积 0.5 平方公里以下。拦泥淤地增产效益显著,群众欢迎。自 1953 年起,西北黄河工程局及有关省(区)水利水保部门,先后在陕西省榆林、绥德、延安地区,甘肃省庆阳、平凉、天水、定西地区,山西省吕梁地区,内蒙古呼和浩特市等地,通过新建立的水保试验站,积极推广筑坝淤地工程措施。1953 年,绥德水保站开始在韭园沟试办大、中型淤地坝 4 座(当时叫“沟壑土坝”),推动了面上筑坝淤地的发展。到 1954 年底,陕西省共修淤地坝 3161 座,可淤地 3.5 万亩。1956 年 4 月统计,山西省仅中阳县就筑坝 1727 座。1956 年,在西北黄河工程局的直接推动下,沟壑土坝在陕西省榆林、绥德、延安,甘肃省平凉、天水、定西等地区作出示范,仅榆林地区就试办了横山县苦水沟、野人沟,佳县老虎峁,米脂县榆林沟,绥德县牛皇砭等 15 座沟壑土坝。到 1957 年底,榆林地区共建淤地坝 9210 座,其中库容 100 万立方米以上土坝 29 座。经过几年的实践,筑坝淤地的技术,开始在各地的干部群众中得到普及。

(二)1958~1970 年

这一时期,由于前阶段试办的成功,使群众看到筑坝淤地的好处,增强了信心,筑坝淤地在黄河中游各地全面推广。山西省石楼县建立以沟坝地为中心的基本农田,1958 年筑坝 4216 座,《人民日报》对此作了专题介绍。在大型淤地坝施工中,各地大搞技术革新与工具改革,较多地采用爆破松土、架子车运土,加快了施工进度。各地筑坝淤地采用建设与突击运动相结合,把剩余劳力组成农田基本建设队，常年进行建坝施工和养护维修坝地工程；农闲时组织大部劳力开展突击月、突击旬，重点修筑沟中坝库工程。这段时间，虽然有60年代初自然灾害和60年代中期以后“文化大革命”的影响，但这项措施在黄河中游各省(区)仍得到普遍推广。1958～1970年12年间，共修淤地坝2.76万座，可淤地50多万亩。晋西、陕北一些开展较好的典型小流域沟道已形成坝系，初步实现沟壑川台化。

(三)1971～1980年

这期间由于推广了水坠法筑坝技术，筑坝淤地有了突破性发展，出现了新局面。陕西省榆林、延安地区1973～1975年新增坝地17.6万亩；山西省1970～1980年11年内新增坝地占1949～1987年39年内新增坝地的50.6%；内蒙古自治区黄甫川流域，70年代所修淤地坝占淤地坝总数的61.7%。过去小村不能建大型淤地坝，大村要在国家补助下，几年才能建一座大型淤地坝。采取水坠法筑坝后，建坝工效成倍提高，成本大幅度下降，小村也能修大坝，有的地方形成“沟沟都修坝，村村有工程”的局面。据不完全统计，到1977年底，陕西、山西两省共建成水坠坝8000多座，其中坝高在15米以上的5000多座。黄河流域的青海、甘肃、宁夏、内蒙古、河南等省(区)都相继建成一批水坠坝。

这段时期，有些地方在筑坝淤地中曾出现不重视科学，不按自然规律办事的偏向。有的地方坝系规划与工程设计不合理，施工质量差，在1977～1978年两次特大暴雨中，遭到不同程度的水毁损失。虽然存在这些问题，但这段时期淤地坝的发展数量、坝系布设和施工技术都比过去有较大突破，而且在拦泥、淤地、增产上卓有成效。

(四)1981～1992年

80年代以来，进入积极兴修治沟骨干工程的新阶段。虽然淤地坝建设速度比70年代相对减缓，但筑坝技术、效益则进一步提高。各地认真总结30年来筑坝淤地的经验教训，对淤地坝的坝系规划、工程结构、设计标准、建坝顺序作了大量研究工作，取得不少成果，其中“以坝保库，以库保坝”、“小多成群有骨干”等经验为群众所共识。1984年春，根据国家计委和水电部的要求，黄河中游治理局提出治沟骨干工程的初步方案，主要内容是在黄土高原水土流失最严重地区(侵蚀模数每年每平方公里5000吨以上)，配合面上的梯田、林草与小沟小坝，在集水面积3～5平方公里的支沟内，兴修治沟骨干工程，每坝库容大部分为50～100万立方米，少数100～200万立方米，个别可达500万立方米，作为控制性工程，用以提高沟中坝系的防洪标准，同时可拦泥淤地，既为当地增产粮食，又为黄河减少泥沙。1985年底，黄河中游治理局提出治沟骨干工程规划初稿，作为《黄河流域黄土高原地区水土保持专项治理规划》的一个组成部分，经上级原则同意，1986年开始进行试点，国家计委和水电部每年拨出专款，支持有关省（区）开展此项工程。1986～1989年，在陕、晋、内蒙古、甘、宁5省（区），共兴修治沟骨干工程坝库249座（陕西112座，山西64座，内蒙古52座，甘肃19座，宁夏2座），其中新建183座，旧坝加固66座。共控制流域面积2152.7平方公里，总库容3.3亿立方米，可拦泥2.9亿吨，淤地4.4万亩，主要修建在河口镇到龙门区间10万平方公里范围内。

二、分布、效益与问题

（一）分布

据黄委会农水局统计，黄河流域8省（区）截至1991年共有淤地坝10万多座，淤地面积449.12万亩。由于各地自然条件、社会经济情况以及水土流失特点不同，淤地坝的淤地面积也有较大差异。按省（区）分布：青海2.38万亩，甘肃35.29万亩，宁夏61.43万亩，内蒙古47.84万亩，陕西87.82万亩，山西133.33万亩，河南42.63万亩，山东38.4万亩。

从类型区看，坝地主要分布在丘陵沟壑区的第一和第五副区，其次是土石山区、黄土阶地区和高塬沟壑区，坝地面积的90%分布在这几个类型区。根据《黄河流域黄土高原地区水土保持专项治理规划》中各省（区）上报资料统计，1985年各类型区坝地面积占黄土高原坝地总面积比例为：黄土丘陵沟壑区占45.4%，黄土高塬沟壑区占4.5%，黄土阶地区占16.6%，土石山区占24.6%，干旱草原区占4.8%，冲积平原区、风沙区、林区共占4.1%。

（二）效益

1. 拦截泥沙，削减洪峰。据黄委会水文局调查统计，黄河中游地区1970～1984年，淤地坝共拦泥29.3亿吨，年平均拦沙量为1.95亿吨，占水土保持工程总减沙量3.36亿吨的58%。淤地坝分布较多的无定河流域，截至1981年底，淤地坝共拦泥11.75亿立方米，其中1971～1980年，10年平均每年减沙1.582亿吨，占流域产沙量的62.7%。据流域内绥德、子洲、靖边、横山4县1019座淤地坝调查统计，平均每淤成1亩坝地，拦泥3956立方米。山西省三川河流域，每淤成1亩坝地拦泥3000吨，1979～1985年，淤地坝拦泥占全流域减沙总量的69.8%。汾河流域汾西县1.02万座淤地坝统计(坝高 5～10 米),平均每亩坝地拦泥量 1112 立方米。内蒙古自治区黄甫川流域 337 座淤地坝统计,每亩坝地拦泥 4856 立方米。陕西省绥德县韭园沟,流域面积 70.7 平方公里,1954～1976 年(缺 1969～1973 年资料)间 18 年资料分析,实施水土保持综合治理后,平均径流(清水)减少 24.2%,泥沙减少 55.1%,其中坝库拦蓄径流 16.9%,拦蓄泥沙 42.7%。韭园沟的支沟王茂沟,流域面积 5.97 平方公里,1953～1983 年共建 42 座淤地坝,31 年累计拦泥 119.7 万立方米,淤地 367.2 亩,平均每年每平方公里拦泥 6468 立方米,洪水泥沙基本不出沟。1959 年 8 月 19 日和 1961 年 8 月 1 日两次暴雨,降雨量分别为 100 毫米与 77.1 毫米;平均雨强分别为每小时 6.42 毫米与 17.1 毫米,与王茂沟相邻自然条件相似但修坝很少的李家寨沟,沟口洪峰流量分别为 43 立方米每秒与 18 立方米每秒。而王茂沟则为 4 立方米每秒和 2.1 立方米每秒,削减洪峰的作用分别达到 90.7%与 88.3%。

2. 增地增粮,抗旱保收。1964 年黄委会对陕西省榆林地区 6 个县 9 条沟道 23 座坝地调查统计,扣除沟底原有耕地,筑坝淤地后沟中净增坝地 3500 亩,占坝地总面积的 63.2%。

坝地是洪水冲刷坡面表层土壤淤积而成,淤泥中含有大量的牲畜粪便、腐殖质和有机肥料,因此,坝地一般土质肥沃,水分好,作物产量高。据 1982 年陕西省米脂、绥德、子洲、横山等县典型流域调查统计,坝地面积占粮田面积的 8.3%,而坝地生产粮食占总产量的 23.5%。宁夏回族自治区海原县关庄沟小流域,1982 年坝地种植面积占总耕地面积的 17%,坝地产量占总产量的 39%。内蒙古自治区准格尔旗红台子村,1970 年和 1974 年坝地面积分别占粮田面积的 8.4%和 11%,而坝地产量分别占粮食总产的 50%和 57%。山西省汾西县康和村,1978 年坝地面积占耕地面积的 22%,而坝地粮食产量占粮食总产量的 75%,当年人均占有粮 515 公斤。由于坝地的增产作用,有力地促进了陡坡农地退耕,造林种草,改善生态环境,发展畜牧业。陕西省延安市碾庄沟流域,1956～1980 年共修坝地 1652 亩,1982 年坝地产粮 57.9 万公斤,平均亩产 350 公斤,促进了陡坡退耕。1982 年与 1970 年相比,耕地面积由 4.6 万亩减到 2.8 万亩,人均耕地由 18 亩减为 8 亩,而粮食总产量由 75 万公斤上升到 177 万公斤,人均占有粮由 260 公斤上升到 500 公斤;坝地耕种面积占总耕种面积的 5.8%,坝地产量占总产量的 32%;平均利用 1 亩坝地可退耕 11 亩坡地,促进了林牧副业的全面发展。碾庄沟流域 1972 年只有林地 1874 亩,人均 0.58 亩,草地 719 亩,人均 0.26 亩,人均年收入 60 元;到 1982 年,林地为 2.7 万多亩,人均 7.6 亩,草地为 7264 亩,人均2亩,人均收入160元。山西省河曲县南曲沟流域,到1984年,建成大、小淤地坝91座,淤地1270亩。随着坝地的增加,土地利用结构发生较大的变化。1972年陕北大旱,横山县石窑沟村种植的300亩坝地(占粮田面积的12%)产粮6万公斤,占全村粮食总产的53%。1973年山西省汾西县春旱严重,三伏无雨,坡耕地夏粮减产365万公斤,而全县3.47万亩坝地秋粮平均亩产353公斤,总产1224.9万公斤;坝地面积占粮田面积的11.5%,坝地产量占总产量的43.5%。陕北、晋西群众说"修坝如修仓,澄泥如存粮","家有三亩坝,天旱也不怕"。

3. 巩固并抬高沟道侵蚀基点,稳定沟坡,减轻沟蚀。淤地坝90%以上修在3平方公里以下的小支毛沟内,而这些小支毛沟一般为窄深式"V"形断面,正处于侵蚀活跃期,面蚀、沟蚀、重力侵蚀(崩塌、滑塌、泻溜、陷穴)等并存,由于沟底下切,引起沟岸扩展,侵蚀作用非常强烈,是小流域泥沙主要来源地。建成淤地坝以后,巩固并抬高沟床,有效地制止沟底下切,相应地稳定了沟坡,减轻了沟壑侵蚀。

甘肃省西峰市南小河沟,60年代初有崩塌、滑塌100多处、泻溜面39万平方米。由于沟中修了大量谷坊、小坝(都已淤平)和3座水库(淤泥高13～25米),制止了沟底下切,稳定了沟坡,崩塌、滑塌和泻溜大部得到控制。据西峰水保站观测,20年来平均减少沟蚀量16.2%。

4. 增加沟道常流水,改善山区交通条件。黄土高原许多地方在未修坝以前,平时沟中流水很少,每遇天旱就出现断流;汛期沟中洪水凶猛为害,冲坏下游村庄农田。沟中修坝后,洪水被拦蓄澄清,用以灌溉下游耕地,或流入下游河道利用;同时被拦蓄的洪水,一部分变为地下水,在坝下和沟谷两岸以泉水形式溢出,增加沟道常流水,为发展水利和解决人畜饮水等提供条件。

陕西省绥德县韭园沟1953年未修坝前,沟道常流水量20公升每秒,修坝后,1966年常流水量增至60公升每秒。甘肃省定西县,在花岔、官兴岔两条小流域内修建沟中坝库蓄水后,过去一直存在的人畜饮水困难得到缓解。在1987年8月至1988年5月长达10个月的干旱中,两条流域内7779人和3225头大家畜、2805头猪的饮水没有发生困难。

沟中建成淤地坝后,坝顶成了连接深沟两岸的通道,改善了交通条件,便利群众生产生活。山西汾阳至宁夏银川的公路,在陕西靖边青阳岔至乔树湾的路段内,有8处跨越大沟,都是以坝代桥。内蒙古准格尔旗至东胜市的公路在沙圪堵至纳林镇路段内,也是利用淤地坝作桥梁,节省了大量建桥费用。

(三)问题

1. 坝地盐碱化问题。据黄委会1982年调查,陕北、晋西有的地方,坝地中有1/3～1/2的面积盐碱化,不能种庄稼。1975年对陕西省横山、子洲、米脂、绥德4县19座淤地坝的调查统计,坝地盐碱化面积占总淤地面积的30.7%。延安、榆林两个地区,1976年底有坝地53万亩,可利用的仅35万亩,其余因下湿盐碱,积水沼泽,每年少收粮食近0.5亿公斤。产生坝地盐碱化的原因,主要是在常流水的沟道中筑坝,未处理好沟中泉水,坝地淤成后,泉水被压在淤泥下,地下水位抬高,随土壤毛细管上升,盐碱随之上升到地面。从70年代以来,绥德水保站开始研究解决办法,并进行推广。各地把防治坝地盐碱化作为一项重要课题进行研究,已取得不少成果,少数地方已有效地解决了坝地盐碱化问题。

2. 防洪保收问题。许多地方坝地淤成后,由于上游的洪水泥沙未能有效控制,暴雨中部分坝地庄稼受淹,保收率不高。据对陕西省米脂、绥德、横山、子洲4县6条典型流域调查统计,由于上述原因,历年来坝地保收率只有80%。对于不同的小流域,坝地保收率的高低与坝系淤地面积和集水面积之比有明显的相关关系。当坝地面积与集水面积之比达到5～10%时,一般暴雨洪水,在坝地上均匀铺开,不致淹坏庄稼,坝系处于相对平衡状态,保收率较高。绥德县王茂沟小流域1964年坝系初步形成,累计坝地面积167.3亩,坝地面积为集水面积的1.9%,保收率为74.7%;1965～1978年坝系改建后,坝地累计340.3亩,坝地面积为集水面积的3.7%,保收率为75.3%;1979～1983年,坝地累计367.2亩,坝地面积为集水面积的4.1%,保收率达91.4%。子洲县黄土坬天然淤地坝,坝地面积为集水面积的19.6%,保收率接近100%,坝地年年丰收。

3. 水毁问题。黄河中游地区汛期降雨集中,且多暴雨,洪水来势凶猛,各地修建的淤地坝均遭到不同程度的损坏,尤其是70年代出现的几次大暴雨,水毁事故更为突出,记述如下:

(1)水毁情况。1973年8月25日,陕西省延川县降暴雨112.5毫米,在7570座淤地坝中遭受不同程度损毁的有3300座,水毁率为43.6%。1975年8月,延长县先后降50.7毫米和108.5毫米的两场暴雨,在6000座淤地坝中不同程度损毁1830座,水毁率为30.5%。1977年7月4～5日和8月4～5日,黄河中游地区普降暴雨(简称"77·7"、"77·8"暴雨)。其中"77·7"暴雨中心在甘肃省庆阳地区和陕西省志丹、安塞、子长县一带,最大暴雨中心位于安塞县招安乡，48 小时降雨量 225 毫米，24 小时最大降雨量为 215 毫米；“77·8”的暴雨中心在山西省晋中地区平遥县和吕梁地区石楼县与陕西省北部清涧县之间，降雨量分别为 356 毫米和 294 毫米。在这两场暴雨中，甘肃省庆阳地区，陕西省榆林、延安地区及山西省西部 28 县，不同程度地损毁淤地坝 3.27 万座。1978 年 7 月 27 日，陕西省子长、清涧和子洲等县普降暴雨，最大暴雨中心在 3 县交界处的子洲县裴家乡佛党墕，降雨量 610 毫米，清涧河上游的宁寨河、胜天沟、王家砭一带降雨 400～600 毫米。清涧县在这次暴雨洪水中，不同程度损毁淤地坝 254 座、坝地 1405 亩。

(2)水毁程度。据黄委会调查分析，1977 年洪水灾害严重的 13 个重点县(陕西 6 个县、山西 4 个县、甘肃 3 个县)，3 万多座小型坝库工程，保存完好的小水库占 50.7%，淤地坝占 46.7%。暴雨洪水中遭到水毁的坝库，其坝体损坏程度不一，有大部分冲失的，有冲失一半的，也有冲失极少或仅溢洪道损坏而坝体完好的。据延安地区水保局和延川、延长县水保局调查，1973 年 8 月 25 日和 1975 年 8 月暴雨，延川县共损毁坝库 3300 座，其中坝体大部溃决，坝地泥沙大部冲走的 1120 座，占 33.9%；坝体部分溃决，坝地拉一道沟的 890 座，占 27.0%；拉坏溢洪道的 1290 座，占 39.1%。延长县共损毁坝库 1830 座，其中坝体大部溃决，坝地泥沙大部冲走的 372 座，占 20.3%；坝库部分溃决，坝地拉一道沟的 844 座，占 46.1%；拉坏溢洪道的 23 座，占 1.3%。虽有洪水漫顶，但坝库没有损失的有 591 座，占 32.3%。

坝地的泥沙冲失，也可分为大部冲失、半数冲失、轻微冲失三类，后者大多在坝地形成冲沟，冲失坝地 10%左右。1973 年 8 月 25 日，延川县的水毁坝库中，损毁坝地面积占这些坝库坝地面积的 13.3%，占全县坝地总面积的 5.8%。1975 年 8 月，延长县的水毁坝库中，损毁的坝地面积占这些坝库坝地面积的 26.1%，占全县坝地面积的 9.3%。1977 年洪水中严重受灾的 13 个县，坝地损毁面积约占坝地总面积的 1/4～1/3。有些沟道大暴雨过后，虽然部分坝库遭到冲毁，损失一些坝地；但同时另一些未被冲毁的坝，或下段冲上段淤，却增加了坝地。山西省柳林县 1977 年洪水中损失坝地 2000 亩，新增坝地 1200 亩。陕西省子长县 11 条小流域，面积共 416 平方公里，1977 年洪水中损毁淤地坝 121 座，占总坝数的 30%，冲毁坝地 1340 亩，占总坝地的 26%，但同时另外新淤坝地 2223 亩，毁增相抵，净增坝地 883 亩。米脂县榆林沟 1978 年暴雨中，冲毁坝地 244 亩，新增坝地 265 亩。

(3)水毁原因。据实地调查，主要有以下几方面：①暴雨过大，超过设计标准。据陕西省清涧县宁寨子河两座坝库垮坝原因分析，原按 20 年一遇洪水设计，没有进行校核。1978年7月27日全流域平均降雨量283.3毫米，最大暴雨量350毫米，实测洪峰流量为设计值的2.75倍，实测洪水总量为设计值的2.6倍，超过规定标准而漫顶垮坝。1977～1978年，陕北水毁的坝库中，坝高小于15米，淤地面积小于10亩的小型淤地坝占80%，其主要原因是洪水超过设计标准。安塞县在损毁的7座大型淤地坝中，3座是在建的"半拉子"水坠坝，4座碾压坝是因为洪水超过设计标准而漫顶垮坝。②缺乏骨干工程，坝系防洪标准低。1977年暴雨后，黄委会对陕北、晋西19条沟道坝系进行调查，凡是具有防洪骨干工程的，干沟都未垮坝。山西省河曲县南曲沟，流域面积26.94平方公里，由于在干沟修建4座骨干坝，1977年8月5日，在日降雨93毫米情况下，全县淤地坝水毁320多座，而南曲沟的淤地坝作到全拦全蓄，安全运行。陕西省清涧县老舍古沟大坝，控制面积33平方公里，坝高45米，总库容538万立方米，除已淤积外，还有剩余库容400万立方米，在"77·8"暴雨降雨量约210毫米的情况下，库内洪水位比溢洪道底坎还低3米，坝体完好无损，除泄水洞下泄1.5立方米每秒外，水沙全部拦于库内，并新淤坝地400亩。子长县红石峁流域面积77平方公里，干沟内虽筑坝5座，坝高20～30米，但多已淤满未及时加高，无拦洪库容，上游坝冲毁后，引起连锁反应都遭到损毁。清涧县1977～1987年共损毁2740多座，其中99.5%是坝高15米以下的小型淤地坝。同期，子长县损毁淤地坝930座，其中全垮的339座，占损毁总坝数的36.5%。"77·7"暴雨中心的安塞县，原有淤地坝2014座，损毁1301座，其中由生产队修建坝高在10米以下的小型淤地坝占99.5%。绥德县纸坊沟、米脂县杨家沟、子洲县寺沟等流域，也有类似情况，都是由于无拦洪骨干工程，因连锁反应而造成坝库水毁。③施工质量差，管理养护不善。陕西省子洲县淮宁河流域在1977和1978两年内损毁坝库376座，占原有坝库总数的47.8%。据其中145座水毁坝库调查分析：上游垮坝引起下游连锁反应的有46座，占32%；不设溢洪道或溢洪道太小而水毁的83座，占57%；溢洪道质量太差，拉成渠槽的7座，占5%；坝体与泄水洞结合不好，滑坡垮坝的9座，占6%。据榆林地区统计，国家投资兴建的57座中型水坠坝冲毁7座，占工程总数的12%；其中2座是正在施工的"半拉子"工程，1座是溢洪道未挖成，1座是由于溢洪道塌方堵塞致使洪水漫顶，3座是由坝体与泄水洞结合不好和涵洞砌筑质量差而穿洞垮坝。陕西省绥德县赵家坬、府谷县刘家坬、王家峁，子洲县封家岔沟等土坝，由于泄水洞和坝体结合不良引起穿洞而垮坝。绥德县赵家坪和林家坬2号坝，子长县红石峁沟3号坝，清涧县胜天沟张家岔坝，都是在雨前溢洪道已被堵塞,未能及时挖通,以致洪水漫顶垮坝。④坡面治理差,加大了沟道工程的洪水威胁。调查资料表明,凡是垮坝严重的沟道,多是坡面治理较差,而坡面治理好的小流域,一般水毁损失都较轻。陕西省清涧县二十里铺乡的一些小支沟,延安市的大砭沟等,治理程度较高,林草植被较好,米脂县高西沟坡面梯田较多,暴雨中沟里洪峰流量小而且泥沙含量少,坝系都基本安全。

三、技术

淤地坝的筑坝技术包括坝系规划、坝库设计、工程施工、管理养护四个方面。

(一)坝系规划

50 年代初期,一般只在沟中修单坝,没有考虑坝与坝之间的相互联系。筑坝较多的沟道,也是从沟底比降、支沟分布、控制面积、沟底形状来确定坝的座数,一般只考虑多修坝、多拦泥、多淤地,没有考虑各坝之间的分工。50 年代后期,各地出现筑坝高潮,提倡“小多成群”,所修的淤地坝主要为小坝,坝高一般 10 米以下,可淤地 5～15 亩,2～3 年就可淤平种植。由于坝小,防洪能力低,一遇大雨垮坝很多;同时坝地在生产过程中,往往出现防洪和拦泥的矛盾,保收率很低。于是,人们认识到,为了坝地安全生产,必须要有专门防御洪水的坝,开始考虑不同的坝有所分工和坝与坝之间的关系问题。1956 年,绥德水保站在韭园沟小流域修筑淤地坝时,将一条沟道中的坝分为主坝与腰坝,或将淤平成地的坝设为主坝,在坝地上适当位置加修一座或几座“腰坝”,拦截上游的洪水,保护坝地安全生产。腰坝与主坝组成一个简单的坝系。这是有“坝系”概念的开始。

此后,随着淤地坝的增多,坝地的防洪保收问题愈来愈突出。从 1961 年起,绥德水保站在坝地较多的王茂沟流域进行坝地防洪保收试验研究,首先修最下一座坝,有了一定的淤地面积,就在此坝的淤积面末端修第二座坝,形成“上蓄下种”。当一条沟内已建成若干坝后,把其中淤地较多的坝作为生产保收坝,排出洪水种地;把淤地较少的坝作为拦洪抢收坝,把生产坝排出的洪水引入存蓄,形成“蓄种相间,计划淤排”。拦洪抢收坝淤地面积达到一定数量时就转为生产坝;从原来的生产坝中选一座加高,作为拦洪抢收坝,形成“轮蓄轮种”。采取上述几种作法,在一条沟中建成坝系,把防洪、拦泥、生产三者统一起来,解决了矛盾,收到较好的效果。此后就有意识地进行坝系规划,并提出坝系规划的原则,即“因地制宜,全面规划,小多成群,大小结合，蓄种相间，轮蓄轮种，计划淤排”；在坝系布设上提出“全面利用，以排为主”和“蓄种相间，蓄排结合”两种形式；在修坝顺序上提出支毛沟由下到上、干沟由上到下或上下结合的办法。

1970年以后，由于水坠法筑坝技术的应用推广，使淤地坝发展到一个新阶段，在大沟中修大坝的日益增多。淤地坝的坝系布设在绥德县王茂沟坝系布设基础上，又发展成多种形式，主要的有以下几种：

1. 骨干工程控制、水沙资源综合利用。这种坝系布设的特点是，在沟道已建成若干座淤地坝的基础上，根据沟道情况，在适当位置，选择坝址条件较好的地方修建骨干坝，控制全流域洪水，保证在设计暴雨下坝系中其他坝地安全生产，发挥蓄、滞、渗、排的综合作用，按骨干坝在坝系中所处位置分为三种形式：(1)骨干坝位于沟口。一般布设在控制面积1平方公里以下无常流水沟道中。开始时按自下而上的顺序建坝，当沟内各坝全部建成后，将沟口的坝加高作为拦洪骨干坝，并设有泄水涵洞(有的还开有临时土质溢洪道)，一般暴雨情况下，沟内每座小坝从上到下通过坝地一侧的排洪渠和溢洪道，将多余洪水排到沟口骨干坝拦蓄，保证各个小坝坝地免遭水毁，并可控制泥沙不向下泄。(2)骨干坝位于沟道中部。在集水面为3～5平方公里的沟道内，其中下游一般有常流水，首先在沟口修一座“三大件”(土坝、溢洪道、泄水洞)齐全的淤地坝；同时在干、支沟内，根据规划修筑其余小型淤地坝。当各坝淤满后，在没有常流水的沟段以上修筑拦洪骨干坝，控制上、中游的洪水，并设置泄水涵洞。在上述两坝之间挖排洪渠，排泄洪水，保证各坝安全生产。同时在骨干坝下游，利用沟中常流水兴修蓄水池或小水库蓄水养鱼或提水灌溉。骨干坝上游的干沟和各支沟，依次筑坝淤地，排泄的洪水由骨干坝拦蓄。陕西省绥德县王茂沟采用这种形式。(3)骨干坝布设在沟道上游。控制洪水危害，坝下游采取筑小淤地坝或箍洞劈崖填沟造地，并在有水源的地方，建池(库)蓄水，发展灌溉，排水治碱，做到水沙资源全面利用。陕西省米脂县对岔沟小流域是这种布设形式。这条小流域面积4.6平方公里，沟道常流水2公升每秒，从1973年开始建设坝系，到1985年共筑坝16座，可淤地340亩，已淤280亩，先后在主沟上游和较大支沟建成两座骨干坝(只设泄水涵洞，未设溢洪道)，控制上游洪水泥沙，坝下兴建3个蓄水池，承接骨干坝下泄和渗出的清水，并在沟道下游箍洞劈山填沟造地，扩大坝地面积，形成坝、井、池、洞紧密结合，防洪治碱，蓄水灌溉，洪水、泥沙、清水都得到利用(见图5—18)。

2. 上坝下库，上坝蓄洪拦泥，下库存蓄清水。黄土高原许多地方，由于

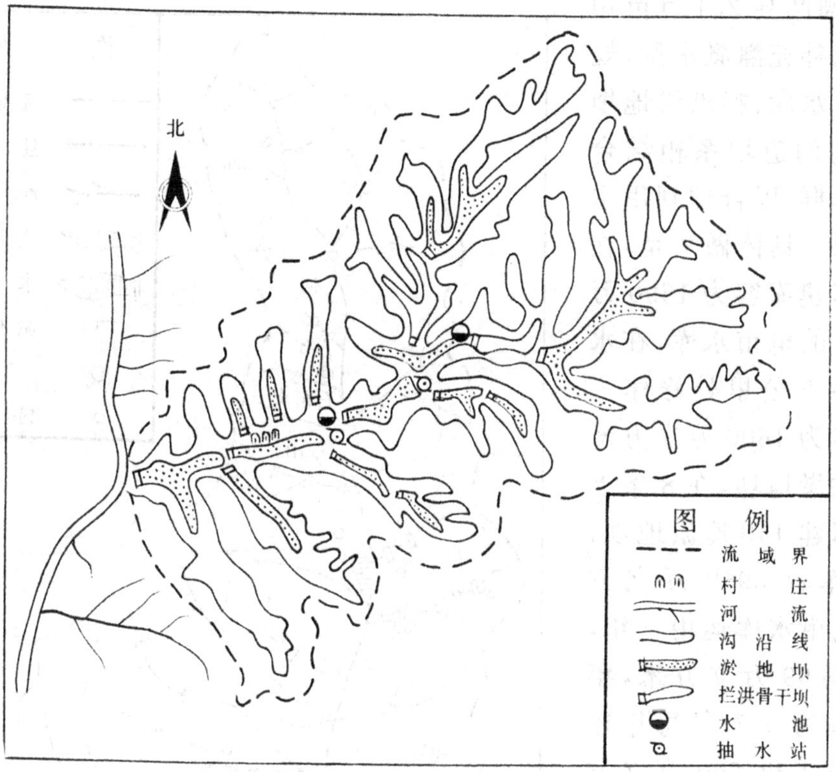

图 5—18 对岔沟流域坝系布设示意图

水土流失严重，沟中修的小水库，建成后4～5年或8～10年就被淤满，失去蓄水作用，只好当作淤地坝使用。为了解决这个问题，有的地方在沟中修小水库后，紧接着就在其上游再修一座蓄洪拦泥坝。汛期暴雨，沟中洪水被上坝拦蓄，澄清后将清水放到下边水库蓄存，而泥沙淤在上坝，上坝淤满后，可作坝地使用，或继续加高拦洪；上坝上游，支沟中大量修建淤地坝，加强坡面治理，减少泥沙来源。根据坝库分布情况和工程规模，有以下几种形式：(1)多座小水库分散修在支沟中，每座水库上游各修一座拦泥坝。陕西省榆林市峁沟流域属于这种形式。这条小流域面积328平方公里，共有支沟36条，主沟道较开阔，沟床稳定，两岸有沟台地，是水浇地高产田。为灌溉台地，群众在两岸较大支沟中先后修建小型水库21座，每座小水库上游紧接修建一座拦洪淤地坝，在拦洪坝上游，按照规划修小型淤地坝和坡面治理。这样，保证了小水库的蓄水库容，发展了自流灌溉，淤出的坝地又增产了粮食。(2)一座中型水库修在干沟下游，水库上游修坝拦泥，支沟修淤地坝保干沟。陕西省子洲县磨石沟流域属于这种类型。这条小流域面积192平方公里，为了给子洲、绥德两县2.4万亩川道水地补充灌溉水源，规划布设水库、拦洪淤地坝和支沟沟道坝系相结合的坝库群，以合理利用水土资源。具体做法是：在沟口修建库容为1590万立方米的电市水库，在水库上游5公里处修建一座库容为1600万立方米的拦洪淤地坝，在8条支沟内修建140座淤地坝，共有库容3960万立方米。电市水库运用9年，只淤积99万立方米，年淤积率为0.7%，每年还为下游提供200万立方米的灌溉用水（见图5—19）。

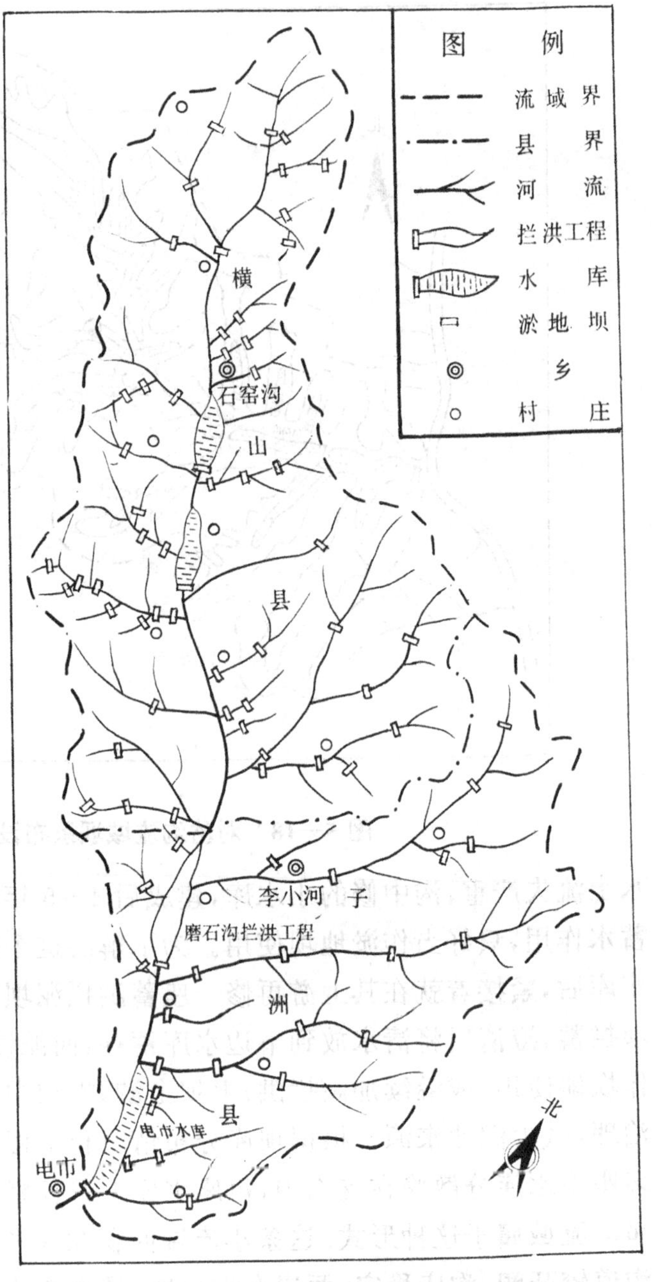

图5—19 磨石沟流域坝系示意图

3. 建坝保库，结合引洪漫地。陕西省靖边县龙洲村土桥沟流域属于这种类型。这条小流域面积24.3平方公里，1970年在下游建成土桥水库，库容2200万立方米，灌溉荒沙埫地6600亩。在水库上游大沟岔建成一座拦洪坝，控制面积18.2平方公里，保护下游水库不被淤积，并利用大沟岔与龙洲大埫相连的有利地形，在拦洪坝右岸开挖了一条长7.5公里的引洪干渠和总长80公里的支渠。暴雨时将拦洪坝以上的洪水泥沙全部引入龙洲大埫，淤漫荒沙地2950亩，变沙荒地为农田，使其变害为利。

(二)坝库设计

黄河流域各地的淤地坝,在坝库设计上,50年代都布置有土坝、溢洪道、泄水洞(简称“三大件”,见图5—20)。到80年代因地制宜地改为“两大件”(土坝加泄水洞,不设溢洪道),在保证安全的前提下,降低了造价,提高了效益。

图5—20 淤地坝“三大件”示意图

1. 设计洪水。建国初期,大部分地区缺少气象水文资料,沟中修坝一般用调查洪水作为设计洪水,或用暴雨资料推求设计洪水。从50年代中期开始,在设计洪水中根据不同的集水面积和坝高,分别采取不同频率的暴雨洪水。把集水面积在5-–40平方公里、坝高在10～30米的淤地坝划为中小型坝库工程,按四级或五级土坝设计;洪水设计标准,蓄水库按20～30年一遇设计,50～100年一遇校核,寿命5～8年;拦泥库按10～20年一遇设计,30～50年一遇校核,寿命3～5年;10米以下坝库,按集水面积大小分别采用10～20年或5～10年一遇设计。当时由于水文观测资料系列短,只是根据调查或实测的洪水、暴雨次数,采用数理统计概念进行简单的经验频率计算,确定某次实测大暴雨或大洪水的重现期。随着气象水文站网的建立,水文观测资料的积累,从50年代后期开始,各地有关单位经过研究提出适应一定范围的小流域洪水设计计算方法与经验公式,供部分地区使用;大部分无资料地区则引用邻近地区暴雨资料来推求洪水。70年代以来,黄河流域各省(区)和许多地、市相继编写出当地的水文手册、水文图集等,设计洪水一般都通过水文手册查算,提高设计工效与质量。60～70年代,大型淤地坝的洪水设计根据库容大小,分别采用小型水库的设计标准,小型淤地坝仍沿用50年代中后期提出的按集水面积大小分别采用10～20年一遇或5～10年一遇的洪水频率进行设计。1977年和1978年,黄河中游地区发生罕见的特大暴雨,大量淤地坝因洪水量超过设计标准而遭到水毁。总结经验教训,各地要求提高坝系中骨干工程设计洪水标准,以确保在较大暴雨下坝系的安全。1986年由黄河中游治理局主持编写,经水利部颁布的《水土保持治沟骨干工程暂行技术规范》规定，单坝控制面积3～5平方公里，总库容50～100万立方米的治沟骨干工程，按五级土坝设计，设计洪水20～30年一遇，校核洪水200～300年一遇，设计淤积年限10～20年；总库容100～500万立方米的，按四级土坝设计，设计洪水30～50年一遇，校核洪水300～500年一遇，设计淤积年限20～30年。

2. 工程结构。黄河流域各地群众修的小型淤地坝，工程结构比较简单，一般由土坝与坝侧开挖的土质溢洪道组成。而国家投资、有正规设计的大型淤地坝，在50年代试办阶段，一般是按小(一)型水库设计，建坝初期，还要求蓄水灌溉(有的结合发电)、养鱼并结合拦泥。工程结构采用土坝、溢洪道和泄水洞“三大件”，溢洪道一般都有浆砌块石衬砌。由于洪水泥沙资料缺乏，设计水库淤积速度与实际入库泥沙量相差很大，土坝库容很快就被泥沙淤满，灌溉、养鱼等要求基本都未达到，促使人们提高对严重水土流失地区坝库设计中泥沙淤积问题的认识。随着气象水文和泥沙观测资料的不断积累和研究工作的深入，各地水土保持科技人员认识到，黄土高原地区洪水的特点是峰高、量小、泥沙多。修溢洪道排泄洪水，造价太大，不如修高坝，用较大库容拦蓄洪水，用泄水洞放空库容。70年代中期以后，一些地方在工程设计中根据不同条件，分别采用“一大件”、“两大件”或“三大件”等不同作法，这是坝库设计上的一大改进。

“一大件”的淤地坝，只有土坝，没有泄水洞和溢洪道，一般多修在一平方公里以下而且没有常流水的支毛沟内或较大沟道的上游沟掌部位，坝地面积相对较大，以高坝大库容制服洪水，靠蒸发、渗透排除积水。

“两大件”的淤地坝，只设土坝与泄水洞，或只有土坝与溢洪道。陕西省榆林地区群众在3～5平方公里的支沟内修坝，一般采取加大坝高和库容，不修溢洪道，只设泄水洞。泄水洞设计尺寸以两天泄完洪水，坝内庄稼不淹死为标准。暴雨中做到蓄洪排清，前期拦泥淤地，后期防洪保收。对于已经形成川台化的沟道，上游修骨干坝控制洪水，中下游生产坝设有土质排洪渠，在坝体一侧设置溢洪道，上接排洪渠，排走多余洪水或清水。

“三大件”齐全的淤地坝，一般修在较大流域的沟口或下游重要部位，设置泄水洞向下游供水灌溉。由于受地形和淹没损失的限制，不能任意加高土坝，但又担负着整个流域的排洪任务，因此，必须设置溢洪道，以便及时排泄洪水，保证土坝安全。

群众在沟中修淤地坝，其工程结构往往根据每座坝在坝系中所担负的任务而及时改变。一般位于无常流水支毛沟的骨干坝，往往前期只有土坝，利用足够的库容(每平方公里30～40万立方米)拦蓄洪水,当淤积达到一定高度,不需再加高时,才修溢洪道或泄水洞;有的淤地坝种地生产时,往往有土坝与土质临时溢洪道,加高为拦洪骨干坝时,变为只有土坝或土坝与泄水洞;有的骨干坝,原来只有土坝和泄水洞,当淤积到一定程度时剩下的滞洪库容很小,不能保证安全,但由于地形限制等原因,又不能加高时,就修建砌石溢洪道。

80年代初期,绥德水保站和榆林地区水利水保局总结陕北地区30年来坝库设计、施工、运用经验,明确提出小流域坝系中的骨干工程一般可采用高坝大洞"两大件"设计,只有在干沟下游、控制面积较大的工程采用"三大件"。这样作的好处是:(1)降低造价。据榆林地区无定河中下游部分淤地坝调查统计,一般"三大件"工程中,溢洪道造价约占总造价的50%。无定河上游和黄甫川等砂石料缺乏地区,造价更高。如不修溢洪道,只加高坝体,一般采用水坠法施工,工效高,造价低,操作技术群众易于掌握,各地的地形、土质都能适应。(2)便于继续加高,多拦泥,多淤地,而且保证坝库安全。"三大件"齐全的淤地坝,因有溢洪道,淤满后不便于加高,洪水来了基本全部放走,而中小洪水止是坝地落淤肥田所急需,未能拦蓄利用,是一种损失;在某些较大洪水下,又因滞洪库容不够而漫顶垮坝。如果不修溢洪道,加高坝体,增大滞洪库容,只设泄水洞,能够有效地控制洪水泥沙,使坝地面积不断扩大,坝地土质保持肥沃,有利于发展生产,同时不致因洪水漫顶引起水毁事故。

1985年7月,黄河中游治理局在进行黄河中游多沙粗沙区治沟骨干工程规划期间,在陕西省榆林地区召开现场会,黄河上中游7省(区)有关部门的技术负责人参加,考察、研究并推广这个地区在治沟修坝中采取的高坝大洞的"两大件"设计;同时,根据黄土高原各地不同条件,提出在保证安全、降低造价、提高效益前提下,通过不同设计方案对比,因地制宜,研究确定工程结构形式,不强求统一。1986～1989年,黄河中游地区新修的183项治沟骨干工程,大部采用高坝大洞"两大件"设计,一些先期建成的骨干工程,在较大暴雨中无一例水毁。1989年7月21日,内蒙古黄甫川流域出现1953年设站以来实测的最大洪水,这里已竣工的治沟骨干工程,全部经受了洪水的考验,发挥了缓洪拦泥作用,保护了下游农田和村庄、道路的安全。

3. 建筑物设计。主要包括土坝、溢洪道、泄水洞和反滤体四部分,其要求是:

(1)土坝。各地水土保持科技人员在土坝设计中,着重研究解决坝高、顶宽和坝坡比三个问题,其中最主要的是坝高。①坝高。确定坝高的基本要求是要有足够的库容以拦蓄洪水泥沙。50年代初期,简单地引用小水库的设计方法。库容由三部分组成:最下面是堆沙库容,中间是蓄水兴利库容(或有效库容),上面是防洪库容(或滞洪库容)。相应的坝高也由三部分组成,从“坝高～库容曲线”上,根据所需的三个库容之和,查得相应的坝高,再加上一定的安全超高,就是设计坝高。后来的实践证明,由于水土流失十分严重,库内泥沙淤积很快,原来设计的蓄水兴利库容(或有效库容),很快就被淤满而不复存在。此后设计中就简化为只有拦泥库容和滞洪库容,相应的坝高也只是根据拦泥和滞洪二者共需的库容,从“坝高～库容曲线”上查得,再加上一定的安全超高,就是设计坝高。在坝高设计中,一般采取:坝高10～15米的,安全超高1～1.5米;坝高大于20米的,安全超高1.5～2米。②坝顶宽。群众修的小坝,顶宽一般在2米以上,以便能通过架子车。50年代国家投资修建的大型淤地坝顶宽,为1/10坝高再加3米。其后,在实践中又采取按坝高确定顶宽的如下经验值:坝高10～20米的,顶宽2～3米;坝高20～30米的,顶宽3～4米;坝高30～40米的,顶宽4～5米;个别地方在交通上有特殊要求的,则按照交通的需要确定。③坝坡比。50～60年代群众修的小坝(10米以下)一般内坡1∶1.5,外坡1∶1,有的甚至陡于1∶0.5,加之填筑质量差,蓄水后许多坝产生滑坡甚至水毁。吸取教训后,才逐渐将坝坡修得缓些。50年代初期,大型淤地坝引用一般小水库的设计,坝坡都比较缓,内坡采用1∶4～1∶3,外坡1∶2.5。实践中认识到,由于坝内淤积很快,不似小水库长期蓄水,坝坡可以陡些,采用了内坡1∶2.5,外坡1∶2。70年代以来,水坠法筑坝成为主要施工方式,由于坝体是泥浆固结而成,其坡比一般比碾压坝缓些。《水土保持治沟骨干工程暂行技术规范》对水坠坝和碾压坝的坝坡比分别规定见表5—5。

表5—5 **水坠坝、碾压坝坝坡比情况表**

坝型	土料或部位	坝高(米)		
		10	20	30
水坠坝	砂壤土	1∶2.00	1∶2.25	1∶2.50
	轻粉质壤土	1∶2.25	1∶2.50	1∶2.75
	中粉质壤土	1∶2.50	1∶2.75	1∶3.00
碾压坝	内坡	1∶1.50	1∶2.00	1∶2.50
	外坡	1∶1.25	1∶1.50	1∶2.00

(2)溢洪道。历史上群众兴修的小坝,大都在坝旁开挖溢洪道(群众叫

“出水口”),一般不衬砌,而是在比较抗冲的红胶土上开挖。建国初期国家投资兴修的大型淤地坝,许多都修了溢洪道。其设计一般都引用小水库溢洪道的技术要求,大多由引洪渠、渐变段、溢流堰、陡坡段、消力池等五部分组成,各部分都用浆砌块石作衬砌。引洪渠进口高程采用淤积面高程,选用梯形断面。溢流堰一般采用矩形断面,堰宽按宽顶堰公式计算确定,溢流堰长度不得超过堰上水深的3～6倍,溢流堰及其边墙用浆砌石筑成,堰底靠上游端做一砌石齿墙。陡坡段坡比为1:3～1:5,采用矩形断面,底板及边墙一般均用浆砌石修筑,底板砌石厚度0.3～0.5米,顺水流方向每隔5～8米做一沉陷缝,陡坡基础每隔10～15米做一道隔水齿墙;侧墙高度根据陡坡水面曲线确定,高出水面线0.5～0.7米;浆砌石侧墙顶宽不小于0.3米,内坡垂直,外坡不小于1:0.3,陡坡下面修建消力池。凡是衬砌的溢洪道,造价都较高,许多地方往往占坝库建筑物总造价的一半;而且衬砌所需的石料、水泥等,许多地方不易解决,因此群众就采取“高坝大库容”,不修溢洪道的作法。有些地方非修溢洪道不可的,也千方百计把溢洪道出口和陡坡段选在基岩上,以减少衬砌工程量。因此,溢洪道出口处是否基岩露头,往往成为群众选择坝址的条件之一。在过去出现的坝库水毁事故中,有这样的情况:开挖溢洪道引洪渠时,留下的岸坡太陡,正当渠内排洪时,由于岸坡上部冲刷或下部淘刷,造成大量土体崩塌,堵塞溢洪道,导致土坝漫顶而水毁。吸取这个教训后,群众在开挖溢洪道时,都注意把岸坡削缓到1:1左右,并在岸坡上部开挖排水沟,以防止坡上土体崩塌,保证溢洪道顺利排洪。

(3)泄水洞。建国前群众修的小坝,一般都没有泄水洞,50年代以来,国家投资修建的大型淤地坝,一般都有泄水洞。其作用主要是排走常流水,使坝地便于耕作;有的在坝库前期蓄水时,能用以放水灌溉,有的还用以排泄部分洪水,保证坝库安全。对泄水洞的设计,一般都采用小水库泄水洞的作法。涵洞断面一般为马蹄型或半圆拱型,直径不小于1米,纵比降一般为1/1000。70年代以来,对于不修溢洪道的骨干坝加大泄水洞,库内洪水全部由泄水洞排泄,下泄流量要求按2～3日内泄完设计洪水。根据坝址附近有无石料及造价情况,分别采用方涵、拱涵或钢筋混凝土涵洞。底坡为1/100～1/200,按无压洞计算,洞内水深小于洞净高的0.75,沿洞长每10～15米砌筑一道截水环。泄水洞的洞首进水工程,50～60年代各地根据不同地形情况分别选用卧管或竖井两种形式。在使用过程中人们发现,建坝初期,坝地尚未淤成,暴雨中坝库蓄洪时竖井位于库水中,开启放水孔既不方便又不安全,有的地方甚至发生把放水人从竖井顶部吸入造成伤亡事故;在坝地淤平后，流水在坝地中间拉一渠槽，不利于耕种。总结经验教训，80 年代以来，许多地方在坝库泄水洞设计中一般不用竖井而用卧管。虽然卧管与竖井比较，对地形地基要求较严，工程量也较大，但为了保证安全和便利耕作，许多地方仍愿意采用卧管形式。

(4)反滤体。群众修的小坝，一般在无常流水的小支毛沟中，都没有作反滤体。国家投资修建的大型淤地坝和治沟骨干工程，一般修在有常流水的沟道中，设置反滤体截取或引走从坝体上游渗到下游的水流，降低坝体浸润线，防止管涌，稳定坝坡。反滤体的形式，各地根据不同情况分别采用棱式、斜卧式(贴坡式反滤排水)等不同形式。反滤体高度由坝体浸润线位置确定，一般要求高出下游最高水位 0.5～1 米，反滤体顶宽不小于 1 米，内坡 1∶1，外坡 1∶1.5～1∶2。内蒙古自治区伊克昭盟和陕西省榆林地区北部，筑坝土料为砂壤土，颗粒粗，透水性好，不少大型淤地坝和小水库都不设置反滤体，多年来运用安全，效果很好。

(三)工程施工

1. 施工组织。群众在小支毛沟中修小坝，大都是一家一户，或几户农民联合，出动劳力较少，一般没有明确的施工组织。在较大沟道中修建大型淤地坝，需用劳力较多，一般由乡或村主持，少数重点工程由县水保部门主持，从受益的群众中调配劳力，由行政负责人和工程技术人员组建施工机构，收集各种有关资料，进行施工组织设计，编制实施计划、施工进度计划、上劳计划和工程预算，绘制施工总平面布置图等。

2. 施工技术。淤地坝的施工包括土坝、溢洪道、泄水洞三个部分。其中溢洪道、泄水洞施工多年来没有本质上的变化，而土坝施工技术则经历了人工夯实、机械碾压、水坠法三个阶段。(1)人工夯实施工。建国初期群众修的小型淤地坝，一般用小木轮车运土，杵子杵实或木夯夯实，未进行密实程度的监测控制，上坝土方密实度差，坝内蓄水往往发生穿洞事故。1953 年，绥德水保站在韭园沟修沟壑土坝时，从山东请来一位河堤硪工进行打硪技术指导。经过实践摸索，逐步形成一套夯实筑坝的施工技术。一般石硪重 80 公斤，铺土厚度 30 厘米，含水量 18%左右，打硪时举高 1～1.2 米，采用“三打三盖”或“三打两盖”，硪实厚达 20 厘米，干容重达每立方米 1.5 吨。夯实时，接缝或与岸坡衔接处，应增加击实次数。每工日筑成上坝土方 1 立方米左右。人工夯实施工工效较低，但施工机具简单，不受施工场所限制，一般群众容易办到，因此在埋设涵管和补修坝体工程中继续使用。1956 年以后，采用架子车运土代替木轮手推车，工效有所提高。(2)机械碾压施工。1958 年以后，逐步采用机械碾压代替人工夯实，工效进一步提高。机械碾压时，每层铺土厚度30～40厘米，用履带式推土机或拖拉机来回碾压两遍，压实为20～25厘米，土料含水量控制在15%左右，干容重达每立方米1.55吨。机械碾压不到的地方，用人工夯实补上。80年代以来，随着推土机的广泛使用，在没有水坠条件的地方修大型淤地坝时，采用人机结合运土，推土机碾压；小型坝则运土、碾压全由推土机来完成，配合人工爆破松土，大大提高了工效，节省了劳力。（水坠法筑坝在第六篇专项研究中记述）

（四）管理养护

淤地坝的管理养护包括平时管理养护、汛期防洪抢险、坝地防洪保收和防治盐碱化等内容。

1. 平时管理养护。坝库工程竣工后，就进入管理养护阶段。一般实行分级管理制度，县办县管，乡办乡管，村办村管，户办户管，建立工程管理委员会或安排专人负责管理。管理工作的具体内容有：(1)全面整治施工现场，将取土场（一般是陡坡）修成水平沟或水平阶，再栽上树；坝面外坡种灌木或种草，增加植物覆盖；坝肩两侧山坡修排水沟，防止雨水冲刷坝坡。(2)在建筑物及其附近30米内严禁挖土取石。(3)每年汛前汛后、解冻以后和大雨过后，对土坝、溢洪道、泄水洞等建筑物进行全面检查，发现问题，及时处理。(4)坝地淤成后，及时开挖排洪渠，修建田间道路，以便利用和管护。(5)当骨干坝的拦泥库容接近淤满时，及时研究加高，或在其上、下游另选坝址，再修骨干拦洪坝。80年代以前，有些地方建有常年农田基本建设专业队，兼管旧坝的管护、维修、加固、配套等工作。没有专业队的地方，由乡、村行政组织安排专人负责管理。1981年农村实行联产承包责任制以后，养护管理工作一般由坝地承包种植户负责。补修加固配套任务较大的，由村委会组织劳力统一进行。也有一些地方采取以坝养坝的办法，将部分坝地及平整出来的耕地作为商品田租给一部分村民种植，回收的租金用于日常管理养护开支。

2. 汛期防洪抢险。淤地坝作为重要的基本农田和蓄洪拦沙措施，县、乡、村各级行政组织历来就把防洪保坝保收作为汛期中的大事，认真作好。汛前层层召开专门会议，研究布置抗洪抢险方案，健全防汛组织，完善通讯设施。有防洪任务的地方，一般都以村委会为单位组织防洪抢险突击队，队员以中青年民兵为骨干，根据村内各个坝库的具体运用情况，确定重点，在重要时期安排专人日夜值班守护，严密监视险情。同时在群众中订立护坝公约和奖罚制度，规定全村公民不分男女老幼都有上坝参加抗洪抢险的义务，保证抢险时有足够的人力。陕西省子长县丹头沟，流域面积70平方公里，

1977年7月5日降雨125毫米，位于主沟中游的骨干工程老庄大坝，上游垮坝后库水位迅速上升，坝体出现裂缝，因抢险及时，3小时内大坝加高0.6米，在洪水位超过原坝顶0.2米的情况下保证了大坝安全。同时控制全沟大部洪水，使其下游两座大坝安全渡汛。

防洪抢险措施，首先是汛前认真做好检查，发现问题及时处理，并做好各种防汛物资准备工作。汛期暴雨洪水中，坝库出现险情时的技术处理，各地有以下经验：(1)当土坝坝体与泄水洞接缝处产生裂缝以致形成陷洞或坝体穿洞时，用麻袋装土堆成围堰，使穿洞处不再进水；同时用麦秸、柳条、秸秆加土快速填堵。(2)溢洪道高边坡上部塌方，堵塞泄水通路时，在塌方土体上开挖一条窄道，用洪水将塌土冲走。(3)当洪水急剧上升，有漫溢坝顶危险时，一面迅速用麻袋装土作成围埝，加高坝顶，同时在岸边土坡上开挖临时溢洪道，排泄洪水保坝。

3. 防洪保收。坝地种植利用后，有的由于未处理好洪水，暴雨中庄稼被淹被冲，严重影响作物产量。经过实践、探索，逐渐总结出一些坝地防洪保收的办法，其中比较普遍采用的是“上拦下排，中间淤漫”。在坝地上游修一座拦洪坝，拦住上游来的洪水；在坝地一侧开挖排洪渠，把洪水有计划地排走；同时在坝地上筑起滞洪围堰，将部分洪水有计划地引入坝地滞洪落淤。由于洪水是有控制地被利用，坝地上的庄稼不会被淹死，还增加水、肥，有利于作物生长。陕西省绥德县王茂沟、米脂县对岔沟，采取这种做法都收到良好效果。各地群众经验，坝地种植玉米、高粱等高秆作物，如果洪水淹深1.5米左右，只要在2～3天内能用泄水洞排除，仍可获得丰收。有的地方群众在负有拦洪任务的坝地上种植黑麦等夏收作物，可在洪水来临前收获一季庄稼。

4. 防治盐碱化。有常流水沟道的淤地坝，因盐碱化的危害，坝地有1/3左右不能利用。对于防治盐碱化、提高坝地利用率，群众通过观察和试验，认识到“盐随水来，盐随水去”的规律，总结出治理坝地盐碱化的根本措施是排水。具体作法有：(1)开挖排水沟，降低地下水位。一般利用排洪渠兼作排水沟，布设在坝地地下水出露多、水位高、支沟多，常水流量大的一侧。(2)打井挖泉，修池蓄水，排灌结合，变旱坝地为水坝地，发展梯田提灌，降低地下水位。(3)引洪漫地，垫土压碱，将沟洪、坡洪、渠洪引入，漫淤坝地，淋洗坝地土壤，降低含盐量。在引洪漫淤机会较少的地区，采取劈崖土，抽水拉泥等办法垫土压碱，可以抬高坝地淤泥面，相对降低地下水位，洗盐压碱，减轻盐碱化。(4)种植水稻等耐碱作物，也可收到洗盐压碱的效果。上述几项措施相互配合使用，治碱效果更好。陕西省横山县赵石畔沟淤地坝，1956年兴建，

1966年淤成坝地653亩。由于盐碱化严重,1972年只种72亩。1976年以来,在绥德水保站的指导下,采取开挖排水沟降低水位、拉土压碱、抬高地面、种植水稻等办法,治理盐碱坝地377亩,到1985年坝地种植面积提高到449亩,并在坝地末端重盐碱地上种植水稻50亩,平均亩产250公斤。

第四节 保埫固沟

在黄河中上游黄土丘陵沟壑区第五副区,有一种不同于其他丘陵区的特殊地形:丘陵的相对高度较低(100米左右),地面坡度较缓(15度左右),丘间夹有小片盆地,顺丘陵走向呈条带分布,长数百米到10～20公里,宽200米到1000米,地面坡度1～3度,邻近坡脚地带可达5～10度。陕西省靖边县一带叫"埫地",甘肃省环县一带叫"塬地",宁夏回族自治区固原地区叫"壕地",也有叫"塬埫地"。上述三个地区,都是气候干旱高寒,地多人少,坡耕地产量很低;而小盆地中,地平土肥,水分较好,作物产量较高,是当地农业生产主要基地。小盆地的下部,往往有侵蚀沟,暴雨中,盆地径流量大势猛,沟头溯源前进,破坏地面十分严重(当地群众叫"破埫")。保埫固沟,是当地水土保持的首要任务。

一、沿革与技术

(一)沿革

建国以前,基本上没有保埫固沟的措施。这项措施是建国以后通过多次调查提出,并在实践中逐步发展完善的。

1953年黄委会水土保持查勘队在泾河流域调查中了解到,甘肃省环县西北苦水塬、砖城子两处塬地,在1933年一场特大暴雨中,沟头分别前进300多米。70年代初期,西峰水保站调查,环县小南沟乡中川沟塬地,在1940～1970年的31年间,沟头前进850米,平均每年前进28米。60年代绥德水保站调查,1959年夏,陕西省定边县一次降雨152.5毫米,席麻湾埫地被冲破,沟头前进1250米,损失土地375亩。又据当地群众介绍,大约在400年前,无定河上游红柳河的许多埫地都是完整的,明万历年间(1573～1619年),几场特大暴雨把埫地冲开豁口,沟头前进迅速,接着沟底下切,沟岸扩张,致使埫地变得支离破碎,沟壑纵横。

为了制止水土流失造成垌地破坏，60 年代初黄委会设计院组织技术人员对无定河流域的垌地进行专门调查，针对垌地的破坏问题，提出保垌固沟的意见。西峰水保站 1960 年在甘肃省环县设立分站，绥德水保站 1960 年在陕西省靖边县设立分站，宁夏回族自治区 1975 年在固原县王洼乡（现归彭阳县）、1976 年在海原县树台乡建立的水土保持试验站等，都把垌地和墚地的治理与保护，作为重要课题进行调查研究，提出保垌固沟的治理原则和措施，并组织群众进行治理。

（二）技术

针对垌地与一般丘陵区不同的特殊地形，在保垌固沟措施上，比一般丘陵区的治理多设一道防线，即在垌地上修低坝引洪漫地作为第二道防线。主要作法仍以小流域为单元，采取综合性的蓄水保土措施进行治理，并掌握好以下几个环节：

一是坡面治理。一条垌地就是一条小流域，坡面暴雨洪水汇集沟头，是沟头前进的主要动力。当地群众采取坡耕地修梯田、荒山荒坡造林种草和育林育草等措施，减少减缓暴雨径流，作为第一道防线。

二是在垌地上修低坝引洪漫地，把坡上流失下来的洪水泥沙，尽量引入垌地上的农田漫灌，既能提高作物产量，又能防止洪水拉沟，作为第二道防线。陕西靖边县，甘肃环县，宁夏固原地区的固原、西吉、海原等县，把垌地上引洪漫地作为农业增产的主要措施。特别是靖边、海原等县，由于干旱严重，又无其他水源，群众不要求坡面有蓄水工程，以便暴雨中洪水泥沙能全部流到坡下，满足垌地（壕地）农田漫灌的需要。

三是在沟头沟边修土质围埂，或营造固土林带，防止地表径流从沟头沟边冲下，引起沟头前进和沟岸扩张。

四是在侵蚀沟修淤地坝和小水库，巩固沟床和蓄水，提灌垌地农田。

二、分布与效益

（一）分布

保垌固沟措施，主要应用在三个有垌地的地区：一是陕西北部无定河的支流红柳河、芦河和大理河的河源区，面积 3454 平方公里；二是甘肃东部泾河支流马连河、蒲河的河源区，面积 1800 平方公里；三是宁夏南部清水河支流小川河、安川河、石景河的河源区，面积 3200 平方公里。

（二）效益

凡采取了保塬固沟措施的沟道，一般沟头不再前进，沟岸不再扩张，保住了塬地；同时，由于引洪漫地和筑坝淤地，提高了粮食产量，又促进了综合治理。陕西省靖边县龙洲村，原是一道破塬，水土流失严重。从1956年开始，先后在侵蚀沟中修淤地坝38座，淤成坝地477亩，制止了沟底下切；从1968年开始，又在塬地上搞引洪漫地6000亩，控制了洪水不出沟，制止了沟头前进，破塬地得到恢复；加上修库蓄水，达到人均水浇地1.6亩。1971～1981年，耕地面积由1.98万亩减至8900亩，粮食总产却由40多万公斤增至146万公斤，人均粮食由192公斤上升到382公斤。靖边县席麻湾村，原是一道封闭塬地，基本完整。1959年8月28日，一场152.5毫米的大暴雨，洪水冲开塬口，形成一条长1250米、深9米、宽200米的大沟，损失土地375亩。1960年开始，在沟中修坝204座，坝高从沟底到与塬地面齐平，坝地淤平后，塬地恢复了原来的面貌。靖边县孤山界村，塬地上有一道侵蚀沟，沟头前进，每年蚕蚀塬地约10亩，沟越冲越深，最深处达50米，长224米。从1964年开始，在沟中修坝，制止了沟底下切，到1971年，已淤成坝地70亩。

甘肃省环县的车道、毛井、甜水、芦家湾、小南沟等5个乡，在墚地上搞引洪漫地2000亩，比未洪漫的粮食亩产提高72%，同时制止了沟头前进。车道乡万安村，1972年在墚地下游沟谷中，修水库一座，坝高26米，库容96万立方米，控制面积14平方公里。1973年大旱，提水浇灌墚地105亩，平均亩产112公斤，总产1.18万公斤。

宁夏回族自治区海原县关庄沟小流域，70年代开始治理，到1987年在壕地上分段修筑坝埝(低坝)396座，引洪漫地3000多亩，修建沟头防冲林，同时在坡地造林4579亩，种草9708亩，坡耕地修梯田964亩，制止了沟头前进，保住了壕地，提高了产量。1982年粮食总产49万公斤，人均220公斤；1987年粮食总产77万公斤，人均320公斤。1982年大农业总产值23.8万元，人均107元；1987年大农业总产值73.4万元，人均307元，比1982年提高了约两倍。

第十六章　小型蓄水工程

第一节　水　窖

黄河流域许多干旱缺水、人畜饮水困难的地方，群众在地下修窖，蓄存地面径流，供人畜饮用。由于水窖在地下，且有防渗措施，蒸发和渗漏甚微，能长期使用；同时拦蓄地表径流，减轻土壤冲刷，起到保持水土的作用。

一、沿革

水窖在黄河流域历史悠久。据宁夏《平原县志》记载，同心县预旺乡在元代以前就有水窖。据调查，甘肃省境内有明代时期的水窖，距今360多年。甘肃省西峰市温泉乡、环县山城乡和陕西省靖边县三岔渠乡等地保存有清道光至同治年间(1821～1874年)的水窖，距今100多年。建国后水窖有很大的发展。

水窖分布较多的地方，一般都是干旱或苦水地区，人畜饮水困难，每年要用大量劳力下沟或到外地运水，这些地方都有“吃水比吃油难”，“宁给一个馍，不舍半碗水”，嫁女先问“有几眼水窖”的现象。1961年甘肃省会宁县城，一担窖水卖价高达一元，反映出缺水的严重程度。陕西省彬县鸣玉池村属塬边缺水地区，500多人，每年下沟运水需5000多工日。甘肃省靖远县1982年干旱，1983年全县21个乡有15个乡83个村8.36万多人缺水，1～2月政府就补助运水费3.6万多元。1980～1981年定西县干旱，33万人中有13万人及牲畜饮水困难，国家花120万元运水救济。甘肃省环县属于干旱苦水地区，1973年遭旱，1974年春季，县北13万人、4.5万头大牲畜，36万只羊缺水，国家派汽车，社队出动拖拉机，农村抽出30%的畜力和劳力从外地运水。1982年大旱，由于缺水缺草，全县死亡2682头大牲畜、6400只羊，直接损失几百万元。因此各地积极开展修窖工作，以解决当地人畜用水。

1980年以前有些地方集体修，集体用，管理不善，水窖损坏严重。甘肃省环县1960年有水窖4.7万眼，以后每年修窖，每年损坏不少，到1984年保存4.83万眼，仅增加1319眼。1980年农村实行联产承包责任制以后，修建水窖改为户修、户用、户管，发展很快，保存率也高。

二、分布与效益

(一)分布

据1985年《黄河流域黄土高原地区水土保持专项治理规划》统计，黄土高原地区共有水窖150.83万眼，总容量5866.48万立方米，其分布情况是：甘肃62.47万眼，总容量1927.84万立方米；山西35.39万眼，总容量1205.75万立方米；陕西28.37万眼，总容量1691.28万立方米；宁夏12.65万眼，总容量505.20万立方米；内蒙古9万眼，总容量476.01万立方米；河南2.18万眼，总容量32.40万立方米；青海0.77万眼，总容量28万立方米。按类型区分，黄土丘陵第五副区最多，57.17万眼，总容量1899.39万立方米；其次黄土高塬沟壑区19.82万眼，总容量1509.92万立方米；黄土丘陵第一副区33.26万眼，总容量1208.99万立方米；黄土阶地区11.02万眼，总容量546.87万立方米，其余均在10万眼以下。各地单窖容量大小不一，平均每窖约40立方米。各地单位面积水窖容量高塬沟壑区最大，每平方公里461立方米；其次为黄土丘陵第五副区307立方米；黄土丘陵第一副区171立方米；黄土阶地区149立方米；其余均在100立方米以下。人均水窖容量，黄土丘陵第五副区最大，人均4.8立方米，其次干旱草原区3立方米，高塬沟壑区2.9立方米，黄土丘陵第一副区2.5立方米，其余均在1立方米以下。水窖主要分布在山西右玉—陕西定边—宁夏同心—甘肃定西—兰州一线附近的干旱苦水地区，其次为山西乡宁—陕西洛川—甘肃西峰—平凉一线附近地下水较深的黄土高塬沟壑区及阶地区。山西省万荣县干旱缺水，1985年统计有水窖2.33万眼，占该省黄河流域当年水窖的6.6%，可见水窖分布相对集中。山东缺水地区亦有水窖。

(二)效益

许多人畜饮水困难的地区，修水窖以后，都缓解了缺水问题。甘肃省环县1984年底全县有水窖4.83万眼，总容量96.7万立方米，按饮水困难户计算，户均1.7眼，人均5.33立方米，解决了大部人畜用水。该县山城乡北渠塬村22户，107人，52头大牲畜，545只小牲畜，有水窖83眼，总容量

1693立方米，1980～1984年年均蓄水1029立方米，人畜饮用后尚余200立方米；1987年1～11月只降雨203毫米，水窖当年基本没有增加蓄水，仍有70%的水窖有水。该乡农民苏世德一户11口人，有5头大牲畜，54只小牲畜，9眼水窖，11月尚存水65.9立方米。宁夏固原地区截至1986年底共有水窖7万余眼，配合少量水井、塘坝，解决了21.21万人、5.33万头大家畜和16.19万只羊的饮用水。水窖蓄水不仅缓解了人畜用水，而且节约了大量的运水劳力。陕西干旱缺水地区1972～1987年以修窖为主，结合打井、开渠引水，解决554.48万人和83.18万头大牲畜饮用水，每年节约运水劳力66.54万人，折合经济效益近2亿元。50年代后期以来，不少地方农民以窖蓄水，除了供人畜饮用外，还抗旱点浇农作物。山西省临县刘家庄村有水窖133眼，其中62眼蓄水浇地，1965年点浇补苗105亩，还用窖水种瓜菜31亩。用窖水点浇作物，玉米地亩浇水150担，增产24.25公斤；高粱地亩浇水200担，增产47.75公斤。

水窖蓄水后减轻了地表径流与冲刷。1959年8月29日甘肃省西峰市王家湾流域发生暴雨，塬面746眼水窖，共蓄水2.06万立方米，减少塬水下沟数量，相应减少下沟冲刷量。水窖蓄水的同时还拦蓄部分泥沙，经淤澄后可作肥料。1960年8月1～2日南小河沟暴雨中平均每眼水窖拦泥697公斤。

三、技术

(一)水窖选型

黄河流域的水窖形式有井窖和窑窖两种，群众多用井窖。其主要构成有：窖筒、旱窖(不蓄水)和水窖(蓄水)三部分。土质好的窖型胖些，采用锅扣缸式、瓮式和酒瓶式；土质差的窖型瘦些，采用缸扣缸式、喇叭筒式和枣核式。甘肃省中部地区采用缸扣缸式较多，窖筒直径0.6～0.7米，深1～2米，旱窖深2～3米，水窖深3～4米，散盘直径3～4米，底部直径2米左右(见图5—21)。陕西省靖边、定边等县及甘肃省东部等地采用锅扣缸式较多，窖筒直径0.6～0.7米，深2～3米，旱窖深1～1.5米，水窖深3～4米，散盘直径3～4米，底部直径2米左右。陕西省吴堡县一带采用酒瓶式较多，窖筒直径0.6～0.7米，深2～3米，水窖深4～6米，底部直径2～3米。河南省西部采用瓮式较多，北部济源等地采用喇叭筒式和枣核式较多，均为抹泥窖，可全部蓄水。

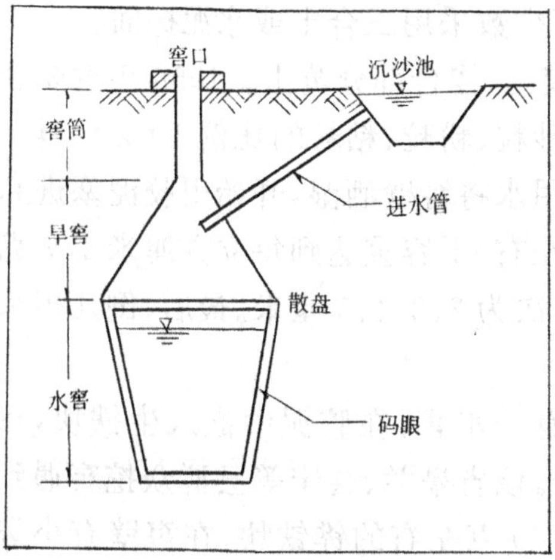

图 5—21 水窨结构示意图

陕西省靖边县三岔渠乡1958年调查有120多年前群众修建的窑窖,保存完好。50年代末期,黄河流域曾少量推广窑窖。窑窖与井窖比较,容量较大,技术简单,施工容易,出土方便,比较省工(每立方米有效容积用工是井窖2个工,窑窖0.8个工),开挖较快,还可自流引水,取水方便;但窑窖要求地形有崖坎,井窖平地可挖,窑窖为单向拱,坍塌损坏的较多,井窖为双向拱安全。窑窖横剖面如同人住的窑洞,主要部分有窑门、窨顶和水窨三部分。窨顶一般矢跨比为1∶2,跨度3～4米,矢高1.5～2.5米,窨长8～15米,蓄水部分为上宽下窄的梯形,边坡竖横比一般为8∶1,深3～4.5米,底宽1.5--4.5米(见图5—22)。

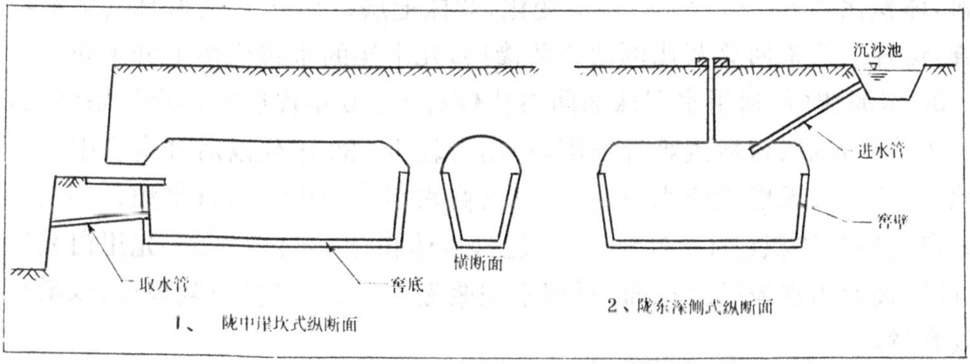

图 5—22 窑窖结构示意图

(二)窨身开挖

水窨开挖由人工进行。挖至蓄水部分边挖窨边挖扣带和麻眼。扣带沿水窨最高处环绕窨壁一周,口宽8厘米,深15厘米,以15度角向下倾斜。麻眼间距20厘米,“品”字形布置,口径8厘米,深15厘米,微向下斜。以便塞入胶泥,钉窨防渗。崖坎窑窖开挖,先刷齐崖面,再挖宽、高各1.5～2米,深2米的窑门;窑门开好后,就向内挖窨,先挖窨顶,再挖窨身。

(三)窨壁防渗

水窖防渗，群众多用胶泥捶，也有少数采用三合土或水泥抹面。

1．胶泥捶。防渗材料主要为红胶土，掺合部分黄土。1958年黄委会水科所试验，防渗材料的颗粒组成要求砂粒、粉粒、粘粒的比例1∶2∶1较好。掺料拌好后，加水浸泡透，搅拌均匀，用水将窖壁洒湿，开始用胶泥塞进麻眼钉窖，窖钉好后及时捶打，共捶20遍左右，干容重达到每立方厘米1.7克为止；捶成后的厚度，上、中、下和底部依次为2、3、4、5厘米。最后，倒几担水并加盖，保持窖内潮润，防止干裂。

甘肃省西峰市温泉乡边家沟圈有一水窖，在胶泥中嵌入生铁块，1958年调查，已有100多年历史，尚且完好。该省皋兰、会宁等县群众挖窖遇到局部松散土质时，在每个麻眼中打入重30克左右的铧铁块，在窖壁有小裂缝时用铁钉钉在裂缝两端，巩固窖壁，防渗效果很好。为了便于泥窖、捶窖，陕西省澄城县群众利用悬空框架施工，甘肃省定西地区水保部门用角钢焊接成施工框架，供群众使用，提高了工效。

2．三合土或两合土抹面。河南省济源县群众用白灰、细砂、红胶土三合土作防渗材料，体积比4∶2∶1。陕西省渭北地区群众用白灰、细砂、胶土三合土，体积比为1∶1∶3。山西省离石、柳林等县用白灰，胶土两合土作防渗材料，体积比为8∶2～2∶8，分层变化，共抹七层。1958年在柳林县贾家塬调查，这种二八来回兑灰比例法作防渗层，几十年的水窖仍然十分牢固。

3．水泥抹面。利用水泥抹面防渗比较省工，50年代后期群众开始试用，但由于造价较高、材料困难等原因，使用者较少。80年代以后甘肃省中部干旱地区，政府曾无偿供应水泥，支援群众修水窖。所用材料有水泥、白灰、砂子。白灰砂浆体积比1∶1.5～2，水泥砂浆体积比1∶2～2.5。先用白灰砂浆打底，接着用水泥砂浆抹面，再用水泥浆漫一层。水泥窖漫至窖口，以增加有效容量。

1971年宁夏回族自治区同心县试用水泥砂浆抹窖壁防渗，效果较好，以后在同心、盐池、海原等县推广。

（四）水窖管护

对水窖管护，群众在暴雨中放水时，都注意精心看管，不能让水位超过窖内最高限，以避免窖壁泡塌；当天旱时，窖内存水不能用完，待水深至0.3米时，即停止取水，以免胶泥干裂，造成渗漏，甚至塌毁；平时取水口加盖上锁，保证安全卫生；经常检查水窖各个部位，如有破损及时修补，保持良好状态。

第二节 涝池、塘坝

一、沿革

涝池、塘坝在黄河流域起源很早,西汉司马迁著的《史记·河渠书》中就有禹"陂九泽"。西周至春秋时期有蓄水的陂塘记载,《诗经·陈风·泽陂》中有"彼泽之陂,有蒲有荷"。《毛传》中"陂,泽障也",泽障就是小型拦水工程,既可蓄水,又可放水,灌溉农田。汉武帝刘彻曾提出"农,天下之本也,泉流灌浸,所以育五谷也,……故为通沟渎,畜泽陂"。也是要求修蓄水塘,实现渠塘结合。西汉时在全国各地兴建陂塘,除了大型工程由官府主办外,丘陵山区的农民还利用溪谷水流,蓄为陂池。宋代欧阳修著《唐书·地理志》中详列陕西关中、山西、河南等地陂塘。宋仁宗嘉祐七年(1062 年)苏东坡的《喜雨亭记》中有"予至扶风(今陕西省凤翔县)之明年,始治官舍,为亭于堂之北,而凿池其南,引流种树,以为休息之所"。这个池至今尚存,在凤翔县城附近,称凤翔东湖,是塬面上一个面积较大的涝池。池四周绿树成荫,环境优美,不仅蓄水为用,而且是群众游息场所。

建国后把涝池作为水土保持措施之一,大力推广,在高塬沟壑区和阶地区,还作为防治沟头前进的一项重要措施。

甘肃省西峰市城东火巷沟,集流面积 2.16 平方公里,大部为城市街道,暴雨径流系数大,洪水集中下泄,1918~1951 年 34 年沟头前进 60 多米,1929 年一次暴雨洪水就前进 11 米,1951 年沟头已进入东大街,严重威胁城镇安全。1951 年冬在庆阳专署主持下成立工程指挥部,专员任指挥,黄委会泾河水土保持工作队(黄委会西峰水保站前身)组织力量进行勘测设计和技术指导,投资 2.25 万元,抽调民工 2000 人,经过两个月施工,开挖土方 9.5 万立方米,挖引水渠 440 米,修筑一个容量 8 万立方米的大涝池,占地 80.8 亩,拦蓄城市街区全部洪水,配合沟头防护工程,做到水不下沟,迄今 39 年,沟头没再前进。涝池建成后,堤坡遍植柳树,邻近建立了苹果园,涝池周围成了群众游玩避暑的风景区,群众誉称"西峰东湖"(见图 5—23)。

黄土高塬沟壑区和阶地区塬面道路,车辆辗轧,人畜践踏,暴雨中径流冲刷,年久变成窄深水壕,即所谓"百年道路变成沟",当地群众称这种地貌

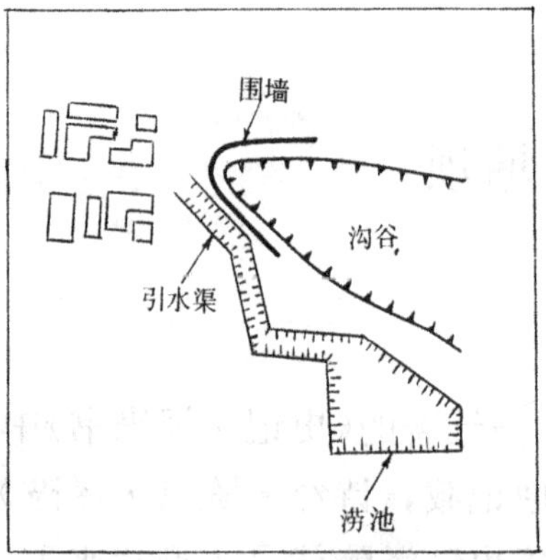

图 5—23 甘肃省西峰市东湖涝池布置示意图

为"胡同",胡同既是道路,又是水路,其下连接沟头。50 年代,当地群众为了保塬固沟,制止沟头前进,在胡同中节节筑坝,拦蓄雨水,这种坝有的称蓄水堰,有的叫胡同坝,是涝池的一种特殊形式。

黄河流域有些地方在水利建设工作中,把涝池、塘坝和引洪渠系连接,形成长藤结瓜布局形式。如山西省东部山区群众修的转山渠,甘肃省平凉等地的引洪漫地渠系中都修有涝池、塘坝作为引洪漫地工程的组成部分。

建国后涝池发展很快。陕西省黄河流域 1956 年有涝池 1240 座,1985 年发展到 8940 座,为 1956 年的 7.21 倍,总容量 2588.5 万立方米。宁夏回族自治区 1960 年有塘坝 110 座,1980 年发展到 300 座。其他省(区)都有相似的发展速度。

二、分布与效益

(一)分布

截至 1985 年,黄河流域共有涝池 19.84 万座,总容量 8341.5 万立方米,平均每座容量 420 立方米。各省(区)涝池总容量如下:陕西 2588.5 万立方米,山西 2351.7 万立方米,青海 1300 万立方米,宁夏 790 万立方米,河南 682 万立方米,甘肃 588.8 万立方米,内蒙古 40.5 万立方米。按类型区分总容量:黄土阶地区最大,为 2021.3 万立方米,其次为土石山区 1618 万立方米,黄土丘陵第四副区 1326.3 万立方米,黄土高塬沟壑区 742.1 万立方米,黄土丘陵第五副区 721.5 万立方米,其余均在 700 万立方米以下。单位面积容量,黄土阶地区最大,每平方公里 870 立方米,其次为黄土丘陵第四副区 566 立方米,黄土高塬沟壑区 277 立方米,其余均在 200 立方米以下。人均容量,黄土丘陵第四副区最大,人均 4 立方米,其次为黄土阶地区 2.3 立方米,土石山区 2.1 立方米,其余均在 2 立方米以下。涝池分布主要在黄上阶地区和黄土高塬沟壑区。由于其塬面积和人口密度大,为了保塬固沟使水不下塬,以及解决由于地下水深,群众洗涤和牲畜饮水困难,故开挖较多。其次为干旱缺水的丘陵第四副区，主要为解决群众洗涤和牲畜饮用。

塘坝一般修在沟中，既蓄暴雨径流，又蓄沟中常流水，黄河流域各地都有。由于自然和社会经济情况不同，塘坝多少不一。青海省海东地区1987年有塘坝523座，山东省黄河流域到1985年共有塘坝3326座。

(二)效益

涝池的主要作用是蓄水供群众洗涤和牲畜饮用，以及拦蓄洪水，保持水土，制止沟头前进，个别地方也有用涝池水浇地的。甘肃省西峰市什社乡1958年涝池容量2000多立方米，供应100多户群众洗涤和建筑用水，200多头牲畜饮用，天旱时1～1.5公里远的牲畜都赶来饮水。肖金乡涝池拦蓄一条3公里长的“胡同”道路集水，制止了沟头前进。并常年供应当地群众洗涤及牲畜饮水。1960年8月1～2日西峰市南小河沟发生暴雨，塬面280个涝池和蓄水堰，共蓄水6.99万立方米，占塬面径流量的58.3%，占塬面工程总拦蓄量的78.8%；共拦泥2602吨，占塬面冲刷量的7.4%，占塬面工程总拦泥量的84.2%，涝池成了塬面蓄水工程的骨干。由于拦蓄了塬面径流，有效地制止沟头前进，减少了沟谷侵蚀。

塘坝的主要作用，是蓄水浇地和解决人畜用水。陕西省米脂县对岔村沟中塘坝蓄水，1965年浇地62亩，亩产440公斤，比坡地亩产20公斤高21倍。1972年山西省神池县利用塘坝蓄水，配合水井和水窖，解决了70个村2.5万人、4700头大牲畜用水。

不少地方还利用涝池、塘坝发展水产事业。陕西省1958年池塘养鱼3600亩，到1987年达到10.56万亩，其中涝池、塘坝占到一定比例。1988年宁夏回族自治区西吉县利用塘坝和小水库养鱼900多亩，产鱼110多吨。

三、技术

(一)涝池修建技术

涝池修建技术比较简单，一般主要掌握位置选定和池底防渗两个环节。

1.位置选定。涝池具体位置一般选在邻近水路，地势低洼，引水方便的地方；同时距沟头崖边较远，避免蓄水穿洞，形成沟壁坍塌，助长沟壑发展。群众还注意当地土质，一般在红胶土或红色黄土，无地鳟、裂缝等地质条件较好处开挖。山西省万荣县地下水位深，人畜用水主要靠涝池蓄存雨水，涝池都在村中或村边，既有水源，用水也方便。陕西省长武县城边大涝池及甘肃省西峰市方家沟圈涝池等，都是在沟头上游修建的，保护沟头免遭冲刷，拦蓄暴雨径流。

群众修涝池，按容量大小分，大体上有两类：一类在路边或“胡同”内，受来水量或地形限制，一般容量较小，口径10～25米，深1.5～2米，容量200～800立方米。有些地方，也有容量更小在100立方米以下的；一类在村镇附近，来水量大，群众经常用水，一般容量较大，口径30～40米，深2～3米，容量2000～5000立方米，少数城镇附近涝池容量更大，陕西省长武县城东涝池、甘肃省西峰市城东涝池，容量达数万立方米。

2. 防渗措施。涝池的防渗办法，古代就有，现代又有发展。明代徐光启著《农政全书》中列举三种：第一种筑土，即“杵筑其底”。第二种椎泥，“以椎椎底作孔，胶泥实之”。第三种涂塘底，“以石、砂、瓦屑和石灰为剂，涂池塘之底及四旁，而杵之平之”。“如是者三，令涓滴不漏”。黄土高原群众继承和发扬了古人的防渗办法，采取了以下几种措施：(1)铺红胶土。群众多数采用这种办法。涝池挖深较计划多50厘米，铺红胶土20～30厘米，再覆盖黄土20～30厘米，红胶土和黄土都分层夯实。陇东塬区群众在胶土或黄土上每20厘米左右放一厘米见方的生铁片，防渗作用很好，群众称这种涝池为“铁涝池”。这里有100多年的“铁涝池”，常年蓄水，渗漏极小。(2)撒食盐。50年代西峰水保站在董志塬上的驿马、肖金、和盛等乡调查，均有用食盐防渗的涝池。将挖好的涝池底部捶一遍，撒上食盐，再捶一遍，减少渗漏，效果很好。每公斤食盐可撒30平方米左右。据肖金乡老人说，建国前几十年，有一路过盐商在涝池中洗麻袋，其后涝池渗漏逐渐减少，由此启发，推广用食盐防渗。(3)三合土捶底。50年代，陇东地区、陕西省渭北地区群众在村镇旁修涝池，有用胶土、砂子、小石子配成三合土，体积比3∶1∶1，掺和均匀，铺厚20～30厘米，夯打坚实。(4)砌石。山西省神池县群众在70年代用胶泥浆砌料石防渗。

西峰市王岭乡等地涝池，蓄水仅为防洪，一般不作防渗处理，在涝池中种植喜水湿的芦苇或柳树，充分利用水土资源。

(二)塘坝修建技术

塘坝是在沟中修筑库容10万立方米以下的小型蓄水坝。关于土坝等建筑物的修建技术，与淤地坝或土、石谷坊相似，本节着重记述其工程布局与结合塘坝蓄水造地的技术。塘坝坝址多选在有泉水沟岔中地质、地形条件较好处。工程布局有两种形式：

1. 上蓄下用，有水造地，自流灌溉。许多沟道有水没地，群众修筑塘坝蓄水后，采取许多办法造地：(1)修坝淤地。陕西省米脂县高渠乡1965年冬在各个塘坝下修了14座淤地坝，增加水浇地711亩。横山县石窑沟苦水村，在沟道上游筑塘坝蓄洪水和泉水，下游筑坝淤地，进行灌溉。山西省临县石白头乡西山村，1965年11月，修了一个塘坝，拦蓄洪水和泉水，自流灌溉其下的19亩坝地。(2)劈崖填沟造地。米脂县李家坪村沟中修塘坝蓄水后，劈崖填沟造地8亩。(3)沟滩造地。米脂县磨石沟村在沟道下游裁弯取直，改顺水流，砌石造田6块，共4.6亩。该县高渠村在沟道集流槽修了8个涵洞，排除洪水，在洞上造田27块，共计15亩，都成了水浇地。(4)移路改场造地。米脂县赵石畔村移路修水地2.1亩，桥河岔村改场修水地0.3亩，面积虽小，也不放过，造一分是一分，积少成多。

2. 低蓄高用，蓄引提结合。塘坝拦蓄的洪水和泉水都在沟里，农地多在高处，群众为了利用水资源，除了造地外，还采取引提办法，将水送到高处农地灌溉，送到高处居民点，供人畜饮用。山西省临县刘家塔村1966年开渠2公里，并建了一个10米长的渡槽，将塘坝水引到后沟，灌溉20亩坝地。陕西省米脂县马蹄坬村修了500多米长的渠道，将塘坝水引到山坡，灌溉11亩梯田。园子沟村修一座高6米的塘坝，抬高水位，开渠引水上山，灌溉10亩梯田。蓄水后还灌溉山地并给山上居民送水。下坝蓄水灌上台坝地或附近台地，都需要提水。提水工具因地制宜：水少、地块小、扬程低的，多用吊杆提水；水量多、耕地面积较大、扬程较高的，用机械提水。山西省临县开化乡杨泉上村用吊杆将下游塘坝水，三级提灌上游9亩坝地。西峰市王铁家村1962年用电力提塘坝水灌山地果园。山西省神池县义井沟小流域有泉水5处，每处有七八股，总流量2.37公升每秒，70年代修了一个库容2万立方米的塘坝蓄水，建电灌站一处，浇山地200亩(见图5—24)。

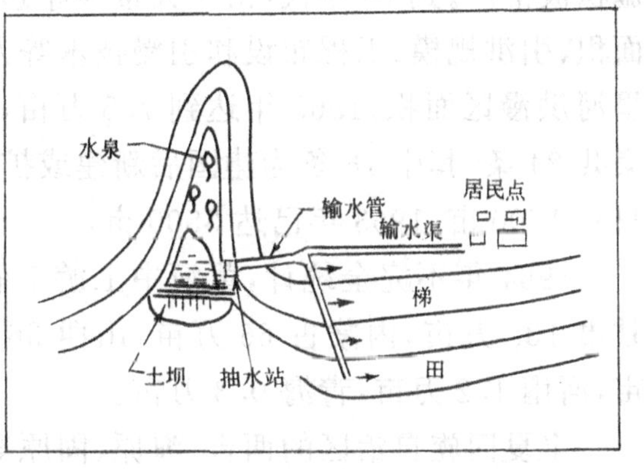

图5—24 山西神池县义井沟抽水工程布置示意图

第三节 引洪漫地

黄河流域群众在农业生产上利用暴雨中的坡洪、路洪、沟洪、河洪漫灌农田，不仅提高了粮食产量，改良了土壤，扩大了耕地面积，而且减少河流洪水泥沙，变水害为水利，是水土保持中一项有效措施。

一、沿革

引洪漫地在黄河流域有悠久的历史。陕西省富平县赵老峪引洪漫地起源于战国时期的秦国，距今 2200 多年。秦灭六国后，秦始皇于公元前 223 年将赵老峪洪漫区作为“美宅田”赐给大将王翦，可见当时漫区土地已有相当规模和肥沃程度。陕西省礼泉县在明万历年间开始引洪漫地。陕西省定边县八里河流域，清道光二十三年(1843 年)破垌，洪水淤漫荒滩，咸丰十一年(1861 年)开始耕种，至光绪四年(1878 年)逐步修成完整洪漫渠系。1911 年淤灌面积 1.26 万亩，1945 年淤灌 3 万余亩，淤灌面积与流域面积之比为 1∶30，年淤积厚度 0.1～0.2 米，基本达到相对稳定。内蒙古自治区大黑河流域，清代兴建涌丰、三和、和顺、民主一渠等万亩以上洪漫渠系 4 条，民国期间又修了乾通、同意、上复兴、民主二渠 4 条万亩以上灌渠。

建国后从 50 年代开始，各地就将引洪漫地作为农业增产和水土保持措施积极推广。到 70 年代，由于大量坝库修建和有关部门的重视与研究，引漫面积、引洪规模、工程布设和引漫技术等方面均有所发展。陕西省定边县八里河洪漫区面积，1963 年达到 7.5 万亩；内蒙古自治区大黑河万亩以上灌渠共 24 条，其中 16 条为建国后新建或扩建；陕西省礼泉县建国前洪漫面积只有 1800 亩，1963 年已达 5500 亩。

1964 年不完全统计，黄河中上游 7 省(区)引洪漫地达 266 万亩，其中甘肃 135 万亩，内蒙古 66 万亩，山西 36 万亩，宁夏 14.5 万亩，陕西 13 万亩，河南 1.2 万亩，青海 0.3 万亩。

宁夏回族自治区的西吉、海原、固原等丘陵区的埫地、壕地，主要靠暴雨中拦蓄坡洪漫灌。盐池县李家大湾村引洪工程面积达 3200 亩；同心县长沙河两岸村村有工程，户户有洪漫地，面积 1 万多亩。甘肃省平凉地区到 1980 年，修筑各类比较固定的引洪工程 5178 处，设施面积 27.7 万亩。其中泾川县泾明乡就完成控制面积 5300 亩。

利用灌溉渠道引洪和抽洪淤灌，群众中有叫浑灌，有叫淤漫或淤灌，是引洪漫地措施的新发展。陕西省引泾、引洛、宝鸡峡引渭三大灌区，以前每年夏灌期间因河流含沙量超过 15%(每立方米 166 公斤)即停水，少浇地 200 万亩次。1969 年以来，人民引洛渠试用洪水浇地，1969～1974 年平均每年多引洪1284万立方米，占夏灌总引水量的21%。到1976年引水含沙量普遍提高到25%（每立方米296公斤），1/3的灌区不受含沙量的限制，引水含沙量最高达59.6%（每立方米946公斤）。引泾和引渭灌区也先后开展引洪淤灌试验。三大灌渠1974～1976年夏灌期间共引洪水6亿立方米，对缓和夏灌缺水矛盾起了较大作用，年平均引沙量达到2612万吨。甘肃省平凉地区泾崇渠、汭丰渠，陕西省延安地区延惠渠、甘泉县的甘泉渠、横山县的定惠渠和无定河流域的二定渠、石家湾渠、榆高渠等，也都先后利用洪水进行淤灌。定惠渠引用含沙量曾超过30%（每立方米369公斤），延惠渠引用含沙量达40%（每立方米533公斤），甘泉渠1984年引洪最高含沙量达每立方米969.9公斤。70年代以来延安地区修建水轮泵站80多处，抽洪淤灌。甘泉县在北洛河修建水轮泵站6处，1980年抽洪改良沙板地1560亩。甘肃省环县环城乡十八里村1976年修建两处洪水提灌站。陕西省泾阳县黑松林水库1962～1976年采用蓄清排浑运用方式，排出水库泥沙855万吨，引洪水5200万立方米，泥沙1100万吨，漫地11万亩。山西省翼城县小河口水库1976年利用异重流排沙18万吨，漫地1180亩。

二、效益

（一）增水增肥，提高产量

洪水季节，正是夏粮已收，秋作物需水量较多的时候，引洪漫地正好满足秋作物生长的需要。经过洪水漫过的地，土壤水分大为提高。群众的经验是“一年淤漫，两年不旱”。

甘肃省环县干旱少雨，作物经常缺水，1959年7月中旬，秋田0～15厘米深的土壤含水量仅5%，15～30厘米土壤含水量仅8.2%，接近凋萎含水量，作物生长不良。当年8月5日漫地后，0～100厘米土层土壤水分平均提高25%。陕西省礼泉县庄河村漫后20天持续观测，25厘米深土壤水分，洪漫地较未漫地高19～26%，有效氮增加83%，有效磷增加77.8%，有效钾增加200%。内蒙古自治区黄甫川洪漫地有效氮增加32.7%，有效磷增加128.5%，有效钾增加7.7%。陕西省赵老峪洪水所挟带的每吨泥沙中，平均含有机质20公斤、硝态氮10.4克、有效钾27.4克、有效磷36.8克。群众说：“洪水浇一回，顶上万斤肥。”1958～1962年环县洪水漫地糜子5年平均增产99.2%，最高增产151%。甘肃省泾川县洪漫地小麦增产30%，玉米增产60%，高粱增产198%。赵老峪洪漫地每亩增产150～215公斤，增产率

100～358%。

引洪漫地后，抬高了地面，压碱效果极为显著。在陕北测定，漫淤一次洪水淤厚0.35米，脱碱率达30～40%，淤厚超过1米，搞好排水，就会成为稳产高产田。陕北横山县党岔乡引洪淤沙压碱，亩产粮食200～300公斤。群众说“沙压碱，赛金板，一亩能打一石半”(陕北一石粮食重175～200公斤)。

(二)改造荒滩为良田

陕西省引洛灌区1969年开始引洪淤地压碱，1980年已有2万亩碱地变为良田。陕西省大荔县沙苑地区面积54万亩，其中沙荒地22万亩，1971～1976年建成5处抽渭淤灌站，装抽水机14台，装机3700千瓦，从渭河抽洪淤沙造田，淤灌3.38万亩，其中淤沙造田5200亩，淤泥17.34万立方米。赵老峪引洪淤漫增加耕地1500亩。洪水挟带大量泥沙，还可淤沟造田，淤壕平地。陕西省渭河、千河、无定河等利用洪水进行放淤，将河边下湿地和沙卵石地改造成良田，扩大耕地面积。关中地区渭河沿岸仅宝鸡到咸阳段，到1965年已有6万亩河滩地改造成良田。陕西省定边县八里河洪水全部引入沙荒碱滩，从1843年破垌到1963年共拦泥5.77亿吨，逐渐将7.5万亩的沙荒碱地改造成良田。内蒙古八大“孔兑”1980年统计，引洪淤沙荒及河滩造田16万亩，改良盐渍地6万亩。

(三)减少河流泥沙量

内蒙古八大“孔兑”淤盖一亩沙地，需用洪水2000立方米和泥沙810吨。甘肃省环县洪水漫地，5年平均每亩拦泥28.6吨。泾川县泾明乡引洪漫地每年每亩拦泥73～159立方米，引洪淤沙造田每年每亩拦泥230～334立方米。陕西省富平县中沟村引坡洪、路洪、沟洪漫水平梯田、沟坝地及沟台地，每年把沟中40万立方米的径流泥沙，全部分散控制在一条长7.5公里的沟道和附近600亩的农田内，下游20公里长的沟道变成了干沟。赵老峪流域面积159.7平方公里，年洪水总量约200万立方米，泥沙总量30～60万吨，由于引洪漫地，洪水泥沙全部拦蓄在9.5公里河段及附近的耕地内。富平县石川河各灌渠利用清、洪水交错灌溉，来自1314平方公里流域面积内的水流全部引入灌区土地。陕北靖边县席麻湾流域面积101平方公里，采取引洪漫地，近百年只有一次部分洪水出垌。内蒙古自治区大黑河流域，面积1.77万平方公里，年径流量9470万立方米，年输沙量516万吨。1951年开始逐步改建、扩建原有的灌渠，截至1980年引洪灌渠总设计引洪能力679立方米每秒，淤灌面积162万亩，平均年淤灌面积59.48万亩次。由于大量引洪，1968年以来大部分洪水泥沙未进入黄河。洪水的含沙量越高，泥沙的粒径就越粗。引用高含沙量洪水不仅直接减少进入河道的泥沙，而且更有利于减轻黄河下游的粗沙淤积。

三、技术

引洪漫地有引村庄、道路洪水，山坡洪水和沟道、河流洪水等多种形式，技术要求也不同。

(一)坡洪、村洪、路洪的引用

引村庄、道路洪水一般规模较小，需要开渠、修挡、建涵、安管，引洪水进地。引山坡洪水，在山丘上部为林草地或荒坡，下面是农地的，需要在农地上开转山渠，拦截上部洪水，再通过引洪渠引到农地漫灌。山西省东部山区转山渠的布置主要有“渠道带蛋”和“长藤结瓜”两种形式。前者是沿引洪渠每隔50～100米修筑一个涝池，将多余的洪水蓄在池内，天旱缺雨时，从池内取水灌溉。后者是在转山渠上部沟凹修谷坊、塘坝拦沙蓄水，提高引洪效果。

(二)沟洪、河洪的引用

引用沟洪、河洪，一般规模较大，技术要求较高，需要修引水工程，并注意搞好地块布设和淤漫技术。

1. 引水口。群众根据沟(河)槽底深浅，分别采取无坝引洪与有坝引洪两种形式。在浅缓河沟一般为无坝引洪。甘肃省榆中县夏官营红柳沟引洪渠，渠口沿沟开挖，共有12个渠口，都没有拦水工程。榆中县麻家寺乡和定远乡利用沟洪引漫川台地，10公里长的沟道，100多条引洪渠，都是用河卵石堆筑高1～1.5米的临时挡水埂拦水引洪。陕西省礼泉县党村洪漫区在洪水出山后，用块石浆砌简易引水闸。陕西省横山县泗园沟引洪渠首修砌石墩、木板门控制闸引洪。富平县赵老峪引洪口在河道比较宽、水位涨落变化大的地方修一河卵石堆砌的导流堤引洪，堤与水流方向成10～21度夹角，高1.5～2米，顶宽1～1.5米。

70年代以后修建的较大规模的引洪漫地工程，多数在深陡河沟出山峪口临近川台地处，或其稍上适当地点筑坝，用以抬高水位，坝端开渠引洪，漫灌川台地。陕西省礼泉县庄河村1963年在庄河口修小型浆砌石引洪滚水坝，引洪口设进水闸，控制洪水量，进水闸前设冲沙闸，引洪口下修排洪闸。群众在沟道较宽，两岸和基础为土质处，修挡水土坝。陕西省渭北地区群众根据水量、地形和漫地分布，有的沟道采取多级筑坝多级引水。工程布设一

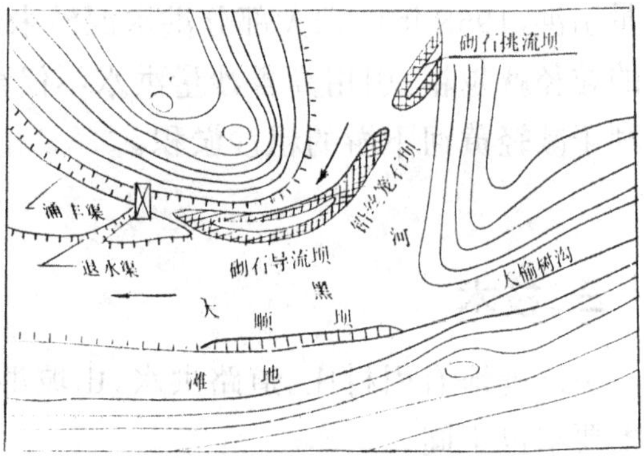

图 5—25　内蒙古大黑河涌丰渠渠首工程布置图

般是一坝一渠，或一坝两渠，以能引完常年洪水为原则。内蒙古自治区大黑河配合导流堤修挑流坝引洪。三合渠渠首修筑的砌石滚水坝，斜向渠口，既挑流，又导流。涌丰渠首有砌石挑水坝，还有铅丝笼装石导流坝，互相配合，引洪入渠（见图 5—25）。有的地方在河（沟）道过宽处修顺水坝，束窄过水断面，引洪淤田。卓资县到 1975 年在大黑河沿岸修顺水坝 140 公里，引洪能力达 157 立方米每秒，设计淤地面积 3.83 万亩。宁夏回族自治区海原县关桥乡，1974 年冬在园河下游冯湾村引洪淤滩工程修筑顶宽 5 米的顺水坝，修建引洪闸和淤地埂，完成了可淤地 5000 亩的工程量。山西省三川河引河流洪水淤漫滩地，引洪渠首筑浆砌块石导流堤，与顺水坝成 20 度夹角相衔接，向上游延伸 5～10 米。顺水坝亦为浆砌块石，上设闸门引水。

2. 引水渠系。黄土高原各地，一般洪水来势猛，历时短，引洪漫地必须在较短时间内把洪水引入田间。因此，各地群众修的引洪渠均具有渠口多、渠线短、级数少、比降大、断面宽浅等特点。陕西富平县赵老峪引洪漫地 9.5 公里长的地段，有大小 61 处引洪渠口（24 条干渠和 37 处直接引洪口，见图 5—26），上游引洪渠道较长，漫地面积较大，中游次之，下游渠道最短，漫地面积最少。24 条干渠平均每条长度仅 3.66 公

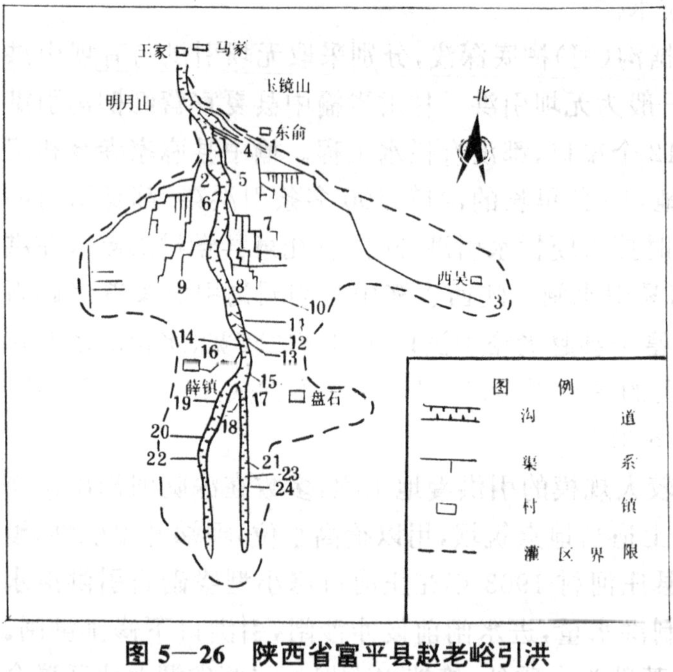

图 5—26　陕西省富平县赵老峪引洪漫地渠系布设示意图

里,每条引洪渠漫淤面积一般1000亩左右,小的只有200～300亩。灌区面积小,一遇洪水可立即引洪入田。漫灌面积1000亩的渠系只有两级,漫灌面积500亩以下的只有一级,少数较大的引洪渠才布设三级。引洪渠比降为1:100～1:300,干渠断面与引洪口的尺寸相同,宽深比1.6～2.25,支渠断面大都与干渠相同,洪水到来时,可将引入干渠的洪水集中在一条支渠使用。陕西定边县八里河在12公里长河段内有渠口36个,干渠(即八里河)比降1:400～1:500,支渠比降1:300。干渠采用复式断面,小洪水走主槽,不发生摆动,挟沙能力大;大洪水时满槽,可通过较大流量。这样渠道安全稳定,对洪水的适应性较大,唯占地较多。干渠小断面宽深比2.43,大断面宽深比18.34,支渠宽稍大于深。内蒙古准格尔旗和达拉特旗的引洪渠比降为1:150～1:1000,当含沙量为20～40%时,引洪渠不冲不淤的比降约为沟道比降的1/2～1/3。引洪渠通过流量越大,宽深比越大。甘肃平凉地区的引洪干渠长度多在800米以内,一般是一级,直接引洪淤漫,地低渠高的洪漫区采用两级,渠底宽度一般大于或等于渠水深。

内蒙古自治区引洪漫地渠系布置有两种形式:一种是干渠沿地形等高线或与等高线呈锐角斜交布置,支渠垂直等高线布置;一种是干渠垂直等高线,支渠平行等高线或呈锐角斜交。两种布置形式都是农渠垂直于等高线,灌水方向平行于等高线。甘肃省泾川县汭丰乡台地田间引洪渠系布置为"支渠顺路行,农渠埂下走"。各个洪漫区根据洪水、土质和地形等条件,布设排清渠,特别是盐碱地区,都注意了排除清水,避免返碱。

清洪两用渠的防淤措施有加大比降、衬砌渠道、采用窄深断面、退水闸拉淤、多留超高等工程措施及集中流量、持续放水、加强维修、减小糙率、提高输沙能力、有冲有淤、冲淤平衡、冲淤清淤等管理运用措施。

3. 地块布设。引洪漫地的地块大小有两种情况:为了提高地力的地块较小,为了压沙压碱的地块较大。陕西省定边县八里河洪漫区地块每块2～6亩,富平县赵老峪和内蒙古八大"孔兑"洪漫区地块每块10亩左右,陕西省关中地区引洪淤滩每块5～8亩,山西省河曲县蚰蜒峁引洪压沙荒每块5～12亩,内蒙古八大"孔兑"淤灌压沙每块10～30亩,陕西省横山县党岔乡淤灌压碱每块100～200亩。

4. 淤漫技术。引洪漫地,要求落淤均匀,必须平整好土地,并控制好水流的速度和主流的摆动。落淤的厚度常因引洪目的、灌区土壤、气候条件、灌溉制度以及作物种类和生长季节的不同而异。为了在原来的低产田上淤一层质地较好的土壤,淤漫厚度可小些;压碱压沙把碱滩和沙荒地改造成高产田，则淤泥的厚度应适当大些。赵老峪洪灌区在石砾地面上淤泥厚度为0.3～0.4米，白绵土地上为0.2～0.3米。内蒙古八大"孔兑"灌区引洪放淤改造沙漠及淤灌河滩地，放淤厚度较大，一般1米左右。黄土高原北部地区土壤中沙粒含量比较大，水分渗透快，淤积厚度可以大些。陕西省关中地区土质较粘，水分不易渗透，淤积厚度就要小些。麦田在播种前可以多灌，返青后至抽穗期，适当少灌。秋田播种前可以多灌，苗高10厘米以下时不灌，苗高10厘米以上时可少灌；一般淤厚占苗高的1/4～1/3。稻田插秧前大淤，生长期小淤，圆秆期停淤。高杆作物可适当淤厚，矮秆作物则宜浅淤，小苗一般不能淤灌。如每年漫一次，以淤厚10厘米左右为最好。

引漫方法多采用依土调沙法。陕西省引洛灌区的粘土地，结构密实，易旱易涝，耕作困难，引入泥沙颗粒较粗的浑水淤灌，土壤性质有明显的改善。沙土地上淤积一层20厘米厚的胶泥，经过翻土整地，形成两合土，利于作物生长。内蒙古自治区红领巾水库灌区将汛初几场含泥量大、养分多的洪水用于土层薄、肥力差的地上淤灌，而将汛末几场含沙多、养分少的洪水用于粘性高、盐碱化的地上，以利淤沙改土，洗盐压碱。

引洪漫地要求有特殊的耕作措施。陕西省富平县赵老峪洪漫区漫淤后适时翻耕，漫淤较深的地，用锨翻镢挖，翻后立茬曝晒，促使淤土熟化。增施骡马粪热性肥料，并亩施黑矾5～7.5公斤，煤灰500～1000公斤，疏松土壤，提高团粒结构。麦收后淤漫的夏闲地，小麦播种期适当推迟。八里河洪漫区对每一条支渠的灌区分别种植同一种作物，以便集中引洪，同时淤漫。

5.管理制度。大型引洪漫地工程，一般都有专管的机构和制度，陕西定边县八里河洪漫区在清光绪四年(1878年)即成立了水利委员会，制定水章17条，规定两岸200丈内为淤灌范围，将河道分为两大段、12小段、36股，各灌渠轮流淤灌。建国后，50年代后期组建八里河水利管理委员会，成员9人，下设水管所，基层设段、股，推动工程建设，制定放水计划。水管所为了充分利用水沙资源，根据各月水量，制定灌区作物播种计划。将一年中的水流分成春播水(11～4月)、苗期水(5～6月)、秋播水(7～8月)和压茬水(9～10月)，各个季节的水均得到合理利用。还制定严格的放水责任制，专人负责，严格交接手续，避免决堤、穿洞、跑水、漏水和淤漫不匀等现象的发生，并严禁偷水、抢水，避免水利纠纷。水管所于秋冬季节，组织人力修理渠道，平整土地。其他各地大型引洪漫地工程也都设有类似的管理机构和管理制度。

第十七章 专项治理

第一节 风沙治理

一、风沙危害

黄河流域受风沙危害的地区，主要分布在长城沿线以北、阴山以南、贺兰山以东，山西大同市至内蒙古呼和浩特市一线以西，包括风沙区、干旱草原区、黄土丘陵沟壑区第五副区和第一副区的一部分，面积约20万平方公里。沿黄河干流受风沙危害的河段，西起宁夏中卫县，东到山西河曲县，长约1000公里；受风沙危害的黄河支流，有无定河、秃尾河、窟野河、黄甫川、浑河、西柳河、都思兔河等大小支流17条。在此范围内，有毛乌素、库布齐、乌兰布和、河东等主要沙漠及零星的片状沙丘，共6.5万平方公里，约占风沙危害地区总面积的1/3。风沙的危害主要有以下几方面：

（一）沙漠南移和土地沙化

据调查，风沙区内沙漠南移一般每年1～3米；干旱草原区地面植被遭到破坏后，立即产生严重的土地沙化。随着风沙的不断推移，乌兰布和、库布齐、毛乌素等沙漠，基本上已连成一片，并继续南侵。陕西神木、榆林、靖边，宁夏盐池等县，沙化已很严重，流动沙丘大片存在。腾格里沙漠在宁夏中卫县境内已在黄河南岸扩展；海原县北部的兴仁堡、徐家子一带也已有流动沙丘。内蒙古伊克昭盟，由于植被破坏，土地沙化，1957～1977年的20年间，损失土地1万多平方公里，平均每年500多平方公里。宁夏盐池县1956年沙漠面积占总面积的19.7%，1977年沙漠面积已占总面积的59.2%，20年扩大了近两倍。陕西榆林地区建国前100年内，由于沙漠南侵，被流沙压埋的农田在100万亩以上。

（二）风蚀农地影响生产

在风沙危害范围内，每年风暴日数 20～30 天以上，风力达 7～8 级，特别是春季播种出苗期间，风暴出现较多，大风过后，有的农地连种子带土肥被刮走，有的土地被流沙压埋，许多地方一年要播种几次才能定苗，对农业生产危害极大。

据调查，风沙强烈侵蚀地区一般农作物产量比无风区减少 20%左右，严重者达 30～40%。陕西榆林市大河乡西窨子村，1960 年春播种 400 亩糜子，由于风沙侵蚀，禾苗根茎普遍裸露 2～3 厘米，生长不良，亩产仅 10～13 公斤。陕西靖边县新城乡长命山村新修筑的水平梯田，经过一个冬春，迎风侧的埂坎风蚀深度达到 0.1～0.3 米。

（三）威胁交通和村庄

在风沙危害地区，公路、铁路经常受到流沙埋压，严重的可使交通中断。内蒙古东胜市到乌审旗沙尔和格的主干公路，1980 年 4 月 18～19 日两天大风，沙埋公路，使行车中断 20 天。伊克昭盟每年受沙害的主干公路有 100 多处，用于清沙、修路费用达数十万元。包（头）兰（州）铁路线与乌（达区）吉（兰泰）专用线常受风沙危害，其中乌吉线全长 130 公里，严重沙害段就有 28 公里，有时沙埋铁路厚达 1～1.7 米，引起火车脱轨，1970～1983 年，因沙埋铁路引起脱轨 22 次。

有些地方流沙所至，村庄房屋被掩埋，群众被迫迁居。陕西榆林县常乐堡，80 多年前居住 300 多户人家，有几千亩耕地，到 1949 年只剩下 500 亩，堡内大部农户迁往他地。明代在神木县长城沿线建置的四堡，除高家堡居交通要道，还较繁盛外，其余永兴、大柏油、柏林三堡，很早已经荒废。

（四）增加河流泥沙

据中科院黄土高原综考队调查计算，从宁夏境内沙坡头到山西省河曲县的黄河干流河段，每年由于沙丘移动直接吹入黄河的流沙近 5000 万吨。地处风沙区的一些黄河支流，如秃尾河、窟野河等，直接吹入沙量相当可观，加以大风期多在每年 3～5 月，河水流量较小，造成河床淤积，在洪水期冲刷入黄，多为粗颗粒泥沙。无定河支流榆溪河从孟家湾至鱼河堡的 70 公里河段，1975 年因风沙造成的河流泥沙 139 万吨，占该年无定河丁家沟水文站输沙量 1800 万吨的 7.7%。

二、治理沿革

据文献记载，黄河流域群众对风沙的治理始于 300 多年前的明代，当时主要是消极地用人工推拉或引水冲沙，降低沙丘高度，防止流沙威胁城镇安全。明万历二十九年(1601年)，陕西省“榆林城北垣，沙堆成堞，延绥巡抚孙维成，除沙奋力，兵士肩挑车推，积沙移降丈余，暂避沙害”。到清代，已开始采用引水拉沙的治理措施。清乾隆五十四年(1789年)，“榆林北城墉将陷于沙，延榆绥道杨孝南与士民筹划，引边外头道河水，环城而西，刷沙卫城，士民勇跃乐从，官宦乡贤竭力筹捐资助，集金四千两兴助鸠工，引水至城东十里和尚井南埠”。虽然由于“工半金尽，筹略未遂”，但这一实践首创了引水拉沙的治理措施。

民国时期，风沙区沿线的农民群众已开始采取引水拉沙造田，增加农业生产，地方官吏中一些有识之士也积极倡导，使这项措施在一定范围内得到推广。1917年陕西省靖边县杨桥畔群众，修筑临时坝开渠引水拉沙，沙丘被水拉平后，在四周作大土埂引洪淤漫，一般淤泥厚六寸，即可变为肥沃良田。1936年榆林行政督察富文兼任榆林县长时，鉴于榆溪河堤破损危及农田，整修北岳庙南韩家双壕至榆阳河口5.5公里河堤，将大部河堤向北推移，引水拉沙，新增西门滩农田2400亩。1941年榆林县农会会长刘如愚等人倡修榆溪河堤，得到邓宝珊、高双城、刘学海等官吏的支持，成立榆溪河堤管理委员会，选孙绍山负责秉承其事，在雄山寺至榆阳河口6公里间，修筑引水、退水渠3条，筑坝逼水，引水拉沙，新增农田1300亩。

建国后，政府十分重视风沙区的治理。1950年，在陕西省榆林地区成立了西北军政委员会防沙林场。1950～1953年，对榆林2800多万亩风沙区进行综合考察，围绕榆林沙区设计三条防风固沙的大型骨干林带。1956年，中科院西北林业土壤研究所在宁夏境内建立沙坡头治沙试验站；中国林业科学院建立了榆林红石峡治沙试验站。1957年，中科院组织进行内蒙古、陕北、宁夏沙漠考察，建立一旦召治沙试验站，提出并指导实施包兰铁路沿线防风固沙的治理措施，获得成功。1958年包兰铁路顺利通过腾格里沙漠南沿的中卫沙区，使我国成为世界上铁路能通过沙漠的第二个国家；同年10月根据中央指示，在内蒙古呼和浩特市召开西北6省(区)治沙规划会议，总结历年治沙经验，制订治沙方针，要求“全面规划，综合治理，因地制宜，因害设防；除害与兴利相结合，改造与利用相结合，生物措施与工程措施相结合，大量造林种草与保护现有植被相结合。”1959年成立中科院治沙队，并与有关高等院校合作，对黄河流域及其相邻的沙漠地区进行3年考察，建立了一批治沙试验站和中心站，开展定位试验，形成研究网络。“文化大革命”期间部分工作曾经中断。1975年3月，中科院在兰州召开治沙工作会议，黄河流域的青海、甘肃、内蒙古、宁夏、陕西、河南等省(区)参加会议。会后恢复一些项目的研究,而且开辟新的研究领域,研究工作由定位试验转向综合治理。1977年9月,甘肃、宁夏、陕西等省(区)在甘肃省武威市召开治沙座谈会,进一步总结经验,研究促进风沙治理的措施。

1978年开始的"三北"防护林建设和1984年开始营造的黄河青年防护林及各地群众性的治理工作,加快了治沙的速度。

到1985年底,风沙区共造林1129万亩,种草206万亩,涌现出陕西靖边县杨桥畔村、神木县窝兔采当村、榆林县蟒坑村,内蒙古乌审旗乌审召乡和臭河沟小流域,宁夏中卫县沙坡头等一批综合治理典型;总结出林草固沙、引水拉沙、改造碱滩地等许多行之有效的风沙治理措施。

黄河流域有风沙危害的内蒙古、陕西、宁夏、山西等省(区),许多地方经过治理,环境得到改善。陕西榆林风沙区内营造万亩以上成片林159处,长城沿线950公里的防风固沙林带初具规模,形成了乔、灌、草并举,带、片、网结合的防风固沙林体系,862万亩流沙地中已有3/5面积被固定或半固定;过去"沙进人退",现在变成"人进沙退"。风蚀严重危害的148万亩农田,有143万亩实现了林网化。

内蒙古伊金霍洛旗坚持治沙造林,至1985年底,累计造林保存面积达232.3万亩(保存率51.4%),加上天然林1.4万亩,林地总面积达到233.7万亩,森林覆盖率达22.7%,生态环境有了较大改善,以灌木林为主体,网、带、片结合的防护林体系已具雏型,有效地控制了沙漠的蔓延,沙化面积由1973年的300余万亩,缩小到70万亩。据伊金霍洛旗阿腾席连气象站观测资料,1972~1983年,年均蒸发量减少200多毫米,大风日数由54天减少到45.5天,平均风速由每秒3.7米,减弱到每秒3.3米;全旗90%的农田受到林带的保护,减轻了风沙袭击,许多地方过去春播毁种三五次,现在播种一次成功;全旗农业产量逐步上升,80%的农户解决了温饱问题;同时陆续开放乔木和灌木草场125万亩,每年可为牲畜提供枝叶5000多万公斤,解决了牲畜冬春饲草不足的困难,为全旗牧业的发展,创造了有利条件。1965年全旗牲畜总数52万头(只),1985年达到66.3万头(只),羊毛收入为50年代初期的3倍。每年还可间伐椽材13万根左右,达到椽材自给有余,檩材部分自给。生产的大量沙柳条,除自用发展编织业外,每年还可外销沙柳条50万公斤,柳笆50万块,收入约50万元,加上柳编年收入达100万元左右。

三、治理措施

黄河流域的风沙治理措施，主要有沙障固沙、植物防风固沙、引水拉沙造田三方面。一般作法是，以沙障固沙为先导，以植物固沙为主体，在有条件的地方搞引水拉沙造田。通过这三种措施，不仅制止了风沙危害，而且把沙荒地改造为农林牧副业生产基地。

(一)沙障固沙

防风固沙改造沙荒地的主要措施是造林、种草；但在流动沙丘上造林、种草易被流沙埋压或吹走，不易成活。针对这一问题，群众便先设沙障固定流沙，然后造林种草。在流动沙丘地区，沙障固沙是必不可少的先导措施。设置沙障的材料，主要是就地取材的各种柴草，包括作物秸秆和芦草、芨芨草、沙蒿、白刺、骆驼蓬等各种沙区适生的草类。基本作法是将各类柴草一段埋压沙内，一段露出地面。

1. 沙障的类型。主要有：(1)低立式。柴草露出地面20～30厘米，主要保护地面沙粒不被风刮走；(2)高立式。柴草露出地面50～60厘米，在保护地面沙粒不被刮走的同时，还能阻挡外来的流沙，使之停留在沙障附近，逐渐改变沙丘间的地形。

2. 沙障的方向与布设形式。群众根据当地风向和地面沙丘形状，分别采取以下几种布设形式：(1)当“起沙风”为单一方向时，垂直于主风向，沙障呈“一”、“二”、“三”字形行列布设；(2)当既有主风向，而同时侧向风也较强时，则在上述行列间加设横档，形成“田”字格状沙障；(3)许多地方沙丘脊顶设置两道主干沙障，垂直于主干沙障再配置若干道副沙障，呈“非”字形布设。

3. 沙障的间距。群众经验是：沙障高的间距大些，沙障低的间距小些；地面坡度缓的间距大些，坡度陡的间距小些；在沙丘下部的间距大些，沙丘上部的间距小些；风力小的间距大些，风力大的间距小些。一般低立式沙障，地面坡度5度左右，间距3～5米；地面坡度10～15度，间距1～2米。高立式沙障，地面坡度5度左右，间距7～10米；地面坡度10～15度，间距3～4米。

4. 沙障的施工。根据规划设计，定好线。在设障处挖沟，深20～30厘米，把长70～80厘米或50～60厘米的柴草均匀排列放入沟中，两侧壅沙，扶正踩实，要求壅沙高出地面10厘米。为防止基部遭受风蚀，在基部迎风面先用碎草填缝，然后再壅沙踩实。高立式沙障柴草露出地面50～60厘米，透风50%左右；低立式沙障柴草露出地面20～30厘米，透风20～30%。

（二）植物防风固沙

黄河流域风沙区群众采用造林种草、育林育草、建设大型防风固沙林带、营造片状固沙林和农田防护林网，形成乔、灌、草并举，带、片、网结合的植物防护体系。这是风沙区治理中量大面宽的主要措施。

1. 建设防风固沙林带。沿沙漠边沿或河流两岸营造大型防风固沙林带，防止流沙埋压村庄、农田、道路和建筑物，作为防风固沙的基本骨架。内蒙古自治区乌兰布和沙漠，历史上不断向东南侵移，流沙每年前进7～8米，埋压农田7万多亩，该区磴口县东风渠在40年内被迫改道7次，搬迁村庄14处。1951年开始群众在沙漠前沿建成一条宽300米、长170公里的防风固沙林带，阻挡了流沙，保护了农田、村镇、铁路、公路和水利工程，改善了农业生产条件，促进了工农牧业生产的发展。磴口县坝楞乡，1961年粮食平均亩产62公斤，1976年上升为250公斤。

陕西省榆林地区在沙区建设了三条大型防风固沙林带：第一条沿陕西与内蒙古边界，东起神木县大柳塔三不拉村，西至靖边县张家畔，全长561公里，称“北沿林带”；第二条东起府谷县大昌汉村，西至定边县盐场堡，全长650公里，称“长城林带”；第三条东起靖边县张家畔村，西至定边县红桥沟村，全长349公里，称“环山林带”。到1985年底，累计造林保存面积155万亩，初具规模。

2. 建设农田防护林网。风沙危害地区的群众在农田四周及其内部，根据科学的规划设计，营造农田防护林网，起到降低风速、调节气温、减低田间蒸发、提高空气和土壤温度及防止风沙危害的作用，改变了沙区农业生产条件，促进了农田高产稳产。陕西省榆林地区受风沙危害的148万亩农田，97%已实现了林网化。宁夏引黄灌区南部，北边紧靠腾格里大沙漠，过去风沙危害严重，农业产量很低。建国以后，在灌区21万亩耕地上，结合路、渠、沟，建设农田防护林网，植树1200万株，同时对流动沙丘采取封沙育草和成片固沙造林，形成了带、片、网结合的防护体系。不仅有效地防治了风沙危害，而且夺回了被黄沙吞没的粮田2万多亩，新建粮田3.4万亩。林网的布设与管护如下：

(1)农田防护林网的规划设计。陕北风沙区群众的经验是：以当地土地利用规划为基础，从农业生产的需要出发，与兴修水利、修渠、筑路及园田化密切结合，与固沙林、护路林、护渠林及护岸林等密切配合，因地制宜、因害设防地进行农田防护林网布设。着重搞好树种选择、林带结构、走向、宽度、间距、道口等主要技术环节。①树种选择。原则是适地适树,要求防护作用大,生长快,寿命长,经济价值较高。一般风沙区选作农田防护林主要树种的有小叶杨、旱柳、合作杨、加拿大杨、榆树、箭杆杨等;伴生树种有桑树、红柳、紫穗槐、沙柳、柠条等。②林带结构。林带有疏透、通风、紧密三种结构:疏透结构(图5—27a)能产生较远的均匀的防风作用,树种选择配置好,不会产生严重的积沙,采用比较普遍;通风结构(图5—27b)也能产生比较远而均匀的防风作用,但防止地面风蚀不如疏透结构,在地表抗风蚀能力强的地方采用;紧密结构(图5—27c)防风距离短,在沙质地和附近有沙源的土质地造林后,林带内和林带边沿地带产生积沙,使平坦农田变成四周高中间低,

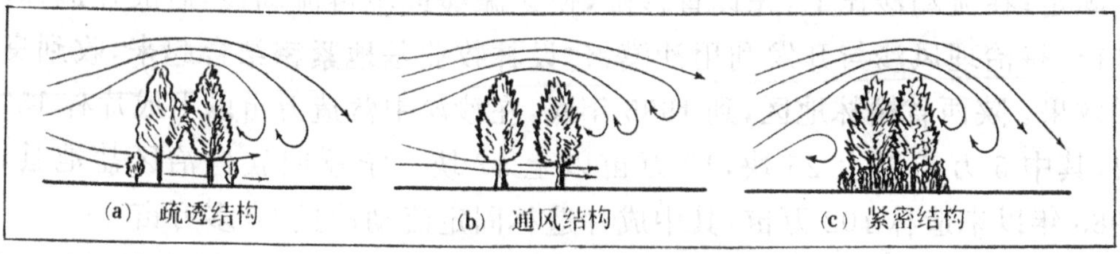

图5—27 林带结构示意图

一般不采用。③林带方向。主林带与主要害风方向垂直时,防护作用最大。由于地形影响主林带难以与主要害风方向垂直时,偏角不能大于45度。在缓坡地带,要求林带既能防风,又能防止水土流失,因此主林带需沿等高线设置,副林带则顺坡设置。④林带宽度。林带两侧边行之间距离加上2米林沿,为林带宽度。一般主林带多由5～6行林木组成,宽8～11米;副林带多由3～4行林木组成,宽6～8米。林带占土地面积的7%左右。陕北风沙区营造农田防护林的实践证明,宽度大于15米,占耕地多,副作用大;小于5.3米,防护作用不大,更新困难。在林带宽度设计上,据此决定取舍。⑤带间距离。主林带间距一般按成林高10米的20倍设计,带间距离200米。对于主要害风强、土壤抗风蚀能力弱和无灌溉条件的农田,按成林高8米的15倍设计,带间距离为120米;对于主要害风强,但土壤抗风蚀能力强、有灌溉条件的农田,则按成林高度10米的25倍设计,带间距离为250米。副林带的带间距离,一般农田为400米;对于次要害风强,土壤抗风蚀能力弱、无灌溉条件的农田,带间距离为300米;对于次要害风较强,但土壤抗风蚀能力强,有灌溉条件的农田,带间距离为500米。主、副林带网内面积50～200亩。在立地条件差,林木生长慢的地方,如设计的林网面积大,则大林带中间增加一

条1～2行林木组成的辅助林带，待原设计的林带成林后伐除。⑥缺口和道路。主、副林带间的缺口，一般宽20米左右，如主林带间设有临时辅助林带时，辅助林带两端也要留20米地段不造林。道路与林带结合，可以少占耕地并减少对农田的遮荫。东西走向的道路，一般设在林带的北侧；南北走向的道路，一般设在林带的东侧。

(2)造林方法和抚育、管护。农田防护林的造林方法，有植苗、插杆及直播三种。柠条多采用直播，旱柳、沙柳、红柳多采用插杆造林。与一般地区造林不同的是，要对苗木、插杆严格分级，同一级的营造在一条林带上，以保证生长整齐。同时还要进行林带的抚育、管护，包括除草、修枝、平茬、切根等。

3. 营造成片固沙林。风沙区群众在半固定沙丘上，成片地造林，使之完全固定；在流动沙丘上，先设置沙障，使之减缓或不再流动，然后成片造林。这样，将治理风沙与开发利用沙漠、建设林牧业基地紧密结合起来，收到良好效果。陕西省榆林地区，到1985年底，在沙漠中营造万亩以上成片林159块，其中5万亩以上25块，10万亩以上17块。宁夏回族自治区盐池县，1983年以来造林102万亩，其中成片造林固定流动沙丘50多万亩。

(1)成片造林配置方式。常见的有：①全面固沙。在沙障保护下，在一定范围沙地上全部种上固沙植物。②前挡后拉。在沙丘背风坡的丘间低地，种植乔木林带，阻挡沙丘前移；在沙丘迎风坡下部，种植灌木，造成不饱和气流，削低丘顶，使沙丘迎风坡形成梯状地形，趋向平缓固定。③固沙削顶。在沙丘迎风坡下1/2～1/3处设置沙障，种植灌木，固定沙丘大部，削低沙顶，使地形变缓固定。④逐步推进。开始造林时，只在沙丘迎风坡脚栽一行灌木，每穴植4株，剪掉露出沙面的多余部分，横放在新栽灌木行间，起防蚀作用。当年灌木成活后，沙丘迎风坡脚被吹出一定宽度的浅凹形地带，次年在新浅凹地带再栽灌木，这样逐步推进，把沙丘拉平。⑤丘间低地造林。在固沙林的促进下，把沙丘转化为风沙流，促使沙丘流沙在林下均匀堆积，沙丘逐渐削平，并全面固定。

(2)造林树种选择。风沙区造林树种，一般选择耐瘠薄、耐风蚀、耐干旱；不怕高温、严寒、风打、沙埋；分枝多、冠幅大、根系发达、防风固沙作用大；能大量结实采种、繁殖容易、抗病虫害能力强及有一定的经济价值的树种。在条件好的沙地，还可生产用材林。40多年来，黄河流域风沙区各地，在固沙造林中采用的乔木树种主要有樟子松、旱柳、河北杨、小叶杨、合作杨、群众杨、大官杨、箭杆杨、青杨、胡杨、新疆杨、榆树等；灌木树种有沙柳、红柳、筐柳、沙棘、花棒、羊柴、紫穗槐、胡枝子、柠条、毛条、沙蒿、沙拐枣、油蒿、梭梭、沙冬青、白茨、木蓼、枸杞、木梨等;草种主要有沙打旺、针茅等。

(3)造林技术。根据风沙区的特点,除应用一般造林技术外,群众还采取高杆造林、适当深栽,以灌木为主,乔灌结合的方法。

沙漠腹地,大片流沙,环境恶劣,人工造林困难较大。为探讨加速治理流沙的有效途径,从1958年以来在陕西省榆林等地进行了多次飞播造林种草试验。取得成功后,在陕北、晋西和内蒙古等风沙地区推广。

4. 封沙育草建设草库仑。在基干防风固沙林的前沿和沙区的草牧场,划定一定范围,严禁樵采,在一定时期内不许放牧,并进行人工补播,提高植被覆盖率,控制流沙效果显著。群众总结说:"封育一二年,流沙变缓慢;封育三四年,流沙原地站;封育五六年,流沙看不见;合理来利用,荒漠变良田。"内蒙古自治区乌审旗乌审召乡采取封、种、造结合的办法,建设草库仑,用草皮筑墙或用沙柳插篱笆,或用铁丝网把种植的树、草围起来,有效地防止了牲畜危害,解决了林牧矛盾。1973年开始转入大面积封围流沙,进行人工固沙造林建设库仑。封禁3～5年后,库仑内流沙固定,并长起了乔、灌、草,群众称为"三层楼"的"空间牧场",把治理沙漠与建立基本牧场结合起来,加快了治理速度,提高了治理效益。到1975年底,全乡已建成各种库仑58处,面积共11.5万亩,每年在库仑中打草100～150万公斤,提高了牧草的产量和质量。同时在库仑内开渠打井,建成稳产高产饲料基地1600多亩,每年可生产几十万公斤饲料,库仑中的乔木还解决了部分用材。库仑在林草生长期间封禁,冬春季节开放,可供全乡一半的牲畜放牧。

伊克昭盟推广这种作法,到1989年底共建成草库仑1.97万处,灌溉面积25.17万亩。

(三)引水拉沙造田

风沙区群众利用河流、海子(天然湖泊、沼泽)或水库的水源,自流引水或机械抽水进入沙丘,利用水流冲沙拉沙,削平沙丘,建设良田。这是黄河流域群众创造的一种重要的治沙措施。

40年代,陕西省靖边县杨桥畔村在开展大生产运动中,运用了引水拉沙造田的经验。群众掌握引水拉沙技术后,不但用以造田,而且用以修渠、筑坝。1958年3月,榆林县农林水牧局局长杨增占同民工马柱才等人,组成技术小组,用引水拉沙的办法,修建榆东渠。全渠需开挖沙石方458万立方米,若采用人工,需200万元,两年才可竣工;利用引水拉沙施工,只用30万元,7个月就全渠通水;干渠引水流量1.5立方米每秒,发展有效灌溉面积1.05万亩。1975年,榆林地区已建成大中型水库50座,打井8500余眼,建成13

条中型渠道，把水引入沙漠腹地，拉沙造田 26 万亩，引洪漫地 10 多万亩，修成水地 40 多万亩。引水拉沙造田技术要点如下：

1. 规划布局。根据水源情况选择造田位置，根据地形条件规划田块布设。(1)造田位置。一般选在拉沙水源附近的河流两岸、水库(或海子)下游或渠道附近，先进行总体规划，再分期实施。根据引水渠道走向，先远后近，先高后低，保证水沙有出路，以便拉平高处沙丘填平低处洼地，并可利用造田的余水和退水，引水润沙，促进造林种草，抵御风沙，保护农田，发展多种经营。(2)田块布设。按以下原则进行：除害与兴利结合，能够防御和减免风沙、洪水、盐碱等危害；结合地形地势，田块方向与等高线平行；田、渠、路、林结合，做到田块方正，地面平整，渠道、道路、林带端直；能灌能排，灌排结合，使新造的农田遇旱有水浇，雨水多时不发生涝灾，风大时不倒苗，保证高产稳产。

2. 田间工程。主要有：引水渠、蓄水池、冲沙壕、围埂、排水口等(见图 5—28)。(1)引水渠。上接水源，下连蓄水池，起输水作用。造田时引水拉沙，造田后多数成为固定性灌溉渠系。设计施工时统筹兼顾，一举两得，省工省料。(2)蓄水池。是临时性蓄水设施，可利用丘间平地人工围埂作成，上接引水渠，下连冲沙壕。池中蓄水，小聚大放，抬高水位，增加落差，借助水的压力和冲力，拉平沙丘。(3)冲沙壕。开挖在计划拉平的沙丘上，水流通过冲沙壕向下冲刷，逐步将沙丘拉平。冲沙壕比降要大，保证水流畅通，冲力加强。冲沙壕的平面形状，根据冲沙要求，沙丘高差大、需要向深拉时，采用直线形，以便增加冲力；沙丘高差小、需要向宽拉时，冲沙壕可采用“S”形，使水流左右迂回。冲沙壕位置需距蓄水池 5 米以上，防止由于冲沙引起蓄水池决口。(4)围埂。修在计划造田位置的四周，用以拦截从冲沙壕拉下来的泥水，把低地淤高，最后达到与被拉平的沙丘相平。在造田完成后，这些围埂就成为农田的田埂。(5)排水口。修在围埂的最低角落，以便把田面积水排到围埂外的低洼处，引水润沙，或排入河流及沟道。排水口的高程控制在能起拦蓄浑水，沉淀泥沙、排除清水作用的范围内。

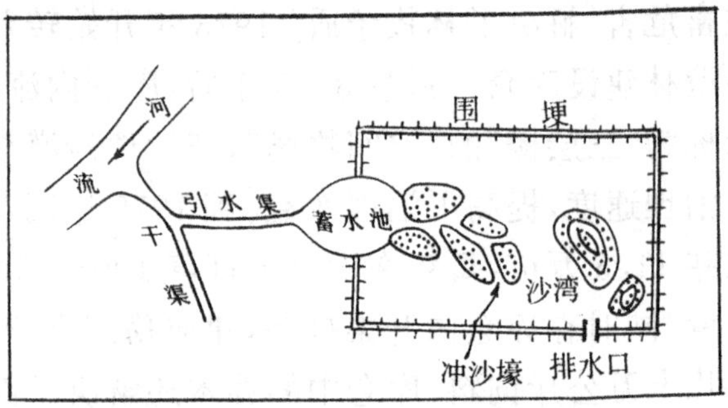

图 5—28　拉沙造田田间工程示意图

3. 拉沙方法。有顶部开壕、腰部开壕和下部开壕三种基本形式，还有左右开壕、四面开壕、迂回开壕和分散开壕等特殊形式。这些方法是群众根据水源位置和沙丘形状，灵活创造的。(1)顶部开壕。渠水水位高于或相平于沙丘顶部，沙丘为新月形或椭圆形时采用；当水位略低于沙丘顶部时，加深冲沙壕也可采用此法。基本作法是：穿过沙丘顶部，开挖一道冲沙壕，将水引入，居高临下进行冲拉，水壕不断向左右展开，自上而下，由高而低，逐层拉平沙丘，群众叫"抓沙顶"(见图5—29)。这种方法高差大、冲力强、工效高、劳动强度小，群众采用比较普遍。(2)腰部开壕。在渠水水位只能引到格状沙丘或新月形沙丘腰部时采用。具体作法是：在沙丘腰部开挖冲沙壕，利用水的冲击力量，逐渐向沙丘深腹淘漩，形成曲线拉沙，齐腰拉平。群众叫"漩沙腰"(见图5—30)。(3)下部开壕。一般在沙丘较高、水源较低、渠水无法引到沙丘顶部和腰部时采用。作法是：在沙丘坡脚开一道冲沙壕，用木板或柳梢束捆控制水流方向，引水拉沙，由外及里，逐步劈沙入水，将整个沙丘拉平。群众叫"劈沙畔"(见图5—31)。对孤立的大沙丘，在水量大情况下，可从两侧同时开壕劈沙，两面夹攻，加快拉沙速度。(4)左右开壕。一般在渠水水位低于或相等于大型新月形沙丘和新月形沙丘链时采用。具体作法是：冲沙壕左右分开，形如马鬃，连续前进，拉平沙丘。群众叫"野马分鬃"(见图5—32)。(5)四面开壕。适用于水量充足，范围较大的流动沙丘。有

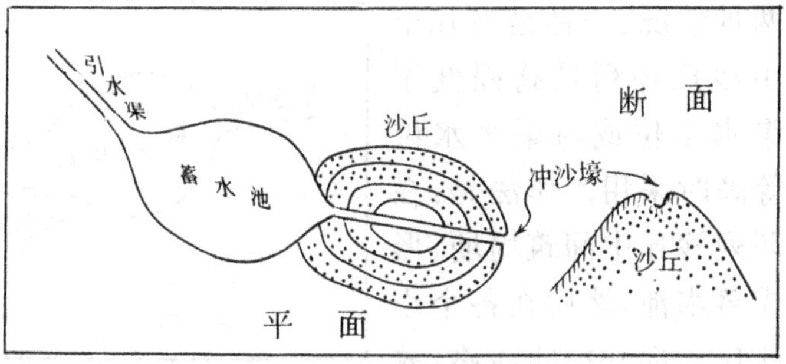

图5—29 顶部开壕示意图

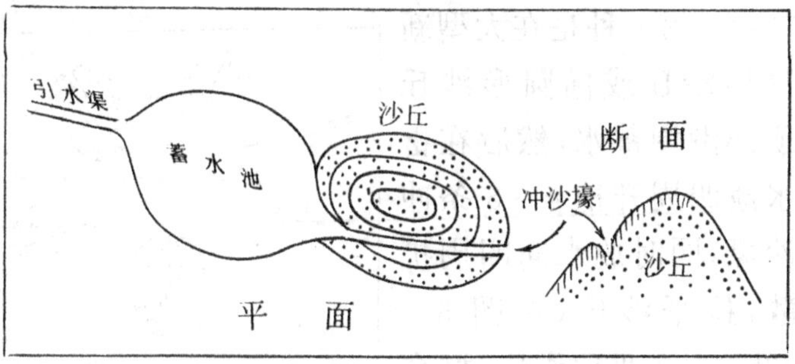

图5—30 腰部开壕示意图

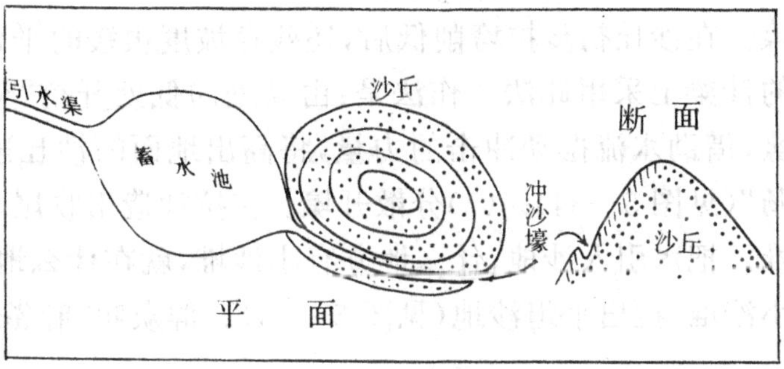

图5—31 下部开壕示意图

两种情况:一种是当几个小沙丘环列且高程低于渠水水位或与渠水水位等高时采用。作法是:在环列沙丘中间筑堤埂,形成蓄水池,然后在各个小沙丘顶部开挖冲沙壕,放水入壕拉沙(见图5—33a)。另一种是在大型新月形沙丘或椭圆形沙丘顶部围埂蓄水,然后在蓄水池四周开挖4~5条冲沙壕,同时放水向四周扩散,拉平沙丘(见图5—33b)。这两种作法,群众叫"梅花瓣"。(6)迂回开壕。在沙丘初步拉垮削低后,还残存坡度很缓的平台状沙丘,或在连续平缓的沙梁上采用此法。作法是:由高处向低处开挖"S"形冲沙壕,然后引水入壕,借助水流摆动冲击的力量,将高出地面的沙丘削低拉平。群众叫"羊麻肠"(见图5—34)。(7)分散开壕。在拉沙造田收尾时采用,用于清除残留沙堆。把水引入沙地,什么地方有小沙堆,就在什么地方开壕,各个击破,削平小沙堆,拉出平坦沙地(见图5—35)。群众叫"麻雀战"。

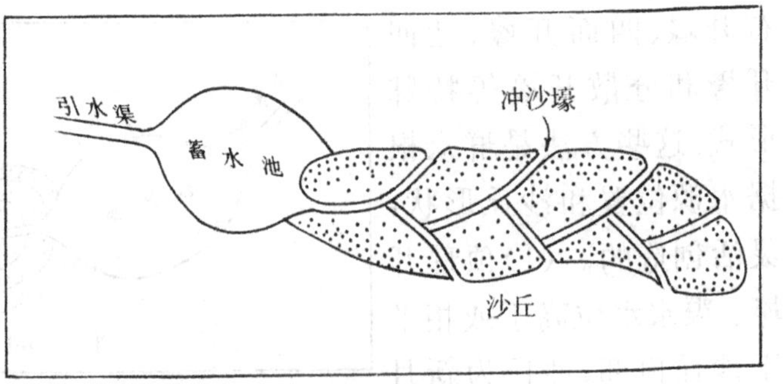

图5—32 左右开壕示意图

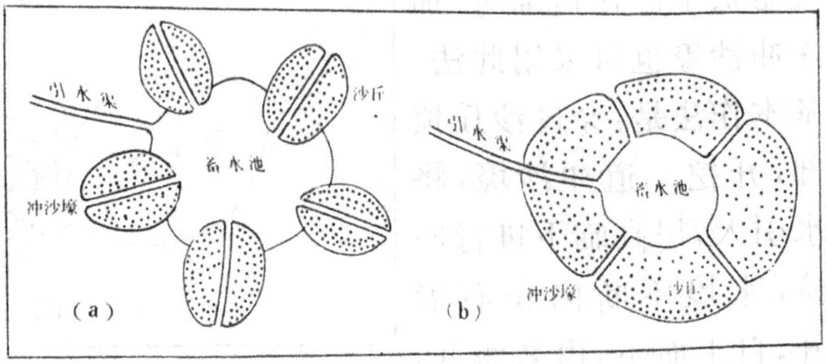

图5—33 四面开壕示意图

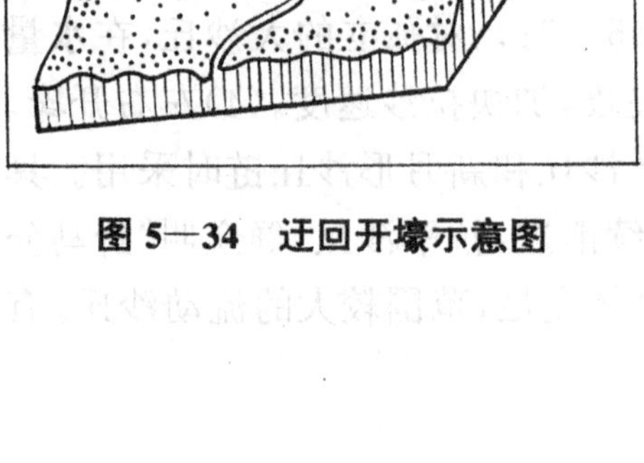

图5—34 迂回开壕示意图

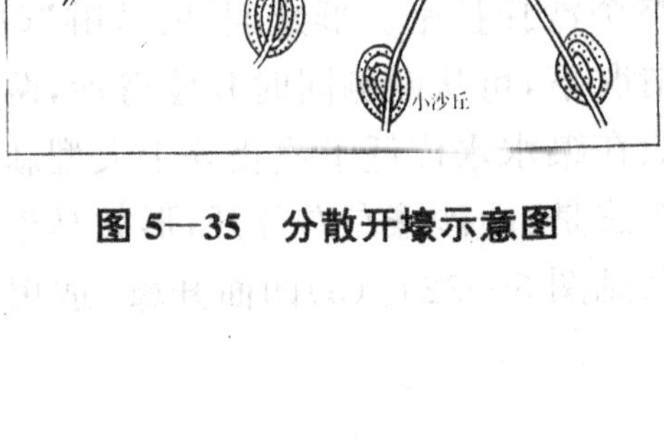

图5—35 分散开壕示意图

第二节 矿区治理

黄河流域矿产资源丰富，分布广泛。1983年全国已探明132种矿产中，黄河流域有80种，占60%。其中煤炭资源遍布流域各省(区)。随着国民经济的发展，黄河流域各地开矿、冶金、建材等企业日益增多。1985年山西省有大小煤矿5246座，原煤年产量2.5亿吨。晋陕蒙接壤地区被列为国家重点建设能源基地，从“七五”期间开始有计划的开采，预计到2000年，年采煤量将达7000～9000万吨。

在矿产资源开发过程中，倾倒废土、弃石、矿渣、尾沙等，造成新的水土流失。中央和流域各省(区)政府，先后发布一系列规定，强调在生产建设中必须做好水土流失的防治工作。有的企业积极采取防治措施，收到了效果，创造了经验。

一、流失危害

大部分矿区都是依山、顺沟、沿河而建，采矿生产过程中把沟道、河岸作为堆放矸石、弃渣、弃土的场所，随意倾倒。尤其是露天煤矿，剥离量大，松动表土多，比一般开采新增水土流失数量更大。为开矿服务的配套设施，如修路、建房等，也都把废土、弃石向河、沟倾倒，还毁林毁草。

据陕西省1988年不完全统计，采煤和铁矿共弃渣4.25亿吨，流失1214.2万吨；建材部门水泥、砂石、石灰石、耐火材料、石英矿等共开采各种矿石4.86亿吨，流失5832万吨；每年人为增加流失量约1.94亿吨，占全省流失量9亿吨的21.55%。1989年陕北的神木、府谷、榆林矿区堆放矿渣、矸石等废弃物575.1万立方米，其流失量约223.7万立方米，占废弃物总量的38.9%。

其他省(区)也存在类似问题。内蒙古自治区伊克昭盟的844个国营、乡镇、个体煤矿，1985年排放弃土、弃石、废渣385.79万立方米；7763处制砖、采石等场地，产生弃土、弃石和尾渣91.77万立方米，共破坏植被12.8万亩。1986年采矿、筑路等产生废弃物约3516万吨，占全盟侵蚀量的11%，共破坏地面235平方公里，占当年治理面积的33%。山西省工矿每年弃渣、弃土总量约1.3亿吨，增加河道泥沙0.6亿吨，占废弃物总量的46%。甘肃省华亭县1980～1989年共堆积在河渠、沟道的废弃物198万吨。河南省济源市山区10个乡,1989年国营和乡镇企业开采坑口494处,废弃土石达528万立方米,破坏地面1.8万亩,破坏植被6749亩。山东省泰安市1989年有大小煤矿50多处,年产矿渣300万吨,占地1750亩,年侵蚀模数达每平方公里4000多吨。

各地矿区新增水土流失造成的危害,主要有以下几方面:

(一)增加河流泥沙

据陕西省1986年进行的调查,神木县的秃尾河流域,因煤田尚未开采,水土保持搞得较好,70年代的输沙量比50年代减少25.2%,比60年代减少10%。而该县窟野河流域,由于小煤窑多,70年代的输沙量比50年代增加了3.6%,比60年代增加了18%。山西省乡宁县水土保持开展较好,本应减少河流泥沙,但由于煤矿开采,新增侵蚀面积3万多亩,其中鄂河流域上游分布大小煤矿40座,每年向河道倾倒废渣,使该流域年输沙量由原来的349万吨,增加到366万吨。

(二)造成洪水灾害

神府—东胜煤田采取国营、集体、个人一起上的办法,缺乏统一规划和严格管理,弃土弃石乱堆乱放,堵塞河道,阻碍行洪,导致不少矿点被洪水淹没。位于陕西与内蒙古交界的活鸡兔沟,长20公里,流域面积327平方公里,煤层厚10多米,覆盖层的粗沙或沙质黄土厚达8米以上。第一期开采工程主要为露天开采,50多个矿点集中分布在沟口以上6公里长的沟道中,两岸因挖煤堆放的废土弃渣,将100多米宽的沟道挤窄到不足10米,严重影响了行洪能力。

1989年7月21日,黄甫川、窟野河流域发生大洪水,乌兰木伦河岸陕西神木县的郭家湾、前石板、哈拉沟等4处国营煤矿,大柳塔的3处乡镇煤矿,内蒙古伊金霍洛旗纳林塔的17个乡办煤矿,都被洪水淹没,冲走存煤70万吨,采煤机械和运输工具也被洪水淹没。具有百亩矿坑的马家塔露天煤矿也遭洪水淹没。煤田开采单位的经济损失约345万元。

(三)给农田、交通、村镇和水利设施造成损失

陕西省耀县水泥厂于1959年投产,年产水泥94万吨,对振兴陕西经济作出贡献。但在矿山生产中没有采取保持水土的有效措施,将剥离的100多万立方米地表土石堆放在山坡上,任其流失。26年内流失泥沙25万多立方米,致使下游丁家山水库淤满,造成洪水漫顶垮坝。该厂还采用高压水枪冲土剥离土方,使大量泥浆直接流入沟道,侵占农田130亩,使4条乡村干线

道路、6条生产路受阻，有248亩耕地受到影响。

二、治理沿革

建国前，对矿区的水土流失没有采取治理措施。建国后，由于采矿、冶金、建材等企业造成新的水土流失，引起国家主管部门的注意，不断提出采取防治措施的要求。1957年7月，国务院发布的《中华人民共和国水土保持暂行纲要》中提出："交通、铁路、工矿等部门，在建设施工时，应在当地水土保持委员会的统一领导下，分别负责搞好所属地区的有关水土保持工作。"1962年2月，国务院又发布了《关于开荒挖矿修筑水利和交通应注意水土保持的通知》。这些法规和通知的颁布，尚未引起矿业部门应有的重视，矿区水土流失问题日趋严重。在这一时期黄河流域各地，也有个别矿区自觉采取措施，收到良好效果。如山西省中条山有色金属公司，50年代建厂初期，由于没有重视水土保持，开矿新增水土流失使矿区遭受重大损失。吸取这一教训后，把治理水土流失与防洪安全纳入矿区总体规划，作为基本建设的一项重要任务，积极开展。但在当时的条件下，该公司的经验，没有得到推广，随着工矿业的发展，新的水土流失越来越普遍。

1982年国务院公布《水土保持工作条例》，又重申过去提出的要求，明确规定："工矿、交通、基本建设等部门在山区兴建工矿和进行生产时，必须采取水土保持措施，谁破坏谁治理。"但由于没有具体的实施办法，"规定"起的作用不大。80年代中期，陕西神府煤田、内蒙古东胜—准格尔煤田和山西平朔煤田被列为国家能源重化工基地，积极开发。这里原来就是黄河流域水土流失最严重的地区，煤田开发后，新增水土流失加剧，引起水土保持部门的重视。1984年黄委会为此组织了调查。

1985年6月25日，中共中央书记处农村政策研究室和全国水土保持工作协调小组联合在郑州召开黄河中上游地区水土保持座谈会，不少代表反映在工矿、交通建设中严重破坏水土保持和污染水源的问题，有的地方，甚至由于新的破坏抵销了治理的成绩，进一步引起国家主管部门领导的重视。水电部部长钱正英在总结讲话中指出："在大量投资投劳治理水土流失的同时，决不允许边治理边破坏，人为造成新的水土流失。坚决防止新的水土流失，应是我们各级政府对国家对人民应尽的职责，应当作为当前水土保持中的一个严重问题提出。"会后就这个问题向国务院写了紧急报告。1985年8月，国务院办公厅转发了全国水土保持工作协调小组《关于开展水土保持工作情况和意见的报告》。这个报告，要求各地要加强组织领导，根据当地情况尽快制定贯彻《水土保持工作条例》的实施细则，动员广大干部群众一起做好矿区水土流失的防治工作。

1985年8月，全国水土保持工作协调小组发出《关于开矿、修路、建厂和其它基本建设必须做好水土保持的紧急通知》。根据这一《通知》精神，各省（区）先后组织人员，深入矿区路段，进行调查研究，总结经验，研究措施。陕西省及时颁布了《关于制止开荒和在采矿筑路等建设中做好水土保持工作的暂行规定》。并派出工作组调查，发现耀县水泥厂在生产中人为新增大量水土流失，危害当地居民的生产和生活问题，经徐山林副省长过问，根据省有关规定，罚款20万元，一部分交当地居民，补偿部分损失；另一部分交当地水土保持部门，用于矿区水土流失治理，为黄河流域依法处理矿区新增水土流失开了个好头。1986年6月，陕西省水土保持局又组织有关专家和科技人员，深入神府煤田进行调查研究，并写出《对神府煤田开发做好水土保持的考察报告》，对矿区新增水土流失提出了预测和治理方案，引起中央有关领导同志的重视。中央顾问委员会副主任宋任穷对报告作了批示："对这个建议我双手赞成，""希望在神府、东胜煤田开发中进一步重视专家们的意见。"

1986年12月，在黄河中游水土保持委员会第二次会议上，各省（区）领导都强调开矿、修路等造成新的水土流失是当前普遍而又突出的问题。会后在向国务院上报的《关于黄河中游水土保持发展情况和今后意见》中提出："这一地区煤田较多，特别是神府煤田的开发，正处在黄河粗沙流失最严重的地区，建议由全国水土保持工作协调小组会同有关部门，制订煤田开发中关于水土保持的规定。"

1986年11月，国家计委法规司在西安召开晋陕蒙接壤地区水土保持立法座谈会。会后起草了《国务院关于晋陕蒙接壤地区开发建设水土保持的规定》，发送有关部门征求意见，反复研究修改。1988年10月，经国务院批准，国家计委、水利部发布《开发晋、陕、蒙接壤地区水土保持的规定》。要求资源开发和生产建设必须兼顾国土整治和水土保持，防治水土流失，实行"谁开发谁保护"、"谁造成水土流失谁治理"的原则。为贯彻执行《规定》，1989年4月，在黄河中游水土保持委员会下成立晋陕蒙接壤地区水土保持工作协调小组。由国家计委、水利部、黄委会和陕西、山西、内蒙古3省（区）有关领导组成，办公室设在黄河中游治理局。同年5月，黄河中游治理局内建立了监督处。陕西、山西、内蒙古3省（区）及有关地（盟）县（旗），在水利水保部门先后设置监督机构(处、科),有的县(旗)市在乡镇一级也设置监督员或兼职监督员,初步形成了这个地区水土保持监督体系。同年8月,水利部、黄委会先后将晋陕蒙接壤地区10个县(旗)市,全部列为全国和黄委会水利执法试点单位。三个省(区)分别拟定实施办法,并组织人员开展矿区普查和水土保持规划修订工作,为进行水土保持监督检查工作打下了基础。山西省向各级水土保持监督人员颁发由省人民政府统一制定的监督检查证,并在该省开发煤矿的山西华能公司内成立水土保持绿化工程公司。该省忻州地区以水土保持委员会的名义与地区矿产局联合颁发文件,明确规定,新开矿点必须按级别和规模,由相应的水土保持部门参与审批,并规定对已开采的各类厂矿,必须补办审批手续,经审查合格后,补发开采许可证。1988年山西省河曲县选定本县煤炭开采中心的纸房沟、杨家沟和麻地沟作为主体开发同步治理的试点样板工程,确立了示范区开发与治理同步发展建设,采用以矿补农"以黑补黄"的战略,进行矿区水土保持综合治理,取得显著成效。陕西省举办了水土保持监督人员培训班,明确了职权与任务。该省府谷县水土保持监督站对县焦化厂和电石厂随意乱倒废石废渣的行为,进行了有效的制止;神木县勒令停止了31个乱开采、乱弃渣的小煤矿。有的地方,一边行使监督检查,一边开展服务和进行保护治理示范,收到了较好的效果。与此同时,在新增水土流失的监测预报、试验研究方面也都开始进行工作。内蒙古自治区在伊克昭盟及东胜市、准格尔旗、伊金霍洛旗组建了科级监督检查站。伊克昭盟与公安部门联系,在接壤区各旗(市)成立派出所,从水保部门抽调2人担任水保警察,并开展了矿区水土保持科研工作。1988年以东胜煤田马家塔东露天煤矿的排土场做为实验场,通过试种各种植物,选出适合在弃土弃渣上生长的植物,为矿区复垦工作提供科学依据。为了制止开矿、建厂等基本建设中破坏水土保持的现象,甘肃省突出抓了基本建设项目水土保持方案审批制度的落实工作,省水保局统一印制水土保持准许证、水土保持实施方案审批表和开矿、采石、挖沙及多种经营申请书等下发各地使用。由业务部门配合公安、司法部门或由政府责成公安、司法部门,采取果断措施,对破坏水土保持的单位和个人依法从严处理。

三、治理措施

黄河流域各地,矿区水土流失的治理,虽然起步较晚,实施单位较少,经验不多,但从一些治理效果较好的典型来看,具有以下特点:针对矿区水土流失的原因，采取了相应的治理措施。一是针对坡耕地、荒坡、沟壑等地原有水土流失，按一般水土流失地区发展大农业生产的要求，以小流域为单元进行全面规划、综合治理；二是针对开矿过程中废土、弃石、矿渣、尾沙等造成新的水土流失，采取专用的拦蓄和处置措施。

（一）全面规划综合治理

按照一般水土流失地区的治理经验，在矿区内以小流域为单元进行全面规划，根据发展大农业生产的要求，合理配置各项水土保持措施。在坡耕地上修水平梯田，退耕地与荒坡造林、种草，安排适当面积的果园，沟中修谷坊、淤地坝，巩固沟床，稳定沟坡，拦截坡沟下泄泥沙，做到坡沟兼治，综合治理。在此基础上，根据合理处置废土、弃石、矿渣、尾沙的需要，在适当位置，布设拦蓄措施。山西省偏关县阎家沟流域是该县开矿弃渣、水土流失严重的区域之一，采取上述作法，在1988～1990年3年间，共建基本农田3319亩，造林2270亩，种植灌木7019亩，发展经济林310亩，人工种草250亩，建设防护工程551处，修拦渣坝2座、控渣围堰130米，修排洪渠3条（长250米）、溢洪道工程1处，共拦截弃渣118万立方米。通过治理，水土流失得到有效控制，生产条件初步改善，粮食生产与经济收入都有较大提高。山西省河曲县纸房沟村，1984年以前粮食亩产不过50公斤，是全县有名的贫困村。1985年以后在农民李振富的带领下，全村坚持一边开矿，一边大搞水土保持。到1990年底，从煤矿收入内拨水土保持治理经费121.5万元，用于面上治理。自购推土机两台，坚持机修与人修相结合，共整修基本农田1200余亩，水浇地60亩，沟底修坝9座，淤地270亩，坡面植树15万株，建成果园300亩，种草1200亩，治理程度达75%。同时砌筑护岸石堤630米，并利用废煤矸石在矿井前垫成堆煤平台35亩；烧制白灰7000多吨，消化煤矸石6000吨，合理处置了弃土弃渣，防止了新的水土流失，做到了山水田林路综合治理，农林牧副工全面发展。1990年，全村人均3亩稳产高产田，1亩果林地，粮食产量达24.4万公斤，人均678公斤，人均纯收入2016元，成为晋西北挖煤致富与水土保持同步发展的先进典型。

山西省中条山有色金属公司，是一个以矿山生产为主，具有采矿、选矿、冶炼、机修、发电、水泥综合生产能力的采选冶大型联合企业，在生产过程中，每天要产生8000吨固体废弃物、7万吨污水和780万立方米废气。建厂初期，1958年一场暴雨洪水，有1/3矿井、厂房、宿舍被泥沙淤积，大部分厂矿停产，大批物资被洪水冲走。经过这次惨痛的教训，提高了认识，把综合治理水土流失与防洪安全纳入总体规划，作为基本建设的一项重要任务。先后投资3000万元，修建了4座大、中型尾矿库，总库容1.7亿立方米，拦蓄了投产以来的尾沙近4000万吨，其中两座尾沙坝堆满后已全部铺土覆盖，造田410多亩。与此同时，还利用沟道，在做好排洪设施的基础上，建立7个废石堆放场、4个工业及生活垃圾堆放场，使所有固体废弃物基本得到合理堆放。为了防治水患，保护并合理利用水资源，共修建防洪坝15座，引洪渠5000多米，筑堤1500米，坑口水净化站5座，加上修建的各种桥、涵、管道和泵站，组成一个有效的防洪体系和废水排放、净化、回收利用系统，既保证了安全生产，又实现了工业废水的循环利用。到1987年植树5.66万株，建设草坪绿地20多平方公里，初步形成绿树成荫的生产生活环境。

（二）修筑堤坝拦蓄矿渣

这是处理废土、弃石、矿渣、尾沙最简单易行的有效措施。山西省太原钢铁公司，以往排放的废渣堆积如山，环境污染严重。1983年，在渣堆周围修建一座高13米、宽20米、长2500米的防尘护坡坝，在坝坡上种植树木，坡下建长廊、凉亭。不仅防止了流失，而且美化了环境。内蒙古自治区1989年新建的东胜市昌汉沟煤矿，投资12万元，修筑拦蓄土石的铅丝笼坝两座，总长890米；动用土方1.18万立方米、石方2900立方米，将矿区所排弃的20多万立方米废土石渣全部拦截。甘肃省华亭县西关煤矿于1989年建起长40米，宽2米，高1.5米的护渣围墙，将1985年前弃入河道的2万多立方米废渣作了处理；同时还将废土弃渣经过平整，栽植1.5万棵松树，起到防止水土流失的作用。

（三）造田复垦

将采矿破坏的土地通过平整填土等措施恢复过来，供农业或其它部门使用。山西省古交市大型煤矿之一的镇城底煤矿，在离矿区1公里的土塔梁附近，选择相邻的三条支沟，先用矿区排放的煤矸石填到一定高度，再用推土机将煤矸石填满沟道，推梁覆土，沟梁连片，建造“小平原”，作为农耕地。为了便于农作物生长，防止漏水，复土前先对煤矸石进行平整，然后分层填土，分层碾压，碾压土层厚度1米左右，上面再填0.1～1米虚土。从1988年开始，已填垫出耕地50亩。1986年，山东省泰安市肥城县石横镇利用采矿区的500余个矿坑和陷坑，进行复田耕种、覆土绿化或蓄水养殖，既防止了水土流失，又增加了经济收入。采用的具体措施是无水坑覆土种粮，浅水坑种芦苇或种藕，深水坑养殖水禽，并于当年底种藕250亩，栽植芦苇和蒲草1800亩，放养鹅鸭1万只。全镇仅此几项增收50万元。陕西省铜川市郊区陈炉镇是有名的瓷器之乡，资源遍布荒山野岭，废弃的坩土矿场到处可见。

该镇上店村北组1989年投资1万元，用3台推土机施工，治理青岗岭坩土矿场，恢复耕地56亩，户均增加2亩。洛川县京兆乡石家庄村一组，投资1.7万元，移动土方1.7万立方米，对村上原废弃的砖瓦窑、取土场进行复垦，恢复50亩耕地。陕西省府谷县高石崖乡西山寨农民石掌雄，于1985年组织22户农民入股投资，办起天桥电石厂，厂房占地20亩，全部是荒坡，1988年生产电石1.2万多吨，产值552万多元，实现利税103.5万元。该厂1985年投产后，不但没有造成水土流失，而且利用废渣填沟造地，日出废渣6吨多，年出废渣2100多吨。利用厂前一条沟，在沟口上由厂内投资修坝一座，所有废渣全部填在坝内，垫出土地8亩多，供厂内利用，并对厂房四周造林绿化。

(四)综合利用

煤矸石等废弃物，利用的方式有发电、垫场、修路和用作建材等。山西省霍县矿务局建了一座煤矸石发电厂，配备4台锅炉，实行电热联供。每年可用掉煤矸石37.52万吨，相当于该局全年排放的煤矸石总量。山西省忻州地区阳房口煤矿，年产原煤50万吨，利用煤矸石20多万吨，垫煤场7500亩；修筑铁路300多米，用掉煤矸石5万多吨。太原第二热电厂利用本厂煤灰生产建筑材料空心砌块，年产100万块，用掉煤灰炉渣1万立方米。山西大同水泥厂与太原水泥厂，利用太原钢铁公司的高炉灰渣作为原料，生产水泥，每年用掉废渣40多万吨；利用干渣作为水泥厂和烧结厂的原料，每年用掉5万吨左右的废渣；利用煤矸石作为机车燃料，每年用掉废渣18万吨。

第三节　水库上游治理

一、淤积危害

黄河流域各地水库淤积问题，50年代就已存在，由于当时修的水库少，未引起足够的重视，随着水库数量的增多，淤积越来越严重，逐渐引起人们重视。陕西省1978年统计，黄河流域库容百万立方米以上水库，每年因淤积损失库容8000万立方米，占每年新建库容的1/3；甘肃省黄河流域建成的214座水库，到1971年淤满37座，水毁19座，共占水库总数的26%，其余水库由于淤积严重，大多数成了病险库。山西省汾河水库，总库容7.23亿立方米，1960 年建成，到 80 年代初已淤积 3.1 亿立方米。内蒙古自治区的 19 座中、小型水库总库容 2.69 亿立方米，损失约 8440 万立方米，占总库容的 31%，灌溉效益减少 42%。宁夏回族自治区固原地区 25 座中、小型水库，平均每年损失库容 2000 万立方米。黄土高原各地，类似这种问题很普遍。许多沟道和支流修的水库，5～10 年后就淤满，失去了灌溉能力，变成了坝地。山东省大汶河流域有大、中、小型水库 719 座，总库容 11.5 亿立方米。在 22 座大、中型水库中实测其中 14 座，建库 20 多年来已淤积泥沙 3600 万立方米，相当失去 3 座库容 1000 万立方米的中型水库。小型水库淤积更为严重，莱芜市的 1252 座小型水库中，淤平报废的已达 200 多座，约占水库总数的 17%。

水库被泥沙淤积，工程效益降低，使用时间缩短，有的甚至成了“包袱”，对国民经济各部门产生以下不利的影响：

第一，影响农业灌溉用水。据陕西省 1970 年统计，全省因泥沙淤积损失库容使中小型水库少蓄水约 4.7 亿立方米，减少灌溉面积近 100 万亩。

第二，降低水库防洪能力。1959 年，甘肃省秦安县苏家峡水库，坝被冲垮，冲毁民房 232 间，土地 1017 亩，水库养鱼 30 万尾全部流失。

第三，扩大水库淹没损失。水库淤积发展及回水不断上延，不仅引起库周地下水位抬高，出现沼泽化，影响当地农业生产，而且影响水库上游城镇、厂矿及铁路的安全。山西省镇子梁水库，因库区淤积逐年加剧，使水库淹没范围不断扩大，水库管理部门先后赔偿淹（浸）没损失 5 次，共赔偿 70 万元，相当于水库工程修建费的 1.8 倍。

二、治理沿革

民国时期，黄河流域甘肃、青海和山西等省有少数小型水库，因泥沙淤积很快失去作用，在当时条件下，没有提出解决这一问题的措施。建国后，黄河流域的水利事业得到迅速发展，到 1983 年黄河支流共有大、中型水库 170 座，总库容 91.4 亿立方米，小型水库数以万计，对控制洪水和发展生产发挥了很大的作用。但由于水土流失严重，水库淤积很快，严重影响了水库的寿命和利用，甚至造成水毁事故带来严重灾害。为了解决这一问题，各地水利水保部门，做了大量的研究工作。开始时大多根据泥沙的冲淤规律及其运动特性，在水库的设计上，采取异重流底孔排沙办法，收到了一定效果。60 年代西北水利科学研究所，在陕西省淳化县黑松林水库将原来“拦洪蓄水”

的运用方式，改变为“蓄清排浑，引洪灌溉”运用方式进行试验，获得成功，减轻了水库的淤积。在一段时间内，宣传推广黑松林水库的经验，各地纷纷仿效，在修建水库时，采取了在坝体部分修隧洞排沙措施，使水库淤积问题得到一定程度的改善。到70年代，一些水利部门又提出采取吸泥船等措施进行“人工排沙”。80年代初期，有的单位又进行了高渠泄水拉沙减淤试验，借用辅助设施抬高水位，利用高滩深槽形态所造成的大比降，依靠水力冲刷与重力侵蚀作用对库区前期淤积物进行剥离与输移，能恢复一部分被淤积的库容。多年来各地实践表明，上述各种水库减淤措施，技术比较复杂，需要投资较多，减淤效果也不很理想，在黄土高原现有技术经济条件下，很难大量采用。

在此过程中，各地水土保持部门认真探索了水库上游水土保持措施对水库的减淤作用。通过总结各地经验，认识到在水库上游积极开展水土保持综合治理，荒山造林与封山育林，以及采取坝库联合运用，上坝拦泥，下库蓄水等作法，都能显著地减轻水土流失，减少入库泥沙，群众在经济上得到实惠。

三、治理措施

(一)水土保持综合治理

为了减轻水库淤积，在水库上游集水面积上进行水土保持综合治理。这样的综合治理，与一般面上开展水土保持，既有共同之点，又有不同之处。共同点是，在各项治理措施的平面布置上，都以小流域为单元，进行全面规划，根据当地的自然条件、社经情况和水土流失特点，从减轻水土流失、发展大农业生产出发，因地制宜地布设梯田、坝地、造林、种草等治理措施，做到坡沟兼治，综合治理。不同点是，在各项治理措施的实施顺序上，尽可能将拦泥和减沙效益大的措施(如淤地坝、治沟骨干工程、引洪漫地等)，提前实施，争取尽早减轻水库的泥沙淤积。

陕西省淳化县1970年建成秦庄沟水库，总库容284万立方米，在建库的同时，就注意加强水库上游的治理工作。到1979年，共修水平梯田、埝地1620亩，栽植水土保持林6280亩，果园6820亩，种草1200亩，营造护田林网37条，总长85公里，支毛沟修拦泥坝10座，共治理7.8平方公里，治理程度达39%，大大减少了入库泥沙。9年仅淤积22万立方米，占总库容的7.7%；年均侵蚀模数每平方公里1630吨，比1970年前减少46%。

陕西省志丹县石沟水库1975年2月建成，1976年正式投入运用，总库容493万立方米，1978年以前主要采取蓄浑运用方式，水库淤积严重，3年内淤积总量达120万立方米，占总库容的24.3%。从1979年开始，水库采取排沙减淤运用方式，并在水库上游开展综合治理，到1985年底，共造林3.7万亩，种草6000亩，兴修基本农田2586亩。流域平均侵蚀模数由每年每平方公里15000吨下降到5570吨，入库泥沙减少了52%。

(二)坝库联合运用

在水土流失严重的多沙地区，采用库坝联合运用，上坝滞洪拦泥，下库存蓄清水的办法，迅速而有效地减少水库淤积。同时在整个集水面积上，积极开展水土保持综合治理，使水库的减淤措施做到远近结合。

陕西省延川县寒沙石水库，1973年建成，坝高43米，总库容1250万立方米，集水面积70平方公里，是一座以灌溉为主，兼作防洪的中型水库。建坝初期，未修泄洪洞，第一年(1973年)拦蓄洪水200多万立方米，淤积泥沙105万立方米，占总库容的8.4%。为了排沙减淤，1975年开始建泄洪排沙洞，1977年建成，按“蓄清排浑”方式运用，但因汛期洪水全部下泄，汛后来水量小，满足不了下游灌溉及生活用水需要。从1978年起，在水库上游7公里处修建一座拦泥坝，库容554万立方米，同时在上游各支沟遍修拦泥淤地坝“蓄洪排清”，将泥沙留在淤地坝内，清水通过涵管排入下游水库。加之在流域内积极开展水土保持综合治理，有效地解决了水库淤积问题。到1986年，库区上游建成大小淤地坝110座，淤地1928亩，拦泥400多万立方米，造林2.8万亩，种草2.1万亩，修梯田3015亩，初步治理坡面35.1平方公里，占水库上游集水面积的50%。据水库观测资料，1973～1977年共淤积泥沙380万立方米，年均76万立方米；1978～1986年共淤积泥沙102万立方米，年均11.4万立方米，比治理前减少85%。

陕西省无定河上游支流红柳河上兴建的新桥水库，1961年竣工蓄水，坝高47米，总库容2亿立方米，控制面积1332平方公里。由于水库上游水土流失严重，1970年底库容被淤掉1.74亿立方米，平均每年淤积1450万立方米。为了减少水土流失及入库泥沙，在水库上游积极开展水土保持的同时，在上游支沟中兴建了16座拦泥坝，其中中型6座，小(一)型6座，小(二)型4座，共控制水土流失面积684平方公里(见图5—36)。同时还在32处垧地上修了引洪漫地工程，共控制面积425平方公里，做到一般洪水不出垧，有效地减轻了水土流失和水库淤积。1971～1981年，水库共淤积800万立方米泥沙，平均每年73万立方米，比治理前减少了95%。

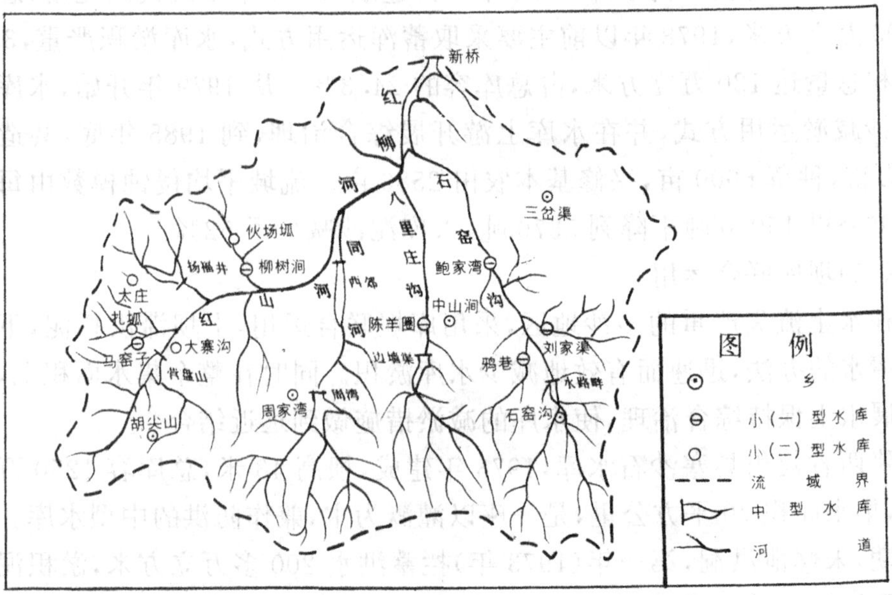

图 5—36 新桥水库上游坝库分布示意图

宁夏回族自治区海原县园河流域，自 1972 年先后修建库坝，采取“三库一坝”方式，即在上游碱泉口水库拦沙、压碱泉，改善水质；中游张湾水库滞洪拦沙；下游顺坝导洪，园河水库储蓄清水灌溉农田。1973 年碱泉口水库工程建成后水库水质的矿化度有所降低，由常流水的 33%降到库水的 5.5%。7 年时间 3 座水库共拦蓄泥沙 1483 万立方米，折合 2076 万吨，平均年淤积 297 万吨，灌溉农田 1 万亩，基本达到了用洪用沙发展灌溉的目的。

(三)造林与封山育林

在水库上游地广人稀、劳力缺乏的地方，采取荒山造林和封山育林措施，效果十分显著。内蒙古自治区土默特左旗“五一”水库，上游集水面积 84 平方公里，1960 年竣工，设计库容 60 万立方米，死库容 7000 立方米，预计灌溉面积 3670 亩。建库前，流域范围内除残存有少量零星的杨树、桦树天然次生林外，大部分是荒山荒坡，水土流失严重，径流含沙量每立方米 188.7 公斤，在水库尚未竣工前，两次山洪携带的泥沙已把死库容全部淤满。为了延长水库寿命，减少水库淤积，水库建成后，立即对库区上游流域内的残存天然林和荒山荒沟进行了封禁，专业人员与群众结合，保护原有的林草植被，并对原有的次生林进行抚育和更新改造；同时还营造杨树、油松和灌木林。到 1987 年流域林木发展到 6.32 万亩，加上天然草类，植物覆盖度达到 80%以上，郁闭度达 65～85%，起到减蚀防淤作用，减少了入库泥沙。据

1965 年观测，入库洪水含沙量为每立方米 85 公斤，比 1960 年以前每立方米 188.7 公斤减少了 55%。1960～1970 年，水库泥沙淤积总量仅有 5 万立方米，清水流量也有所增加。流域上游白石沟枯水期流量由 0.07 立方米每秒，增加到 0.2 立方米每秒，灌溉面积由建库初期的 3670 亩，扩大到 7620 亩；灌水次数由初期的每年 2 次增到每年 3～5 次，受益的村庄粮食单产比原来增长 1～1.5 倍。同时每年还为群众提供燃料 150 万公斤，青草 50 万公斤，各种药材 1～1.5 万公斤，解决了“三料”不足的困难，增加了经济收入。

第四节 渠道沿线治理

黄河上中游的丘陵区、高塬区和土石山区，大小傍山渠道很多，经常因洪水泥沙威胁，影响正常输水，甚至影响渠道的安全。陕西省延安地区兴建的延惠渠、仙姑河水库灌渠、王窑水库灌渠，关中地区兴建的宝鸡峡引水上塬工程等大中型水利设施，因都有长距离的傍山渠道，深受水土流失的危害。各级水利水保部门，针对傍山渠道水上流失的特点，因害设防，采取一定的水土保持措施，不同程度地保证了渠道的安全。在各地的傍山渠道中，以陕西省宝鸡峡引渭灌溉工程规模最大，沿线开展水土保持工作具有代表性，本节着重记述其治理经验。

一、工程简况与流失危害

宝鸡峡引渭灌溉工程是陕西省的大型水利设施，50 年代进行规划设计，60 年代后期动工，1971 年建成通水。该工程干、支渠总长 560 公里，有 100 多公里是较大的深挖高填，有 5 座渠库结合水库，干、支渠建筑物约 1500 余座，其中大型重点建筑物如闸坝、隧洞、倒虹、渡槽、退水道等共 35 座。从宝鸡市渠首到扶风县境 98 公里塬边傍山渠道，是宝鸡峡工程的要害部分，沿渠经过宝鸡市的两个区和宝鸡地区的宝鸡、岐山、眉县、扶风 4 个县。沿渠两岸是一个长约 100 公里、宽约 2 公里，面积近 200 平方公里的条形地带。包括 16 个乡，102 个村，2.4 万农户，13 万人口，5 万个劳力。耕地面积约 24 万亩，其中塬地约 9 万亩，坡地约 4 万亩，川地（包括水地）约 11 万亩。境内有沟壑近 200 条，占地近 3000 亩。除川地外，塬地、坡地与沟壑都有比较严重的水土流失，在未修渠以前，就影响了当地的农业生产，有的甚至造成洪水灾害。宝鸡峡塬边渠道修建后，又出现一些新情况。

首先，改变了渠道沿线的地形地貌，在渠道左岸(北岸)形成陡至60～70度，高10～30米甚至50～60米的高崖削坡；右岸(南岸)形成宽20～30米至50～60米的堆土平台(面积约3000亩)和35～45度、坡长20～30米甚至70～100米的虚土斜坡(面积约4000亩)，一遇暴雨就会引起严重的水土流失。

其次，渠道从西向东截断原来坡面与沟壑的天然水路网系统，虽然在渠道工程上，修建一些防洪、排水设施，但不能完全适量地布设，在许多地方，北岸塬、坡、沟的水土流失，直接威胁渠道的安全。

第三，渠道位置很高，引水量很大，又是常年输水(每年约300天)，万一出现工程质量、水量调度以及各种意外事故，对渠道本身和沿渠工厂、交通、居民、农田，将造成严重的后果。

1969年至1970年夏、秋之间，由于严重的水土流失，曾引起渠岸崩塌、工程损坏、渠道淤塞和冲毁农田与民房等事故，造成严重灾害。1971年7月31日，一次暴雨，沿渠虢镇、眉县等处，塬坡洪水下来，冲裂矩形渠槽200多米，梯形渠槽800余米，堵塞排水涵洞13处，曾一度被迫停水，中止灌溉。渠道南岸由废土堆成的平台和斜坡，经过暴雨冲刷，已有多处形成沟壑或引起滑塌，有的造成沙压庄稼、冲塌房屋以及人畜伤亡事故。

二、治理沿革

(一)制定规划

为了切实有效地保护宝鸡峡工程，因地制宜、因害设防地做好水土保持工作，1970年春，在宝鸡峡工程施工过程中，抽调人员深入现场查勘，提出了《宝鸡峡工程塬边渠道水土保持造林绿化规划》(初稿)，明确塬边渠道水土保持的基本任务：一是要有效地制止塬、坡、沟的水土流失，控制地表径流，巩固渠道左右两岸，确保渠道工程和沿渠工厂、居民、交通、农田的绝对安全；二是要求沿渠各乡、村，充分合理利用土地，做到农林牧业综合发展，增加收入。在治理上，针对塬、坡、沟水土流失的不同特点和不同渠段的特殊要求，分别情况，因地制宜，采取不同措施。

(二)组织实施

根据规划要求，沿渠不同位置在开展水土保持和造林绿化上，分别采取国家经营、合作经营和群众自办等三种形式：

1. 国家经营。其范围包括:(1)渠道、倒虹、水库、大坝、大型渡槽等重点建筑物附近的重点绿化和治理;(2)98公里渠岸路旁的行道树;(3)各管理站、养护段住地附近,国家征购的土地上,力所能及的范围内,搞小量的国营林场和苗圃;(4)民兵师(各工区施工时按民兵形式组织)各连队经营的苗圃和果树,继续由国家经营。以上四者都由宝鸡峡灌溉管理局下属各管理站分段包干负责,组织栽种和管理,其收益分配,按一般国营林场办法处理。

2. 合作经营。其范围主要指渠道右岸3000亩平台和4000亩斜坡,包括:98公里塬边渠道右岸堆土平台上的经济林和用材林;98公里塬边渠道右岸堆土斜坡上的刺槐、紫穗槐护坡林;塬上122公里干渠两岸的行道树;塬上塬边和填方外坡(重点工程除外)种紫穗槐。

以上四者都归合作经营。其办法是:由宝鸡峡灌溉管理局所属各管理站与沿渠有关乡、村签订合同协议,根据管理局的统一规划,由沿渠各乡村包栽、包管、包成活,种苗经费全部由管理局核拨。树权属国家所有,林木收益分配,成材采伐,七成归农民群众,三成交管理局;果实、种子、树叶、修枝、灌木割条等收益,全归农民。

3. 沿渠200平方公里范围内塬、坡、沟水土流失的治埋,由有关市、县、乡各级党政领导,按照规划要求,发动群众,积极开展,其组织形式和劳力、经费等问题,根据各地每年正常开展水土保持的要求办理。

(三)加强领导推动治理

渠道沿线治理工作,从1971年9月起,由宝鸡地区、宝鸡市、咸阳地区和宝鸡峡引渭灌溉管理局共同组成宝鸡峡工程渠岸绿化领导小组,统一领导宝鸡峡渠岸的水土保持和造林绿化工作。同年10月,宝鸡峡工程指挥部向省水电局呈送了《关于对宝鸡峡98公里塬边渠道水土保持工作加强领导的请示报告》,建议在宝鸡地区革命委员会生产组(或水电局)的领导下,抽调3～5人成立水土保持站(或水土保持组),负责宝鸡峡工程塬边水土保持工作,领导有关县、乡大力开展水土保持群众运动。为了妥善处理治理过程中引起的责、权、利纠纷,宝鸡峡引渭灌溉管理局于1971年10月15日,向沿渠各市、县革委会发出通知,进一步明确沿渠国家征购土地的界限和范围,以利水土保持和造林绿化工作的进行。要点是:平地开渠、征购土地范围到沿渠左、右两岸路边以外3米;深挖方渠段,征购土地范围到大开口线以外3米;堆土区(主要在98公里塬边渠道右岸)征购土地到堆土坡脚以外3米;一般填方渠段,征购土地到坡脚以外5米;水库大坝下游坡,征购土地到坡脚以外10米。

三、治理措施

(一)沿渠面上治理

1. 治塬。塬边缓坡地,沿等高线修埝(土埂),或修水平梯田,作到水不出田;村庄、道路水流集中处,在路旁修涝池,拦蓄暴雨径流,供人畜饮用;沟头修沟头防护工程(一米左右高的土埂),配合涝池蓄水,作到水不下塬。

2. 治坡。一般地区,把坡面原有台地加工,修成高标准水平梯田,作到水不出田,田埂、地塄上栽植经济林木;少数地区,坡耕地坡度太陡,土质不好,耕作不便,产量很低,特别是有滑坡危险、严重不安全的地方,在大力提高川地、塬地单位面积产量的基础上,逐步有计划地退耕,发展小片经济林,林下种苜蓿、紫穗槐等多年生保土植物,建立林果和饲料基地。

3. 治沟。在沟底成片地营造速生用材林或薪炭林(杨、柳、刺槐以及紫穗槐、柠条等灌木);有条件的种植经济林和果树,树下种苜蓿、毛叶苕子等,保土固沟,解决用材、烧柴和饲草问题;在洪水危害较重的沟壑,从上到下,修小型土坝,节节拦蓄洪水,配合塬上修涝池和沟头防护,作到水不出沟。

在沿渠200平方公里范围内,共新修水平梯田和水平埝地2.6万亩,造林(包括荒坡、荒沟和部分陡坡耕地退耕造林)共2740亩,修小型土坝235座,修涝池和沟头防护110个。

(二)渠道两岸治理

从渠道左岸(北岸)高崖削坡上沿以外3米,到右岸(南岸)堆土斜坡坡脚以外3米,进行种草和造林绿化。各部位要求如下:

1. 临水渠边——每边各种金针菜一行,沿渠种植长90公里。

2. 渠岸路旁——每边各种杨树,左岸一行,右岸两行,株距2米;距渠边,左岸2.8米,右岸第一行4.8米,第二行6.8米。渠岸宽度左岸不够3米、右岸不够1.5米的暂不栽;过沟填方处暂不栽。深挖方复式断面处,右岸只栽一行,长90公里。

3. 高崖削坡——顶部种一行花椒,坡间修一米宽小台,上种迎春花。

4. 堆土平台——在渠道南岸(右岸)堆土平台上营造经济林带,长74公里,面积3000亩。新栽各种经济树木,必须在每棵树下作一树盘,直径1米,树盘内彻底清理以保证树苗成活。树盘以外种苜蓿。在未种树以前,可种油菜、甘薯等。

5. 堆土斜坡——渠南堆土斜坡种刺槐护坡,共4000亩,株行距各1

米，如树苗不足，就在斜坡上顺水平方向开沟直播，沟距1米。在未造林以前，先种草木樨、紫穗槐等速生保土植物护坡。堆土平台和斜坡，在造林以前必须进行土地平整，平台要修成高标准水平梯田，斜坡上要修鱼鳞坑或水平沟保持水土，为林木生长创造条件。

（三）重点部位治理

沿渠过沟填方，是需要重点保护的部位，填方两侧坡面只能种浅根性草皮，不能栽树。一般填方外坡种紫穗槐，行距、穴距各一米。重点建筑物附近要重点绿化，如渠道、金陵河渡槽、漆水河渡槽、沣水倒虹，以及王家崖、信义沟、大北沟、南沟、泔河等5座水库大坝。

（四）保护工程安全措施

1. 渡槽桥基上下游各100米内，禁止取土或采集砂、石；堆土斜坡坡脚禁止取土，保证建筑物和渠道安全。

2. 隧洞顶部和距渠道左岸高崖削坡上沿300米以内的地带，禁止挖涝池、打井和引水灌溉。

3. 堆土平台，不能引水灌溉。

4. 堆土斜坡对坡脚工厂、居民安全威胁较大的，应根据具体情况，采取工程防护措施，防止滑坡。

5. 渠道以北的荒地坡地，禁止开挖垦种。

第五节 铁路沿线治理

建国前，黄河流域的过境铁路，干线主要有横贯东西的陇海铁路（建国前修至天水市），其次是纵贯山西省的同蒲铁路。主要支线有咸（阳）铜（川）、平（遥）汾（阳）等，到1949年黄河流域各省（区）铁路干、支线共约5000多公里。建国后，铁路建设得到较快的发展，青海、宁夏及内蒙古、甘肃都修建了铁路。到1989年，累计干、支线长度达1.9万多公里。

铁路建设的发展，对开发山区经济，改善人民群众生活，起到了重要作用，但也带来一些新问题。一是不少施工单位在修筑铁路中不注意水土保持，将筑路中产生的废土、弃渣随意乱堆乱倒，一遇暴雨，造成水土流失；二是在已建成铁路中，由于水土流失与泥石流、滑坡等危害严重，影响了列车的安全运行。对上述水土流失问题，有关部门曾在某些线路，注意了防护，并开展综合治理，取得一定成效。但就整个面上来讲，还未引起普遍重视。尤其是对废土弃石，至今仍有不少单位任意倾倒。因此，做好铁路沿线的水土保持工作，尚需很大的努力。

一、流失危害

（一）倾倒废土弃石造成新的水土流失

这种情况在铁路建设中比较普遍，各地不同程度都时有发生。据山西省水利厅水土保持局调查，新修建的太原至古交镇铁路60公里区段，均是沿沟坡开挖、穿山凿洞，弃土石方量166万立方米，任意倒在河岸、沟坡，未作妥善处理，暴雨中形成严重的水土流失。90年代初开始修筑陕西宝鸡至宁夏中卫铁路，经过宝鸡市金台区、宝鸡县、凤翔县、千阳县及陇县5县（区），并穿过冯家山水库区。施工过程中，弃土石渣119.74万立方米，堆置在沟边、路旁，一旦遇到暴雨冲刷，将涌入水库，造成水库淤积。

（二）泥石流、滑坡及风沙危害铁路安全

1. 泥石流。陇海铁路孟（塬）西（安）段、宝（鸡）天（水）段、天（水）兰（州）段，以及兰青线，是泥石流比较集中的几个路段。据1985年不完全统计，建国以来，西北地区已成铁路发生泥石流灾害148起，中断行车71次、2059小时，颠覆列车两次，破坏车站5处7次。仅1949年至1951年宝天段就发生4次泥石流，其中1950年宝天段元龙三号沟泥石流，掩埋铁路，冲歪钢轨，列车被迫停运一个月。

2. 滑坡。大多数集中在陇海线西安至兰州段。据1976年普查，西兰段676公里共有滑坡36处，平均密度为每100公里5处。此后虽未再次普查，但滑坡数量有增无减。其中陕西境卧龙寺、蔡家坡、眉县、常兴车站等地均有大型滑坡出现。据80年代初铁路部门统计，建国以来，仅宝天段因塌方滑坡就中断行车4679小时（195天），损失达2.49亿元。其中1963年10月宝天线1344公里处发生几十万立方米厚层黄土滑坡，将滑坡脚下约500米远的村庄掩埋，铁路因之中断近一个月。

3. 风沙。黄河流域受风沙危害的铁路，主要是包兰线。这条铁路的兰州至银川段，有6次穿过腾格里沙漠，其中宁夏境内中卫至甘塘，大坝、双渠口至永宁县西干车站，平罗观家庄至惠农车站共4段81.4公里，为风沙危害严重地段。据兰州铁路局中卫工务段统计，建国以来，包兰线中卫至甘塘段，因沙害而造成的事故达10多起。仅1959年至1960年K726＋500处（K表示铁路里程，下同）和K713＋900处，因线路积沙发生机车车辆脱轨和停车事故3次。

二、治理沿革

建国前，对新修铁路废土弃石的处理，没有作明确规定，随地弃置；对铁路沿线的泥石流、滑坡、风沙等，也没有专门的防治研究机构从事防治工作，建国后，铁路部门在新修铁路的设计与施工中，一般都注意了水土保持方面的要求，尤其是对废土、弃石的处理，作出明确的规定，要求防止造成水土流失。同时成立专门防治泥石流、滑坡和风沙的研究机构，开展防治工作，摸索出一些行之有效的治理措施，取得了显著成效。其中泥石流、滑坡的防治，主要集中在陇海线宝（鸡）兰（州）段；风沙防治主要集中在包兰线中（卫）甘（塘）段。

（一）对废土弃石的处理

50年代至60年代期间，铁道部曾在有关施工规范中明确提出，开挖路基尽量挖填平衡，减少废方。按照上述要求，设计部门在勘测新线的设计方案中，都作有废弃土石的处理内容。施工单位在筑路过程中，一般都注意合理调配土石方，对废土弃石按规定堆放，减少流失。进入90年代以后，对废土弃石的处理规定更为明确。1991年4月陕西省宝鸡市政府发布了《关于在宝鸡市境内修筑宝中铁路做好水土保持的暂行规定》，其中对废弃土石渣的处理，提出“桥梁基础和开挖隧道的废弃土石需倒入沟道时，堆放地段应修筑拦泥（沙）坝，较大沟道应分段筑坝，节节拦蓄，以便利淤地复垦利用。在坡面上堆放废弃土石渣时，应采取稳定边坡的措施，坡面应分级修成水平台阶，台面最小宽度不小于0.8米。坡脚砌筑挡土墙，必要地段修筑浆砌石排水沟，低洼处修筑反滤体，石渣坡面用泥土覆盖，种植灌木和多年生牧草”。按照上述要求，有关单位在施工过程中采取了必要的措施，使新的水土流失有所遏制。

（二）铁路防护

建国前，一般都设有道班工人专门负责路基及两侧的防护管理工作，在重点路段还设有部分防护工程。陇海线宝天段，自1945年建成通车后，因两岸山坡陡峻，地质条件复杂，沿线塌方、泥石流严重。当时负责管辖此段的铁道部门，曾在沿线修建了部分河岸防护工程。但终因施工质量较差，长期无法正常运营，而泥石流、滑坡防治的研究工作没有正式开展，也未能提出有效的防治措施。建国后，铁道部门成立防治滑坡、泥石流的专门研究机构，对滑坡泥石流开始了科学考察与防治措施的研究工作。1951年西北铁路干线工程局成立塌方泥石流研究组，对宝天段多次进行查勘研究，认为“铁路沿线的水土流失，须从降水集流面积的水土保持工作和铁路工程相结合，才能生效”。同年10月，在西北军政委员会和西北农林部的支持下，由西北铁路干线工程局塌方泥石流研究组、西北农林部土地利用科以及天水陇南人民农林实验场(现天水水保试验站)等单位的工程技术人员组成查勘小组，对宝天铁路沿线的水土流失情况进行查勘与调查，历时15天，提出《宝天铁路线区水土保持初步查勘报告》。为了便于领导和开展综合治理工作，1952年6月，西北财政委员会、西北农林部、水利部、畜牧部、西北铁路干线工程局和西北黄河工程局等单位，联合组成西北铁路线区水土保持委员会，负责指导水土保持工作；由西北农林部水土保持总站和西北铁路干线工程局塌方泥石流研究组，共同组成西北铁路线区水土保持管理处，办事机构设在西北铁路干线工程局，协同地方政府实施水土保持。同年秋，由天水陇南人民农林实验场、西北农林部水保总站、西北农林部秦岭管理站等单位，联合在北道埠、元龙镇、葡萄园、凤阁岭、拓石和胡店等泥石流沟谷进行综合治理，采取的主要措施有平整山坡、修建地埂、植树造林、修筑谷坊等。

在宝天沿线水土保持治理工作开展的同时，西北铁路线区水土保持管理处邀请中国科学院、西北农林部、西北农科所筹备处、西北黄河工程局、四川农业实验所、川南区水土保持实验区、天水陇南农林实验场和西北铁路干线工程局设计处等单位的16名技术专家，组成天兰铁路水土保持勘察队，于1952年11月对修成不久的天兰路段进行为期一月的水土保持查勘，提出了《天兰铁路线区水土保持初步勘察报告》，并针对这一路段的水土流失，天水陇南人民农林实验场在武山一带组织群众开展修地埂、挖水平沟、造林种草等综合治理。这段时间是建国以来西北铁路沿线开展水土保持规模最大的一次。1953年西北铁路干线工程局计划扩大治理范围，并将天水陇南人民农林实验场的水土保持组和所属的梁家坪、龙王沟试验场划归该局领导，以加强研究力量，同时在铁路沿线设置若干水土保持推广工作站。这个计划呈报铁道部后，铁道部考虑到水土保持是一项量大面宽的群众性工作，决定将沿线的水土保持工作划归地方管理，同时撤销西北铁路线区水土保持管理处。虽然机构撤销了，但在其后的30多年里，铁路部门从勘测新线到设计施工及工程管护中，都注意考虑水土保持工作的要求。

1953年以后，铁路部门将防护重点放在路基及铁路两侧一定范围内，加强沿线的防护与管理工作。尤其是对滑坡与泥石流的防治，铁道部历来十分重视，曾于1955年、1956年连续召开了全国工程地质及路基经验交流会议，重点研究西北地区路基工程中所遇到的技术问题；1959年和1965年两次在西安召开全国铁路路基病害防治会议，其中主要内容就是交流宝兰段的路基病害整治经验；1982年和1984年又分别在西安和山海关召开滑坡攻关会议和路基工程讨论会，这些都有力地促进了路基病害防治工作的开展。40年来，经过铁道部第一设计院、第二设计院，铁道部西北科研所、兰州铁路局、郑州铁路局西安分局等单位的共同研究，已初步查明泥石流的一些基本特征，掌握滑坡发生发展的规律，总结出一套防治措施。

（三）风沙防治

1958年建成的包兰铁路是建国以后第一条穿过沙漠的铁路，为确保这条路线的畅通，1954年1月，铁道部西北设计分局第三勘测设计总队（今铁道部第一勘测设计院）在包兰线沙坡头茶房庙成立观测站，开展气象资料和沙丘移动规律的观测。后来，铁道部又部署铁道研究所主持这项试验研究工作，并在沙坡头成立铁路防沙研究工作站，1955年2月开始在茶房庙实施试验路基，同年5月完成试验任务，提出《包兰线中卫沙漠地区修筑铁路的初步研究报告》，供防沙工程设计用。1956年国家建设委员会又将中卫铁路防沙列为国家重点项目，邀请中科院林业土壤研究所担任固沙造林的试验研究。1957年成立了兰州铁路局中卫固沙林场，主要负责这条铁路风沙区段线路的沙害治理、固沙护路工作。同年秋，该场根据原铁路治沙工作站提出平铺式麦草沙障和栽植子蒿的试验方案，组织施工，因固沙效果不良未能推广。1958年5月，林业部造林调查设计学习大队第四中队，在林业部调查设计局的领导下，由苏联专家阿·康·阿弗宁指导，进行了包兰线中甘段铁路固沙造林勘测设计，提出了在铁路两侧采用沙障与植物固沙相结合的规划方案。根据方案的设计，中卫固沙林场进行大规模的固沙造林施工，经实践发现设计中某些内容不符合铁路固沙的实际要求。至这段铁路通车时，固沙造林试验尚未提出一个可行的方案，路基两侧的风沙全赖固沙带的草方格半隐蔽沙障来固定。1964年，中科院治沙队对原设计的方案作了较大修改，中卫铁路固沙林场在修改方案的基础上，不断摸索，改进提高，对不符合实际的内容进行调整，并根据多年的生产实践，增加了灌溉造林带与前沿阻沙带。1971年在沙坡头地段建立了固沙防火带、灌溉造林带、草障植物带、前沿阻沙带、封沙育草带“五带一体”的铁路治沙防护体系，后经逐年完善，有效地控制了风沙危害，保证了列车的安全畅通，而且大量节省了沿线清理积沙的人力、物力。据中卫工务段统计，通车初期，仅铁路清除积沙一项，耗用劳力10多万个，每年开支清沙费20万元；从1972年，铁路治沙防护林带建成后至1986年，已节省线路沙害清理费达280万元。

据不完全统计，截至1985年，仅黄河流域主要铁路线新建和改建铁路共完成坡面防护工程247处、2.8万米；冲刷防护工程263处、7万米；修筑挡土墙175处、18.5万立方米；滑坡整治52处、1.2万米；塌方处理51处、1.2万米；路基排水工程7处、0.06万米；风沙路基整治8处、4.8万米；地下水处理30处、0.6万米。

三、防治措施

（一）废土弃石处理

具体措施有挖填平衡、借土还田、筑路造田、平整土地等。一般在新线设计方案中，铁路勘测设计部门都作有详细的挖、填方设计，尽量移挖作填，合理调配土石方；有的为缩短运输距离，采用分散取土，或利用弃土为农民造田；有的在耕地中采用借土还田。如铁道部第一工程局承担的西（安）延（安）铁路，在施工期间，对沿线丘陵坡地把取土作的填方或堆置的弃土平整为可耕地共565亩；在可耕地取土时，采用先将表面腐殖土用推土机堆放一边，取土或弃土整平后再将表土恢复还田，共2300亩，同时完成造田363亩。承担神朔（神木至平朔）铁路蛇口峁隧道施工任务的铁道部第十八工程局五处四段，将设计任务书上的水土保持方案与当地现状结合起来，依据沟道水文条件，制定了切实可行的水土保持实施方案。该段所在地，河对岸护河堤原设计高为1.5米，根据河道行洪要求和两岸弃渣实际堆放量，将其增高至3.5米。从1989年开工至1990年，共砌护河堤1600米，利用低洼浅谷堆放弃渣覆土造田近30亩。

（二）综合防治

1. 泥石流的防治。根据不同条件，分别采取拦挡措施、排导措施和拦排结合措施。

（1）拦挡措施。主要是在有泥石流的主沟内修建各种类型的坝。坝的高度一般在5米左右，可以构成"坝群"，也可单独存在。适应于在铁路附近支沟发育，上游沟岸有崩塌、滑坡、溜塌较多，下游纵坡平缓，没有一定停淤场等排泄条件不良的泥石流沟中采用。常见的坝型有浆砌石坝、溢流土坝、格栅坝三种。其中浆砌石坝应用较广，效果较好，宝天铁路沿线的泥石流拦挡坝，大多采用这种坝型。溢流土坝主要在石料来源比较缺乏以及运输比较困难的土质山区采用。由于溢流土坝的主体是夯实土,经不住泥石流(特别是稀性泥石流)在溢流过程中的冲刷,因此,在修筑时一般都在坝顶和坝面进行块石护砌。1959年宝天线曾修筑一座高5米的溢流土坝,其护面为浆砌块石,厚40厘米,上下游边坡为1∶1,起到了良好的拦淤作用。当此坝淤满后,又在其上修筑了同样类型高7米的土坝,经受多次泥石流的考验,坝体依然完好无损。格栅坝是用钢构件或钢筋混凝土构件装配而成的形似栅状的建筑物,陕西省华山地段铁路沿线泥石流的防治大多采用此种坝型,起到拦截大石块、稳定沟谷的作用,从而减轻了泥石流对这段铁路的危害。

(2)排导措施。常用的有排洪道、明洞渡槽、急流槽、导流堤、改沟分流及桥涵扩孔等工程措施。明洞渡槽、改沟分流及桥涵扩孔,主要适用于上游没有建坝拦挡条件、下游主河挟带力很强,能及时地将上游冲下的泥石流固体物质带走,或有足够的停淤场的泥石流沟。明洞渡槽是铁路排泄、绕避泥石流最安全最有效的措施之一,但造价较高,还需有一定的地形条件。

(3)拦排结合措施。是整治泥石流中采用最多的一种工程措施,适合在支沟发育,固体物质来源丰富、储量大,下游纵坡平缓,排泄条件不充分,单一的拦和排都不能奏效时采用。陇海线天水至陇西、兰青线河口至西宁等路段,都采用这种做法,效果较好。

2. 滑坡治理。滑坡危害极大,防治工程投资多,一般选线时尽可能绕避滑坡。只有当绕避方案条件很差,投资巨大,不得已情况下才在滑坡体上修铁路。整治滑坡采用较多的措施有以下几种:

(1)刷方减重。通过清刷坡面(减缓坡度)和切除坡顶,以达到斜坡受力平衡。这种方法技术简单,施工方便,费用较省,在天兰线上曾一度广泛应用。但由于地质情况复杂,实际应用中遇到的问题很多。建国初期,在修复宝天段铁路时,对一些山坡病害,采用刷方减重的方法整治,破坏了山坡的稳定,致使有的病害更加扩大,最后只好用明洞或改线绕过。因此,选用此法时一般都很慎重,主要用于上陡下缓的推动式滑坡。对于在滑坡前沿无抗滑土体时,一般都在滑坡前沿辅以支挡工程或堆填土堤措施,以求最终稳住滑坡。宝天线K1344处,1963年9月,发生崩塌性滑坡,下滑土体达39万立方米,一直冲至渭河,堵塞了河流,后来用刷方设大平台减重,边坡高达80余米,整治后一直很稳定。

(2)排除地下水。最常用的是采用支撑渗沟和隧洞两种,其中支撑渗沟不但能疏排土体中的地下水,而且能抵抗滑坡推力,应用比较广泛。当滑坡推力大、范围广时,一般多在支撑渗沟的出口处修筑抗滑挡墙,以支挡支撑渗沟之间的土体，不使其产生边坡溜塌。如滑坡的地下水来自滑坡外围的土体含水层，一般在滑坡体外沿修筑截水渗沟，使地下水在流入滑坡以前就被拦截引走。宝天段K1268滑坡，采取地下排水工程整治，效果很显著。

(3)造林护坡。在没有地下水露头的滑坡上，先修天沟切断来路水，再在滑坡体上营造灌木。在陡坡荒地上，全部造林；在缓坡农地上，采取带状造林(见图5—37)。这种办法比浆砌块石护坡省工省料，效果较好。

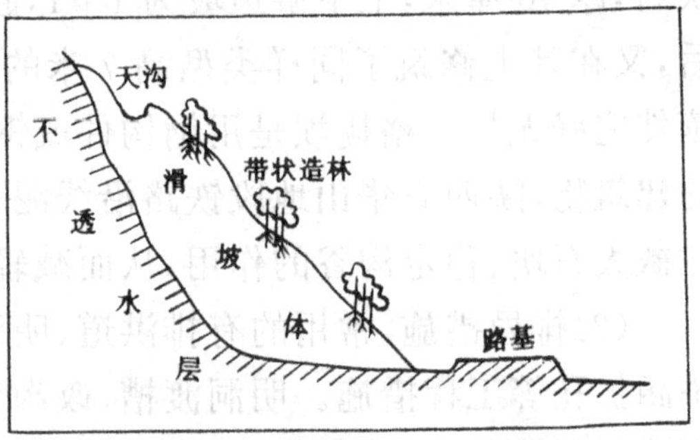

图5—37 造林护坡示意图

(4)抗滑挡土墙。主要是在滑坡前沿路堑的坡脚上做挡土墙，替代挖走的土体，来支撑滑坡的推力，这是一种普遍采用的措施。宝天线K1324处，采用抗滑挡土墙，使滑坡得到稳定。用作抗滑的挡土墙种类很多，应用最普遍的是浆砌片石重力式挡土墙。在修筑过程中，注意挡土墙的基础部分一定要埋在滑面以下稳定的硬层里，并考虑到滑面不会转到墙底下或墙顶滑出。抗滑挡土墙背后一般都设置顺墙的渗沟，同时在墙上设置泄水孔，以排除墙后地下水。

(5)抗滑桩。70年代开始大量应用，主要用于梅七线(陕西梅家坪至七里镇)、下桑支线(陕西下峪口至桑树坪)。其中梅七线上共用抗滑桩343根，累计长4300米左右。由于抗滑桩具有布设位置灵活、可随时调整增加，施工时不需在滑坡前沿全面挖开、施工安全等优点，已逐渐成为整治滑坡的主要措施。但抗滑桩不能根除病因，有赖于其他措施辅助，一般常在桩间加辅助工程，如挡土墙、支撑渗沟等建筑物。

(6)块石护坡。在滑坡面积不大，但经常发生滑坡压路的地方和隧洞口处，采用这种办法进行治理。其做法是在滑坡体脚下修一道块石浆砌护墙。护墙高度为滑坡体高的1/5～1/3，填卵石厚2～3米，修到不透水层以下0.5米，再在滑坡体上修一道或数道天沟排水(见图5—38)。

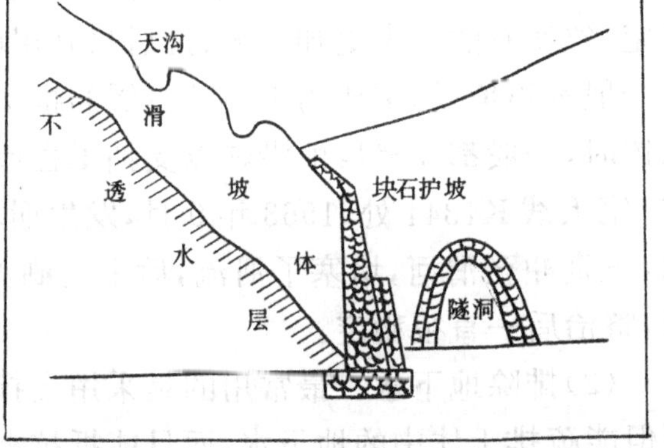

图5—38 块石护坡示意图

3．风沙治理。主要有沙障固沙、植物固沙和“五带一体”综合防治体系等措施。

(1)沙障固沙。一般多采用“草沙障”固沙，目的在于稳定沙丘表面流沙，抑制沙丘移动，为植物生长创造条件。扎设沙障，虽不是治理流沙的根本措施，但它是固定流沙不可缺少的一环。

(2)植物固沙。在铁路沿线营造防护林带以固定流沙，是治理沙害的永久性措施。造林方法有直播、扦插、植苗三种，其中以植苗造林为主。选用的树种主要有柠条、花棒、紫穗槐、黄柳、沙柳等。造林季节春秋两季都可，以秋季造林运用较广；春季一般在3月上中旬，秋季在10月下旬至11月下旬。由于沙丘造林立地条件差，苗木不易成活，植苗造林时，一般选择根系发达、完整健壮、地上部分与根长比例小的苗木造林。为保证苗木质量，起苗前先浇水，随挖苗随运随栽。栽植时苗木最好放入泥浆桶内，栽植深度一般40至50厘米，栽后平覆干沙。在造林树种的配置上，初期多为行状配置，即按不同树种特性搭配呈行状栽植；后来大多采用带状栽植(两种或两种以上的树种相间种植)。

(3)“五带一体”固沙。是铁路沿线沙障固沙与造林固沙相结合的方法。先设置沙障，固定沙丘，然后造林，待沙障失去作用后，林带形成，进一步发挥长期固沙作用。建国以来，中卫固沙林场在原设计方案及修改方案的基础上，经过多年的实践摸索，不断改进提高，70年代初，终于在密集的格状流动沙丘地区(中甘段)建立了“五带一体”的铁路治沙防护体系。主要作法如下(见图5—39)：

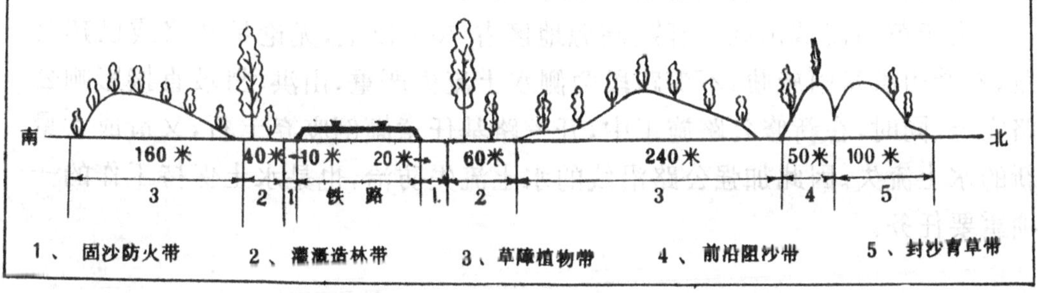

图5—39 “五带一体”配置示意图

固沙防火带——在铁路两侧各10～20米(其中路北20米，路南10米)的范围内，将沙丘整平，平铺卵石、炉渣、黄土，厚10～15厘米。主要作用是固沙、防止林带及沙障着火，稳定路基。

灌溉造林带——在固沙防火带外侧路北(迎风)60米，路南(背风)40

米,建立乔木灌木混交林带。

草障植物带——沿灌溉造林带外沿路北240米,路南160米范围内,在裸露的流动沙丘上,以自然的沙丘形状,用1×1米方格草沙障,把流动沙丘全部固定,栽植和直播耐旱、耐瘠薄的沙旱生植物。以植物固沙逐步代替沙障固沙,成为固定流沙的永久性措施。

前沿阻沙带——在路北草障植物带外沿50米处,利用修剪和平茬下的树枝、灌木条,编制高1米、宽2米的栅栏,设置折线形和直线形的高立式阻沙栏,为防止阻沙栏底部被风蚀倒伏,在栅栏两侧设2～7米宽的格状沙障,保护栅栏的稳定。阻沙栅栏既可阻止外侧风沙对草方格的埋压,又可聚积流沙形成一道人工防沙堤,减缓沙丘前移。

封沙育草带——在前沿阻沙带外侧100米范围内,进行封山育草,严禁放牧、樵采,并在迎风坡2/3部位的流沙上设置块状1×1米方格草障,栽植和直播沙生植物,以提高天然植被的覆盖度。

第六节 公路沿线治理

建国前,黄河流域各省(区)的公路通车里程3万多公里。建国后,流域内公路事业发展较快,除对原有公路进行改建扩建外,先后修筑大量公路,所有的县和许多偏僻的山区乡、镇之间,都通了汽车。有些地方群众为便利生产、生活和小流域治理,还修了可行汽车的进沟、上山道路。截至1989年,黄河流域各省(区)干支线公路23万多公里。

由于黄河流域山区、丘陵、高塬地区占70%以上,无论是新修或已建公路,易受山洪暴雨威胁,不少路段两侧水土流失严重,山洪、滑坡直接影响公路安全。同时,在新修公路施工中,开挖路基任意倾倒废弃土石,又造成大量新的水土流失。因此加强公路沿线的水土流失防治,也是水土保持工作的一项重要任务。

一、流失危害

(一)新修、扩建公路

流域内除川道、阶地地势平坦外,大部分为山区、丘陵和高塬,公路一般依山傍水修建,新建或扩建时,开挖的路段多,产生的弃土石量大,不少地方未作妥善处理，随意倾倒在沟道或河道岸坡，暴雨中流失十分严重。据黄河中游治理局调查，1980～1985 年陕北无定河流域共新修、改修公路 1557 公里，产生废弃土方 3340 万立方米，除了少数地段采取路坝结合的方法，利用了一些废土外，绝大部分地区都是把废弃土堆于坡面或沟道中，6 年共增加流失量 1695 万吨，平均每年流失 282.5 万吨，占废弃土方量的 39%。

(二)已成公路

在山区、丘陵区一般公路两边都有一定的斜坡，每遇暴雨，坡面冲刷严重，常引起路基毁坏，边坡滑塌；而路面又因渗透量小，暴雨中很快产生地表径流，冲走泥沙，使路面形成大小不等的冲沟。特别是乡村土路，这样的流失更为严重。据山西省保德县暖泉乡调查，路面宽 6 米，坡度 4.6 度，每年冬春道路尘土厚 10～12 厘米，遇风吹蚀，遇雨水蚀，每年路面有 10～20 厘米厚的土壤被剥蚀，平均每公里年流失量 600 立方米，合 780 吨；有 40%的路段 3～5 年就须改线一次，造成新的废土弃石。据山东省水保部门调查，泰安市有环山公路 5465 公里，多数是 1982 年以后新建，标准较低，无专人管理，无排水边沟和桥涵，截断自然来水流势，雨季造成大量的水土流失。其中莱芜、新泰两市，侵蚀模数达每年每平方公里 5063 吨。此外，部分公路由于受两岸山坡来水冲蚀，路面常被切断；有的路段的路沟出水口被淘刷，向上发展，致使路基、路面塌陷，直接影响通车。

(三)特殊路段

1. 陡坡路段。一般上山下沟的公路，一边是深沟，一边是陡坡，路面坡度比降多在 15%以上，暴雨中路边陡坡和路面上的冲刷都比一般路段强烈。

2. 滑坡路段。一般有两种情况：一是公路一侧被滑坡体埋压；二是公路修筑在滑坡体上，整个路面随滑坡体下移。不管那种情况发生，均导致交通中断。

3. 塬面胡同。高塬沟壑区的塬面道路，由于人畜践踏，形成大量浮土，加速了风蚀、水蚀；年复一年，路面日益降低，成为塬面的集流槽。经多年冲刷，逐渐变成低于地面 2～5 米深的胡同；胡同下部直通沟头，塬面水流通过胡同下沟，沟头就不断溯源前进，使道路变成沟壑。

(四)风沙区公路

修建在风沙区的公路受风沙危害有沙埋和风蚀两种情况。沙埋一般是风沙流通过路基时，由于风速减弱，导致沙粒下落而堆积在公路上，埋压路面；有的是由于沙丘移动上路而掩埋路面。风蚀则是由于风沙的直接吹蚀，路面上的沙粒或土颗粒被风刮走，出现路基削低、蚀空和坍塌等现象，从而引起路基的宽度减小和高度降低。风蚀的程度与风力、风向、路基形成、填料组成及防护措施有关。

二、治理沿革

民国时期，最初并无对公路沿线防止冲刷的专门管护机构，后来虽成立管护机构，由于人力不足，只在大雨之后对冲刷严重处临时征集民工进行修补。40年代初，国民政府交通部西北公路工程局和农林部天水水土保持实验区，首次联合拟定了《合作保土护路计划》(草案)，该计划初步决定于1943年至1945年间，在天水附近选适宜地段，举办植树种草护路、防止冲刷和减少坍塌等试验工作；并计划在天水至广元，天水至兰州等路段的排水道内、沟边、沟坡种植保土林草，在沿河公路上游采取修建柳篱丁字坝、密植柳条和草类等措施。后来由于多种原因，仅在天水附近沿线开展了修谷坊、筑坝及种树种草等试验工作。

建国后，交通管理部门建立和充实了养路机构，加强了专业养护力量。一般主要干线都设有专业道班，由专业道工负责养护；支线由各地、县动员民工养护，各公路段、站负责技术指导。40多年来，各地对所辖路段的路基、路面采取了一系列的防护措施，减轻了水土流失危害，保证了公路畅通。

风沙区公路的防治工作，是建国以后才逐步开展起来的，最初主要是在公路两侧采用粘土或砂石类压沙防治，部分地方(如内蒙古乌审旗)采用灌木枝条、杂草铺路面等措施防治；后逐步发展为沙障固沙和植物固沙相结合的防护措施，取得了良好的成效。特别是80年代新建的迎阎公路(宁夏中卫迎水桥至内蒙古阿拉善左旗阎地拉图)，是为运送铁矿石而兴建的一条专用公路，由于采用了路基本体和路基两侧地面防护双管齐下的防治措施，防止了流沙的侵袭，保证了公路的正常运行。

三、治理措施

(一)新建公路

1. 深挖取土，减少开挖面积。采用条壕式或挖槽式方法取土，都是深挖窄取；取过土的坑、壕，用带草皮的土回填。1982年青海省在青藏公路修复改建中，担负施工任务的基建工程兵部队，采取这种方法防止了水土流失。

2. 挖填平衡，减少废方。在新筑公路施工设计时，作好计算，对产生的废土弃石，一般都移挖作填，做到挖方与填方大致平衡；或利用弃土适当加宽路基。对剩余的废土弃石，有的利用筑坝填沟造田，有的用来筑堤，效果较好。山西省太原市修筑汾河堤坝时，在大堤的迎水坡用浆砌石防护，背水面用修公路的弃土废石填膛，加宽加固，顶部填平盖土，然后植树种草，取得了满意的效果。

3. 路堤结合，节约耕地。当公路沿河修建时，有的地方采用以路基作为改河的大堤，使路堤合一，既少占了耕地，又改河建造了良田。60年代陕西省新修的洛(南)水(华阴水岔)公路，全长48公里，位于秦岭山区。其中石门镇段和洛南县城段都采用路堤结合方式修建，不仅少占耕地60亩，还造田、护田1750亩。80年代新修的洛(川)华(阴)公路，也是采用路堤结合修建，不仅少占耕地130.5亩，还造田1770亩。

4. 过沟修坝，以坝代桥。黄土高原各地的乡村公路，常顺沟道小流域，从沟口进沟，从下游到上游，沿途跨越许多小支沟。修路时，每过一条支沟就修一座土坝，以坝代桥；利用修路中的挖方废土，作为上坝土方，既防止了水土流失，节省修桥的费用，还能结合拦泥，淤地造田。当土坝以上支沟面积较大、暴雨中洪水量较大时，一般注意了修好排水设施。

5. 设置排水设施，排除地面水和地下水。主要有以下几种：(1)边沟。设置在挖方路基的路肩外侧，或低路堤的坡脚外侧，主要汇集和排除路基范围内和沿路两侧坡面流向路基的少量地面水。(2)截水沟。设置在挖方路基边坡坡顶以外或山坡路堤上方，用以截引路基上方流向路基的地表径流，防止边坡坡面冲刷。(3)跌水与急流槽。设置于排水高差较大而距离较短或坡度陡峻的地段。在距离短、水面落差很大的情况下，采用急流槽排水。(4)渗沟。主要用于路段有潜水、层间水、路堑顶部出现地下水，或地下水位较高处。

6. 边坡修成平台式，稳定坡面。在公路两侧边坡高度大于20米的地方常采用这种修筑形式，并结合植树、种草，固结土石，效果较好。一般年均降雨量大于250毫米的地区，平台宽1.5～2米，平台上还设有截水沟，台阶之间的高度6～8米；年均降雨量小于250毫米的地区，平台上一般不设截水沟，台宽1米。

(二)已成公路

1. 路基防护。常用的措施有以下几种：(1)种草防护。主要用于边坡比较稳定、坡面冲刷比较轻微的土质路堤与路堑边坡，一般选用生长容易、根系发达、茎秆低矮或有匍匐茎的多年生草种混合播种，使之形成良好的覆盖层,以防止表面水土流失,固结表土,增强路基的稳定性。(2)植树防护。一般采用带状或条形,有的地方栽成连续状,将需要防护区域全部栽满乔木、灌木。(3)干砌片石防护。主要用于边坡冲刷比较严重的地方。一般先用碎石、砾石或砂砾混合物作垫层,然后用干砌片石铺砌;在干砌片石效果不好时,常用浆砌片石护坡。片石护坡投资较大,用工较多,选用时一般较慎重。

2. 路面防护。首先是把路面修成"鱼背形",中间略高,向两侧排水,防止水顺路面流动,在此基础上进行路面改造与防护措施。各地采用的防护措施主要有两种:一是对超过使用期限发生老化龟裂的油路,改建重铺;二是对一般农村土质公路,根据使用要求,因地制宜,就地取材修成砾石路面或粒料路面,防止冲刷。

3. 边沟防冲。各地根据不同条件,因地制宜地采用不同的防冲措施:(1)用浆砌片石和砖砌加固,这种措施在黄土地区的公路边沟中效果较好。(2)采用混凝土板或片石砌筑急流槽或跌水,常在傍山或傍沟的公路边沟中选用。西(安)兰(州)公路、兰(州)银(川)公路以及有的县乡公路边沟采用以上方法防治冲刷,使用时间长,效果好。(3)在洪水来源处修拦洪坝或挖导流沟,将洪水拦蓄或导流到其它处,这种方法简单易行,大部分地区采用。(4)在路旁挖连环涝池,主要用于路面较宽、交通频繁的公路。一般在坡陡的路段,涝池小一些,密一些;坡缓的路段,涝池大一些,稀一些。

(三)特殊路段

1. 陡坡路段。各地根据具体情况,采取了不同的防治措施。60年代,甘肃省泾川县瑶池沟小流域采用了如下防治措施:(1)在盘山公路两旁挖蓄水沟或蓄水坑,沟内种植行道树,每株间隔3米,并在蓄水沟里每隔一二米筑一道土挡。(2)在盘山公路两旁,每隔一米挖一个截水坑,直径0.8米,深0.35米,坑内种树草,将路面径流节节引入坑内。西峰市南小河沟在塬面下沟的盘山公路两侧修台阶式土坑,坑内种树,拦截路水,既防止了冲刷,又有利树木生长。80年代末,陕西省长武县王东沟水土保持试验示范区,对陡坡道路,采用在路两侧开挖排水沟和渗水坑,每隔100米修一眼渗水窖或挖涝池群,拦蓄路水,还可供人畜饮用,效果较好。

2. 滑坡路段。常见的措施有以下几种:(1)地表排水。通常采用的是在滑坡可能发展的边界5米以外设置环形截水沟。在坡度陡于1∶1的山坡上,常采用陡坡排水槽,拦截山坡上方的坡面径流。在渗水严重的粘性土滑坡和浅层滑坡上,配合植树,铺种草皮,效果更为显著。(2)地下排水。应用较多的主要是渗沟。一般有支撑渗沟、边坡渗沟及截水渗沟三种形式。支撑渗沟主要用在深度(高度)为2～10米,且不稳定的滑坡体上,边坡渗沟主要用于滑坡前沿的路基边坡上有地下水均匀分布或坡面有大片潮湿处。截水渗沟主要用于拦截深层地下水,一般修筑在滑坡体5米以外的稳定土体上。(3)上部削坡减重。用人工去掉滑坡上部的土体,以减小其下滑力,主要用于滑动面不深,滑床上陡下缓、滑坡后壁或两侧有岩层外露或土体稳定、不可能再发展的滑坡,且常与其它整治措施配合使用。施工方法常采取先上后下,先高后低,均匀减重。滑坡减重的弃土,一般堆填于滑坡前沿,修成土堤,增加下部反压,提高稳定性,反压土堤内设渗沟排水(见图5—40)。(4)支挡工程。主要有抗滑挡土墙、抗滑桩等。其中抗滑挡土墙,在大型滑坡中,常作为排水、减重等综合措施的一部分;在中、小型滑坡中,常与支撑渗沟联合使用。抗滑挡土墙和抗滑桩的作法,与铁路沿线的抗滑挡土墙、抗滑桩作法相似。

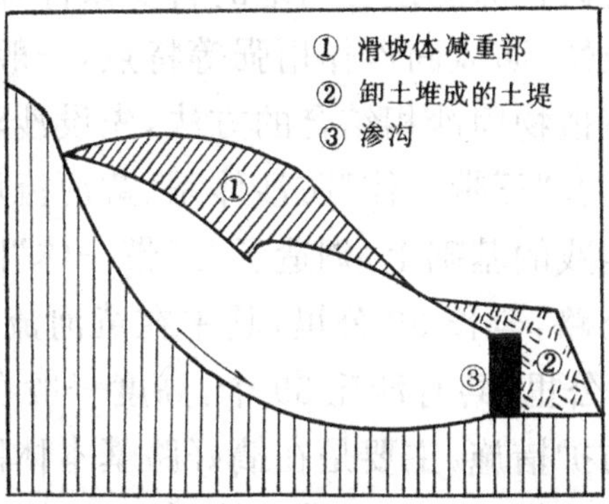

图5—40 减重与反压示意图

3. 塬面胡同。采用的防治措施主要是结合小流域综合治理,全面规划,重新布置公路网。新修的公路一般高于两边地面,或与地面等高。路两边修排水沟,沟内栽植行道树,每隔一定距离筑一土挡,就地拦截路面径流,以防止路基冲刷。在原来的道路胡同内,每隔一定距离筑一道小土坝,节节拦蓄地表径流。坝高以胡同深度而定,一般胡同深2～3米的,坝高比胡同高0.5米,少数胡同深超过5米的,坝高需作具体设计。甘肃省董志塬许多塬面胡同采用以上措施防治冲刷,都收到良好效果。

(四)风沙区公路

1. 沙障固沙。沙障分平铺式和立式两类。平铺式沙障主要利用砾石、粘性土或其它材料,平铺于沙面上。多用于路基两侧沙面的防护。立式沙障是利用柴草等材料竖直设置,低立式沙障设置于距路基20米处,高立式沙障设置于距路基50米以外。平铺式沙障和立式沙障综合应用时,一般是把平铺沙障用于靠近路基地带,把立式沙障设在平铺沙障的外侧。

2. 植物固沙。在公路两侧栽植防沙林带是控制流沙的一种根本措施。根据沙地的立地条件,选择适宜的树种与林带宽度。一般情况下,固沙林带在路基迎风一侧的宽度为200～300米,背风一侧的宽度为100～150米。选择的树种除能适应当地的自然条件外,还要具有分枝多、树冠大、根系发达、生长快、防风固沙作用强等特点,一般以乡土树种为主。造林时采用沙障固沙与植物固沙相结合的方法,先设沙障,然后在沙障的基础上造林。

3."三带一体"防沙体系。黄河流域的交通、林业、治沙等科研单位,在多年实践的基础上,创造了"三带一体"防沙治沙体系。横穿腾格里大沙漠的迎阁公路,全长39公里,其中在黄河流域境内19.6公里,流动和半固定沙丘8.1公里,共有沙丘39个,高度一般在6米以上,有的高达17米。该路采用的防护措施,主要是在搞好路基本体防护的同时,对公路两侧地面建立了三条固沙带,形成"三带一体"的固沙防护体系:路基本体防护——在路基上先作25厘米厚的亚粘土或粘土垫层,再作12厘米厚的小片石或圆石基层,最后铺10厘米厚的天然砂砾面层组成路面,然后将路肩也采用25厘米的粘土或亚粘土封闭,边坡则以直径大于12厘米的大卵石砌成1×1米的方格,中间铺8厘米厚的卵石加固;路基两侧地面防护——主要是建立平整固沙带、格状草障植物带、前沿阻沙带(见图5—41)。基本作法是:(1)平整固沙

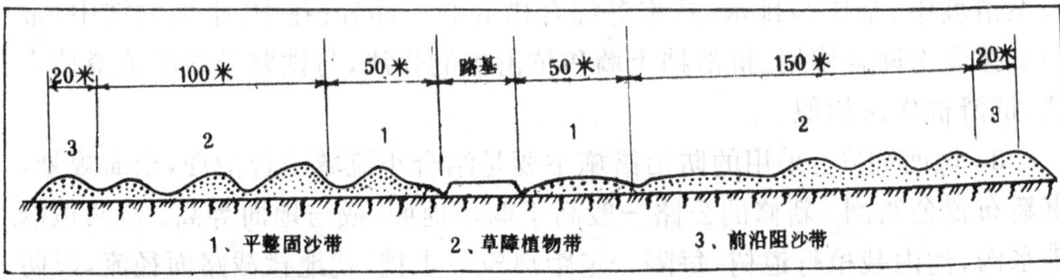

图5—41 "三带一体"防沙体系示意图

带。先用机械或人工将公路两侧各50米宽范围内的沙丘推平,然后用麦草设置1×1米方格半隐蔽式沙障,设障后植树或直播造林。(2)草障植物带。在平整固沙带外沿,迎风面150米,背风面100米,设置格状草障植物带,全部用1×1米隐蔽式麦草格状设障,然后直播或植树造林。(3)前沿阻沙带。在距格状草障植物带的外沿20米处,设置一米高的折线型(近似波浪形)阻沙栅栏,以阻止外来流沙。

第六篇

科学研究

黄河流域水土保持的成就，是与科学研究分不开的。民国时期和建国初期，国家主管部门对水土保持的推动，都是从开展科学研究入手，首先是建立科学研究机构。40年代，国民政府农林部和黄委会，先后在天水和西安建立了水土保持实验区。建国以后，随着水保事业的发展，水保科研机构也相应地发展。在此基础上，根据各个时期工作的需要，及时提出水保科研方针，落实各科研站、所的研究任务，采取试验、示范、推广三结合的方法，取得了大量试验研究成果。与此同时，各地其他有关专业的科研、教学单位和业务部门，也以各种方式不同程度地参加了黄河流域的水保科研活动，丰富了水保科研的内容。经过建国前后数以千计科技人员50多年的共同努力，黄河流域的水土保持逐步形成包括水土流失规律、水土保持措施、水土保持规划、水土保持效益、水土保持管理等五个主要组成部分的比较完整的水土保持科学技术体系。

黄河流域水保科研的发展，与水土流失防治工作的发展紧密相关，反映在科研机构上大致经历了五个阶段：40年代为探索试办阶段，全流域只建立三处水保实验区；50年代为重点发展阶段，流域内各主要水土流失区基本上都建立了水保试验站；60年代为中断停顿阶段，由于60年代初经济困难和“文化大革命”的影响，许多科研站、所机构撤销，人员下放，工作陷于瘫痪；70年代为恢复发展阶段，中期以后不少水保科研站、所逐步恢复，并新建了一批科研站、所；80年代为巩固提高阶段，各地在继续新建一批科研站、所的同时，原有的科研站、所都充实了专业人员，提高了研究水平。1990年全流域共有水保科研站、所38处，分布在10个水土流失类型区，有专业人员上千人。

经过40多年的努力，流域内各水保科研站、所在以下三方面获得了丰硕的成果：一是水土流失规律，通过小区径流观测和人工降雨试验，取得了地形、降雨、土壤、植被等因素对水土流失影响的定量关系数值，为水土保持的规划、设计提供了科学依据。二是水土保持措施，采取定位试验与调查研究相结合的方法，研究了梯田、坝地、造林、种草、水保耕作法等措施的规划、设计、施工、管理、丰产等技术，以及各项措施的保水、保土、增产、减蚀等效益，取得的大量成果已用于指导水土保持实践。三是小流域综合治理，各站、所分别在不同类型地区选有代表性的小流域，进行全面规划，综合治理，提出了治理模式，培养了先进典型，推动了面上水土保持的开展。

在此过程中，由有关单位组织协作攻关，成功地进行了飞机播种林草、机械修梯田、水坠法筑坝、定向爆破筑坝等专项研究，为地多人少、劳力缺乏地区加快水土保持进度找到了办法；黄土高原综合治理试验示范区的研究成果，使各单项措施的理论研究进一步深化；黄河中游小流域综合治理试点的研究，促进了水土保持管理科学的形成和发展。同时，系统工程、遥感技术、成数抽样法等先进技术的应用，使水土保持的基础工作提高到新的水平。

黄河流域的水土流失与水土保持，是重大的科学问题，又是一项涉及许多学科的边缘性科学。几十年来，除水保科研站、所外，流域内、外（包括国外）的农业、林业、畜牧、水利、土壤、地理、水文、农业经济等许多有关的科研、教学单位和业务部门，先后有数千人以各种不同方式在不同程度上参加了黄河流域的水保科研活动，其研究成果十分丰富，其中许多已被国家主管部门采纳，促进了水土保持工作的深化与繁荣，并为世界环保科学作出了一定的贡献。

第十八章 研究机构

黄河流域的水土保持科研机构,随着水土保持事业的发展,从无到有,从少到多,不同时期虽然有增有减,但总的趋势仍是向前发展的。

第一节 站网建设

黄河流域的水土保持科研站、所,从40年代初期的3处到80年代后期,发展为38处,分布在10个水土流失类型区,成为开展水土保持科学研究的重要基地。

一、40年代

1941年1月,国民政府黄河水利委员会在甘肃省天水市建立了陇南水土保持实验区,同年7月,在陕西省长安县建立了关中水土保持实验区。后因经费困难等问题,1946年10月,这两个实验区同时撤销。在此过程中,1942年8月,国民政府农林部在天水建立了天水水土保持实验区,一直保存到中华人民共和国成立,为黄委会天水水保站的前身。

二、50～60年代

建国以后,水土保持科研机构逐渐增多。50年代初期,黄委会先后建立西峰、绥德、天水3个水土保持科学试验站,1957年黄委会水科所设立水土保持研究室。1955年中科院在陕西武功建立西北农业生物研究所,1958年改名西北生物土壤研究所,开始承担部分水保科研任务。在此过程中,黄河流域山西省的离石、临汾、隰县、长治,陕西省的榆林、延安、黄龙、彬县、宝鸡、渭南,甘肃省的定西、平凉,青海省的湟中、化隆,内蒙古自治区的坝口子、和林格尔、凉城、卓资、土默特右旗,宁夏回族自治区的盐池,河南省的嵩县，先后建立了水土保持试验站。

60年代初期，青海省乐都、甘肃省兰州、山西省右玉、内蒙古自治区东胜等县、市，先后建立了水保试验站。1960～1962年先后撤销了湟中、化隆等8个水保试验站。1966年上半年，黄河流域共有水保科研站、所28处。“文化大革命”期间，有的水保试验站被撤销，有的下放到基层变成工作站，有的变成农场或机关果园；许多人员改行，仪器失散，课题中断。到70年代前期，黄河流域只有水保科研站、所6处，水保科研工作大部处于停顿状态。

三、70～80年代

1973年，在延安召开的水土保持工作会议上，钱正英呼吁有关部委和省（区）恢复并加强水土保持科研工作，会后各有关部门积极响应，在5～6年内，先后恢复并新建水土保持科研站、所21处。其中1973年以后新建的有：山西省忻州，甘肃省庆阳、临夏，内蒙古自治区黄甫川，陕西省米脂（省农科院黄土高原综合治理研究所），宁夏回族自治区水科所水保室及西吉、海原、彭阳等站、所。中科院西北生物土壤研究所1979年改为西北水土保持研究所。到70年代末，黄河流域的水保科研站、所又达到28处，水土保持科研工作逐步得到恢复和发展。

进入80年代以后，随着水土保持事业的发展，水保科研进一步受到重视和加强，在巩固提高原有水保科研站、所的同时，又新建10处试验站和研究所，其中陕西、河南两省分别建立了省级水保研究所，山东省建立了泰安市水保研究所，山西省在太原市和忻州、雁北地区，青海省在西宁市和海东地区，河南省在济源县和陕县新建了水保试验站或研究所。1985年黄委会水科所重建水土保持研究室。到1990年，黄河流域共有水土保持科研站、所38处，技术干部1114人，行政干部175人，技术工人759人。水保科研工作得到加强，新的研究成果不断提出，提高了水土保持科技水平，促进了水土流失防治工作的开展。

1990年黄河流域的38处水保科研站、所中，部属5处，省（区）属8处，地（州、盟）属14处，县（旗）属11处。在省地县属的33处水保科研站、所中，青海省2处，甘肃省5处，宁夏回族自治区5处，内蒙古自治区5处，陕西省4处，山西省7处，河南省4处，山东省1处（见图6—1）。

流域内的38处水保科研站、所，分布在黄土丘陵沟壑区第一副区8处，第二副区2处，第三副区4处，第四副区3处，第五副区5处，黄土高塬沟壑

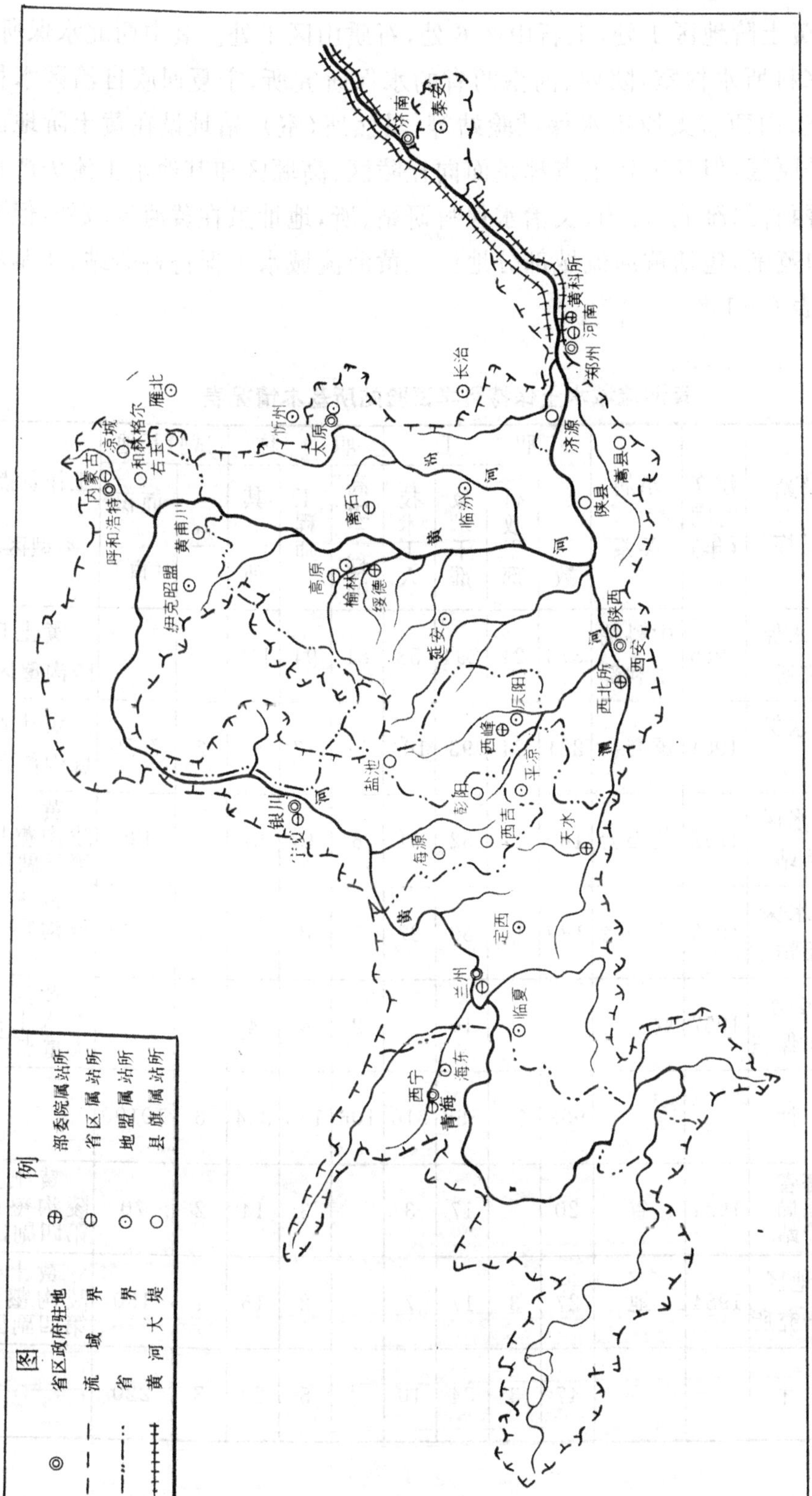

图6—1 黄河流域水土保持试验站所1990年分布示意图

区5处，黄土阶地区1处，土石山区6处，石质山区1处。其中西北水保所，黄委会水科所水保室，陕西、河南两省的水保研究所，宁夏回族自治区水科所水保室，山西省太原市水保试验站等，虽然所(室)、站址设在黄土阶地区或冲积平原区，但其工作重点都是面向丘陵区、高塬区和其他水土流失严重地区。山西省的雁北、忻州、长治水保科研站、所，地址虽在黄河流域外，但开展工作的范围，包括黄河流域部分地区。黄河流域水土保持科研站、所基本情况，见表6—1。

表6—1 **黄河流域水土保持科学试验站所基本情况表**

类别	试验站所名称	建立时间(年)	隶属关系	职工				职称			试验基地		工作重点类型区
				总数	行政干部	技术干部	技术工人	高级工程师	工程师	其他	处	面积(亩)	
部委院属	西北水保研究所	1956	中科院水利部	373	21	294	58	81	94	119			黄土丘陵沟壑区
	西峰水保试验站	1951	黄委会	221	24	93	104	12	17	64	2	7550	黄土高塬沟壑区
	天水水保试验站	1942	黄委会	160	17	82	61	6	15	61	3	480	黄土丘陵沟壑区第三副区
	绥德水保试验站	1952	黄委会	189	13	89	87	5	8	76	1	2160	黄土丘陵沟壑区第一副区
	黄委会水科所水保室	1957	黄委会	10		10		2	4	4			黄河中游水土流失重点区
	小　计			953	75	568	310	106	138	324	6	10190	
青海省	青海省水保局试验站	1984	省	20		17	3		3	14	2	70	黄土丘陵沟壑区第四副区
	海东地区水保研究所	1984	地	27	3	17	7		2	15	1	150	黄土丘陵沟壑区第四副区
	小　计			47	3	34	10		5	29	3	220	

续表 6—1

类别	试验站所名称	建立时间（年）	隶属关系	职工				职称			试验基地		工作重点类型区
				总数	行政干部	技术干部	技术工人	高级工程师	工程师	其他	处	面积（亩）	
甘肃省	兰州水保试验站	1960	省	120	9	52	59	3	13	36	1	660	黄土丘陵沟壑区第五副区
	定西地区水保试验站	1954	地	58	6	23	29	1	5	17	1	1157	黄土丘陵沟壑区第五副区
	庆阳地区水保试验站	1974	地	18	2	6	10		1	5	1	1648	黄土高塬沟壑区
	平凉地区水保研究所	1954	地	59	8	26	25	2	7	17	1	154	黄土高塬沟壑区
	临夏水保试验站	1973	州	20	2	1	17			1	1	570	黄土丘陵沟壑区第四副区
	小计			275	27	108	140	6	26	76	5	4189	
宁夏回族自治区	盐池县麻黄山试验站	1958	县	10	2	2	6			2			干旱草原区
	彭阳县王洼试验站	1976	县	6	3	3				3	1	570	黄土丘陵沟壑区第二副区
	西吉县大坪试验站	1976	县	13	1	5	7			5		1500	黄土丘陵沟壑区第五副区
	海原县树台试验站	1976	县	11		8	3			8		1500	黄土丘陵沟壑区第五副区
	宁夏水科所水保室	1978	省	9		9			1	8			
	小计			49	6	27	16		1	26	1	3570	

续表 6—1

类别	试验站所名称	建立时间(年)	隶属关系	职工				职称			试验基地		工作重点类型区
				总数	行政干部	技术干部	技术工人	高级工程师	工程师	其他	处	面积(亩)	
内蒙古自治区	内蒙古坝口子水保试验站	1956	省	62	8	28	26	3	2	23	1	1500	土石山区
	伊盟水保研究所	1963	盟	46	5	12	29		5	7	3	3000	干旱草原区、黄土丘陵沟壑区第一副区
	黄甫川水保试验站	1979	旗	43	4	20	19	1	3	16	1	1500	黄土丘陵沟壑区第一副区
	凉城水保试验站	1956	县	22	2	5	15			5	1	430	土石山区
	和林格尔水保试验站	1960	县	21	3	6	12		1	5	1	3800	黄土丘陵沟壑区第一副区
	小计			194	22	71	101	4	11	56	7	10230	
陕西省	陕西黄土高原综合治理研究所(米脂)	1979	省农科院	79	4	56	19	8	12	36		472	黄土丘陵沟壑区第一副区
	陕西省水保研究所	1986	省局	36	3	26	7	2	7	17			
	延安地区水保研究所	1956	地	36	3	17	16	3	2	12	2	146	黄土丘陵沟壑区第二副区
	榆林地区水保研究所	1981	地	30	1	18	11		2	16	4	618	黄土丘陵沟壑区第一副区
	小计			181	11	117	53	13	23	81	8	1236	
山西省	山西省水保研究所	1955	省	95	10	55	30	10	20	25	1	410	黄土丘陵沟壑区第一副区
	临汾地区水保试验站	1955	地	45	2	22	21	1	5	16	1	960	黄土高塬沟壑区

续表 6—1

类别	试验站所名称	建立时间(年)	隶属关系	职工				职称			试验基地		工作重点类型区
				总数	行政干部	技术干部	技术工人	高级工程师	工程师	其他	处	面积(亩)	
山西省	长治市水保试验站	1956	地市	34	9	19	6		6	13	3		土石山区
	忻州地区水保研究所	1979	地	22	3	12	7		2	10	1	248	土石山区
	雁北地区水保研究所	1984	地	7	1	5	1	1	3	1			黄土丘陵沟壑区第五副区
	太原市水保试验站	1981	地市	20	1	10	9		3	7	1	900	土石山区
	右玉县水保试验站	1956	县	13	2	2	9			2	5	2528	黄土丘陵沟壑区第一副区
	小计			236	27	127	82	12	39	76	12	5046	
河南省	河南省水保研究所	1984	省	27		26	1	2	7	17			黄土丘陵沟壑区第三副区
	嵩县水保研究所	1957	县	23		12	11		1	11	1	111	黄土丘陵沟壑区第三副区
	陕县水保试验站	1980	县	20	2	7	11		3	4	1	420	黄土丘陵沟壑区第三副区
	济源水保研究所	1980	县	20		6	14		1	5	2	53	土石山区
	小计			90	2	51	37	2	10	39	4	584	
山东省	泰安市水保研究所	1981	地市	23	2	11	10		5	6	4	738	石质山区
合计				2048	175	1114	759	143	258	713	50	36003	

第二节 部属研究机构

隶属于中央部委和中科院管理的水土保持科研机构，主要建立于50年代前期和中期，有黄委会的天水、西峰、绥德3个水土保持科学试验站，黄委会水科所水土保持研究室，中科院西北水土保持研究所。其主要任务是，在大力进行应用技术研究的同时，还积极开展有关基础理论的研究。

一、天水水土保持科学试验站

1941年1月，国民政府黄委会林垦设计委员会在天水建立陇南水土保持实验区。1942年8月，国民政府农林部设立天水水土保持实验区，其工作性质完全相同，因机构重迭，1946年陇南水土保持实验区撤销，保留天水水土保持实验区。建国后与当地农林机构合并，改名为陇南人民农林实验场，归甘肃省农林厅管辖。1953年移交黄委会西北黄河工程局，更名为陇南水土保持工作推广站。1956年定名为天水水土保持科学试验站。1957年归黄委会水科所领导。1958年改由黄委会水土保持处管理。1964年由黄河中游水土保持委员会领导。1970年下放合并于天水地区水电局。1973年恢复建制，由甘肃省水电局管辖。1978年归属黄委会。1988年4月，改由黄河中游治理局领导。

站内设办公室、政工科、土地利用研究室、水工径流研究室（含烟铺试验基地）、林园研究室（含龙王沟、梁家坪试验场）、农牧研究室（含罗玉沟试验场）、多种经营科。

设站以来，以渭河上游黄土丘陵沟壑区第三副区为重点，在梁家坪试验场和吕二沟小流域，进行水土流失规律和农林牧单项措施试验及综合治理效益研究。尤其是坡耕地径流小区测验和大柳树沟小流域综合治理措施试验，在建国初期，对黄河流域乃至全国水土保持的试验推广，都起到典型示范作用。50年代在天水县的田家庄和毛家庄、武山县的邓家堡、清水县的麻池沟、通渭县的华家岭等地，建立农村工作基地53处，进行了田间工程和造林种草大面积示范推广，由于费小效宏，简单易行，受到群众的欢迎。当时试验推广的地埂、刺槐、草木樨等措施，1957年曾获得国务院水土保持委员会特等奖；1982年获国家科委、农委农业科学技术推广奖；1983年以来，有7

项成果获部、省、地级科技进步奖;1985 年小流域综合治理水土保持措施的试验与推广获国家科委科学技术进步二等奖。

二、西峰水土保持科学试验站

1951 年 10 月 1 日,黄委会西北黄河工程局在西峰成立泾河水土保持工作队(随后定名为西峰水土保持工作站),1952 年 11 月 25 日改为陇东水土保持工作推广站。1956 年改名为西峰水土保持科学试验站。1957 年归黄委会水科所领导。1958 年改由黄委会水保处管理。1958 年在环县设立试验场,1960 年改为环县分站,在环城乡十八里村及城东塬村培养综合治理样板。1964 年由黄河中游水土保持委员会领导。1969 年西峰水保站建制被撤销。1973 年 10 月恢复,归甘肃省水电局领导,1978 年改属黄委会领导,1988 年由黄河中游治理局领导。站内设置有行政办公室、科技办公室、综合治理研究室、土地利用生态研究室、南小河沟试验场、东湖园艺场、环县分站。

建站以来,50 年代前期重点进行塬面治理和沟壑治理的试办与推广,创建十八亩台沟壑土坝,建立陇东第一座山地果园(花果山),树立了南小河沟综合治理及杨家沟生物治理的样板。60 年代后期至 70 年代初期,由于"文化大革命"的干扰,科研工作中断。1973 年以后重新建站,重点抓了梯田、条田基本农田建设。80 年代在南小河沟、庆丰沟、环县肖川、镇原武沟等小流域,紧密结合当地生产,开展试验研究,取得了羊只舍饲、地埂种金针、坝地建设、沙棘样板等试验成果。1957 年获国务院水土保持委员会奖旗;1982 年获国家科委、农委农业科学技术推广奖;1984 年获中央绿化委员会奖状与全国水土保持工作协调小组"南小河沟综合治理典型"奖旗;1988 年获甘肃省人民政府"植树造林先进集体"奖旗。

三、绥德水土保持科学试验站

1952 年 9 月,黄委会西北黄河工程局筹建陕北水土保持工作推广站,同年 11 月,与陕西省农业厅米脂水土保持站合并,定名为陕北水土保持工作推广站(站址设绥德)。1956 年更名为绥德水土保持科学试验站。1957 年归黄委会水科所领导。1958 年改由黄委会水土保持处管理,增设靖边试验场及榆林各县治理推广组。1960 年将靖边试验场和神木治理推广组改为靖边分站和神木分站。1964 年由黄河中游水土保持委员会领导。同年国家科委把该站重点治理的韭园沟小流域列为农林牧综合实验十大样板之一。1969年该站下放到榆林地区，更名为榆林地区水土保持站。1978年归属黄委会领导。1988年改由黄河中游治理局领导。站内设有办公室、科研室、政工科和试验场。

该站40多年来以黄土丘陵沟壑区第一副区为治理重点，以应用研究为主，采取定位试验和调查研究相结合的方法，在辛店试验场和韭园沟小流域进行水土流失规律和水土保持单项措施及综合治理效益试验研究，并在原绥德地区8个县培养和树立了综合治理典型，特别是结合当地实际就淤地坝的坝系规划、库坝设计、盐碱地改良、拦泥增产以及水坠法筑坝进行了一系列的试验研究，取得了有用成果。1957年获国务院水土保持委员会奖旗；1982年至1990年先后获国家级和部级奖各2项，黄委会奖励7项。

四、黄委会水科所水土保持研究室

1950年黄委会在郑州成立泥沙研究所，主要研究与黄河水文泥沙有关的课题。1956年12月改为水利科学研究所，1957年3月增设水土保持室，下设泥沙、径流和措施3个研究组，并接管了天水、西峰、绥德3个水保试验站，共同开展水土保持科研工作。

1964年8月在西安成立黄河中游水土保持委员会后，黄委会水科所的水保室撤销，部分人员调中游委员会，部分人员调中科院西北水保所，水保科研工作由泥沙研究室组织课题组继续进行。1984年11月成立土壤侵蚀研究室，1986年3月改为水土保持研究室。

黄委会水科所水保室成立初期，主要任务是研究水利、水土保持措施对黄河干、支流洪水、径流、泥沙的影响；60年代主要研究坡面及沟道小流域泥沙运行规律和径流泥沙来源，为制定水土保持规划提供依据。1985年土壤侵蚀研究室重点研究了黄河中游多沙粗沙支流产沙规律、粗沙来源及输沙规律，为治黄宏观决策提供参考。80年代后期又针对黄土高原水土保持中出现的新情况和新问题，重点研究了水土保持减沙效益与黄河干支流水沙变化趋势、大型煤田开发对水土流失和入黄泥沙影响及对策，为煤田开发和黄河治理服务。

五、中国科学院西北水土保持研究所

中科院西北水保所，是黄河流域科研力量较强、专业较全的水保科研单位，承担水土保持和与水土保持有关的重要研究课题和基金项目。所址在陕西省咸阳市杨陵区。该所于1955年3月筹建，原名中科院西北农业生物研究所，1958年改名为中科院西北生物土壤研究所。1964年改名为中科院西北水土保持生物土壤研究所，在业务上接受原黄河中游水土保持委员会的领导。“文化大革命”中曾下放给陕西省，1979年经国务院批准，归属中科院领导，并更名为中国科学院西北水土保持研究所。1988年经国务院批准，定名为中国科学院、水利部西北水土保持研究所。

所内研究机构设有：土壤侵蚀研究室、土地利用研究室、土壤肥力研究室、林草生态研究室、作物生态研究室、同位素应用研究室、技术室和情报研究室等8个研究室。管理机构有：党委办公室、所长办公室、科研处、技术条件处、人事处、总务处和财务科。经中科院批准该所为土壤学、生态学硕士授予单位，土壤学博士授予单位。

该所主要研究任务是开展水土流失规律预测预报和防治途径、土壤及土地资源评价与合理利用、植被恢复的理论与技术和旱作农业增产体系等课题。70年代中期在陕西省安塞县建立了水土保持综合试验站，70年代后期在宁夏回族自治区固原县建立了水土保持实验基地(1983年定名为固原生态研究站)，1984年在陕西省长武县建立了黄土高原农业生态试验站，分别在当地研究水土流失规律与防治措施，以及改善生态环境、合理利用土地、农林牧优化结构模式等课题。

建所30多年来，取得科研成果240多项，1983年以来获省(部委)级以上成果奖40项。黄土高原丘陵区飞机播种造林获国家科技进步二等奖。

第三节　省属研究机构

黄河流域8省(区)共有水保科研站、所33个。其中省(区)属8个，地(盟、州)属14个，县(旗)属11个。研究方向以应用技术为主，有条件的站、所开展少量基础研究，大部是结合当地具体条件，研究治理措施和树立典型样板。

一、青海省

青海省在黄河流域有水土流失面积2.6万平方公里，主要分布在黄土丘陵沟壑区及土石山区。1956年7月省水土保持委员会办公室在湟中和化隆两县设置水土保持试验站，1965年5月省水利局增设乐都县水土保持试验站。1969年11月省水土保持委员会办公室撤销后，这3个水保试验站分别下放给湟中、化隆、乐都县农林水利部门领导，以后变为水土保持工作站。80年代新设两个试验站、所，即省水土保持局科学试验站和海东地区水土保持科学研究所。

(一)青海省水土保持局科学试验站

1981年成立，设在西宁市，承担全省水土流失地区的水保科研工作。以应用科研为主，先后在乐都、民和等县和互助县西山乡邵代家沟、西宁市西山试验基地，进行水保科研示范推广。研究内容和取得的主要成果有：小流域径流泥沙试验、浅山地区10种水保优良牧草试验、水库泥沙淤积调查、水坠法筑坝试验、草原绿色豌豆的复种试验、浅山地区混施过磷酸钙试验等，均取得有用成果。其中水库淤积调查1979年获省科技进步四等奖；互助县西山小流域径流泥沙研究及其防治水土流失效果，1987年获省科技进步三等奖，互助县西山乡朱家沟造林治理、浅山农业气象分析、再生胶油毡水库坝面防渗试验、塘坝重力塌陷性黄土地基预浸水处理试验等四项研究，1987年均获省科技进步四等奖。

(二)海东地区水土保持科学研究所

在省科委协助下，1981年建立海东地区浅山综合治理研究所，隶属海东地区行署领导，1984年7月改名为海东地区水保科学研究所，属行署水电处领导，业务上受省水利厅指导。该所以应用科研为主，先后在互助县西山乡西沟底村、乐都县羊圈村和平安县巴藏沟流域进行水保科学试验。主要成果有：干旱山区适生树种草种引进栽培试验、小流域治理规划和小流域径流泥沙测验等，1987年获青海省科技成果进步奖。

二、甘肃省

甘肃省在黄河流域内有水土流失面积10.6万平方公里，主要分布在高塬沟壑区和丘陵沟壑区的第三、第四、第五副区。1954年西北黄河工程局在定西、平凉分别建立水土保持工作站，1956年改为试验站，1957年移交地方管理。1960年甘肃省在兰州成立水土保持科学试验站，70年代又在庆阳、临夏建立水土保持试验站。至1990年甘肃省在黄河流域共有5个水保科研站、所。

（一）兰州水土保持科学试验站

1960年建站，位于兰州市东岗镇柳沟西坪。建站初期属甘肃省水利厅水保局领导，是全省的水土保持科研中心站，面向全省水土流失地区进行水土保持科学试验。建站30年来，站名、性质、隶属关系曾有多次变化：1964年，由甘肃省水利厅领导的兰州水土保持科学试验站改为省水土保持局领导；1969年，改为兰州市园艺场，属兰州市革委会领导；1970年转为甘肃省生产指挥部机关农场；1973年恢复为水保科学试验站，属省水利电力局领导。1981年改属水利厅领导。站内设有办公室、科研室、治理推广科、总务科和试验场。并在榆中县孙家岔、陇泉乡、龚家洼及定西县官兴岔等地设有农村试验基地（点）。

该所以应用科研为主，结合本省实际情况也进行了应用基础研究。着重研究甘肃省中部黄土丘陵沟壑区的水土流失规律、水土保持综合治理的最佳方案和水土保持措施的最优方法，从新理论、新技术、新手段的运用进行研究，为有效地防治水土流失，减少入黄泥沙提供科学依据。科研项目和主要成果有：小流域综合治理与效益、小流域综合治理优化模式、水土流失规律、水土保持植物措施、水土保持耕作措施、水土资源的开发与利用、优良水保植物品种选育、新技术在水保科研中的应用等。其中官兴岔小流域水土保持综合治理试验示范，1987年获甘肃省科学技术进步二等奖，甘蒙柽柳在中部干旱地区的适应性及其造林技术与隔坡梯田在中部干旱地区的试验，1985年获甘肃省科学技术进步三等奖。

（二）定西地区水土保持科学试验站

始建于1954年，当时属黄委会西北黄河工程局领导，原为工作站，站址在定西县城新市区。1957年2月，移交给定西专署农业建设局领导，地址迁到县城东郊安家沟小流域电杆梁东侧。建站33年来，曾先后14次更换领导，9次变更隶属关系，一次大精减，一次机构下放。1987年稳定后，站内机构设置有科研室、推广室、科技情报资料室、土壤化验室、试验场、气象园、行政办公室，分别承担各项试验研究任务和后勤管理工作。在定西县大坪、郭川、高泉沟和会宁县蔺家湾建立农村试验基点四处。

该站试验研究工作，主要以安家沟小流域为基地，开展了18个专题研究,145项试验,提出试验研究报告和技术经验总结85篇,为干旱山区保持水土、发展生产提供了科学依据和技术经验。主要成果有:小流域综合治理、水土流失规律、水土保持措施效益、基本农田建设、水土保持林草建设、木本粮油及果树上山栽培技术、干旱地区用洪用沙、盐碱坝地改良利用等。

(三)平凉地区水土保持科学研究所

1954年建立,原为工作站,属黄委会西北黄河工程局领导,1957年移交给当地管理。1964年扩建,成立平凉水保试验站,属平凉专署领导。1968年12月下放到平凉县管理,1973年7月又恢复为平凉地区水土保持试验站。1987年8月经平凉地区行署批准,改名为平凉地区水土保持科学研究所。设有办公室、研究室和试验站。其研究方向,以解决本区水土保持生产建设中存在的关键技术问题为主,适当开展一定的基础理论研究。研究项目和取得的主要成果有:小流域综合治理措施配置与效益、工程措施、生物措施、用洪用沙等。已鉴定受奖成果有:高含粘量地区水坠法筑坝研究,引洪漫地试验,沙打旺引种、繁殖与推广,纸坊沟28年径流泥沙研究成果,静宁县古岔小流域综合治理,泾川县茜家沟小流域综合治理试验示范,夏季梯田建设及效益等。其中沙打旺栽培和茜家沟治理分别于1984年和1987年获甘肃省科技进步奖。

(四)庆阳地区水土保持科学试验站

1974年4月建立,站址在西峰市张铁沟。研究方向以应用科研为主,着重进行山地果园、水平梯田、提水上山、引进油松栽培等技术的试验研究。

(五)临夏回族自治州水土保持科学试验站

成立于1958年,站址在临夏市郊妥家湾。"文化大革命"中改为林业试验站,1973年12月恢复为水保试验站,站址移至大夏河汇入黄河处。研究方向以应用技术为主,结合本地区条件,推广先进措施,培养治理典型,取得了有用的成果。

三、宁夏回族自治区

宁夏回族自治区在黄河流域的水土流失面积共3.18万平方公里,主要分布在固原、银南两个地区8个县的黄土丘陵沟壑区、风沙区和土石山区。1958年在海原、盐池和同心县分别建立了水土保持试验站。1962年因机构精简,除盐池县水保站留人看守外,其他站全部撤销。70年代恢复了海原、盐池水保试验站,增设了彭阳、西吉水保试验站和自治区水科所水保室,到

1990年全自治区共有5处水保科研站、室。

（一）盐池县麻黄山水土保持科学试验站

1958年建立，站址在盐池县麻黄山乡何家新庄，地处鄂尔多斯台地向黄土高原过渡地带，地广人稀，当时这里只有两户居民。1977年恢复工作后，指导群众治山治沟，培养水土保持典型。试验研究项目有：梯田与引洪漫地的效益观测、适地林草品种的选育。1984～1985年，利用自然荒坡建成6个坡面12个径流场的观测，同时重点指导群众建设梯田、坝地，开展小流域治理并进行效益观测。自建站以来，经过多年治理，昔日荒山秃岭的何家新庄变得林茂粮丰，吸引400余农户陆续迁入。

（二）彭阳县王洼水土保持科学试验站

1976年建站（原属固原县），以王洼沟小流域9.25平方公里综合治理为重点。1978年进行了机修梯田和筑坝试验，1981年开始坡地径流泥沙测验，1982～1983年与中科院西北水保所合作，试种红豆草成功。1988年王洼沟综合治理获自治区科技进步四等奖。

（三）西吉县大坪水土保持科学试验站

1976年建站，站址在六盘山西麓的大坪乡，有试验基地1500亩，其中造林种草1110亩，果园20亩。试验研究项目主要有：抗旱耐寒树种选育、10～25度四级坡度径流观测、梯田与坡地对比效益试验。80年代后期主要突出林草建设、机修梯田和小流域综合治理试点工作。该站建立的马建、台子两个农村综合治理样板已见成效，其中马建村1984年评为全国水保先进单位。

（四）海原县树台水土保持科学试验站

1976年秋恢复，站址在海原县南部山区的树台乡。有1平方公里的犁尖沟为试验基地，1977年开始进行治理，1990年已基本布上治理措施，设有耐旱树种和牧草试验及0～25度五级坡度径流场的测验。在园河流域的东川、姚沟、牙丁川、井沟、灰条沟等小流域进行洪漫坝地试验，小麦、胡麻、白豌豆均比不漫地增产一倍多，取得显著的经济效益。

（五）宁夏水利科学研究所水土保持研究室

1978年成立，属自治区水利厅领导，地址在银川市，主要任务是协调和领导全区水保试验站的技术业务，并完成有关的水保科研项目。1982～1983年在园河流域灰条沟小流域开展综合治理试验。1984年参加自治区农业总体规划，完成西吉县水土保持专项规划报告和苏家沟小流域综合治理规划。1985～1986年进行固原县河川、梁壕、大岔、李岔等4条小流域综合治理规划。1987～1990 年参加应用彩红外遥感信息，建立了小流域数据库，开展赵木湾小流域综合治理试验。应用 TM 卫星图象，编制了宁夏土壤侵蚀图、宁夏水库、塘坝数据库。

四、内蒙古自治区

内蒙古自治区在黄河流域的水土流失面积 9.05 万平方公里。从 50 年代开始进行水土保持科研工作，设有坝口子、伏路、凉城等水保试验站。60 年代初期，增设了和林格尔、伊克昭盟等水保试验站。后曾几经调整，1990 年自治区黄河流域共有 5 个水保科研站、所。

（一）坝口子水土保持科学试验站

1956 年 4 月筹建，站址位于呼和浩特市北郊 5 公里的大青山南麓，属土石山区。主要任务是承担水土保持试验研究、培训水土保持技术人员、指导各盟、旗水保试验站的工作。“文化大革命”中，一度改为机关果园，1973 年 4 月恢复为试验站，1985 年底，并入内蒙古自治区水利科学研究所，为第四研究室（即水保研究室），对外保留试验站的牌子。30 多年来，面向黄土丘陵区和土石山区，采取试验、示范、推广相结合的方法，进行了草田轮作、机修梯田、引洪漫地、荒坡造林、种草等试验研究，取得不少成果。50 年代在大青山栽植的 3 万亩油松，已密茂成林。试验小流域果园与粮食年产值 30.9 万元，比治理前增长了 1.75 倍。

（二）凉城县水土保持科学试验站

1956 年建立，站址位于凉城县双固城乡小窑沟，地处土石山区。研究方向以应用科研为主，进行了小流域综合治理，林草建设等方面的试验研究，树立了示范推广典型。

（三）和林格尔县水土保持科学试验站

1960 年建立，站址在和林格尔县小南沟，属黄土丘陵沟壑区第一副区，是黄河流域多沙粗沙区之一。“文化大革命”中改为苗圃和果园，科研工作中断。1979 年恢复试验站，属和林格尔县水电局领导。有小南沟和贾堡营试验场两处，共计面积 3800 亩。在小流域综合治理、水坠法筑坝施工技术、油松育苗、沙打旺引种试验和础砂岩治理措施等方面，取得了有用的成果。

（四）伊克昭盟水土保持科学研究所

位于伊克昭盟东胜市，地处鄂尔多斯高原台背，是罕台川、黑赖川、西柳沟、哈什拉川 4 条河川及窟野河的分水岭。1963 年在东胜三台基初建时为水保试验站,1967年与达拉特旗盐碱化改良站合并,成立伊克昭盟水利水保试验站;1969年下放给东胜市领导,1974年收归伊盟领导,1980年改名为水保研究所,承担全盟水保科研工作。

所内设办公室、后勤股、水保工作研究室、生物措施研究室、科技情报资料室、土壤化验室。任务以小流域综合治理为主,研究防治水土流失措施。在窟野河上游开展小流域综合治理定位试验及调查研究。由该所主持的活尼图小流域综合治理试点,治理程度达75%;70年代进行的柠条林网调查研究和砒砂岩土壤改良等研究成果,1980年获伊克昭盟科技成果二等奖。

(五)准格尔旗黄甫川水土保持科学试验站

准格尔旗境内有黄甫川、窟野河,水土流失特别严重。50年代初,在境内设伏路水土保持试验站。1979年为了推动黄甫川流域水土保持综合治理,在伏路水保试验站基础上,经过充实,设立了准格尔旗黄甫川水土保持试验站。站内设有试验场、化验室、种苗场、工程室、林草室、综合室。研究内容和主要成果有:五分地小流域综合治理农林牧全面发展试验示范、水利水保与旱作农业增产措施试验、水土保持林草措施试验、水土流失规律与水保效益观测、砒砂岩陡坡治理与利用等。

1979年3月根据协商,坝口子水保试验站、伊克昭盟水保所和准格尔旗黄甫川水保试验站三方,共同承担黄甫川流域综合治理农林牧全面发展的试验任务,其38条小流域治理取得了显著成果,1987年获内蒙古自治区科技进步一等奖。

五、陕西省

陕西省黄河流域的水土流失面积10.1万平方公里,防治水土流失任务较大。1951年3月省农业厅在米脂县成立水土保持站,1955年黄委会西北黄河工程局在榆林、延安、宝鸡、渭南成立水土保持工作推广站,1956年移交地方管理。渭南水保工作推广站1957年春迁澄城县,改名澄城水保试验站,直属省水利厅领导,后交渭南地区,改为工作站。宝鸡水保工作推广站,1957年迁到彬县,改名彬县水保试验站,直属省水利厅领导,后交咸阳地区,改为工作站。1960年10月水利厅在耀县成立省水保研究所,主要任务是整编全省水保径流测验资料及培养综合治理典型,1962年改为省属水保工作站,"文化大革命"中撤销。1990年陕西省黄河流域有4个水保科研单位。

(一)陕西省黄土高原综合治理研究所

所址在米脂县,属陕西省农业科学院领导。1979年建立时名为陕西省黄土高原综合治理米脂试验站,1985年改为陕西省黄土高原综合治理研究所。主要任务是研究黄土高原,特别是陕北丘陵沟壑区的综合开发与治理中的农林牧等有关科学技术问题。设有办公室、科研管理科和综合治理、农业、林果、畜牧等研究室。

1980～1986年,由联合国开发计划署、联合国粮农组织先后提供研究经费120万美元,进行科技合作。该所具体执行中国政府与联合国开发计划署、联合国粮农组织签订的“西北黄土高原土地资源合理利用”和“中国西北黄土高原土地和生物资源改良利用”研究项目。主要研究课题有:建立泉家沟实验区综合治理样板、黄土丘陵沟壑区粮食少种高产技术研究、苹果矮化密植高产栽培技术研究、苜蓿高产技术研究、土壤改良剂的应用研究等。泉家沟小流域综合治理在同类地区起到很好的示范作用。该所主持的米脂县农业资源和农业区划,促进了全县的水土保持和大农业生产,1987年获农牧渔业部科技成果二等奖,陕西省科技成果一等奖。

(二)陕西省水土保持勘测规划研究所

1986年陕西省政府决定,将原省水土保持勘测规划队改名为陕西省水土保持勘测规划研究所,承担全省水土保持勘测规划和科学研究任务。设有勘测规划室、侵蚀防治室、农林措施室、工程措施室、科技情报室。主要承担省内重点流域的水土保持土地整治、神木府谷煤矿开发区的治理勘测规划和科研工作。先后完成了陕西省黄土高原水土保持综合治理规划、治沟骨干工程总体规划。科研工作开展的项目和取得的成果有:遥感技术、电子计算机等应用技术,神府矿区土地利用、治理措施、土地复垦技术,优良经济林种引种栽培技术等研究。80年代后期还开展了黄河流域不同造林立地条件类型划分及适地适树水土保持防护林体系营造的研究、农业耕作措施蓄水保土及增产效益的研究等。

(三)延安地区水土保持科学研究所

1955年11月,黄委会西北黄河工程局在延安设立了水土保持工作站,1956年交地方管理。50年代曾在大砭沟、碾庄沟等地开展典型治理和试验研究工作,发挥了示范推广作用。60年代初期和“文化大革命”中,机构精简,人员下放,科研工作中断。1978年恢复,成立了延安地区水土保持科学研究所。设有办公室、科研室、试验场等。

50年代至60年代初,在大砭沟的科研项目及主要成果有坝地、梯田、林草效益观测和水保耕作法试验等。1979～1982年在上砭沟开展了综合治理的研究，1983年列为黄河中游地区小流域综合治理试点，经过5年的努力，治理程度占流失面积的69.2%。单项措施的试验研究取得了显著的生态效益和经济效益。草田轮作试验1981年获省水利水保厅优秀奖，沟壑造林技术和隔坡梯田研究1988年获省水利水保厅科技成果三等奖。

（四）榆林地区水土保持科学研究所

1985年12月在原米脂县官庄灌溉试验站的基础上，成立了榆林地区水土保持科学研究所，所址仍在米脂县。设有办公室、化验室。榆林地区北部地处风沙区，是主要粗沙产区，该所科研任务主要面向榆林地区北部6县，重点为神府煤田开发区的水土保持综合治理服务。同时还进行了无定河灌区次生盐渍化土壤改良的研究。

六、山西省

山西省黄河流域的水土流失面积6.12万平方公里，50年代开始在离石、临汾、隰县、晋东南等地建立水保试验站，研究防治水土流失的措施。60年代忻州、雁北、晋中和晋南等地区的10多个县设立了水保工作站，“文化大革命”中多数被撤销。历经逐步恢复和调整，1990年全省在黄河流域有7个科研站、所，分布在离石、临汾、忻州、长治、太原、雁北、右玉等地。其中雁北、忻州、长治3个站、所地址虽不在黄河流域，但其工作范围中有的县、乡在黄河流域内。

（一）山西省水土保持科学研究所

所址在离石，始建于1955年3月，原名离石县水土保持试验推广站，1963年改为山西省水土保持科学研究所，1972年春撤销，交吕梁地区农校，科技人员下放到吕梁地区。1973年9月恢复原建制，1980年以来工作有所发展。1990年所内设政工人事科、办公室、土壤侵蚀室、治理措施室、调研室、试验场和《山西水土保持科技》编辑部。开展的科研项目有：水土流失规律、各项治理措施蓄水保土效益和水土保持农业措施、工程措施、机修梯田、小流域综合治理等，其研究成果，对推动山西省特别是西部山区的水土保持起了积极作用。1979年以来，黄土丘陵沟壑区水土流失规律、人工降雨、丰产沟等4项研究成果，获省科技进步二等奖；灌木资源调查等2项成果获科技进步三等奖；与有关单位合作研究的水力冲填筑坝、土地资源信息库等8项成果，分别获国家和省、部级一、二、三等奖。

(二)临汾地区水土保持科学试验站

1955年建立,原为水土保持工作站,地址在隰县蓬门村。1956年迁到隰县南唐户村,改为隰县水土保持试验站,归县农业局领导。1962年迁到隰县城内,又改为隰县水保工作站。1963年改名晋南专区隰县水保试验站,归地区水利局领导;1970年撤销,1973年恢复,仍归地区水利局领导;1985年迁到临汾市,并改用现名。设有办公室、技术组、试验场、化验室。从50年代开始主要研究晋西残塬沟壑区的治理措施,60～70年代主要研究水坠法筑坝、爆破筑坝、机修梯田等快速施工方法,80年代主要研究小流域径流泥沙来源、治理措施配置及开矿对水土流失的影响等。先后共取得43项成果,其中空腔爆破筑坝,旱塬地机修软埝、梯田,西埝沟小流域治理等成果获省科技进步奖及省优秀论文奖。

(三)右玉县水土保持科学试验站

1963年在右玉县成立,位于雁北地区西部丘陵、山区,主要研究对象是黄土丘陵沟壑区第一副区(部分为盖沙丘陵),以应用科研为主,结合生产和推广。进行了东窑沟小流域综合治理,治理程度达50.5%。同时在西梁沙地上进行播种白沙蒿试验,覆盖率达90%,起到了显著的防风固沙作用,风蚀减少60%。

(四)长治市水土保持科学试验站

1956年建立,站址设平顺县羊井底村,原名晋东南地区水土保持试验站。1963年站址迁至平顺县城,改为晋东南地区水土保持工作站;“文化大革命”期间改为平顺水土保持工作站,迁至平顺西沟村;1977年恢复为晋东南地区水土保持试验站;1982年迁至长治市,并在平顺县东青乡小铎村建立了试验场;1985年6月改名为长治市水土保持试验站。设有科研室、办公室、化验室、试验场,并在平顺县王庄村、沁源县法中村、长治县梁家庄等地建立农村基点,开展示范工作。主要研究任务是土石山区的治理,研究内容和取得的成果有:土石山区水土流失规律和水土保持效益、土石山区阳坡绿化技术、土石山区果园蓄水保土丰产技术、小流域综合治理示范推广、多目标系统工程在土石山区小流域规划治理中的应用、矿区水土流失及防治方法等。平顺县羊井底西沟治理,是建设山区的典型,50年代多次受到国务院水土保持委员会和山西省政府的表扬和奖励。

(五)忻州地区水土保持科学研究所

建于1979年,原名忻州地区水土保持试验站,1988年改为研究所。设有办公室、财务室和小型化验室,并在河曲县曲峪村设有试验场,面积248

亩。该所以应用科研为主，进行黄土丘陵沟壑区第一副区水土保持试验、示范、推广，探索水土流失规律，引进水土保持先进技术，为小流域综合治理和当地水土保持决策服务。研究内容和取得的主要成果有：水土流失规律和水保措施拦蓄效益；林草措施及其效益，小老树改造和油松、杨树栽培；黄河护岸林速生丰产试验，起到防洪抗灾的效果；生物地埂试验，取得较好的生态、经济效益；水土保持适生灌木林研究，调查沙棘、柠条、柽柳、杞柳资源，推广发展灌木林的树种；缓坡机修水平梯田试验推广，机修水平梯田 250 亩，提高工效 22.5%；偏关县英儿沟小流域治理，治理程度达 83%，土地利用率达 90.3%，拦蓄效益达 99.7%。结合五寨县北沟小流域治理进行了科研改革，组建了经济联合开发治理股份公司，分资金、器材、土地、劳力四种股份，试验站投入科研经费 8 股 4 万元，流域治理指挥部提供试验场地、劳务投工、肥料等，收益按二八分成（研究所二成，指挥部八成），研究所收回科研经费 1.8 万多元。1984～1989 年获地区科技成果奖七项，其中英儿沟小流域综合治理获省科技成果三等奖。

（六）太原市水土保持科学试验站

1982 年 9 月成立，地址在山西省太原市晋祠。设有综合组、生物组、工程组、办公室，试验场一处，并在清徐县白石沟、北郊区北头河、娄烦县设有试验基点。研究内容和取得的主要成果有：砂页岩地区水土流失规律及其防治方法、砂页岩地区水源保护工程措施、砂页岩地区适宜灌溉技术及其增产效益、矿区水土流失及其治理方法、白石沟小泉水利用、仙居沟小流域水土流失规律、淤地坝研究等。

（七）雁北地区水土保持科学研究所

1984 年 4 月成立，所址在大同市。下设右玉和大泉山两个水保试验站。雁北地区有部分面积属黄河流域。该所主要研究黄土丘陵沟壑区第一副区、土石山区和矿区水土流失的防治以及小流域综合治理措施。1989 年，缓坡横向推土机修梯田技术研究、油松更替小叶杨技术研究、农田林网防治风蚀效益研究等三项成果获省科技进步奖。

七、河南省

河南省黄河流域的水土流失面积 1.65 万平方公里。1957 年设有嵩县水土保持试验站，1980 年增设济源、陕县两个试验站、所，1984 年成立省水保研究所。

(一)河南省水土保持研究所

1984年在郑州建立,负责全省水土保持科学研究与技术推广,并领导全省7个水土保持试验站、所(其中黄河流域3个),设有治理科、工程管理科、科技科、技术推广室。

(二)嵩县水土保持科学研究所

1957年建立水保试验站,由省水保局领导,1958年下放到嵩县,1962年交洛阳地区水利局管理,1966年又下放到嵩县水利部门管理,1968年10月撤销。1980年7月恢复,定名为嵩县水土保持科学试验站,1989年改为嵩县水土保持科学研究所。

所内设有科技组、后勤组。试验研究以河南省西部土石山区为主要对象,研究内容和取得的主要成果有:坡耕地水土流失规律、治理沟与非治理沟的对比试验、胡沟小流域综合治理效益、沟垄耕作法的效益、梯田和淤地坝拦蓄及增产效益、新修梯田土壤熟化试验、黄土区水土保持林的研究、德亭川小流域农林牧综合发展与全面治理措施研究。1985年沙打旺试验成果获河南省水利厅科技成果二等奖,1987年至1990年豫西山区优良牧草引种试验、刺槐封沟效益研究、沙打旺冬储养畜试验、梯田地埂利用等四项获地市级科技成果进步奖。

(三)济源市水土保持科学研究所

1958年建立漭河综合实验站,“文化大革命”中撤销。1979年恢复为济源市水保站,1980年9月定名为济源市漭河水土保持科学试验站,1990年9月改名济源市水土保持科学研究所。

所内设有办公室、技术组、生态组,两个试验场,其中槐滩试验场代表黄土丘陵沟壑区,虎岭试验场代表土石山区。该所主要研究河南省西北部土石山区和黄土丘陵沟壑区的水土流失治理,取得的主要成果有:冬桃引进栽培技术、太行山区栎树林水保效益、引进优良牧草20余种并推广2.3万亩、刺槐在黄土丘陵区的生态和经济效益、小流域规划治理49条、沙棘调查、水保林体系研究、营造水保林25.8万亩与封山育林2.7万亩。该所1957年12月和1958年9月先后两次获得国务院水土保持委员会奖旗。1989年杉树林效益和沙棘调查获省水利厅科技成果奖,1990年冬桃引种获省水利厅水保林科技成果奖。

(四)陕县水土保持科学试验站

1980年8月建立,站址在三门峡库区上游南侧陕县火烧阳沟小流域,设有技术股、财务股、办公室、化验室、资料室、气象场等。以河南省西部黄土阶地区和丘陵区为主要研究对象。研究的主要项目和取得的成果有:山区沙打旺水保效益研究,1986年获省水利厅科技成果二等奖;豫西黄土区刺槐封沟水保效益研究,1988年获三门峡市科技成果三等奖。

八、山东省

黄河流域在山东省境内的水土流失面积主要在泰安市(原泰安地区),泰安市水土保持科学研究所,承担大汶河等黄河支流的水土流失防治科研工作。该所原为泰安地区水土保持试验站,始建于1981年,当时属泰安地区水利局领导。1984年4月,泰安地区成立水土保持委员会办公室,试验站改归这个办公室领导。1985年1月,改为泰安地区水土保持科学研究所。1985年5月,泰安地区改为泰安市,该所名称和隶属关系也随之变更。1989年改归市水利水产局领导,名称不变。所内设有业务室、办公室、行政事务室。

该所科研重点是探讨山东省中部山丘不同侵蚀类型区水土流失规律及人为活动影响的程度,研究费省效宏的水保措施和引进新技术。先后开展了梯田与坡耕地不同耕作措施效益对比试验、梯田技术措施、谷坊技术措施、优良树种草种及其栽培技术措施、金银花丰产栽培试验、山丘区生物埝(地埂)技术及效益、山楂密植丰产栽培试验、沙棘引种试验。80年代后期进行的董庄、南流屯小流域综合治理效益和通天河、北师、石屋志3条小流域治理试点等项研究,都取得了较好的成果。

第十九章　研究成果

黄河流域水土保持的科学研究，以水土保持科研站、所定位试验为基础，加上有关科研单位、大专院校等多种形式的科研活动，取得丰硕成果，逐步形成完整的水土保持科学体系，解决了水土流失治理中的主要科学技术问题。

第一节　水土流失规律观测研究

黄河流域各地的水保科研站、所对水土保持的研究，多从研究水土流失规律开始。主要的方法是在坡面布设径流小区，观测降雨、地形（主要是坡度和坡长）、植被、土壤等项因素对水土流失的影响。60年代初期，有的站、所开始采用人工降雨模拟试验，以弥补天然降雨在雨量、强度等方面的局限。几十年来，各地取得了大量观测、试验资料，通过整理、分析，提出了适应于不同情况下的水土流失方程式，对未来可能产生的水土流失量进行预测，使水土流失规律的研究从单项因素发展到多因素的组合，提高了研究水平。

一、降雨影响

40年代至80年代，各站、所研究降雨与水土流失的关系，其成果表明：暴雨是产生水土流失的主要因素，暴雨产生的土壤侵蚀量占总侵蚀量的绝大多数，强度越大水土流失越严重；形成土壤侵蚀的主要是短历时、中等以上雨量、高强度的暴雨。在此过程中，前期降雨也是影响侵蚀量的一个重要因素。

（一）雨量

天水水保站梁家坪试验场径流小区测验，1945～1956年共降雨（1毫米以上）758次，其中发生径流的仅88次，占总降雨次数的11%。5～8月降雨量占年总量的58.9%，径流量占年总量的96.8%，冲刷量占年总量的

94.6%。其中8月份降雨量占年总量的19.8%,产生的径流量占年总量的43.2%,冲刷量占年总量的36.4%。汛期雨量产生的水土流失量占年总水土流失量的绝大多数。西峰水保站杨家沟测验资料说明,由于各年汛期雨量与其中产流雨量差异较大,影响到水土流失年际变化也大。最大年(1973年)径流模数每平方公里29870立方米,侵蚀模数每平方公里15300吨;最小年(1967年)径流模数每平方公里仅194立方米,侵蚀模数每平方公里仅88吨。最大年的径流模数和侵蚀模数分别是最小年的154倍和174倍。

(二)降雨强度

天水水保站观测,1947年6月5日一次降雨21毫米,历时37分;1948年7月28日一次降雨也是21毫米,历时15时40分。一次降雨均为21毫米,由于前者降雨强度每分钟0.57毫米,为后者每分钟0.02毫米的28倍,前者产生每公顷147.8立方米的径流量和63.3吨的冲刷量;而后者未产生水土流失。绥德水保站辛店沟试验场径流小区试验,1956年7月22日降雨44.7毫米,平均降雨强度每分钟0.15毫米,产生径流量每公顷116.2立方米,冲刷量每公顷34.8吨;同年8月8日降雨45.0毫米,平均降雨强度每分钟0.3毫米,在同一小区中产生径流量每公顷231.7立方米,冲刷量每公顷141.8吨。两者雨量相近,径流量后者比前者大1倍,冲刷量大3倍。山西省水保所根据羊道沟小流域1957～1970年产流的降雨资料统计分析,年平均产流8次,雨量177.5毫米,降雨特征是:历时短(4～6小时)、中到大雨(40～100毫米)、强度大(每小时5～25毫米);临界侵蚀雨量标准为8.1毫米,暴雨产生的土壤侵蚀量占总侵蚀量的90%。

西北水保所根据1975～1980年观测资料进行了降雨强度对土壤侵蚀影响的研究。认为造成黄土地区土壤流失的主要因素是短历时(1～4小时)、中雨量(20～50毫米)、高强度(平均雨强为每小时5～20毫米,5分钟最大降雨量超过7毫米)的暴雨;10～30分钟最大降雨强度是引起土壤侵蚀最重要的因素;黄土地区每年引起土壤流失的年平均降雨量为140毫米,占年降雨量的26.4%。不同土地利用下引起土壤流失的雨量是:农地8.1毫米,人工草地10.9毫米,林地14.2毫米(坡度为15度左右);坡耕地上产生不同侵蚀程度的雨量是:弱度侵蚀(每平方公里100～500吨)9毫米,轻度侵蚀(每平方公里501～1000吨)11.5毫米,中度侵蚀(每平方公里1001～5000吨)14.2毫米,强度侵蚀(每平方公里大于5000吨)25毫米。

青海省互助县西山邵代家沟流域试验基地,1976～1985年观测资料证明,短历时暴雨是产生强烈水土流失的主要因素。1981年8月16～20日降雨 54.9 毫米，其中最大雨强超过每小时 16 毫米，产生的径流量达 33.8 万立方米，占年总量的 73.3%；土壤冲刷量 11 万吨，占年总量的 73.4%。

（三）前期降雨

天水水保站对休闲小区观测，1949 年 8 月 4 日一次降雨 56 毫米，强度每分钟 0.05 毫米，由于前半月连续降雨 3 次，共 50.4 毫米，土壤已经饱和，因而每公顷产生径流量 136.94 立方米，冲刷量 0.78 吨。而同年 8 月 16 日一次降雨 54.2 毫米，强度每分钟 0.06 毫米，因雨前半月未下雨，土壤渗透量较大，每公顷产生径流量 8.72 立方米，冲刷量 0.01 吨。两者雨量近似，虽降雨强度前者小于后者，但由于前期降雨影响不同，前者比后者径流量大 15 倍，冲刷量大 77 倍。山西省水保所、中科院地理所和加拿大多伦多大学地理系，1985～1986 年在离石县王家沟采用人工降雨模拟试验，研究前期土壤含水量与水土流失的关系。选用前期土壤含水率分别为 6.3%、9.4%、13.7% 和 19.0%，试验结果求得前期土壤含水率（w，%）分别与产流时间（t，分钟）、径流系数（k，%）、径流深（h，毫米）、平均流速（v，毫米/分钟）以及产沙量（s，公斤）之间的函数关系为：$t=123.49w^{-1.33}$；$k=2.77w+8.59$；$h=1.18w+4.67$；$v=0.0306w+4031$；$s=145.004\lg w-106.69$

二、地形影响

（一）坡度

天水水保站根据 1945～1953 年小区观测资料分析，当地面坡度分别为 4.5 度、7.6 度、14.1 度和 17.5 度时（其比例关系为 1.00：1.69：3.13：3.89），土壤冲刷量的比例关系为 1.00：1.78：2.43：3.52。1949 年 7 月 24 日，一次暴雨 31.3 毫米，历时 38 分钟，上述四级坡度的土壤冲刷量之比为 1.00：1.58：5.89：9.63。总的情况是，坡度越陡，冲刷量越大；而在高强度暴雨下，陡坡与缓坡冲刷量的差值更大。各地水保试验站观测，都得到相似的结果。

（二）坡长

天水水保站 1954～1957 年观测，当坡面长度分别为 10 米、20 米和 40 米时，土壤冲刷量的比值为 1.00：1.05：1.42，而地表径流的含沙量比为 1.00：1.20：1.81。1957 年 7 月 12 日降雨 18.1 毫米，其中 10 分钟降雨 10.4 毫米（前期影响降雨量 34.4 毫米），上述三级坡长的土壤冲刷量比值为 1：5：12。总的情况是，坡面越长，冲刷量越大；在高强度降雨下，长坡与短坡冲刷量的差值更大。

上述小区观测资料，只说明10～40米之间坡长与土壤冲刷的相对关系。黄土丘陵区实际坡面长度一般都在200米以上。研究坡长对水土流失影响比较更接近实际的做法是：从分水岭到沟边、沟底，逐段观测分析其土壤侵蚀量。山西省水保所根据1963～1968年的观测资料分析，丘陵从上到下不同部位年侵蚀模数每平方公里分别为：梁峁顶部575吨，梁峁坡中部2820吨，邻近沟边14700吨，沟沿线以下荒坡为27300吨。上述情况虽然有不同坡度的影响，但位置越向下，坡长越大，汇流越多，冲刷越强，则是更重要的因素。

（三）坡面径流对沟蚀的影响

山西省水保所根据1963～1968年观测资料分析，坡面径流下沟与不下沟对比，沟中径流模数增加2.4倍，侵蚀模数增加4.5倍。西峰水保站1964～1965年在南小河沟的支沟董庄沟进行试验和观测，塬面径流下沟的与不下沟的对比，沟中土壤侵蚀量增加了1.26～1.4倍。

三、植被影响

50年代至80年代，有的站、所试验研究获得的资料表明，林地被覆率越高，减少水土流失的效益越大。林地比牧草地和坡耕地水土流失均小，树冠截留效益和枯枝落叶层保持水土的作用均很显著。苜蓿、草木樨、沙打旺等草地均有良好的水土保持效益。

天水水保站1945～1953年不同农作植被测验，上半年冬麦，下半年玉米、黄豆间作地植被均良好，水土流失轻微；上半年玉米、黄豆间作为幼苗，植被不好，水土流失严重；下半年荞麦地植被不良，水土流失严重；林地水土流失最少，牧草地水土流失次之，农家制耕作最严重，三者相比产流为100：119：137，冲刷为100：254：602。1954～1956年观测，5～7年生刺槐幼林与农地对比，减少径流25%，减少冲刷83%。1955～1957年苜蓿地与农地比较，减少径流61～68%，减少冲刷68～69%。1956～1962年西峰水保站将子午岭林区小流域堡子沟（2.86平方公里，被覆率达90%），同无林地小流域董庄沟（1.06平方公里，耕地占41.7%）进行对比观测，在9次洪水中，前者比后者减少径流81.3～100%，削减洪峰流量86.2～100%，历年减少泥沙99.9%。

西北水保所70年代在六盘山、黄龙山、子午岭等地，对树冠截留降雨作用和枯枝落叶层保持水土的能力进行了测定。森林植被的树冠截留降水占降水量的10～40%;灌丛植被可截留降水0.67～1.61毫米;草地可截留0.55～2.55毫米;农田植被(作物)可截留0.57～0.8毫米。枯枝落叶层的保水作用,森林每公顷枯枝落叶层一次最大吸水量为19.74～37.09立方米,灌丛为0.28～18.8立方米,草地为0.37～6.51立方米。不同植被坡面与坡耕地比较,减少土壤冲刷如下:柠条灌木林减少99%,沙打旺人工草地减少95%,牧荒地减少63%。

山西省水保所1957～1965年在离石县王家沟进行观测,在31度坡地穴植刺槐与30度坡耕地对比,年平均减少径流37.9%,减少泥沙90.6%。人工林地防治水土流失的作用,主要与林型及郁闭度有关。1958年刺槐纯林地郁闭度49.6%,混交林(刺槐+紫穗槐)地郁闭度62.0%,在同样降雨条件下,混交林比纯林减少径流49.2%,减少泥沙64.5%。1987年观测,30度坡地四年生柠条(郁闭度80%),与同坡度荒坡(植被度40%)对比,减少地表径流89.6%,减少土壤冲刷78.4%。1957～1965年观测,人工种植草木樨坡地,与30度坡耕地对比,径流量基本一致,而土壤流失量减少75%。人工草地防治水土流失的作用是多种因素起作用的,而植被的郁闭度起主导作用。据1957年在28度坡地上观测,当牧草郁闭度为50%、80%和100%时,径流深分别为43.6毫米、22.5毫米和7.4毫米,土壤流失分别为每平方公里1051.1吨、818吨和90.5吨。在22度坡地上进行人工降雨模拟试验,30分钟36毫米,植被度分别为20%、38%和50%的草地与裸地相比,径流量依次减少57.7%、73.3%和90.9%。

四、土壤影响

(一)表土结皮

山西省水保所与中科院地理所、加拿大多伦多大学地理系合作,运用1985～1987年人工模拟降雨资料和1967年陕北子洲径流站团山沟径流场资料进行分析表明:对于坡耕地,当降雨前期有表土结皮时,在相同降雨条件下,坡面径流系数和累计径流量、侵蚀模数和累计产沙量,比前期没有表土结皮的情况增加6～50倍。随着前期形成表土结皮土壤密实程度的增加,其对坡面径流、侵蚀产沙的影响会越大。据团山沟3号小区观测,当坡耕地刚翻耕或耕作层土壤较松散时,土壤具有较高的水流入渗率,虽然一次降雨量达26毫米,最大10分钟雨强为每分钟0.4毫米,地面未发生径流。而另一次降雨，由于雨前坡耕地表土已形成结皮，虽然降雨量仅3.7毫米，最大雨强也是每分钟0.4毫米，坡面就已产流。前期表土结皮对坡面产流的临界条件发生了重大的影响。

(二)犁底层

山西省水保所、中科院地理所和加拿大多伦多大学地理系1985～1987年通过野外调查和人工降雨模拟试验，揭示了犁底层对水流入渗的阻隔作用和打破犁底层对增加土壤入渗减轻水土流失的影响。当地畜力耕作犁底层出现在12～15厘米深处，层厚8～12厘米；机械耕作犁底层出现在25～30厘米深处，层厚15厘米左右。人工模拟降雨同时施于犁底层的不同试验小区上，雨强每分钟1.1毫米，当降雨历时超过11分钟后，有犁底层小区的径流量与冲刷量越来越大于打破犁底层小区。当降雨历时到21分钟时，前者的径流量与冲刷量分别是后者的1.4倍和1.5倍；降雨历时到31分钟时前者的径流量和冲刷量分别是后者的1.94倍和1.79倍。降雨停止后6小时，进行土壤剖面观察，有犁底层小区入渗水流在深度约12～15厘米部位受阻，土壤含水量以犁底层表面为界面，耕作层土壤含水量明显大于犁底层；而在打破犁底层小区，土壤剖面上没有见到土壤含水量不同的界面。由此证明，在土壤耕作中打破犁底层可提高入渗率，减轻水土流失，有利于农作物的增产；水土保持耕作措施中的深耕，之所以有减轻水土流失的作用，因为其耕作深度达到能打破犁底层的程度。

五、水土流失方程

60年代到80年代，黄河流域有的水保科研站、所，运用小区径流观测和人工模拟降雨试验资料，加以整理分析，先后提出了一些水土流失方程式，综合地反映降雨、地形(坡度、坡长)、土壤、植被、耕作管理等因素对水土流失的影响，有的并用以预报某一地区的水土流失发展趋势，使水土流失规律的研究从单因素提高到综合因素。这方面的研究成果颇多，摘记其中有代表性的几例。

(一)黄土丘陵区坡耕地土壤侵蚀方程

黄委会水科所水保室80年代提出，设E为一次雨洪侵蚀总量(吨/公顷)，C为植被度(%)，S为地面坡度(度)，R为一次雨洪的径流深(毫米)，I为径流期平均降雨强度(毫米/分)，则$E=\frac{9.35}{C^{0.09}}I^{1.4}S^{0.93}R^{0.76}$

(二)黄土丘陵区第三副区土壤侵蚀预报方程

黄委会水科所水保室运用天水水保站径流小区观测资料分析,土壤流失各因子值:降雨因子 R(根据天水 1962 年平水年资料计算结果为 40.4);土壤可蚀性因子 K(对于当地土壤情况求得 K=0.24);坡长因子 $L=0.56l^{0.2}$、坡度因子 $S=0.12\theta^{1.3}$,其中 l 为坡长,θ 为坡度;植被与经营管理因子 C(在 0.24～0.8 之间);水土保持措施因子 P(在 0.05～0.18 之间)。最后得到土壤流失量方程为: $A=RKLSCP=0.64l^{0.2}\theta^{1.3}CP$

(三)黄土丘陵区第三副区土壤流失量经验公式

天水水保站根据吕二沟 1954～1964 年 79 次较大暴雨的观测资料,用回归分析法,分析其降雨量、降雨强度、径流深等与土壤流失量的关系,设:Y 为土壤流失量(吨/平方公里);X_1 为降雨量(毫米);X_2 为降雨强度(毫米/分钟);X_3 为径流深(毫米);X_4 为径流系数(%)。经检验计算值与实测值之间的误差仅 2.7%。得土壤流失量方程式为:

$$Y=36.9+24.78X_1+146.4X_2+368.87X_3-1347.14X_4$$

第二节 水土保持措施试验

水土保持措施研究的对象,主要是蓄水保土的农业技术措施(即保土耕作法)、林草措施(包括造林、种草与山地果园)和工程措施(包括以梯田为主的治坡工程,以淤地坝为主的治沟工程和小型蓄水工程)。研究的内容:一是各项措施的具体作法(规划、设计、施工等),二是各项措施蓄水、保土、减蚀、增产的效益。

一、保土耕作法试验

(一)垄作区田

天水水保站 1944 年开始进行垄作区田(沟垄种植)试验。1945～1956 年 12 年的试验成果,垄作区田比平作减少径流 82.8%,减少冲刷 92.9%,种植的玉米、黄豆增产 17%。1953 年在秦安、庄浪等县示范,垄作比平作马铃薯增产 17.6～42.8%。1957 年在天水罗玉沟示范,垄作比平作马铃薯增产 12.4～44.4%。

西峰水保站 1955～1958 年在南小河沟试验场 15 度坡耕地上进行垄作

试验，与平作相比，减少径流 95.7%，减少冲刷 95.9%，马铃薯增产 9%，玉米增产 26.7%。

绥德水保站 1954～1957 年，在辛店试验场进行垄作试验，与平作相比，减少径流 26%，减少冲刷 87.5%，谷子增产 81%。1956 年开始区田试验，结果比一般平作产量高出 2 倍以上。1958 年汛期实测，在 20～30 度的坡地上同平作相比，区田减少径流 82.2%，减少冲刷 97.9%。

山西省水保所 1955～1957 年在 15～20 度坡地上进行垄作试验，种玉米、马铃薯、谷子，增产 6.2～19.1%；减少径流 26.3～97.3%，减少冲刷 39.2～98.8%。

河南省嵩县水保试验站，80 年代试验垄作，与平作相比，减少径流 68.1%，减少冲刷 86.4%，每亩增产甘薯 280 公斤，比平作产量高 12.2%。

陕西省延安水保所 70 年代中期试验，垄作比平作减少径流 60.1%，减少冲刷 92.7%，提高产量 56%。

(二)草田轮作

天水水保站 1955～1957 年采用苜蓿与作物进行草田轮作试验，3 年平均减少径流 61～68%，减少冲刷 68～69%。在天水地区调查，1961～1963 年草木樨轮作后茬粮食产量与对照区比较，头茬增产 127.8%，二茬增产 107.6%，三茬增产 34.5%。

绥德水保站 1954～1957 年在辛店沟试验场 25～30 度坡地上布设草木樨与作物轮作制试验，经 4 年观测，减少径流 25～50%，减少冲刷 45～90%，草木樨后茬比对照区增产粮食 21%，增产秸杆 20.4%。

西峰水保站 1953 年在试验场播种草木樨，1954 年收割后播种冬小麦，1955 年冬小麦比对照区增产 38%。第一年亩产青草 1000～1500 公斤，第二年亩产青草 1500～2500 公斤。草木樨地比农田减少径流 38.3%，减少冲刷 89.8%。

内蒙古坝口子水保站 70 年代进行的草田轮作试验，种植二年生草木樨后茬作物，第一年增产 50～120%，第二年增产 50～70%

(三)深耕

天水水保站 1953 年结合秋翻地进行深耕与浅耕对比试验。深耕 22 厘米，耕作层 1953 年土壤含水 18.0%，1954 年土壤含水 18.6%；浅耕 16 厘米，耕作层 1953 年土壤含水 16%，1954 年土壤含水 15%。深耕比浅耕 1953 年亩增蓄水量 4002 公斤，1954 年亩增蓄水量 7203 公斤。种植的玉米，深耕地亩产 285.7 公斤，比浅耕地亩产 252.1 公斤，增产 13%。

西峰水保站1954年布设深翻试验，深翻60厘米耕层内，较深翻前土壤容重减少8.26%，孔隙度增加7.18%。1959年8月至10月，13次测定，深翻20～22厘米的含水能力比深翻13～15厘米的提高10.5%。1957年在11度农耕地上观测，深翻40厘米比浅翻15～18厘米减少径流47.3%，减少冲刷16.5%；深翻地亩产玉米637.5公斤、小麦320.8公斤，比一般浅翻地分别增产10%和58%。

二、梯田试验

(一)坡式梯田

研究的内容主要是坡式梯田蓄水保土作用和逐步加高变平。50年代后期内蒙古坝口子水保试验站测定，修一亩地埂只用2～4个工日，比同等坡地增产10～12%，减少径流35.8%，减少冲刷34.7%。青海省化隆县水保试验站1957～1958年进行地埂试验，一次降雨量73毫米，7～12度坡耕地上修的地埂全部控制了径流泥沙，农作物增产7.8～8.8%。西峰水保站1957～1959年在坡度为10度47分、田面宽5米的地块进行多次翻耕修平试验。用双轮双铧犁耕8次，即可基本变平。天水水保站1956年进行同样的试验。在坡度为10度30分、田面宽5米的地块上，用山地犁和双轮双铧犁分别进行，各翻耕18次，同样都可变平。在同上坡度、田面宽10米时，用山地犁耕73次，用双轮双铧犁57次即可变平。山西省水保所1956年也进行了这一试验。在坡度为10度、田面宽10米的地块上，用山地犁耕46次可变平，用双轮双铧犁耕33次可变平；坡度为25度、田面宽10米的地块，用山地犁耕112次可变平；用双轮双铧犁耕76次可以变平。

1980年天水水保站对坡式梯田如何加速变平和缩短变平时间，进一步作了研究。采用的主要措施是：埂下取土，就近培修加高；用山地步犁向下耕翻，中耕时也向下方刨土；暴雨泥沙淤垫加高；用每年向下移动的土方量与修平梯田所需总土方量的比值，即得出各种不同坡度、不同宽度坡式梯田变平的时间，为9～18年。

(二)水平梯田

天水水保站1958年将梁家坪试验场50多亩坡地和坡式梯田全部修平。粮食亩产比原坡地提高2.1倍，比原坡式梯田提高1倍。1959年在武山县东梁山修的水平梯田，通过人工降雨试验证明，可以纳蓄90～120毫米的暴雨。山西省水保所1957年进行人工修水平梯田试验，田面宽10米，在10

度、15度、20度、25度不同坡地上，每亩用工量分别为49.8工日、58.2工日、89.5工日和117.8工日。梯田与坡地对比，粮食单产提高1～3倍，减少径流92.4%，减少冲刷91%。

50年代后期以来，各地水保科研部门都把新修水平梯田生土熟化、精耕细作保证增产作为一项课题，进行试验研究，采取的措施有以下几项：

1. 深翻。绥德水保站对新修水平梯田进行的深翻试验，据观测，深耕24厘米，较12厘米可增产粮食8.7～26.7%。山西省水保所试验，深翻以24～30厘米较好。1958年秋季谷子地深翻，一般翻深33厘米和50厘米的比翻深15厘米的分别增产10%和28%。

2. 增施肥料。西峰水保站1958年试验，新修水平梯田在未保留表土情况下，亩施农家有机混合肥2500～5000公斤，种黄豆或马铃薯，比原坡地(亩施肥1000公斤)增产1～2倍。天水水保站1962～1964年试验，新修水平梯田未保留表土，亩施混合肥3000公斤或混合肥1000公斤加硝铵10公斤，或羊粪2000公斤，种植马铃薯当年可增产10～16%，3年轮作周期总增产18～41%。

3. 施黑矾和锌微肥。60年代初期，山西省水保所试验，在施用有机肥的同时，配合亩施5～10公斤黑矾，3年内不同作物分别增产9.6～18.9%。天水水保站1976年进行锌微肥对新修梯田增产试验，结果表明：采用锌微肥进行叶面喷施或拌种、作基肥，可使玉米增产14.3～40.1%。

4. 进行草田轮作和改良土壤。60年代前期，绥德水保站在新修梯田中搞草田轮作，在一年生草木樨和二年生草木樨茬地上种高粱，比连续3年亩施800公斤圈肥的分别增产21%和35%。

(三)隔坡梯田

甘肃省兰州水保试验站1979～1983年在甘肃中部干旱地区进行隔坡梯田试验，结果表明，隔坡梯田能够接纳坡面径流，提高田面蓄墒量，保证作物增产。隔坡梯田中水平田面1.8米深土层内的含水量，比连台梯田高2～3%，比坡地高3～5%。当隔坡梯田的坡面与平台面积之比为5∶1时，完全可以免除“卡脖”旱的威胁，保证作物提高20～40%的产量。

三、造林试验

(一)适地适树

民国时期天水水土保持实验区在植树造林中，就注意研究适地适树的原则，把喜水湿的柳树、杨树等种在沟底、河边，把耐干旱的刺槐、中槐等种在沟坡上。1944年在天水市郊大柳树沟、龙王沟荒坡隙地栽树20多万株，共20多个树种，经过多年观察，以刺槐、沙棘、中槐、白榆、侧柏、核桃等生长良好，而以刺槐占绝对优势，成为沟壑造林的主要树种。大柳树沟和龙王沟内都有不少浅层滑坡，通过试验示范，许多栽植刺槐的沟坡基本稳定，有的滑坡流泥也已制止。建国后在黄河中游地区大面积推广，陇东、陇南、陕北、关中、晋西、晋东南以及豫西等地区，沟壑造林2/3以上的面积都是刺槐。

天水水保站从50年代开始，就进行沙棘研究。沙棘适应性强，在黄土陡坡或红土裸露地栽植、扦插，根孽繁殖均能正常生长；亩植111～178株，3年即可郁闭成林，2～3年可平茬一次，获得大量枝条。天水市吕二沟黎家坪村，共27户农民，有沙棘林150亩，一次平茬收柴12.5万公斤，户均4600公斤，基本解决了一年燃料问题。西峰水保站，1983年在南小河沟苗圃条播沙棘育苗，亩产苗13.6万株，每亩地产苗可供200亩地造林用苗。1983～1986年指导甘肃省镇原县武沟乡发展沙棘林2万多亩，已成林挂果，平均亩产果25公斤。1963年绥德水保站在韭园沟上游吴家畔调查，陡坡上7年生柠条，根深5米，主根粗5厘米，侧根总重达7.5公斤。平茬后地上部分植株高1.5米，每丛有23根枝条，丛幅1.1米。根系大，枝条稠密，林间杂草多，具有优良的保持水土、防风固沙的性能。据测定，有柠条的荒坡较自然荒坡减少径流73%，减少冲刷86%。1963年，绥德水保站靖边分站在无定河河源区调查，沙棘林带对防风固沙、减少水土流失作用很大。陕西省靖边县姬家洼坡耕地上6年生沙柳林带，沉积50～80厘米高的沙埂。贾家洼和姬山湾1938年和1943年在埫地上营造的沙柳护田林带，经过几十年的考验，防风效果显著。当地一座拦洪坝坝坡上种了沙柳，迎风面积沙高7～8米，背风面积沙高15米。

甘肃省兰州水保试验站，1976年开始试验甘蒙柽柳在甘肃中部干旱地区的适生特性及其造林技术，1983年已取得成果，认定其适生范围可达海拔2470米，年降雨量大于250毫米，土壤pH值6～8。插条造林时，土壤含水量大于或等于10%，且持续40天以上，成活率达94%；在生长期2米以下土层含水量大于5%时，可正常生长，在本地区阴阳坡光照均能满足需要。在榆中县用甘蒙柽柳进行地埂造林试验，7年平均每亩净收入202元。甘肃省定西水保试验站，1956年开始引进优良树种的乔、灌木共80多种，推广应用于不同立地条件造林。其中柠条、杞柳、文冠果、紫穗槐等在当地适应性强，保持水土和经济效益较好。

黄委会沙棘办公室与内蒙古自治区伊克昭盟水保部门合作，进行以沙棘治理砒砂岩的试点工作，1986 年在罕台川毛匠渠烂房沟砒砂岩陡坡营造的沙棘，1991 年高达 3 米，覆盖度达 70%。1983 年在德胜西乡黑毛兔小流域砒砂岩裸露坡面上用沙棘造林，到 1991 年植被率达 61%，侵蚀模数由每平方公里 40000 吨下降到 5000 吨。山西省水保所，1955～1964 年在晋西红土裸露区造林试验，小叶杨、美杨、白榆、刺槐、桑、臭椿、油松、侧柏等 8 种乔木成活率均在 66%以上，紫穗槐、胡枝子、杭子梢三种灌木的成活率均在 70%以上。1979 年观测，生长了 15～22 年的刺槐、山杏、柠条、马茹刺、杭子梢、胡枝子等树种，在红土坡上生长都较好。

（二）工程整地造林

1956 年西峰水保站在南小河沟 26～40 度陡坡上采用挖穴、鱼鳞坑、水平沟、水平阶四种整地方法造林，进行对比观测，3～10 月份降雨量 627.5 毫米，产生的径流量以挖穴整地比值为 1，鱼鳞坑为 0.19，水平沟、水平阶均为 0；冲刷量以挖穴整地为 1，鱼鳞坑为 0.3，水平沟、水平阶均为 0。头年整地存蓄雨雪，次年造林，能有效地提高土壤蓄水保墒能力，有利于幼苗成活和生长。陕西省延安地区水保所，1959～1966 年在荒坡造林，采用水平沟、水平阶、鱼鳞坑三种工程整地方法，观测结果是：工程整地比未造林荒坡减少径流 72～98%，减少冲刷 86～99%；前一年提前整地比随整随栽当年平均株高增加 23.6%，地径增加 5.6%；三龄杨树实测，水平阶外部比里部平均株高增加 1.9 倍，地径增加 1.3 倍。

（三）人工林改造

山西省忻州地区水保所，1986 年在五寨县城关镇坡底村，布设了杨树"小老树"改造技术试验。试验地有杨树人工林面积 684 亩，造林密度每亩 222 株，树种以合作杨为主。由于立地条件恶劣，树龄长达10 年，已具有明显的"小老树"特征，平均胸径 3.18 厘米，平均树高 3.16 米，且有蛀虫为害，生长期叶面枯黄。试验中采取施肥、拦蓄地表径流、施用吸水树脂、铺地膜等不同改造措施，到 1990 年取得明显效果。据逐年对比观测，未经改造的对照区的树木基本处于停滞生长状态。采取单项措施进行改造的各区树木生长情况是：施肥措施区，胸径年均增长率为 19.6%，树高年均增长率为 12%；施用树脂措施区，胸径年均增长率为 12%，树高年均增长率为 7.7%；拦蓄径流措施区，胸径年均增长率为 13%，树高年均增长率为 12%；铺地膜措施区的裸露铺膜区，胸径年均增长率为 11%，树高年均增长率为 7.6%；埋土铺膜区，胸径年均增长率为 11%，树高年均增长率为 8%。在施肥措施区内，组合措施比单项措施效果更好：施肥加间伐加工程的，胸径年均增长率为20%，树高年均增长率为12%；施肥加工程的，胸径年均增长率为16%，树高年均增长率为13%。这两种方法比较，进行间伐可以减少肥料投入，同时树木胸径增长量比未间伐的提高25%。

四、种草试验

(一)引种繁育

天水水保站1944年在苗圃创立牧草原种场，从国内外引进草种797号，分属14个科、83个属、237个品种。到1958年保留牧草118个品种，初步整理的优良牧草50种，其中禾本科33种、豆科17种。经过栽培利用，水土保持效果好、经济价值高的牧草有苜蓿、草木樨、葛藤、毛叶苕子等。1955～1957年在吕二沟、罗玉沟观察结果：苜蓿亩产青草1632.5～1987.5公斤。苜蓿与农作物轮作，3年平均苜蓿地比农作地减少径流68～75%，减少冲刷50～72%，当第三年苜蓿进入旺盛期，竟未发生水土流失。葛藤是多年生豆科蔓生植物，在荒坡陡崖栽植生长茂密，为控制沟壑侵蚀的优良牧草，其茎叶养分高，可喂家畜，粗茎皮可织布、制绳、编织器具，根可入药，经济价值较高。从1962年起，天水水保站在干旱坡耕地进行毛叶苕子压青试验，1965年在天水地区12个县、市建立了79个乡村示范点，种植面积发展到1397亩。通过试验示范，表明毛叶苕子压青能保持水土，培肥地力，有显著的增产效益。播种后60天产草量达450～600公斤。冬前压青鲜草含全氮0.65%、有机质23%，鲜根含全氮0.15%、有机质10.9%。利用麦收后休闲地种植毛叶苕子，增加地面被覆效果显著。据1962年7～9月小区测验，减少径流71.3%，减少冲刷55.3%。毛叶苕子压青地种玉米，不施肥，1963年比亩施肥1000公斤的增产187.3%；1965年比亩施肥2000公斤和化肥8公斤的增产105%。压青后效可维持2～3年。1962～1965年压青区3年总产420.3公斤，比休闲对照区3年总产229.1公斤增产83.5%，根茬区3年总产274.6公斤，比休闲对照区增产19.8%。

山西省水保所，1956年先后引进100多个草种，通过山地草圃栽培和观察，认为苜蓿、草木樨、沙打旺、红豆草、小冠花等12种豆科牧草，无芒雀麦、披碱草、水草等13种禾本科牧草，都有较好的适应性和利用价值，均可大面积推广。

绥德水保站1954年在辛店沟试验场，引进国内外优良牧草和采集当地野生牧草品种共224种，通过驯化培育，适于当地的有山菠菜、天兰草木樨、红豆草、沙打旺、一二年生白花草木樨、聚合草、无芒雀麦、多变小冠花等24种，抗逆性强，利用价值高，均可推广。

青海省水保局科学试验站，1981年在浅山地区互助县西山乡邵代家沟进行10种牧草栽种试验，1986年获得成果，选育的优良牧草有草木樨、红豆草、芨芨草、苜蓿、无芒雀麦、沙打旺、马兰、披碱草、老芒麦等。其中马兰生长茂盛，新老根纵横交错，网络土壤，对护渠、护路、固沟、护坝有显著作用。1983年在大滩水库坝坡移植马兰后，第一年减少冲刷30%，第二年减少冲刷50%，第三年减少冲刷80%，第四年马兰全部被覆了坝坡和坡脚，保护了土坝坝面。

甘肃省定西地区水保试验站，从1956年起，进行优良草种的引进选育，先后采集豆科牧草35种，禾本科及其他牧草13种。其中二年生白花草木樨、红豆草、沙打旺、聚合草已在全区推广，给省内外提供草籽和种根2150公斤。

宁夏回族自治区彭阳县王洼水保试验站，1979～1984年开展的水土保持优良草、树引种栽培试验，从26个品种筛选出适合本地区发展的八九个草、树种，为改善本区草、树种缺乏问题，创造了条件。其中草本植物红豆草、沙打旺、小冠花、啤酒花已在全区推广10多万亩。

(二)羊群舍饲

山西省水保所1983～1986年采用沙打旺、苜蓿、草木樨及杂草等进行圈养绵羊与放牧对照试验，经92天喂养结果，圈养羊平均每只月增重量比放牧羊提高18.6～63.8%，而且减少饲草22.2～41.6%，提高积肥量35%。

西峰水保站1979～1983年在南佐村及南小河沟先后进行了舍饲试验，结果表明：舍饲的改良杂种羊和细毛羊的积肥量分别比放牧羊的积肥量提高35～39%；细毛羊的毛、肉产值，分别为放牧杂种羊的3～4.5倍。实行羊舍饲以后，1983年与1979年比较，羊只数量增加57%，羊毛收入增加6.6倍，羊粪增加1.5倍，促进粮食增产14%，同时缓和了林牧之间的矛盾，造林面积增加25.6%，种草面积增长18%。

(三)封坡育草与荒坡荒沟种草

甘肃省兰州水保试验站，1986年在干旱荒坡进行封坡育草试验，取得较好效果。封坡后的植物群落有相应的变化，豆科、禾本科植物量都有增加，植物覆盖度由13.8%提高到67.6%。草丛高度增加，干草量提高1.8～7

倍。有毒植物减少，可食草迅速增加；土壤含水量提高3.82～42.7%，植被度达65%；草地较农地减少径流32～68%，减少冲刷95～97%。该站于1981～1983年，在中部干旱地区试种沙打旺，建立人工植被，在年降雨量258.8～268.3毫米，100厘米深土层内平均土壤含水量2.4～6.3%情况下，粮食作物极少有收成，而沙打旺仍能生长和越冬；其苗期根深为地上高的5.5倍，二年生根深可达303厘米，三年生人工草地枝叶繁茂，植被覆盖度63.1～95.0%，4年平均年产鲜草1100公斤以上。

西峰水保站从60年代开始进行沟底种芦苇试验研究，在甘肃省宁县中村杜家沟先后发展芦苇190亩。据1983年对其中100亩芦苇的观测，长度在3 以上的芦苇杆共收获6.25万公斤，价值2.8万元；编织成席、包等商品后，收入4.8万元，人均52元。芦苇根系发达，能扎入12米以下土层中，串根纵横交错，向四周延伸，固结土壤性能很强，是稳定沟床，防止下切，固定沟岸，防止扩张的优良水土保持植物。1982年7月29日至8月2日连续降雨144.9毫米，最大强度每小时49.7毫米，苇田拦泥厚12厘米，每亩拦泥85吨。

五、山地果园试验

天水水保站1951年在梁家坪试验场建立第一个山地果园，在设有沟洫的5亩坡地上栽植苹果42株。由于沟洫保持了水土，1955年开始挂果；1958年七年生植株高达4.35米，单株产量达6.6公斤；1959年平均亩产248.5公斤，当时价值人民币173元，每亩收入超过小麦、玉米的2.5～3倍。1952年开始在天水县田家庄、吕二沟示范推广，吕二沟6个村，到1963年共栽苹果943亩，占坡耕地面积的11%，有的修成窄梯田，有的修了水簸箕，为全区全省苹果上山提供了经验。60年代天水地区还培养出苹果优良品种"花牛"，用以出口。

西峰水保站1955年在南小河沟花果山引进良种苹果14种、梨12种，定植面积56亩，通过工程整地，建立陇东第一座山地果园，1959年开始挂果，1964～1983年共产果品52.6万公斤，经济收入比粮田提高5倍多。1952年在西峰市东郊建立塬地果园，有苹果面积200多亩，到1990年累计生产果品583.7万公斤，其中出口苹果23万余公斤。该站于1978年开始进行的乔砧苹果密植试验，当年栽植形成花芽，第二年亩产187.7公斤，第三年亩产780.5公斤，最高年亩产达5451公斤，1979～1990年平均亩产2305

公斤。山塬地果园的示范推广,带动了甘肃省庆阳地区苹果的发展,建成48万亩的苹果新基地,年产量达5000多万公斤,成为群众脱贫致富的重要措施之一。

绥德水保站1955～1956年在辛店沟试验场进行核桃、苹果、梨、葡萄引种和栽培试验,先后从国内外引进葡萄220个品种、苹果16个品种、梨5个品种、核桃2个品种,栽植面积70余亩。在25～35度坡面修成宽1～2米的水平阶,栽植葡萄5.7亩,共944株。从1957年起对其中57个品种进行观察试验,当年挂果的有30多个品种,经测定,有2/3的品种含糖量都达到了国家规定的标准(16%以上)。1963年在韭园沟乡三角坪、吴家畔、王茂庄建立山地果园示范区,面积近200亩,栽植后5年挂果,15年进入盛果期,亩产果品500～800公斤,到1990年该乡发展果园3000余亩,绥德县发展果园15万亩,成为当地群众增加收入的重要途径之一。

甘肃省定西水保试验站,1956年开始引进苹果、梨、山杏、文冠果等果树,开展果树上山和木本油料树的栽培试验。1964年在定西县安家沟小流域内建起山地果园17处,面积共356亩,有苹果、梨、杏、桃等;同时还营造了油料林315亩,有山杏、文冠果、核桃等。苹果、梨定植5年开始挂果,15年进入盛果期,一般亩产255公斤,最高达500公斤。

山西省水保所、河南省陕县水保试验站等单位也都引进苹果等多种果品,建立山地果园,都取得了研究成果,并起到示范推广的作用。

六、淤地坝试验

建国以来各地的水保试验站,对淤地坝的规划、设计、施工、管理、坝地利用等,进行了大量的试验研究,取得了丰富的成果。这里着重记述其中盐碱化坝地利用和坝体植物护坡等方面的研究成果。

(一)盐碱化坝地利用

甘肃省定西地区水保试验站,1956年在安家沟小流域内修坝一座,高20.5米,库容35万立方米,淤成坝地100余亩。由于坝地含碱量高,多次种植粮食作物都未成功。1975年改种红柳、枸杞、紫穗槐,又几次遭到洪水淹没,枸杞和紫穗槐全部死掉,红柳只保存14%。1978年在坝地四周修防洪堤、挖排洪渠、排碱渠,并建造"隔离层",进行隔碱试验。在此基础上,坝地全部种植红柳,取得成功。1987年红柳一般株高2米以上,已郁闭成林,年产种条2万多公斤,效益十分显著。

（二）坝体植物护坡

定西水保试验站50年代后期，在安家沟土坝外坡密植柠条。1963年6月4日一次降雨101.4毫米，洪水漫坝，坝顶最大过水深0.4米，由于柠条已经郁闭，洪水将柠条冲倒，被覆在坝坡上，保护坝体未遭冲刷和溃决。山西省水保所，鉴于坝地建设中普遍存在防洪标准低，容易引起洪水漫顶导致垮坝问题，根据山区沟道洪水峰高、量小、历时短的特点，为探求经济有效又易于推广的淤地坝护坡措施，1981年～1988年在平陆县进行淤地坝植物护坡过水试验，采用野牛草、羊草护坡，获得成功，用于防止短历时、低水头洪水漫顶垮坝是经济可行的。在黄土高原重粉质壤土地区的小型淤地坝有一定的推广价值。

（三）石灰土、水泥土的土坝溢流护面

1986～1989年，山西省水保局、水利部水利水电科学研究院（以下简称水科院）、黄河中游治理局、山西省岚县水利水保局合作，在岚县上明水库进行石灰土、水泥土作土坝溢流护面试验取得成功。上明水库位于上明河中游，1958年建成，集水面积66.8平方公里，坝高13米，设计库容640万立方米。由于水土流失严重，1982年已淤库容600万立方米，占总库容的94%，淤出坝地1200余亩，改作坝地利用。为了保证坝地安全生产，在坝地右侧开挖一道排洪渠，下接另一支沟。在排洪渠出口处，修一土坝，高9.5米，坝顶长23米，与坝前淤地高程相同；上游坡1∶2，下游坡1∶4，坡长33.4米。排洪渠的洪水从坝顶溢流，排入下游沟道。在坝顶及下游坡上，先铺30厘米厚的碎石反滤层和50厘米厚的1∶4灰土夯筑层，然后在其上再铺石灰土与水泥土预制块作溢流护面。预制块长29厘米，宽13.5厘米，厚19厘米。材料配合比石灰土为3∶7，水泥土为1∶9。坝脚以下建有10米长、0.7米厚的混凝土消力护坦。本试验的主要任务是研究用石灰土、水泥土两种不同材料就地夯筑预制块的有关技术和这两种溢流护面的性能。经过4年的室内外试验和洪水溢流考验，证明这种方法基本成功。护面铺砌后，1988年汛期每天溢流水深一般在0.3～0.7米，其中7月8日洪水，坝顶最大水深1.2米，坝面完好无损，没有冲毁现象。1987年1～2月，最低气温达－18℃，1988年1月22日，最低气温达－20℃，护面预制块表层完好，无冻胀裂缝等现象。

1986年水利部水科院水资源研究所与内蒙古自治区伊克昭盟罕台川流域水土保持治理办公室协作，在东胜市罕台川支沟武家沟内进行土坝过水试验。坝址以上集水面积3平方公里，沟底宽80米，岸坡高30米，属宽浅式沟床。修成坝高6米，坝顶长120米，坝顶左端留33米宽作溢洪堰，堰顶低于坝顶3米，两侧边坡1∶1；上游坡1∶5，下游坡1∶10。在堰顶和上下游坡，顺坝顶长方向分为三段，分别采用三种护面材料过水防冲：一是30厘米厚三合土；二是30厘米厚10%水泥土，三是25厘米厚砌砖上加5厘米厚水泥抹面。经1987～1990年四个冬季最低－25℃的严寒考验，未出现冻裂。1989年汛期经5次洪水考验，累计过水时间6小时40分钟，其中7月21日出现百年一遇洪水，8小时内降雨135.5毫米，堰顶最大水深2.1米，最大单宽流量4.42立方米每秒，溢洪段三种护面材料基本安全无损。到1990年汛后已淤出坝地42亩。

第三节　小流域综合治理试验

早在40年代，天水水保站就在大柳树沟进行了小流域综合治理试验；50年代初期，西峰水保站在南小河沟，绥德水保站在韭园沟、辛店沟，天水水保站在吕二沟，先后开展了小域综合治理试验，同时把大部分单项研究课题，都布设在小流域内，结合治理进行试验。在小流域中不仅系统地研究了水土流失规律与水土保持措施分项的作法与效益，而且还研究了水土保持措施的合理配置与综合效益。此后，大多数水保科研站、所，都进行了小流域综合治理试验。不同类型地区的研究成果基本上反映了各个类型区的治理方向。

一、黄土丘陵沟壑区第一副区

(一)陕西省绥德县韭园沟

韭园沟位于无定河中游左岸，流域面积70.7平方公里，海拔高程820～1100米，年雨量500毫米左右。有大小沟道337条，沟壑密度平均每平方公里5.34公里，沟壑面积43.4%。地面坡度25度的占60%，地形破碎，水土流失严重，年径流模数每平方公里24300立方米，年侵蚀模数每平方公里18120吨。人口密度每平方公里150人。耕垦指数在60%以上，治理前平均亩产仅20～25公斤，人均有粮165公斤。在黄委会绥德水保站指导下，1953年开始进行流域综合治理，坡地修梯田，沟中筑坝淤地，建立基本农田，荒坡荒沟造林种草。截至1990年，全流域共有坝库333座，其中小水库16座，库容187万立方米；小片水地715亩，坝地4451亩，地埂4660亩，梯田2.67万亩，造林3.71万亩，人工种草1700亩，流域治理程度达70.6%。1976年，当流域治理程度达40%时，粮食总产达到300万公斤，比治理前的98万公斤增加2.06倍。据沟口观测，1979～1990年的12年内洪水泥沙都未出沟。客观原因是平均降雨量比过去偏小15%，更重要的是治理程度高达70.6%，而且有遍布于支毛沟的4451亩坝地和16座小水库，起到显著减蚀和拦泥作用。

(二)山西省离石县王家沟

王家沟流域面积9.1平方公里，位于三川河流域北川的左岸，海拔高程950～1320米，有大小沟道31条，沟壑密度平均每平方公里7.01公里，沟壑面积占54.6%，1985年有2117人，人口密度平均每平方公里233人。治理前土壤侵蚀模数每平方公里15850吨。在山西省水保所指导下，50年代开始治理，1980年列入黄河中游地区水土保持试点小流域，到1985年底累计完成治理面积4.27平方公里，治理程度达46.9%，其中基本农田3153亩，人均1.49亩；造林3246亩，人均1.53亩。1985年人均产粮328.5公斤，比1979年的253.5公斤，提高29.5%；1985年人均收入157.8元，比1979年的101元，提高56%。1979年农、林、牧、副业产值占总产值的比例分别为24.6%、65.5%、9.2%和0.7%，1984年调整后，变为7.1%、78.6%、12.3%和2%，农业经济结构比过去较为合理。据山西省水保所观测：1955～1959年，年平均汛期降雨416.4毫米，流域平均径流模数每平方公里21580立方米，侵蚀模数每平方公里9661吨；1980～1989年，年平均汛期降雨393.8毫米，流域平均径流模数每平方公里5231立方米，侵蚀模数每平方公里1042吨，80年代与50年代比较，汛期雨量减少5.4%，而径流量减少75.8%，侵蚀量减少89.3%。

(三)内蒙古自治区准格尔旗五分地沟

五分地沟位于黄甫川支流十里长川右岸，流域面积7.7平方公里。年均气温7.3℃，年均降雨量400毫米左右，年均风速每秒2.5米，全年6～7级风的日数为26天。境内500米以上的沟道16条，沟壑密度平均每平方公里2.37公里，沟壑面积占总面积的17.8%；地面坡度10度以下的占65.8%，地面割切深30～70米，相对高差130米。梁峁顶部砒砂岩裸露，中部多为黄土覆盖，下部为流动与半流动沙土，共占总面积的42.2%。1985年有人口330人，平均每平方公里42人，总耕地面积1472亩，人均4.5亩。水蚀风蚀均严重，年侵蚀模数每平方公里达18800吨。该流域是“七五”期间国家重点科研攻关项目的一个试验示范区，由内蒙古自治区水利科学研究所牵头，伊克昭盟水土保持研究所和准格尔旗黄甫川水土保持试验站参加，1986 年开始，在原有治理基础上，进行综合治理试验。梁峁坡水平沟造林，川台地建成基本农田，支毛沟修建谷坊、坝库。到 1988 年修水平梯田 593 亩，造林 1607 亩，种草 2252 亩，修建谷坊、坝库 14 座。经过综合治理，改善了土地利用结构和农业生产结构，增加了经济收入。1985 年农地和荒地各占 13.2%和 35.2%，林地和草地各占 15.8%和 21.9%。1988 年农地和荒地分别减少到 12.0%和 3.2%，林地和草地分别增加到 27.2%和 45.1%。1985 年农村总产值 14.2 万元，其中农业产值 34%，林牧副业占 66%；1988 年农村总产值 44.4 万元，其中农业产值占 24.4%，林牧副业产值占 75.6%。1985 年粮食总产量 6.9 万公斤，人均粮食 209 公斤，人均收入 430 元；1988 年粮食总产增长到 18.39 万公斤，人均粮食 538 公斤，人均收入 1297 元。同时全流域林草覆盖率达到 75.5%，减沙效益 55%。

(四)陕西省米脂县泉家沟

泉家沟流域面积 4.2 平方公里，有大小支毛沟 18 条，沟壑密度每平方公里 4.66 公里，海拔高程 937～1147 米，年均降雨量 450 毫米，年均气温 8.4℃，年侵蚀模数每平方公里 16279 吨，土壤有机质含量坡地仅 0.2～0.3%，肥力很低，粮食平均亩产仅 40 公斤。1979 年有 587 人，平均每平方公里 140 人。同年，由陕西省黄土高原综合治理研究所指导，在原有工作基础上，进一步开展水土保持。到 1989 年，累计建成水平梯田 246.4 亩，坝地 67 亩，山地果园 321 亩，林地 2102 亩，草地 1573 亩。治理面积 2.87 平方公里，治理程度达 61.6%。经过 10 年治理，改善了土地利用结构，农耕地由 55.7%减少到 27.8%，林(果)地由 14.3%增加到 27.0%，草地由 3.8%增加到 20.2%，非生产地由 26.2%减少到 25.0%。1987～1989 年 3 年粮食平均亩产 180 公斤，比 1980～1985 年 6 年平均亩产 136.2 公斤增长 32.4%，人均纯收入 645.2 元，比 1986 年 380 元增长 69.8%。土壤侵蚀模数 1989 年每平方公里 1065.9 吨，比 1979 年减少 93.5%。

二、黄土丘陵沟壑区第二副区

(一)陕西省延安市上砭沟

上砭沟位于延河支流西川左岸，流域面积 18.37 平方公里，其中水土流失面积 16.31 平方公里，海拔高程 1023～1342 米，有大小沟道 42 条，沟壑密度每平方公里4.82公里。年均降雨量577.6毫米,年均气温9.4℃。沟床切入岩层10~50米,两岸有零星阶地。沟间地坡度大部在16~25度间。1987年有人口820人,平均每平方公里44.6人。治理前有耕地1.17万亩,人均19.9亩,次生林3087亩,荒坡1.15万亩。1982年开始作为黄河中游试点小流域,在延安水保所指导下,进行综合治理。到1987年,累计造林9704亩,种草6205亩,基本农田1035亩,沟中修建谷坊37座,淤地坝2座,累计治理面积1.69万亩,治理程度69.2%。经过治理农耕地调整到5149亩,比治理前减少了55.8%,人均6.3亩;林草地分别占总土地面积的35.2%和22.5%。5年内粮食亩产由30.5公斤提高到76.1公斤,总产由27.2万公斤增加到39.2万公斤,人均占有粮食由465公斤上升到478公斤。据1983~1987年观测,全流域平均每年减少径流21.6万立方米,减少泥沙6.6万吨,蓄水、保土效益分别为62.3%和62.8%。

(二)陕西省安塞县纸坊沟

纸坊沟位于延河支流杏子河下游南岸,流域面积8.21平方公里,年均雨量549.1毫米,沟壑密度每平方公里8.06公里,沟壑面积占63.2%,沟岸岩石裸露。流域内地面坡度大部在25度左右。据调查,1938年流域内有林地6354亩,占总面积的51.6%,到1958年仅剩53亩,水土流失逐年加剧。治理前,土壤侵蚀模数每年每平方公里14000吨。1973年在中科院西北水保所指导下,进行综合治理,1985年又作为试验示范基地。到1990年,累计完成基本农田960亩,造林3400亩,种草833亩,改良草场450亩,共治理面积3.76平方公里,治理程度45.8%。根据不同的耕地坡度分别采用沟垄种植、草粮带状轮作等水土保持耕作措施,人均粮食由425.9公斤增加到601.5公斤,人均收入由222元增加到667元。据观测,70年代年均降雨541.2毫米(其中汛期降雨381.1毫米),年均输沙量11.27万吨;80年代年均降雨531.5毫米(其中汛期降雨377.9毫米),年均输沙量6.55万吨。80年代比70年代年均降雨减少1.8%,而年均输沙量减少41.9%。

(三)宁夏回族自治区彭阳县王洼沟

王洼沟流域面积9.25平方公里,有3个自然村、110户、560人,男女劳力221个。由于水土流失严重,土壤瘠薄,1979年前平均亩产只有15~20公斤,人均口粮100公斤,人均纯收入只有14.85元。1979年列为彭阳县水保试验站试验基地,开始进行综合治理,经过7年时间,发展基本农田416亩,造林3382亩,人工草地1359亩,"四旁"植树14.6万株,水保工程29处,淤地坝14座,引水排洪渠11处,沟头防护2处,田间道路2200米,共动用土石方34万立方米，累计治理面积4.54平方公里，治理程度49.1%。通过治理土地利用结构得到改善，耕地面积由62.3%减少到48.9%；林地面积由2.4%上升为27%；人工草地面积由1.0%上升为10.8%。流域平均侵蚀模数由每年每平方公里7500吨下降到2930吨，减少了61%。流域总产粮食7年平均每年19.23万公斤，比1978年提高1.4倍。人均纯收入100.4元，比1978年增长了5.8倍。大牲畜发展到242头，比1978年增长1.5倍。

三、黄土丘陵沟壑区第三副区

甘肃省天水市吕二沟，位于天水市南郊，秦岭北麓，渭河支流耤河南岸。流域面积12平方公里，有大小支沟51条，沟壑密度平均每平方公里3.8公里，沟壑面积占总面积的19.3%，梁峁坡面占80.7%，相对高差524米。年均雨量628.2毫米。1954～1979年平均径流模数每平方公里70100立方米，平均侵蚀模数每平方公里7440吨。1978年有人口2593人，平均每平方公里216人。1953年全流域土地利用中，农地占28.3%，林地占3.7%，草地占3.9%，荒地占33.3%，非生产地占30.8%。1954年由黄委会天水水保站制定流域综合治理规划，指导群众开展水土保持。至1979年修水平梯田1692亩，造林5364亩，建坝塘9处，面积18亩，人工草地445亩，经济林741亩。治理程度45.8%。粮食亩产由治理前52公斤上升到1979年的121公斤，增长1.33倍。1954～1964年，年均降雨644.8毫米，年均输沙量13.46万吨；1980～1989年，年均降雨628.4毫米，年均输沙量4.01万吨。80年代与50～60年代相比，年均降雨量偏小2.5%，而实测年均输沙量减少70.2%。扣除降雨影响减沙数值，由于水土保持作用，80年代比50～60年代减少47.4%。

四、黄土丘陵沟壑区第四副区

青海省湟中县阿滩小流域，面积21.78平方公里，属湟水流域，海拔2479～2821米，年均气温3.3℃，无霜期110天，年降雨量400～500毫米，有大小沟道50条，沟壑密度每平方公里1.81公里，沟壑面积占总面积的9.2%，地面坡度15度以上的占66.1%。1986年流域内569户、3332人、1417个劳动力，平均每平方公里153人。1983年列入黄河中游试点小流域，由青海省水土保持局协助该县海子沟乡对阿滩小流域进行规划，开始有计划地治理。到1987年，累计完成基本农田6352亩，人均1.91亩；造林1.18万亩，人均3.55亩；种草育草7478亩，畜均3.4亩；修水库塘坝12座，饮水工程6处，治理程度78.6%。1986年粮食总产194.1万公斤，比1971～1981年平均89.25万公斤，增长117.5%；农林牧副业总产值153.67万元，比1982年52.14万元增长194.7%；人均收入增长229.4%，人均产粮增长51.2%。50年代年均降雨量450.5毫米，径流量11.67万立方米，冲刷量0.64万吨；80年代年均降雨量475毫米，径流量3.19万立方米，冲刷量0.24万吨。80年代与50年代相比，年均雨量增加了5.4%，而径流量和冲刷量分别减少了70%和64%。

五、黄土丘陵沟壑区第五副区

(一)甘肃省定西县官兴岔

官兴岔流域面积20.76平方公里，1697人，平均每平方公里82人。沟壑密度每平方公里0.8公里，沟壑面积占总面积的11.4%，地面坡度15度以上占33.4%。年均气温6.3℃，无霜期141天。年均雨量382毫米，年际和季节变差大，干旱是当地生产的主要制约因素。50年代开始治理，1983年列为黄河中游试点小流域，在兰州水保试验站和定西地区水保试验站协助下，加强综合治理。到1985年累计完成基本农田7441亩，人均4.4亩；造林8865亩，人均5.2亩；种草2560亩，人均1.5亩；修谷坊24座，水窖796个、淤地坝1座，涝池41处，治理程度60.6%。经过治理，改善了土地利用结构，农地和非生产地分别由43%与36%减少到36%与21%；林地和草地分别由14%与2%增加到24%与6%。1985年人均产粮517.5公斤，人均收入317元，分别比治理前增长79.7%和399%。1986年6月25日一场20年一遇暴雨，雨量68毫米，最大降雨强度30分钟27.5毫米，全流域减少径流61.4%，减少泥沙80.8%。

(二)宁夏回族自治区海原县关庄沟

关庄沟位于海原县城西南50公里的南华山西侧，流域面积52平方公里。沟壑密度每平方公里4公里，有丘间小盆地(即墚地)，比较平缓开阔，宽30～100米，比降2%左右。墚地下游有侵蚀沟，沟头溯源侵蚀严重。主沟床切深13～37米，宽25～70米。年均降雨量370毫米，年均气温3.6℃，无霜期100～120天。1982年人口密度每平方公里43人，人均耕地8.6亩，大部分为坡耕地，粮食亩产38公斤，人均产粮220公斤，人均收入45.7元。侵蚀模数每平方公里4000吨，沟头前进剧烈。60年代开始治理，1983年作为黄河中游试点小流域，在海原县水保试验站指导下，进行有计划的治理，以保墚固沟为治理方针，着重抓了墚地治理，在墚地中节节修3～5米高的低坝，引洪漫地，用洪用沙，并在现代侵蚀沟中修筑大型淤地坝蓄水淤地，增产粮食和解决饮用水。同时制定了“高山放牧，沟岔造林”，“乔木进沟岔，灌木爬山洼，农田林网化”的布置模式。到1987年，累计建设基本农田4328亩，人均1.8亩，造林4579亩，种草9708亩，修塘坝12座，骨干坝1座。粮食总产由49万公斤增加到76.6万公斤，人均粮食由220公斤增加到320公斤，人均收入由45.7元增加到199.3元。并解决了群众烧柴和人畜饮水问题。1982～1987年各项治理措施减少径流40%，减少泥沙35%；沟中骨干坝修成后，控制面积28平方公里内的洪水泥沙基本不出沟。

六、黄土高塬沟壑区

(一)甘肃省西峰市南小河沟

南小河沟位于泾河支流蒲河左岸，流域面积36.3平方公里，其中塬面占56.9%，沟壑密度每平方公里2.86公里，海拔高程1050～1423米。黄委会西峰水保站从1951年开始指导群众进行综合治理，至1981年修成水平条田1.04万亩、水平梯田293亩，经济林1378亩，沟壑造林3748亩，种草551亩，封坡育草3563亩，沟底修塘坝9座、小水库3座、淤地坝3座，塬上修沟头防护9处、涝池65个、水窖146眼、提灌站8处，发展水地7275亩，治理程度50%。粮食比治理前增长57%，木材积蓄量1.24万立方米，采积量1062立方米，果品累计产量176.25万公斤。经济总收入年平均108.64万元，比治理前增长163%。历年拦蓄径流55%，减少泥沙97%。

南小河沟的支沟杨家沟，流域面积0.87平方公里。从1954年开始，420亩农地都修成了水平梯田，沟壑造林465亩，“四旁”植树1.76万株，修沟头防护1处，人工草地112亩，沟底修柳谷坊75道。1974～1979年平均每年农业收入2448元，树种子收入5000元，人工草地收入609元，合计年均总收入8057元，比治理前年均收入2687元增长了两倍，还蓄积木材4000立方米。5年平均减少径流57.9%，减少泥沙81.3%。

(二)甘肃省平凉市纸坊沟

纸坊沟流域面积18.98平方公里，残塬梁峁面积占总面积的61%，沟谷地占总面积的39%，沟壑密度每平方公里2.2公里，海拔高程1365～

2104 米。有 3985 人,平均每平方公里 210 人。耕地中有坡耕地 1.12 万亩,塬地、川地共 1012 亩,人均耕地 3 亩。1954 年开始,平凉水保试验站指导群众进行综合治理,到 1975 年,累计完成梯田 3242 亩,淤地坝 14 座,淤成坝地 493 亩,造林 1977 亩,种草 1957 亩,治理程度 32.1%。1975 年流域侵蚀模数每平方公里年 4595 吨,比治理前 6781 吨减少 32.2%。1982 年粮食总产 267.81 万公斤,比 1975 年 60.5 万公斤增长 3.49 倍,总收入 101.2 万元,比 1975 年 75.75 万元增加 33.6%。

(三)山西省隰县卫家峪

卫家峪流域面积 90.8 平方公里,其中塬面占 21.3%,沟壑密度每平方公里 4.3 公里。海拔高程 840~1310 米,年均气温 8.8℃,年均降雨量 566 毫米,流域内有 3977 人。从 1983 年开始列为黄河中游试点小流域,在临汾地区水保试验站指导下加强治理。到 1987 年,完成基本农田(水平梯田、水平埝地、坝地、水地)1.22 万亩,造林 2.52 万亩,谷坊 35 座,沟头防护 55 处,改河造地 207 亩。人均基本农田由 1.8 亩增加到 3.1 亩,造林由 2.8 亩增加到 6.3 亩,其中经济林由 0.9 亩增加到 1.5 亩,森林覆盖率由 11.4% 提高到 22.4%。1987 年粮食总产 131.95 万公斤比 1982 年增长 82.5%,人均产粮 663.5 公斤。1987 年总产值 330.22 万元,人均收入 567.6 元,分别比 1982 年前增长 71.7%和 71.9%。1987 年与 1982 年相比,减少径流 37.1%,减少泥沙 31.9%。

七、黄土阶地区

(一)陕西省西安市荆峪沟

荆峪沟位于西安市东南郊灞桥区,发源于蓝田县安村乡康碥村,流域面积 119.86 平方公里。早在 40 年代前期,黄委会关中水土保持实验区就在荆峪沟进行水文气象观测,在沟底修柳石谷坊,在坡地试验、推广软埝 1 万余亩;1944 年在支沟南寨沟娘娘庙修建 10 余米高的留淤(拦泥)土坝一座。1983 年荆峪沟列为黄河中游试点小流域,试点范围在流域中游,面积 34.72 平方公里,有 3.05 万人。由省、市、区水土保持部门指导,在原有工作基础上进一步加强治理。截至 1986 年底,累计完成治理面积 25.8 平方公里,其中基本农田 2.88 万亩,造林 8538 亩,种草 1463 亩,修涝池 167 个、淤地坝 8 座、小水库 3 座,治理程度达 74.3%,水土流失得到基本控制。群众将水库周围开发为旅游区,活跃了文化生活,又增加了经济收入。到 1986 年,上述治理范围内粮食总产672.8万公斤，人均收入247.5元，分别比1982年增长21.1%和210.6%。

（二）河南省陕县火烧阳沟

火烧阳沟流域面积43.5平方公里，其中下游属黄土阶地区，上游为土石山区。海拔高程315～725米，沟壑密度每平方公里2.95公里，沟壑面积占总面积的39.7%，地面坡度组成，5度以下占39.4%，5～15度占18.7%，15度以上占41.9%，年均气温13.9℃，年均雨量619.6毫米。1987年有2.24万人，人口密度每平方公里514人。1973年开始进行治理，1983年列入黄河中游试点小流域，在陕县水保试验站指导下，加强综合治理。到1987年，累计完成条田、梯田等基本农田3.44万亩，塘坝1座、淤地坝3座、小水库1座、涝地20处、谷坊81座，造林1.06万亩，种草112亩，治理程度达77%。土地利用结构得到改善，农地由59.15%下降到52.85%；林地由6.26%上升到16.27%。1987年粮食总产1976万公斤，亩产543公斤，人均631公斤，都比治理前提高1倍以上。农村总产值1163.6万元，增长48.5%，人均收入417元，增长57.1%。1987年与1982年对比观测，减少地表径流73.5%，减少土壤侵蚀76.0%。

八、土石山区

（一）河南省济源市漭河

漭河流域面积650平方公里，从50年代初期开始，在河南省济源市水保所指导下进行治理，历年累计治理面积212.7平方公里，治理程度37.7%。其中梯田3.8万亩，谷坊1.2万座，水窖3680眼，淤地坝577座，水保林25.8万亩，种草2.3万亩，总计完成土石方549.7万立方米，垒砌石方18.76万立方米，总投工441.5万个，国家补助142.3万元，群众自筹667.1万元。1980年漭河流域粮食总产1.7亿公斤，亩产568公斤，人均粮食达到620公斤，造林面积增长2.5倍，工农业总产值比建国初期增长19倍。

（二）河南省嵩县德亭川

德亭川流域面积237.9平方公里，海拔高程370～1765米，沟壑密度每平方公里2.57公里。流域上游山势陡峻，岩石裸露；下游顶部黄土覆盖，山坡多露岩石；中游为丘陵沟川，形成开阔盆地。地面坡度组成，25度以下占45.7%，25度以上占54.3%。年均气温14℃，年均雨量731毫米。1982年有2.37万人，人口密度每平方公里99人。原为嵩县的治理重点，1983年列为黄河中游试点小流域，在嵩县水保研究所指导下加强综合治理。到1989年，累计完成梯田1.09万亩，条田691亩，造地1660亩，水地1.12万亩，封山育林6941亩，造林14.2万亩，累计治理面积115.5平方公里，治理程度达48.5%。1989年与1982年对比，粮食总产由793.2万公斤上升到1058万公斤，平均亩产达353公斤，人均产粮424.3公斤；农村各业总产值共增长2.1倍，其中农业产值增长1.38倍，林业产值增长2.87倍，牧业产值增长1.7倍，副业产值增长4.38倍。据嵩县水保所对流域主要支沟干剑沟（面积15平方公里）的观测：1957～1959年平均汛期降雨440毫米，径流模数每平方公里27.21万立方米，侵蚀模数每平方公里827.4吨；1984～1987年，平均汛期降雨460.7毫米，径流模数每平方公里1.48万立方米，侵蚀模数每平方公里160吨。80年代与50年代比较，汛期降雨增加4.7%，而径流量和侵蚀量分别减少94.6%和80.7%。

（三）山东省东平县南留屯

南留屯流域面积3.27平方公里，属青石山区。由山东省泰安市水保研究所协助进行综合治理，以发展林果生产为重点，为妥善解决种植业与林果业的矛盾，实行粮桐间作和果粮间作。到1987年发展粮桐间作和果粮间作各800亩，植桐树1.5万株，果树2万株；在沟岸、道旁植桐树5000株，村周、院内植毛白杨5万株。对流域内9个山头、2900亩荒坡，采取封山育林育草，轮封轮牧，同时对牲畜采取舍饲圈养等措施，恢复荒坡植被，防治水土流失，促进了畜牧业的发展。1987年流域内有1500人，人均木材蓄积量18.3立方米，收入520元，产粮580公斤。据泰安市水保所观测：1956～1959年，平均汛期降雨525.7毫米，径流模数每平方公里10.09万立方米，侵蚀模数每平方公里4892吨；1980～1989年，年均汛期降雨440.1毫米，径流模数每平方公里8.77万立方米，侵蚀模数每平方公里300吨。80年代与50年代相比，汛期降雨偏小16.3%，而径流量和侵蚀量分别减少13.1%和93.9%。

九、风沙区

内蒙古自治区乌审旗臭河沟，地处毛乌素沙漠南沿和黄土丘陵沟壑区北沿的过渡地带，流域面积38.5平方公里，绝大部分为流动和半流动风沙地，沙丘起伏，海拔高程1160.9～1269米，梁地占19.6%，滩地占6.1%，沟谷地占4.1%。年均气温7.5℃，年均降雨量353.4毫米，年均风速每秒3

米，8级以上大风年均24天。以风蚀为主，兼有水蚀。有1568人，每平方公里41人。1982年列为黄河中游试点小流域。在内蒙古自治区和伊克昭盟水保所指导下，采取以防风固沙为主的综合措施。到1986年累计造林保存面积4.71万亩，种草524亩，建成水地2680亩、水平沟1118亩、塘坝4座、防洪拦沙坝5座。共治理面积21.62平方公里，治理程度达56.14%。据伊克昭盟水保所观测：1970～1979年年均降雨330.5毫米，侵蚀模数每平方公里23636吨；1980～1989年，年均降雨340.1毫米，侵蚀模数每平方公里4701吨。80年代与70年代相比，年均降雨增大2.9%，而侵蚀量减少80.1%。1984年7月23日一小时内降雨72.4毫米，接近20年一遇频率，流域内做到土不下坡，水不出沟。1986年流域内风速比治理前降低18%，沙丘前移平均每年减少1～1.6米；粮食总产达到164.5万公斤，人均产粮628公斤，比治理前分别增长53.7%和29.6%；农村各业总收入164.5万元，人均收入348元，比治理前分别增长99.4%和54.2%。

第二十章 研究活动

黄河流域水土保持的科学研究，以多种形式开展，一是各级水土保持科研站、所根据上级部署进行试验研究，上级主管部门根据需要召开科研工作会议，总结经验，交流成果，布置任务；二是各级业务主管部门，组织有科研、教学单位参加的学术会议，总结交流学术成果和科研经验；三是有的科研人员从不同的业务角度，参与水土保持有关科研活动，提出某些单项成果；四是有的业务、科研、教学单位主持，组成科研联合体，对重大课题协作攻关。各种形式相辅相成，对促进水土保持科研工作的发展都起到了积极的作用。

第一节 工作会议

建国以来，中央和黄河流域的水土保持领导机构，先后召开12次黄河流域的水土保持科研工作会议，交流成果，总结经验，研究方向，落实任务，组织协作。随着水保工作的发展，通过每次会议，及时调整和进一步明确水保科研的方向、任务，加强了主管部门对水保科研工作的领导。特别是70年代、80年代，通过科研工作会议组织协作攻关，取得了很好的成果。

在已召开的12次水保科研工作会议中，50年代2次，60年代4次，70年代和80年代各3次。50～60年代的会议，都有国务院水土保持委员会办公室参加；80年代的3次会议中，有一次是水利部主持召开的。此外，1989年冬，水利部农水司与部属国际泥沙研究培训中心，还在北京联合召开了中国黄土高原水土保持科研工作研讨会，邀请部外专家和黄河流域水土保持主管部门人员参加，研究有关科研方法与改进等问题。

一、50年代

(一)黄河中游水土保持科学试验研究工作会议

1957年11月15～22日，黄委会在郑州召开黄河中游水土保持科学试验研究工作会议，是建国后第一次召开这样的会议。会议由黄委会副主任赵明甫主持，参加会议的有黄委会西北工程局、黄委会所属水土保持站，黄河中游各省(区)水保局和各地水保站的科技负责人，共67人。特邀苏联水土保持专家М·Н·扎斯拉夫斯基和国务院水土保持委员会、中科院黄河中游综合考察队的专家参加指导。

会议总结了建国以来的水土保持科学试验工作，第一次提出了“面向生产，面向群众，为生产服务，为推广服务”的方针。讨论了黄河中游水土保持科学研究的任务，认为应当以泾河、渭河、无定河、三川河流域的绥德、天水、西峰、离石4个科学试验站为中心，各地的试验站、推广站密切配合。在此基础上明确了各站的主要科研任务。

(二)黄河流域水土保持试验研究工作会议

1959年2月26日至3月5日，黄委会在甘肃省天水市召开黄河流域水土保持试验研究工作会议，参加会议的除黄河上中游7省(区)各水保科研单位外，还邀请流域以外14个省(区)及有关单位参加，共114人。会议由黄委会副主任江衍坤主持。会议参观了天水水保站梁家坪试验场的耕作园田化和甘肃省通渭、定西、会宁、静宁4县联合治理的华家岭，交流了经验，总结了1958年的试验研究工作，制定了1959年试验研究工作计划；同时还提出了黄河流域水土保持试验研究的协作方案。

二、60年代

(一)黄河流域水土保持试验研究工作会议

1960年2月17～26日，黄委会在甘肃省庆阳县西峰镇召开黄河流域水土保持试验研究工作会议。参加会议的有黄河上中游7省(区)和流域以外16个省(区)的水土保持试验站，有关科研单位和大专院校，共160人，会议由黄委会副主任江衍坤主持。

会议参观了西峰南小河沟小流域的综合治理、庆阳县董志塬的塬面治理和西峰水保站的技术革新。会议讨论确定了1960年的科研任务，同时还把黄河中游划分为陕北、晋、豫丘陵区，陇中、青、宁干旱丘陵区，陇南丘陵区，陇东、渭北高塬区，内蒙、榆林风沙区等5个水土保持科研协作区。拟定了水土保持试验研究和径流观测协作计划，要求各地区作3～8年的水土保持试验研究规划，研究解决水利水土保持对洪水、泥沙、径流的影响。后因经济困难，水土保持处于停顿状态，会议提出的任务大部没有实现。

(二)黄河流域水土保持科学研究工作会议

1963年12月20～30日,黄委会在郑州召开黄河流域水土保持科学研究工作会议,参加会议的有黄河上中游7省(区)水土保持科研站、所和业务主管部门,还有中科院西北生物土壤研究所、中国农科院、北京林学院等科研、教学单位的代表。黄委会副主任赵明甫主持了会议。

1963年2～3月,党中央和国务院在北京召开了全国农业科学技术工作会议,制定了1963～1972年全国农业科学发展规划,山地利用与水土保持是其中一个重要组成部分,确定了9个项目、32个专题,并将西北黄土地区山地利用水土保持研究列入国家重点研究项目。这次黄河流域水土保持科学研究工作会议,根据上述规划要求,研究了协作分工和发展步骤。会议期间召开了协作会议,由13个单位、18位同志成立了西北黄土地区水土保持科学研究协作小组,由赵明甫任组长,张耕野、蒋德麒任副组长;研究确定了协作任务,并建议会后邀请有关专家成立技术指导小组。在科研发展步骤上,确定了前5年打好基础,后5年全面发展。同时提出抓好建设基本农田与造林种草两个科研重点,促进提高粮食产量和减少入黄泥沙两件大事"过关"。在此基础上,明确了1964年的水土保持科研任务。

(三)黄河中游水土保持科学技术座谈会

1965年1月15～22日,黄河中游水土保持委员会赵明甫副主任主持在西安召开黄河中游水土保持科学技术座谈会,这是1964年该委员会成立后第一次召开的水保科研会,参加会议的有黄河上中游7省(区)的水保科研站、所和有关科研单位、大专院校等,共110多人。

会议根据中共中央关于干部要下乡蹲点搞样板的指示精神,检查了1964年的工作,安排了1965年的任务。提出1965年的试验研究要以蹲点为重点,进行全面研究,一方面继续搞好试验场、实验室的试验研究,一方面要组织科学技术人员下乡蹲点,和群众一道开展科学实验,总结群众经验。这次会议提出的蹲点搞试验,为以后开展治理,树立示范样板,采取实验室、试验场、农村基点"三结合"进行水保科学研究指出了方向。

(四)黄河中游水土保持科研座谈会

1968年12月,黄河中游水土保持委员会在陕西省临潼县召开黄河中游水土保持科研座谈会,参加会议的有上中游7省(区)水保主管部门及水保科研站、所和有关大专院校,共100多人。当时正在"文化大革命"期间,由于"左"的思想干扰,水保科研工作未正常进行,会上有少数代表对前些年的水保科研方针进行了不适当的"批判",引起严重的意见分歧和争论,虽然会后组织与会代表到山西省昔阳县大寨村和山东省黄县下丁家村等水保先进典型参观，有一定收获，但总的来看，会议未收到预期效果。

三、70 年代

(一)黄河流域水土保持科研工作座谈会

1975 年 11 月 20 日至 12 月 2 日，由黄委会副主任王生源主持，在甘肃省天水市召开黄河流域水土保持科研工作座谈会，参加会议的有黄河上中游 7 省(区)和重点地区水保主管部门，水保科研站、所，有关大专院校、科研单位及部分水保先进乡、村共 48 个单位、78 人。会议交流了水保科研工作中贯彻“以土为首，土水林综合治理，为发展农业生产服务”水土保持方针的成绩和经验。会议提出，当前应以研究加快治理进度和建设高产稳产基本农田的技术为研究重点，讨论了今后 10 年的科研规划，安排了 10 个重点协作攻关项目，并落实了 1976 年的科研任务。这次会议确定的机械修梯田、水坠法筑坝、飞机播种造林种草等协作攻关研究项目，会后都得到认真实施，并取得了重要成果。

(二)黄河流域水土保持科研规划座谈会

1976 年 3 月，黄委会在郑州召开黄河流域水土保持科研规划座谈会，会议讨论和修改了黄河流域水土保持科研规划，提出要加强对水保科研的领导，并将水保科研规划纳入国家科学研究重点项目之中；同时为了加强黄河流域的水保科研，提出三项建议：将“文化大革命”中下放给地方领导的绥德、天水、西峰 3 个水保试验站收归黄委会领导；黄河水利学校开设水保专业班；黄委会水科所恢复水土保持研究室，从事理论研究。

(三)黄河中游地区水土保持科学研究工作座谈会

1979 年 9 月 13～22 日，由黄委会副主任王生源、李延安主持，在甘肃省庆阳县西峰镇召开黄河中游地区水土保持科学研究工作座谈会，参加会议的有青海、甘肃、宁夏、内蒙古、陕西、山西 6 省(区)和部分地区水土保持主管部门和科研站、所，有关大专院校和科研单位。水利部派员参加指导，并邀请黄河流域外 8 个省(区)的水保科研部门参加，共 61 个单位、96 位代表。会议总结了建国后近 30 年来水土保持科研工作，交流了科研成果，研究了水土保持科研工作的方向、任务。会议认为，水土保持科研的方向应是“防治水土流失，合理利用水土资源，改善、保护生态环境，研究快速治理措施，为促进农林牧业生产高速度发展和根治黄河服务”。基本任务是“研究水土流失规律，寻求水土保持新技术，探索农林牧综合发展的途径，培养人才，为加快治理速度，充分发挥水土资源的生产潜力和根治黄河提供依据”。1980～1985 年，要开展水土流失规律、水土资源合理利用、建设基本农田、筑坝技术、水土保持林草、新技术应用和水土保持效益等 7 个项目、26 个专题的研究。

会议建议：国家科委恢复水土保持组，领导全国的水土保持科研工作；黄委会建立水土保持研究所；陕西、甘肃、山西、内蒙古 4 省(区)建立健全水土保持研究所等，从上到下形成完整的水土保持科研体系。同时还建议教育部尽快在有关大专院校设置水土保持专业等。

四、80 年代

(一)水土保持科研会议

1986 年 1 月 21～25 日，黄委会在西安召开水土保持科研会议，参加会议的有黄委会水保处，黄河中游治理局，天水、绥德、西峰水保站。会议由黄委会副主任吴书深主持。会议总结交流了 1985 年科研工作和科研体制改革的经验，确定了几项重点研究课题，主要有水土资源合理利用开发最优模式、保土经济植物开发利用、种草养畜农牧结合生态经济效益、水土流失规律和治理效益、遥感技术在水土保持中的应用等。会议要求集中人力、物力协作攻关，尽快提出成果，并加强科研成果的推广工作。会议提出加强科技队伍建设的具体措施，决定建立黄委会水保科技情报网，并由黄委会水保处负责编印《水土保持科技信息》。

(二)黄河中游水土保持科研工作座谈会

1986 年 12 月 6～8 日，黄河中游水土保持委员会副主任、水电部副部长杨振怀主持，在西安召开了黄河中游水土保持科研工作座谈会，参加会议的有国家科委、中共中央书记处农村政策研究室、林业部、农牧渔业部，中科院西北水保所、地理所、综考会，水电部、水利水电规划设计院、国际泥沙研究培训中心、黄委会等单位，黄河上中游 7 省(区)的水利水保局及所属主要科研站、所，北京林业大学、西北大学和新闻单位的代表，共 83 人。

会议认为，“六五”期间黄河上中游水土保持科研工作，已由恢复进入了一个新的发展时期，今后应进一步认真贯彻“经济建设必须依靠科学技术，科学技术必须面向经济建设”的战略方针，加强对水保科研的领导，把工作搞得更好。会议对“七五”期间黄河上中游水土保持科学研究，提出了 4 个重点项目:黄河中游水土保持宏观规划、布局的研究;粗沙多沙来源区加强治理的研究;定西县、北洛河、泾河、渭河上游水土流失严重地区泥沙来源的研究;防治新增水土流失的法规、政策和治理方案的研究。

会上提出的成立黄河流域水土保持科研工作协调小组和黄河流域水保科研基金两项建议,半年后都得到实施。1987 年 6 月成立黄河流域水土保持科研工作协调小组,黄委会副主任吴书深任组长,中科院综考会副主任张有实、中科院西北水保所所长杨文治任副组长,并制定《黄河流域水土保持工作协调小组章程》及《黄河流域水保科研基金条例》。协调小组还于 1990 年 4 月召开第二次会议,讨论有关科研协调问题。

(三)黄河流域水土保持科研成果经验交流会

1987 年 2 月 24～28 日,黄委会在陕西省绥德县召开黄河流域水土保持科研成果经验交流会,参加会议的有黄河流域 8 省(区)水土保持局、处及所属水保科研站、所;中科院西北水保所、地理所,水电部国际泥沙研究培训中心、北京林业大学、陕西师范大学、陕西机械学院、黄河水利学校,陕西省水文地质二队、陕西省黄土高原综合治理研究所、榆林地区和绥德县有关单位,黄委会所属科研单位和有关部门及新闻单位等共 63 个单位、86 名代表。收到科研成果、论文、报告共 160 篇。会议交流了近年来科研成果和经验,讨论了"七五"期间科研重点项目,酝酿了协作攻关问题。会议认为,"六五"期间水保科研与以往相比有以下特点:注重提高经济效益和开发项目的试验研究;科学研究与黄土高原建设和治黄宏观决策脱节现象有了改观;科研成果的研究水平和深度都有较大提高,新学科、新理论、新技术在水土保持科研工作中初步应用,收到一定效果;横向联系,协作攻关,进一步扩展;水土保持技术规范化与标准化的研究开始起步,并有较快发展;对科研管理体制改革进行了积极的探索;年轻的科研队伍正在成长。

会议提出对水保科研当前的任务有以下几方面:加强已有成果的推广应用;加强对黄河中游多沙粗沙地区水保宏观决策的研究;开展一些应用基础和新技术应用的研究,以加强科学技术储备,保持科研的后劲,并使技术开发工作能不断有所前进;分工合作,搞好水土保持重点课题的协作攻关。会议建议黄河流域水土保持科研工作协调小组加强领导,统一研究协作攻关问题,并建议设立水土保持科学研究基金,用以资助地方站、所开发性研究成果的推广和其他有关单位在黄土高原水土保持工作中迫切需要解决问题的应用研究工作。

第二节 学术会议

70年代以来,在黄河流域召开多次与水土保持直接有关的学术会议,有综合性的,也有专题性的。80年代后期和90年代初期,还先后在西安、兰州、太原等地召开5次国际性学术会议。本节着重记述前者,后者在第七篇第二十七章《国际交往》中记述。

一、综合性学术会议

从70年代后期到80年代后期,10年内先后召开5次关于黄土高原水土保持的综合性学术讨论会,每次会议都进一步肯定了水土保持在发展山区生产和解决黄河泥沙问题中的战略地位,呼吁国家主管部门加强黄土高原的水土保持工作;水土保持必须采取综合性的治理措施,工程措施、林草措施、保土耕作措施必须紧密结合,协调发展,互相促进,不可偏废。研讨了水土流失地区开发与治理的关系,治理与保护的关系,水土保持治理中注重经济实效与发展商品经济等问题,对水土保持的持续、稳定、协调、健康发展,起了促进作用。

(一)黄土高原水土保持农林牧发展科研工作讨论会

1979年2月,国家科委、农林部、水电部、国家林业总局在西安召开黄土高原水土保持农林牧发展科研工作讨论会。参加会议的有黄河中游六省(区)的水保部门以及有关科研和教学单位的领导干部、专家、科技人员和新闻工作者等,共123人。国家科委副主任张承先主持了会议。

会议总结了建国以来西北黄土高原水土保持正反两方面的经验,对这个地区的生产建设方针与综合治理、合理开发的规律,水土保持进展缓慢的原因以及加快治理进度的意义和措施,展开了热烈的讨论。会议认为,黄土高原的水土流失必须加快治理,要迅速改变黄土高原的贫困面貌,除依靠群众自力更生外,国家必须给以适当的经费支持。建议黄土高原每个省(区)以县为单位,建立1～2个水土保持综合试验基地,树立样板,发挥示范作用,带动面上的工作,加快治理进度。建议尽快恢复黄河中游水土保持委员会,并重新编制黄土高原的水土保持规划。上述建议会后几年内大都得到实现。

(二)黄河中下游治理规划学术讨论会

1979年10月，中国水利学会在郑州召开黄河中下游治理规划学术讨论会。参加会议的有水利界知名人士，各学科专家、教授、学者和从事治黄工作的领导干部与工程技术人员共220人。中国水利学会理事长张含英主持会议，水利部部长钱正英、副部长冯寅等出席了会议。会议分干流、下游、水土保持3个专题6个组，其中水土保持两个组共约60人。

会上，大家对水土保持是不是治黄的基础以及水土保持方针问题，展开讨论。大多数人认为，黄河下游洪水泥沙危害的根源在于中游地区的水土流失，解决黄河泥沙的根本途径，就是加强中上游地区的水土保持。从各种类型的水土保持典型来看，水土保持的增产和减沙效益都是肯定的。目前，黄河下游减沙效果不显著的原因是多方面的，不能因此认为水土保持没有减沙作用。对水土保持方针，大家认为，1973年延安会议上提出的“以土为首，土水林综合治理，为发展农业生产服务”的方针是基本可行的，但水土保持的特点不够突出；过去方针中“综合治理、集中治理、连续治理”等都很重要，应继续采用。会议最后提出加强水保工作的4条建议。

这次会议，为重新确立水土保持是治黄的基础这一方略，起了重要作用。

(三)黄土高原水土流失综合治理科学讨论会

1980年3月，国家农委、国家科委和中国科学院在西安联合召开黄土高原水土流失综合治理科学讨论会。参加会议的有国务院有关部委、科研单位和高等院校、黄河中上游7省(区)有关单位和10个试点县的代表共211人，由国家农委副主任何康、国家科委副主任童大林、中国科学院副秘书长石山等主持。会议有四项主要议程：讨论《黄土高原综合治理方案》；由科学家向中共中央、国务院提出黄土高原综合治理的建议；提出10个水土流失重点县的治理方案；制订黄土高原重大的科研项目。

通过认真研究，会议提出《关于彻底治理黄土高原水土流失严重地区的建议》，主要内容有以下几点：国家对这个地区应该确定明确的生产方针，这个方针的重点是粮食只要求自给，生产以畜牧为主，林业以防护林、水源涵养林和薪炭林为主；要给一个调整时间，在政策上给以保证，在粮食、资金、科技力量等方面给以大力支持；认真解决这个地区的农村燃料问题；尽快恢复从中央到地方的各级水土保持机构，大力培养水保技术人才；加强水保科研力量，恢复并充实各级水保科研机构；加强领导，统一思想，防止反复多变。

(四)西北地区农业现代化学术讨论会

1980年12月,中国农学会、中国林学会、中国水利学会在兰州联合召开西北地区农业现代化学术讨论会。参加会议的有陕西、甘肃、宁夏、青海、内蒙古、山西、新疆、西藏、四川等省(区)及中央有关部委、大专院校、科研单位的代表共480多人。中央及有关部委领导王任重、童大林、杜润生、朱荣、石山和中共甘肃省委书记宋平等在会上讲了话。会议分自然资源开发利用、水资源等10个专题组,其中黄土高原水土流失综合治理专题组参加讨论的专家和科技人员约40人。

会上对黄土高原生产建设方针、水土保持在生产建设中的作用和加强水土保持的措施等问题,进行了热烈的讨论。大家一致认为,水土保持是黄土高原特别是水土流失地区实现农业现代化的基础;水土保持是一门独立的科学不能被其它任何学科所代替。黄土高原生产方向应该是农林牧并举,粮食自给,全面发展,因地制宜,各有侧重。会上代表们根据当时水保工作存在的主要问题,提出了加强水土保持工作的七点建议。其中大部分在会后几年内都得到落实,促进了黄河流域水保工作的恢复和发展。

(五)黄土高原地区综合治理开发问题讨论会

1987年9月,农牧渔业部、林业部、水电部、中国农业环境保护协会、中国水土保持学会,在山西省河曲县联合召开了黄土高原地区综合治理开发问题讨论会。参加会议的有黄河上中游6省(区)和46个县的有关领导、科研单位和大专院校的专家、学者共138人。农牧渔业部顾问边疆主持了会议。会议期间,参观了河曲县新尧沟、五花城、城郊、四旦坪等水土保持综合治理开发典型。会议讨论了黄土高原地区综合治理开发的方略和措施。总结和交流了省、地、县和黄土高原总体等各不同层次在综合治理开发中的规划和实施经验。农业、林业、畜牧、水利、水保等各方面的专家,分别从不同角度,阐述了黄土高原开发治理中应采取的方略和措施。大家共同的意见是,黄土高原的治理必须与经济开发相结合;治理与开发都必须是综合性的,而在不同条件下应当有所侧重。

会议期间,有14位专家、学者,经过酝酿,联名上书国务院,就黄土高原的综合治理开发问题,提出三点建议:治理要与开发建设结合,国家把黄土高原地区的治理与开发同时列入国民经济的总体开发之中;各方面的治理力量要统筹安排使用,改变过去条块分割的投资方式,把农牧、林业、水利各部投入黄土高原的资金和力量统筹起来;建议把陕晋蒙接壤地区列为黄土高原综合治理开发区,请国家给予特殊关注及扶持。并建议把河曲县列为三角地区及黄土高原地区综合治理开发的试点县。

二、专题性学术会议

黄河流域召开专题学术会议较早的是黄河中上游地区用洪用沙经验交流会，同样性质和任务的会议从70年代到80年代先后开了两次，而且有固定的组织联系，具有协作研究的性质。进入80年代以后，有关部门在黄河流域各地召开了多次与水土保持有关的专题性学术会议。会议主题大多是研讨水土保持治理中造林、种草、保土耕作、梯田、淤地坝等单项措施，交流科研成果与工作经验，研究存在的问题与今后的方向和重点。

(一)黄河中上游地区用洪用沙经验交流会

1973年11月，黄河治理领导小组在郑州召开黄河下游治理工作会议，除讨论确保下游安全有关问题外，还强调要加强中游的治理。又鉴于泥沙研究的重要而当时各单位科研力量分散、下放，无法开展工作，建议适当集中，着手进行中断了的黄河泥沙研究工作。1974年3月，由黄委会负责组成黄河泥沙研究工作协调小组，制定计划，组织协作，开展工作。1976～1978年，把黄河上中游地区的用洪用沙研究列为重点任务之一。1976年12月，在西安召开黄河中上游地区用洪用沙经验交流会，到会的除黄河流域8省(区)水利、水保部门有关人员外，还有部分高等院校和长江、海河流域机构的代表共185人。会议交流的内容，有引洪漫地、引淤灌田、筑坝淤地、渠道高含沙引水淤灌，结合用洪用沙进行水库防淤、减淤等，共61项成果报告。会后由清华大学钱宁与黄委会麦乔威二人编写成果综述，刊于《黄河泥沙研究动态》第20期，内部交流。1980年6月，在银川召开黄河流域干旱山区用洪用沙工作座谈会，到会的有青海、甘肃、宁夏、内蒙古、陕西、山西等6省(区)的水利水保部门和部分高等院校与科研单位，共95人。会上就干旱山区用洪用沙特点及其相应的技术经验进行交流。会后将资料汇编为《黄河泥沙研究选编》第5集出版，同时把1976年的成果综述也重新刊入。这两次会议对于当时黄河上中游地区的水土保持工作起到一定的推动作用。

(二)黄土高原地区造林现场经验交流会

1981年8月，林业部在山西省吉县和陕西省淳化县召开黄土高原地区造林现场经验交流会。参加会议的有陕西、甘肃、宁夏、青海、山西、内蒙古及河北、辽宁等省(区)水土流失县(旗)林业、水保部门的科技人员共70人。国家农委副主任张秀山、林业部副部长郝玉山到会讲话。会议从山西省吉县到陕西省淳化县，参观两县造林、种草现场。会议认为，在黄土高原地区大力开展植树造林,可以调节气候,保持水土,防风固沙,改善农业生产条件,还可解决群众“三料”,增产木材、果品、枝条等产品,提高群众生活,是发展山区经济的战略措施。通过交流,总结出搞好造林绿化的基本经验:一是提高认识,加强领导;二是发动群众,搞好突击造林;三是落实政策,稳定林权,建立健全林业生产责任制;四是坚持科学造林,提高造林成活率和生产效益;五是切实加强管护,巩固造林成果。

各地代表列举大量典型事例,说明黄土高原地域辽阔,各地自然、社会条件差异很大,造林绿化一定要因地制宜,适地适树,做到乔、灌、草相结合。造林种草,应按山系、按流域进行全面规划,造林种草与封山育林、育草相结合。除人工造林种草外,有条件的地区还应采用飞播,以加快造林进度,扩大造林面积。

(三)全国草木樨学术讨论会

1982 年 8 月,由中国农学会土壤肥料研究会主持,在甘肃省天水市召开全国草木樨学术讨论会。参加会议的有青海、甘肃、内蒙古、陕西、山西、河南、辽宁、新疆等省(区)的水土保持、农业、畜牧科研单位共 100 多人。中国农学会副理事长张心一、甘肃省副省长朱宣人到会讲了话。

会议主要研讨了草木樨的生物学特性、栽培技术、增产措施以及对保持水土的作用等。会议认为,草木樨自 1943 年从天水水土保持实验区引种试验起,已有近 40 年的历史。实践证明,草木樨具有适应性强、改土培肥效果快、能减少坡面水土流失,以及对后作增产显著的特点,已成为我国保土轮作中的一个主要草种,在有条件的地方应大面积推广。

(四)全国水土保持耕作学术讨论会

1983 年 8 月,中国农学会土壤肥料研究会、陕西省水利水土保持厅,在陕西省延安市联合召开全国水土保持耕作学术讨论会。这是第一次全国性的水土保持耕作学术讨论会。参加会议的有 20 个省(区)和中央有关科研、教学、生产、新闻出版等单位的领导、专家、教授和科技工作者,共 144 人。

大会交流和分组讨论,认为水土流失问题是我国丘陵山区和风沙地区农业低产的重要原因,旱作农业必须首先防治水土流失,才能提高土壤肥力,增加产量。因此,保持水土的耕作措施,应该引起广泛重视和积极推广。会议期间考察了延安市碾庄沟和小寺沟、子长县丹头沟、绥德县韭园沟等综合治理小流域,还参观了黄委会绥德水土保持站辛店沟试验场,交流了水土保持耕作科研成果和推广经验,研究了尽快控制坡耕地、风蚀地的水土流失和提高其产量的途径,并提出加强水土保持耕作措施的科研和推广工作等建议。

(五)陕北地区淤地坝坝系布设利用经验交流会议

1984年9月,黄委会绥德水保站主持,在陕西省绥德县召开了陕北地区淤地坝坝系布设利用经验交流会议。出席会议的有陕西、山西、内蒙古等省(区)及部分地、县科委水利、水保、科研单位和重点乡、村代表共54人。

会议的主要任务是:交流黄土丘陵沟壑区淤地坝的规划布设、防洪保收、用洪用沙等方面的经验,研究存在问题,提出解决问题的办法,以便更好地推动淤地坝的发展。会议期间参观了绥德县韭园沟流域内的王茂沟,米脂县的对岔沟、四合沟及绥德水保站辛店沟试验场等综合治理小流域中的淤地坝建设与坝系布设。

会议认为,黄土丘陵沟壑区的淤地坝建设,经过30多年的探索和实践,积累了丰富的经验,取得了大量的科学试验资料,同时,也存在一些问题,主要是部分淤地坝的规划布设缺乏科学依据,设计标准的技术经济论证不足,工程质量不高,巩固改造任务较大。会议针对存在的问题,提出以下改进办法:1. 沟中修坝,必须进行全面规划,上、中、下游,干、支、毛沟统筹兼顾,拦洪、蓄水、淤地三类不同的坝型,合理布设,充分利用水沙资源。2. 在较小流域内修筑坝系工程,具有结构简单,淹没损失小,投资少,受益快等优点,应大力发展。榆林地区认为,近期先以3～5平方公里的支毛沟为单元,进行规划治理,选择合适位置兴建拦洪淤地坝。延安地区认为,布设范围还可以适当放宽。3. 对坝系中的控制性骨干工程应提高防洪标准。因为,近年来这类坝失事的主要原因之一,在于设计标准偏低。对这项工作需要进行技术经济论证,并争取得到国家主管部门的审定批准,纳入技术规范或标准化的范畴。

会议还提出,为使淤地坝的试验研究与近代新的科学技术相适应,必须采用系统工程方法及电算等手段,研究小流域坝系布设的优化模式、设计标准,积极采用工程结构的设计计算新方法。同时还建议由黄委会牵头,组织治理、科研、教育等有关单位协作攻关,以推动淤地坝建设更好地发展。

第三节 协作攻关

70年代中期,黄委会主持的几项水土保持单项措施的科研协作攻关,如机械修梯田、水坠法筑坝、飞机播种林草等,都取得了较好的成果。进入

80年代以后,科研协作攻关发展到以研究综合治理为主要课题,以不同类型地区为主要对象,以为主管部门宏观决策提供科学依据,推动面上治理为主要目标。其中由国家主管部门正式下达任务,参加单位较多,持续时间较长,取得成果较丰的,一是黄河中游小流域综合治理试点,二是黄土高原综合治理试验示范区。前者由黄河中游治理局主持,除研究水土保持有关自然科学与技术科学外,还着重研究了水土保持的管理科学;后者由中科院西北水保所主持,侧重研究以应用基础科学为主的技术问题。二者发挥了参加单位的优势,各有侧重地分别取得了促进面上治理的有用成果。

一、小流域综合治理试点

(一)试点的发展与分布

为探索小流域综合治理的技术经验和管理经验,1980年,水利部在全国六大流域开展了水土保持小流域综合治理试点工作,其中黄河中游地区开展数量较多。试点的目的主要是研究不同水土流失类型区加速综合治理的经验,各种水土保持措施的标准、效益、综合治理的措施配置,特别要求研究如何加强小流域综合治理的管理,促进小流域水土保持管理工作正规化、制度化,要求每条流域都要系统地积累资料,提出有分析的科学报告;结合小流域综合治理开展以管理科学为重点的水土保持科研,为推动面上治理提供系统的经验和科学依据。自1980年以来,黄河流域的小流域综合治理试点工作共开展了三批,其发展过程和分布情况如下:

1. 第一批试点工作于1980年开始,由黄委会水保处主持,协同有关地方主管部门,在黄河中游多沙粗沙区的无定河、三川河和黄甫川等3条支流内,选择36条试点小流域。1982年,交由黄委会黄河中游治理局主持,1986年,对其中的32条进行正式验收(其余4条转入第三批试点)。在已验收的32条小流域中,仅山西省有2条小流域属土石山区,其余都属黄土丘陵沟壑区第一副区。32条小流域中,陕西省9条、山西省10条、内蒙古自治区13条,共有流域面积647.6平方公里,其中水土流失面积615.6平方公里,占流域面积的95.1%。32条小流域都属半干旱地区,多年平均降雨量300～500毫米;气候寒冷,多年平均气温7～9℃,无霜期100～190天。沟壑密度,山西省的三川河、内蒙古自治区的黄甫川都是每平方公里3.5公里,陕西省的无定河为每平方公里4～8公里。沟壑面积占总面积的比率,除黄甫川13条小流域为25%外,其余一般都在40～50%。年平均径流模数每平方公里

40000～70000立方米，年平均侵蚀模数每平方公里达到或超过10000吨。

2.第二批试点始于1983年，黄河中游治理局对试点的布局进行了两项调整。首先将第一批试点的32条小流域中的29条分别转入无定河、三川河和黄甫川三大重点治理区；然后，根据以下两条原则重新选点：(1)以水土流失类型区为基础，要求黄土高原的主要水土流失类型区都有试点小流域分布；(2)黄河中游河口镇到龙门区间11.4万平方公里多沙粗沙区范围内的试点小流域，分布应适当密一些。这批试点共安排了45条小流域，其中黄土丘陵沟壑区的5个副区共29条，高塬沟壑区9条，土石山区2条，阶地区3条和风沙区2条。45条小流域中，分布在河口镇到龙门区间粗沙多沙区的共23条，湟水、清水河、宛川河、渭河、泾河、北洛河、祖厉河等分别布点1～5个，共有试点小流域22条，基本满足了主要水土流失类型地区和黄河粗沙多沙来源地区的布点要求；在行政区划上，又分布在黄河上中游的7省(区)，做到"突出重点，照顾一般"的原则。1990年，黄河中游治理局对其中的33条小流域进行验收。在验收的小流域中，黄土丘陵沟壑区20条，高塬沟壑区7条，黄土阶地区3条，土石山区1条，风沙区2条。共有流域面积1883.8平方公里，其中水土流失面积为1807.6平方公里，占流域面积的95.9%。

3.第三批试点始于1988年，共安排40条小流域。其中分布于黄河中上游7省(区)的有37条，黄河下游山东省3条。分属9个水土流失类型区，其中黄土丘陵沟壑区的5个副区共21条，高塬沟壑区7条，土石山区6条，阶地区4条，风沙区2条。共有流域面积904.6平方公里，其中水土流失面积817.8平方公里，占流域面积的90.4%。这批试点于1992年开始陆续总结验收。

(二)试验研究方法

根据试点小流域的性质、特点和研究工作的侧重点，采取了与一般水土保持科研站、所不同的试验研究方法。

1.编制规划。为了研究不同类型区小流域土地利用方向和治理措施布局，1983年对试点分布作了调整，有计划地在黄土高原上选出九个不同的水土流失类型区进行研究。其中水土流失严重的丘陵沟壑区(特别是第一、二副区)和高塬沟壑区布点较密，水土流失相对较轻的其他类型区布点较稀。同时，研究印发了规划编写提纲，要求各试点小流域按照统一的提纲编制规划。水土保持规划编制的过程也是研究的过程。

2.加强管理。为了研究以小流域为单元的水土保持管理，首先要求各试点负责人更新观念,把水土保持管理作为一项科学,在实践中进行研究。其基本方法是:通过研究提出有关水土保持管理的规章制度,在各条试点小流域内实施;在实施过程中,发现问题和不足之处,不断地进行补充、修改、提高,使之趋于完善。1982年春,黄河中游治理局接管试点小流域之初,就着手研究编制了《试点小流域综合治理技术规程》、《试点小流域补助经费管理使用办法》、《试点小流域科研工作管理办法》、《试点小流域总结验收工作要点》等规章制度。试行两年后,1984年春,对其中某些内容作了部分补充修改。又试行两年后,到1986年,将上述各项规章制度,再度补充、修改,纳入统一的《黄河中游水土保持小流域综合治理试点工作要点》,概括了管理工作的全部内容和过程。到80年代后期,逐步提出了以组织管理、技术管理、经费管理、经营管理为主要内容的水土保持管理科学的系统研究成果,成为水土保持科学的一个重要组成部分。

3. 结合治理开展研究。在组织管理上研究了不同条件下分别采取以户承包、专业队承包、集体治理分户管理等不同形式。在经费管理中,研究了"以奖代补"、"以物代补"、"以息代补"、"以借代补"(有偿投资)等改革方法;在定额管理中,研究了不同条件下各项治理措施单项的与综合的不同的补助定额;在技术管理中,研究了竣工验收、年度验收、总结验收等不同阶段的验收标准与方法;在治理措施中,根据各条小流域在当时当地存在的具体问题,有重点地布设试验。例如,甘肃省榆中县孙家岔小流域布设干旱地区种草育草试验,陕西省延安市上砭沟小流域布设隔坡梯田试验等。此外,选陕西省延安市上砭沟、山西省吉县柳沟、甘肃省榆中县孙家岔等6条有代表性的试点小流域进行径流小区和沟口洪水泥沙的观测;在陕西省千阳县涧口河小流域采用遥感技术绘制土地利用图,并运用系统工程方法编制水土保持规划;还利用微型电算机建立第一批试点小流域的数据库。这些试验研究的成果,不仅推动了试点工作,提高了科技水平,而且促进了整个面上水土保持的开展。

为了配合试验研究工作的开展,在试点过程中,还采取了以下措施:

1. 协助省、地、县各级水土保持主管部门,加强对试点工作的领导。有试点任务的县,以主管农业的副县长挂帅,水土保持主管部门为骨干,农、林、牧、水等有关部门参加,组成试点工作领导班子。黄河中游治理局与黄河流域各省(区)和有关地、盟水土保持主管部门,都把小流域试点工作列为本单位的重要任务之一,安排了专门工作班子进行管理,每年都要召开试点小流域会议,总结上一年工作,交流试验研究成果与工作经验,部署下一年的任务。黄河中游治理局负责试点工作的科技人员，每年都要分片包干，会同有关省、地、县的科技人员，到各条试点小流域，了解治理和研究工作的进展情况，共同总结试验研究成果，解决工作中遇到的问题，协助把试点工作搞好。对试点工作搞得好的省、地、县和小流域，黄河中游治理局还在年度工作会议上予以表彰和奖励，推广其先进经验和研究成果。

2. 举办各种类型的技术培训班，提高试点工作人员的科技水平。1984年春，举办了试点小流域的规划技术培训班、财务培训班，学员为各试点的规划负责人与财务负责人。同年秋天，还为有径流泥沙观测任务的试点小流域举办了径流观测培训班。1987年春，举办了经济效益计算技术培训班。1989年秋，举办了造林规划、设计技术培训班等，都是围绕试点中有关试验研究内容的需要而举办的。

3. 依靠有关科研站、所与大专院校，协助完成试点中的部分科技任务。10年来，先后接受聘请参加试点工作的单位有：西北农业大学、兰州大学、甘肃省兰州水保试验站、平凉地区水保所、陕西省延安地区水保所、榆林地区治沙研究所、陕西省地矿局研究所、河南省嵩县水保试验站、陕县水保试验站、洛阳地区林科所、黄委会天水水保站、黄河水利学校水保专业等，共同解决了试点工作中许多技术问题，促进了试点工作科技水平的提高。

（三）主要研究成果

10年来，在黄河流域8省（区）各级业务部门和试点流域内广大群众的共同努力下，试点小流域在结合治理开展科研上取得了丰硕成果，主要有以下几方面：

1. 调整土地利用结构与调整农村生产结构。黄河流域大部地区导致严重水土流失和低产贫困的主要原因是土地利用结构与农村生产结构不合理。要制止水土流失，脱贫致富，必须调整土地利用结构，相应地调整农村生产结构。第一批试点已验收的32条小流域，在试点前一年，耕地面积占总面积的29.3%，人均耕地6.22亩；林地面积占总面积的11.6%，草地面积占2.3%；荒地占42.2%，非生产用地占14.6%。试点开始后，各小流域经过调查研究，在积极建设基本农田、提高粮食单产基础上，退耕陡坡，造林种草，同时利用荒坡大种林草，对土地利用结构进行了调整；到试点末一年，农耕地面积减少到24.8%，林地增加到30%，草地增加到3.8%，荒地减少到27.2%，使土地利用率由试点前的43.2%上升到58.6%，非生产用地占14.2%。第二批已验收的33条试点小流域，试点前一年农地和荒地、非生产面积各占流域总面积的37.9%和50.3%，林地和草地面积各占10.6%和

1.2%；在试点期间，通过综合治理，调整土地利用结构，到试点末一年，农地和荒地、非生产用地面积的比例，分别下降到33.7%和30.5%，林地和草地的面积分别上升到30.2%和5.6%。土地利用率由试点前的49.7%提高到69.5%。

在调整土地利用结构的基础上，相应地调整了农村生产结构，促进了农村经济的发展。(1)经济效益。第一批试点中的26条小流域，在试点前一年，农村总产值401.9万元，其中农业占59.7%，林、牧、副业各占14.4%、13.6%与12.3%；在试点末一年，农村总产值上升到1020.6万元，为试点前的2.5倍。在总产值中农业比重下降到40.5%，林、牧、副业比重分别上升到28.5%、18.4%和12.6%。第二批试点小流域，在试点前一年，农村总产值5001.2万元，其中农业占60.6%，林、牧、副业各占15.4%、6.6%和17.4%；在试点末一年，农村总产值上升到10960.5万元，为试点前的2.2倍。在总产值中，农业比重下降到47.4%，林、牧、副业比重分别上升到23.1%、9.2%和20.3%。虽然在试点末一年小流域综合治理任务尚未全部完成，还需继续治理，土地利用结构与农村生产结构，也还未达到基本合理的程度，但是，两批试点小流域，在5～6年时间内，通过综合治理，土地利用结构和农村生产结构发生显著的变化，这就说明两个调整的要求在黄河流域水土流失地区，经过努力是可以实现的。

2.加快水土流失地区治理进度。已经验收的两批试点小流域的实践证明：以小流域为单元，采取科学的规划布局，加强实施管理，在国家给以适当经济支持下，水土保持治理进度可以大大加快。1980年开始的第一批试点小流域，到1986年验收32条，在5年时间内，新增治理水土流失面积(保存面积)25.2%，平均年进度4.2%。1983年开始的第二批试点小流域，到1988年验收33条，在5年时间内新增治理水土流失面积(保存面积)34.4%，平均年进度6.5%。而在“六五”和“七五”期间，黄土高原面上水土保持的年治理进度，一般开展面积2.5%，保存面积1.3%。试点小流域的治理进度比面上进度快3～4倍。治理进度加快的主要原因：一是有国家的经费支持，一般每治理1平方公里，总需经费4～5万元，其中大部分为群众自筹(主要是投入劳力折合投资)，少部分由国家投资补助，每平方公里1～2万元，解决治理中必需的种子、苗木、工具和炸药、水泥等物资，作为“启动”经费，就能激发群众治山治水的积极性。二是进行了以小流域为单元综合治理的科学规划，治理效益显著，调动了群众的积极性。三是省、地、县各级都加强领导，有一套管理制度，治理中的各项工作，都有章可循。

3. 提高水土保持综合治理效益。对已验收的两批试点小流域进行的观测和分析表明:通过水土保持综合治理,生态效益、经济效益和社会效益都是十分显著的。(1)经济效益。第一批32条小流域,试点前一年农地面积28.47万亩,粮食总产1154.6万公斤,平均亩产40.5公斤,人均粮食252.3公斤。通过5年治理,特别是基本农田的增加,到试点末一年,农地面积24.01万亩(减少了15.7%),粮食总产1848.2万公斤,平均亩产77公斤,人均粮食384.3公斤,分别比试点前提高60%、90.1%和52.3%。这32条小流域,试点前一年,农村总产值556.6万元,总收入314.7万元,人均收入69.9元;通过治理,到试点末一年,农村总产值1296.9万元,总收入693.1万元,人均收入144.1元,分别比试点前提高133%、120.2%和106.2%。第二批33条小流域,试点前一年粮田面积85.93万亩,粮食总产7213.7万公斤,平均亩产83.9公斤,人均粮食301.1公斤;经过综合治理,到试点末一年,粮田面积为75.1万亩(减少了12.6%),粮总产10443.8万公斤,平均亩产139.1公斤,人均粮食418.5公斤,分别比试点前提高44.8%、65.8%和39.0%。这批小流域,试点前一年农村总产值5001.2万元,总收入3334万元,人均收入139.2元;经过治理,到试点末一年,农村总产值10960.5万元,总收入8392.8万元,人均收入336.6元,分别比试点前提高119.2%、151.7%和141.8%。(2)保水、保土、减蚀、减沙效益。第一批试点中,内蒙古自治区准格尔旗五步进沟小流域,面积3.21平方公里,1981年治理程度28.3%。汛期降雨355毫米,全流域径流模数每平方公里67045立方米,输沙模数每平方公里10274吨;1984年治理程度达78.5%,汛期降雨529毫米,全流域径流模数每平方公里16499立方米,输沙模数每平方公里3492吨。1984年与1981年相比,汛期降雨增加49%,而径流量和输沙量却分别减少了75.4%和66.0%。减少径流泥沙的主要原因是治理程度由28.3%提高到了78.5%。第二批33条小流域,经过试点期间的综合治理,治理程度由试点前一年平均21.1%,提高到试点末一年平均52.8%。据24条小流域的观测资料分析,年径流模数由治理前平均每平方公里50300立方米,减少到29500立方米,年输沙模数由治理前平均每平方公里9720吨,减少到4330吨,蓄水和减沙比例分别达到41.5%和55.4%。

4. 完善小流域水土保持管理。制定的试点小流域管理制度,在实践中不断地进行修改,充实提高,主要有以下几项:

(1)组织管理。有两点主要要求:一是实施水土保持的小流域,建立小流域治理指挥部,由乡级行政干部主持,配备适当数量的工程技术人员,直接负责组织小流域水土保持的实施。二是签订合同，县级水土保持管理机构，与小流域治理指挥部签订第一级合同；指挥部又将治理任务分配给承包实施者（水土保持专业队或个体农户），并与他们签定第二级合同。两级合同都要明确治理任务和承包实施者的责、权、利，除给以适当经费补助外，还规定“谁治理，谁管护，谁收益”，以调动农民群众的积极性。

（2）技术管理。主要是进行三个阶段的检查、验收，以保证各项治理措施的数量和质量。一是竣工验收。各项治理措施的承包实施者，按第二级合同完成任务后，由小流域治理指挥部及时进行验收，各项治理措施必须符合规划、设计标准与质量要求，质量不符合要求的，不计数量；质量、数量都符合要求的，对承包实施者发给验收单，并及时填制1：10000～1：5000的验收图。二是年度验收。小流域治理指挥部按第一级合同完成年度计划任务后，由县级水土保持管理机构对治理的数量和质量，按上述要求进行验收；验收合格的，批准下一年度的治理任务，拨给有关经费，有某些方面不合格的，要求及时返工补上，直到合格为止。省、地等上级水土保持管理机构，派出人员到各县巡回检查，并有重点地协助县级机构进行验收。三是总结验收。每条小流域按规定的治理任务全部完成后（一般需5～10年），由县级管理机构进行初步总结验收，然后请省、地区以上各级管理部门，进行正式总结验收。验收合格的，发给合格证，并在小流域沟口树碑，记明已完成的各项治理措施和效益，由县级管理机构协助小流域治理指挥部，将治理过程中全部技术资料（包括规划、设计、施工、验收以及经费使用情况等各方面）整理归档。

（3）经费管理。首先规定经费使用的原则：一是明确经费使用范围。规定范围以外的项目，不能开支，作到专款专用，防止贪污浪费和挪用。二是制定各项治理措施的经费补助定额。不同地区、不同条件下，分别采取不同的补助定额，其原则是：经济困难的地区和农户，补助定额高些；经济条件较好的地区和农户，补助定额低些；经济不困难的地区和农户，不予补助。三是省、地、县各级水土保持管理机构，在水土保持治理经费中，可提取1～3%的管理费，主要用于技术培训、宣传、奖励、检查验收等，不能用于其他方面。同时还制定经费的管理办法：一是申请补助经费的小流域，首先编制综合治理规划与年度实施计划，根据每年计划完成的治理任务和各项措施的补助定额，向县级管理机构提出申请，审查同意后，上报地区和省级管理机构，经进一步审查批准，即可拨付补助经费。二是省和地区向县下达年度治理任务时，通过银行下达补助经费，明确使用范围，不符合使用范围的项目，银行不予支付。三是根据两级合同要求，分两个层次进行管理。最基层是各项治理措施的承包实施者，完成治理任务后，经验收数量、质量符合第二级合同要求，由小流域治理指挥部发给验收单，凭此单到指挥部财务组领取补助经费。其上一层是小流域治理指挥部每年治理前，先到银行暂借一笔经费，完成年度治理任务后，由县级管理机构进行年度验收，其数量、质量符合第一级合同要求者，准予到银行报销。县级管理机构和小流域治理指挥部对上级拨来的水土保持补助经费，必须专立账户，专人专管，并严格按照国家规定的财务制度进行预算、决算和表报等工作。在年度验收和总结验收中，经费使用情况是必须验收的一项主要内容。

(4)经营管理。要求流域治理负责单位，搞好经营管理：一是搞好维修养护，保证措施完好；二是抓好生产环节，努力提高产量；三是搞好加工转化，发展商品经济；四是科学地组织生产和收益分配。男、女、强、弱各类劳力，都能从事与之相适应的生产建设项目，在增加收入的同时，不断提高群众的生活水平。

在提高经营管理水平的基础上，对经费管理还采取了一些改革性的作法：以奖代补——从补助经费中提出一部分，奖励进度快、质量好的小流域承包者；以物代补——补助经费不直接发现金，而发给试点小流域生产建设中急需的物资；以息代补——农民因生产建设急需向银行贷款，由县级水保主管部门用水土保持补助费替农民付还贷款的利息；以借代补——即有偿投资，这是一项主要的改革。从 1984 年开始，在陕西省淳化县润镇沟、河南省嵩县德亭川等试点小流域中，选投入较少、收益较快的项目，如种草、种灌木、育苗等，进行了部分有偿投资试验，借款给农民，3～5 年收回，取得了预期的效果，以后又进一步扩大了试验。1988 年开始，山东省泰安市的北师、通天河、石屋志 3 条试点小流域，在国家和地方的补助经费中，拿出 20%作为有偿投资，进行试验，取得成功，已在山东省其他小流域治理中推广。1990 年，山东省泰安市又在 3 条试点小流域治理中，采用试行收取治理效益费的办法，取得了初步成效。如北师小流域先由国家投资，将坡耕地修成梯田后，每亩每年收 10～20 元的治理效益费，连续收 3 年；对坡地修梯田时改造田间隙地增加的土地，采取以每亩 70～150 元招标承包到户耕种，征收的效益费作为坡地修梯田的补助基金，重复使用，滚动发展。

在经费管理中，除研究单项治理措施的投入定额外，还研究了不同条件下每平方公里综合措施的投入定额。一般规律是：人口密度小的地区，措施组成中林草比例大，每平方公里综合投入定额较低；人口密度大的地区，措施组成中基本农田比例大，每平方公里综合投入定额较高。第一批试点 32

条小流域中，山西、陕西、内蒙古 3 省(区)的小流域，由于人口密度不同，措施组成不同，因而每平方公里综合投入定额不同(见表 6—2)。

表 6—2 第一批试点小流域综合投入定额情况表

省区	小流域数(条)	人口密度(人/平方公里)	人均土地(亩/人)	基本农田占措施面积比例(%)	林草措施占措施面积比例(%)	综合投入(万元/平方公里)
山西	10	117	12.8	23.9	76.1	11.58
陕西	9	61	24.6	9.9	90.1	5.52
内蒙古	13	31	48.0	4.5	95.5	3.93

注：投入定额包括群众投劳折合资金

在技术管理中，通过对每年新增治理面积的反复落实，研究提出了“开展面积”与“保存面积”这一概念，为解决多年存在的上报治理面积不实问题提供了“把关”的方法。在水土保持中，造林种草本身就存在成活率与保存率问题，梯田、坝地等工程，也有暴雨冲毁等问题，加以统计工作中的误差等复杂因素，多年来，群众上报治理措施完成的数量，与实有数量存在不同程度的差距，但未提出解决办法。1986 年春，在落实各试点小流域治理措施面积时，黄河中游治理局提出采用“开展面积”与“保存面积”的概念，对各地上报完成数量，凡未经调查落实的，属“开展面积”；上报几年后，经调查落实的，属“保存面积”。如第一批试点小流域上报完成基本农田 2.47 万亩、造林 32.06 万亩、种草 8.28 万亩，经调查落实，实有基本农田 2.45 万亩，造林 18.72 万亩、种草 2.14 万亩。三类措施的保存面积与开展面积之比分别为 99.2%、58.4%与 25.8%。这种作法，不仅运用到第二、第三批试点小流域，而且运用到重点治理地区和黄土高原面上，在《黄河流域黄土高原地区水土保持专项治理规划》中也采用这一概念。

10 年来，先后有 11 条试点小流域的研究成果通过了省、地两级的技术鉴定，其中 7 条已分别获得国家和省、地各级的科技进步奖。

二、综合治理试验示范区

(一)试验示范区基本情况

1985 年，国家计委会同国家科委、国家经委与财政部，根据我国科学技术发展方针和国民经济发展的需要，确定将黄土高原综合治理列入“七五”国家重点科技项目。由中国科学院主持，农牧渔业部、林业部、水电部、国家科委和甘肃、宁夏、陕西、山西、内蒙古等省(区)的科学技术委员会参加,50多个大专院校和科研单位协作攻关,分工实施。在黄土高原不同类型地区设立11个试验示范区,进行强化综合治理,建立实体模型,为全区的综合治理提供样板和经验。这11个示范区代表的水土流失类型面积约计25万平方公里,相当于黄土高原水土流失面积的58%左右。

各试验区的流域面积5.6～28.5平方公里。代表风沙、丘陵区的是内蒙古自治区准格尔旗五分地沟;代表峁状丘陵沟壑区的是山西省河曲县窑沟、离石县王家沟,陕西省米脂县泉家沟、安塞县纸坊沟;代表宽谷缓坡梁状丘陵区的是宁夏回族自治区固原县上黄村、西吉县黄家二岔,甘肃省定西县高泉沟;代表高塬沟壑区的是陕西省长武县王东沟、淳化县泥河沟和乾县枣子沟。

为了加强对试验示范区的科研管理工作,1986年11月成立了黄土高原综合治理试区办公室,设在西北水保所,负责组织试验示范区的科研协调工作。11个试验示范区都设置有专题。其中安塞和固原示范区由西北水保所承担,离石示范区由山西省水保所承担,准格尔示范区由内蒙古水科所承担,米脂示范区由陕西省黄土高原治理研究所承担,定西示范区由甘肃省农科院承担,西吉示范区由北京林业大学承担,淳化示范区由西北林学院承担,乾县示范区由西北农业大学承担,长武示范区由西北水保所和西北植物所承担,河曲示范区由山西大学黄土高原地理所承担。参加单位有各试区所在地的县政府和有关部、局、站、所,科技人员共计250名。试验示范区办公室还从中科院综考会、地理所,水电部、黄委会等8个单位聘请19人组成专家组,对试验示范区的科研工作进行技术指导和成果验收。每一个试验示范区,都以研究小流域综合治理、合理利用土地优化生产结构、加快控制水土流失为总目标,提出为实现总目标服务的各个研究课题。在每一个示范区内,除明确规定了试验、示范、推广的面积外,还要求在实施过程中做到以下几点:(1)运用系统工程和生态学原理,实行多专业协调配合,多学科联合攻关,扬长避短,发挥优势,提高试验研究的科学性。(2)研究不同类型区农林牧副各业综合发展的结构和模式,使生态、经济效益同步增长。(3)处理好试验、示范和推广的关系,研究与开发结合,综合研究和单项试验结合,小区试验和大田示范结合,近期研究项目和较长远研究项目结合,基础研究和应用研究结合,提高科研水平和成效。最后,根据试验结果,每一试区应提出适合于本类型区的综合治理技术成果。试验区的研究工作,除离石、安塞等县开展较早外,多数县是从1986年开始的。

1986年，设置“黄土高原综合治理定位试验示范综合研究”这一研究专题，其目标是在各试验示范区试验研究的基础上，紧密围绕解决黄土高原水土流失、干旱和生态经济恶性循环三大问题，从全局出发，就提高土地生产潜力、控制水土流失、建立良性生态环境、促进农林牧全面发展进行综合分析研究，为黄土高原综合治理制定总体方案提供科学依据。

(二)试验研究概况

首先开展了调查及资料的收集工作，除对各试区的社会经济情况与农业资源及利用状况等调查外，还对试区所在县及类型区的基本情况进行了调查，同时收集了以往有关试验研究成果。这些调查为分析评价试区治理效益及建立区域治理技术体系提供了可靠的数据和资料。在试区原有观测设施基础上，布设了小流域沟口观测站和对比沟，在6个试区坡面与沟道，进行了土壤侵蚀规律及影响因素、小流域土壤侵蚀特征与产沙来源、主要水土保持措施的减沙效益等系统观测，分析综合治理的减沙效益。在6个类型区的8个试点上，进行农地土壤水分定位定期系统测定。在8个试点上对主要树草种刺槐、柠条、油松、苜蓿、沙打旺地的土壤水分背景及动态作了定期系统观测，在试区布设了粮田主要作物高产农艺、水肥效应、优化施肥技术、长期肥料定位、新修基本农田快速培肥熟化等项试验。1987年与1990年两次开展了11个试区大比例尺彩红外航摄，拍摄面积共2000平方公里，完成了部分试区航天遥感影像资料的分析处理，开展了试区土地资源及利用现状的实地勘查，编绘了各试区土地类型图、土地利用现状图、坡度图、土地资源评价图。并根据试区的流域侵蚀特征与径流观测结果，编绘了侵蚀类型与强度图，在各试区建立了土地优化利用的实体模型。在对试区基本情况进行调查分析的基础上，运用生态经济学原理和层次分析法，以试区合同验收目标为确定评价指标的主要依据，提出了比较完整的效益评价体系，对重点试区的治理效益进行了评价。

(三)主要研究成果

经过5年的工作，11个试验示范区的各项专题研究都达到预期目的。概括为五个方面：

1. 土地生产潜力及优化利用方式。该项研究首先提出了以11个试区为代表的黄土高原土地类型分类系统，并采用国际通用的“八级制”进行土地评级。“七五”期间综合治理过程中，11个试区按照该分类系统编制了各试区的土地类型图，同时，对坡地利用方式进行了详细的研究。

对大于25度坡地的利用，提出了三种利用方式：(1)陡坡退耕，还林还草。安塞试区和固原试区通过多年的研究和实践，初步探索出一条退耕不减产，林草面积大幅度增加，取得明显经济效益的路子。安塞试区1982～1984年，3年退耕1.6万亩，人均退耕5.1亩；造林9754亩，林木覆盖率由9.7%提高到17.9%，人均粮食达到507公斤。固原试区在宁夏南部丘陵区进行试验，3年退耕2150亩，人均退耕3亩；造林4300亩，种草7000亩，人均粮食达517公斤，平均亩产提高1.46倍，人均收入提高6.4倍。(2)实行草粮带状相间轮作和草灌带状间作。安塞试区将沙打旺与谷子、柠条轮作和间作，经过试验，每亩实产沙打旺干草162.5公斤、谷子59.7公斤、谷草119.4公斤。沙打旺与柠条间作，每亩产鲜草2813公斤，较单种牧草产草量有明显提高。这种土地利用方式不仅提高了坡地生产力，与裸地相比，粮草带状相间轮作，可减少土壤流失量1/3到1/2左右；草灌带状间作可减少土壤流失量1/2至4/5。(3)向阳、半向阳坡地建设经济林园。米脂试区远志山示范果园，在大于27度的半向阳陡坡种植桃树，4年挂果，亩产平均500公斤；酥梨4年挂果，平均亩产350公斤，1989年亩均收入450～500元。安塞试区50亩示范果园，平均每年产苹果3万多公斤，经济收益2万多元。

对小于25度坡地利用问题，也提出了三种利用方式：(1)坡耕地梯田化。离石试区对18年试验结果进行分析，梯田平均亩产231.5公斤，比坡地平均亩产98.9公斤增产134%。(2)实行保土耕作法。据米脂试区试验结果，采用保土耕作法种植花生、芝麻等一年生经济作物，当年每亩纯收益即达168.9～189.1元，从而大大提高了坡地生产力水平。(3)实施沟坡开发工程系统。长武试区进行此项试验，一是对高塬区沟坡上的农地实施低产田改造和丰产工程，使粮食单产从1986年的80.1公斤，上升到1989年的277.7公斤，增长247%。二是对沟坡上的荒地实施林业工程，4年造林1076亩，使林木覆盖率由1986年的18.2%，提高到1990年的32.1%。

部分试区还对土地资源的人口承载能力进行了研究。西吉试区在进行黄家二岔小流域的环境容量研究中，以小流域系统作为一个自然、社会和经济的复合体，通过线性规划分析，在综合平衡基础上，得出20世纪末小流域的环境容量。研究表明，在人均粮食450公斤、生物能源839公斤和价值消费（即现金）每年300元的情况下，黄家二岔小流域的环境人口容量为770人，即每平方公里135人。这一环境人口容量大于按流域人口自然增长率计算的人口数量，说明小流域综合治理是提高环境人口容量的根本途径。

2. 粮田增产潜势及提高土壤肥力的技术体系。地处高塬沟壑区的长武试区，对旱作农区作物生产潜势进行的研究表明，若以多年旱作产量平均值为该地区的旱作水分潜势，根据1985～1990年的试验结果，试区塬地小麦生产潜势为每亩358.6公斤，玉米生产潜势为每亩505公斤。1981～1987年大田平均亩产，小麦为155.2公斤，玉米为209公斤，与潜势产量相比，说明具有增产1倍以上的可能性。事实上，该试区1988～1989年小麦与玉米的平均产量已经接近或达到平均潜势水平。长武试区连续5年的水肥效益试验结果表明，在现行农作制下，限制产量增长的主导因素是肥而不是水。长武试区年平均降雨量584毫米，对潜势产量来讲，旱作农田平均水分亏缺率只有8%，而农田养分亏缺率平均为44%；增加水分的平均增产率为8.7%，而增加养分的平均增产率为78.5%。又据宁夏南部黄土丘陵区的固原试区试验结果，在年平均降雨量472毫米情况下，低肥农田每1毫米降雨可生产粮食0.32公斤，而高肥农田每1毫米降雨可生产0.66公斤，高肥农田以较低的耗水量生产了较多的粮食。地处晋西北黄土丘陵区的河曲试区，研究了不同肥力条件下土壤水分利用率，试验表明，高肥农田虽较低肥农田多耗水13%，但产量和水分利用率却分别提高了36.7%和21.2%，显示了土壤肥力对提高作物产量和提高水分利用率的效果。因此，要获得高产，必须增加对土地的投入。

3. 人工林草地水分生态条件与生产力。由于黄土高原地区自东南向西北土壤水分生态环境差异较大，因此在不同地区进行林草建设必须注意树种、草种和立地条件选择。试验以淳化、河曲、固原、吴旗等试区为基础，布设了主要林草地定位水分观测试验，研究土壤水分生态条件与林草第一性生产力关系。在此基础上，进行了人工造林土壤水分生态分区。

在各项试验研究的基础上，根据水分、温度条件和天然植被地带性分布规律，突出各自地区中的土壤水分循环补偿特征，把整个黄土高原地区分为6个造林的水分生态区：(1)暖温带半湿润土壤水分均衡补偿人工乔林适生区。包括晋中东部丘陵山地、晋陕汾渭盆地、黄土覆盖的子午岭—乔山—黄龙山林区、晋南豫西黄土丘陵区以及秦岭北麓一带。区内年降雨量600～700毫米，土壤水分年内消耗，经过雨季可得到均衡补偿，水分条件适宜以乔木为主体的人工林。(2)暖温带半湿润区土壤水分准均衡补偿人工乔、灌林适生区。包括晋陕中部黄土丘陵区、陇东南黄土丘陵区和陇东渭北黄土塬区。区内年降雨量550～590毫米，土壤水分年内消耗，除个别降雨偏少年份，经过雨季土壤水分可基本得到补偿，水分条件适宜发展以乔木为主，配合适当比例灌木树种的人工林。(3)暖温带半干旱区土壤水分周期亏缺人工灌、乔林适生区。包括晋陕北部黄土丘陵区、陇中南部黄土丘陵区、晋中北部黄土丘陵区。区内年降雨量450～530毫米，土壤水分年内消耗的补偿有周期性亏缺现象。水分条件适宜发展以灌木为主体，配合适当比例乔木树种的人工林。(4)温带半干旱区土壤水分低耗人工灌、乔林适生区。包括雁北黄土丘陵区、晋陕蒙接壤地区长城沿线黄土丘陵区、宁夏西海固以南丘陵地区、青海东部浅山丘陵区。区内年降雨量360～440毫米，此区适宜发展以灌木能源放牧林为主体的造林体系。(5)温带半干旱区土壤水分补偿失调人工灌林适生区。包括内蒙古黄土丘陵区、鄂尔多斯东部、宁夏盐池、甘肃白银——皋兰——兰州一线。区内年降雨量250～350毫米。土壤水分常年处于亏缺状态。人工造林应以耐旱性强的灌木为主体，乔木只能栽植于水分条件较好的低洼部位。(6)温带干旱区土壤强烈干旱林木非适生区。包括宁蒙黄河沿岸地带，鄂尔多斯草原西部，以及甘肃靖远——景泰——永登一线。区内降雨量150～250毫米。此区只能在水分条件较好的部位发展少量耐旱灌木。根据以上土壤水分生态分区的情况，分别提出了各区阶地、塬地、梁峁顶、阳坡、阴坡、沟坬地、沟底等不同地形部位的适生树种。

4. 试验示范区综合治理动态监测分析。5年来，完成11个试区两次大比例尺彩红外航摄和部分试区航天遥感影像资料的分析处理，提出了有关参数的选定原则，编制了大比例尺水土保持综合治理遥感监测系列图，完成了自然资源数量、质量清查和综合治理的动态监测，并提出了相应的面积清单，建立了直接为基层生产实践服务的综合治理信息系统，研究开发了颇具特色的实用模型，首次设计和编制了《综合治理评价图》。11个试区初期和终期两幅综合治理评价图的分析表明，在治理进度上，分成快速发展型、稳定发展型和调整巩固型；在治理方向与重点上，分为基础型、防护型和开发型。

5. 试区综合治理的生态、经济、社会效益的综合分析。主要是通过部分试区的定位试验观测，对土壤侵蚀规律及影响、土壤侵蚀类型及特征、小流域综合治理减沙效益进行了研究，提出了不同类型区水土保持治理重点。在此基础上，对试区的生态、经济、社会效益作了综合分析，主要结果是：(1)土壤侵蚀和减沙效益。根据淳化、河曲、安塞3个试区的观测，各种水土保持措施的减沙效益显著。其中水平梯田、成林地、密草地减沙效益最好，均在95％以上，最多可达99％；其次为人工草地和改良荒地，一般为60～80％；再次为坡式梯田和保土耕作法，减沙效益一般为40～60％。安塞、米脂、河曲、西吉、长武和淳化6个试区，在小流域土壤侵蚀类型、侵蚀强度划分的基础上，还分别编制出试区小流域土壤侵蚀类型图，并结合地面监测资料，分析了小流域产沙来源。研究表明,各试区流域的主要产沙来源地与治理前的重点产沙区基本一致。黄土丘陵区试区坡耕地仍是主要泥沙来源地;沟谷中的切沟和冲沟、陡荒坡是流域产沙的另一个主要来源地。从沟间地和沟谷地两大地貌单元看,沟间地产沙以坡耕地为主,沟谷地以天然荒坡为主。高塬沟壑区两个试区小流域的产沙主要来自沟谷,占流域25%面积的沟谷,其产沙量占总产沙量的50.9~68.2%,并以重力侵蚀产沙为主;其次为塬面村庄道路。产沙方式,主要是水流对沟床的切蚀和对沟坡的侧蚀,以及由此而引起的各种重力侵蚀。同时各试区根据各自的具体实际情况,采用多种方法对试区小流域综合治理减沙效益进行了分析,大多数试区采用水保法为基本方法,将计算结果与流域水文实测值加以验证比较。个别试区采用地区性经验方程和通用土壤流失方程来估算减沙效益。(2)生态、经济和社会综合效益。主要运用了层次分析法,对黄土高原不同类型区小流域的综合治理进行综合效益评价,在此基础上,提出了效益评价的方案。评价指标共分4类17项。分别是生态效益类(含治理面积率、林草面积率、亩施肥量、减沙率)、经济效益类(含亩产实现率、人均粮食、人均收入、多种经营比重)、社会效益类(含劳动生产率、生活设施增长率、商品率、劳动利用率)和综合功能类(含能量产投比、资金产投比、系统抗逆力、投资回收率、收入增长率)。效益评价方案经过5年的运算验证,结果表明:各试区各项指标完成数较初期平均提高41.6%。各项治理效益评价结果与试验初期比较,提高45.6%。

经过5年的努力,本项专题研究取得重大进展,获得一批成果。先后出版了《黄土高原区域治理技术体系与效益评价》、《黄土高原试验区土壤侵蚀和综合治理减沙效益研究》、《农林草地水分论文专集》、《土地资源及生产力研究》和《黄土高原综合治理试验示范区图集》等论文集和图集。共发表论文110多篇,其中在国际学术会上和国外刊物上发表的5篇。围绕专题而设置的8个子课题,1989年有4个由中国科学院西安分院组织专家鉴定。

第四节 综合研究

建国后,黄河流域各地,除水土保持试验站、研究所按照常规进行试验研究工作外,从事水土保持科研活动的,还有以下几方面的人员:一是水利、水保业务主管部门中的科技人员和专家,以及少数党政机关中分管水土保持的领导干部;二是农业、林业、畜牧、植物、土壤、地理、地质、水文等有关专业的主管部门和科研、教学单位中的专家、学者和科技人员；三是部分省（区）的水土保持学会组织的有关人员。

这几方面研究的内容十分广泛，几乎包括了水土保持科学的全部内容，但其中研究较多的主要集中在以下两方面：一是水土保持的应用基础，包括黄土的基本性质、黄土高原水土流失的特点与规律（微观规律与宏观规律）等；二是水土保持的发展战略，包括黄土高原的土地利用、农村生产结构、经济开发、各项治理措施在水土保持发展战略中的地位等。研究的方法，除少数借助于实验室、试验场进行微观研究外，大部是通过野外调查，结合对有关科技资料的综合分析，进行宏观研究。本节只就70年代末至90年代初几次学术会上交流的论文和某些专著表述的观点，摘选数例作一简述。

一、水土保持与经济开发

（一）王松霈的观点

1987年9月，中国社会科学院农村发展研究所王松霈在《保护性治理与开发性治理相结合是搞好水土保持的根本》一文中指出，黄土高原的治理，是一个生态经济问题，必须树立自然与经济结合的观点，把治理与开发有机地结合起来，从利用和保护的双重目标出发，在开发利用的同时对之进行治理，应该成为黄土高原开发治理的一个重要指导思想。建国以来，在治理黄土高原中虽取得不少成绩，但这个地区的贫瘠落后面貌并没有根本性的改变。其中一个重要原因就是没有把开发和治理密切结合起来，在指导思想上考虑治理多，考虑开发利用少；在政策和措施上以治理和救济为主，没有把它们与黄土高原的区域经济开发和广大农民的生产致富直接挂起钩来，在很大程度上形成了“为治理而治理”的状况，因而直接影响了黄土高原地区治理的成效。因此，今后开发治理黄土高原要依靠农民群众，充分发挥群众的积极性、主动性，就可以推动黄土高原的开发治理迅速前进。

（二）包忠谟的观点

1989年5月，西北农业大学水利系包忠谟在《防护性治理和开发性治理是搞好水土保持的根本》一文中认为，黄土高原治理，必须将防护性与开发利用性相结合。建议在整个黄土高原或其中某个部分地区，建立相当规模的“水土保持经济试验区”，在试验区内可以实施一些特殊政策与法令，从经济上、法制上保证以水土保持为核心的区域经济发展。这样作的好处是：1.有利于把区域资源作为一个整体看待，通盘考虑。2.有利于在各行各业共同协作的基础上,对国土资源采取合理的综合开发利用和保护的方针,避免许多不必要的重复和矛盾。

(三)张有实的观点

1990 年 3 月,中科院黄土高原综考队张有实在《河欢》一文中认为,黄河流域是我国的腹地和大后方,矿产资源丰富,但大部分属“老(解放区)少(数民族)边(远)穷(困)”地区。尤其是陕晋蒙接壤地区有极丰富的煤炭资源,同时伴有严重的水土流失,该地区及其东南部是我国水土流失最严重的粗沙区和丘陵沟壑区,每年每平方公里流失土量达 20000~30000 吨,因此,在这些地区治理与资源开发必须同步进行,使之互相促进。在发展黄河流域农林牧生产的基础上,开发利用能源—重工业—化工业;并以建设能源重化工业基地为主导、为龙头,带动整个地区的农业现代化以及经济发展和社会进步,为综合治理提供雄厚的物质基础。

(四)孙惠南等的观点

1987 年 9 月,中科院地理所孙惠南、郭绍礼在《对黄土高原治理开发的若干意见》一文中,对黄土高原综合治理开发提出了以下几点战略构想:1. 应区分自然侵蚀的范围和现代加速侵蚀的范围,区别对待。前者宜采取土地合理利用方式,保持水土,防止产生加速侵蚀;后者则应积极采取治理措施,制止加速侵蚀,恢复自然侵蚀的面貌。2. 以黄土丘陵沟壑区为治理重点,顺应自然规律。在分区治理基础上,还应分阶段治理。3. 合理安排生产和治理,积极建设基本农田,提高粮食、油料和各类农作物单产,为顺利发展牧业、林业、工矿业创造条件。4. 综合治理,质量第一。对治理速度和治理顺序安排,都应考虑治理的质量。5. 保持水土与放水保土结合,在水和土很难同时留住的情况下,设法拦住被冲刷的黄土,把水放掉。

二、合理利用土地

(一)吴中伦的观点

1979 年 3 月,国家林业总局吴中伦在《关于黄土高原水土保持中的几点意见》中提出,黄土高原生产建设方针,应按不同类型地区区别对待。根据不同降雨情况,黄土高原可划分为三个大区:1. 东南部森林草原区,年雨量在 600 毫米以上,以农业生产为主,同时因地制宜地发展林业和牧业。2. 西北部干旱草原区,年雨量不足 350 毫米,应以牧业为主,川地及塬地仍应发展农业。3. 在上述两个大区之间,应为农业与牧业并重。在以上大的区划之下，还可划分亚区，在亚区内再划分土地类型，根据土地类型特点分别安排农、林、牧。只有这样才能做到因地制宜，有利于生产发展。

(二)史德明的观点

1980年3月，中科院南京土壤所史德明，通过对宁夏南部山区自然条件的调查分析，认为该区土地利用现状与自然条件不相适应，单一农业经营，林牧业在农村经济中只占有很小的比重，农、林、牧比例极不协调，必须适当调整，增加牧业和林业比重。首先，要在全面规划的基础上，逐步实行农林牧业生产区域化、专业化，建立农、林、牧业三个生产基地，根据各区的具体条件，全面发展综合治理。这样有利于集中利用与综合利用相结合，充分发挥土地的生产潜力，提高土地的生产率。

(三)陈满仓的观点

1980年3月，山西省忻州地区水利局陈满仓，通过对晋西北8县水土流失严重地区的调查，在撰写的《山西省忻州地区晋西北土地合理利用及其实现途径研究》中认为，不合理的土地利用与农业生产结构是造成这个地区土地生产率低的主要根源，解决的办法主要是实现土地合理利用，其具体途径是：第一步，先把现有基本农田加工提高，同时改造现有坡耕地，新建基本农田；第二步，在基本农田中，改良土壤，增施肥料，推广良种，实行合理的轮作制度等各种农业技术措施，提高单位面积产量；第三步，在提高产量的基础上，逐步退耕，造林种草，改善农业生产结构，从而提高土地生产率，制止水土流失。

(四)任志弼等的观点

1980年3月，中国农业科学院草原研究所任志弼、苏和在《合理开发利用黄土高原的治理问题》一文中认为，黄土高原地区是目前农林牧争地矛盾最突出的地区之一，由于没有合理利用土地，造成水土流失日益严重。为此，应当加大畜牧业在农业中的比重，首先是在土地利用面积上，不能任意开荒，应该退耕还牧的土地就得退耕还牧，保证足够的草场面积。在土地瘠薄和气候干旱的丘陵山区，应该执行以牧为主或以林为主的生产发展方针，而在自然地理条件较好的地区，则应执行以农为主，农林牧综合发展，互为促进的方针。

(五)蒋德麒等的观点

1980年3月，陕西省水土保持局蒋德麒、华耀荣在《水土保持是西北黄土高原建设的基础》一文中提出，黄土高原生产建设方针，应在积极搞好基本农田建设的基础上，大力营造防护林，广泛种植绿肥牧草，合理安排农、林、牧业生产用地。农田基建和造林种草等水保措施必须同时并进，才能互相促进，达到农林牧综合发展。如果只考虑在宜林、宜牧地上造林种草，不抓农田基本建设来增产粮食，而由国家调运粮食，不仅要加重国家负担，而且需要大量运输工具和劳力，是不现实的。

三、全面综合治理

(一)陈彰岑的观点

1989年5月，黄委会水保处陈彰岑在《试论开发黄土高原水土流失区有关战略问题》一文中提出，开发治理黄土高原，应该以建设基本农田，保证粮食自给起步，优先绿化现有荒山荒坡，尽可能多地同步发展经济树种和草种；同时，在水土流失最严重的地区建设治沟骨干工程。在综合治理中，应同时采用“就地入渗”和“流而不失”(就近拦蓄)这两类措施。既要强调一块地对一块天的“就地入渗”的梯田、林、草等措施；又要从现实出发，强调一块地对几块天的就近拦蓄“流而不失”或“流而少失”的各种拦泥、蓄水措施。这样才能充分合理地利用水土资源，发展生产力和商品经济。

(二)山西省水利厅的观点

1980年3月，山西省水利厅在组织有关单位的科技人员，对中阳县高家沟小流域进行综合调查后，在完成的考察报告中指出，高家沟小流域由于进行了大量的农田基本建设和水土保持措施，农业生产条件有所改善，粮食生产和林、牧、副业收入也有所增加，自1973年以来再没有向黄河输送泥沙。据此提出人口较密的丘陵区水土保持发展战略：1. 应坚持农林牧全面发展的方针，不应强调一业为主。2. 必须沟坡兼治，工程措施与植物措施结合。3. 必须继续搞好基本农田，作为解决粮食问题的主要措施。4. 沟壑工程防洪，应以库容制胜。

(三)马劭烈等的观点

1979年3月，甘肃省水利厅水土保持局马劭烈、孙贵、刘兴舜提出，水土保持是开发黄土高原的基础工作，以小流域为单元进行综合治理，不仅是控制水土流失的最好形式，也是改变面貌、治穷致富的有效途径，开发黄土高原的捷径。它既能收到较好的经济效益，也能收到最佳的生态效益和社会效益。在开展水土保持综合治理中，必须着眼于开发利用全部水土资源，全面地进行山、水、田、林、草、路、村的建设，把水平梯田、山地果园、荒坡种草和沟道丰产林作为治穷致富的重点项目，全面规划，精心设计，提高施工质量，搞好经营管理，促使尽快发挥经济效益。

(四)刘德等的观点

1989年5月，山东省水利厅水土保持办公室刘德、董继祥在《山丘地区水土流失危害、治理效益及其开发战略》一文中，对该省山丘地区的开发治理战略问题，提出以下意见：1. 必须有连片的草、林、梯田、坝库等水土保持防护工程。2. 粮食生产必须实行集约化经营。3. 畜牧业生产必须走圈养的道路。

(五)姚和喜的观点

1989年5月，宁夏回族自治区水利厅水土保持处姚和喜在《山丘地区水土保持与农民脱贫致富》一文中提出，山丘地区开发治理的基本对策，应该是把治理水土流失作为农业基本建设的一项重大战略措施。通过水土保持综合治理，提高抗旱能力，恢复土壤肥力，提高土地生产率，把解决农民温饱作为近期的基本目标。在总体战略上不宜提以某业为主，只宜提倡因地制宜，综合利用，协调发展。

(六)陕西省水利科学研究所的观点

1979年3月，陕西省水利科学研究所在《充分利用水沙资源促进黄土高原农林牧综合发展》一文中认为，黄土高塬沟壑区和黄土丘陵沟壑区的水土流失十分严重，需要制定农、林、牧综合发展规划，有计划地分期进行治理。水土保持和水利工程是农林牧综合发展的有力保证措施，应进一步调查研究，为今后大规模的发展提供科学依据。对如何搞好黄土高原地区的水土保持和农林牧综合发展，提出必须做好以下六方面的研究工作：1. 农、林、牧综合发展和土地利用规划的研究。2. 根据上述规划，进行水利规划研究。3. 黄河干支流修高坝大库，调水调沙，扩大灌溉面积的研究。4. 引洪灌溉和改造滩地的研究。5. 地下水开发利用的研究。6. 沟壑坝系建设问题的研究。

四、基本农田建设

(一)顾方乔的观点

1987年9月，农牧渔业部环境保护研究所顾方乔在《关于综合治理开发黄土高原的三点意见》一文中提出，建设基本农田是综合治理开发黄土高原的关键；并认为，“综合治理，吃饭第一”的治理方针是切合实际的，原因在于，没有基本农田，不能解决农民的吃饭问题，退耕还林种草就无从谈起，更谈不上土地资源的合理利用。

（二）李雨普的观点

1989年5月，水利部政策研究中心李雨普在《我国山区经济发展战略浅识》一文中认为，不解决水土流失地区农民群众的温饱问题，任何形式的水土保持工作都是无法开展的。而解决的主要措施是兴建基本农田，只有坚持农田基本建设，才能使农业持续、稳定发展。同时，山区经济的发展也必须以建设基本农田为基础，依托山区农、林、牧、渔产品的优势，发展保鲜、贮存、初加工等地方工业就可以立于不败之地。

（三）叶永毅的观点

1979年3月，黄委会勘测规划设计院叶永毅在《黄土高原生产和建设方针的商榷》一文中认为，由于黄土高原地区交通不便，靠外地运粮是很困难的，应着重抓基本农田和水利建设，在解决吃饭问题的基础上，全面发展林牧业。因地制宜地经营农、林、牧、副、渔、土特产及工矿各业，并做到在一个县或地区的范围内粮食自给，是黄土高原发展生产的方向。

（四）牛西午的观点

1980年3月，中共山西省交口县委员会牛西午在《黄土高原治理刍议》一文中认为，黄土高原的治理，应把建设高标准的基本农田作为突破口。因此，从农、林、牧三者的关系上看，应大抓基本农田建设。农、林、牧全面发展，建设基本农田是基础。只有下决心建设保水、保土、保肥的高标准基本农田，从根本上保证农民口粮自给，才能保证山地、坡地的退耕还林还草，实现农、林、牧全面发展。

（五）陕西省水保学会的观点

1988年7月，陕西省水土保持学会，邀请有关专家组成综合考察组，在陕北吴堡县进行了历时近两月的考察，具体了解了水平梯田增产及保水、保土、减沙效益后，由郭志贤等撰写的《坡改梯在旱作农业中的地位》一文中指出，在干旱、半干旱的山丘地区发展农业，首要的是改变生产基本条件，努力建设基本农田，把发展农田基本建设为主的旱地农业作为战略措施来抓。水平梯田不仅是保持水土、治理江河、改善生态环境的重要措施，而且是丘陵山区发展粮食和商品生产、调整农村产业结构的基础，对进一步增强农业生产后劲，保证粮食再上新台阶，有着举足轻重的战略地位。

（六）王向东等的观点

1989年9月，山西省水土保持局王广任与山西大学黄土高原地理研究所王向东在《山区开发与水土保持的关系》一文中提出，开发山区经济，首先必须搞好水土保持，拦蓄地表径流，改变干旱环境，促进农、林、牧、副、渔业的稳定发展。建设基本农田,进而建设多种经营商品生产基地,积极发展种植业,是山区经济开发的前提。否则,一切无从谈起。目前山区粮食虽然增加,但还没有过关,遇到干旱等自然灾害,各地还会出现粮食减产。只有建成了基本农田,提高土壤肥力,提高土地的生产力,才能使农业、林业、牧业的用地比例固定下来,得到稳步发展和提高产量,在此基础上使农、林、牧、副、渔各业发挥最大的经济效益,山区经济开发才会得到发展。

(七)崔振乾的观点

1980 年 3 月,甘肃省定西县人民政府崔振乾在《坚持综合治理,脱贫致富才有希望》一文中,根据定西县农业生产几十年的经验提出,水土保持综合治理的发展方向,应该始终把发展粮食生产、解决群众温饱放在首位;立足在兴修梯田、坝地,控制水土流失,提高粮食单产的基础上,根据各地的气候条件、物产资源、地理位置、交通水电等情况,因地制宜,分类采取不同的治理措施。只有这样,脱贫致富才会有希望。

(八)高博文的观点

1989 年 5 月,水利部农村水利水土保持司高博文在《关于小流域治理需要探讨的几个问题》一文中提出,在水土保持综合治理中,应将基本农田建设放在重要位置上,以解决群众吃饭问题。并认为,虽然过份强调粮食生产,忽视林牧业发展是不对的;但不顾本地条件,强调多发展牧业,依靠吃肉,或依靠外地调进粮食,也是不现实的。因此,在水土保持综合治理中,必须做好以下工作:1. 搞好综合治理规划。2. 解决群众吃饭问题,管好用好地表径流,为发展生产服务。3. 建设基本农田,提高粮食产量。4. 培育生物资源,发展商品经济。5. 研究植物群落,建立立体型生态经济生产体系。6. 注意建立庭院经济和宅旁经济。7. 落实治理承包制。8. 做好治理的前、后期工作和检查验收。

五、林草植被建设

(一)史念海的观点

1979 年 3 月,陕西师范大学史念海在《黄土高原的历史变迁与当前的治理方针》一文中指出,历史上的黄土高原曾经是原面广阔,沟壑稀少,林草丰茂的地方,而今天到处光山秃岭,沟壑纵横,土地贫瘠,水土流失严重,人民生活贫困。除自然原因外,完全是历史上滥施开垦、破坏林草植被所造成的恶果。因此提出,黄土高原的生产方向应以林牧为主,在不影响林牧业的条件下，适当地经营农业；在当地粮食自给的基础上，迅速恢复和发展森林和草地。至于农、林、牧三者之间用地的比例，各地不应强求一律。大致说来，山地梁峁可以造林，川道留作农田，坡地及其他各处，可以种植牧草，从事畜牧。

（二）王战的观点

1980 年 3 月，中科院林业土壤研究所王战在《要把黄河变长江，要把黄土高原绿化起来》一文中提出，黄土高原的建设方针应该是农林牧结合，宜林则林，宜牧则牧，宜农则农；三者结合要以森林先行，森林为主。对黄河流域的现有森林，一律划为水源林来经营；对西北的荒山秃岭和风沙地区，只要可能造林的地方，应迅速大造其林；对不能造林的，也要种草或栽培灌木。地面有了足够的林草被覆，不仅水土得以保持，水源得以涵养，而且林牧的发展，还会给人民生活中增加肉食和奶制品，从森林中得到大量野生动物和木本粮油等食物。

（三）朱士光等的观点

1987 年 9 月，陕西师范大学历史地理研究所朱士光和陕西省水保勘测规划研究所张利铭在《黄土高原水土流失地区建设水土保持防护林体系是治黄之本》一文中认为，应把黄土高原水土流失地区广造林草作为根治黄河的重要方略，并在这一地区建立水土保持防护林体系。同时建议，在今后一段时间内，治黄的战略重点应从下游逐步转移到中游黄土高原地区；水土保持治理措施应由工程措施为主转移到以造林种草为主，辅以干、支流上必要的坝库工程，以取得蓄水、减沙、稳流的实效。

（四）马学增的观点

1980 年 3 月，陕西省农业科学院马学增在《从草原植被讨论黄土高原的治理问题》一文中提出，要解决黄土高原的水土流失问题，必须积极地恢复和发展植被，包括建立保土轮作的农作物植被，恢复和发展永久性的森林植被和草地植被三者缺一不可。同时认为，由于树木生长缓慢，农作物每年要收获，地面不能很快和稳定地覆盖起来，因而首先发展草地植被有着特殊的意义。应当实行以草开路，草灌先行，辅之以必要的农田生物措施和工程措施，走综合治理的道路。

（五）汪愚的观点

1987 年 9 月，林业部“三北”防护林建设局汪愚在《强化防护林体系建设在黄土高原综合治理开发中的作用》一文中提出，应当强化防护林体系在黄土高原综合治理中的作用。

为此，应切实做好以下几方面的工作：1. 从体系建设出发，把防护林体系建立在农林牧布局合理、比例协调、紧密结合的基础之上，充分发挥森林的综合效益。2. 从护农、促牧出发，把大力营造地埂林、水流调节林带，逐步形成坡地农田防护林，作为黄土高原防护林体系的一个重点。3. 充分利用黄土高原的自然优势，因地制宜地大力发展农桐、农枣间作，形成立体结构；同时根据群众需要，有计划地大力发展经济林、用材林、薪炭林、饲料林；开展林木资源的转化和深加工，增加群众收入，增强发展林业和水土保持的后劲。4. 实行工程造林，保证造林质量，提高防护林体系在综合治理开发中的作用。5. 在造林的具体技术措施上，必须切实抓好造林全过程中的每一个环节，保证质量。

六、旱地农业

（一）张沁文等的观点

1987 年 8～11 月，农业部组织部分专家，对黄土高原进行实地考察。考察结束后，张沁文等撰写的《论黄土高原农业》一书，提出黄土高原旱地农业发展的主要途径与措施。

他们认为，首先要抓好基本农田及其防护体系建设，把跑水、跑土、跑肥的“三跑田”改造成保水、保土、保肥的“三保田”，这是旱地农业赖以立足、发展的前提条件。同时通过深耕、深松、耙耱保墒以及打畦、作埂、轮作倒茬、蓄水聚肥改土等一整套耕作技术和增施有机肥，加厚活土层，培肥地力，形成“土壤水库”，则为旱地农业高产稳产的核心。

（二）关锐等的观点

1987 年 9 月，山西省农牧厅关锐、孙振杰和山西省闻喜县人大常委会朱子会在《谈黄土高原改善农田生态环境问题》一文中，针对黄土丘陵、旱塬为主体的半干旱地区如何改善生态环境、实现农业高产稳产，进行了研究和论述。

他们认为，黄土高原旱地农业的根本问题是光、热、水、土不协调，以致造成贫瘠低产。解决的办法，首先必须以提高降水利用率为前提，以培肥土壤为中心，建立土、肥、根、苗互相补充，互相促进的农田生态体系，以农业生态学和系统工程学为指导，把小流域治理、改革耕作制度、改良土壤性能、改进栽培方法、调整作物结构和农村生产结构等措施结合起来，统一进行，使光、热、气、水、土、肥的转化达到科学衔接和密切配合，提高系统的生产力。

这是黄土高原地区旱作农业发展的最佳途径。

（三）胡恒觉等的观点

1983 年 8 月，甘肃农业大学胡恒觉、高炳生，针对甘肃省中部地区及陇东、天水地区旱地农业中水资源利用问题，进行了研究。他们在《提高甘肃旱地农业水资源效率的检讨》一文中，详细分析旱农地区水资源特点及利用现状，提出了以下几条利用水资源的措施：1. 兴修水平梯田是旱农地区建设旱涝保收高产稳产农田的基础，梯田的含水量比坡地高 6～11%，特别是大旱情况下，含水量可高出 20～60%。2. 增施肥料，培肥土壤，以肥调水。3. 采用蓄水保墒的土壤耕作措施，主要包括耙耱、中耕、镇压等措施。4. 根据作物对水热需求，合理布局，保证稳产高产。

（四）刘中基的观点

1983 年 8 月，陕西省榆林地区农业局刘中基在《在旱作农业中提高土、肥、水利用率的途径》一文中，就榆林地区如何提高旱作农业土、肥、水的利用率问题，认为途径主要有四条：合理调整作物布局，扩种抗旱耐瘠的优势作物和品种；培肥土壤，以肥调水，增强作物的抗旱能力；推行水平沟种植法和沟垄种植法种田，促进肥水的吸收作用；合理密植，尽量减少肥、水的无效消耗。

（五）窦玉青的观点

1983 年 8 月，西北大学地理系窦玉青在《旱原的储水与防旱》一文中，根据陕西省渭北旱塬地区 14 个县、市的旱象特点，按照“天然土壤水库”的储水与耗水规律，提出充分利用“天然土壤水库”，蓄住天上水，保住地下墒，是提高耕地抗旱及储水能力的科学途径。可采取的主要措施有：1. 在外界条件不变的情况下，采取以“土壤耕作”为中心的农业技术，包括深耕、适时耙耱、中耕、镇压等措施，提高土壤储水防旱、抗旱能力。2. 兴修水平埝地或水平梯田，调整作物布局，实行间作套种。3. 植树造林，调节小气候，改善农业生态环境。

第五节　学会活动

80 年代中期以后，黄河流域各省（区）先后成立了水土保持学会，紧密围绕本省（区）水土保持中的主要科学技术问题，开展调查研究、学术交流、科技咨询和科学普及等工作。

一、组织建设

1986年12月，山东省水土保持学会在济南成立，这是全国建立最早的省级水保学会。第一届理事会由31名理事和15名常务理事组成。除选举正副理事长和秘书长外，还聘请了名誉理事长。

1987年12月，陕西省水土保持学会在西安成立，下设17个地区性学会小组，并根据工作需要先后成立了土壤侵蚀、水保林草、水保工程、水保规划、水保经济、水保新技术应用等6个专业委员会和水土保持环境监测评价研究中心及具有独立法人资格的水保科学咨询服务部。1991年会员发展到653人。

1988年4月，甘肃省水土保持学会在兰州成立，下属4个地区级分会和5个专业小组，1991年共有会员200多人。

1988年11月，山西省水土保持学会在太原成立，由45名理事和12名常务理事组成，并聘请省人大常委会主任、一名副省长和省科协主席为名誉理事长。1991年有会员541人。

1989年宁夏回族自治区水土保持学会在银川成立，有会员56人。1990年3月，青海省水土保持学会在西宁成立，有会员141人。

二、主要活动

(一)调查研究

1988年1月，陕西省水土保持学会根据水利部钱正英部长的指示，组织有关专家和地、县水保科技工作者共16人，对淳化、长武两县的水土保持减沙效益进行了现场调查和分析计算，肯定了这两个县水土保持对减轻土壤侵蚀和减少坡沟泥沙的作用，并弄清了水利界少数专家由于误解这里水保措施减沙减蚀作用产生怀疑的具体原因。调查报告获陕西省水利学会科技进步奖，并纳入陕西省科协农业科技成果汇编。1988年7月，陕西省水土保持学会针对少数人对水平梯田防蚀、增产作用提出怀疑的问题，组织了中科院西北水保所、西北大学地理系等有关单位的专家，对陕北吴堡县坡地修梯田的经验和效益进行全面系统的调查，进一步肯定了水平梯田的防蚀、增产效益和在黄土高原地区保持水土与发展生产中的战略地位。写出的调查报告，在学术刊物发表，受到主管部门领导和专家的重视，促进了梯田建设。

1990年9月，山东省水保学会组织省内外专家、学者和工程师共30余人，对沂蒙山区开展水土保持的经验进行点面结合的调查。调查成果认为：沂蒙山区虽然山高坡陡，石厚土薄，治理难度较大，但只要治理方法正确，就能收到很好的效果。如莱芜市的房干、临朐县的河南、沂源县的杨三峪等13条各有特色的综合治理小流域，根据不同条件，因地制宜地采取山坡上部造林或封山育林；山坡中部建果园和经济林，有的还进行果粮间作；山坡下部修水平梯田，有条件的发展灌溉；沟中修石谷坊蓄水、防冲等措施。全面开发利用水土资源，发展商品经济，在保持水土的同时，促进了脱贫致富，有的乡村和农户已开始奔向“小康”水平。通过调查，进一步明确了水土保持发展方向和治理措施。

（二）学术交流

甘肃省水保学会紧密结合本省水土保持中比较重大的科技问题，先后开展全省性学术交流会6次，参加人数460多人次，交流学术论文和经验总结120篇。1990年8月，甘肃省水保学会郭延龙等7人在参加省科协组织的科技兴农对策研讨会时，提出了《深化水保治理，促进科技兴农》、《甘肃农业面临的困扰与基本对策》和《综合治理保持水土是干旱山区农业发展的根本途径》等论文，在大会宣读，受到省有关领导的重视和与会专家的好评。会后这些论文被选入省科协主编的《甘肃省科技兴农对策论文集》中。

陕西省水保学会，在1990年学术交流中，举办评选优秀论文活动。共交流论文90余篇，评出优秀论文24篇，其中一等奖1篇，二等奖9篇，三等奖14篇。

山西省水保学会于1989年春开展了会员有奖征文活动，共评出优秀论文93篇，其中一等奖18篇。学会还组织了一等奖论文作者和有关人员，对水土保持新观念、新技术、新问题进行了研讨。

（三）科技咨询

各省（区）的水保学会，根据面向基层、服务生产的宗旨，充分发挥人才荟萃、专业齐全的优势，积极开展承担研究课题、科研成果鉴定、编制技术规程等多种形式的科技咨询活动。

陕西省水保学会80年代后期积极为省内一批重大的水土保持专题研究和资源开发等项目进行决策咨询和技术服务，共签订科技咨询服务合同25项，已完成21项。如组织对陕北无定河流域、长武县鸭儿沟流域、清涧县老舍古流域、淳化县泥河沟流域治理成果的鉴定，对旬邑县沟头防护工程、韩城县花椒护埂、沙棘丰产栽培等课题进行论证等。

甘肃省水保学会80年代后期组织了《定西县关川河综合治理工程技术规范》的编制和兰州市水源沟流域“菜篮子”工程开发等咨询项目。90年代初期又组织了部列项目《泾川水土保持综合治理试点县高效开发水土保持生态经济系统试验示范规划设计要点》的可行性论证。

甘肃省水保学会还将《甘肃省小流域综合治理暂行规定》、《甘肃省‘三田’建设管理办法》等有关规章制度汇编成小册子，提供业务主管部门和基层单位掌握执行。

山西省水保学会组织会员参加水土保持规范的编写工作，1989～1990年先后编写出《淤地坝工程技术规范》、《梯田工程技术规范》、《淤滩造地工程技术规范》、《水土保持林技术规范》和《人工沙棘园建设标准》等，并经省标准局批准颁布施行。1990年又组织部分会员到汾河水库上游娄烦县，帮助制定水土保持实施规划。

宁夏回族自治区水保学会，1989年承担了彭阳县阳洼小流域水坠坝聚乙烯微孔波纹管网状排水试验，获得成功。1992年1月，自治区科委组织现场鉴定，认为该排水系统用于水坠坝排渗，在高含粘量不透水沟床中建造水坠坝，替代沙井、沙沟和褥垫等排水设施效果良好，属于首创，为加快水坠坝脱水固结闯出一条新路子，其研究成果具有国内领先水平。80年代后期，宁夏回族自治区水保学会，还对泾源县沙塘河谷引种苦水玫瑰课题进行论证和咨询。泾源县1984年引种苦水玫瑰，1987年用玫瑰花制糖浆30公斤，1988年以253公斤玫瑰花在兰州蒸馏出玫瑰精油120克，出油率达4.74‰，经水保学会咨询和论证，1989年在泾源县水土保持站建玫瑰蒸馏厂1座，并蒸馏出玫瑰精油1000多克。从此玫瑰种植面积逐步扩大，成为泾源县群众脱贫致富的一项门路。

（四）科学普及

1989年陕西省水保学会与《陕西科技报》等单位联合举办了科普知识电视大奖赛，有1000多人参加，向社会各界宣传水土保持。从1988年开始把《陕西水保通讯》改名为《陕西水土保持》，由陕西省水保学会与陕西省水保局共同主办。4年来出版24期，发行8万多份。同时，学会还主办了《陕西水保科技信息》，从1988年创刊以来，已出版23期，发行2.3万多份。

甘肃省水保学会1989年以来，组织了有新华社、《甘肃日报》、甘肃人民广播电台、《甘肃农民报》和《兰州晚报》等新闻单位记者参加的水土保持记者采访团，赴定西、平凉、庆阳、天水、陇南等5个地(市)、15个县进行了专题采访，写出20多篇文章，在《人民日报》及中央人民广播电台等处发表、播出。1989年甘肃省水保学会与省水保局、省电视台联合举办了为期一年的水土保持有奖征文，在省电台《对农村广播》节目中专题播出。为了配合水利部下达的泾川水土保持综合治理试点县项目的工作，摄制了《高原新貌》(泾川县水土保持综合治理)录像片，1990年12月在甘肃省电视台播放。

1990年山西省水保学会，协助水利厅等有关部门摄制完成专题片《水土保持与太原安危》和水土保持题材的14集电视连续剧《黄河情》。还配合中国水土保持学会在山西省召开水土保持科普工作会议，选编了全国水保科普论文集。

第二十一章　专项研究

黄河流域水土保持的专项研究，主要有现代施工技术应用和先进测绘计算技术应用两个方面。建国以来，研究运用现代施工技术进行水土保持的，主要有飞机播种林草、机械修梯田、水坠法筑坝和定向爆破筑坝等；运用先进测绘计算技术于水土保持的，主要有系统工程、遥感技术和成数抽样法。

第一节　飞机播种林草

一、研究过程

50年代后期，黄河上中游各省（区）先后开展飞机播种林草试验。1958年4月，甘肃省农林厅在榆中县马衔山土石山区飞机播种云杉、冷杉和油松600亩；8月，在兰州市南、北山和皋兰县干旱丘陵区飞播柠条、狼牙刺、苜蓿和草木樨；同年6月，天水水保站在兰州市、清水县和通渭县丘陵区飞播草木樨3100亩；同年7～8月，陕西省榆林地区在风沙区飞播沙蒿、草木樨和柠条43.5万亩。1959年6月，山西省水利厅在右玉县丘陵区飞播草木樨和柠条；同年7月，内蒙古自治区在伊克昭盟和巴彦淖尔盟风沙区飞播沙蒿、梭梭等近74万亩。其他省（区）也先后开展了飞播试验。这一时期飞播由于缺乏经验，出苗率不高，天水水保站在荒坡试验飞播的草木樨，当年基本没有出苗；各地播后虽有出苗的，但由于无人管理，也基本上没有保存下来。右玉县飞播的草木樨和柠条，当年出苗尚好，由于无人管护，遭到损坏。虽然试验大都中断，但已引起各方面的重视。

1959年10月，国务院水土保持委员会在北京召开黄河流域水土保持会议上，提出“采用飞机播种造林种草，加快地广人稀地区治理”。1960年2月，由水电部、林业部、农业部和中国民航局组成黄河流域飞机播种指挥部。

5月5～12日,国务院水土保持委员会和黄河流域飞机播种指挥部在兰州市召开黄河流域飞机播种会议,到会的有黄河上中游7省(区)林业厅(局)和水土保持局,中央和地方民航局,国家计委、国家科委、林业部、水电部和黄委会的负责人以及中科院水土保持飞机播种队等34个单位。会议指出,1958年以来,两年多时间内,7省(区)飞机播种面积已达250多万亩。今后造林绿化的方针是:地面造林和飞机播种并举,空中播种和地面管护并举。会议制定了黄河上中游7省(区)5年播种造林2.06亿亩的计划,其中1960年的任务为1541万亩。会议决定中国林科院林业研究所,中科院西北水保所、西北植物所,北京林学院、北京师范大学等单位,组成飞机播种造林队,调查各地飞播造林试验情况。同年8月8日,国务院批转该会议的报告中指出:"飞机播种是一种新兴事业,还在试验阶段,……播种前要注意规划,播种时要有重点,播后应注意保护、管理。……并要及时做出经验总结。"

1961年陕西省延安地区曾在志丹、安塞、延安等县用柠条、狼牙刺、黄刺梅、荆条、苜蓿、草木樨等树草种混合,进行飞播试验,以后中断。

1964～1965年陕西省榆林风沙区飞播花棒,发芽面积率50%左右,经过三个冬春后,保存面积15～23%,四年生苗高1.2米,根径3厘米,冠幅1.7×1.8米,普遍结实。

1973年水电部、农林部指示:继续开展榆林风沙区飞机播种试验,由黄委会和陕西省农林局主持,中国林科院、北京林学院、中科院西北水保所、黄委会绥德水保站、中国民航总局科学研究所、陕西省民航局、西北林学院、陕西省林业设计院、榆林地区林业局、榆林地区治沙研究所、榆林县林业局等单位,各派一两名科技人员,组成榆林风沙区飞播试验协作组,中国林科院负责业务技术,榆林地区林业局负责行政事务。1974～1981年8年飞播面积6.35万亩。试验的树草种有刺槐、沙枣、花棒、踏郎、柠条、白柠条、紫穗槐、沙棘、白沙蒿、黑沙蒿、沙打旺、草木樨、绵蓬、沙米等14种,其中踏郎、花棒、白沙蒿基本成功,尤其踏郎最为突出。1981年10月榆林流动沙地飞机播种试验成果鉴定会在榆林召开,由黄委会和陕西省科委、林业局主持,共29个单位的40名代表参加,会议肯定沙区飞播是成功的,并对各项经验进行了总结。该项研究成果1986年9月获陕西省林业科技成果一等奖,1987年12月获水电部科技进步一等奖。

1975年中科院西北水保所、延安地区林业局和吴旗县、宜川县林业局共同组成延安地区飞播造林种草试验协作组。1976～1978年在宜川县黄龙山飞播油松、侧柏、落叶松、白皮松、樟子松、黑松、华山松、云南松、杜梨、臭椿、桦树、漆树、刺槐、火炬树、紫穗槐和柠条等16种树草，油松当年出苗密度每亩464～725株，2～4年保存203～382株，第三年保存面积率67.7～69.6%。侧柏当年出苗密度每亩79～81株，第二年保存面积率17.6～20%。1976～1979年在吴旗县黄土丘陵沟壑区飞播白榆、臭椿、刺槐、山杏、杜梨、柠条、沙棘、狼牙刺、紫穗槐、连翘、白芨梢、扁核木、荆条、苜蓿、草木樨、沙打旺、芨芨草和醉鱼草等18种树草，其中沙打旺1.2万亩，保存面积率达45.6～54%，每亩出苗多在万株以上，3～4年每亩保存3000株以上。1979年开始推广，到1981年底，黄土高原飞播沙打旺400余万亩。在吴旗县飞播柠条2.87万亩，成苗面积(220株/亩以上)率41.8%，平均每亩有苗420株，3～4年保存220～667株。飞播沙棘1.86万亩，成苗面积率46.3%，平均每亩有苗402株，三年生幼苗每亩保存231株。

二、推广情况

到1981年，黄河流域风沙区推广飞机播种造林种草面积共341万亩。1980～1982年山西省科委、畜牧局和水利厅共同组织，在晋西12个县丘陵区飞播柠条、沙打旺、草木樨、苜蓿、油松、落叶松、云杉、牛筋子和臭椿9种树草，共31万亩。到1988年该省飞播面积100余万亩。其它省(区)80年代也都先后开展了飞机播种工作。

陕西省榆林风沙区飞播后，红石峡播区植被率由原来的1.3%，1981年增加到18.8～24.2%，小纪汉播区植被率由原来的5.9%，增加到30.4～41.2%，植物种类也明显增多；沙丘高度降低31～5米，顶部出现17～35米宽的缓坡，新月型沙丘变为不规则的垄状沙丘，使不能利用的沙丘逐渐变成了可以利用的沙地。飞播植物在沙丘上积累了大量的枯枝落叶，土壤肥力显著提高，有机质增加27～30倍，全氮增加1.2～1.4倍，流动的沙丘正在发育成为栗钙土，土地的沙漠化开始发生逆转。经济效益也很显著，1983年调查测算，每亩花棒经济收入61.02元，踏郎21.52元，白沙蒿14.14元。吴旗县黄土丘陵区1976年飞播的沙打旺第二年即形成沙打旺草地，2～6年亩产鲜草900～1900公斤，为封禁荒山产草量的10倍左右。每公斤鲜草价值0.04元，每亩产草收入36～76元。由于沙打旺根深叶茂，分枝多，冠幅大，飞播后植物覆盖率由原来荒山的30～40%增加到70～80%。

榆林地区1974～1981年飞播试验平均每亩投资5.79元，其中踏郎6.66元，花棒8.96元，白沙蒿1.5元。人工植树造林，从育苗、运苗、搭障蔽及植苗，每亩总费用12～40元，以最低投资12元计，飞播造林比人工植树降低成本52%。1973～1979年西北水保所在延安地区飞播每亩费用：油松3.3元，柠条2.43元，沙打旺2.3元。各地飞播费用有高有低，但均比人工播种节省。人工撒播每个劳动力一天可撒播50亩，一架运—5型飞机一天可播1.5万亩，相当于300个劳动工日。

从试验结果看，飞机播种造林种草，进度快，投资少，节约劳力，在地广人稀地区和风沙区是加快绿化、减轻水土流失的有效措施。

三、技术要点

(一)选择适宜飞播的树草种

风沙区有踏郎、花棒、白沙蒿，一年生沙米和绵蓬作为保护植物混种；黄土丘陵沟壑区有沙打旺、柠条、沙棘；土石山区有油松。

(二)掌握好播期

飞播的树草种在地面裸露，播后能否及时发芽出苗，主要取决于水热条件，因此播种时期和人工播种不同，必须在多雨季节和有一定的气温条件。各地多在6月中旬至7月中旬播种，飞播前作好天气预报，具体确定播种日期。许多地方都在即将下雨的前1～2天播种，效果较好。

(三)增加播量

飞播出苗率、保苗率均低，播量应大于人工播量。根据多年试验，飞播每亩播量：踏郎1公斤，花棒1.5公斤，白沙蒿0.5公斤，沙打旺0.2公斤，柠条1公斤，沙棘0.5公斤，油松0.75公斤。混播有三种播量：一是踏郎0.5公斤加白沙蒿0.5公斤，二是花棒0.75公斤加白沙蒿0.5公斤，三是踏郎0.5公斤加花棒0.5公斤加白沙蒿0.75公斤。

(四)采用混播

各种植物有各自的特性，采用混播可以发挥群体作用，更好地固沙保土和充分利用土地及光照资源。陕西省榆林地区1981年进行单播与混播对比试验，单播保存面积率：花棒31.8%，踏郎31.6%，白沙蒿33.5%，沙打旺9.1%，草木樨1.1%，五种混播保存面积率为64.6%，高于任何一种单播。1976～1978年飞播，1978年10月调查，单播花棒各年风蚀深分别为7.4、6和1.5厘米；花棒与白沙蒿混播的各年沙埋深分别为6.5、5.5和1.2厘米。混播地不仅没有风蚀，而且还有落沙。

中科院西北水保所，在陕西省吴旗县还进行沙棘与沙打旺带状混交试验，这种办法也具有一定的优越性。沙打旺3～5年有较好的经济效益和生态效益，对沙棘起到保护作用。5年以后沙打旺开始衰退，沙棘迅速根蘖繁殖，逐步占据沙打旺地，发展成稳定的灌木林，二者优势均得以发挥。

（五）种子处理

1. 大粒化处理。飞播在流动沙地上的种子，在风力作用下，易发生位移，为减低风力位移，把黄土裹在种子外面，制成大于种子4～5倍的种子丸。

2. 抗旱处理。西北水保所采用C_{60}—γ射线处理沙打旺种子，出苗率40～80%，未处理作对照的全部干死。

3. 低温处理。西北水保所对油松种子进行了低温处理，在室内试验，种子置于－15℃～－18℃低温处，处理后发芽率比对照提高10%，发芽时间提早1天，发芽过程缩短2～3天，出苗密度高1.8倍。

4. 防害处理。延安地区用农药退菌特拌油松种子，播后10～15天，不遭受鸟虫危害。榆林地区灭鼠用0.1～0.6%浓度氟乙酰胺浸种子作毒饵，飞播前撒放播区，鼠食5～7粒即被毒死。

（六）地面处理

播前或播后出苗前，利用牛羊放牧，让牛羊践踏，这种办法在沙性大、土质结构较松地区效果较好。或每隔0.5～1米犁一深8～10厘米水平沟，或用圆盘耙耙破地皮等办法，都有利于出苗。

（七）加强看管

播后封禁一段时期，避免人为损毁。

第二节　机械修梯田

一、研究过程

50年代后期甘肃省兰州水保试验站，60年代初期黄委会天水水保站就开始了用推土机修梯田的试验。进入70年代，随着农业机械化的发展，黄河流域采用推土机平整土地和修梯田的日益普遍，其中以山西省的西部山区和陕西省的关中地区采用较多。晋、陕两省有关水保和农机科研单位紧密配合，进行机修梯田试验研究。1972年西北水保所在缓坡地上用机引犁连续耕翻修梯田试验成功，其后几年内，在陕北、关中和内蒙古缓坡丘陵区扩大试验和推广。接着兰州水保试验站恢复了推土机修梯田试验。天水、西峰、绥德等10多个水保试验站也先后开展这方面的试验研究。

1975年4月，第一机械工业部农机研究院在西安召开东北、西北、华北地区机械修梯田座谈会。同年10月，该院在山西省阳高县大泉山召开机械修梯田技术交流现场会，有17个省（市、自治区）的142个单位、203名代表参加。对机修梯田的研究起到很大的推动作用。

1975年11月，黄委会在天水召开黄河中游水土保持科研工作座谈会，确定把机械修筑梯田作为协作攻关的重点项目之一，并组织协作研究组。根据会议要求，1976年3月召开第一次协作会议，制定了协作研究攻关计划。会后开展试验研究工作，至1982年底结束，历时7年。协作研究由黄委会领导，黄委会水保处具体组织协调工作，委托山西省水保所主持。协作组内成立了领导组，领导组成员单位有：山西水保所、中科院西北水保所、山西省农机研究所、兰州水保试验站、内蒙古水保试验站。承担研究任务的单位有：黄委会天水、西峰、绥德水保站，山西雁北地区、临汾地区、右玉县水保试验站，内蒙古伊克昭盟准格尔旗黄甫川水保试验站，甘肃平凉地区水保试验站。协作单位有宁夏固原和内蒙古和林格尔、宁城及青海乐都、化隆水保试验站等，共20个单位，60多名科技人员参加协作研究。

根据1975年黄河中游水土保持科研工作座谈会精神和要求，协作研究的主要内容是：黄河上中游各类型区不同地形条件下机修梯田合理规划设计；不同地形条件下的适宜机械施工方法和施工技术；修梯田机具的研制和改进。研究工作紧密结合小流域治理和农田建设，实行试验、示范、推广相结合；并充分利用现有农业机具，因地制宜，边试验边推广。

协作组内各单位的研究内容各有侧重，紧密配合。水土保持科研单位着重研究机械修梯田的规划、设计、施工技术；农机所主要研制和改进修梯田机具。各单位根据自己的具体条件，按照研究任务和协调计划，就地开展试验研究工作。协作研究期间，先后在山西省离石、左云，内蒙古卓资、凉城和黄甫川，兰州、郑州、太原、西安等地，召开了6次协作会议、1次试验研究现场会、4次领导组扩大会议，交流成果和经验，制定研究计划，切磋试验研究中的技术问题。经协作组各单位60多名科技人员7年（1976～1982年）的共同努力，较好地完成了原定协作研究任务，共提出科研成果报告50多篇，有44篇编入协作组刊印的《黄河中游地区机械修梯田试验研究成果汇编》第一、二集。在试验研究和总结群众机械修梯田实践经验的基础上，集体编著出版了《机械修筑梯田》一书。

1988年8月由黄委会和山西省水利厅共同主持，邀请有关专家在山西省水保所召开鉴定会，对机械修梯田协作研究成果进行技术鉴定。鉴定会认为该项研究在梯田建设的理论和实践上有所创新，在国内同项研究中居于领先地位，研究成果可为主管部门提供决策依据。

二、推广情况

各协作单位在各地试验、示范过程中，直接用机械修梯田50多万亩。由于试验取得了显著成效，引起有关部门的重视，山西省左云县拿出200万元购买100台推土机，扶助农村修梯田；晋西28个水保重点县和陕北等地都相继建起大型农机站或机械施工队；内蒙古、甘肃等省(区)部分乡村购买了施工机械，开展机修梯田工作，加快了农田基本建设速度。到1987年青海、甘肃、宁夏、内蒙古、陕西、山西6省(区)用机械修成的梯田共110万亩。

机械修梯田工效高、节省劳力，运用得好还能做到成本低，减少投入。用东方红—75拖拉机牵引四铧犁，上下翻土修梯田，在5度左右的坡地上修成宽15～20米的梯田，每台班修5～6亩，70年代中期每亩成本费10元左右，相当于100～200人一天的工作量；用东方红—60、—75推土机，把10～15度的坡地修成宽15米左右的梯田，每亩需1～1.5台班，成本费100元左右。

用机引犁修梯田能够保留大部表土，修梯田过程中田面经过深翻，松土层厚，有利于作物生长和提高产量。陕西省永寿县常宁乡1975～1976年机引犁修梯田280亩，结合增施有机肥料，次年亩产小麦268.1公斤，较一般大田亩产高150公斤左右，增产70%以上。

机修梯田开展时间不长，还存在一些问题尚待今后进一步研究解决。特别是黄河上中游水土流失严重地区，大部群众经济困难，如果没有国家或地方政府的经费补助，很难大量采用机械施工。

三、技术要点

(一)规划设计

机修梯田的规划设计，是在人工修梯田规划设计的基础上，针对机械修梯田的特点，并考虑机耕的需要，着重研究和解决以下问题：

1. 耕作区规划和地块布设。在规划布设耕作区时,必须解决通行机械的道路,有水源条件的地方还要考虑梯田灌溉问题。在塬、阶缓坡地区,以道路、渠道为骨架,将耕作区划分为矩形或梯形(凸、凹形坡面),保证耕作区内梯田的地块规整,又有道路可通。丘陵陡坡地区,耕作区的划分受自然条件影响较大,以一面坡或一个梁峁划分耕作区,并布设机械上山的道路。地块布设的关键是要有适当的地畛长度,如果地形条件允许,一般地畛越长越好。据试验和理论计算分析,机具耕作工时有效利用率随地畛长度增大而提高。各地实践的情况是,塬、阶等缓坡地区,梯田畛长一般不小于 300 米;丘陵陡坡地区,应在不过分增加土方工程量前提下尽量连块,以增加梯田畛长,尽可能不小于 200 米。

2. 梯田的最优断面。所谓最优断面,即满足机械施工、机械耕作及灌溉要求的最小田宽和保证梯田稳定的最陡坎坡,以减少修筑工作量和埂坎占地。经过大量试验证明,缓坡地田宽 20～30 米,陡坡地田宽 10 米左右,即可满足机械施工和耕作要求。通过已成梯田调查和稳定分析,人工筑埂地坎安全坎坡为 60～80 度。

3. 提出和应用梯田"需功量"的概念。过去人工修梯田,只计算土方量,不考虑运距。在机修梯田中发现,同样土方量,由于运距不同,工效和造价相差很大。因此提出了"需功量"的概念。其数值为土方量与运距的乘积,当地面为匀整坡度时,采用 2/3 田面宽作为平均运距,再乘以修平土方量,即为"需功量"。协作研究中,根据不同施工机具性能、修筑梯田的施工工艺和土方运移方式,计算其运土功率,应用梯田"需功量"和运土功率,解决了机修梯田所需工时的计算问题,为制定施工计划、预算以及研究进一步提高"相对工效"的途径提供了依据。

(二)施工技术

主要机具修梯田的基本技术,协作研究中采用了推土机、机引犁、铲抛机、平地机等多种机具进行试验,但大量推广的是推土机和机引犁两种。

1. 推土机施工。推土机适应性强,无论陡坡或缓坡、地形是否规整,都能把地修平。但对不同施工条件,应采用不同的施工方法和技术。推土机陡坡地施工,必须先修一道宽 2～3 米的作业平台,然后才能进行修梯田作业。在地面坡度 10～15 度的陡坡地,采用顺坡推土修筑作业平台法;对上下都是崖坎的陡坡地,采取机车倾斜行驶侧向倒土修筑作业平台法。在 10 度以下缓坡施工,一般采用自下而上逐块修梯田,上下结合推土。施工时,将下一台挖方中的部分土体,就近向上推,作为上一台的填方和埂坎;另一部分挖方向下推，作为本台的填方。这种施工方法，土方就近调运，工效较高。

2. 机引犁施工。机引犁即拖拉机牵引铧式犁，利用其沿等高线犁地时向下翻土把坡地修平，适用于匀整的缓坡地施工。根据地形条件和犁型不同，施工方法有以下两种：

(1)全面向下翻土法。拖拉机悬挂翻转犁，从规划梯田块的下埂线上方开始，往返逐犁向下翻土，每耕翻一遍，上坡向下坡平移一犁翻土量，下坡处逐步填高，上埂线处逐步挖深，当填高和挖深达到设计填挖高度(1/2 埂高)时，坡地就翻平。这种方法用于上、下埂线临路、渠或有崖坎，不能同时连台修梯田时采用。

(2)上下结合翻土法。拖拉机牵引普通铧式犁，先定线后上下结合翻土平地。定线时先定田面宽度线，例如田面宽 30 米，则顺坡每隔 30 米沿等高线定出的线，即为田面宽度线；再定上下翻土分界线，将田面分为上下两部分，上部宽为田面的 2/3(20 米)，下部宽为田面的 1/3(10 米)。翻土时用机引犁围绕翻土分界线翻土，上部 20 米向下翻，返回时下部 10 米向上翻，当上部向下翻完一遍时，下部已向上翻了两遍。如此往复翻耕若干遍，直到翻平为止。

(三)工效计算

1. 推土机工效。由于地面坡度、田面宽度、地面规整程度、土质松实程度等各种因素的综合影响，各地试验结果，修成每亩梯田所需机工时各不相同。归纳起来，大致有两类情况：(1)10 度以上的陡坡地，田面宽 10～15 米，田坎高 3 米左右，每亩土方量 250 立方米左右，地面不规整，施工中需有一定程度的纵向运土，平均运距 50 米左右，每小时有效推土量 30 立方米左右，每一个台班(8 小时)可修一亩。(2)10 度以下缓坡，田面宽 20～30 米，田坎高 2 米左右，每亩土方量 160 立方米左右，平均运距 40 米左右，每小时推土量 40 立方米左右，每个台班(8 小时)可修二亩。

2. 机引犁工效。在试验和实施中，常用东方红—75 型拖拉机牵引三铧犁施工，铧宽 0.35 米，犁深 0.3 米，在轻壤土田面上每秒前进 2.2 米，在此条件下的向下翻土功率为每秒 0.243 立方米—米，每分钟 14.58 立方米—米，每小时 874.8 立方米—米。

修梯田施工工效，经多次试验和大面积实施结果，修成每亩梯田需用机工时，实施数值与计算数值基本一致。(1)全面向下翻土，修成每亩需机工时为田面宽度(米)与田坎高度(米)乘积的 3.8 倍(分钟)。例如在 3%缓坡上，修成梯田田面宽 30 米，田坎高 1 米，每亩需机工时 114 分钟，接近两小时。

(2)上下结合翻土,修成每亩需机工时等于田面宽度(米)与田坎高度(米)乘积的2.25倍(分钟)。实施结果,仅等于其乘积的2倍,因为前者包括修成每亩的全部用工,而后者不包括修田坎的用工。例如在3%缓坡上,修成梯田田面宽30米,田坎高1米,每亩需机工时60分钟。这种方法在陕西、山西、内蒙古等地示范推广10多万亩,施工工效和计算工效基本一致,而且比较稳定。

(四)提高工效的途径

1. 提高工效的基本原理。根据前述机修梯田的工效计算,修平每亩梯田需机工时,为修平每亩梯田的需功量与机械修梯田的运土功率之比,提高工效的基本要求,就是要降低工时。其主要途径有二:一是降低梯田的需功量,使之在保证梯田质量前提下达到最小;二是提高机械的运土功率,使之在同样马力下达到最大。

2. 降低梯田需功量的技术途径。主要有以下两个方面:一是合理规划耕作区和地块。大量研究和修梯田实践证明,梯田每亩修平的土方量与田面宽度的二次方成正比。西北水保所用推土机在缓坡地修梯田试验,亩需机工时随田宽的1.6次方而正变。因此,在规划耕作区和地块时,应使梯田埂线尽量顺等高线,土方上挖下填,减少运距;同时在便利耕作前提下尽量减小田面宽度。二是合理的运土方向。在缓坡上修梯田时,改全面向下运土为上下结合运土,在每亩土方量不变的情况下,由于减少了运距,从而减小了需功量。

3. 提高机械的运土功率。主要有以下几方面:(1)推土机并列推土。推土机修梯田时,单机推土每次最大只有一铲的运土量,且在远距离运土中漏土现象严重。多机并列推土,则在两铲之间增加了一部分运土量,减少了推运过程中的铲刀落土,从而提高了运土功率。据天水水保站试验,在运距70～120米情况下,用双机并列推土比单机推土工效可提高67.5～70.1%。(2)多机联合作业。不同性能的机具配合使用,进行多机联合作业,扬长避短,发挥优势,使其台时运移土量达到最高,从而提高机修梯田总的工效。(3)改进机具。采取“八字铲”、松土钩、刮土器、破冻土机等改进机具和辅助工具,提高运土功率。

(五)机具研制

1. 推土机带松土钩和集土铲。一般推土机施工,前进时可以推土,后退时是空运转。山西省农机研究所试制在推土铲后面加松土钩,机身后退时,可钩松地面土层,提高推土工效50%左右。同时在推土铲前面左右两侧各安装向前呈45度角的集土板，推土时，铲前虚土不致向两侧溜失，可提高运土工效10～15%。

2. 破冻土机。一台东方红－75型拖拉机配套钩齿破冻土机作业，每小时可破冻土150立方米左右，约可代替200个人工，解决了冬季农田建设的破冻工施工问题，还延长了一年中可进行机械施工的时间。

3. 铲抛机。协作组成员单位参加研制的1AY—110型铲抛机，抛土距离7.5～13.5米，每小时抛土工效120立方米。

4. 翻转犁。西北水保所研制的液压翻转犁，可在12度以下坡地往返向下翻土修梯田，或逐年耕翻使坡地变平。

第三节　水坠法筑坝

一、研究过程

在沟壑中修建土坝是黄土高原水土保持的主要工程措施。鉴于常规的夯填或辗压土坝费工费时，不能满足水土保持迅速发展的需要，从50年代开始进行了各种加快筑坝技术的探索，如水中倒土、土中倒水、定向爆破筑坝等，先后进行了试验与推广。其中利用水力冲土的筑坝试验，也是在这时开始的。

1957年，黄委会水科所与绥德水保站合作，根据水力冲填筑坝的技术，在陕西省绥德县韭园沟溢洪道内，用水力冲填黄土，修筑一座4米高的试验土坝。1961年西峰水保站用水力冲填黄土，修复南小河沟花果山水库的土坝，坝高20米，并撰写了《泥流筑坝初步试验分析》一文，于1963年12月在黄河流域水土保持科学研究工作会上交流。由于当时机具、油料等条件的限制，没有继续试验推广。

与此同时，陕西省群众继承靖边县杨桥畔村自1917年以来引水拉沙造田的经验，除引水拉沙造田外，还引水拉沙、拉土进行修渠、筑坝等，逐步发展为抽水冲土修筑土坝的技术，群众称为“水坠坝”。

1970年绥德水保站派人到米脂县调查，总结了该县高渠乡群众自发用水冲填黄土筑坝的经验，并在杜家石沟小流域内崔家圪塄等3个村进行水力冲填筑坝试验，实测了泥浆含水量、冲填速度及坝体脱水固结情况，同时在米脂县内进行推广。在此基础上编写了《水力冲填筑坝》调查报告，抄送榆林地区水利局和陕西省水保局。1971年秋，陕西省水保局又组织人员调查了陕北10个县、29个乡的水坠坝，总结群众经验，作了必要的土壤物理性质试验分析后，编写了《水坠坝》一书，这是“水坠坝”一词最早在正式出版物上的使用。书中肯定了水坠坝的优越性，系统总结群众对水坠坝的设计、施工、维修养护和事故处理的经验，以及研究和推广中的有关问题，对水坠坝的建设起了推动作用。

1973年4月，钱正英在延安参加黄河中游水土保持工作会议期间，了解有关水坠坝情况后，要求进行技术总结，解决存在的问题，以便对水坠坝工程规划、设计、施工技术进行科学指导。

同年7月，由黄委会、陕西省水保局、山西省水利局共同主持在西安召开协作会议，成立陕晋水坠坝试验研究工作组和领导小组。领导小组成员有黄委会水科所仝允杲，陕西省水保局石元正（后由蒋德麒接任）、周梦亮，山西省水利局袁步森、水科所曹素滨等。主要参加单位有黄委会系统和陕西、山西两省与所属有关地、县水保局、水科所，以及清华大学等大专院校水利系等共43个单位，科技人员100多人。试验研究工作组根据黄河中游地区的土质特点及群众建坝中普遍出现的工程技术问题，提出针对施工中的滑坡问题作为试验研究的突破口，在陕北、晋西、关中、豫西等地区先后选定6座重点坝、4座副点坝和8座联系坝，建立了陕北、关中、晋西3个试验研究组，分别进行定点试验研究。

研究工作大致分为三个阶段：第一阶段着重研究水坠坝的施工技术和稳定分析方法，主要研究防止滑坡问题。结合调查总结群众经验，摸索出一套办法，1976年编印《水坠坝施工须知》，指导群众建坝。第二阶段从1975年下半年开始，为适应水坠坝向水库工程发展需要，着重研究重粉质壤土水坠坝的施工技术和边埂的稳定分析方法。通过现场观测、室内模型试验和电子计算机计算，对水坠坝的破坏模式、受力条件进行了探讨，提出五种边埂稳定计算方法。1978年编印了《水坠坝设计要点》，作为中小型水库水坠坝的设计依据。第三阶段从1978年开始，为适应水坠法修建较大水库的需要，采用比奥固结理论，按有限元法，研究水坠坝坝体应力应变、抗震稳定等涉及新设计理论的探讨和计算方法，取得了初步成果。

1979年5月在太原召开的水坠坝技术经验交流现场会上，陕晋两省水坠坝试验研究工作组宣告结束。各省（区）要求，经水利部批准，于同年12月在郑州成立黄河流域水坠坝科研协调组，组长单位为黄委会、陕西省水保局和山西省水利厅。由黄委会水科所仝允杲、陕西省水保局蒋德麒、山西省水科所曹素滨三人负责，成立领导小组，主要参加单位有黄河上中游7省(区)和新疆自治区所属水利水保局、水保站。协作单位有西北水科所、西北农学院水利系、陕西机械学院水利系、华东水利学院农水系、中科院工程力学研究所、内蒙古农牧学院水利系。1980～1983年各省(区)开展试验研究的定点试验坝9座、联系试验坝2座，分别进行了砂土与粉质壤工施工技术和稳定分析研究、抗震性能研究、重粉质壤土坝层泥层土脱水固结及施工技术研究，以及运用期坝体质量和运用情况研究。1984年，协调组织编写了《水坠坝设计及施工暂行规定》，经水电部审查批准，作为技术规范颁发执行，要求在经过一段时间实践后，作进一步补充修订。

据不完全统计，1973～1986年，10多年间先后调查研究了50座水坠坝工程，搜集了1500座水坠坝工程资料，进行了10余座水坠坝的钻探、坑探工作，总进尺5000米，室内外作了大量土力学试验和野外观测工作；同时还进行了应用技术理论研究及水坠坝脱水固结规律、坝体变形机理及坝体破坏特点的室内模型试验等。主要研究成果有：水坠坝的特点与脱水固结规律、控制水坠坝坝体稳定的施工经验、水坠坝的设计计算方法等。共提出科研论文110多篇，编印《水坠坝研究成果汇编》5集；1977年12月编写我国向国际大坝会议提供的交流文件《群众建坝》中第一章《水坠坝》；1980年又编写出版《水坠坝》一书。水坠坝研究成果1978年获全国科学大会科技成果奖，1981年获国家科委和国家农委的“水坠坝的研究与推广”奖。1985年又获国家科技进步二等奖。

二、推广情况

水坠坝在进行试验研究的同时，在群众中大量推广，发展很快。据不完全统计，陕北和晋西两地区1973～1982年共建成水坠坝8164座。其中坝高超过20米的有2200多座，最高的为陕西省吴旗县长城水库，坝高70米。库容超过1000万立方米的有30多座，库容最大的为陕西省榆林地区河口水库，库容9400万立方米。

水坠坝的主要优点是提高工效，节省劳力。据工程实例统计，一般冲填工效每工日15～25立方米，综合工效每工日4.5～14立方米，较人工夯实和机械碾压筑坝工效每工日1.5～2.5立方米提高3～5倍。冲土水枪研制成功投入运用后再提高工效1～2倍。1977年调查甘肃、宁夏、青海、内蒙古、新疆等地10座水坠坝,平均综合工效每工日14.58立方米,为碾压坝工效每工日2.5立方米的近6倍。各地采用水坠法筑坝后,小村能修大坝,加快了小流域综合治理的进度。水坠坝施工工效高,只需简单的抽水机具,与碾压坝相比,降低成本60%以上。据对上述5省(区)8座水库土坝调查统计,每立方米土方单价平均为0.175元,最高为0.47元,最低仅为0.03元。

水坠坝利用水力下坠淀实,坝体密度均匀,质量可靠,干容重达每立方米1.55～1.6吨。1982年对陕西、山西两省15座水库水坠坝进行现场调查及井探检查,库容大于500万立方米的8座,多年蓄水位接近兴利水位的3座,质量良好,符合设计要求。坝体进一步脱水固结,稳定性将不断提高。

水坠坝在推广中存在的主要问题是,冲填初期坝体含水量大,干容重低,稳定程度差,施工期掌握不好易产生裂缝、鼓肚变形,甚至滑坡。陕西省绥德县张王圪塄水库,坝高27米,1973年10月开工,修到坝高10米时,发生鼓肚,到坝高20米时,发生滑坡,以致施工中两度停工处理。同时水坠坝坝体固结后的干容重一般不如标准碾压坝高;施工中坝体升高速度受冲填速度的制约,不能任意加快,汛前施工,要求抢修到一定的拦洪坝高时,必须事前精确计算,否则将造成被动。

三、技术要点

水坠坝的施工过程,主要是冲填坝体,需要经过取土造泥、沉淀排水和固结压密三个阶段。通过大量的试验和调查,水坠坝在设计和施工中,为了保证坝体的稳定,一般都作到以下几点:

(一)作好稳定计算

水坠坝采取泥浆冲填施工,坝体存在着一个流态区,因而最不利的稳定情况是在施工期,水坠坝施工期的稳定计算是水坠坝设计和试验研究的重要问题。水坠坝设计时,除了进行坝体的整体稳定计算外,还要进行边埂挡泥稳定计算。首先按照已成水坠坝的经验,初步拟定坝坡比和埂宽,然后根据土性指标进行稳定计算,确定合理的坝坡比和埂宽。施工过程中,还应根据坝体含水量、孔隙水压力和坝体变形等实测资料,进行施工控制验算,校核原设计计算结果,以便能及时改变施工技术和方法(如改变冲填速度、畦块布设等)或调整边埂宽度,确保坝体的稳定。

(二)采取适当的边埂宽度和质量

轻、中粉质壤土的水坠坝,脱水固结较快,流态区较浅,只需有较窄的边埂就能维持坝体的稳定。山西省河曲县桃儿咀坝和陕西省清涧县上刘家川坝，筑坝土料为轻粉质壤土，边埂为宽4～6米的轻碾埂及虚土埂，坝体安全。重粉质壤土水坠坝，脱水固结慢，流态区较深又宽，就需较宽的边埂，填筑质量也要求较高，干容重应大于每立方米1.5吨。

（三）掌握好泥浆浓度

泥浆越稠越节省，对坝体质量也有好处；但同时还应具有一定的流动性，保证冲填施工不受影响。应根据现场具体情况随时调整，使二者统一起来。泥浆浓度用泥浆土水体积比表示，轻壤土为1.9～2，轻、中粉质壤土为2.2～2.4，重粉质壤土为2.5～2.7。

（四）控制冲填速度

冲填速度太快，流态区深度就大，容易发生鼓肚、裂缝甚至滑坡；冲填速度过慢，往往汛期达不到拦洪坝高，而易于造成被动。允许冲填速度与土料的含粘量有密切关系。施工期的日平均冲填速度：砂壤土0.25～0.3米，轻粉质壤土0.2～0.25米，中粉质壤土0.15～0.2米，重粉质壤土0.1～0.15米。

（五）作好排水措施

主要有以下几种：泥面蒸发脱水、垫干土吸水、利用坎基透水层排水和人工排水（包括坝面雨水和坝内自由水）。排除坝内自由水的措施有砂沟、砂井和褥垫等。

（六）经常进行观测

主要观测坝面裂缝、坝体沉降和水平位移，发现问题及时调整施工方案。轻、中粉质壤土水坠坝的日位移量，汛前不大于15毫米，汛期不大于10毫米；重粉质壤土水坠坝日位移量，汛前不大于10毫米，汛期不大于5毫米。如果水平位移超过标准，应立即采取减缓冲速，甚至暂时停止冲填的措施，必要时可采取贴坡补强（加宽边埂）等办法，以确保安全施工。

第四节　定向爆破筑坝

一、研究过程

为了加快沟中筑坝的进程，50年代后期，黄河流域各省（区）引用国外定向爆破筑坝的施工经验，在黄土沟中开始进行爆破筑坝试验。当时主要参照苏联关于定向爆破筑坝设计的参数和公式进行设计，通过实践，验证并修正了设计中的某些参数。所筑的坝高多在10米以下。1958年山西省中阳县在水峪沟定向爆破筑坝，用炸药7600公斤，爆破有效土方3764立方米，筑坝高8米。1959年黄委会水保处在河南省荥阳县开办定向爆破筑坝现场学习班，在两条黄土沟中爆破筑坝4座，坝高7.8～10米，进行一岸爆破、两岸爆破、不同型号炸药及不同起爆电路等不同爆破方案的试验。这次学习班为以后各地开展这项研究工作培训了技术力量。1960年上半年，黄委会西峰、绥德、天水和会宁4个水保站，采用定向爆破方法筑坝33座；1958～1960年，山西省水保部门爆破筑坝25座。这段时期及以后各地开展的定向爆破筑坝，都具有试验研究性质。

1961～1975年定向爆破筑坝试验中断。1976年起，定向爆破筑坝又逐渐兴起，并向高坝发展。1976年9月，山西省隰县水保试验站在黄委会和有关单位协助指导下，在太德垣深沟爆破筑坝，用炸药36.26吨，爆破有效土方7.52万立方米，堆筑坝高34米。1976年12月，陕西省志丹县米老庄沟定向爆破筑坝，坝高25米。1977年11月，甘肃省天水市柳沟定向爆破筑坝，坝高42米。其它地方也先后重新开展了试验。在此期间，有关单位系统总结分析定向爆破筑坝经验，出版了一些专著，其中有陕西省水土保持局和西安冶金建筑学院合编的《农田基本建设中的定向爆破》。

定向爆破筑坝与人工筑坝相比，工效高、进度快，能节省大量劳力。在某些条件下，也可以节约投资。50年代后期山西省调查统计25座爆破修筑的土坝，平均工效每工日16.17立方米，较人工夯实坝提高工效10～20倍，每立方米有效土方投资0.11～0.43元，较人工夯实坝成本低。因此，在60～70年代，各地都积极进行试验研究。但总的看由于费用较高，而且炸药来源有限，同时爆破建成的坝，许多在蓄水后常因坝体穿洞造成垮坝事故，而未能大量推广。

各地试验结果，爆破筑成的坝体质量都不够理想，蓄水后损坏较多。河南省荥阳县广武乡两半沟爆破筑坝，距坝面深0.5米处干容重每立方米0.98吨，深3米处干容重每立方米1.11吨，深5米处干容重每立方米1.32吨。甘肃省西峰市南小河沟花果山土坝，坝高14米，爆破后10天，沉陷137毫米。许多定向爆破筑坝，不仅干容重小，质量较夯实、碾压和水坠法筑坝都差，而且常有干硬土块夹在其中，坝体内形成空隙，蓄水后穿洞冲毁。西峰市南小河沟1959～1960年定向爆破筑坝13座，冲毁8座，5米高以上的5座全部冲毁。甘肃省会宁县梢岔沟1960年2月爆破筑坝,西峰市什社乡堡子沟1976年,温泉乡何家坳1977年,分别爆破筑成的3座坝,都在当年蓄水后冲毁。同时,也有一些坝,由于集流面积小,来水量少,坝体土质为疏松黄土,堆积比较密实,整修管护较好,保存下来。西峰市什社乡老庄沟,集流面积1平方公里,1975年9月26日爆破筑坝,坝高16米,背水坡1∶6.7,迎水坡1∶5,断面较大,土质为黄土和垆土,塌压粉碎密实。该坝恢复湫滩地20亩,新灌台地50亩,密切结合群众生产和当前利益,整修管护较好,直到1990年还保存完好。

二、技术要点

在黄土沟中采用定向爆破筑坝,经过大量的试验研究,凡筑坝成功而效果好的,技术上一般都注意了以下几个环节:

(一)选好坝址

坝址除一般要求外,还要求沟窄,崖高、坡陡,土质为沙壤土、壤土,结构均匀,无裂缝。这种地形、地质条件,爆破效果较好。内蒙古自治区和林格尔县小南沟,1960年1月筑坝,由于崖体较高,坡度在60度以上,山谷狭窄,沟底宽仅4.6米,不需抛掷很远距离,采用松动爆破,筑坝高11.2米,爆后稍加整理即成整齐的坝体。

(二)搞好爆破方案和设计

坝址山坡地形较陡(坡度60度以上)、山体较高(为坝体堆高的2~3倍)和沟谷狭窄(宽10~20米)的情况下,采用松动爆破或加强松动爆破,以减少爆破用药量,可比抛掷爆破用药量减少1/2~2/3,能够降低成本。分集药包有利于爆破能量的有效利用和爆破效果的提高。

据试验,分集药包较一个集中药包爆落量增加20~25%,单位耗药量降低15~35%。陕西省志丹县米老庄沟定向爆破筑坝,坝址处集流面积6.5平方公里,根据流域治理规划,要求修筑高35米的淤地坝一座。工程地点两岸是黄土覆盖的红色粘土质砂岩。右岸下部近于直立,相对高47米,其上为黄土,坡度40度。左岸为残留台地,前沿相对高10~15米,沟底宽20~30米。工程要求采用定向爆破法堆筑的平均坝高为25米。根据地形、地质条件,采用单侧、一次、加强松动爆破方案,药包在右岸。选用集中药包、密集装药,一对并列药包,最小抵抗线20~23米,两个药包同时起爆。药包距沟底高29米,由药包中心垂直向上至地面的高度为32.5米。选定爆破指数为

1，最小抵抗线21米，两药包相距21米，按鲍氏公式计算需装药26.7吨，计算爆落量9.72万立方米，抛掷量4.45万立方米，堆积坝顶宽32.3米，底宽137.3米，坡比1：2.1，堆积方量4.53万立方米。为使抛掷堆积效果更为可靠，药量加到27.3吨，同时药包间距缩小到20米，以增加药包的共同作用。该工程于1976年12月10日起爆，前沿抛距115米，爆落量9.2万立方米，抛掷量4.2万立方米，平均坝高25米，破碎效果良好，体积超过1立方米的土块很少。堆积体纵横断面对称，坡比1：2.5，爆破效果比较理想，稍加整理，即符合原设计断面。

（三）加高、加固和整修坝体

定向爆破的上坝土方，不够设计坝高的，需人工运土加高，并将坝顶和坝坡整修成标准断面。

一般爆破筑坝，坝体与基础结合不良，坝体本身质量不匀，而且常有较大空隙，蓄水后容易穿洞垮坝，因此，爆破后一般都需在坝体上进行钻孔灌浆，解决上述问题。

1976年，山西省水保所在离石县沙麻沟爆破筑坝，先在坝址处修小坝蓄水，大坝爆体抛在水中，爆后灌水、灌浆，上部用水坠法加高加固坝体，效果很好。该沟流域面积3.5平方公里，坝址处沟底宽4米，右岸为一陡立的三面临空土崖，宽22米，高34米，坡度63.5度；8.8米以下为砂岩和砂砾岩层，其上为黄土，沟中有0.5～1公升每秒的常流水。设计总坝高16米，爆破坝高7.6米，总土方7700立方米，爆破土方2750立方米，水坠土方4950立方米。爆前在坝址处修一座高3米的小土坝，蓄水深1.5米。4月14日起爆，爆落土使水冲上对岸，有利于坝岸结合。爆破有效土方2961立方米，堆筑坝高7.2米。4月27日开始灌冲，先对坝顶及迎水坡平行坝轴分层开沟灌冲，先灌清水，逐渐加浓泥浆稠度，继续灌冲。开始泥浆下渗很快，坝身出现裂缝，但下游无漏水现象。坝体共灌水四次，历时两天。待泥浆不再下渗，在脱水固结的坝面上，挖泥培埂，水坠加高。最终坝高到10.6米，坝体干容重由每立方米1.19～1.22吨增至1.34～1.36吨。

实践证明，爆后冲水灌浆，水坠加高增压，是提高爆破坝体质量的有效措施。其它地方也有采用类似办法，效果均好。

爆破筑坝外形上都不够整齐，爆后由人工根据坝身设计断面，结合爆体堆积实际，进行整修。

第五节　系统工程应用

一、研究应用

80年代初期，黄河流域一些科研、教学单位，开始把系统工程用于典型小流域规划中，选择农林牧用地的最优方案。规划中，根据系统工程的原理，按照小流域的总体性、各因素间的相关性、规划的目的性和规划技术措施的环境适应性，逐项具体分析后，用线性规划的方法，提出目标函数与约束条件（或称限制因子），建立数学模型，用电算求解。规划中拟定几种不同的规划方案，分别建立不同的数学模型，得到不同的答案，通过对比，从中选定效益高、结构合理、可行性大的最优方案作为决策依据。1981年西北水保所应用系统工程和生态学原理与方法，对宁夏回族自治区固原县黄土丘陵区的农林牧合理结构问题进行研究，首次采用线性规划求出农林牧土地利用最优模式。1983年西北水保所同西北农学院、固原县农科所，在陕北安塞县纸坊沟（流域面积8.14平方公里）、李咀子沟（流域面积9.43平方公里）及西北水保所安塞县水土保持实验区78.4平方公里范围内，进行了同样的研究。同年，西峰水保站在西峰市什社乡塔头村（4.4平方公里），运用线性规划进行土地资源利用优化模式的研究，都得到预期效果。此后绥德和天水水保站也相继开展了同样的研究工作。1984年山西省水土保持规划队在静乐县刘家沟（流域面积26.24平方公里），青海省黄土高原水土保持规划工作组在民和县柴沟（流域面积38平方公里），也分别采用系统工程原理进行土地利用规划最佳方案的研究。1985年绥德水保站和黄委会水保处运用类似方法在绥德县李家寨沟进行小流域坝系优化布设。同年宁夏回族自治区水科所在黄土丘陵区进行支沟谷坊规划，探讨优化模式。1987年西北水保所用灰色系统理论预测安塞实验区水土保持经济效益及其最佳因素。

二、技术要点

1987年北京林业大学在山西省中阳县白草沟小流域应用系统工程原理，研究水土保持规划中土地利用最优模式和经济发展趋势。其方法步骤和技术要点具有代表性。

(一)调查了解流域基本情况

白草沟流域面积69.3平方公里,上游为土石山区,面积26.69平方公里,中下游为黄土区,面积42.60平方公里,沟壑密度每平方公里2.5公里,沟壑面积占流域总面积的25.7%。流域内有林地4.29万亩、草地1.19万亩、农地3万亩。1985年有1577户,5542人,人口密度每平方公里80人,人均耕地5.4亩。农村总收入197.35万元,人均收入356元;粮食总产量208.62万公斤,人均产粮376公斤。全流域水土流失面积65平方公里,占流域总面积的93.8%,每年流失泥沙37万吨。

(二)分析水土流失因素和经济发展制约因素

该流域地形破碎,坡度陡,且变化大;黄土湿陷性强,易受侵蚀;多年平均降雨563毫米,65%的降雨集中在6～9月;流域内植被稀少,中下游植被率仅占4.5%;土地利用布局和经济活动安排都不合理,造成水土流失逐渐加剧。通过调查分析,明显看出,要解决水土流失问题,关键是要合理利用土地,增加地面植被。通过系统的经济分析、关联度和发展系数计算,了解到这条流域是以农业为主体的经济结构,发展缓慢;林业和牧业是薄弱环节,但有很大潜力,同时也是副业、农业和其它各业发展的限制因素。要促进整个系统的经济发展,必须农林牧副工多种经营,相互配合,这就需要在合理利用土地基础上,调整经济结构。

(三)进行土地资源评价

根据地形部位和利用现状、坡向、坡度,侵蚀类型、程度、强度和交通等条件,将全流域962个地块分为8级:1、2级为川地、阶地,宜作农地;3、4级为梁峁坡地,宜作经济林地;5级为峁顶地,宜作防护林地;6、7级为沟坡地,宜作林草地;8级为沟底沟道难于利用土地。

(四)进行系统规划

首先确定目标函数,该流域为多目标开发,经济效益要求纯效益最大,投资量最少;生态效益为土壤侵蚀量最小,生物产量最大。其次,确定约束条件:1. 种植业约束——要求各级土地上各种作物的产量要分别满足某几方面的需要量,粮食要满足口粮、饲料、种子、公粮、商品粮等需要;农产品的秸杆要满足粗饲料、有机肥、燃料和其它用秸杆。2. 林业约束——要求各类土地上种植某种林木,其产品要分别满足几方面的需要,林种之间有适当的比例,森林覆盖率有一定的要求。3. 畜牧业约束——要求各类畜禽总量能满足规划年度数量,畜禽结构也要协调发展,保持一定比例关系,做到精饲料和粗饲料供需平衡。4. 劳力与畜力约束——要求根据人口和牲畜增长情况提供的总劳力和总畜工日数,能满足完成各项工作需要量。5. 土地资源约束——要求种植业、林业、牧业用地和村庄、交通等用地能与流域总面积保持平衡,各项用地,与适宜土地面积平衡。6. 肥料约束——要求有机肥(主要来源是人粪、畜禽粪、绿肥、秸杆等)的可供量与需要量平衡。通过上述研究,确定白草沟小流域有60个决策变量,建立了62个约束方程式。

(五)模型求解

利用上述模型,输入电子计算机,求其答案。规划得出最优解为:经济纯收入1119万元,土壤流失量6.64万吨,投资464.6万元,生物产量1.39万吨;到2000年每人平均纯收入1700元,农林牧土地利用比例从3∶4∶1调整为1∶3∶1,林草覆盖率为67%,比原来提高20%。规划实现后,经济效益显著,生态环境得到改善,系统的总体功能得到充分发挥。

第六节 遥感技术应用

一、研究应用

黄河流域水土流失和水土保持分布面积广,情况变化多,为了多快好省地查明情况,弄清数据,从50年代开始在水土保持工作中积极采用遥感技术,并作为重点科研课题,组织专人进行研究。1955年中科院地理所在黄土高原利用航空照片,结合野外调查,对微地貌进行判读;1965年利用航片,编制了《黄土高原水土流失与水土保持图》。60年代初期,黄委会设计院曾应用大比例尺的航空照片,编制出甘肃省西峰市南小河沟等小流域的镶嵌图。1978年利用美国地球资源卫星获取的卫星图像,编制《黄河流域卫星像片镶嵌图》,1980年利用该图修订了1955年出版的《黄河综合利用规划技术经济报告》附图中《黄河中游流域土壤侵蚀区域划分图》。1978～1979年,中科院西北水保所利用遥感技术调查陕北杏子河流域1477平方公里和安塞县2984平方公里的土地利用。1979年8月,黄委会水保处和天水、西峰、绥德3个水保站,与北京大学地理系协作,利用遥感技术编制绥德县韭园沟流域地貌、植被、土地利用、地质、土壤侵蚀、坡度等7种图件,并培训了干部。同年黄委会水保处和北京大学地理系协作,在黄土高原进行遥感地物光谱测试研究，绘制了植被、土壤、水体等地物光谱曲线，为以后目视解译和电子计算机识别打下了基础。

进入80年代，这项研究应用的范围逐步扩大。1979～1980年，黄委会水保处利用卫星照片、航空照片和有关资料，量算1976～1978年陕北延安市典型地区的土地利用情况。1981～1982年用电子计算机解译延安地区1976和1978年的卫片，绘出土地利用分类图和分类面积统计计算，核查出两年开荒面积为204.42万亩。1980年，山西省在应用遥感技术进行农业资源调查的综合应用试验研究中，就太原图幅编制17份系列图，其中由山西省水保局和省水保所应用遥感技术制成土壤侵蚀类型图。1983年12月，水电部根据国家计委要求，将编制黄河流域土壤侵蚀图的任务下达给黄委会，由黄委会科学技术办公室和水保处共同主持，抽调黄河中游治理局和天水、绥德、西峰3个水保站科技人员共13人，组成专题项目组，1987年完成任务，成图比例1：250万，1988年水利部验收合格。这是黄河流域水土保持工作中最大范围内应用遥感技术。

1984年黄河中游治理局与陕西省地质矿产局研究所、宝鸡水保工作站协作，对千阳县涧口河小流域进行航空摄影监测治理动态变化。1986～1988年黄河中游治理局又会同陕西省地质矿产局研究所、清涧县水利局等单位协作，利用遥感技术研究清涧县红旗沟试点小流域历年的土地利用和水土保持措施演变。1985年底，山西省吕梁地区农业区划办公室利用彩色红外线航空照片对方山县沙棘资源进行调查。1982～1983年，天水水保站与天水地区农业委员会协作，应用遥感技术编制天水地区2.67万平方公里的农业资源调查系列图件；1986～1988年又对渭河上游水土保持措施进行调查。80年代中期，地质矿产部水文地质工程地质研究所，在陕西省靖边县利用地面遥控模型飞机摄取航片，结合以往航片，测算沟道的土壤侵蚀量，计算沟道发展速度，1986年得出初步成果。1986年陕西省延安地区水保所在延安市上砭沟，黄委会水保处先后在河南省嵩县德亭川、陕西省子洲县岔巴沟、绥德县韭园沟等小流域，利用遥感技术调查和划分土地利用、侵蚀类型、土壤分布、地貌特征、植物被覆、治理程度及水保措施的分布和数量等。1988年黄委会防汛自动化测报计算中心应用航片对重力侵蚀进行定量研究，把黄河粗沙来源区划分类型，选取样区，将1958年和1972年两次航片立体套合进行判读，勾绘出滑坡体的变化，量算各个样区的重力侵蚀量，进而计算整个粗沙区的重力侵蚀量。1991年黄委会水保处应用航空遥感技术，对陕西省绥德县田庄乡总耕地和梯田面积进行调查研究，取得了数据成果。

应用遥感技术搞水土保持调查工作进度快、数据准、省劳力、省经费。山西省利用遥感技术进行农业资源调查，全省面积15.62万平方公里，17种图件，投工1.72万工日，平均每个工日完成154平方公里解译面积图件，每平方公里用经费0.2元(不含固定资产费)。以土壤专业图为例，目视解译的时间为常规法的1/7，投放的技术力量为常规法的1/15～1/17。山西省方山县沙棘资源调查仅用160个工日和2000元经费。陕西省绥德县韭园沟采用遥感技术调查土地利用，两个人半年完成；若采用常规人工填图，5个人需1年时间。黄河流域总面积75.2万平方公里的土壤侵蚀图，13人仅用一半左右的有效工作时间4年完成。各地利用遥感技术进行水土保持调查，都不同程度地节约了人力、时间和经费。

二、技术要点

在黄河流域水土保持工作中，利用遥感资料绘制水土保持图件的方法主要有：使用航空遥感资料、目视判读、转绘成图法(如编制陕西省子洲县岔巴沟水保技术措施分布图)；利用航空遥感资料、室内判读、立体精测仪转绘成图法(如编制河南省嵩县德亭川流域土地利用和水保技术措施图)；若无适时航卫片，利用现有航片，外业调绘，立体精测仪转绘成图法；利用航空调绘片略读法(1981年曾在陕北延安市麻洞川乡王家崖村使用)；利用电子计算机处理卫片，航卫片结合，目视判读制图法(如编制延安地区土地利用类型图)。上述五种方法工作步骤大同小异，一般均需经过选择影像图、室内解译、野外验证和整理分析等四个步骤：

(一)选择影像图

根据应用范围和目的，选择合适的影像图，将应用影像图制成镶嵌图，并收集有关资料、数据。黄河流域土壤侵蚀图和西北水保所固原县土地资源图是以卫片为主，结合航片和有关资料而编制；延安地区开荒面积计算，是搜集1976年冬、1978年夏季卫片与1∶1万地形图和1∶1万、1∶3.4万、1∶4.5万的航片及有关文字资料而编制。

(二)室内解译

1. 目视解译。借助简单仪器(放大镜、立体投影观读器等)，由肉眼根据影像灰度或色调解译出所得信息，并记录在地理底图上，或作文字记录。

2. 光助解译。利用光学仪器进行彩色合成、密度分割、光学付里叶变换等方法，使目标影像突出地显现出来，帮助目视解译或机助解译。

3. 电子计算机解译。解译过程大体经过去条带、投影转换、数字镶嵌、地区边界套合等程序。工作中由电子计算机进行校正、恢复、增强、识别、分类、储存、检索等处理技术。

三种解译方法,目视解译是基本的,需要熟悉情况和有经验的水土保持工作者,后二者能深入和提高解译水平。黄河流域土壤侵蚀图是以目视解译为主,结合"机助"、"光助"解译;西北水保所对固原县土地资源图是目视解译,一、二级分区是用卫片解译,三、四级分区是用航片解译。

(三)野外验证

室内解译后,再根据比例大小和精度要求,先在室内选定合理密度和有代表性的样区(1981~1982 年调查延安地区土地利用时选了 24 个样区,每个样区面积约 25 平方公里),拟定调查路线,调查时间尽量与航卫片摄影季节相同或接近,到样区现场对室内解译结果进行校对,并进行必要的修正。

(四)整理分析

进行量算统计,编制图表,撰写文字说明,以便提供使用。

第七节 成数抽样应用

一、研究应用

1984 年,进行黄土高原水土保持专项治理规划期间,山西省利用成数抽样法查清全省 15.6 万平方公里的土地资源,首次编成全省 1∶50 万土地利用现状图,建立了土地资源资料库,为正确制定水土保持规划提供了可靠依据。这种方法属于数理统计范畴,基本原理是根据各种地类抽样总数中,分析不同地类样点所占比例,确定该地类在总土地面积中所占比例。收集样点资料的方法比较简单,不需特殊的仪器设备,一般农民技术员稍加培训就能胜任,而分析总结,提出成果,则需较高的科技水平。这种方法的使用范围可大可小,样点密度根据使用范围和目的确定,是进行土地资源和土地利用现状调查的一种简便易行、费小效宏的办法。

1984 年山西省农业科学院综合考察研究所和山西省水利厅水保局共同主持,在黄土高原水土保持专项治理规划中,组织 2000 多人,历时 8 个多月,投资 100 多万元,应用成数抽样调查方法,以 1∶5 万地形图上公里网格相交点为抽样点，全省15.6万平方公里面积为总体，定位实测15.6万个样点，构成全省地面控制网，逐点调查测量土地类型区、地面组成物质、植被覆盖度、地面坡度，以及土地利用等80多万个数据，为全省提供了一套比较全面系统的土地基础资料。

这次调查，地面样点经过实测定位，地类特征是在现场调查的，结果与实际地面相对应的地类完全吻合。根据集点成像原理，用公里网点资料编制1∶50万土地利用现状图，从宏观上反映全省土地利用现状特征和分布规律，经量算得出全省不同土地利用的具体面积，其中耕地面积9098万亩，为上报面积5820万亩的1.56倍，主要分布在六大盆地、西部黄土高原、各大盆地与山地过渡的丘陵地带和一些山间盆地；山区、丘陵区的沿河两岸和山区的山坡上有零星分布。不同土地利用类型量算面积与上报面积差距不同，一般规律是，地多人少的山区、丘陵区差距较大，地少人多的平原地区差距较小。果园量算面积150万亩，集中成片、面积较大的分布在太原北郊、原平县东南等地，其它地方均为零星分布。林地分布比较集中的有五台山、管涔山、关帝山、太岳山与吕梁山，以及太行山的部分地段。牧草地覆盖度较好、集中成片的主要分布在五台山、管涔山、关帝山、太岳山和中条山等地，其它地方都是零星分布。未利用地包括荒山、荒坡、荒草地、盐碱地、岩石裸露和裸土陡崖土地，主要分布在全省各丘陵区、山区地带，盆地内只有零星分布。调查成果除弄清上述土地利用情况外，还绘制了全省土地类型、地面组成物质、地面坡度组成、地面植被覆盖程度等图件，为水土保持规划、国土规划以及其它有关专业提供了基础资料。

山西省有些地、县，根据这种方法的可行性，采取加密网点的办法，测绘当地精度更高的土地资源图，以适应本地编制水土保持实施规划和较大比例尺图件的需要。

这种方法存在的问题是，按网点成图的地类图斑界线是从两点中间勾绘的，与实地界线不完全吻合；另外对地形破碎、地类复杂、各类面积较小而又互相交错的地方，在归并、勾绘图斑时，会出现与实地界线不相符的现象。总之，这种方法所得面积成果是“大准小不准”，如何解决，尚需进一步研究。

二、技术要点

(一)选测样点

样点是在1∶5万地形图上按公里网交叉点布设，全省土地面积15.6

万多平方公里，总样点数15.6万多个，野外把地形图上的样点，根据地物，引测交绘，准确地测设到实地，然后按照规定，进行样点调查测量。

（二）选择基础底图

基础底图选用山西省测绘局1978年出版、并与基础图件相同的高斯投影成图的1∶50万山西省地形图。

（三）确定基础要素

按公里网点成图难于全部反映线形地物；还由于受网点密度的制约，有些重要城乡居民点等地类，没有全部落点，不能反映这些地类的分布。为弥补这种成图方法的不足，对必要的地类要素则从基础底图上选取。选取的主要内容和标准为：1. 水系——凡长度在3厘米以上的河流、水渠全部选取。2. 水库、湖泊——凡面积在4平方毫米以上的全部选取。3. 居民点——乡以上的城镇全部选取，乡镇以下的居民点部分选取。4. 地形地貌——为了宏观地显示全省主要地貌特征，扼要地选取部分等高线及重要高程点、主要山脉和山峰，并注明高程及名称。5. 交通线——铁路线和乡镇以上的公路干线全部选取。6. 境界线——选至县级以上。

（四）转绘地类样点

地类样点底图为聚脂薄膜，转绘前先在聚脂薄膜上展绘经纬网和平面座标网，然后将它蒙在1∶50万的地形图上，再把透明公里网膜片置于薄膜之下，使上下的经纬网、公里网完全重合。不同地类样点用不同颜色表示，同类样点圈在一起，即形成各自闭合的土地类型图斑。

（五）量算统计面积

将上述转绘成果进行清绘、制版、印刷，按各级行政区划（地、县）与不同水土保持分区，分别进行各类土地面积的量算和统计，供工作中使用。

第七篇

政　事

黄河流域的水土保持,在建国后40多年内取得了巨大的成就,关键是中央和各级政府的重视,制定并颁布了一系列水土保持的法规和法令;建立机构,组织实施;投入经费,加强管理;重视宣传、教育,积极培养人才;同时,开展国际交往,予以促进。

1957年7月国务院颁布《中华人民共和国水土保持暂行纲要》,1982年6月国务院颁布《水土保持工作条例》,1991年6月经全国人民代表大会常务委员会讨论通过,由国家主席签署颁布《中华人民共和国水土保持法》,以及1988年10月由国家计委和水利部联合发布的《开发建设晋陕蒙接壤地区水土保持规定》等,指引水土保持工作沿着正确轨道发展。

从50年代起,自上而下建立水土保持的领导机构、管理机构、实施机构和科研机构,形成了推动水土保持前进的比较完整的工作体系。在自力更生为主,国家支援为辅的原则下,水土保持历年总投入近94亿元。同时在项目管理的带动下,制定了一系列规章制度,加强组织管理、技术管理、经费管理、经营管理和监督管理,直接推动了水土流失的防治工作。

黄河流域10所大专院校和7所中等技术学校设置了水土保持专业,到1990年共有毕业生1400多人。此外,各种类型的技术培训班培训干部上万人,受训农民10多万人次,培养了一大批水土保持专业人才。与此同时,还通过多种形式,加强宣传工作,提高了人们对水土保持的认识和水土保持的积极性。

国家主管部门还邀请国际友人来黄河流域协助水土保持工作,或进行考察与学术交流;并从黄河流域水保单位派员出国执行援外任务,进行科技考察、学术交流和业务进修。有的单位还接受外援,进行水保科技项目合作。通过国际交往,提高了水保科技水平和我国在国际水保领域的学术地位。

进入90年代,随着全国经济建设的加快发展与改革开放的深入进行,各级领导对水土保持工作更加重视,1992年以来,国家对水土保持的经费投入有较大幅度的增加,水土流失预防工作得到加强,治理速度进一步加快,黄河流域的水土保持出现了新局面。

第二十二章　机　　构

民国以前，黄河流域的水土保持，大都是农民的自发行动，执政当局没有设置水土保持的专职机构。民国时期，1933年黄河水利委员会成立，在会内设置以水土保持为主要任务的林垦组，这是黄河流域最早的水土保持专职机构。建国以后，为了适应大规模开展水土保持的需要，黄河流域各省(区)先后建立了水土保持的领导机构(水土保持委员会)、管理机构(水土保持局、处)、实施机构(水土保持工作站、队、组)和科研机构(水土保持试验站，研究所、室)，形成比较完整的工作体系。

第一节　领导机构

一、流域领导机构

黄河流域的水土保持领导机构，主要是黄河水利委员会和黄河中游水土保持委员会。另外，先后还建立过两个区域性(跨省、区)的水土保持领导机构，一个是建国初期的西北区水土保持委员会，一个是60年代中、后期的中国人民解放军西北林业建设兵团。

(一)黄河水利委员会

经历了两个不同的历史时期，一个是民国时期的黄河水利委员会；一个是建国后的黄河水利委员会。

1. 国民政府黄河水利委员会——1933年9月1日正式成立，1949年9月结束。这个委员会先后在李仪祉等人领导下，对黄河流域的水土保持做了一些启蒙和奠基工作。(1)在治黄方略中提出了要重视黄河中上游的水土保持工作。委员会成立当年，在第一次委员会上就提出“建设黄河流域林垦初步计划案；绥远应在黄河流域广植森林遏制下游沙患案”。1936年拟定的《黄河治本计划概要叙目》中，提出应采取培植森林，平治阶田，开抉沟洫，设置谷坊等措施，防止冲刷以减少泥沙来源。(2)设置水土保持机构。委员会成立后即设立负责水土保持工作的林垦组，1940 年成立林垦设计委员会，同年设立黄河上游工程处，1941 年设置陇南、关中水土保持实验区。(3)开展水土保持宣传工作。委员会及所属水土保持机构，在各地进行考察、试验、示范的同时，翻译和编写了一些宣传水土保持的文章和小册子。如 1940 年同金陵大学合作创办的期刊《水土保持文献摘引》。

2. 水利部黄河水利委员会——1949 年 6 月 16 日，华北、华东、中原三个解放区联合性的治黄机构黄河水利委员会正式成立。同年 11 月改属政务院水利部领导。黄河水利委员会成立后，一直领导黄河流域的水土保持事业，做了大量工作：(1)设置水土保持管理机构和科研机构。1950 年 4 月，在原国民政府黄委会上游工程处的基础上，成立了西北黄河工程局；1955 年 1 月，将会属工务处水土保持科，扩充为水土保持处；1964 年协助水电部筹建黄河中游水土保持委员会，1969 年撤销，1980 年又协助水利部恢复了这个委员会，并新建黄河中游治理局；1990 年设立农村水利水土保持局。从建国初期开始，为了探索开展水土保持的经验，推进水土保持的科研工作，1952～1955 年先后在甘肃省的西峰、天水、平凉、定西，陕西省的绥德、延安、榆林、宝鸡、渭南等地建立水土保持科学试验站或工作站，在会属水科所内设置水土保持研究室。(2)组织水土保持查勘和规划工作。多年来，黄委会直接领导的流域和重点支流、重点地区的各类查勘、规划数十次，大部分都涉及水土保持问题。其中规模较大的查勘是 1953～1954 年的水土保持查勘。参加或组织的重要规划，一是 1954 年《黄河综合利用规划技术经济报告》中的水土保持规划，二是 1989 年《黄河治理开发规划报告》中的水土保持规划。在 1983～1989 年期间，还协助全国水土保持工作协调小组领导了《黄河流域黄土高原地区水土保持专项治理规划》的编制工作。(3)坚持正确的水土保持方向，推动各地开展治理工作。建国初期黄委会就提出水土保持是治黄的基础，是解决黄河泥沙问题的根本措施。在开展治理中，坚持坡沟兼治，综合治理，为群众生产生活服务的方向，指导各地业务部门，发动群众开展治理。在水土保持发展的每一转折时期，黄委会领导经常亲自带领科技人员，深入基层，了解水土保持新情况、新问题，提出对策，及时向中央反映，或召开会议，研究部署推动水土保持的措施。(4)领导全流域水土保持科研工作。50 年代就提出水土保持科研“面向生产，面向群众，为生产服务，为推广服务”的方针，及时召开全流域的水土保持科研工作会议，交流成果、经验，部署研究任务，组织成果的鉴定和推广。

(二)西北区水土保持委员会

1952年11月3日,西北军政委员会决定成立西北区水土保持委员会,统一领导和管理西北区的水土保持工作。委员会由西北财政经济委员会、西北水利部、西北农林部、西北畜牧部、西北黄河工程局、西北铁路干线工程局六个部门组成,受西北财政经济委员会领导。西北水利部部长李赋都任主任委员,西北农林部部长蔡子伟、西北黄河工程局副局长邢宣理和西北铁路干线工程局负责同志一人及西北财政经济委员会农林水牧计划处处长陈广竹为副主任委员。1954年11月,随西北行政区同时撤销。委员会办公室的水土保持工作干部移交西北黄河工程局。

西北区水土保持委员会成立后,就提出以黄河主要支流无定河上中游、泾河上游和陇海铁路宝鸡到兰州沿线为工作重点。以西北黄河工程局、西北铁路干线工程局水土保持管理处为专业机构,负责各区水土保持工作勘测、规划和实施。各专业机构在重点地区设水土保持推广站,并在西北区水土保持委员会领导下,各重点区成立由当地专署、县人民政府及专业部门组成的水土保持委员会,督导并执行水土保持工作具体实施。

(三)黄河中游水土保持委员会

1964年,国家为加强黄河流域的水土保持工作,设立了黄河中游水土保持委员会,1969年撤销,1980年恢复。两个阶段的委员会,组织形式上有所不同。60年代的委员会是个实体机构,委员会的主要负责人大都是专职,有固定的业务工作人员,担负管理任务;80年代的委员会,委员是由国务院有关部委和黄河中游各省(区)的领导同志兼任,其实体是它的办事机构黄河中游治理局。

1. 从成立到撤销。1964年7月9日,中共中央、国务院批转谭震林副总理《关于加强黄河中游水土保持工作问题的报告》,决定设立黄河中游水土保持委员会。委员会于同年8月在西安成立,业务上受国务院水土保持委员会和水利电力部双重领导,人员编制、工资关系属水利电力部,行政和党的关系受中共中央西北局领导。国务院任命中共中央西北局农村工作部部长李登瀛兼任黄河中游水土保持委员会主任,任命屈健、赵明甫、唐方雷、惠中权为副主任。委员会有工作人员100人,下设办公室、调查研究处、科学技术处、宣传处、政治处。并将黄委会领导的绥德、西峰、天水3个水保站划归委员会领导;中科院西北水土保持生物土壤研究所的业务归委员会指导。1965年1月15日,国务院任命鲁钊为黄河中游水土保持委员会副主任,免去屈健的副主任职务,并批准黄河中游水土保持委员会组成人员,委员共18人,分别由国务院有关部委和黄河中游各省(区)的负责同志担任。1966年3月14日,国务院批准中科院西北分院院长时逸之兼任黄河中游水土保持委员会副主任。

1966年"文化大革命"开始,黄河中游水土保持委员会工作陷于瘫痪状态,群众组织掌权。1968年10月23日,黄河中游水土保持委员会"革命委员会"成立,由刘诚任主任,李明任副主任。1969年9月20日,国务院命令撤销黄河中游水土保持委员会,人员由陕西省革委会统一安排去陕西省"五七"干部学校和下放榆林、吴旗、西乡、扶风等县农村劳动。

黄河中游水土保持委员会从成立到撤销,历时5年多时间,主要做了以下工作:(1)确定水土保持重点县,推动面上水土保持治理。1964年召开了黄河中游水土流失重点区第三次水土保持会议,确定将泾河、渭河、北洛河流域的58个县为黄河中游水土流失重点县,使重点县由原来的42个增加到100个,后来又增加到138个。并编制1965～1980年的水土保持规划,提出10项任务,推动各地水土保持工作的开展。(2)领导天水、西峰、绥德水保站和西北水保所,开展科研工作。提出试验研究要以蹲点搞样板为重点,一方面在试验场、实验室进行,一方面组织科技人员下乡蹲点,与群众一道开展科学试验,总结群众经验。(3)为开展"以点带面"工作,树立内蒙古的凉城、准格尔;陕西的米脂、绥德、延安、澄城、千阳、陇县;山西的右玉、五寨、离石、隰县;宁夏的固原;甘肃的庆阳、天水、定西等16个县(旗)为水土保持样板。积极推广典型经验,推动面上水土保持治理工作。

2. 恢复机构与加强领导。1980年3月27日,水利部同意黄委会关于筹建黄河中游水土保持委员会的请示报告,报经国家农委于5月17日批准,水利部于1981年1月13日通知黄河中游水土保持委员会恢复办公。任命陕西省副省长谢怀德兼主任委员,黄委会副主任王生源为副主任委员。1981年6月20日,国家农委批复黄河中游水土保持委员会委员共20人,包括黄河上中游7省(区)和部分水土流失严重地区主管农业的省、地两级领导同志。1982年5月,国务院将隶属于国家农委领导的该委员会改由水电部领导。为充实加强领导,1986年5月,经国务院批准,全国水土保持工作协调小组和水电部对该委员会进行了调整,委员会成员充实到29人,由中共陕西省委书记白纪年兼任主任委员,水电部副部长杨振怀、国家计委副主任刘中一兼任副主任委员。

恢复后的黄河中游水土保持委员会,10年内召开了两次委员会议,每次会议都突出地解决了水土保持当时急需解决的问题,推动了治理工作。两次委员会议是:(1)1981年召开第一次委员会时,正值农村进行经济体制改革,学术界对黄土高原农林牧发展方向与治理措施展开热烈讨论之际。委员会及时指出,农村经济体制改革,对水土保持是促进而不是削弱,各地应坚持开展水土保持不能放松;土地利用应坚持农林牧并举,治理措施应坚持坡沟兼治,二者都必须强调因地制宜,不要搞“一刀切”。会议还部署了“六五”期间的治理任务。这次会议对坚持改革、推动面上的治理起了重要作用。(2)1986年11月召开第二次委员会,总结“六五”期间的成就、经验和问题,提出“七五”期间的指导思想:“提高质量,稳定速度,突出效益,坚决保护。”会上对开矿、修路等生产建设造成新的水土流失问题,给予充分重视,认真研究有关对策和措施,加强监督保护工作。

(四)中国人民解放军西北林业建设兵团

根据中共中央、国务院批转谭震林副总理《关于加强黄河中游水土保持工作问题的报告》,从林业部所属造林队伍和安置下乡的城市青年中,分年抽调10万人,到黄河中游地广人稀地区参加造林种草等水土保持建设的精神,1965年8月,中共中央西北局决定成立黄河中游水土保持建设兵团。随即从新疆军区、新疆生产建设兵团陆续调来一批干部在西安筹建。1966年7月,根据周恩来总理建议,将黄河中游水土保持建设兵团定名为“中国人民解放军西北林业建设兵团”。7月21日,林业部与中国人民解放军总参谋部颁发中国人民解放军西北林业建设兵团司令部和兵团政治部的印章及各师、团的印章。同时,任命林业部副部长惠中权兼任兵团司令员,鱼正东任副司令员,中共中央西北局农村工作部部长李登瀛兼任政治委员,王杰任副政治委员,张平山任参谋长。

西北林业建设兵团业务上由林业部领导,党政工作由中共中央西北局领导。兵团机关共81人,设司令部、政治部、办公室。下设三个师,一个独立团。陕西为第一师,师部驻陕西省黄陵县,1966年人数达5102人,部队分布在陕西省榆林、延安两个地区;甘肃为第二师,师部驻西峰市,部队分布在庆阳、平凉两个地区,人员从1500人发展到10000人;宁夏为第三师,师部在固原,部队分布在固原地区六盘山一带;独立团驻青海省,团部驻西宁市,部队分布在祁连山、玛可河、麦秀等地。各师、团由各省(区)领导,业务上由兵团指导。

1966年,“文化大革命”开始不久,兵团机关陷于瘫痪。1969年9月22日,中央军委、国务院发布命令,撤销中国人民解放军西北林业建设兵团。兵团机关人员分别去陕西省“五七”干部学校和榆林、吴旗、兴平、合阳、扶风等县农村劳动。下属各师、团交地方政府安排。该兵团从建立到结束历时4年，在护林、育林、营林、采种育苗等方面，对水土保持作出了贡献。

二、省级领导机构

黄河流域各省(区)水土保持领导机构，也都经历了建立、撤销、恢复、充实几个阶段。从50年代开始，为适应工作的开展，各省(区)都先后成立水土保持委员会，“文化大革命”期间相继撤销。70年代末与80年代初，随着水土保持工作的重新兴起，水土保持委员会又先后恢复。各省(区)的水土保持委员会在不同时期，对推动各省(区)的水土保持工作起了积极的作用。

(一)青海省水土保持委员会

1956年4月成立，由省农业、林业、水利、畜牧、财政等部门组成，青海省农业厅厅长郝仲升任主任委员，畜牧厅副厅长程建民任副主任委员。1958年12月，青海省人民委员会批准，将省山区建设办公室与省水土保持委员会合并，成立青海省山区建设委员会，1961年11月撤销。1963年7月，青海省水土保持委员会恢复，副省长张晓东任主任委员，农业厅厅长郝仲升任副主任委员。1984年9月，省水土保持委员会进行调整，委员11人，副省长尕布龙任主任委员，水利厅厅长汪福祥、计委副主任徐大中任副主任委员。

(二)甘肃省水土保持委员会

1963年2月成立，委员8人，由省农业、林业、水利、畜牧等有关部门负责同志组成，副省长李培福任主任委员，水利厅厅长马全良任副主任委员，1967年撤销。1982年10月，成立甘肃省水土保持工作领导小组，由计委、农委和农、林、水、牧、财政等有关部门负责同志共17人组成，副省长张建纲任组长。1984年11月，领导小组撤销，成立甘肃省水土保持委员会，由省农业办公室主任黎中任主任委员。

(三)宁夏回族自治区水土保持委员会

1982年12月成立，由自治区农业、林业、水利、畜牧、财政等有关部门负责同志共11人组成，自治区政府副主席马思忠任主任委员，水利局局长马英亮任副主任委员。1983年10月，委员会进行调整，委员增至13人。自治区政府副主席马英亮任主任委员，水利厅厅长沈也民、自治区农工部部长徐世祥任副主任委员。1985年，又由自治区副主席马思忠任主任委员。

(四)内蒙古自治区水土保持委员会

1958年1月，成立内蒙古自治区山区建设和水土保持委员会，由农业、林业、水利、畜牧等部门的负责同志共 7 人组成，自治区副主席王再天任主任委员，自治区党委副秘书长石汝麟、水利厅厅长郝秀山、农委副主任丁郁民任副主任委员，“文化大革命”中撤销。1984 年重新成立内蒙古自治区水土保持委员会，由自治区水利、林业、牧业、交通、煤炭、建设等部门负责同志 9 人组成，自治区副主席白俊卿任主任委员，自治区政府副秘书长额尔敦任副主任委员。1987 年进行调整，白俊卿任主任委员，自治区政府副秘书长刘珍、农委副主任兼水利局局长苏铎任副主任委员。1990 年 4 月委员会又进行调整，自治区副主席阿拉坦敖其尔任主任委员，自治区农委主任宝音图、水利局局长张文彬、自治区政府副秘书长刘佩勇任副主任委员。

(五)陕西省水土保持委员会

1954 年 9 月成立，由省农业、林业、水利、财委及西北黄河工程局等部门负责同志共 5 人组成。省财委主任谢怀德任主任委员，农林厅副厅长苏资琛、西北黄河工程局副局长邢宣理任副主任委员，1961 年撤销。1964 年 6 月恢复，由省财委和农业、林业、水利以及水土流失重点地区的负责同志共 10 人组成。副省长谢怀德(11 月改为副省长刘邦显)任主任委员，农委主任管建勋、水利厅厅长刘国声任副主任委员，1968 年撤销。1983 年 11 月，陕西省水土保持委员会重新成立，副省长徐山林任主任委员，水利水保厅厅长曹廷甫、省农办主任史子成、农牧厅厅长殷世杰、林业厅副厅长王宪武任副主任委员。1988 年 8 月，陕西省人民政府决定将陕西省水土保持委员会与陕西省水资源管理领导小组合并，并于 1989 年 2 月成立陕西省水资源与水土保持领导小组，由省经委、计委、水利水保厅、交通厅、城乡建设环境保护厅、地质矿产局、财政厅、农业厅、林业厅、煤炭厅、土地局、环保局、水土保持局等部门负责同志共 15 人组成，副省长王双锡任组长，水利水土保持厅厅长刘枢机、计委副主任唐绩初任副组长。

(六)山西省水土保持委员会

1982 年 10 月成立，由省农委、经委、建委和农业、林业、水利、交通、煤矿等部门的负责同志共 12 人组成，副省长赵力之任主任委员，农委副主任刘锡田、水利厅厅长高晋材、农业厅厅长苗佩芳、林业厅厅长刘清泉任副主任委员。1983 年 9 月，委员会进行调整，副省长郭裕怀任主任委员，省农业区划委员会主任刘锡田、经委副主任焦志杰、计委副主任吕尚吉及水利厅副厅长李建国任副主任委员。1986 年 3 月，委员会撤销，工作由省水利厅办理。同年 11 月，省人民政府批准恢复山西省水土保持委员会，由 15 人组成，副省长郭裕怀任主任委员，省农办副主任张雪、计委副主任郭雅儒、经委副主任田畛及水利厅副厅长姜凯任副主任委员。

（七）河南省水土保持委员会

1956年成立，由农业、林业、水利等部门的负责同志组成，副省长彭笑千任主任委员，水利厅厅长彭晓林任副主任委员，1966年撤销。1981年省政府决定恢复河南省水土保持委员会，副省长崔光华任主任委员，农委副主任郑永和、水利厅厅长杨甫任副主任委员。1983年委员会进行调整，副省长胡廷积任主任委员，经委副主任刘玉斋、水利厅厅长齐新任副主任委员。

（八）山东省水土保持委员会

1962年11月成立，副省长李澄之任主任委员，农业厅副厅长张铭三、林业厅厅长杨云阶、水利厅副厅长张次宾任副主任委员，1966年撤销。1983年10月恢复，由省科委、财政厅、交通厅、电力局、煤炭局等有关部门负责同志组成，副省长卢洪任主任委员，计委副主任刘光明、农业厅厅长于经清、林业厅厅长高传杰、水利厅厅长马骥任副主任委员，专职副主任周新华。1988年4月，省水土保持委员会进行调整，由12人组成，副省长马忠臣任主任委员，水利厅厅长马骥、林业厅厅长高传杰、计委调研员刘向黎、农业厅副厅长郑守龙、水利厅副厅长张同宗任副主任委员。1988年12月，山东省人民政府决定成立山东省水资源与水土保持工作领导小组，撤销水土保持委员会，省委副书记马忠臣任领导小组组长，省人民政府顾问朱奇民、秘书长宇培杲和水利厅厅长马骥任副组长。1989年5月省水资源与水土保持工作领导小组进行调整，副省长王乐泉任组长，省人民政府顾问朱奇民、秘书长宇培杲和水利厅厅长马骥任副组长。

第二节　管理机构

一、流域管理机构

黄河流域水土保持管理机构，建国前在国民政府黄委会领导下设有林垦组、林垦设计委员会和上游工程处。建国后在水利部黄委会领导下设有西北黄河工程局、水土保持处、黄河中游治理局。

（一）黄委会林垦组

1933年9月，国民政府黄委会成立时，在工务处内设置林垦组。其职责是:“关于黄河及其支流两岸堤内外及山坡地造林事项;关于计划设置苗圃及农事试验事项;关于指导沿岸官荒及涸出土地垦殖事项;关于其他属于林垦事项。”1935 年,林垦组在河南省博爱县、陕西省潼关县、山东省东阿县分别设立苗圃。1939 年,在潼关县筹建平朝林区,在甘肃省清水县设置苗木草子繁殖场。

(二)黄委会林垦设计委员会

1940 年 2 月,国民政府黄委会聘请有关大学教授、专家成立黄委会林垦设计委员会。黄委会委员长孔祥榕兼任主任委员,凌道扬任副主任委员,常务委员任承统兼总干事,周昌芸为专门委员,朱镛兼常务委员,委员吴南凯、陈焕庸、李顺卿、萨福均、李德毅、齐敬鑫,并聘请美籍专家罗德民、卜凯、利查逊为委员。该委员会成立期间,做了大量工作,1944 年撤销。

1940 年 8 月 1 日在四川成都召开第一次林垦设计会议,决议:成立黄河上游林垦工程处;整理渭河河漕,进行渭河上游的水土保持;派员协助测勘队研究渭河上游的河防工程计划;成立水土保持实验场;成立水土保持协进会等。与会人员还对“水土保持”一词进行了讨论,此后“水土保持”一词作为专用名词,在我国逐步使用。

1940 年成都会议后,该委员会即组织调查组,从西安出发到甘肃清水、天水、甘谷、武山、陇西、渭源、临洮等县调查水土流失情况。调查结果认为:生产面积逐年减少;土地生产力逐年降低;水源日形枯竭,水旱灾害日多;木材、烧柴日形缺乏。初步提出成立关中、陇东、陇南、洮西、兰山、河西等 6 个水土保持实验区。1941 年,该会派员先后筹建成立陇南、关中两个水土保持实验区,其他实验区虽已派员筹建,但因经费无着,未能建成。1942 年曾拟增设宁夏(中卫)、陕北(绥德)、绥远(萨拉齐)、晋西等 4 个水土保持实验区,也未能实施。

1941 年 8 月,该委员会曾制定了陇南水土保持实验区组织章程草案;甘肃陇南水土保持协进会组织章程草案;天水县保土会组织章程草案;天水县水土保持委员会组织章程草案;与金陵大学农学院合作办法草案;与西北农学院、陕西农业改进所合作推动关中区水土保持办法大纲草案等水土保持组织章程和办法。1942 年,该委员会拟出水土保持纲要,呼吁设立全国水土保持行政机构:中央联合有关机关如农林部、全国水利委员会、教育部、金融单位等组成全国水土保持委员会或水土保持总局;在西北及西南两大水源区域,由所在中央及各省有关单位联合组成水土保持委员会分会或水土保持分局;各自然环境区域,各设立水土保持实验区,可由各区域范围内有关事业机关合作组成。这些计划均未实现。

（三）黄委会上游工程处

1940年10月在兰州成立，黄委会委员长孔祥榕兼该处主任，凌道扬任副主任，章光彩为襄办。1941年6月28日，扩建为黄河上游修防林垦工程处，下设工程、林垦、事务3个组，负责黄河上游各省境内修防、林垦、航运、水土保持及农田水利等事项。1942年3月，任命陶履敦为处长。同时奉命接管陇南、关中两个水土保持实验区及平凉苗木草子繁殖场。1944年1月，复改名上游工程处，1947年10月，改任李宝泰为处长，驻址由兰州迁至西安。1948年10月，黄河水利工程总局电令该处以沟壑治理为治黄根本要略之一，要求集中力量进行，以期获得长足进展，并调李赋都任上游工程处处长。1949年5月，西安解放后，上游工程处由西安军事管制委员会农林处接管，并由陕甘宁边区政府农林厅领导。1949年12月改归黄委会领导。

（四）黄委会西北黄河工程局

1950年2月，在黄河上游工程处的基础上，组建西北黄河工程局，由西北军政委员会水利部部长李赋都兼局长，任命邢宣理为副局长。工程局设秘书、工程、供应3个科及2个勘测队，另设西安高桥水土保持试验站。1954年2月，根据西北行政委员会的通知精神，将西北黄河工程局划归西北行政委员会财经委员会第三办公室指导；同年11月，西北水土保持委员会撤销后，人员及工作移交西北黄河工程局，局内设立水土保持科。1961年1月，根据水电部党组通知精神，撤销西北黄河工程局，人员由陕西省政府安排。

西北黄河工程局从成立到撤销的11年中，主要做了以下工作：

1. 组织水土保持查勘。1950年5月，组织沟壑治理勘测队，对渭河以南的浐河、灞河等4条支流和渭河以北的漆水河等流域，进行水土流失情况的查勘。1951年4月，又组织查勘泾河、渭河、北洛河、无定河及延河、清涧河等黄河主要支流，重点查勘了沟壑治理的库坝工程。以后又多次组织查勘，为水土保持工作的开展打下了基础。

2. 建立水土保持科研机构，开展试验推广工作。1951～1955年，在不同的水土流失类型区，先后建立陇东、陕北、平凉、定西、榆林、宝鸡、渭南等水土保持推广站，并接收天水水保实验区，由点到面开展水土保持的试验研究和推广工作。

3. 修建一批沟壑土坝。1954～1961年间，在陕北、陇东等地指导群众在沟中修建一批库容100万立方米以上的土坝。经过30多年的考验，质量较好，在拦泥淤地、发展生产上起了一定作用。

(五)黄委会水土保持处

1953年12月,黄委会在工务处设立水土保持科。1955年,在水土保持科基础上,成立水土保持处,下设推广科、规划科,1956年增设技术科。1964年水土保持处撤销,人员全部调入黄河中游水土保持委员会。1970年,为改变没有水保职能部门的状况,继续领导黄河流域的支流治理和水土保持工作,黄委会设置支流水土保持组,职工31人。1973年5月,在该组基础上恢复水土保持处,职工26人,下设科技科、推广科。1980年人员增加到45人,将推广科改为调研科。1990年,黄委会成立农村水利水土保持局,水土保持处划归该局领导。

几十年来,水土保持处作为黄委会的职能机构,做了如下工作:

1. 调查研究。除经常性的调查外,每当水土保持发展出现新情况时,都及时组织调查研究,总结经验,研究政策,供领导决策参考。此外,还根据某些特殊需要,进行梯田、坝地、林草建设和不同类型地区治理方向的专项调查,提出调查报告和专题研究报告,为研究黄河流域水土保持建设方针和召开各种水土保持会议,提供基本资料和论据。

2. 编制规划。50年代,多次派人到各地农村蹲点,协助基层单位和群众搞水土保持规划。几十年来,先后派人参加全局性的水土保持规划有:1954年《黄河综合利用规划技术经济报告》中的黄河中游水土保持规划;1958年"黄河三大规划"中的水土保持规划;1963年黄河中游42个重点县水土保持规划;1983年黄土高原水土保持专项治理规划等。

3. 科研管理。在1958～1964年和1978～1988年两个时期,负责黄委会西峰、天水、绥德3个水保站的科研管理工作,进行科研课题的制定,科研成果的审定和推广。1984年将3站历年水土保持试验研究成果整理成册,获国家科委科技推广奖。1975年以来,组织有关单位进行课题协作,其中飞机播种造林种草研究成果,获全国科技大会奖;机械修梯田研究成果获水利部科技进步四等奖。1988年起管理黄河流域水保科研基金,以推动科研工作的开展。

4. 开展水土保持宣传。创办《水土保持科技信息》期刊,编辑中英文对照的《黄河流域水土保持》画册以及水土保持经验汇编等专辑,翻译外国水土保持资料,汇编水土保持译文集,为水土保持工作开展起了积极的宣传推动作用。

(六)黄委会黄河中游治理局

1979年12月,黄委会派副主任王生源,在西安进行筹建,1980年3月水利部正式批准成立。当时确定的主要任务是：调查研究，总结经验，推动小流域治理，以点带面，指导黄河中游地区的水土保持工作；依靠地方抓好多沙粗沙区支流综合治理的试点工作；组织和开展水土保持试验研究工作；管好用好水土保持经费。

黄河中游治理局是黄委会的下属单位，也是黄河中游水土保持委员会的办事机构。1981 年底局下设办公室、计划财务处、勘测规划处、科技处、宣传推广处和政治处。1988 年，将政治处改为劳动人事处。1989 年再作调整，将勘测规划处改为规划设计研究院，宣传推广处改为综合治理处，并增设多种经营办公室和审计处。

1988 年 4 月，黄委会将水土保持处管理的西峰、天水、绥德 3 个水保站交黄河中游治理局领导。1989 年 9 月，又将黄河工会领导的临潼黄河职工疗养院交黄河中游治理局代管。同年，黄河中游治理局又增设水保监督处，1992 年又增设水政水资源处、基建工程处、政工处、晋陕蒙接壤地区水土保持监督局筹备处。至 1992 年底，局机关共设有 1 院、2 室、10 处，共 13 个处级部门，下属 3 个水保试验站、1 个职工疗养院，共有职工 868 人，其中局机关 215 人，下属单位 653 人。1992 年 10 月 31 日黄委会人劳〔92〕165 号通知：经人事部人中编函〔1990〕28 号文批准，将黄河中游治理局更名为黄河上中游管理局。

黄河中游治理局成立以来，主要做了以下工作：

1. 编制水土保持规划。1982 年主持、协助制订了无定河、三川河、黄甫川 3 条重点支流和定西县的重点治理规划，于 1983 年开始付诸实施；1983 年开始主持编制《黄河流域黄土高原地区水土保持专项治理规划》，1989 年完成，1990 年上报，同年 11 月经国家计委批准实施；1987 年进行窟野河、孤山川、秃尾河 3 条支流的综合治理规划；1988 年进行十里长川水土保持治沟骨干工程规划；1989 年开展县川河水土保持规划；1992 年主持编制《黄河流域水土保持规划》与《黄河流域多沙粗沙地区治理规划》。这些规划为黄河流域面上和重点地区开展治理奠定了基础。

2. 调查研究，宣传推广，掌握面上水土保持动态，总结经验，发现问题，研究对策，推动面上治理工作。1982 年主持了无定河流域综合治理调查；1983 年以后，又针对不同的情况及时进行农村户包责任制、沙棘在水土保持中的作用以及新的水土流失等多项调查。同时，通过简报、小册子、专辑、报刊、录像等形式，及时宣传水土保持经验，推动面上治理工作。

3. 实施治沟骨干工程。1984 年开始在黄河中游多沙粗沙区编制治沟骨干工程规划，1986 年开始试点，到 1989 年共安排 249 座，总计完成国家投资 2615 万元，并制订一套骨干工程的管理办法。

4. 开展科学研究。为探索不同类型地区的治理方向与措施，1982 年开始进行小流域综合治理试点工作，到 1990 年，共开展三批 114 条，已完成两批，验收 82 条；1986 年起开展沙棘试点基地建设和试验研究，先后建立 14 个沙棘试点基地，在内蒙古布设 6 个沙棘试验区；1988 年接管天水、西峰、绥德 3 个水保站，主持重大攻关课题论证和科研成果管理；1988 年承担黄河流域水土保持科研基金攻关课题的黄河流域不同地区小流域综合治理模式的研究。

5. 开展监督预防工作。1989 年建立监督处，以晋陕蒙接壤地区为重点，进行调查研究，及时召开会议，培训干部，促进各地监督机构的建设和一系列地方法规建设以及矿区普查和矿区水土保持规划的修订工作。1989 年成立的晋陕蒙接壤地区水土保持协调小组办公室设在黄河中游治理局，1992 年在榆林筹建晋陕蒙接壤地区水土保持监督局。

二、省级管理机构

黄河流域各省（区）水土保持管理机构，大部分是水利厅下属的水土保持局（处），主要任务是贯彻执行国家主管部门和本省水土保持领导机构制定的有关水土保持的方针、政策、法令；进行水土保持调查，编制水土保持规划并组织实施；检查督促各地、县的水土保持工作；组织开展水土保持的科学研究、人才培养和宣传推广工作。省级管理机构从 50 年代开始先后建立，也都经历了建立、撤销、恢复几个阶段。1960～1962 年人员大量精简，“文化大革命”中有的机构被撤销，人员下放农村或调离。70 年代中期，随着水土保持工作的开展，各省（区）又先后恢复机构并加强充实。

（一）青海省水利厅水土保持局

1956 年省农林厅设水土保持办公室，干部 8 人。1959 年调整在农田水利局，设水土保持科，职工 23 人。1961 年 11 月农田水利局撤销，省农林厅水利局成立水土保持组，职工 16 人。1964 年 2 月省水利局设水土保持办公室，职工 58 人。1969 年 11 月水土保持办公室撤销，水土保持业务划归省农林工作站。1971 年 3 月省水利电力局设治黄办公室，负责水土保持工作。1978 年 12 月省水电局农田水利处成立水土保持科，治黄办公室撤销。1984 年 3 月省水土保持局成立（为处级单位），隶属省水利厅领导，下设办公室、技术业务科、勘测规划队、科研试验站，编制70人。

（二）甘肃省水利厅水土保持局

1954年7月省农林厅农政科设立水保组，职工8人。1955年12月省农林厅成立水土保持局，下设人事、规划设计、工务、技术推广和办公室等4科1室，编制46人。1957年3月农林厅水保局与农林厅水利局合并，成立水利局水保科，后扩编为水土保持处，编制40人；另设勘测队，编制70人。1958年4月省水利厅在原水土保持处的基础上成立水利厅水土保持局，下设推广、规划、科研、秘书4个科，编制40人；另设规划队，编制20人。1962年水土保持局编制压缩至10人。1963年12月水保局又恢复秘书室、技术推广科、规划科，增设水土保持科学研究所，成立水土保持勘测规划队，编制73人。1964年4月成立甘肃省人民委员会水土保持局（地师级），下设人事、计划财务、推广、规划设计、办公室等4处1室，并成立水土保持研究所、规划队、山区建设工作队，共166人。1969年2月该局撤销，在水利电力局设水管水土保持工作队，1976年3月改设水土保持处。1978年3月甘肃省水利厅成立水土保持局，编制30人，1985年实有职工36人。

（三）宁夏回族自治区水利厅水土保持处

1964年自治区水利电力局设水土保持处，编制5人，1966年增至10人。1968年水土保持处撤销，业务归自治区生产指挥部农业组管理。1973年4月自治区水利电力局恢复水土保持处，编制7人。1984年1月成立自治区水土保持工作站，编制15人，与水土保持处合署办公。

（四）内蒙古自治区水利局水土保持处

1956年3月内蒙古自治区成立水土保持局，下设办公室、计财处、人事处、技术指导处、勘测设计处。1957年4月改为内蒙古自治区水利厅水土保持局，下设办公室、人事科、计划科、技术科。1966年2月自治区水利厅改为水利局，水土保持局改为局属水土保持办公室。1972年9月自治区水利局改设水土保持处。

（五）陕西省水土保持局

1956年8月，经国务院批复同意，在黄委会西北黄河工程局水保科、工务科和陕西省水土保持委员会办公室基础上，组建陕西省水土保持局，隶属省人民委员会领导。1957年12月省水保局与水利厅合并，成立水利厅，厅内设水土保持处。1964年12月省水利厅水土保持处和省水土保持工作队合并，成立省水利厅水土保持局。1980年10月，经省政府批准，将省水土保持局升格为地师级单位，由省政府直接领导。1983年4月省水土保持局和省水电局合并，成立省水利水土保持厅，保留省水土保持局建制（副厅级），隶属水利水保厅领导。水保局设综合处、宣传推广处、流域治理处、科研教育处、监督管理处和办公室。1989年底共有职工112人，其中技术干部70人。

（六）山西省水土保持局

1955年6月山西省水土保持局成立，属省政府领导，编制243人，其中勘测队90人，训练班35人。1957年省水土保持局同有关机构合并，成立省农业建设厅，下设水土保持处。1958年省农业建设厅撤销，成立省农田水利局，设水土保持科和水土保持勘测队。1960年省水利厅成立，厅下设水土保持局，职工70余人。1969年10月省水土保持局撤销，在省农林水利局水利服务站内设水土保持组，职工10人。1972年省水利局成立，局内设水土保持处。1980年扩编为山西省水利厅水土保持局，下设办公室、工程处、生物处、勘测规划设计队，职工42人。1987年局下成立水土保持勘测规划设计队，编制45人。

（七）河南省水利厅水土保持处

1956年成立省水土保持局，下设规划设计科、工务科和水土保持工作队。1966年撤销。1981年在省水利厅内设水土保持科，1984年改为水土保持处，并成立水土保持科学研究所，处、所合署办公，下设小流域治理科、工程管理科、科技室、技术推广室。水保处编制8人，水保所编制50人，实有34人。

第三节　实施机构

黄河流域各地开展水土保持工作，在第一线直接组织实施的，主要是地、县两级的水土保持局、处、科、站（队）和乡级人民政府。这些机构中的领导干部和工程技术人员，经常深入农村，与农民群众结合，进行水土保持各项治理措施的规划、设计和施工，向群众传授治理技术，组织施工劳力，调配需用物资，安排实施计划，签订实施合同，进行竣工验收，发放补助经费等。

地、县两级水土保持实施机构，有两种形式，一般地、县都有兼备行政管理职能的水土保持局、处、科，大部地、县，在上述机构领导下还设有专职实施的水土保持站（队）。据1987年统计，黄河流域各省（区）共有地、县级水土保持站（队）296处，职工4282人（见表7—1）。

表 7—1　**黄河流域各省(区)地县级水保站(队)简况表**

省(区)	地　区	水土保持站(队)名称	处数	职工人数	
				总数	技术人员
青海	西宁市	西宁郊区、大通县	2	25	14
	海东地区	海东地区、循化县、化隆县、民和县、乐都县、湟中县、湟源县、平安县、互助县	9	129	52
	海南州	贵德县	1	19	2
	黄南州	黄南县、同仁县、尖扎县	3	13	8
	海北州	门源县	1	4	2
	小　计		16	190	78
甘肃	兰州市	兰州市、永登县、皋兰县、榆中县、城关区、七里河区、西固区、红古区	8	73	39
	定西地区	定西地区、定西县、陇西县、临洮县、通渭县、渭源县、漳县、岷县	8	156	55
	庆阳地区	庆阳地区、西峰市、庆阳县、华池县、合水县、正宁县、环县、镇原县、宁县	9	130	47
	天水地区	天水市、秦城区、北道区、秦安县、武山县、甘谷县、清水县、张家川县	8	119	25
	平凉地区	平凉地区、平凉市、崇信县、华亭县、泾川县、灵台县、静宁县、庄浪县	8	67	18
	白银市	白银市、白银区、平川区、景泰县、靖远县、会宁县	6	44	19
	临夏州	临夏州、临夏县、临夏市、和政县、永靖县、广河县、康乐县、东乡县、积石山县	9	93	19
	甘南州	甘南州、夏河县、临潭县、卓尼县、玛曲县、碌曲县	6	16	7
	小　计		62	698	229
宁夏	固原地区	固原地区、固原县、彭阳县、西吉县、海原县、隆德县	6	104	46
	银南地区	银南地区、中卫县、中宁县、吴忠市、灵武县、盐池县、同心县	7	60	13
	小　计		13	164	59

续表 7—1

省(区)	地　区	水土保持站(队)名称	处数	职工人数	
				总数	技术人员
内蒙古	乌兰察布盟	察右中旗、武川县、清水河县、卓资县、凉城县、和林格尔县	6	182	44
	巴彦淖尔盟	乌拉特中旗、乌拉特前旗、乌拉特后旗、磴口县	4	106	55
	伊克昭盟	达拉特旗、耳字壕、青达门、准格尔旗、伏路、纳林、东胜、罕台庙、杭锦旗、乌审旗、鄂托克旗	11	583	207
	呼和浩特市	土默特左旗、托克托县、呼和浩特市、郊区	4	53	26
	包头市	固阳县、郊区	2	46	21
	乌海市	乌海市	1	37	4
	小　计		28	1007	357
陕西	西安市	西安市、长安县、蓝田县、临潼县、周至县、户县	6	41	20
	铜川市	铜川市、耀县、宜君县	3	31	19
	宝鸡市	宝鸡市、宝鸡县、凤翔市、岐山县、扶风县、陇县、千阳县、麟游县	8	142	57
	咸阳市	咸阳市、三原县、泾阳县、乾县、礼泉县、永寿县、彬县、长武县、旬邑县、淳化县	10	142	61
	渭南地区	渭南地区、华县、华阴县、潼关县、蒲城县、白水县、澄城县、韩城县、合阳县、富平县	10	163	55
	延安地区	延安地区、延长县、延川县、子长县、安塞县、志丹县、吴旗县、甘泉县、富县、洛川县、宜川县、黄龙县、黄陵县、延安市	14	361	166
	榆林地区	榆林地区、榆林县、神木县、府谷县、横山县、靖边县、定边县、绥德县、米脂县、佳县、吴堡县、清涧县、子洲县	13	447	197
	商洛地区	洛南县	1	19	9
	小　计		65	1346	584

续表 7—1

省(区)	地　区	水土保持站(队)名称	处数	职工人数	
				总数	技术人员
山西	雁北地区	雁北地区、左云县、右玉县、平鲁县	4	43	29
	忻州地区	忻州市、忻州县、保德县、偏关县、宁武县、静乐县、神池县、五寨县、岢岚县	9	113	81
	吕梁地区	吕梁地区、兴县、临县、方山县、离石县、柳林县、中阳县、岚县、交口县、石楼县、孝义县、汾阳县、文水县、交城县	14	164	101
	晋中地区	晋中地区、榆次市、太谷县、祁县、平遥县、介休县、灵石县、寿阳县	8	39	35
	临汾地区	临汾地区、永和县、蒲县、大宁县、隰县、吉县、乡宁县、汾西县、霍县、洪洞县、襄汾县、浮山县、古县、翼城县、曲沃县、临汾市、安泽县	17	189	121
	运城地区	运城地区、新绛县、河津县、绛县、闻喜县、夏县、运城县、临猗县、万荣县、永济县、芮城县、平陆县、垣曲县	13	61	52
	太原市	太原市、娄烦县、古交县、阳曲县、清徐县	5	38	32
	晋城市	晋城市、高平县、阳城县、陵川县、沁水县	5	32	26
	小　计		75	679	477
河南	洛阳市	洛阳市、郊区、嵩县、新安县、宜阳县、孟津县、栾川县、洛宁县、伊川县、偃师县	10	54	47
	三门峡市	三门峡市、灵宝县、渑池县、卢氏县、陕县、湖滨区、义马市	7	29	26
	郑州市	郑州市、巩县、荥阳县	3	16	15
	焦作市	焦作市、济源市、沁阳县、博爱县	4	17	15
	小　计		24	116	103
山东	泰安市	泰安市、莱芜市、新泰市、泰安郊区、泰安区、肥城县、宁阳县、东平县	8	59	44
	济南市	济南市、章丘县、历城县、长清县、平阴县	5	23	22
	小　计		13	82	66
总　计			296	4282	1953

第二十三章 经 费

民国时期，黄河流域的水土保持工作，只进行小范围的试验研究和治理，投资也很少。建国后，水土流失地区以自力更生为主，国家支援为辅，多层次、多渠道筹集资金，开展了大规模的治理。截至1989年，黄河流域各地水土保持总经费为93.9亿元，主要由四部分组成：一是各级水土保持部门管理使用的经费12.2亿元；二是有关部门用于水土保持的经费4.1亿元，二者都属国家投资，占总经费的17.4%；三是群众自筹（大部分是投入劳力折合资金）75.9亿元，占总经费的80.8%；四是国际援助经费（包括物资折款）共1.7亿元，占总经费的1.8%。各时段经费来源及使用情况见表7—2。

表7—2 **各时段经费来源及使用情况表** 单位：亿元

项目		1950～1959年	1960～1969年	1970～1979年	1980～1989年	合计
经费来源	国家投资	0.7	1.5	2.5	11.6	16.3
	群众自筹	1.6	8.6	21.1	44.6	75.9
	国际援助	0	0	0	1.7	1.7
	总经费	2.3	10.1	23.6	57.9	93.9
使用方向	基本农田	1.8	8.4	18.9	41.4	70.5
	造林种草	0.5	1.7	4.7	16.5	23.4
	合计	2.3	10.1	23.6	57.9	93.9

第一节 水土保持事业费

国家投资是各级水土保持业务部门管理使用的事业费，主要有治理经费和科研经费两方面。80年代以来，国家为了加强重点地区的水土保持，又增加重点项目经费。截至1989年，这三方面的投资共12.17亿元，其中治理经费8.4亿元,科研经费0.97亿元,重点项目经费2.8亿元。

一、治理经费

治理经费主要用于贫困地区群众开展水土保持所需工具、材料、小型设备、种子、苗木等补助;少部分工地较远、需集体起灶的给予适当伙食补助。经费来源有以下三方面:

(一)治黄经费中的水土保持经费

从1950年起,中央就给黄河上中游7省(区)拨有治黄水土保持经费,由省(区)财政厅(局)与水利厅(局)联合逐级下达到县,用于水土流失地区的治理。1966年"文化大革命"开始后,治黄水保经费中断。1973年随着水土保持工作的开展,又安排了黄河中游水土保持专项经费3050万元,主要用于陕西、甘肃、山西、宁夏、青海、内蒙古等6个省(区)水土流失治理。1980年实行财政大包干后,这笔经费,除青海省每年50万元坚持用于水土保持外,其它各省大部被地、县移作其他用途。据1981年5月黄委会水保处编印的《黄河流域水土保持基本资料汇编》统计,截至1979年,黄河上中游7省(区)使用的治黄水保经费共3.75亿元。其中50年代为0.73亿元(其中1953～1957年西北黄河工程局在陕北及关中筑淤地坝共使用559.11万元);60年代为1.52亿元;70年代为1.5亿元。各省(区)不同年代投资情况见表7—3。

表7—3　各省(区)各时段水土保持经费情况表　单位:万元

时　段	青海	甘肃	宁夏	内蒙古	陕西	山西	河南	黄委会	合计
1950～1959年	263	2032	146	624	1647	1606	404	614	7336
1960～1969年	963	2048	479	1892	3206	4572	1334	661	15155
1970～1979年	300	3450	800	1500	4890	3460		632	15032
合　计	1526	7530	1425	4016	9743	9638	1738	1907	37523

(二)农田水利补助费

建国初期,国家就拨有小型农田水利补助费,其中包括水土保持经费,由各省(区)各级水利部门分别管理。这项经费在水土流失严重地区,有相当部分实际上用于水土保持。如甘肃省1971～1979年就安排有3817万元,每年平均424万元。1980年各地实行经费包干切块下达后,许多地、县大部水利水土保持经费被挪用。1982年,国务院在批转财政部、水电部《关于水土保持经费问题的请示》中，要求各省(区)从小型农田水利补助经费中划出10～20%，用于水土保持；水土流失严重、治理任务大的地区，比例还应大些。据此，青海、甘肃、山西、河南等省均从农田水利补助费中划出15～20%的经费，用于兴修基本农田、造林种草和小流域治理。80年代以来，4省共投资25942万元，其中1980～1984年为10459万元；1985～1989年为15483万元。后5年比前5年高出50%左右。4省投资情况见表7—4。

表7—4　**青甘晋豫四省用于水土保持的农田水利补助费情况表**　单位：万元

时段	青海	甘肃	山西	河南	合计
1980～1984年	980	3997	3327	2155	10459
1985～1989年	1598	4130	4524	5231	15483
合计	2578	8127	7851	7386	25942

(三)地方自筹经费

黄河流域大部省(区)和地、县，除将国家安排的专项投资用于水土保持外，从70年代后期开始，还根据各地财力的可能，抽出一定的经费，用于造林种草、小流域综合治理等方面。1988年山西省人民政府决定，1988～1997年10年中，地方自筹2亿元，年均2000万元，作为汾河上游水土保持的专项治理经费，到1989年实用3000万元；同时，又决定用无息贷款年均800万元，1988～1997年连续10年，支援西部山区的基本农田建设，到1989年实用678万元。据统计，截至1989年，黄河流域8省(区)中除内蒙古外，地方自筹水土保持经费共2.04亿元，其中省(区)自筹1.64亿元，地、县自筹0.4亿元。在地方自筹经费中，除宁夏在1978～1979年安排有800万元外，其他省(区)均从80年代开始安排(见表7—5)。

表7—5　**80年代地方自筹水保经费情况表**　单位：万元

时段	青海	甘肃	宁夏	陕西	山西	河南	山东	合计
1980～1984年			3455	3251	1051	120	197	8074
1985～1989年	200	280	3499	1697	3678	2403	548	12305
合计	200	280	6954	4948	4729	2523	745	20379

二、科研经费

水土保持科研经费，主要是国家或地方直接拨给水土保持科研站、所的经费和水土保持科学研究专项经费。从1980年以来开展的小流域综合治理试点，具有试验研究性质，其经费也纳入科研经费范畴。

（一）科研站所经费

建国后，水土保持科学研究机构发展很快，到1989年，全流域水土保持科研站、所共投入科研经费6140.8万元，其中50年代290.4万元，60年代346.8万元，70年代863.7万元，80年代4639.9万元（见表7—6）。

表7—6　　**各省（区）各时段水保科研经费情况表**　　单位：万元

省区及单位	站所数	1950～1959年	1960～1969年	1970～1979年	1980～1989年	合计
青海	2				15.5	15.5
甘肃	5	20.0	60.0	55.3	105.5	240.8
宁夏	5			31.5	128.9	160.4
内蒙古	5		6.2	36.5	353.9	396.6
陕西	4			11.7	631.7	643.4
山西	7	28.2	52.2	156.4	525.7	762.5
河南	4				458.2	458.2
山东	1				35.4	35.4
中科院西北水保所	1	74.9	118.7	294.5	978.8	1466.9
黄委会	4	167.3	109.7	277.8	1406.3	1961.1
合计	38	290.4	346.8	863.7	4639.9	6140.8

（二）科学研究专项经费

1986年12月，全国水土保持工作协调小组在西安召开的黄河中游水土保持科研工作座谈会上，许多代表建议成立黄河中上游水土保持科研协调组，定期交流信息和经验，加强课题规划和协作配合。据此，1987年6月成立了黄河流域水土保持科研工作协调小组，以黄委会、中科院综考会、中科院西北水保所为正、副组长单位，沿黄 8 省(区)水保部门和有关单位为成员，隶属黄河中游水土保持委员会领导，具体组织并推动黄河流域的水土保持科研工作。同时设立黄河流域水土保持科学研究基金，从 1988 年开始，每年由水电部拨给专款 50 万元，以资助一些具有全局性、实用性和短期内能出成果的中小应用与开发课题项目的研究。采用计划指导、单位申请、同行评议、择优支持、按课题拨款、专款专用的办法，由申请单位负责，上级主管部门监督管理。

从 1988 年起，由黄河流域 44 个单位承担的 4 个攻关课题和 5 个重点课题，分别组成 6 个课题组和 47 个专题组，进行试验研究工作。到 1989 年底，水利部共拨款 100 万元，主要用于完成课题所需的小型专用仪器设备材料、资料的购置、改装和直接为课题服务的考察旅差费用。

(三)试点小流域经费

1980 年，水电部下达任务，黄委会主办，在黄河中游地区选择不同类型的小流域，进行水土保持综合治理试点，1982 年交黄河中游治理局主管。这是一项具有探索性的试验研究工作，它不同于一般重点小流域治理，其目的是通过治理，研究不同类型地区的生产发展方向、治理措施布局以及经费管理、技术管理，同时结合治理开展简易的群众性水土保持科学研究工作，为推动面上治理提供经验和科学依据。到 1989 年底，共开展三期试点，累计 117 条，总流域面积 4272.4 平方公里，其中水土流失面积 3996.9 平方公里。

第一期试点共 32 条小流域，1986 年全部总结验收。国家共投资 695 万元，其中陕西 304 万元，山西 274 万元，内蒙古 117 万元。完成措施保存面积 155.4 平方公里，占水土流失面积的 25.2%，平均年治理进度 4.2%。在完成治理措施中，基本农田 2.44 万亩，造林种草 20.87 万亩。

第二期试点(1983～1987 年)共 45 条小流域，1990 年总结验收 44 条。国家共投资 2110 万元，其中青海 87.1 万元，甘肃 387.6 万元，宁夏 90.9 万元，内蒙古 242.8 万元，陕西 523.2 万元，山西 414.6 万元，河南 144.6 万元(历年经费分配情况见表 7—7)。在投资总经费中，用于治理经费 1705.3 万元，科研经费 49.9 万元，培训经费 12.6 万元(历年各项经费使用情况见表 7—8)。共完成措施保存面积 872.5 平方公里，占水土流失面积的 34.4%，平均年进度 6.5%。在完成的措施面积中，基本农田 21.9 万亩，造林种草 108.2 万亩。

表7—7　**第二期试点小流域经费分配情况表**　单位：万元

省(区)单位	1983年	1984年	1985年	1986年	1987年	合　计
青　海	20.0	19.8	16.3	17.0	14.0	87.1
甘　肃	87.0	79.0	79.2	76.4	66.0	387.6
宁　夏	20.0	19.5	19.5	15.5	16.4	90.9
内蒙古	65.0	47.0	46.3	46.1	38.4	242.8
陕　西	113.4	114.6	106.6	101.1	87.5	523.2
山　西	81.5	84.0	86.1	86.0	77.0	414.6
河　南	30.1	29.8	30.6	29.2	24.9	144.6
沙棘办公室				4.8	1.8	6.6
机　动	33.0	31.3	40.4	48.9	59.0	212.6
合　计	450.0	425.0	425.0	425.0	385.0	2110.0

表7—8　**第二期试点小流域经费使用情况表**　单位：万元

项　　目	1983年	1984年	1985年	1986年	1987年	合　计
治理费	386.9	366.0	368.0	310.0	274.4	1705.3
科研费	23.1	4.5	6.7	10.1	5.5	49.9
培训费	5.0	4.0	0.6	3.0		12.6
沙棘良种繁育费				20.0	15.8	35.8
有偿资助费	2.0	18.6	4.8	28.0	22.3	75.7
黄河沿岸造林资助费			5.0	5.0	5.0	15.0
验收鉴定资料费		0.6	0.5		3.0	4.1
其　他	33.0	31.3	39.4	48.9	59.0	211.6
合　计	450.0	425.0	425.0	425.0	385.0	2110.0

第三期试点(1988～1992 年),共 40 条小流域,实行项目合同管理。到 1989 年底,国家共投资 644.7 万元,其中青海 49.9 万元,甘肃 112.8 万元,宁夏 29.9 万元,内蒙古 30.8 万元,陕西 107.7 万元,山西 97.6 万元,河南 57.6 万元,山东 29 万元,其他 129.4 万元。共完成措施治理面积 176.6 平方公里,占水土流失面积的 23%,平均年治理进度 11.5%。

三、重点项目经费

黄河流域水土保持的重点项目共两大项:一是 1983 年开始的重点支流治理;二是 1986 年开始的治沟骨干工程。这两项都主要用在河口镇到龙门区间水土流失严重的多沙粗沙地区。

(一)重点支流(地区)治理经费

1982 年 8 月,第四次全国水土保持会议确定,在全国开展 8 个重点地区治理,其中属于黄河流域的有无定河、黄甫川、三川河 3 条支流和甘肃省定西县,涉及陕西、山西、甘肃、内蒙古等 4 省(区)的 5 个地(盟)19 个县(旗),总人口 218.9 万人,总面积 4.08 万平方公里,其中水土流失面积 3.61 万平方公里,占总面积的 88.5%。这些地区,大都是我国"老、少、边、穷"地区,水土流失十分严重,生产条件差,经济基础薄弱,群众生活困难。从 1983 年开始,国家拨专款支持重点地区的综合治理,以加快水土保持进度。其中黄河流域的三川河、无定河、黄甫川 3 条重点支流的治理经费由财政部单列项目直接下达到各有关省(区);定西县治理经费由国务院贫困地区经济开发领导小组安排的"三西"建设专项经费中拨支。为了用好这笔经费,各地在加强财务管理的同时,不断改革投资使用办法,采取择优扶持,按措施面积补助和以物代补等办法,大大提高了投资使用效果。1988 年以后,部分地区为了在国家投资停止后治理工作仍能继续进行,又建立了水土保持基金,作为今后开展治理的周转资金。1989 年黄甫川流域将投资的 23 万元,作为有偿投资,投放到基本农田建设上,修成的基本农田有偿使用,回收的资金继续用于建设基本农田。这样不仅扩大了资金来源,而且为进一步治理创造了条件。

到 1989 年底,3 条重点支流和定西县共完成国家投资 2.5 亿元,其中中央财政 2.38 亿元,地方匹配资金 0.12 亿元,平均每年投资 3571 万元(见表 7—9)。7 年共新建基本农田 151 万亩,造林种草 1584 万亩,完成治理措施面积 1.2 万平方公里,平均每平方公里国家投资 2.2 万元,年均治理进度

4.8%，比同期面上治理进度快3.5倍(见表7—10)。

表7—9　　重点支流(地区)治理经费来源情况表

项目	中央财政(万元)		地方匹配(万元)	
	1983～1989年	平均每年	1983～1989年	平均每年
无定河	19033	2719	845	121
三川河	2597	371	235	33
黄甫川	1009	144	71	10
定西县	1161	166	49	7
合　计	23800	3400	1200	171

表7—10　　重点支流(地区)治理情况表

项　　目	基本农田(万亩)	造林种草(万亩)	合　计(万亩)	折　合 平方公里
无　定　河	99	1126	1225	8167
三　川　河	20	142	162	1080
黄　甫　川	3	182	185	1233
定　西　县	29	134	163	1087
合　　　计	151	1584	1735	11567

(二)治沟骨干工程经费

为了加强黄河中游水土流失严重地区的治理，从1986年开始，国家拨出专款以河口镇到龙门区间多沙粗沙地区为重点，进行治沟骨干工程试点。到1989年底，共安排治沟骨干工程249座，其中新建183座，旧坝加固66座；已完成135座，其中新建122座，旧坝加固13座，全部通过验收(见表7—11)。4年来，国家投资总计3751万元。其中用于工程建设2154万元，占总投资的57%；工程管理经费96万元(技术培训48万元，工程科研24.4万元，调查、规划、验收及宣传23.6万元)；其他1501万元(其中用于治沟骨干工程上游坡面治理80万元，水保科研基金200万元，机关建设及窟野河等3条支流规划等1221万元)。经费使用情况见表7—12。

表7—11　　治沟骨干工程情况表

项目		陕西	山西	内蒙古	甘肃	宁夏	合计
安排工程（座）	新建	75	49	42	15	2	183
	加固	37	15	10	4		66
	小计	112	64	52	19	2	249
完成工程（座）	新建	50	30	29	11	2	122
	加固	8	2	3			13
	小计	58	32	32	11	2	135
在建工程（座）	新建	25	19	13	4		61
	加固	29	13	7	4		53
	小计	54	32	20	8		114

表7—12　　治沟骨干工程经费使用情况表　　单位：万元

项目	1986年	1987年	1988年	1989年	合计
工程建设	266	822	477	589	2154
工程管理	10	45	28	13	96
其他	48	490	462	501	1501
合计	324	1357	967	1103	3751

已验收的135座工程，控制流域面积915平方公里，总库容1.5亿立方米，总土石方量1325万立方米，总造价2073.8万元。其中新建的122座，单坝造价16.4万元，每立方米库容造价0.16元，每立方米拦泥造价0.25元，每亩坝地造价107.9元，每立方米工程量造价1.55元。13座旧坝加固工程单坝造价7万元，每立方米工程量造价3元。135座坝库共拦泥1.26亿吨，淤地2.19万亩，灌溉农田1.62万亩，保护下游沟台川地1.53万亩。

第二节　有关专项经费

民国时期，国民政府有关部门曾有小量拨款用于水土保持造林。1941年，甘肃省建设厅拨款3000元，用于兰州皋兰山一带造林。1942年蒋介石到兰州巡视后，指令拨款200万元，绿化兰州白塔山。

建国后,国家投资中除有水土保持业务经费外,有关部门用于黄河流域水土保持方面的经费主要有:"三北"防护林建设经费、"三西"农业建设经费、陕北建设委员会的支农经费及黄土高原综合治理重点科技项目经费等。此外,国家还安排有老区建设专款、贫困低产县补助经费、以工代赈粮棉布折款、以工补农经费等,共计4.1亿元。

一、"三北"防护林经费

1978年国家计委批准的"三北"防护林体系建设工程,把青海、甘肃、宁夏、内蒙古、陕西、山西6省(区)列入这一防护林体系建设范围的有279个县(旗、市、区)和2个林场;其中属黄河流域的有132个县(旗、市、区)和2个林场,涉及总面积约30万平方公里。1978~1985年实施第一期工程,国家拨专款扶持群众造林、育苗和进行管护。在资金使用管理上,实行任务、投资、质量、负责人四落实的经济合同制,保证专款专用。1986年开始,实施第二期工程,为期10年。到1989年底,共投资32737万元,其中第一期工程20140万元,第二期工程前4年12597万元。在总投资中,国家预算内基本建设投资25297万元,支援经济不发达地区发展基金7440万元(见表7—13)。经费分配使用情况见表7—14。

表7—13 "三北"防护林经费来源情况表

项目		国家预算内基建投资(万元)	支援经济不发达地区发展资金(万元)	合计
第一期工程	1978~1980年	6768	430	7198
	1981~1983年	6045	1512	7557
	1984~1985年	4082	1303	5385
	小计	16895	3245	20140
第二期工程前四年	1986~1987年	4002	2129	6131
	1988~1989年	4400	2066	6466
	小计	8402	4195	12597
总计		25297	7440	32737

表 7—14　　"三北"防护林经费分配情况表　　单位:万元

项　目		青海	甘肃	宁夏	内蒙古	陕西	山西	合计
第一期工程	1978～1980 年	374	1110	792	2150	1621	1151	7198
	1981～1983 年	390	1029	696	2382	1725	1335	7557
	1984～1985 年	281	744	465	1755	1199	941	5385
	小　计	1045	2883	1953	6287	4545	3427	20140
第二期工程前四年	1986～1987 年	306	772	666	1921	1513	953	6131
	1988～1989 年	334	881	721	1941	1484	1105	6466
	小　计	640	1653	1387	3862	2997	2058	12597
总　计		1685	4536	3340	10149	7542	5485	32737

经核实,1978～1989 年 6 省(区)人工造林保存面积 9276.4 万亩,其中第一期工程 5967.7 万亩,第二期工程前四年 3308.7 万亩(见表 7—15)。上述造林面积与投资额,是 6 省(区)279 个县(旗、区、市)的总和,其中属黄河流域的有 132 个县(旗、区、市)和 2 个林场。

表 7—15　　"三北"防护林完成情况表　　单位:万亩

项　目		青海	甘肃	宁夏	内蒙古	陕西	山西	合计
第一期工程	1978～1980 年	21.4	155.9	44.2	603.7	336.5	176.6	1338.3
	1981～1983 年	32.7	248.5	98.9	821.3	634.2	368.9	2204.5
	1984～1985 年	75.1	383.2	190.7	890.1	406.7	479.1	2424.9
	小　计	129.2	787.6	333.8	2315.1	1377.4	1024.6	5967.7
第二期工程前四年	1986～1987 年	91.8	383.5	53.4	642.9	442.5	178.9	1793.0
	1988～1989 年	80.1	241.9	44.8	621.5	333.6	193.8	1515.7
	小　计	171.9	625.4	98.2	1264.4	776.1	372.7	3308.7
总　计		301.1	1413.0	432.0	3579.5	2153.5	1397.3	9276.4

二、"三西"农业建设经费

1982 年,中央财经领导小组研究决定,对宁夏回族自治区以西(吉)海(原)固(原)为代表的 8 个贫困县、甘肃省以定西为代表的中部干旱地区 20

个贫困县和河西地区19个县实行重点扶持，1983～1992年内，每年投资2亿元，用以改变这些地区的生产条件，调整农业经济结构，发展商品生产，解决群众的温饱问题。其中宁夏西海固地区和甘肃中部干旱地区两大片属于黄河流域，气候干旱，水土流失严重，人民生活十分贫困。1983～1989年，这两个地区用于水土保持方面的“三西”建设专项资金23997万元(占“三西”总投资的17.3%)。其中用于修建旱作“三田”(梯田、沟坝地、压砂地)的经费6945万元，占28.9%；用于造林种草的经费13255万元，占55.2%；用于人畜饮水工程经费2677万元，占11.2%；用于小流域综合治理经费1120万元，占4.7%。两地区7年共新建基本农田358.68万亩，造林保存面积1071万亩，种草1303万亩，解决了246万人和296.8万头(只)牲畜的饮水困难问题，并综合治理小流域水土流失面积1347平方公里。

三、陕北建委支农经费

陕北老区是原陕甘宁边区的主体。包括榆林、延安、咸阳和铜川等地(市)的33个县(市)，553个乡(镇)，10587个行政村，总面积8.7万平方公里，占陕西省总面积的42.4%。总人口537.4万人，占陕西省总人口的17.4%。这些地区人民，在革命战争年代，为革命做出很大贡献，但由于水土流失严重，自然条件恶劣，人民群众生活十分贫困。1978年中共十一届三中全会以后，陕西省成立陕北建设委员会(简称陕北建委)。从1979年开始，国家每年拨给发展经费5000万元，由陕北建委和陕西省财政厅下达给有关地、县分级管理。截至1989年，已累计投资5.6亿元，其中用于水土保持方面的有2530万元(小流域治理1676万元，兴建人畜饮水工程854万元)，共完成治理面积1586平方公里，完成各类饮水工程2000处，解决了31万人的饮水困难。

四、黄土高原综合治理科技经费

1985年，国家计委会同国家科委、国家经委和财政部，确定将黄土高原综合治理列入国家“七五”重点科技项目。在黄土高原不同水土流失类型地区建立11个试验示范区，以小流域为单元，开展综合治理。该项目由中科院科技合同局主持，有关科研、大专院校共50多个单位参加联合攻关，分工实施。其经费由国家计委牵头，会同国家科委、国家经委和财政部每年分两批下达给主持部门。截至1990年底,国家共拨给该项目经费1284万元,其中1986年252万元,1987年284万元,1988年272万元,1989年229万元,1990年247万元。在这些经费中,陕西省安塞县、米脂县、乾县,甘肃省定西县,山西省离石县等5个试区各为115万元;陕西省淳化县、长武县,宁夏回族自治区固原县等3个试区各110万元;宁夏回族自治区西吉县、内蒙古自治区准格尔旗两个试区各100万元;山西省河曲县试区120万元。

五、其他项目经费

1982年国务院扶贫工作领导小组对黄河流域青海、甘肃、宁夏等省(区)的贫困县拨出扶贫经费,由中央下达给省(区),以支援贫困地区进行农村建设,帮助群众脱贫致富,其中部分用于治理水土流失。到1989年,国家共投入资金2101万元,其中青海省1590万元,甘肃省337万元,宁夏回族自治区174万元。

遵照中共中央、国务院《关于帮助贫困山区尽快改变面貌的通知》精神,国家计委1985～1987年,给青海、甘肃、宁夏、陕西等省(区)补助粮、棉、布折款共2046万元,其中青海1063万元,甘肃462万元,宁夏296万元,陕西225万元。

第三节　群众自筹经费

黄河流域各地在开展水土保持工作中,群众自筹资金总计75.9亿元,占水土保持总投资的80.8%。在群众自筹资金中,群众投入的劳动工日,按不同时期、不同省(区)劳动工值折合为54亿元,占群众自筹资金的71%;投入的资金及建筑材料、树苗、草子、施工工具折旧费等实物折价为21.9亿元,占群众自筹资金的29%。

一、劳力折合资金

建国以来,由于农村经济体制变革,群众开展水土保持的劳力组合形式也相应有所改变。从50年代中期到70年代后期,一般是以乡、村统一组织,集体治理。80年代初期,在农村实行家庭联产承包责任制基础上,出现了

“按户承包治理”责任制，此后，许多地方根据不同条件，分别采取联户承包、专业队承包、集体治理分户管理、劳动积累工等多种形式。群众投入水土保持的劳力，很难按乡、村逐级统计上报。根据8省(区)不同时段完成的各项水土保持治理措施数量(1987年以前为保存面积，以后为上报面积)，以及建国40周年黄河流域水土保持效益分析中，提供的各项措施不同的投工定额进行推算，其结果是：40年来，群众为完成各项水土保持治理措施累计投入44.7亿工日。

在水土保持总用工量中，兴修基本农田用工占79.5%，造林种草用工占20.5%。总投工按不同省(区)和各时段劳动工值定额折合资金53.7亿元。其中50年代0.9亿元，60年代7.9亿元，70年代12亿元，80年代32.9亿元。

二、实物折合资金

黄河流域群众投入到水土保持方面的实物，主要有树苗、草子、工具等。各地投入实物折价总计21.9亿元，按每10年一个时段计，其中各时段的数额分别是0.7亿元、0.8亿元、8.7亿元、11.7亿元。总的趋势是逐期上升的。不同时段各项措施投物折资情况见表7—16。

表7—16　**各时段群众投物折资情况表**　单位：亿元

项目		1950～1959年		1960～1969年		1970～1979年		1980～1989年		合计	
		折资	比例%	折资	比例%	折资	比例%	折资	比例%	折资	比例%
基本农田	梯田	0.2	28.6	0.2	25	1.3	14.9	0.9	7.7	2.6	11.9
	埝地	0.06	8.5	0.07	8.8	1.3	14.9	0.2	1.7	1.6	7.3
	坝地	0.2	28.6	0.3	37.5	3.8	43.7	3.0	25.6	7.3	33.3
	小计	0.46	65.7	0.57	71.3	6.4	73.5	4.1	35	11.5	52.5
林草	造林	0.2	28.6	0.2	25	2.1	24.2	6.6	56.4	9.1	41.6
	种草	0.04	5.7	0.03	3.7	0.2	2.3	1.0	8.6	1.3	5.9
	小计	0.24	34.3	0.23	28.7	2.3	26.5	7.6	65	10.4	47.5
合计		0.7	100	0.8	100	8.7	100	11.7	100	21.9	100

三、自筹资金实例

黄河流域各地群众在开展水土保持中，除投入劳力外，自筹资金的事例很多。尤其80年代出现户包治理以后，群众自筹资金开展水土保持的积极性更高。

1983年，青海省化隆回族自治县甘都镇撒拉族农民马国才，在农村经济体制改革后，与镇、村签订了承包治理荒山1500亩的合同，拿出经商积蓄的4万多元，向银行贷款4万元，出售奶牛1头、羊20多只，共筹集资金10万多元，雇用推土机、手扶拖拉机、架子车和一些劳力，开发治理荒山。化隆县水电局派技术人员协助安装提灌设备，省水利水保部门按小流域治理标准拨给补助费予以支持。截至1988年，挖运山土80多万立方米，修电灌站一座，筑坝修渠，挖水平沟200亩，兴建水平梯田300亩，累计栽植杨树、榆树12万株，各种果树1.3万株，培育各类苗圃56亩。1986年苗木已有收益，将银行贷款全部归还。在他的带动下，甘都镇开发荒山3000亩，化隆县出现百亩以上承包户84户。

山西省三川河流域，在开展重点支流治理中，根据群众自筹资金多少，确定国家补助的比例，调动了群众自筹资金的积极性。流域内离石县田家会后马家村从公积金内拿出1.8万元用于机修梯田，沙会则村从村办煤矿中拿出3万元支援农田基本建设，以工养农。陕西省无定河、黄甫川流域各县在谁治理谁受益的原则下，1989年群众共筹资5749.6万元（现金、物资和投工折价），其中延安地区3个县筹资355.6万元，榆林地区筹资5394.1万元。清涧县郝家乡郝家寨子村，全村400多人，每人投资50元，加上收取的坝地承包费1万元，共筹资金3万元支援流域治理。

山西省河曲县纸房沟村，1983年前是该县有名的穷山村。全村99户，372人，总土地面积2000余亩，其中耕地908亩，人均粮食50公斤，人均收入100元。自1984年以来，坚持采煤致富与保持水土相结合，积极防治水土流失，提出“开办一座矿，治理一条沟，绿化一大片，致富全村人”的口号。至1989年累计从煤矿收入中提取80万元，修退洪渠600米，筑防洪提630米，修泄水涵洞1300米；筑坝9座，淤地270亩；自购推土机2台，机修梯田530余亩；栽植经济林500亩，其中建果园300亩，栽植乔木13万株，种草3000亩；利用煤矸石在矿井前垫成堆炭平台40亩，处理煤矸石6000余吨。成为晋西北地下开发与地面治理同步进行的典型。人均收入2000元，户均存款1万元，人均产粮350公斤，固定资产100万元。该村办的煤矿被誉为忻州地区“水土保持模范矿”。

第四节　国际援助经费

80年代以来，随着改革开放方针的贯彻执行，黄河流域一些省(区)与国际有关组织和国家，积极开展水土保持合作，获得一部分经费和物资援助。

一、治理经费

(一)宁夏西吉县受援项目

1982年3月，我国政府与世界粮食计划署在北京签订了西吉县防护林建设工程受援项目，由西吉县防护林治理指挥部具体执行。世界粮食计划署提供无偿援助小麦9820万公斤，椰枣42.33万公斤，牛肉干1.5万公斤，牛肉罐头5万公斤，意大利面条20万公斤，防雨苫500块，红豆草种子1.5万公斤，共折合人民币5190.9万元。该工程从1982年4月开始实施，1986年结束，共造林、种草156.2万亩(包括退耕地造林种草91.9万亩)，其中造林79.2万亩，种草77万亩，“四旁”植树3656万株，圆满地完成了任务。

(二)青海海东地区受援项目

1985年3月，我国政府与世界粮食计划署在北京签订了青海省海东地区改造低产田工程合作项目。1985年5月1日开始实施，1989年4月底结束。

该项目共包括8个子项目，分布在湟水流域的湟源、湟中、大通、互助、乐都和民和等6个县的贫困山区。整个项目区为黄土丘陵干旱和半干旱地区，山高坡陡沟深，水土流失严重。世界粮食计划署援助小麦9523万公斤，折合人民币4952万元，我国政府配套投资4103万元。整个工程共新建干支渠496.5公里，渠系建筑物1207座，田间道路371公里，平整梯田和田间渠系配套1.23万亩，荒坡造林4.1万亩，路旁渠旁植树262万株，修建人畜饮水干支管道83.5公里及配套引水堰1座，调蓄水库2座，蓄水池58座，涝池58座，解决6373人和7595头牲畜的饮水问题。浇上水的农田，单产增长86.5%，年增产粮食约1000万公斤。

（三）陕西米脂县受援项目

1985 年 5 月，世界粮食计划署批准援助陕西省米脂县黄土高原治理项目，由陕西省黄土高原治理研究所协助县政府执行。该项目的目的是在短时间内，将黄土高原土地合理利用的研究成果推广到较大的区域。项目涉及的范围，包括米脂县 8 个乡的 241 个自然村、2.03 万户、10.2 万人，土地面积 112.49 万亩，占全县总面积的 61.9%。实施期为 1985 年 10 月至 1989 年 9 月。世界粮食计划署援助小麦 4564 万公斤（折合人民币 3255 万元），陕西省配套资金 509 万元。项目结束后，共完成治理面积 39.45 万亩，治理程度由原来的 22.7%提高到 55%。其中基本农田所占面积的比例，由 11.3%增加到 19%，收到了较好的效果。

（四）杏子河流域受援项目

1988 年 10 月，农牧渔业部与世界粮食计划署签订合同，援助陕西省延安地区杏子河流域综合治理工程。实施期为 1988 年 10 月至 1993 年 10 月。合同规定，世界粮食计划署援助小麦 5803 万公斤，其中劳动工日补助粮食 5233 万公斤，退耕地补偿作物损失 570 万公斤。该署承担的总费用为 992.3 万美元（包括粮食折价、外部运输、管理、监测和评价费），折合人民币 3641.76 万元。国内配套资金 2269.13 万元。接受项目后，杏子河流域坚持常年治理。到 1990 年底，完成治理水土流失面积 125.8 平方公里，其中新修梯田 1.7 万亩，植树造林 13.5 万亩，种草 3.2 万亩，草场改良 1815 亩，育苗 1051.1 亩。

（五）关川河流域受援项目

1987 年 3 月，国家计委、财政部和甘肃省人民政府组成代表团，在美国纽约同国际复兴开发银行签订了关于定西县关川河流域水土保持综合治理列入世界银行软贷款的合同。合同规定，双方共同投资治理，实施期为 1988～1992 年，世界银行贷款 700 万美元，分期提供，偿还期 50 年，甘肃省配套投资 6900 万元。

计划到 1992 年完成水平梯田 20 万亩，建沟坝地 2.5 万亩，造林 32 万亩，育苗 3500 亩，种草 31 万亩，草场改良 30 万亩，修谷坊 13.6 万座，沟头防护 1.24 万个，兴建涝池 300 个，挖水窖 8900 眼，共新增治理面积 764 平方公里，连前累计治理程度达到 71.6%。截至 1989 年 9 月，全流域已新增治理面积 361.24 平方公里，占全流域面积 1980.5 平方公里的 18.24%，年治理率为 6.6%。新造林 19 万亩，育草 2356 亩，打水窖 3400 眼，修谷坊 3.5 万座，涝池 660 个，沟头防护 3550 处。

二、科研经费

(一)陕西省农科院黄土高原治理研究所受援项目

1980年，我国政府和世界开发计划署、联合国粮农组织签订了《黄土高原土地资源的合理利用》和《中国西北黄土高原土地和生物资源的改良利用》科研项目，由联合国粮农组织和农牧渔业部共同执行，农牧渔业部将该项目交陕西省农科院黄土高原综合治理研究所具体执行。实施期为1980～1988年，分三期进行：第一、二期为1980～1985年，第三期为1986年7月至1988年12月。先后获得世界开发计划署无偿援助120万美元，其中第一、二期80万美元，第三期40万美元。主要是提供4部汽车及实验仪器设备等物资。到1988年底，全部项目已按计划完成。经世界开发计划署、联合国粮农组织和中国政府三方评审，认为项目取得的经验可靠，措施可行，效益显著，可大面积推广。其中有三项研究成果获陕西省科技成果进步奖。

1986年4月，我国政府与瑞典政府在北京签订了合作项目，由瑞典农业大学和陕西省黄土高原治理所具体执行。实施期为1986年10月至1989年12月，项目结束后，瑞方无偿投资300万瑞典克朗(约合人民币150万元)。已获得生物改良土壤、果树、饲料生产和多目的树种能源林等四项成果。部分科技成果准备大面积推广。

(二)甘肃省草原生态研究所受援项目

1981年，我国和澳大利亚在北京签订了《甘肃草地农业系统研究与开发》项目合同，由澳方海塞农业咨询公司和甘肃省草原生态研究所共同执行，农业部将此项目列入《庆阳黄土高原草地农业生态系统研究》项目之中，由澳方提供技术培训和设备方面的援助，农业部提供研究经费。分两期进行，第一期1986年4月至1989年3月，第二期1989年4月至1992年6月。到1989年底，第一期工程澳方投资510万澳元，国内配套资金6.5万元人民币。经项目评审团会同我国有关部委领导对项目进展情况的全面评审，一致认为项目工作进展顺利，已取得了卓有成效的成果，可大面积推广应用。

(三)山西省水土保持研究所受援项目

1985年7月，在山西省科委主持下，山西省水保所、中科院地理所，与加拿大多伦多大学地理系签订了《黄土高原土壤侵蚀规律研究》合作项目。实施地点山西省离石县王家沟，实施期1985年7月至1990年7月。由中科院地理所负责计划协调和业务上与加方联系，山西省科委负责计划管理，山西省水保局负责组织实施，山西省水保所负责项目具体实施及定位试验。合作项目共设7个课题。前6个课题到1990年7月，5年共投资50万元。其中山西省30万元，用于室内外试验及外宾接待；中科院地理所5万元，用于差旅费及北京室内试验。加拿大7万加元(折合人民币15万元)，用于加方人员往返机票及在加方室内试验和向中方提供的仪器费。完成了20多篇研究论文，其中自然因素对土壤侵蚀的影响、表土结皮对产流产沙的影响、人为因素对土壤侵蚀的影响以及重力侵蚀与地貌演变等四方面共18篇科研论文，已编入中国—加拿大《晋西黄土高原土壤侵蚀规律试验研究文集》，1990年7月由水利电力出版社出版。对第7课题，1988年在双方都获得经费支持下，在离石签订了《黄土高原土地管理信息系统》合作科研协议。实施期1988年7月至1991年7月，共设土壤侵蚀、土地生产潜力、经济效益评价和地理信息4个模型，总投资207万元，其中中方80万元(地理所30万元，山西省50万元)；加方127万元(折合加元59.3万元)。加方投资中包括为中方在加拿大代培项目专业技术人员5名，向山西省水保所提供SUN386微机一套。该项目进展顺利，已取得一些阶段成果，1990年11月在加拿大多伦多召开了该项目学术讨论会及信息系统能力示范，获得了加方的好评。

(四)宁夏回族自治区固原县受援项目

1987年，中科院西北水保所与日本富山县立技术短期大学签订了《黄土高原绿化基础合作研究》项目，实施期为1988～1990年，实施地点宁夏固原县，主要在上黄村附近开展牧草引种、草地合理放牧利用等课题研究。日方提供的物资主要有丰田越野吉普车两辆及研究器材、种子等。到1989年，双方合作研究进展顺利，已对200多种牧草进行了引种观测，开展了草地合理放牧及草食家畜放牧对植被影响等试验研究工作。已有两项成果分别获自治区一、二等奖。

第二十四章　管　　理

建国以后，黄河流域的水土保持作为一项建设事业，有计划有组织地进行，设有专门的管理机构，并在实践中逐步建立和完善各方面的管理制度，使各项管理工作有章可循。管理工作一般都按项目管理，主要内容有：组织管理、技术管理、经费管理、经营管理和监督管理等。现有的各类管理制度，一般是由国家主管部门或流域机构首先制定，由有关省、地、县执行。省、地、县业务部门，在实践过程中，结合当地的具体情况，又制定相应的地区性规章制度或实施细则，使之更加具体和完善。

第一节　项目管理

黄河流域比较稳定、正规的管理制度，是从三个项目管理开始的。80年代前期到中期，由水利部（通过所属流域机构）直接掌握的小流域水土保持综合治理试点、重点地区水土保持综合治理和水土保持治沟骨干工程等三个专项治理任务，从一开始就提出明确的项目管理制度和要求，包括组织管理、技术管理、经费管理、经营管理等方面的内容。在实施过程中，又多次补充和修订，不仅推动了这三个专项治理任务的健康发展，而且带动了面上水土保持提出按项目进行管理的有关管理制度。

一、小流域综合治理试点

1980年3月，水利部在山西省吉县召开全国13个省（区）水土保持小流域治理座谈会，总结各地开展小流域治理的经验。会上讨论了《水土保持小流域治理办法（草案）》，水利部于5月13日颁发全国实行。《办法》对开展重点小流域的选点、规划、治理、管护、政策、领导等有关问题，都作了原则的规定。黄河流域在开展小流域综合治理中，认真执行这个办法，推动了治理工作的健康发展。《办法》的要点是：

第一,关于重点小流域的选择条件。《办法》要求:“面积以30平方公里以下为宜,最多不超过50平方公里。”“当地领导重视,社队有迫切要求;具有代表性,便于推广;三五年内可以见效。”

第二,关于规划原则。《办法》指出:“在尊重生产队自主权和民主讨论的基础上,合理安排农、林、牧业生产用地,合理配置水土保持措施,做到治坡与治沟结合,生物措施与工程措施结合,造林种草与封山育林育草结合,田间工程与农业耕作措施结合,水土保持骨干工程与一般工程结合,治理、管理与利用结合。要处理好长远利益与当前利益、林业和牧业的关系,要大力建设多种经营基地,扩大商品性生产。”

第三,关于治理工作。《办法》要求:“小流域要实行综合治理,集中治理,连续治理。坚持治一片,成一片,管好一片,受益一片。国家给予经费补助的重点小流域,要遵照基本建设管理程序,列入计划项目,经过审批,而后治理。水土保持骨干工程必须有规划设计和施工方案,严禁盲目施工。治理要由县水土保持业务部门与承担治理的社队签定合同,明确双方责任,按合同检查验收,各项设施要保证质量,讲求实效,不搞形式。执行合同,要赏罚严明。”同时,还规定了小流域治理的标准。

第四,关于小流域治理经费。《办法》要求:“要尽量集中使用,防止撒胡椒面,严禁铺张、浪费、挪用。”“主要是用于林草种子苗木、施工工具、水保工程的三材和机械施工的耗油、耗电等方面的补助,以及群众观测网点的科研费。并由银行监督使用。”

1982年春,黄河中游治理局接受主持试点小流域的任务,为了加强管理工作,首先建立必要的规章制度。针对当时规划和经费方面存在的问题,根据《水土保持小流域治理办法》精神,拟定《黄河中游试点小流域综合治理规划要点》与《黄河中游试点小流域经费管理使用办法》两个规章草案,并在同年4月召开的第一次试点小流域会上,进行研究修改。后征得水电部、黄委会同意,发布实行。

《规划要点》对规划的主要内容作了具体规定,并对规划的成果通过表式提出统一的要求,使规划与治理有统一的检查验收标准。《经费管理使用办法》除重申水利部1980年颁布的《办法》有关精神外,还对经费使用项目、签订合同、补助定额、检查验收和奖惩等有关问题,作了具体规定。关于经费使用项目,明确分为治理费、管理费和科研费三方面;规定治理费不得少于97%,管理费不得超过3%,科研费只用于经研究确定的科研项目与指定的小流域。关于签订合同,除在《经费管理使用办法》中明确规定双方的责、权、利外，还拟定具体的协议书表式，印发各地参照办理。关于补助定额，在整理、分析各地现行补助定额的基础上，经过调整、充实，提出不同条件下修梯田、筑坝、造林、种草等治理措施的补助定额。关于检查验收，除在《经费管理使用办法》中，明确基本原则与作法外，还拟定梯田、筑坝、造林、种草等不同治理措施的验收单，分别规定各项措施的检查验收项目和标准。

1983～1984年间，在开展试点小流域工作过程中，黄河中游治理局根据实践经验与认识的深化，对1982年提出的两个管理性文件，陆续进行补充修改，先后提出《试点小流域综合治理管理办法》、《试点小流域总结验收工作要点》、《试点小流域科学研究工作要点》等有关规章制度；1984年5月，还举办试点小流域规划训练班与财务工作训练班，进一步落实有关的管理工作。黄河流域各省（区）根据黄河中游治理局的文件精神，结合当地的具体情况，先后制定本省、本地区试点小流域的管理办法，特别是经费管理使用办法，使小流域综合治理试点工作，日趋健康发展。

1986年1月，水电部在西安召开全国水土保持小流域综合治理试点工作汇报会，总结试点工作6年来的成绩和经验，并提出今后试点工作要"提高一步，深化一些，细致一些"。根据会议精神，黄河中游治理局召开第五次试点小流域工作会议，提出进一步完善试点管理办法的要求，草拟有关文件。通过广泛征求意见和反复修改，于1988年提出《黄河中游水土保持小流域综合治理试点工作要点》，对试点小流域的性质、任务、前期工作、规划的编制、实施、经费管理、检查验收、工作总结、经济效益的调查与分析、群众性水保科研、建立技术档案等，都作了具体规定。《工作要点》吸取历次规章制度中的精华，又根据近年来工作的新发展，进行了充实。新充实的内容主要有以下几个方面：关于检查验收，分年度检查验收和阶段检查验收，后者比前者有较高的要求，同时工作总结也分年度工作总结与阶段工作总结，同样，后者比前者有较高的要求；关于经济效益的调查和分析，包括单项措施效益和综合措施效益，提出了调查与分析的主要项目和基本方法；关于建立技术档案，明确了需要建立档案的内容、要求和方法；关于对《工作要点》各方面的要求，尽可能制定统一的表式。通过对试点小流域有关规章制度的不断修订、充实和完善，试点小流域的管理水平，逐年有所提高。

二、重点地区治理

1982年，全国第四次水土保持工作会议确定，黄河流域的无定河、黄甫川、三川河和甘肃省定西县，辽河流域的柳河，海河流域的永定河上游，长江流域的江西省兴国县、湖北省葛洲坝库区等8个水土流失区作为全国的治理重点。1983年3月，水电部副部长李伯宁在北京主持召开全国重点地区治理会议，对《关于加速水土流失重点地区治理的暂行办法》进行了研究，会后又广泛征求意见，进行补充修改后，正式颁发施行。《暂行办法》对开展重点地区治理工作中关于制定规划、组织实施、经费管理、检查评比和加强领导等，都作了原则规定，为加强这项工作的管理明确了方向和措施。

第一，关于规划的编制。《办法》要求："要按流域和县制定一个切实可行的总体规划，在总体规划下，还要逐条编制出小流域治理规划。规划要附有现状图和规划图，没有条件的，可先绘制示意图。""根据规划，编制年度实施计划。年度计划逐级上报，分级审批。具体分工由省确定。"

第二，关于规划的实施。《办法》要求："在治理中要积极实行责任制。责任制的形式，应根据当地农业生产责任制的形式和治理规模，因地制宜地实行不同的责任制。可以实行以户承包、联户承包，也可以实行专业队、组承包，或由社、队（乡、村）统一治理，做到合理负担。不论实行那一种形式，都应在统一规划下进行，把责、权、利结合起来，做到谁治理，谁管理，谁受益。"

第三，关于加强经费的管理使用。《办法》指出："在自力更生的原则下，国家在资金上对重点地区要给以一定的扶持。这项专款是补助性质，不作为基数，每年根据治理任务进行调整，'戴帽'下达，专款专用，经费可以结转下年度使用。使用范围，仅限于水土保持工程措施和植物措施，以及综合治理的前期工作和宣传、培训、奖励开支，不得用于基本建设项目和购置固定资产。经费的使用由主管单位与实施单位签定合同。有条件的地方，可以试行周转金的办法。"

第四，关于检查评比。《办法》要求："在治理过程中，社、队（乡、村）要及时检查，保证治理质量。每一个县每年至少要检查评比一次；一个流域内有几个重点县的，由地区或省每年至少检查评比一次。竣工后要由主管单位，负责组织力量，进行验收。"

第五，关于加强领导。《办法》指出："搞好重点治理，关键在县。在县委的统一领导下，要有一位县级领导干部分工负责这项工作，并应有一个强有力的工作班子。省、地两级也要加强对重点地区工作的具体领导，在财力、物力和技术力量上积极给予支持。流域机构要积极协助地方搞好规划，进行技术指导，总结经验，培训干部，督促检查。"

黄河流域4个重点治理区所属4个省（区）、5个地（盟）、18个县（旗）的各级领导与业务主管部门，几年来基本上都遵照《办法》的要求执行，加强了管理工作。在1982年制定四个总体规划的基础上，又制定分县和小流域的实施规划。治理过程中，省、地、县各级，层层进行检查，定期进行评比，到1987年底完成了原定第一期(5年)治理任务，经费基本上做到专款专用。

三、治沟骨干工程

1984年4月，国家计委和水电部共同研究提出：对黄河流域水土流失严重的地区，在积极采取面上梯田、林草、淤地坝等水土保持措施的同时，在沟中增修一些治沟骨干工程，提高水土保持的防御标准，同时拦泥淤地，既为当地兴利，又为黄河减沙；工程规模，一般库容50～100万立方米，少数100～200万立方米，个别可到500万立方米。要求黄河中游治理局提出一个初步方案。同年5月，黄河中游治理局提出初步方案，经逐级汇报，得到黄委会、水电部和国家计委农林水利局同意，要求编制治沟骨干工程规划，作为《黄河流域黄土高原地区水土保持专项治理规划》的一个组成部分。经与黄河上中游7省(区)共同努力，1985年冬提出治沟骨干工程规划初稿，1986春得到国家计委和水电部原则同意，拨专款进行建坝试点。1987～1988年继续增加拨款，增加试点坝库，要求按基建程序加强管理。为了慎重对待此项工程，1984年秋进行治沟骨干工程规划的同时，由黄河中游治理局牵头，组织7省(区)和有关大专院校科技人员，编制《治沟骨干工程技术规范》，1986年冬完成，经水电部审核同意，向全国发布。黄河流域治沟骨干工程的设计、施工等技术，都以此作为管理依据。1986年9月，在西安召开治沟骨干工程工作会议，研究黄河中游治理局提出的《黄河中游水土保持治沟骨干工程管理工作暂行规定(讨论稿)》。《规定》指出："治沟骨干工程是国家资助，群众兴办的一项基本建设工程，要求按基建程序管理，保证工程质量，管好用好经费，充分发挥各种效益。"《规定》对治沟骨干工程的计划任务书、扩大初步设计、(概)预算、(概)预算定额、施工合同、财务管理、物资管理、统计报表、质量检查与工程验收、工程技术档案等方面的要求，都作了具体规定。

第一，关于规划设计的编制。《规定》要求："由县(旗)水利水保局负责主持，每项工作必须明确项目负责人。各种技术文件必须根据水电部颁发的《水土保持治沟骨干工程暂行技术规范》和有关规定进行编制，要求文、图、表齐全。各种技术文件要严格执行技术责任制，设计、绘图、计算、校核和审定人要分别在文件图纸上签字。”

第二,关于规划设计文件的审批。《规定》要求:“工程规划和计划任务书由地(盟)、省(区)逐级负责审核上报,目前试点阶段,由黄河中游治理局审批。扩大初步设计文件由地(盟)水利水保局(处)审核,省(区)水保局(处)审批,同时报黄河中游治理局备案。”

第三,关于施工管理。《规定》要求:“由县专管领导负责,组织施工。施工队伍中须有国家干部负责,并有1~2名具有技术职称或丰富施工经验的人员负责施工技术工作。施工要求采取承包方式,实行一级或二级合同制。必须严格按照设计要求施工。施工中必须执行质量检查和工程验收制度。”

第四,关于经费管理。《规定》指出:“治沟骨干工程的经费,要贯彻自力更生精神,国家投资属于补助性质,实行投资包干制,由群众和地方出一定的劳动积累和投资,作为自筹部分。国家投资的工程经费为基建费,由水土保持业务部门按基建程序管理使用,由建设银行办理拨款手续,进行监督。”

1987年6月,为了加强坝库防汛,黄河中游治理局向有关省(区)发出《关于确保治沟骨干工程安全渡汛的紧急通知》,要求省、地、县各级建立健全坝库防讯的岗位责任制,提出确保设防标准下坝库安全渡汛的措施,并逐坝填写工程渡汛卡片,做到心中有数。根据《通知》精神对已发现问题的坝库及时采取措施解决,防止事故的发生。

第二节　组织管理

黄河流域各地水土保持组织管理的主要任务是:科学地组织水土保持实施范围的农民群众、基层干部(主要是乡、村两级)和科技人员(重点是地、县以下)的工作,使之协调配合,各得其所,能充分发挥其积极性,保证治理任务的完成。建国以来,随着农村经济体制的变化,农民群众、基层干部和科技人员参加水土保持的责任制形式,相应地有所改变,其组织管理的要求,也随之不断改进和完善。

一、农民群众组织管理

建国初期,是一家一户分散治理,基本上没有组织管理工作。1956年农业合作化以后,开始出现以村(或乡)为单位,集体进行治理,相应地出现了初步的组织管理工作，但一般未形成正式的规章制度。这种情况，一直延续到70年代后期，没有根本性的变化。其中曾出现1958～1959年"大跃进"中"大兵团作战"的组织形式。进入80年代以后，农村开展水土保持中，出现了两种新的形式：一是各地普遍推行以小流域为单元的综合治理，开展治理的小流域一般都有具体的管理机构（流域治理指挥部），同时，按照试点小流域有关规章制度，对参加治理的农民，都因地制宜地提出了一套组织管理办法，有的并正式形成文件。二是随着农村家庭联产承包责任制的实行，各地出现了按户承包治理的水土保持责任制，将荒山、荒坡、荒沟、荒沙、荒滩，按户承包给农民治理，规定"谁治理，谁管理，谁受益"，"长期不变，子女可以继承"，极大地调动了群众的积极性，2～3年内，黄河上中游7省（区）按户承包治理的农户发展到占总农户的38%。各地及时制定了许多有关的规章制度，逐步完善了这种新型的水土保持责任制，水土保持出现了新的局面。随着治理工作的发展，在户包的基础上，根据具体情况，各地又采取了联户承包、专业队承包、集体治理分户管理和劳动积累工（或称义务工）等多种形式的责任制，推动了治理工作的开展。这些不同形式的责任制，各地都制定了相应的组织管理办法。

（一）关川河流域治理的承包办法

甘肃省定西县在关川河流域水土保持综合治理中，制定了一套比较完善的组织管理体系和治理承包办法。其组织管理体系是：县里成立关川河流域治理指挥部，由一名主管农业的副县长任指挥。下设规划、治理、工程、财务等科室，从水利、水保、农业、林业、畜牧等有关部门调配技术人员，充实指挥部。关川河流域治理第一期工程实施范围的15个乡，分别成立流域治理项目管理站，由各乡乡长任站长，站内配备相应的规划、治理、工程、财务等方面的技术人员，组成流域治理的主要实施单位。在治理的组织工作上，根据不同条件，分别采取以下几种承包形式：

1.项目管理站责任承包。指挥部将治理任务下达到各项目管理站，由指挥部负责人与项目管理站站长签订承包合同责任书，县长监证。项目管理站将各项任务分解承包到村、户或工程队，层层签订承包合同，组织承包者开展治理。

2.重点流域综合承包。由指挥部治理科科长与重点流域治理组组长签订综合治理承包合同，指挥部负责人监证。实行任务、经费、管理三包干，责、权、利三结合。

3.重点工程整项承包。较大的治理工程，由指挥部统一向社会招标，与承包单位(工程队)签订合同,县公证机关监证,实行工程整体承包,经费按基建程序办理。

4.基层承包。项目管理站和重点流域承包组,在分解各单项措施时,一律实行公开招标,并优先照顾直接受益的村、户。

5.对外承包。在本乡或本流域无人承包时,可由外乡、外流域的单位或个人进行承包。在合同中,明确承包项目的数量、质量、需用的材料、经费,双方的权利、义务。合同一经签订和公证,具有法律效力。招标合同签订的程序是:(1)发包部门发布项目、任务、要求和条件,进行招标;(2)愿意承包者,在规定期限内向发包部门提出书面报告,申请应标;(3)发包部门对应标者进行考核,确定是否中标;(4)中标后,双方协商承包条款;(5)召开会议,正式签定承包合同,并经监证方面公证后生效。

(二)陕西省农田基建的组织形式

陕西省人民政府1988年作出决定,要求在"七五"计划的后3年,全省每年完成新修50万亩基本农田的任务,在总结群众实践经验的基础上,对建设中的劳力组合,根据不同情况,因地制宜地提出了五种组织形式:

1.以村修地,组织会战。在人多地少,耕地集中,土地插花,居住集中的高塬区和丘陵区,采取以村、组为单位,统一规划,组织劳力,在村、组长统一领导下,集合全村各户,定任务,定劳力,统一时间,集中劳力,进行集中连片修地。

2.协作修地,轮流治理,以工换工。对涉及到几个村、组的大面积平整土地、修梯田、筑坝淤地等工程,由上一级行政组织(乡)负责,组织协作治理会战,轮流治理,贯彻"按劳分配"原则,工换工,几年清。具体做法是"四统一"、"两集中",即统一规划、统一领导、统一标准、统一治理;集中劳力、时间,集中连片治理。

3.联户治理,取长补短。在土石山区修石坎梯田和闸沟造地,其中测量、放线、开石、砌坎等工序,技术要求较高,由于各家农户情况不同,有的有匠工缺劳力,有的有劳力缺技术,则由群众自愿联合,协作治理,取长补短,轮流换工,修田造地。

4.专业队修地,常年不断。在经济条件较好、多种经营门路较多、村办企业收入较高的地方,采取以工补农、以副养农的办法,组织农田基建专业队,坚持常年修地。

5.单户治理,全家动员。在地广人稀、居住分散的山区,单户修地比较方便,采取统筹规划,单户施工,男女老少齐出动,坚持常年治理。

上述五种方法，在投劳报酬处理上，一般采用以工换工的办法，也有采用任务到村，土方到户、到劳，粮钱补助与土方挂钩，分户结算，超奖欠罚，报酬兑现的方式；在村、组有收入的地方，按工付酬（现金）；在收入短缺的地方，用修地奖地的办法。

（三）榆林、延安治沟工程的责任制

陕西省榆林、延安两个地区，在治沟修坝和骨干工程的施工上，采取了两种承包责任制：

1. 乡与村联合承包。县为甲方，乡与村为乙方，签订责任合同，统一组织施工所。县水保队负责按预算拨款，派一名施工员，负责技术指导，监督经费开支，乡上负责全面组织领导工作；村上负责组织劳力、准备材料和后勤工作。

2. 县与村直接签订承包合同。县水利水保部门组建施工所，直接委派所长、会计员和施工员，掌握施工进度，进行技术指导。村只承包施工工作量，组织劳力，不承包材料费。

（四）艾好湾村的常年水保专业队

陕西省米脂县杜家石沟乡艾好湾村，在1982~1986年的水土保持工作中，由于建立了一支特殊形式的常年水保专业队，从而加强了管理，加快了治理进度，取得了较好成绩。其基本作法是：

1. 按劳投工组成专业队。组织形式与众不同，不是抽调一批劳力建立专业队，而是依靠每户每月按劳投工建成的专业队。规定农忙季节（5～10月）每月男劳投工6个，女劳投工10个；农闲季节（11～4月）每月男劳投工10个，女劳投工15个。

2. 治理安排与成果分配。全村统一规划，集体治理，分户管理。所修水平梯田，当年不易增产，先给愿承包者种一年；第二年生土熟化后再收回正式分配，承包户每亩需交20元治理费。

3. 群众劳动报酬。全村分11个承包小组，按组统一核算，实行定额包工，规定每工日需完成土方5立方米，坡地修梯田，一般每亩土方200立方米，需40工日，补助40元；不同条件下需不同土方时，所需工日和补助作适当调整。

4. 出勤和奖励。根据每户实有男女劳力数量，明确每户每月必须出勤的工日数，超奖短罚。男劳短一工日交款3元，女劳短一工日交款2元，当月兑现。由于村干部带头执行，群众都积极拥护，因而能长期坚持。5年内共修基本农田364亩，平均每个劳力每年修地0.5亩。

二、专业人员组织管理

从50年代到70年代，黄河流域各地开展水土保持，都是靠行政方法组织基层干部和科技人员参加。进入80年代以后，各地逐步采取把水土保持的治理成绩与基层干部和科技人员个人利益挂钩的作法，收到较好效果。

（一）榆林县的任期目标责任制

陕西省榆林县，从1985年起，在水土保持治理工作中，对乡（镇）主要领导干部实行任期目标责任制，与风沙区的17个乡（镇）和丘陵区的10个乡（镇）分别签订3年治理荒沙119万亩和荒山40万亩的合同，规定完成任务受奖和完不成任务受罚的具体条件。为了便于考核，还制定具体的验收质量标准和检查验收办法。县上每年夏季和秋季分别派出检查小组，夏季查措施完成面积，秋季查林草成活情况，造册登记，勾绘上图，严格考核。每年按照完成的基本农田和林草的数量和质量等9项指标，进行百分制考评，排名次，计奖罚。这样，增强了干部的责任感，改善了领导作风，加快了治理进度，提高了治理质量。风沙区原订3年的治理任务，两年就超额11.8%完成；丘陵区各乡（镇）也都保质保量按时完成治理任务。1987年冬，县政府召开隆重的合同兑现和表彰大会，按合同规定，对完成任务好的12个乡（镇）和19名领导干部给予奖励，两个乡受到大会批评，干部群众都感到满意，进一步坚定做好水土保持工作的信心和决心。

（二）伊克昭盟的三级合同制

内蒙古自治区伊克昭盟罕台川流域，在水土保持治理中，采取三级合同，实行目标责任制。流域地跨达拉特旗和东胜市，治理任务较大。签订合同时，盟对旗、市为第一级，旗、市对乡为第二级，乡对村或治理户为第三级。各级合同都明确治理任务和质量要求，同时实行计分考绩，按分奖罚。对基本农田、造林、种草、坡面工程、管理维护等，分别制定评分标准，按完成的数量、质量计分。全年总分达100分者为一等奖，70分者为二等奖，分别给以不同数额的奖金。总分不及70分者给以适当数量的经济扣罚。

（三）宁夏回族自治区的技术责任制

宁夏回族自治区在小流域综合治理中，实行技术责任制，对全区开展治理的每一条流域都指定1～2名技术负责人，并明确其主要职责是：提出小流域综合治理的规划、设计；组织各项治理措施的实施及技术指导；编制年度治理计划，掌握治理进度，填写治理档案；管理小流域治理各项技术资料和有关文件;进行工作总结,参与工程验收,主持补助经费兑现。要求技术负责人,在小流域治理中,从规划、设计至竣工、验收,一直负责到底,没有特殊原因(并经自治区水保主管部门批准),不得任意变动。各县都把小流域治理进度、质量和效益等,作为技术负责人考绩的主要内容,年终评比,奖罚兑现。

(四)忻州水保所的技术服务办法

山西省忻州地区水土保持研究所,1987年在忻州西部6个县内选了7个有代表性的承包户,作为科技联系户,进行定点技术服务。由承包户、研究所、县水利水保局三方签订技术服务合同,研究所负责提供技术,承包户负责实施,县局负责监督。采取了以下几种服务方法:科技人员包点,从规划到实施,全面负责技术;承包户将治理中的难题,通过信件反映,研究所有关人员复信解答,或上门服务;研究所为承包户提供经济信息、市场情况、技术书刊,派出人员巡回指导、现场讲授技术;提供种子、苗木,指导产前计划决策,帮助产后产品销售。通过上述技术服务,收到良好效果,7个承包户均取得显著的经济效益。岢岚县农民刘星亮,接受技术服务后,调整了种植结构,发展了经济作物和大小牲畜,1987年在大旱情况下,全家总收入7000余元,人均1000余元。承包户增产后,对参加技术服务的人员给以适当的报酬。

第三节　技术管理

黄河流域各地水土保持技术管理的主要任务是:对水土保持综合治理中的总体规划和各项治理措施的规划、设计、施工等各个技术环节,提出明确的技术要求、质量标准、审批程序和检查验收办法,使承担各项任务的单位和人员,在工作中有章可循,以保证治理成果的质量,同时作为竣工付款的依据。技术管理与经费管理有十分密切的关系。

建国初期,只有在沟中修建坝库工程时引用小型水利的技术管理办法。随着水土保持事业的发展,各地在加强科学研究和实践总结的基础上,对小流域综合治理和梯田、坝地、造林、种草等各项治理措施的规划、设计、施工等,先后不同程度地提出了有关的技术规程或技术要点和质量标准,要求实施单位遵照执行。进入80年代以后,随着小流域综合治理试点和重点地区治理等有关管理制度的发布,各地(特别是无定河、三川河、黄甫川和定西县等重点治理地区)都强调严格审批手续和检查验收制度,使水土保持的技术管理日趋完善。

一、技术管理基本内容

根据水利部关于试点小流域和重点地区治理中关于技术管理的规定，黄河流域各省(区)都分别制定相应的管理内容。其中甘肃省《定西县关川河流域水土保持技术管理规程》、《宁夏回族自治区小流域治理验收暂行办法》比较有代表性。

(一)关川河流域的技术管理规程

甘肃省定西县在关川河流域水土保持综合治理中，制定的技术管理规程，主要有以下几方面的内容：1. 小流域综合治理规划的技术要点和各项治理措施的设计要点。2. 综合治理的施工程序，要求各承包施工单位编制施工计划和施工方案，报流域治理指挥部审批后执行。3. 各项治理措施(梯田、坝地、造林、种草、谷坊、水窖、涝池、沟头防护等)的施工技术要点、质量标准等，都逐项作了具体规定。4. 施工成果的检查验收，由流域指挥部统一领导，施工完成后，先由承包单位组织有关人员进行自查初验，并写出初验报告，填绘验收图表，报请指挥部复验；指挥部派出验收组，深入现场，观察测量各项措施完成的数量，评定质量，核定竣工图表和决算，按验收图表和原始验收表汇总，填写工程验收登记卡；凡不按规划设计进行施工，或施工质量不合标准的，不予验收，限期返工，或进行补充治理。验收合格的小流域，由指挥部发给验收合格证书。验收工作结束后，指挥部还要组织复查小组，按验收工作程序，对验收结果进行15～20%的随机抽样复查，并填写复查登记卡。复查通过后，施工承包者持验收卡、复查卡和承包合同，到指挥部办理经费兑现手续。

(二)宁夏回族自治区的验收暂行办法

宁夏回族自治区制定的《宁夏回族自治区小流域治理验收暂行办法》规定了小流域治理的验收程序、内容、要求、标准及验收人员职责等。1987年下半年开始，对1983年以前开展治理的小流域，按照颁布的《暂行办法》逐级验收。先由县级水保部门进行初步验收，验收时要求技术干部、财务人员及乡、村干部协同进行，逐项逐块丈量测算，最后提出初验报告、治理成果图和验收表。初验合格的小流域，再由自治区和地区主管部门到现场进行复验。复验合格者，写出验收评语，发给验收合格证书，核销投资经费，将验收材料存档备查。验收不合格者，不给补助经费，并要求进行补差治理。到

1988年10月，已初步验收的85条小流域，基本达到治理标准，取得了明显成效。其中一部分已由县水保部门和各小流域所在的乡、村签订验收移交合同，交当地乡、村组织进一步完善治理，巩固提高，并定期进行检查。

二、技术管理新形式

80年代后期，各地在技术管理上进行革新，采取技术承包形式，保证治理中的技术要求，取得较好效果。

陕西省榆林地区1989年在无定河、黄甫川重点支流治理中，推行集团技术承包办法，在技术管理上进行了新的探索。1989年初，榆林地区水利水保局与地区行署主管领导签订治理承包责任书，抽调地县两级得力技术干部组成流域治理承包集团，由一名副局长总负责，与承包治理的技术干部之间，层层签订合同，明确任务、目标、时间、投资、质量标准和奖罚条件。全地区参加承包集团的100名技术干部，在流域内100个村，承包治理100平方公里面积，对承包者作出8条规定，其中主要的是：每人一年内新增治理措施面积1平方公里（1500亩）；新增治理面积中基本农田面积不少于15%；造林要坚持工程整地，成活率不低于85%；治理前要提出1988年的治理现状和1989年的治理规划，要有现状图与规划图；年终按图对照地面实物进行验收，根据合同规定的数量、质量要求奖罚兑现。技术人员承包任务后都积极认真执行，加快了治理进度，提高了治理质量。这个地区的绥德县，15名技术干部，承包治理15平方公里，规定每平方公里治理措施组成是：基本农田270亩，造林1050亩，种草180亩。县上对有技术干部承包治理的村庄，优先安排工程项目，优先供应树苗、草子，优先兑现补助经费。技术承包后，措施规划设计合理，治理集中连片，工程质量明显提高，进度比没有技术承包的加快了50%。

第四节　经费管理

黄河流域各地水土保持经费管理的主要任务是：专立账户，专人专管，保证专款专用，防止挪用和贪污、浪费，以提高资金的使用效果，提高治理的经济效益。

70年代以前，中央和地方财政对水土保持的投资，主要用于对各项治理措施的工具、材料、种子、苗木等补助；群众参加水土保持的劳力，除某些较大工程外，一般没有报酬，经费管理工作比较简单。进入 80 年代以后，随着农村经济体制的改革，群众参加水土保持的用工，除劳动积累工外，一般都有程度不同的经费补助，因而经费管理工作随之改进。各地在经费管理上，提出许多改进办法，并已取得较好效果。

一、经费管理基本内容

根据国家主管部门制定的有关制度，各省（区）结合当地情况，先后制定水土保持经费管理使用办法。其中陕西省制定的办法，具有代表性。

1984 年 12 月，陕西省财政厅与水利水保厅联合发布《陕西省水土保持补助费管理使用暂行办法》，要点如下：

第一，关于使用原则。要求水土保持补助经费"由省、地、县各级水利水保和财政部门共同管理，专款专用"。"坚持依靠群众力量为主，国家补助为辅的指导思想，注重发挥资金效益"。"资助原则是择优扶持，突出重点，兼顾一般。成绩显著的多补，较好的少补，差的不补"。

第二，关于补助范围。主要用于大面积兴修水平梯田、埝地等田间工程，新修、加固维修工程量较大的淤地坝、谷坊等沟壑工程的材料、工具等补助；荒山荒坡和退耕地上成片造水土保持林、种草以及苗木种子基地的种苗补助；部分困难乡、村的较大水土保持工程施工中确实需要外请技工的工资，以及集体办灶的伙食补贴；户包治理奖励性补助和有偿投资等。

第三，关于计划管理。《办法》要求"水土保持补助费由地、县两级管理，并以县级水土保持部门为基层管理单位，各县必须严格按照批准的计划项目，与有关乡、村、户签订技术经济责任合同，落实任务，积极实施"。对补助费的审批与使用，要求"坚持按勘测、设计、计划预算审批，签订合同，落实任务，组织施工，分期检查，竣工验收，决算移交，财务监督等程序进行"。"必须按合同或下达的指令性任务指标进行划段验收，按计划、进度分期拨款，竣工结算"。"各地、市、县要加强报告制度。不按时上报进度又无实绩的项目，不再拨款；对不报当年财务决算的，不审批下年度计划"。

第四，关于监督检查。《办法》规定："各级水利水保、财政、银行部门要加强对水土保持补助费的财务管理，必须配备专职财务人员，建立专账和健全财务制度，经常督促检查资金的使用执行情况和经济效果。每年应进行一次至两次资金使用大检查，及时总结经验，解决存在问题。对不符合规定的，财政和银行部门应拒绝拨款;资金使用效果不好,经指出后仍不认真改正的,应酌情减少资助或停止补助。”“严格财经纪律,对转移资金用途和不按有关制度、规定开支者,给予批评教育,以至行政处分,对贪污盗窃资金和物资者,一经查出,要严肃处理;个别情节严重的,要追究法律责任。”

二、经费管理改革

80年代中期以后,各地先后提出经费管理改革办法,有以奖代补、以物代补、以息代补、以借代补(有偿投资)等,提高了投资的效果。

(一)改无偿投资为有偿使用

中共山西省委、省人民政府决定,从1988年开始,连续10年,从扶贫资金中拿出一部分作为无息贷款,用于扶持吕梁山区以机修梯田为主的基本农田建设,第一年首先拿出800万元。这是扶贫资金使用办法的一项改革,打破了几十年来“国家花钱修地,农民种田”的做法。这项工作由省扶贫办公室领导,省、地、县水利水保部门负责审查项目和可行性,农业银行负责资金的发放与回收,各县人民政府组织协调,领导实施。具体做法是:由有关县成立土地开发公司,负责承贷和还贷,以“保本微利”的原则向农民有偿转让基本农田。该公司为独立核算自负盈亏的经济实体,可利用间隙资金开展多种经营或开发性生产;把无息贷款与水保投资中修梯田经费合在一起使用,对农民可减少无偿投资部分,以利回收;农民有偿使用土地,使用期为20年左右,优先让原地块承包者使用。梯田转让价以修地成本为准,若能当年一次付清,按成本80%收费,两年付清者按90%收费,3年付清者按100%收费。

山西省临县兔坂镇,在水土保持经费使用上,进行一种革新试验,已基本成功,正进一步研究推广。其具体作法是:由集体(村)用农田建设贷款,统一机修梯田,把修成梯田的使用权,作价由农民购买,3年内分期付款;使用期10～20年,使用期间收益全归农民;把收回的资金再度用于机修梯田,再修再卖,再卖再修,一次投资,多次使用,既促进基本农田的建设,又做到土地的建、管、用结合,效果较好。该镇高沟村,1988年秋,将集体贷款新建的38亩机修梯田,按土质好坏和距村远近,划等定类,明码标价,在全村公开招标拍卖,结果有21户农民分别以每亩180～220元价格中标成交,与集体签订合同,明确使用期10年,3年内分期还清价款,集体与个人双方都感到满意。

(二)水保经费与农村福利事业挂钩

陕西省绥德县在开展水土保持中，1988年对新修梯田采取与群众经济利益直接挂钩的奖励政策，调动了群众的积极性，加快了梯田建设进度。这些政策是：新修梯田与优先供应化肥挂钩，对按计划完成任务的乡、村，按指标供应化肥，超额完成的多供应，未完成任务的不供应；新修梯田与扶贫款(用于架设农村用电线路和修公路)挂钩，按各乡、村梯田任务完成情况，排列名次，完成好的优先通电、修路，完成差的推迟安排；新修梯田与分配水地、坝地种植挂钩(事前大部分村把水地、坝地收归集体)，按每个农户完成梯田任务的情况，分配一定数量的水地、坝地，种植一年，不增加征购和提留任务，以资鼓励；新修梯田与安排经济林补助款挂钩(由于经济林效果好，群众迫切要求发展)，完成梯田任务的，按计划发给经济林补助款，未完成的不发给。

绥德县从1986年起，还利用无定河流域治理补助款，开展重点小流域有偿投资治理，国家给群众提供资金，发展经济林和改良牲畜，群众用修梯田的补助款偿还。该县姚家沟村，属重点治理小流域，计划新建果园450亩，人均一亩，群众自筹资金修建200亩，还有250亩无钱买果树苗。1986年，县水保局与该村签订合同，提供建立250亩苹果园所需资金3750元，该村在3年内用超修梯田的补助款偿还。1987年，分配该村修梯田任务100亩，实际完成300亩，超修200亩，按每亩35元，共补助7000元，偿还建苹果园的全部资金还有剩余。

第五节 经营管理

黄河流域各地水土保持经营管理的主要任务是，对已经建成的各项治理措施，加强管理养护，使梯田、坝库等工程保持完好，造林、种草等提高成活率和保存率；在各项治理措施中，努力搞好生产，使之尽快提高增产效益；对各项产品，除部分自用者外，积极组织加工转化和运销，使之尽快变为商品，增加群众经济收入，以提高群众进一步开展水土保持的积极性，增加自力更生改变贫困面貌的内在活力。

从50年代开始，各级党政领导和业务主管部门反复强调，对各项治理措施必须加强管理养护，许多地方的乡、村组织和农民认真遵照办理，并创造了许多好的经验。但也有不少地方重建轻管情况比较普遍，林草成活率和保存率很低。80年代以来，随着农村经济体制的改革和商品生产的发展，各级业务主管部门，在继续强调搞好水土保持措施管理养护的同时，还不断强调提高治理的经济效益和结合水土保持发展农村商品生产的要求，并作出一些政策性的规定，以调动群众积极性。各地提出了许多好的办法，使水土保持的经营管理工作，有了新的发展。

一、人工林草管护

（一）米脂县的林草管护办法

陕西省米脂县，在无定河流域水土保持重点治理和接受外援开展黄土高原综合治理中，为了巩固治理成果，防止破坏（特别是林草），县政府于1987年12月发布无定河流域治理和受援项目两个指挥部联合提出的《关于加强林草建设巩固林草成果的意见》，并附《护林护草公约》与《林草管护员的职责》。《意见》要求：1. 建立管护制度、落实管护责任。村村要建立专职护林护草制度，选定专人巡回检查防护。要给管护人员一定的责、权、利和报酬。2. 实行垦伐审批制度，维护治理成果。无论是集体或个人的林木草地，凡需间伐、更新、改造或草地轮作开种，都要严格按照规定的审批权限办理审批手续（发给许可证）。各审批单位在办理许可证时，必须明确提出补种、更新任务和完成时间。凡不按程序申报，不经批准和违证办事的，一律以毁林毁草论处。3. 改革放牧制度，实行轮封轮牧。提倡建立割草基地，羊群舍饲和以户圈养的办法。制定轮封轮放方案，在封禁区四周和路口设立封禁标志，标明封禁年限及破坏封禁的处理制度。4. 坚决执行法规，严禁毁林毁草。认真查处各类毁林毁草案件，依法惩治。县公、检、法部门要积极行动，紧密配合。5. 造林种草必须以村为单位，分别进行逐块登记。6. 制定的《护林护草公约》、《林草管护员的职责》，必须严格执行。7. 加强领导，建立检查评比制度，表彰先进，督促后进。

（二）乡宁县的三级管理网

山西省乡宁县在水土保持小流域综合治理中，坚持"治管并重"的原则，建立了县、乡、户三级管理网，采取以下几种形式：1. 县上除业务部门按正常工作进行管理外，还建立了水利水保公安派出所，设立两名专职水利水保警察，按照《森林法》、《环境保护法》、《水土保持工作条例》等有关法规，严格依法管理。2. 各乡、镇和重点小流域，都分别设立水土保持工程管理委员会，每处固定3～5名管护人员，全县共48名，在乡、镇政府和小流域治理指挥部领导下，分段看护管理，责任到人，签订管护合同，建立奖罚制度。3. 按户承包,谁治理,谁管理,谁受益。全县有9032个承包户,在承包面积中常年治理,常年管理,提高了经济效益。谭坪乡神底村农民芦荣,在承包治理的1000亩面积上精心管理,3年内投工3000多个,投资200多元,栽植的18.7万株树木,据测算总价值已达30万元以上。

(三)车峪沟小流域的林木保险公司

河南省灵宝县车峪沟小流域,面积47.7平方公里,有1300多户,6000多人。1983年列为黄河中游治理局的综合治理试点,到1985年底累计完成基本农田9400亩,造林2.94万亩。造林成活率与保存率一般在90%左右。造林成活、保存率较高的主要原因是:在提高造林质量的基础上,加强了管理和保护,防止了破坏。特别是流域内的李村,创建了"林木保险公司"这样一种企业化的群众护林组织,收到了更好的效果。主要作法如下:1.组织——经群众推选和本人自愿,由一个村干部任经理,并聘请36名热爱林业、办事公道的农民为护林员。2.收费——林木由户主向公司交保险金,每株乔木每年保险金五分到一角。3.赔偿——树木如有损坏,由公司负责向户主赔偿,根据树种和生产情况,分等级规定赔偿价格,及时兑现。4.罚款——对破坏林木者,一经查获,就按章程进行罚款。几年来,发生破坏事件37起,已查获32起,处理42人,共罚款1385元,罚粮230公斤。5.报酬——护林员每人每月45元,由保险金收入中支付。6.其他措施——公司还采取多种形式,大力宣传《森林法》、《水土保持工作条例》以及当地有关保护林木的具体规定,并争取乡政府和公安派出所的支持;同时分片修建护林哨所,为搞好护林工作创造有利条件。

二、梯田坝地管护

(一)榆林延安的坝库管理办法

陕西省榆林、延安两个地区,对沟中坝库采取四种管理形式:1.专人护坝。延川县正沟坝、米脂县泥沟坝修成后,前期蓄水养鱼,发展灌溉,在收益中提取一定比例,聘请专人护坝。2.承包护坝。米脂县卧马坪坝,建坝时利用附近荒沟修建沟台地,在坝库下游修水浇地,将这些新增的土地,抽出1～2亩,作为护坝者的报酬,谁种植、谁护坝。3.用乡村企业收入提成,组织劳力护坝。在有矿产资源、集体果园或其他多种经营的乡村,多采用这种形式。4.用农村建设"劳动积累工"护坝。将护坝任务纳入农村建设"劳动积累工",根据护坝任务情况,每坝每年安排100～150个农建工日,平时专人护坝，汛期增人护坝，遇到险情出动全村劳力护坝。榆林县的坝库工程，多采用这种形式的责任制，加强了管理养护。

（二）米脂县补修梯田的规定

榆林地区米脂县，1988年春，采取用新修梯田补助款带动补修旧梯田的办法，收到良好效果。县政府规定，新修一亩梯田，必须补修三亩旧梯田；验收新修梯田时，也验收补修的旧梯田；不补修旧梯田的，扣发新修梯田的补助款。不少乡根据县上要求，对此项工作做了更为具体的规定。杨家沟乡政府规定，1983年以前修的旧梯田，谁种谁负责补修，1983年以后新修的梯田，由承修者负责补修，不补修的，按每亩5个工日，出钱请人代修。有的村集中劳力，一面坡一面坡地对旧梯田进行统一补修。由于领导重视，措施得力，不到10天，就补修旧梯田4.5万多亩。

三、新兴经营方式

80年代以来，随着商品经济的发展，黄河流域有些地方的农民开始采取"公司"形式，进行水上保持的经营管理。山西省河曲县五花城乡创办的五花城流域开发治理股份公司，效果较好。

五花城乡地处邬家沟流域的出口处，属黄土丘陵沟壑区第一副区，水土流失十分严重。1983年河曲县推广按户承包治理，这个乡有近1.4万亩土地由于治理难度较大，农户不愿承包。1984年4月，在上级党政领导的关怀和水土保持业务部门的支持下，成立开发治理股份公司，主持1.4万亩土地的开发治理和经营。这个公司是一个自主经营、独立核算、自负盈亏的经济实体，在水土保持中，从治理、管理到收益分配，采取与一般面上治理不同的管理方法。

（一）经费来源

公司以股份形式，多渠道筹集治理经费。股份除现金外，资源（土地、树木）和劳力都可折价入股。公司成立后，共吸收资金股21.5股（15.5万元）、土地股31.8股（面积10524亩）、劳力股8.3股（投工3.45万个）。对股东采取入股自愿、退股自由、互利自主和优惠个人的原则。在上述股金基础上，再加上银行有息贷款、业务部门无息贷款和补助款、多种经营获利收入等，到1987年，公司共获得经费74.4万元。

（二）治理形式

由公司统一规划，根据不同情况，分别采取以下几种形式承包治理：1.

专业队治理。公司从附近9个乡(镇)吸收剩余劳力50多人,组成专业队,按项目承包,常年治理,定额记工,按工付酬。2. 雇工治理。从社会上招聘剩余劳力,短期承包某些治理项目,定额记工,按工付酬。3. 集体治理。公司范围所属各村,集体组织劳力,承包完成某些治理项目,定额记工,按工折价,可以付现金,也可以折价入股。4. 户包治理。主要用于栽植果树或经济林,由公司无偿提供苗木,由承包户进行栽植,任务完成后转入正常管理。

(三)管理形式

按照"先治后包"的原则,将治理成果及时转移到经营者手中。承包管理,主要有三种形式:

1. 指标管理。实行"三优先"的原则:入股者优先、土地所有村的农民优先、有技术专长的人优先。同时对承包者提出以下要求:按能承包,量力而行;在有经济林的梯田中只能种簇生低秆作物;负责管护工程和树草,损坏赔偿;服从公司的技术指导;承包期一定5年不变。5年来共有430户农民中标,承包管理3630亩经济林。

2. 专业管理。公司直接经营土地597亩,其中苗圃63亩,葡萄33亩,果粮间种45亩,水面(养鱼)156亩,速生丰产林300亩。这些土地的经营管理技术性较强,选有技术专长的农民承包,签订合同,定任务、定指标、定产量、定奖罚,年终兑现。

3. 户包管理。对上述承包治理的农户,治理后就紧接承包管理。承包户拥有土地使用权,30年不变,土地收益30%归公司,70%归承包户。

通过上述经营管理形式,有效地把农村剩余劳力和闲散资金组织起来,满足了水土保持治理中所需的经费和劳力,协调了统筹经营与分户管理的关系,加快了治理进度,提高了治理效益。在1985～1988年4年内,治理水土流失面积7068亩,连前累计达7522亩,占水土流失面积的50%以上。5年内粮油净增产51.4万公斤,价值36.8万元。此外,养鱼、育苗等增产值达6万元。

第六节　监督管理

加强监督管理,是防止人为破坏造成新的水土流失的主要途径,是水土保持工作方略上一个根本性的变化。监督管理的实施,主要是依靠国家颁布的法规、法令,建立健全监督机构,积极查处违法案件,坚持监督与服务结合，从而使水土保持工作逐步走上法制轨道。

一、制定法规

对新增水土流失进行预防监督，主要依靠国家颁布法规和法令。从50年代中期以后，国务院和有关主管部门曾先后多次颁布这方面的法规。1957年5月24日，国务院发布的《中华人民共和国水土保持暂行纲要》第七条至十三条，提出禁垦陡坡、滥伐林木和在兴修水利、公路、铁路等生产建设中，“应该负责做好必要的水土保持措施，防止水土流失”的规定。但预防水土流失的工作，并未引起各方面应有的重视，陡坡开荒、毁林毁草开荒等现象仍时有发生，开矿、修路、兴修水利等生产建设中破坏地面，造成新的水土流失的现象仍很严重。1962年2月17日，国务院发出《关于开荒、挖矿、修筑水利和交通工程应注意水土保持的通知》；1962年6月14日，国务院发出《关于汛前处理好挖矿、筑路和兴修水利遗留下来的弃土、塌方、尾沙的紧急通知》；1962年8月22日，国务院农林办公室又发出《关于迅速采取有效措施严格禁止毁林开荒的通知》。但在1966年开始的“文化大革命”中，上述各项《通知》精神均未能认真贯彻执行。

1982年6月3日，国务院发布《水土保持工作条例》，在第一章《总则》中提出“防治并重”的方针，把“防”放在“治”之前，同时专设第二章《水土流失的预防》，从第七条到第十六条，规定开荒、伐木、水利、交通、工矿等各种生产建设预防水土流失的具体要求。

80年代中期，陕西的神府煤田、内蒙古的东胜煤田和山西的河东煤田等，列为国家开发重点，国家、集体、个人一齐上。大规模的煤田开发和与之同步进行的公路、铁路的修建，产生大量的废土、弃石、矿渣，任意堆放在沟岸、河岸，造成新的水土流失。

1986年11月，国家计委法规司在西安召开晋陕蒙接壤地区水土保持立法座谈会，起草《开发建设晋陕蒙接壤地区水土保持规定》（草案）；1988年10月，经国务院批准，由国家计委、水利部联合发布施行。《规定》中，除提出工矿企业在生产建设中必须搞好水土流失预防和治理的基本要求外，并明确规定：“水土保持部门应当加强对工矿企业水土保持的监督检查和技术服务工作。水土保持工作人员可持专门证件进入工矿企业和各采矿点进行现场检查，被检查单位必须如实报告情况，提供必要的工作条件。”在贯彻《规定》的过程中，陕西、山西、内蒙古3省（区）政府依照《规定》和有关水保法规，结合本地区的实际情况，制定颁发了本地区的实施办法及一系列的配套法规。山西省颁发了《山西省开发建设河保偏地区水土保持实施办法》；省水利厅、物价局、财政局联合制定了《河保偏地区水土流失补偿费、治理费管理使用办法》；河曲、保德、偏关三县也健全了《水土保持方案审定书》和《责令停止违反水土保持法规行为通知书》等文件。内蒙古自治区颁发了《水土保持实施办法》、《内蒙古自治区关于造成水土流失治理费、补偿费征收、使用管理办法》和《关于水土保持方案编制上报、审批程序若干规定》。陕西省颁发了《陕西省开发建设神府榆地区水土保持实施办法》；神木、府谷、榆林3县（市）也结合实际制定了相应的法规性文件，许多乡（镇）还制定了相应的乡规民约。这些法规和文件的颁布，为有法可依，有法必依，执法必严，违法必究，创造了条件。

1991年6月29日，经第七届全国人民代表大会常务委员会第二十次会议审议通过的《中华人民共和国水土保持法》，第一章《总则》第四条规定"国家对水土保持工作实行预防为主，全面规划，综合防治，因地制宜，加强管理，注重效益的方针"。将过去的"防治并重"改为"预防为主"，把预防、保护和监督工作提到首位。第二章《预防》，从第十二条到第二十条，针对开荒、伐木、开矿、修路等各种生产建设中可能造成新的水土流失的问题，提出了有关的预防措施。第四章《监督》第三十条明确规定："县级以上地方人民政府水行政主管部门的水土保持监督人员，有权对本辖区的水土流失及其防治情况进行现场检查。被检查单位和个人必须如实报告情况，提供必要的工作条件。"第五章《法律责任》第三十二条到第三十六条规定，在禁垦陡坡地垦种农作物的、擅自开垦禁垦坡度以上荒坡地的、在林区采伐林木造成严重水土流失的和企业事业单位在建设和生产过程中造成水土流失的，由县以上人民政府水行政主管部门责令限期改正，采取补救措施，并处以罚款。

二、建立监督机构

为了贯彻实施《开发建设晋陕蒙接壤地区水土保持规定》，1989年3月，国家计委国土司和水利部农水司在山西太原联合召开会议，成立晋陕蒙接壤地区水土保持工作协调小组，由水利部农水司司长丁泽民、国家计委国土司司长方磊，分别任正副组长，山西、陕西、内蒙古3省（区）计委与水利厅（局）、山西省忻州地区、陕西省榆林地区、内蒙古自治区伊克昭盟、华能精煤公司、黄河中游治理局等单位的行政负责人为协调小组成员。协调小组办公室设在黄河中游治理局。会后，黄河中游治理局和山西、陕西、内蒙古3省(区)的水利(水保)厅(局)，相继成立水保监督处，忻州、榆林地区和伊克昭盟成立监督总站或监督科。1990年5月，协调小组第二次会议后，为了适应新形势的需要，晋陕蒙接壤地区范围内的10个县(旗、市)，又先后成立由主管县(旗、市)长任组长，由工商、税务、交通、公安、城建、计划、物价、水利水保等部门参加的水土保持监督工作领导小组，协调监督工作中的矛盾和部门之间的关系，并设立水土保持监督检查站，有些乡(镇)聘任了专职或兼职水保监督检查员。截至1991年底，共有监督处、监督总站、监督科和监督站等监督机构15个，编制人员120名，乡(镇)一级配备专职监督检查员188人，兼职监督检查员118人，使3省(区)接壤地区的监督网络初步形成。

为提高监督人员的素质，黄河中游治理局于1990年3月举办第一期水保监督员培训班，学员50余人，聘请专家、教授，讲授水利水保法规、刑法、诉讼法、治安管理处罚条例等知识。陕西、山西、内蒙古等省(区)按照先培训后上岗的原则，层层举办培训班，并制定了监督人员的任命、职权、责任、奖惩等具体管理办法。1991年该地区已有99%的监督人员经过培训。

1991年5月，协调小组第三次会议期间，与会代表提出建立高层次领导机构的建议，认为晋陕蒙接壤地区是国家开发建设重点保护区，区内既有中央大型企业，又有地方建设单位，随着开发建设的全面开展，一些新矛盾和新问题，涉及到中央有关部门，是当前预防监督工作的一个难点，现有协调小组很难适应这种难度较大的预防监督任务。因此与会代表建议，应将现在的协调小组升格为领导小组，由有关部委和3省(区)的领导，共同组建晋陕蒙接壤地区水土保持监督领导小组，并成立水土保持监督管理局，作为领导小组的办事机构。会议采纳了这一建议，并及时向上级转达。1992年春，根据水利部的指示，黄河中游治理局组成专门班子，积极筹建晋陕蒙接壤地区水土保持监督管理局。

三、开展执法工作

1988年，国家计委和水利部联合发布《开发建设晋陕蒙接壤地区水土保持规定》后，山西、陕西、内蒙古3省(区)及其所属有关地(盟)、县(旗、市)各水保监督部门，相继制定并发布水土保持方案审定书、责令停止违反水土保持法规行为的通知书、行政处罚通知书、修建水保工程通知书、询问记录等执法文件；晋、陕两省还办理《收费许可证》和《罚(款)没(收)许可证》。

各地在执法工作中，着重对违反《规定》的厂矿企业和建设单位，视其违法的具体情节，采取以下措施：

第一，对在《规定》发布以前开矿、修路等形成的弃土、弃渣，依照“谁开发，谁保护”，“谁造成水土流失，谁治理”的原则，追查落实责任，责令限期处理。山西省忻州地区的河曲、保德、偏关3县，被定为全国第一批执法试点县后，采取“四个同步进行”（水土保持执法宣传与普查规划同步进行，组建机构与培训人员同步进行，矿区治理试点与总结预防监督经验同步进行，抓典型案例与配合查处同步进行）的做法，一年内就查处煤矿、铁矿、电厂、化肥厂等水土保持违法行为14起，依法收取水土流失补偿费和治理费5.4万元，处理河道弃渣1.22万立方米，涉及占地面积2.36万平方米。陕西省榆林地区的神木、府谷、榆林3县（市），加强监督工作，境内部分厂矿和交通建设单位，在1990～1991年内，已先后投资110多万元，兴修护堤7000多米、拦渣坝19座，拦渣75万立方米，回填利用和清理弃渣60多万立方米，复垦造地500多亩，造林种草7000多亩。神木县柠条塔矿区，过去煤矿集中，乱开滥弃。县水保监督站深入矿点，逐个摸底调查，采取强制措施，责令其进行清理，至1991年5月，各矿点已彻底清理，矿坑均得到复垦。华能精煤公司根据水利部和协调小组的检查意见，已将马家塔露天矿堆积在乌兰木伦河河道的28万立方米弃土弃渣进行了清理。

第二，对正在河道中露天开采、任意弃渣，侵占行洪河道的厂矿企业，及时下发限期处理通知书，责令其立即停止生产，限期清理完毕。内蒙古自治区东胜市所辖酸刺沟国营露天矿，在河道中开采面积达3500平方米，堆积剥离物8万立方米，市水保监督站向该矿发了限期处理通知书，该矿立即采取措施，组织回填，按期完成了任务。

第三，对新建厂矿企业，除严格审批水土保持方案外，同时监督其在开发过程中同步做好治理工作，杜绝再发生乱开滥弃现象。承担神（木）（平）朔铁路府谷段蛇口峁道路施工任务的铁道部第十八工程局五处四段，在陕西省府谷县水保监督站的督促检查下，按照水土保持规划，因地制宜，筑堤拦渣，填沟造地，按行洪要求修河堤1600米，覆土造地30亩，受到当地政府的表扬和群众的欢迎。山西省神池县至河曲县的地方铁路，战线长，工程大，破坏植被严重，施工期间将弃土、弃渣堆放在山坡上，造成新的水土流失；倾倒在河道中，阻碍行洪。忻州地区水保监督总站以《规定》为依据，同铁路建设指挥部研究决定：立即停止向河道倾倒弃土弃渣，实行定点堆放，并搞好水保措施，按规定补报水土保持方案报告书，如数缴纳水土保持补偿费，从而扭转了乱挖乱倒现象。1990年铁道部第十七工程局二处二段,在神木县梁山隧洞施工时,随意在洞口弃渣1万立方米。县水保监督站检查后,多次宣传教育,工程局二处也下达了整治命令,但长期拖延不办,当监督站发出责令停止违法的通知后,较快地清除了全部弃渣。

第四,对不便治理和无能力治理的小厂矿,采取征收水土流失防治费和补偿费的办法,由水保主管部门组织力量帮助治理。

第五,对人为造成水土流失,又拒不采取补救措施的单位,采取强制措施,责令停止违法行为,限期治理,并进行罚款。1989年河曲县化肥厂将4000立方米弃渣倾倒在河道中,严重影响河道正常行洪。县政府领导和监督站同志及时召集该厂正副厂长会议,进行批评教育,责令限期清除,照章交纳3000元治理费,补办《水土保持方案审定书》。1990年5月,陕西省水利厅和水保局领导,在府谷县检查工作时,发现水泥厂直接向黄河倾倒废渣,当即提出批评,但水泥厂拒不接受。县领导对此十分重视,责成县监督站依据有关规定,排除各种干扰,7月初作出立即停止违法行为,尽快补作水土保持方案报审和罚款3000元的决定。该厂接到通知后,立即开会研究,并按时补作了水土保持方案,如数交纳了罚款。

截至1991年底,在晋陕蒙接壤地区共查处违法案件150余起,罚款1.56万元,吊销营业执照31个,收缴水土保持防治费、补偿费128万元,关闭违法厂矿35个,办理500个厂矿水土保持审批手续,发放水土保持许可证800余份。通过上述案件的查处和广泛的宣传教育,许多厂矿和建设单位,提高了贯彻执行《规定》的自觉性,乱弃废土、尾渣等违法行为,基本得到制止。

第二十五章　教　　育

水土保持在我国是一门新兴的科学，原来很少有这方面的专业人才。民国时期，金陵大学曾于1917年和1933年前后，开设有森林改良土壤和保土学课程。直到建国初期，我国还没有专门的水土保持教育机构，从事水土保持工作的都是农、林、水、牧等专业人员。

50年代中期，为了适应大规模开展水土保持工作的需要，黄河流域各地以开办短期训练班的方式培养了一批水土保持人员。山西省太原水利学校（现为山西省水利学校）和北京林学院（1988年改名北京林业大学）分别于1957和1958年增设水土保持专业，开始把培养水土保持人才正式纳入国家教育体系。接着，水土流失严重的陕西、甘肃、内蒙古等省（区）先后举办水土保持中等技术学校，共毕业学生1180人。80年代以来，黄河流域有关高等院校中，先后创办10个水土保持专业，毕业学生697人；中等技术学校先后有7所创办或恢复水土保持专业，毕业学生743人。此外，各地为提高在职干部业务水平的各类水土保持技术培训班，先后举办上百次，培训万余人次。为培养农民技术员掌握基本治理技术的培训班，先后共举办数百次，培训10万多人次。各种形式的教育工作，对黄河流域水土保持事业的发展，起了积极的推动作用。

第一节　高等教育

黄河流域水土保持的高等教育有两种情况：一是在普通高等院校中设水土保持专业，以培养本科生为主；一是在水利职工大学中设水土保持专业，以培养专科生为主。前者有西北大学、西北林学院、内蒙古林学院、西北农业大学、甘肃农业大学、山西农业大学、山东农业大学等7所；后者有内蒙古水利职工大学、山西水利职工大学、黄河职工大学等3所。

课程设置分基础课与专业课。基础课有：数理统计、测量学、工程制图、水文学、水力学、工程力学、土力学、工程结构、土壤学、地质地貌学、气象学、遥感应用、系统工程、电子计算机、树木学、植物生理、植物生态学等。专业课有:水土保持原理、水土保持规划、水土保持工程、水土保持林草、水土保持农学、水土保持生物工程、水土保持经济、水土保持径流实验等。各个水保专业根据所在院校特点和当地水保工作的需要,对基础课和专业课都分别各有侧重。有的院校在基础课中还设有土壤侵蚀学、泥沙运动理论、树木育种学、农业经济学等;有的院校在专业课中还设有农田水利、农田防护林、经济林、治沙学、牧场经营等。总的来看,各校的课程设置都符合水土保持综合性的原则,培养的专业人才能适应开展水土保持的需要。

我国高等院校中创办水土保持专业最早的北京林学院,1958年开始建立水土保持专业,1980年扩建为水土保持系,并经国务院学位委员会批准取得硕士学位授予权,1984年取得博士学位授予权。该校虽然校址不在黄河流域,但其毕业生半数以上分配在黄河流域工作,且大多数已成为所在单位的技术骨干或担任领导工作。从50年代以来,该专业许多师生,还不断地到黄河流域各地开展水土保持科学研究,提出不少成果,为黄河流域的水土保持事业做出了重要贡献。

一、普通大学

(一)西北大学

西北大学地理系于1974年增设水土保持专业,学制三年,同年秋开始招生,当年招生35人。1975年招生38人,1976年改称水土保持测绘专科班,学制一年半,招生30人。1977年停办。

1985年水土保持专业恢复招生(成人大专班),主要招收陕西、甘肃、宁夏、内蒙古等省(区)水土保持部门的在职职工。1985～1987年招生52人。学制两年,主要课程设置20余门。

1987年该校受黄河中游治理局和陕西省水土保持局委托,筹办水土保持函授教育。1988年经陕西省高教局批准,开办大专层次的水土保持函授班及专业证书班。学制分别为三年和一年半两类,主要招收具有一定工作经验的水土保持在职干部,通过考试录取。为加强函授教育的领导,1988年成立西北大学函授教育教学委员会,由西北大学地理系、黄河中游治理局、陕西省水土保持局共同组成,办公室设在西北大学地理系,陕西省建立延安、汉中、西安3个辅导站。学生学完全部课程经考试合格者,发给大专层次的毕业证书或专业证书。到1989年底,共招生113人,其中大专班82人,专业证书班31人。

西北大学在水土保持专业建立之初，就十分重视教材建设，先后编写出《水土保持原理与规划》、《水土保持林草》、《水土保持工程措施》、《河流水文学》、《水土保持径流实验》等水土保持专业教材。经过多次使用，逐步修改，1982年和1984年两次在内部铅印。后经再次修改、补充，于1988年正式出版，向全国发行。到1989年，共毕业五个年级五个班次。除两届成人大专毕业生回原单位工作外，其他都分配在陕西省内的省、地、县水土保持部门和科研机构工作。

(二)西北林学院

1979年经国务院批准，林业部与教育部于3月19日联合下达了《关于建立西北林学院的通知》，并于同年10月以原西北农学院林学系为基础正式成立西北林学院。1984年3月，经林业部批准，将原西北农学院林学系1981年入学的防护林专业学生进行了专业调整，改称水土保持系水土保持专业，学制四年。1986年又增设水土保持专业治沙专门化班，学制四年。该班的主干学科为沙漠学、沙漠治理原理与技术。1985年，国务院学位委员会批准该系取得硕士学位授予权。

到1989年底，该系共招本科生425人，硕士研究生8人，共为国家输送本科生181人，硕士研究生3人。主要分配到西北5省(区)水土保持、林业、治沙、农业区划、土地资源管理、环境保护等部门的教学、科研和生产单位。历年共为黄河流域8省(区)输送毕业生132人。

该系从1989年开始，还举办水土保持函授大专班，同年招生，学制三年，已招两届学生，共51人。学生学习期满，经考试所学课程成绩合格，发给函授大学专科毕业证书，国家承认学历，享受大学专科毕业生待遇。在完成教学工作的同时，还紧密结合水土保持工作的实际，组织师生积极开展科学研究工作，完成了刺槐林水土保持效益的研究、河北杨扦插育苗技术的研究、陕西省水保林标准研究、陕北沙区种草种树生态效益与经济效益的研究等多项科研课题。其中前两项获1987年林业部科技进步三等奖。1986年水保系又承担了“七五”国家重点攻关项目淳化县黄土高原沟壑区水土保持综合治理及其效益的研究。

(三)内蒙古林学院

内蒙古自治区计委决定，于1983年在内蒙古林学院治沙系增设水土保持专业。同年秋季开始招生，学制四年。该专业共设29门必修课程，同时设有自然地理、水土保持农业技术、系统工程、遥感、计算机原理及应用、病虫害等选修课。教学内容采用实验、实习和三个课程设计等环节完成。其中在第六学期综合实习，主要到水土流失严重的县(旗)对水土保持原理、水工建筑等八门课程综合参观和现场教学，最后通过一次毕业实习进行总体鉴定。到1989年底，该校共招收学生389人(每期61～68人)；已毕业三届学生共193人，主要分配到自治区各个盟级水土保持部门工作。

(四)甘肃农业大学

1986年，甘肃农业大学在林学系增设水土保持专业(专科)，学制两年，同年9月面向全省招生。本专业设有21门必修课程，还设有地质地貌、电子计算机等选修课，总学时约1550个。

到1989年底，共招生122人，分四个年级四个班次，每期30～33人，已毕业两届共62人，大多分配在省内水土保持工作站和试验站工作。

(五)西北农业大学

1986年12月，经国家教委批准，西北农业大学水利系增设水土保持专业，1987年9月面向西北各省开始招生，学制四年。

该专业设有28门必修课程，还设有草原学、果树学、土力学、专业外语、农作学、电工与电机、泵站与供水等选修课。水保专业侧重工程技术方面能力的培养。新建有泥沙试验厅、土壤侵蚀室等专业实验室。到1989年底，在校学生共89人，分三个年级三个班次。每班29～30人。

(六)山西农业大学

1989年9月，山西农业大学林学系增设水土保持专业，校址在山西省太谷县。主要招收山西省内经国家统一考试合格的考生，每年招收30人，学制四年，学生毕业后80%以上定向分配，面向山西省内各县、乡(镇)水土保持基层单位，20%以下按国家计划指标分配。

该专业设有基础课14门，专业课5门。并设有林木育种、水土保持经济学、测树学概论、水土保持政策和法规、农业区划、水资源利用与保护、水土保持现代科技、专业外语等选修课。该校的水土保持教研室，主要承担水土保持专业基础课和专业课的授课任务，部分课程由林学系其他教研室教师承担。

(七)山东农业大学

1991年，山东农业大学在林学系内增设水土保持专科，学制二年，从全省招收高中毕业生30名。

二、职工大学

（一）内蒙古水利职工大学

1955 年，内蒙古自治区水利厅、教育厅和计划委员会联合批准，内蒙古水利职工大学增设水土保持专业，并于同年秋开始招生，学制三年。主要招收内蒙古自治区水利水保部门具有两年以上工龄的在职人员，要求具有高中毕业文化程度，年龄 35 岁以下，经全国成人高校统考后录取入学，毕业后回原单位工作。

该系设有水土保持教研室，主要承担专业课的教学任务，开设有 25 门必修课程。教学方法以课堂讲授为主，安排一定的教学实习，学生学完全部课程后，都到生产第一线进行毕业综合实习，按照毕业设计题目，进行实际操作，最后撰写论文，参加毕业答辩。截至 1988 年，共招生 134 人，每期 27～41 人，毕业两届学生共 74 人。1989 年停招。1990 年开始招收水土保持专业证书教学班。

（二）山西省水利职工大学

1987 年，山西省水利职工大学增设水土保持专业，学制三年，面向全国招生，主要招收水利水保部门的在职人员，经全国成人高校统考后录取入学，毕业后回原单位工作。

本专业主要培养从事水土保持工程的规划、设计、施工与管理技术应用型人才。设置 28 门必修课。教学方法以课堂教授为主，重视实践性教学环节，课程实习、毕业实习及设计共 21 周。到 1990 年底，在校学生 96 人，分三个年级三个班次，已毕业一届学生 32 人。

（三）黄河职工大学

1987 年，黄河职工大学增设水土保持专业，学制三年，1988 年开始招生，主要招收黄河流域水土保持基层单位的在职职工，要求具有高中毕业文化程度，毕业后回原单位工作。课程设置 25 门，教学方法采用课堂教授与实践性教学相结合，重视课程实习与设计、毕业实习与设计等实践性教学环节，培养学生的实际操作能力。

受黄委会委托，黄河职工大学于 1989 年 9 月又开办大专层次的水土保持专业证书班，主要培训黄河流域水土保持部门的在职人员，已招 16 人，学制一年，开设 11 门课程。全部课程经考试合格者，发给专业证书，国家承认学历。

第二节　中等教育

建国以来，黄河流域水土保持中等教育，随着水土保持事业的需要而不断发展。50年代中期，为了适应大规模水土保持工作的急需，山西、甘肃、陕西、内蒙古等省(区)，委托水土保持试验站举办了水土保持中等技术学校，多是招收农村知识青年，半工半读，为水土保持第一线培养技术人才起到了很好的作用。进入80年代以来，黄河流域各地水土保持进入持续、稳定、健康发展的新阶段，水土保持教育事业也相应地蓬勃发展，继黄河水利学校创办水保专业之后，甘肃、陕西、山西、河南、内蒙古等省(区)水利学校，也相继创办了水保专业，并纳入国家正规教育体系。

一、水保中等技术学校

(一)山西省水土保持学校

山西省水土保持学校的前身是太原水土保持学校，于1956年9月在太原市黄陵荣军学校旧址兴办，属训练班性质。当年招收学生200人，分两个班，其中一个小学班，一个初中班，1957年毕业分配。同年秋，太原水土保持学校与太原水利学校合并，改称山西省太原水利学校，1959年改为太原水利专科学校，1960年改为山西省水利学院中专部，1962年改为山西省水利学校，前后均设有水土保持专业，学制两年或三年，招收初中毕业生。1965年2月，由省人民政府批准，省水利学校的水土保持专业和山西省离石中级农业职业学校合并，改称山西省水土保持学校，隶属山西省水利厅领导，按正规中等专业学校安排课程，学制三年。1970年5月停办。

从1958年到1968年，共毕业学生587人，其中1958～1966年每届毕业生29～76人，1967年120人，1968年100人，都分配到省、地、县水土保持部门工作，大多数已成为水土保持基层单位的骨干力量。

(二)天水水保站水土保持学校

1958年初，由甘肃省天水专区专员公署提出，创办天水专区水土保持、水利、蚕桑、园艺、农业等多所中等技术学校。其中水土保持学校指定由黄委会天水水保站负责举办，同年4月开始筹建，6月开学。校址分设两处，一处在秦安县陇城乡，一处在站属龙王沟试验场。主要招收天水、秦安两县农村青年80余人，分两个班，学制三年。

学校属半工半读性质，边学习边劳动。课程设置分基础课与专业课两大类。其中基础课教师由专署委派，专业课教师由水保站抽调。同年12月，专署决定将水利、水保、蚕桑、园艺、农业5所中等学校合并，成立天水农学院（后改为天水农校），院内设水土保持、农业、园艺、蚕桑等系。水土保持系开设的课程主要有农业、林业、畜牧、园艺、水利、水文气象、制图、水工结构等。后因经济困难等原因，大部学生中途辍学，只有少数坚持毕业后分配到各县工作。

（三）西峰水保站水土保持实验学校

1958年5月，黄委会西峰水保站在原后官寨乡民办中学的基础上，建立南小河沟试验场农业中学，1959年改称南小河沟试验场水土保持学校。1960年6月，改名为西峰水土保持试验站水土保持实验学校。学校属半工半读性质，一般情况下，一天学习，一天劳动，书籍费、伙食费都由学校提供。主要招收庆阳、平凉等地高小毕业的农村青年。教师全部由试验场技术人员担任。课程设置有政治、语文、算术、代数、几何、珠算、农业、土壤、气象、园艺等。采用课堂教学、现场生产（实习）的教学方法，不仅使学生学到水土保持的技术知识，而且通过劳动，学会了一些实际操作技能。1961年下半年撤销，历时3年多，共培养毕业生58人。大部分回所在农村担任水保技术员，少部分留试验场工作。这批毕业生，大多数成为庆阳、平凉两地区水土保持基层单位的技术骨干。

（四）绥德水保站水土保持实验学校

1958年11月，绥德县在辛店沟试验场开办水土保持实验学校，1959年8月交黄委会绥德水保站接办，1960年6月改名为绥德水保试验站水土保持实验学校。学校属半工半读性质，实行学习、劳动、试验三结合，招收高小及初中毕业生，学制三年。课程设置分普通课和专业课两类。专业课以《黄河中游黄土地区水土保持手册》为教材，另设有作物栽培、畜牧、造林、园艺、植物保护、水利水保、水文气象、测量8门课程。学生在校期间，由学校支付学习、生活费用。一边学习，一边劳动，学校安排学生与试验场技工共同承担试验场内筑坝、修梯田、造林、种草等劳务，完成10多个试验项目的30多个课题。

1958～1960年，共招生214人，毕业190人。毕业生除少数分配到水保科研单位外，大多数回农村，有的担任乡、村两级水土保持的领导工作。1961年下半年停办。

（五）内蒙古水土保持学校

1960年8月，经内蒙古自治区人民委员会批准，成立内蒙古水电学院附属水土保持学校，校址设呼和浩特市北郊坝口子水土保持试验站，隶属自治区水土保持工作局，由试验站站长兼任校长。1961年更名为内蒙古水土保持学校。教职工从水保局和试验站抽调专人担任。招收学生150名，原定学制5年，1962年8月撤销，学生大部回乡务农，少量安置，教职工回原单位。

（六）甘肃省水土保持学校

1963年9月，兰州水土保持科学试验站试办一所半工半读水土保持学校，共招生120人，其中城市知识青年64人，学制一年。开设的主要课程有林业、农业、水利、水文、气象、园艺等，将学生划分为生产、园艺、绿化、规划等专业小组，边学习，边劳动，农忙少学，农闲多学。到1964年底，有35名学员毕业，除少数留站工作外，大部分配到各县农、林、水保部门工作。

1965年7月，经甘肃省人民政府批准，将该校改名为甘肃省水土保持中等专业技术学校，校址设在兰州市东岗，隶属省水土保持局，同年8月招生80人（高中毕业文化程度），9月开课，学制三年，设置三个班。开设的主要课程有数学、水土保持概论、水土保持造林、土壤肥料、气象学、农作物栽培、测量学、果树栽培学、园艺学等。1967年底第一届学生毕业，大部分配在县水土保持站或林业站工作。1969年撤销。

二、中专技校水保专业

在中等技术专科学校中设置水保专业的，有黄委会主办的一所，各省（区）主办的六所。七所中专技校中，六所是水利学校，一所是农牧学校。

课程设置，基础课有：数理统计、测量学、工程制图、水文学、水力学、土力学、工程力学、土壤学、植物学、地质学、算法语言、系统工程、遥感应用等。专业课有：水土保持原理、水土保持规划、水土保持工程、水土保持林学、水土保持农牧措施、水土保持经济、小流域产沙等。课程内容符合水土保持综合性的需要。大部课程与高等教育课程一致，但内容程度相对较浅，侧重实施应用。

（一）黄河水利学校

1982年8月，经水电部批准，该校正式设立水土保持专业，同年9月开课。从82级到86级入校学生都是高中毕业，其中82级到83级学制两年半,84 级到 86 级学制两年。1987 年改招初中毕业生,学制四年。1982～1989 年,共招收学生 355 人,学生主要来自黄河上中游 7 省(区)。1989 年在校学生 117 人,分三个年级三个班次。

该专业的毕业生分配,主要是面向黄河上中游地区基层水土保持部门,到 1989 年共毕业学生 233 人,其中分配黄委会系统 61 人,黄河上中游 7 省(区)76 人。

(二)甘肃省水利学校

1956 年,甘肃省水利学校增设水土保持专业,招生 80 人,分两个班级,学制三年。1957 年,将水土保持专业改为水工建筑专业。1984 年,甘肃省水利厅决定在省水利学校内重建水土保持专业,1985 年秋,正式招生。课程设置 22 门,其中基础课 13 门,专业课 5 门。开始时学制两年半,1989 年改为两年,都招收高中毕业生。1985～1989 年共招生 224 人,每年 39～54 人。该专业建有生物、土壤实验室及教学植物园。

到 1989 年,毕业三届学生,共计 130 人,主要分配到省内水土保持基层单位。

(三)陕西省水利学校

1986 年,陕西省水利学校增设水土保持专业,当年春筹建水土保持教研组,7 月开始招生。主要招收榆林、延安两个地区以及关中各县水利水保局的在职职工,共 41 人,学制三年。1987 年以后开始面向社会招生(初中毕业生),1987～1989 年共招 120 人,分三个年级三个班次,学制四年,设 28 门课程。1986 年,省水利水保厅与水土保持局拨款 30 万元,建立了植物学和土壤学两个实验室。第一届学生 40 人,于 1988 年 7 月毕业,回原单位工作。

(四)山西省水利学校

1962 年 4 月,山西省水利学校增设水土保持专业,学制三年,共招三届学生 153 人,1965 年停止招生。1983 年恢复水土保持专业,学制四年,招收初中毕业生,定向招生,定向分配。校内设有土壤学和水土保持两个实验室和一处植物园。课程设置有 25 门基础课,1987 年调整为 28 门必修课程。

1983～1989 年,共招生 360 人,其中 1983～1987 年各招 40 人,1988 和 1989 年各招 80 人。到 1989 年底在校学生 240 人,分四个年级六个班次。已毕业 120 人,都回原地工作。

(五)郑州水利学校

1986 年 9 月,经河南省教育委员会批准,在郑州水利学校增设水土保持专业，同年9月招生，招收初中毕业生，学制四年，定向招生，定向分配。1986～1989年共招生324人，每年80～82人。课程设置为28门必修课，另设生态学、果树学等选修课。

1988年9月，该校又增设水土保持专修班。学制一年，主要招收本省水土保持单位的在职职工，当年招收31人，设基础课与专业课共15门。1989年7月毕业，都回原单位工作。

（六）呼和浩特水利学校

1985年8月，呼和浩特水利学校设立水土保持专业，主要招收内蒙古自治区水土保持单位的在职职工，学制三年（职工大专班），当年招生60名，1986年招生60名，1987年招生20名，1988年停招。

（七）包头农牧学校

1984年，内蒙古自治区包头农牧学校招收一届水土保持中专班，定向招生，定向分配。当年招生40人，学员来源限于包头地区，1987年毕业全部回原地工作。1985年停止招生。

第三节　干部技术培训

民国时期，始有对水土保持工作人员的技术培训。建国以来，各级领导部门都十分重视提高在职干部的业务技术水平，曾多次举办不同类型的水土保持技术培训班。培训内容分综合性和专题性两类。综合性技术培训，要求学员比较全面地了解水土流失规律、水土保持各项治理措施的规划、实施与效益计算等技术；专题性培训，每次着重学习水土保持的某一项专门技术，时间较短。

一、综合性技术培训

民国时期，国民政府农林部曾在甘肃天水举办1次。建国以后，国家有关部委及其直属机构先后举办4次，培训干部约200人。黄河流域各省（区）先后举办40多次，培训干部约2000多人。

（一）部委举办的综合性技术培训

1. 国民政府农林部天水水土保持讲习班——1943年9月，罗德民在黄河流域水土流失区考察后，农林部采纳他的建议，在天水水土保持实验区举办一期水土保持讲习班。当时正值抗日战争时期，交通不便，参加培训的学员主要来自甘肃农业改进所、农林部洮河流域林区管理处、天水水土保持实验区等单位，有20多人。讲习班由天水水土保持实验区主任傅焕光主持，罗德民主讲，马溶之、张乃凤、陈恩凤、章元羲、蒋德麒等作专题讲授。讲授内容主要是水土保持治理措施和试验研究方法。除室内讲课、看幻灯片（介绍美国水土保持经验）外，还到天水吕二沟等地考察。

2. 黄委会水土保持试验研究训练班——1958年3月，受国务院水土保持委员会委托，黄委会在郑州举办水土保持试验研究训练班。参加培训的学员主要是黄河流域水土保持和农林部门的技术骨干。此外，东北三省有关单位，长江、珠江流域的水土保持部门及北京林学院等，也派人参加，共70余人。

为培训班讲课的有：苏联水土保持专家M·H·扎斯拉夫斯基、土壤专家H·C·巴宁、水文专家A·A·索科洛夫、土壤侵蚀专家阿尔曼德。我国授课的人员有朱显谟、娄同茂、江爱良、王殊、王兆凤、方正三、吕本顺、李振华、仝允杲、蒋德麒、吴绍骙等。

开设的课程与专题有：自然因素和人为因素对土壤侵蚀发展的影响及其对防止土壤侵蚀的作用、中国棕色森林土及其形成条件、中国土壤侵蚀类型及其分析、小流域水土保持规划方法、小气候观测方法、森林土壤改良措施、水土保持田间工程的研究、大面积水土保持规划、水土保持水利技术措施、水土保持综合措施效益的试验研究、苏联的土壤侵蚀及其研究、美国的土壤侵蚀、关于土壤侵蚀图绘制的方法和绘制中国土壤侵蚀图的经验、水土保持农业技术措施等。

培训期间，还请了山西省阳高县大泉山农业社、甘肃省武山县邓家堡农业社的劳动模范张凤林与邓汉杰，介绍水土保持经验。训练班于8月完成理论课学习，9月去天水水保站实习一个月后结业，历时半年。参加这次综合技术培训的人员，后来大部担任了所在单位的业务技术领导工作。

3. 黄土高原县级领导干部水土保持训练班——1980年8月21日至10月21日，经国家农委批准，水利部在山西省离石县举办黄河上中游地区县级领导干部水土保持训练班，由水利部农水局局长屈健领导，黄河中游治理局副局长睢仁寿主持。参加学习的有陕西、甘肃、山西、宁夏、内蒙古、青海、河南等省（区）51个县的100名学员。

国家农委副主任何康、陕西省副省长白纪年到学习班作了动员报告，屈健作了访美水土保持考察报告。讲课的有关君蔚、张骅、薛渝生、王广任、孙建轩、蔡志恒等。课程有水土保持原理与规划、水土保持生物措施、水土保持工程措施等。学习期间，还聘请山西省社会科学研究所副研究员陈家骥作了《关于农业工程管理的几个理论和方法问题》的学术报告。训练班采取课堂讲授、现场参观和研究讨论的方式，结合三川河流域综合治理经验和山西省水保所的科学试验活动进行。这次训练班的讲义由黄委会水保处汇编成册，印发各地，作为有关领导干部和基层水保专业人员的学习参考。

4. 黄河流域水土保持技术培训班——1981 年 3 月至 1982 年 1 月，黄委会委托黄河水利学校举办。参加学习的学员经个人报名，单位批准，黄河水利学校统一命题考试后择优录取，共 44 人，其中西峰、绥德、天水 3 个水保站 23 人，黄河流域 8 省(区)共 21 人。授课由黄河水利学校教师担任，另聘请黄委会水保处和 3 个水保试验站有实践经验的工程技术人员专题讲授。开设的课程有数学、力学基础、普通测量、水文与气象、水利工程制图、水力学、水土保持原理与规划、水土保持工程学、水土保持林学。学习期满经考试合格者，发给结业证书。

1987 年 3 月至 7 月，按上述方式又举办了第二期，参加学习的共 22 人，都是黄河流域各省(区)水土保持部门的在职人员。培训时间 5 个月，开设课程有水力学、水文泥沙学、测量学、水土保持生物措施、水土保持工程、水土保持原理与规划。

5. 黄河中上游七省(区)水土保持技术培训班——1983～1985 年期间，黄河中游治理局先后举办三期黄河中上游 7 省(区)水土保持技术培训班(其中委托西北大学地理系举办二期)，每期时间 2～3 个月，参加学习的大都是水土保持部门的在职干部，共计 225 名。课程有：水土保持原理与规划、水土保持工程措施、水土保持林草措施、河流水文学、水土保持径流试验、系统工程学、遥感技术等。授课教师有：西北大学地理系的余汉章、张阳生、刘兴昌、窦玉青、吴先余、张兰芳、曹原光、惠泱河，陕西省机械学院的黄自瑾、杨菊生等。培训班除授课外，还聘请黄河中游治理局刘万铨、山西省水保局孙建轩作黄土高原规划、水土保持责任制等专题讲座，并在西安荆峪沟流域、甘肃西峰水保站和延安、长安等地进行教学实习。

(二)省(区)举办的综合性技术培训

各省(区)举办的综合性技术培训班，一般每期 1～3 个月，培训 50～100 人，个别情况下培训人数较多，有一期 400 人，一期 1400 人。(见表 7～18)

表7—18 **黄河流域八省(区)综合性技术培训情况表**

	举办单位	地点	时间(年.月)	培训天数	培训人数
青海	水保办公室	湟中县	1964	60	42
	水利厅农田水利处	互助县	1981.10	60	38
	水利厅农田水利处	民和县	1982.11	60	60
	水土保持局	西宁市	1987.5	60	28
甘肃	农牧厅	天水市	1952.11	90	40
	农林厅	天水市	1953.10	40～50	50～60
	省委农工部	天水市	1954.7	60	100
	农林厅	西峰镇	1954.8～9	40～50	40～50
	农林厅	兰州农校	1955.11～12	40	90
	水利厅	西峰镇	1962.8～9	50	60
	水保局	兰州市	1965.3～5	70	60
	水利厅	兰州市	1981.7	60	36
宁夏	农田水利处	银川市	1981.2	32	25
	水利厅	固原县	1984.6	40	40
	水利厅	西安市	1984.6	60	50
	水利厅	盐池县	1984.11	30	44
内蒙古	水利厅	呼和浩特	1955.11	91	60
	水利厅	呼和浩特	1956	92	58
	水利厅水保局	呼和浩特	1957	92	59
	水保局	坝口子试验站	1959.2	30	78
	水利厅	呼和浩特	1960	92	58
	水利厅	呼和浩特	1961	92	59
	水利厅水保处	伊克昭盟	1979	90	50
	水利厅水保处	呼和浩特	1984	167	39
	水利厅水保处	乌兰察布盟	1984	90	42

续表7—18

举办单位		地点	时间（年.月）	培训天数	培训人数
陕西	农林办公室	绥德县	1954.12	31	112
	水土保持局	杨陵区	1973	120	52
	水土保持局	西北大学	1981.10	41	40
	水土保持局	西北大学	1982.2	42	51
	水土保持局	西北大学	1982.10	56	49
	水土保持局	西北大学	1983.4	77	18
	水土保持局	西北大学	1983.9	56	42
	水土保持局	渭南市	1984.11	34	39
山西	水利厅	太原市	1956.10	20	400
	水利厅	太原市	1956.11	20	400
	水利厅	太原市	1956.12	20	400
	水利厅	河曲县	1978	30	80
	水土保持局	河曲县	1979.8	30	56
	水利厅	离石县	1980.11	30	100
	水利厅	安邑县	1981.11	30	120
	水利厅	安邑县	1982.11	30	120
	水土保持局	柳林县	1987	7	70
河南	水利厅	郑州市	1983.3	77	48
	水利厅	郑州市	1983.10	98	47
	水利厅	郑州市	1984.10	126	41
	水利厅	郑州市	1985.10	97	64
	水利厅	郑州市	1986.8	140	58
	水利厅	郑州市	1987.5	30	74
	水利厅	郑州市	1987.8	129	47

续表 7—18

举办单位		地点	时间（年.月）	培训天数	培训人数
山东	水利厅	山东水校	1957.8	30	170
	水保办	沂水县	1958.3	14	1400
	水保办	莘县	1983.4	13	45
	水保办	曲阜水校	1989.8	90	38

二、专题性技术培训

60 年代以来，农业部、黄委会、黄河中游治理局，先后举办 8 次水土保持专题性技术培训班，培训干部 480 人；黄河流域各省（区）举办近 40 次，培训干部近 2000 人。

（一）部委举办的专题性技术培训

1. 黄委会径流研究训练班——根据水电部和国务院水土保持委员会指示，黄委会于 1963 年 12 月 3 日至 1964 年 2 月 4 日，在郑州举办历时 63 天的水土保持径流研究训练班，参加学习的学员绝大部分来自黄河流域各省（区）水土保持部门，少部分来自华北、华南等地的土壤、地理、水文、水利等有关科研单位，共 91 人。此外，参加旁听一门或几门课程的有 80 余人。训练班聘请了水利水电科学研究院河渠研究所钱宁，北京大学地质地理系承继成，华东水利学院赵人俊，中科院地理所罗来兴、李涛，南京土壤研究所朱显谟等 8 人授课。开设课程有：坡面与沟槽的水流与泥沙运动、暴雨径流形成过程及研究方法、陆地水文学、侵蚀地貌、小流域径流观测站网的布设及径流泥沙观测方法、西北黄土地区的侵蚀地貌与水土保持、地表侵蚀的基本原理及其所造成的地貌影响、水量平衡问题、西北黄土地区土壤侵蚀规律演变等。学习期间，还对各地水土保持科学试验站和径流站有关站网布设等内容进行了广泛的交流。

2. 黄河流域牧草专业训练班——1964 年 3 月 12 日至 4 月 12 日，受国家科委和国务院水土保持委员会委托，黄委会与西北农学院、中科院西北生物土壤研究所，联合在陕西省咸阳市杨陵区举办黄河流域牧草专业训练班。参加学习的学员全是黄河流域各水土保持站和畜牧系统的技术干部，共 43 人。讲课的有：安师斌、张珍万、王作宾、傅坤俊、郭本兆。主要课程有：牧草与草地经营的意义及发展概况、草地经营的植物学基础、草地植物分类、草地经营的生物学基础与放牧地的合理利用、草地研究方法纲要、重要牧草介绍、牧草试验方法纲要等。

3. 黄土高原土地资源利用培训班——1981年3月13日至4月12日，根据我国政府与联合国开发计划署签定的“西北黄土高原土地资源利用”项目，由农业部主持，聘请联合国粮农组织专家在西安举办了黄土高原土地资源利用培训班。讲课的有荷兰土壤和作物管理博士P·L·阿伦斯、英国土地利用与管理专家M·F·帕耐尔、美国林业与流域管理博士H·T·兹切克、水土保持和农业气象专家F·费尔图依森。参加学习的有陕西、甘肃、宁夏、内蒙古、山西、河南等省(区)的科研、教学和技术管理部门的技术干部40名。开设课程有：世界黄土与分类、土地评价与土地规划、土壤侵蚀与水土保持、土壤资源利用、农业气候资源利用、水资源利用、流域管理与规划、灌溉农业与合理用水、农业生态区划等。

这次培训班的教材，由陕西省农林科学院于1981年汇编成《土地资源利用讲义》。

4. 黄河中游水土保持系统工程培训班——1984年11月至1986年7月，黄河中游治理局在西安先后举办三期黄河中游水土保持系统工程培训班。学员来自黄河上中游7省(区)水土保持部门，共114人。主要课程有：系统工程的原理和方法、农业系统工程模型基础、系统工程的数学方法—规划论、BASIC语言及线性代数、概率论、数理统计等。聘请陕西机械学院黄自瑾、杨菊生、杨永录，国防科技大学周曼珠，西北水保所陈国良、郭保安，陕西省气象局刘笃慧等为主讲教师，同时还请局内有实践经验的工程技术人员进行实例讲解。

通过学习，学员们基本上掌握了微型电算机的应用，能进行比较复杂的程序设计，掌握了应用系统工程原理和线性规划方法，以及采用微型电算机选择小流域综合治理规划最优化方案的方法步骤等。

5. 黄河中游应用遥感调查试点小流域土地利用培训班——1986年8月20日至9月10日，黄河中游治理局在西安举办应用航空遥感技术调查试点小流域土地利用培训班。

参加培训班的学员都是黄河上中游7省(区)试点小流域所在县的水土保持科技人员，共40名。采取重点讲授、课堂实习和野外调查实习相结合的教学方法，聘请西北大学张莫坤主讲。授课内容主要为航空遥感基本知识、土地利用现状调查、航片转绘、土地面积量算、土地利用现状图的编制等。学员们结合野外调查实习，完成西安市一条试点小流域的土地利用现状调查工作。

6. 黄河中游沙棘讲习班——1986 年 10 月 15～31 日和 1987 年 10 月 13～31 日，黄委会黄河流域开发利用沙棘资源领导小组办公室在西峰水保站举办两期沙棘讲习班，参加培训的学员有黄河上中游 7 省(区)水土保持单位及 12 条试点小流域、5 个重点乡的科技人员和干部，共 98 人。由天水水保站于倬德、西峰水保站王占孟、西北林学院林学系王国礼、西北师范大学康永善等讲授。主要课程有：沙棘的分布及种质资源、沙棘的生物学特性、沙棘的育苗和栽培、沙棘人工林培育和种植培育技术、天然沙棘林的改造措施、沙棘果汁的加工及利用、沙棘油的加工及利用等。

此外，1987 年 4～7 月间，水利部和甘肃省林业科技总站，也分别在西峰水保站举办沙棘培训班各一次，培训 69 人。

7. 黄土高原灌木研究培训班——1988 年 5 月 11～20 日，黄委会水保处与北京林业大学，在山西省吉县红旗林场联合举办黄土高原灌木研究培训班。学员来自山西省水保所、内蒙古水科所，兰州、天水、西峰、绥德水保试验站等 17 个单位，共 37 人。聘请北京林业大学朱金兆、杨维西、张津涛、贺康宁、张建军和黄委会水保处赵金荣等讲课。

课程围绕黄土高原主要水土保持灌木研究课题需要，内容有：研究的目的和任务、研究的技术路线与基本方法、水土保持灌木的资源调查、生物量测定、根系固土测定及人工降雨模拟试验、林地土壤渗透与径流泥沙测定等野外工作的原理与方法，并进行了现场实习。培训班对上述授课内容编印了统一的教材，名为《黄土高原主要水土保持灌木的研究方法》。

8. 黄河中游试点小流域水土保持林规划设计培训班——1988 年 10 月 4～14 日，黄河中游治理局在西安举办黄河中游试点小流域水土保持林规划设计培训班。学员主要来自黄河上中游 7 省(区)试点小流域所在县(旗)水土保持局(站)，共 54 人。聘请西北林学院水保系王佑民、余清珠讲课。课程主要内容有：水土保持林的规划与设计、造林技术、小流域苗圃设计与育苗技术。

(二)省(区)举办的专题性技术培训

各省(区)举办的专题性技术培训班，一般每期 1～2 个星期，少数每期达 1～2 个月；每期培训人数一般 20～30 人或 50～100 人，少数每期达 200～400 人。(见表 7～19)

表 7—19　**黄河流域各省(区)专题性技术培训情况表**

举办单位		地点	时间(年.月)	培训天数	培训人数	培训内容
青海省水土保持局		湟源县	1985.8	60	20	水土保持规划
甘肃	水利电力局	平凉	1973.7	10	20	统筹法在农田基本建设上的应用
	水土保持局	兰州市	1985.7	31	30	运筹学及微机应用
	水土保持局	定西县	1986.5	10	90	经济效益分析
宁夏	水利厅	吴忠县	1984.4	32	25	径流观测
	水土保持工作站	银川市	1986.4	7	26	治沟骨干工程
	水土保持工作站	固原县	1986.7	7	26	旱作“三田”建设
	水土保持工作站	隆德县	1987.5	4	20	航片应用和农田普查技术
	农建委、水利厅	隆德县	1987.6	5	150	旱作基本农田建设
内蒙古水利厅水保处		呼和浩特	1983.4	10	64	水土保持规划
陕西	水土保持局	西北大学	1981.3	40	33	水土保持径流观测
	水土保持局	渭南市	1984.4	7	27	径流观测
	水土保持局无定河流域指挥部	米脂县	1986.6	15	60	治理验收填图及线性规划应用
	水土保持局	杨陵区	1986.7	62	42	水土保持林草措施
山西	水土保持研究所	离石县	1958.11	15	50	梯田修筑技术与操作实习等
	水土保持研究所	中阳县	1958.12	20	50	定向爆破理论与技术操作等
	水土保持研究所	离石县	1960	14	40	定向爆破
	水土保持局	河曲县	1973	15	200	水力冲填筑坝
	水土保持局	河曲县	1974.12	15	100	水坠坝理论、技术操作实习
	水利厅	大宁县	1976.10	15	70	水力冲填筑坝技术
	水土保持研究所	中阳县	1979	7	50	果树栽培管理技术
	水土保持研究所	离石县	1982.7	15	200	径流观测手段操作
	水保局、水保所	离石县	1982.11	15	88	淤地坝技术

续表 7—19

举办单位		地点	时间（年.月）	培训天数	培训人数	培训内容
山西	水土保持局	太原市	1984.3	10	400	水土保持专项规划
	水土保持局	太原市	1984.8	7	150	水保规划、成数抽样
	水土保持局	忻州市	1985	7	100	淤地坝施工细则
	水土保持局	忻州市	1985	7	100	淤地坝规范
	水利厅	太原市	1986.7	15	100	水土保持实用技术
	水土保持局	太原市	1986.7	15	70	沙棘栽培管理技术
	水土保持局	吉县	1986.9	85	40	试点小流域验收、填图技术
	水土保持局	太原市	1987	10	15	沙棘质量检验技术
	水土保持局	离石县	1987	10	30	种草养畜
	水土保持局	离石县	1987	7	30	果树栽培技术
	水土保持局	兴县	1987	8	180	骨干坝设计与施工
	水土保持局	太原市	1988	10	50	遥感摄影及解译技术
	水土保持局	离石县	1988	7	30	果树栽培
河南省水利厅		嵩县	1988.7	15	29	水土保持生物措施
山东省水保办公室		山东农林干部学院	1985.4	7	98	水土保持区划、规划

第四节　农民技术培训

50年代以来，黄河流域各级水保部门向农民传授水保技术，举办培训班是一种主要形式。培训对象大都是具有一定文化知识的乡、村干部，劳动模范和青年农民。按举办时间和内容，大致有两类：一类是单项治理措施技术培训，一般7～10天；一类是综合治理措施技术培训，一般一个月以上。培训的方法，以现场实际操作为主，辅以必要的基本知识学习。培训现场，一般都选治理较好的典型小流域或乡、村。讲课人大都是地、县级水土保持业务部门和试验站、推广站的工程技术人员。此外，还有一种培训形式是，各级党政领导或水土保持部门在治理现场召开会议，对开展的治理措施，组织乡、村干部进行观摩和讲解。几十年来，各地举办的各类农民技术培训班数百次，受训人员约10万人次。1982年开始，山西、陕西两省，还开展对农民技术员的职称评定工作，为调动农民群众学习水保技术、搞好水保工作的积极性，创造了经验。

一、单项治理措施技术培训

（一）甘肃省

1954年10月至12月，平凉专署建设科在平凉干部学校举办了三期水土保持训练班，每期7～10天，共培训农民500人。主要学习田间工程、水窖、涝池、谷坊、造林、种草等施工操作技术。培训的农民成为农村第一批水土保持技术员。1964年至1965年8月，由黄委会西峰、天水水保站，甘肃省临夏县北山和临夏县烟洞山等水保推广站，先后举办多期水土保持培训班，每期5～7天，培训农民近3.4万人，主要学习修梯田、造林、种草等水上保持措施。1981年5月平凉地区水利局举办一期小流域普查技术训练班，培训150人，学习和掌握野外测绘、内业整理、统计、制图等技术，顺利地完成全区小流域普查任务。

（二）宁夏回族自治区

1957年10月，同心县预旺水保试验站在预旺区举办农民水土保持技术培训班，学习时间7天，培训60人，主要学习田间工程、荒坡治理工程、造林种草、沟头防护、修建柳谷坊等措施。这些农民水保技术员回队后，积极开展水土保持工作，为实现当时提出的“坡地梯田化，沟壑川台化，荒山荒坡绿化”，起了推动作用，涌现出汪家塬、油房塘、张家庄和张家岔等典型村，受到地、县、乡各级的表彰，油房塘还受到自治区人民政府的表彰。1964年10月，该县水保林业站又分别在预旺、王团和下马关等乡举办农民水保技术训练班，编印有教材，每期5天，共培训160人，学习造林规划，简易测量和施工技术等，并到典型村参观和实地操作。这批农民水保技术员回到本村，带领群众治山治沟，兴修基本农田，涌现出一批治理典型。如预旺乡的龚家湾、下马关乡的刘家滩、王团乡的王团北村等，他们的先进经验，在各地进行了推广。

（三）内蒙古自治区

1956 至 1959 年，先后举办多期农民水保技术员培训班，每期 7～10 天，共培训 1.46 万人，以课堂讲授、现场参观和工地实习相结合的办法培训，主要学习修梯田、挖涝池、植树造林等技术措施。1960 年至 1965 年，自治区内各重点旗（县）都先后举办了农民水保技术培训班，每期 5～7 天，共培训 7000 余人。

（四）陕西省

1955 年 2 月至 11 月，绥德、渭南、宝鸡、蓝田、延安、澄城、富平、铜川等县（市）分别举办农民水土保持培训班，每期 10～15 天，共培训 7100 多人。主要学习田间工程措施、筑坝淤地、保土耕作措施等技术和经验。

（五）山西省

1954 年 12 月到 1957 年 12 月，省水土保持局先后在阳高县举办短期技术培训班数十期，每期 7～10 天，共培训农民 1.58 万多人，主要学习大泉山荒坡造林、沟底修谷坊和坡耕地培地埂等单项措施，在全省 3000 个点上推广大泉山的治理经验。1955 年 12 月到 1956 年 12 月，在柳林县举办技术培训班 20 多期，每期 7 天，共培训农民 1.2 万多人，学习推广贾家垣筑坝淤地的经验。1964 年 12 月到 1965 年 3 月，在昔阳县举办技术培训班数十期，每期 5 天，培训农民约 2 万人，学习推广大寨村建设基本农田的经验。

（六）山东省

1955 至 1958 年，泰安地区先后举办 5 期农民技术员培训班，每期 10～～15 天，共培训 1040 人，其中 1957 年 10 月在新泰市龙廷区北山乡举办的水土保持培训班，历时 10 天，共 200 多人参加，以现场参观为主，学习龙廷区北山乡综合治理经验。

二、综合治理措施技术培训

（一）甘肃省

1954 年 12 月，天水水保站举办农业社技术培训班，为期一月，培训农民 1100 人，学习水土保持综合治理操作技术。1957 年 12 月，平凉地区水利局在平凉农校举办了水土保持农民技术员培训班，学期 30 天，共培训 600 多人。主要学习水土保持原理、水土保持治理措施、支毛沟治理及规划技术。学员回到所在乡、村后，带领农民群众开展水土保持，区内二郎沟、南峪村、李家塬、雷家沟等水土保持先进典型，就是在他们的指导和带领下树立起来的。其中南峪村、雷家沟曾受到国务院水土保持委员会的奖励。1973 和 1979

年，该局分别在平凉市和崇信县举办两期农民水保员技术培训班，每期30天，共培训180人，主要学习水土保持原理、水土保持概论、测量、规划、工程措施等内容，以讲课为主，结合现场参观。通过培训，使水保员有了系统的技术知识，大都成为当地水土保持基层单位的技术骨干，其中庄浪县周斌武、泾川县杨掌俊等还受到水利部的表彰。

（二）宁夏回族自治区

1959年5月至1960年7月，海原县西沟沿水土保持试验站用一年多时间举办夜间学习班，为西沟沿村水保基建队20多名队员讲授水土保持基础知识和工程措施、林草措施等技术和经验。通过培训，这些队员不但会施工，而且能因地制宜地布设各项措施，成为本乡一支坚持常年治理的水土保持骨干力量。1984年6～11月，由自治区与地、县联合在固原地区海原、盐池县，举办三期农民水土保持技术培训班，每期一个月，共培训124人。主要学习水土保持原理、小流域综合治理、水土保持规划、水土保持工程措施和林草措施。这些人员回乡后，大都成为各乡小流域治理的技术骨干和积极分子，有的还动员全家带头治理，效果很好。1986年，彭阳县和泾源县分别举办一期农民水土保持技术培训班。学期40天，共培训50人。主要学习水利水保工程管理、测量施工、水土保持原理、工程措施和农业措施。培训后，他们大都成为各乡水土保持工作的技术骨干。

（三）陕西省

1954年12月，省水保委员会在绥德水保站举办水土保持培训班，学员来自绥德、榆林、延安、宝鸡、渭南等5个地区及铜川市。时间一个月，共培训123人，其中大部分是重点区、乡干部。主要学习水土保持综合治理措施，包括耕作措施、工程措施及林草措施等基本知识和施工技术。学习期间，还参观了米脂县杜家石沟乡、绥德县韭园沟乡群众性的田间工程及大型淤地坝。通过培训，各地学员比较全面地掌握了水土保持技术，回到本乡后，大都利用各种机会广泛深入地向群众宣传，并领导群众搞好水土保持工作。

三、农民技术员职称评定

1982年8月，山西省晋东南地区水利局对全区的乡级水利站和水土保持站的农民技术员进行考核和技术职称评定，得到水电部的积极支持。1983年3月，水电部向全国各省、市、自治区水利（水电）厅（局）转发了《山西省晋东南地区水利局关于考核评定公社（乡）级农民水利技术员职称情况的报告》，要求各省、市、自治区水利水保部门，在人事部门的统一安排下，仿照晋东南地区的做法，通过试点，摸索经验，对农民水利、水保技术员进行一次考核和技术职称评定工作。同年10月，水电部在山西省高平县召开部分省(区)农民水利、水保技术员考核及技术职称评定座谈会，会上安排部署了农民水利、水保技术员的考核和技术职称评定工作。

1984年3月，陕西省水土保持局根据水电部会议精神，起草了《陕西省农民水土保持技术员考评暂行规定》，部署农民水土保持技术员的技术职称考评工作，决定先在延安市和长武县开展试点，为全省提供经验。同年4月和8月，长武县和延安市分别进行考评试点。8月中下旬，省水保局召开农民水保技术员技术职称评定工作会议，交流两个试点单位的经验，安排全省农民水保技术员的考评工作。1985年1月，由省水保局统一命题，对全省农民水保技术员进行统一考试。共评定出一级农民水保技术员855人，二级212人，三级77人。

1989年，经陕西省人民政府批准，省科协、省水利水保厅决定开展第二次农民水保技术员职称评定和晋升工作。这次评定和晋升的范围包括在农村长期从事水土保持技术工作的农民技术员或农村职业中学毕业生；已被聘用在县、乡从事水土保持技术工作，由水保事业费支付工资或生活补助费的农民水保技术员。技术职称定为农民水保助理技术员、农民水保技术员、农民水保助理技师、农民水保技师等四个层次。并规定经全面评审，凡授予农民水保技术职称的人员，由县水利水保局和县科协共同管理，被聘任的农民技术员，在聘任期内给予与其所任技术职称相应的报酬和待遇。经考核评定，共有526人获得技术职称，其中农民水保助理技术员263人，农民水保技术员112人，农民水保助理技师85人，农民水保技师66人。

第二十六章　宣　传

黄河流域的水土保持从民国时期开始就注意了宣传工作，一些水利、林业和土壤方面的专家学者，在各地进行水土保持考察和试验示范的同时，翻译和撰写了一些介绍水土保持的文章，在有关杂志上发表；有的还写了专著和小册子进行宣传。建国后，为了深入、持久地开展水土保持，各级党政领导和业务主管部门，都把搞好宣传作为推动水保工作的主要措施，采取文字宣传与影像宣传等多种形式，不断提高宣传工作水平，收到了很好的效果。

第一节　文字宣传

一、新闻报道

从 50 年代开始，在治理黄河的各个时期，黄委会和黄河流域各省（区）都及时组织新闻单位，不断地对治黄和水土保持进行宣传报道，对推动水土保持的开展起了积极作用。

1955 年 7 月，全国人大一届二次会议通过《关于根治黄河水害和开发黄河水利的综合规划的决议》后，中央和地方新闻单位对治黄事业第一次进行了广泛的宣传，大量报道了各地积极开展水土保持的情况。60 年代初期，黄委会副主任赵明甫在《人民日报》上多次发表署名文章，宣传水土保持的重要意义、方针政策和治理措施，加强了人们对水土保持的认识。

70 年代，黄委会和黄河流域各省（区）多次组织中央和地方的新闻单位，对黄土高原地区的水土保持工作进行规模较大的宣传报道。1971 年 2 月上旬，由新华社国内部农村组编发，《人民日报》连续两天以整版篇幅分别报道了陕西省绥德县韭园沟、米脂县高西沟村和山西省河曲县曲峪村等 7 个水土保持综合治理典型，客观地反映了开展水土保持的必要性和取得的成绩，对统一认识，鼓舞群众开展水土保持是个推动。

1972年，为纪念毛泽东主席视察黄河20周年，对治黄工作开展了规模空前的宣传报道，水土保持是其中重点内容之一。9月25日，由新华社编发，《人民日报》在一版头条位置发表《我国根治黄河水害开发黄河水利取得巨大成绩》的消息。报道中指出，“各地遵照毛主席‘必须注意水土保持工作’的指示，把控制黄土高原水土流失作为根治黄河水害的关键。……在辽阔的黄土高原上，一个群众性的兴修水利和水土保持工程的活动正在蓬勃展开。”黄河流域各省(区)的报纸在当年的宣传报道中，都发表了大量综合治理黄河和水土保持的消息。《甘肃日报》综合报道的题目是《开展水土保持活动，为治好黄河作出贡献》。在持续半年多的宣传工作中，黄河流域各省(区)报道的县、乡、村水土保持典型共40多个。

1980年上半年，中央人民广播电台《祖国各地》设置《黄河新歌》专题节目，播发了黄河系列组稿16篇，其中《让黄土高原披上绿装》一文，详细介绍了黄土高原水土流失的危害和治理的成就。

80年代以来，黄委会又多次组织新闻工作者深入水土保持第一线进行采访，写成了大量宣传水土保持的报道。1986年11月，《人民日报》记者陈勇进在《黄河之水》系列报道中写的《黄土高原的新突破》，介绍了甘肃定西地区、宁夏固原地区、陕西榆林地区、山西吕梁地区等在水土保持中合理利用土地、改善生态环境、促进脱贫致富的新变化。1989年9月，为庆祝中华人民共和国成立40周年，新华社记者新河、曲直、吴国清采写的《高原初绿，河清有日——记黄河中上游的水土保持工作》，全面报道了建国40年来水土保持工作的成就，同时也指出黄土高原的水土保持是一个长期、复杂而艰巨的任务。陕西省对无定河流域重点治理情况，先后组织新闻单位采写县、乡、村先进典型22篇，对开展重点治理起了积极的推动作用。

二、期刊

黄河流域宣传水土保持的期刊，最早创办于民国时期。1940年黄委会林垦设计委员会与金陵大学合编《水土保持文献摘引》，内部不定期发行，以翻译和介绍国外水土保持情况为主。建国以来，有关部门创办的水土保持专业性及兼有一部分水土保持内容的其他期刊，有了很大的发展。主要的有：

(一)中国水土保持

水利部农村水利水土保持司委托黄委会主办，1980年8月创刊，当时刊名《水土保持》(双月刊)，内部发行。1982年改名为《中国水土保持》，在国内发行，从1983年起扩大为国内外发行，1984年改为月刊。办刊的宗旨是：总结推广各地水土保持经验，宣传水土保持方针、政策和法令；介绍国内外水土保持先进技术和治理措施，交流水土保持科研成果，推动我国水土保持工作及其科学技术的发展。到1992年共出版129期。

（二）人民黄河

黄委会创办于1949年10月，初名为《新黄河》，1957年改名为《黄河建设》（月刊）。1960年6月停办，1964年1月复刊，1966年又停办，1979年6月复刊时，改名为《人民黄河》（双月刊，1992年改为月刊）。在1979年前，办刊的方向是综合宣传治黄方针、政策，治理黄河各方面的经验、业务技术，以及治黄部门的思想政治工作。在治黄业务技术宣传方面，水土保持为主要内容，当时在国内尚无水土保持专业性刊物的情况下，该刊是宣传黄河流域水土保持工作的主要刊物，积累了大量水土保持信息和资料。1979年复刊前，共出版153期，刊载文稿1530多万字，其中水土保持文稿约400万字。复刊后以报道治黄的水利水电技术为主，水土保持论述、研究活动为其中的内容之一，到1992年出版88期，由国内发行扩大为国内外发行。

（三）水土保持科技信息

1986年3月由黄委会水保处创办，当时为黄河流域水土保持科技情报网的网刊，不定期内部发行。1988年7月，黄河流域水土保持科研工作协调小组成立后，又兼作该小组的刊物，每月出版。办刊宗旨为政策指导、科技服务、信息交流和反馈验证。截至1992年共出版90期。

（四）水土保持通报

1972年9月，中科院西北水保所创办，刊名《水土保持》，不定期内部发行，主要刊登该所的科研成果及有关论文。1981年3月改名《水土保持通报》，为季刊，1982年改为双月刊，向国内外公开发行。主要刊登全国水土保持科学研究成果和治理的理论性、技术性、方针性的论文，刊登文章中以反映黄河流域的情况较多。1981年至1992年共出版76期。

（五）水土保持学报

1987年创办，是中国水土保持学会的会刊，委托西北水保所编辑出版，为季刊。主要刊登有关水土保持、生态农业、环境保护、国土整治、山地灾害及其边缘学科、交叉学科方面的优秀论著、突出的科研成果、有价值的考察报告；还刊登生态环境的分析和治理效益，新科学技术在水土保持学科中的应用和发展，介绍国内外有关学科的尖端科学、高技术的动态和趋势等方面的综述和述评。到1992年共出版20期。

(六)山西水土保持科技

1958年山西省水土保持中心试验站(后改名为水保研究所)创办,名为《山西水土保持科技通讯》,1974年改名为《山西水土保持科技》;1982年5月改名为《山西水土保持》,由科技刊物变成综合性刊物,均为内部发行。1984年,恢复为《山西水土保持科技》,1986年经山西省科学技术委员会批准为季刊,向全国发行。主要宣传水土保持工作的方针、政策、科研成果与治理经验,并介绍国内外水土保持动态和先进经验。到1992年共出版51期。

(七)陕西水土保持

1975年4月,陕西省水土保持委员会创办,名为《水土保持通讯》,内部发行,不定期出版。主要宣传水土保持的方针、政策和法令,推广省内各地水土保持经验,交流水土保持科研成果等。1980年改为双月刊,1988年改名为《陕西水土保持》,由陕西省水土保持委员会和水土保持学会联合主办。设有流域治理、工程措施、造林种草、水土保持效益、科学研究、预防监督等栏目。到1992年共出版89期。

三、专著

(一)综合性专著

其内容包括水土流失情况和规律,水土保持的工程措施、林草措施、耕作措施等各方面。

1. 土壤之冲刷与控制——1937年张含英编译,1945年商务印书馆出版。该书是我国最早的一部水土保持专著。张含英从30年代就开始从事黄河问题的研究,认为黄河流域的治本之道,应加强水土保持工作,借鉴国外经验,以美国鄂礼士(Q·C·Ayres)1936年著的《土壤之冲刷与控制》(Soil Erosion and Its ControI)一书为基础进行编译。删去其中离中国实际较远的内容,补充增加了一些适合中国实际的内容,特别是提出了黄河流域的水土流失治理问题。该书在序和绪论中,都论及了黄河流域土壤冲刷的严重性和防治冲刷的重要意义。全书约30余万字,包括绪论、冲刷之因素、防护之办法、雨量与径流、阶田之设计、阶田定线理论及实施、阶田之修筑、阶田修筑之费用及其维护、阶田之排水出路、沟壑之控制、临时性及半永久性节制坝、永久性节制坝或保护坝、植物之特殊效能、土壤之保护及田地之应用等14章。

2.黄河中游黄土地区水土保持手册——1959年5月中科院黄土高原

水土保持综合考察队编著，科学出版社出版。全书约30万字，共9章。在分析黄河中游各地区的自然条件、社会经济特点基础上，提出水土保持工作的发展方向，介绍土地合理利用规划与规划工作方法，分别叙述了水土保持各种措施的适应范围、规格和功用。

3. 水土保持——1973年7月农业出版社出版，陕西省水土保持局编著，约20万字。书中根据因地制宜、分类指导的原则，提出了不同类型区采取不同的治理方向和措施，分为水土保持与国民经济建设的关系，黄土丘陵沟壑区治理，黄土高塬沟壑区治理，土石山区治理，风沙区治理，河谷川道区治理，荒地、渠旁、库岸、矿山的水土保持，水土保持规划等8章加以论述。

4. 水土保持工作手册——1973年12月甘肃人民出版社出版，甘肃水利电力局水利管理水土保持工作队编著，约12万字。该书介绍了水土保持的重要意义、水土流失区划、水土保持规划、农田基本建设、水土保持工程措施、水土保持生物措施和水土保持施工机具。

5. 中国水土保持概论——1982年11月农业出版社出版，约20万字。这是第一部比较全面扼要地反映我国水土保持的专著，主要内容有绪论、我国历史上的水土保持、水土流失情况、水土保持规划、水土保持措施等。1973年，由原西北农学院院长辛树帜与陕西省水土保持局总工程师蒋德麒共同发起，并主持编写工作。全书分6章，分别由朱士光、马宗申、巨仁、关君蔚、刘万铨执笔，朱士光协助蒋德麒进行统稿，西北水保所王书欣和西北农学院冯有权参加了讨论。

6. 水土保持原理与规划——1991年12月内蒙古大学出版社出版，内蒙古林学院席有编著。全书共8章约34万字。内容包括土壤侵蚀的概念及形式、土壤侵蚀的规律、影响土壤侵蚀的自然因素、人类活动对土壤侵蚀的影响及土壤侵蚀在时间上的分布、土壤侵蚀的危害及水土保持的理论基础、我国主要土壤侵蚀类型区概要及内蒙古土壤侵蚀类型初步划分、水土保持规划、小流域水土保持总体规划设计。

7. 黄土高原区域治理与评价——1992年3月科学出版社出版。此书是在黄上高原11个综合治理试验示范区研究基础上编写而成。由杨文治、余存祖等16人编著。内容包括黄土高原的自然与社会经济概况和综合治理试验示范区的建立、土地资源及其优化利用、主要粮食作物的生产力及增产技术体系、低产地土壤养分状况与培肥技术体系、农田水量平衡、人工林草地水分生态条件及生产力、试区小流域土壤侵蚀和综合治理减沙效益、试区航空遥感监测试验研究、区域治理生态效益、经济效益和社会效益的综合评价。

(二)专题性专著

内容有应用基础研究、水土保持管理和水土保持措施等三个方面。

1.应用基础研究专著。主要有:(1)黄土高原森林与草原的变迁——1985年4月陕西人民出版社出版,陕西师范大学史念海、曹尔琴、朱士光编著。作者根据大量的历史文献资料和近代的考古发现及现场实际考察,提出了黄土高原在古代曾分布大量森林草原地区的重要论点,曾多次在报刊和学术会议上发表。1973年以后,将有关资料系统整理编写成书,约12万字。分为黄土高原自然地理特征、早期的农林牧交错地区、农牧地区的推移、黄土高原森林地区的缩小和破坏、生态平衡的变化及其影响和种草种树与黄土高原的改造等6章。(2)黄土高原现代侵蚀与治理——1988年3月科学出版社出版,中科院地理所陈永宗、蔡强国编著,约20万字。分为侵蚀区的地理环境、侵蚀类型、侵蚀强度、影响侵蚀的因素、谷间地和沟谷侵蚀、现代侵蚀治理等6章。(3)内蒙古土壤侵蚀研究——1988年科学出版社出版,内蒙古自治区水土保持处赵羽、金争平等编著。作者根据多年来内蒙古自治区开展土壤侵蚀和水土保持观测研究以及小流域综合治理试验的第一手资料编著而成,约10万余字。内容是内蒙古土壤侵蚀的环境与过程的关系,土壤锓蚀的观测研究方法,内蒙古土壤侵蚀的分类系统,侵蚀现状及其规律,内蒙古土壤侵蚀过程以旗(县)为单位定量评价土壤侵蚀对环境生产的危害程度,以环境、侵蚀及生态潜力等多项指标制定全区侵蚀区划和防治区划,全区土壤侵蚀防治的宏观战略与措施。(4)黄土高原地貌与土壤侵蚀研究——1989年8月陕西人民出版社出版,陕西师范大学地理系黄土高原环境研究室甘枝茂主编,约27万字。内容为黄土高原的范围与地貌分类系统、陕西黄土高原地貌与环境变迁研究、土壤侵蚀面研究、黄土高原的土壤侵蚀方式研究、典型地区的土壤侵蚀及侵蚀类型的划分、黄土高原的基岩侵蚀初探、黄土地貌的发育与土壤侵蚀的辩证关系。

2.水土保持管理专著。主要有:(1)小流域水土保持勘测技术——1958年科学技术出版社出版,河南省水利厅杭载瑾编著,约10万字。内容分为地形地势调查、地质调查、地下水调查、土壤调查、土壤侵蚀调查、植物调查、水文气象调查、河道工程调查、水利资源调查、社会经济调查、对调查材料的整理和分析意见等11章。(2)小流域治理的经济管理——1984年5月山西人民出版社出版,山西省吉县水利水保局李思义著,约13万字。内容为小流域治理需要实行科学的经济管理、以户承包小流域治理、多层承包小流域治理、小流域治理规划、小流域治理生产计划管理、小流域治理的劳动力组织与劳动定额、小流域治理的技术管理、小流域治理的经济核算、帮助农民按小流域治理使用自留山、小流域经济合同制和小流域治理管护。

3、水土保持措施专著。主要有林草措施、治坡工程、治沟工程三方面。

林草措施专著有：(1)水土保持林草措施——1979年西北水土保持研究所孙林夫、曹淑定和陕西省水土保持局曹建中、丁登山编著，约30万字。分为概述、水土保持林草的作用、水土保持林的配置、水土保持林的营造和管护、水土保持草的效益、水土保持草的种植、水土保持树种和水土保持草种等8章。(2)柠条的栽培与利用——1988年2月山西科学教育出版社出版，山西省农科院牛西午编著，约16万字。内容为我国的锦鸡儿属植物资源、柠条的特性、柠条的生态效益及其经济价植和柠条林的营造和管理。(3)水土保持林草——1990年8月西北大学出版社出版，西北大学水保系雷德明、田连恕、王瑛洛编，约18万字。分为林草植物学基础知识、生态基础知识和水土保持林草措施等3篇。(4)利用药物提高黄土高原造林成活率研究——1992年黄委会农水局、兰州水保试验站、黄委会绥德水保站、伊克昭盟水保科研所及洛阳林科所合编。本书是1986年黄委会下达的研究课题，由黄委会水保处主持，与上述科研单位共同完成的研究成果。内容分试验区自然概况、研究方法、试验结果分析及研究成果的示范推广等4部分。试验研究成果主要有药物对造林成活率的影响，降雨量、蒸发量、土壤含水量对造林成活率的影响及药物配方选优等三方面。

治坡工程专著有：(1)黄河中游黄土高原梯田调查研究——1958年科学出版社出版，西北水保所方正三、杨文治、周佩华编著，约20万字。作者根据暴雨资料、渗透试验，综合水保站观测资料，研究暴雨、渗透、径流、冲刷的关系，在此基础上，提出以坡式梯田为主的梯田设计，分为暴雨、渗透、径流与冲刷、梯田调查、梯田设计等五部分。(2)机械修筑梯田——1980年8月山西人民出版社出版，黄土高原农田工程施工机械化研究协作组编，约10万字。分为概述、梯田的规划与设计、施工前的准备工作、推土机修梯田、机引犁修梯田、铲抛机修梯田、平地机修梯田、修梯田的其他机具和多种机具联合作业等8章。(3)机械修梯田——1980年10月水利电力出版社出版，刘万铨编著，约10万字。作者根据1972年以来进行机械修梯田试验研究和推广中积累的技术资料，结合总结各地的先进经验，编写成书。以机修梯田提高“相对工效”、节约机工时、降低成本为指导思想，从规划、设计、施工等各个技术环节阐述提高“相对工效”的原理和作法。分为概述、机械修梯田的规划、机械修梯田的断面设计、机械修梯田的施工设计、机械修梯田的工效计算、机械修梯田提高相对工效的途径、机械修梯田的定线、机械修梯田的施工等8章。

治沟工程专著有:(1)黄河治本论——1947年北平平明日报社印刷出版,成隆甫编著,约7万字。作者生长在黄河流域水土流失严重的黄土丘陵沟壑区(山西省临县),在生产实践中,认识到水土流失的危害和沟中筑坝淤地的作用。根据当地群众筑坝淤地的经验,结合自学有关黄河泥沙问题和水利工程的基本知识,撰写成此书。主要内容是论述丘陵沟壑区筑坝淤地是发展当地生产、减少黄河泥沙的治本措施,分为黄河治本施策应具的基本概念、黄河流域的现状、对于各种治河方策的评论、黄河治本之唯一良策山沟筑坝淤田等4章。(2)水坠坝——1980年8月水利电力出版社出版,陕晋水坠坝试验研究工作组编,约20万字。1973年,黄委会、陕西省水电局、山西省水利局共同组成陕晋两省水坠坝试验研究工作组,先后有42个生产、科研单位和大专院校参加,对水坠坝进行试验研究。该书是根据上述试验研究成果整理编写而成。分为水坠坝概述、水坠坝施工期现场观测试验、现场观测与施工期坝体稳定和土坝裂缝计算等4章。(3)陕西省水土保持治沟骨干工程技术手册——1988年3月陕西省水土保持勘测规划研究所编,内部印刷发行,约37万字,总结了30多年来陕西省各地水土保持修建治沟骨干工程的实践经验。分为工程规划、水文计算、工程设计、土石混凝土及混凝土预制件施工、质量检查与安全施工、工程管理与养护等10章。

(三)黄土高原综合考察研究专著

1984～1989年,中科院黄土高原综考队和有关科研单位及高等学校的专家、科技人员,共200多人,对黄土高原地区进行综合治理开发科学考察,获得丰富资料。1990年由各专题组根据考察资料,分别撰写20部考察研究成果专著,科学出版社出版,共约660多万字,其中2/3内容属水土保持范畴,1/3与水土保持有关。

1.黄土高原地区综合治理与开发——由中科院综考会主持编写,中科院西北水保所、地理所、地质所、植物所、兰州沙漠研究所等单位参加,张有实、张天曾等33人共同执笔。全书共五部分,约38万字。内容包括黄土高原地区资源、环境、人口和社会概况,综合治理开发的总体战略和目标,综合治理开发的总体部署,综合开发区划方案、程序和对策等。

2.黄土高原地区土壤侵蚀区域特征及其治理途径——由中科院西北水保所、地理所主持编写,成都山地灾害与环境所、中国地矿部水文地质所、西北大学、陕西师范大学、甘肃省科学院地质灾害研究中心、陕西省水保勘测所，黄委会水保处及天水、西峰、绥德水保站等单位参加，唐克丽、陈永宗等34人共同执笔。全书共6章，37万字。主要内容包括土壤侵蚀影响因子的区域特征、土壤侵蚀类型、方式与强度的区域特征、重力侵蚀的区域特征及防治对策、黄河粗泥沙的来源及其对下游河道的影响、土壤侵蚀分区及其治理途径、土壤侵蚀趋势和水土保持前景分析讨论。

3.黄土高原地区自然环境及其演变——由中科院地理所、地质所主持编写。中科院西安黄土与第四纪地质室、陕西师范大学、北京师范大学、北京大学、西安师范学院、山西师范学院等单位参加，杨勤业、袁宝印等30人共同执笔。全书共5章，约34万字。内容包括黄土高原自然环境的基本特征、黄土高原形成的地质背景及演变、人类活动与黄土高原环境演变、黄土高原自然环境与开发治理若干问题、黄土高原流域环境治理前景。

4.黄土高原地区北部风沙区土地沙漠化综合治理——由中科院兰州沙漠研究所主持编写，内蒙古林学院治沙所、伊克昭盟林业治沙所等单位参加，杨根生、邸醒民等12人共同执笔。全书共5章，约36万字。内容包括区域特点，土地沙漠化现状、形成、扩展及防治，风沙区煤田开发中土地沙漠化及其防治，风沙区风沙对黄河泥沙的影响及对策，风沙区农牧林业生产现状及发展途径。

5.黄土高原地区土地资源——由中科院综考会主持编写，中科院地理所、兰州沙漠研究所及北京师范大学等单位参加，赵存兴、刘健等14人共同执笔。全书共4篇，22章，约53万字。内容包括影响土地资源形成和特点的自然条件概述、土地资源评价、土地资源类型与结构、土地生态系统结构与功能、土地粮食与人口、农业用地开发概述、宜农宜林宜牧土地资源、土石山丘地的合理利用、水土流失及其防治、土地盐渍化的防治、土地沙漠化的防治、土地污染的防治、土地复垦、土地利用区的划分、东部山地林农牧区、谷地盆地农区、黄土丘陵农牧区、鄂尔多斯沙地牧区、河套平原农区、青东高原山地、黄土丘陵农牧区等。

6.黄土高原地区土壤资源及其合理利用——由中科院西北水保所主持编写，中科院南京土壤研究所参加，王恒俊、张淑光等7人共同执笔。全书共6章，约48万字。内容包括土壤形成、分类与分布、土壤类型各论、黄土高原地区土壤养分资源与分区、黄土高原地区土壤水分资源及分区、黄土高原地区土壤资源利用治理分区、黄土高原地区土壤资源利用与保护途径。

7.黄土高原地区植被资源及其合理利用——由中科院植物研究所主持

编写，陕西省西北植物所参加，王义凤等6人共同执笔。全书共8章，约43万字。内容包括黄土高原地区的自然条件、主要植被类型及分布、植被的水平地带与垂直地带、森林资源及其经营管理和保护、草地资源的合理利用与保护、果树资源和果树区划、野生资源植物及其合理利用、种树种草的条件及分区。

8. 黄土高原地区水资源问题及其对策——由中科院综考会主持编写，地矿部水文地质工程地质司、陕西省地质矿产局、陕西地矿局第一水文地质工程地质队、西北农业大学等单位参加，苏人琼、唐青蔚、何希吾等12人共同执笔。全书共4篇27章，约60万字。主要内容包括水资源及其供需分析、水资源开发利用中的重大问题、重点地区水资源开发利用、水资源开发利用总体设想。

9. 黄土高原地区农林牧业综合发展与合理布局——中科院西北水保所主持编写，西北农业大学参加。彭琳、彭祥林、侯庆春等16人共同执笔。全书共7章，约54万字。内容包括农林牧业生产概况、黄土高原地区的战略地位、发展方向与战略、综合发展分区、优化结构及发展预测、综合发展与商品生产基地的建设与布局、发展战略措施。

10. 黄土高原地区综合治理开发分区研究——由中科院综考会主持编写，北京师范大学、中科院地理所、陕西财经学院、陕西师范大学、兰州大学、中科院能源所、西北水保所、兰州沙漠所等单位参加，武吉华、孙惠南、张天曾等15人共同执笔。全书共12章，约26万字。主要内容包括豫西晋东南区、晋北大同区、汾渭谷地区、晋陕蒙接壤区、晋西陕北区、陇东陕北区、陇中宁南区、鄂尔多斯高原风沙区、内蒙古沿黄（河）区、宁夏沿黄（河）区、兰州区、青东区的治理开发分区研究。

11. 黄土高原地区重点县综合治理与经济发展战略规划——由中科院综考会主持编写，中科院兰州沙漠所、山西农业区划办公室、甘肃农科院、西北大学、陕西师范大学、兰州大学等单位参加，郭绍礼等21人共同执笔。全书共36万字。内容包括黄土丘陵台地、风蚀沙化、黄土梁峁丘陵沟壑、黄土丘陵沟壑、黄土台塬、黄土浅山丘陵等几种类型区内重点县的规划。

12. 黄土高原地区的人口问题——由西安交通大学人口研究所主持编写，北京经济学院人口研究所、兰州大学人口研究所参加，陈松宝等8人共同执笔。全书共6章，约18万字。内容包括黄土高原地区的人口概况、人口系统分析模型简介、黄土高原地区综合分区人口发展的中长期预测、劳力需求及人才发展预测、人口城镇化发展分析和预测、人口合理容量等。

13.黄土高原地区能源资源的合理利用及农村能源的解决途径——中科院能源研究所主持编写,北京地理学会、中国电机工程学会、中科院地理所、中国铁道科学院、北京师范大学、北京大学和中国农业工程大学等单位参加,黄志杰、彭芳春等5人共同执笔。全书共13章,约34万字。内容包括能源资源开发条件综述、煤炭资源、电力基地开发、能源需求量发展趋势估计、能源供应量预测、供与求分析、数学规划方法用于基地区煤电运综合规划、地方性能源资源及其评价、农村能源消费及问题、需求量预测、开发利用区划、解决农村用能的途径等。

14.黄土高原地区地下水资源合理利用——由地矿部水文地质工程地质司主持编写,陕西省地矿局牵头,甘肃、宁夏、内蒙古、青海、山西、河南等省(区)地矿局参加,王兆馨、刘祖植、王桂增等15人共同执笔。全书共5章,约14万字。内容包括地理地质概况、水文地质、地下水资源评价、地下水资源开发利用、缓解水资源紧缺的综合对策。

15.黄土高原地区乡镇建设及繁荣农村经济的途径——由西北农业大学、中科院综考会主持编写,马鸿运、曹光卓等8人共同执笔。全书共7章,约24万字。内容包括黄土高原地区农村贫富状况与原因分析、乡镇企业发展的现状与特点、集镇建设现状与特点、乡镇企业发展战略思想和方向、集镇发展的方向和指导思想、乡镇企业和集镇建设分区、乡镇企业发展预测。

16.黄土高原地区矿产资源综合评价——由地矿部全国地质资料局主持编写,王秀芳、郑仁城等7人共同执笔。全书共11章,约20万字。内容包括自然地理、社会经济概况、区域地质矿产概况、矿产资源现状及优势分析、能源建材及各类金属矿产开发评价、矿产资源开发综合评价与产业、矿产资源经济区划与区域发展、矿产资源开发战略和有关建议。

17.黄土高原地区工业发展与城市工矿区的合理布局——由中国人民大学主持,北京师范大学、北京大学、北京师范学院等单位参加,刘再兴等6人共同执笔。全书共8章,约29万字。内容包括工业开发条件评价与战略、工业结构的总体调整、工业的总体布局、工业发展模型与产业关联分析、稀缺要素的平衡与宏观经济效益评估、城市发展与布局、工业开发远景展望。

18.黄土高原地区工矿和城市发展的环境影响及其对策——由北京师范大学环境科学研究所编著,刘培桐、王华东等4人共同执笔。全书共4章,约30万字。内容包括黄土高原的主要环境污染问题、重点地区的环境问题剖析、大中型建设项目的环境影响分析、环境污染的环境保护对策。

19.黄土高原地区综合运输网的发展及合理布局——由国家计委综合

运输研究所主持编写，中国铁道科学院运输研究所、西安公路学院参加，金瓯等6人共同执笔。全书共5章约16万字。主要内容包括黄土高原地区自然地理及国民经济特点、交通运输网概况及其评价、各种运输方式现状及其主要问题、各种运输方式的发展与布局、综合运输网的发展及合理布局。

20.黄土高原地区旅游资源及其开发——由中科院地理所宋力夫等3人编著。全书共6章，约17万字。内容包括黄土高原地区开展旅游业的基础背景、战略意义与条件分析、战略布局与开发重点、旅游区划、旅游开发研究与实践等。

四、专辑

黄河流域各级水土保持主管部门，把水保工作中的文献汇编在一起，是宣传推广水土保持经验和成果的一种重要形式。民国时期，1945年国民政府农林部天水水土保持实验区，将试验研究成果汇编成《三年来之天水水土保持实验区》专辑。建国以后，以专辑的形式宣传水土保持更为普遍，已编印的有工作会议、科研会议、学术会议、科研成果、治理成果等五个方面的专辑。

(一)工作会议专辑

1.水土保持文件汇编——1966年5月黄河中游水土保持委员会编印，约30万字。汇编分三部分：第一部分汇集了1952～1963年国务院及中央各部委颁发的重要指示、决定和通知，共11篇；第二部分汇集了全国第一、二、三次水土保持会议的会议总结和有关领导同志的讲话、报告，共19篇；第三部分汇集了1955～1965年召开的黄河流域(及黄河中游)水土保持会议的总结和领导同志的讲话、报告，共21篇。

2.第二次黄河中游水土保持工作会议资料汇编——1977年4月，黄河治理领导小组、农林部、水电部在延安召开第二次黄河中游水土保持工作会议，同年9月，黄委会将会议的主要文件5篇和典型经验材料15篇汇编成册，约15万字。

3.黄河中游水土保持委员会第一次会议文件汇编——1981年11月，恢复后的黄河中游水土保持委员会在西安召开第一次会议，总结了建国后30年来水土保持工作的经验、教训，制定了“六五”计划期间的方针和任务。同年12月，黄河中游治理局将会议的主要文件和典型材料22篇，汇编成册，约25万字。

4.黄河中上游水土保持工作座谈会文件汇编——1985年6月,全国水土保持工作协调小组、中共中央书记处农村政策研究室在郑州召开黄河中上游水土保持工作座谈会,研究进一步巩固与发展户包治理责任制,以推动水土保持工作的问题。会后黄委会将会议主要文件和典型经验共41篇汇编成册,约29万字。

5.黄河中游水土保持委员会第二次会议文件汇编——1986年12月,黄河中游水土保持委员会在西安召开了黄河中游水土保持委员会第二次会议,总结了"六五"期间水土保持经验,提出指导"七五"期间工作的意见。黄河中游治理局将讲话、发言和部分交流材料46篇汇编成册,约30万字。

(二)科研会议专辑

1.黄河中游水土保持科学试验研究工作会议文件汇刊——1957年11月,黄委会在郑州召开水保科研会议,交流试验研究成果,研究试验研究工作的方针、任务,制定重点研究项目。1958年5月黄委会水保处将会议文件刊印成册,共54篇,约75万字。

2.黄河流域水土保持科学研究工作会议文件汇编——1963年12月,黄委会在郑州召开水保科研会议,落实国家科委颁布的1963～1972年山地利用及水土保持科学技术发展规划,安排1964年试验研究计划,交流成果。1964年3月,黄委会水保处将会议文件编印成册,共79篇,约90万字。

3.黄河流域水土保持科研工作座谈会资料汇编——1975年11月,黄委会在甘肃省天水市召开水保科研工作会议,贯彻全国普及大寨县精神,研究水保科研为加快水土保持治理服务的措施。1976年1月,黄委会水保处将会议文件汇编印刷,共52篇,约40万字。

4.黄河流域水土保持科研成果经验交流会资料选编——1987年2月,黄委会在陕西省绥德县召开水保科研会议,交流科研成果和经验,讨论"七五"期间科研重点项目,酝酿协作攻关问题。1988年5月,黄委会水保处将会议交流材料进行选编,刊印成册,共84篇,约100万字。

(三)学术会议专辑

1.综合性学术会议专辑。主要有:(1)黄土高原水土保持农林牧综合发展科研工作讨论会资料汇编——1979年2月,国家科委、农林部、水电部在西安召开会议,主要讨论黄土高原水土保持和大农业生产方向问题。1979年3月,陕西省科学技术情报研究所将会议论文和资料汇编成册,共42篇,约34万字。(2)黄土高原水土流失综合治理科学讨论会资料汇编——1980年3月,国家科委、国家农委、中国科学院在西安召开会议,讨论黄土高原水土保持综合治理方向与规划问题。1981 年 3 月，西北水保所将大会收到的各种专题报告汇编成册，共 133 篇，约 90 万字。(3)西北地区农业现代化学术讨论会论文选集——1980 年 12 月，中国农学会、中国林学会、中国水利学会在甘肃省兰州市召开学术会议，讨论如何改变西北地区贫困落后面貌，逐步实现农业现代化问题。1981 年 4 月，西北地区农业现代化学术讨论会论文资料编辑组，将会议资料编印为论文选集。分为 6 卷，共 330 篇，约 150 万字。其中第六卷是水利建设与黄土高原水土流失综合治理，共 64 篇，约 15 万字。(4)中国干旱半干旱农业科技资料选集——1983 年 8 月，农牧渔业部在陕西省延安市召开了全国干旱半干旱农业会议。会议的主要内容是与水土保持紧密相连的水土流失地区的大农业生产问题。1983 年 10 月，武功农业科学研究中心协调委员会等单位将会议文件编印成科技资料选集。共分 4 集，228 篇，约 170 万字。(5)黄土高原治理与开发——1987 年 9 月，农牧渔业部、林业部、水电部、中国水土保持学会等单位，在山西省河曲县联合召开黄土高原综合治理和开发问题讨论会，参加会议的有黄土高原各省区水土保持和农林牧等有关专家。会后农牧渔业部郭书田、张文庆将会议收到的论文选编成册。共 43 篇，约 27 万字。1987 年 7 月由未来出版社出版。(6)全国水土保持山区开发战略研讨会论文汇编——1989 年 5 月，中国土壤肥料研究会水土保持专业委员会在山东省烟台市联合召开学术会议。会议的主持者和大部分参加者都来自黄河流域，提供的论文中，黄河流域占 3/4。1990 年 12 月，黄委会水保处和《中国水土保持》编辑部，将会议论文汇编成册，共 43 篇，约 30 万字。

2. 专题性学术会议专辑。进入 80 年代以来，有关单位先后召开梯田、坝地、造林、种草、保土耕作等专题性学术会议。其中有的是全国性会议在黄河流域召开，有的是全国性会议而参加的人员和提供的论文以黄河流域较多。每次会议的文件都编印专辑，主要的有：(1)黄土高原地区造林现场经验交流会议材料汇编——1981 年 8 月，林业部在山西省吉县和陕西省淳化县召开现场会议，交流造林经验。1982 年 2 月林业部"三北"防护林建设局，将各地的经验及交流材料汇编成册，共 60 篇，约 25 万字。(2)草木樨科研资料选编——1982 年 8 月，中国农学会土壤肥料研究会在甘肃省天水市召开了全国草木樨学术讨论会，会后由黄委会天水水保站选出有代表性的论文汇编成册，共 67 篇，约 20 万字。(3)全国水土保持耕作学术讨论会资料选编——1983 年 8 月中国农学会土壤肥料研究会在陕西省延安市召开学术讨论会。同年 12 月，陕西省水土保持局将学术论文、科研报告和经验总结等汇编成册，共61篇，约50万字。(4)发展旱区农业大有可为——1983年8月，农牧渔业部在延安召开北方地区农业工作会议，贯彻落实中央领导同志对发展旱区农业的指示，内容侧重旱区农业的耕作技术。1983年10月，农牧渔业部农业局将会议资料选编成册，共52篇，约35万字。定名为《发展旱区农业大有可为》。(5)蓄水聚肥改土耕作法试验总结座谈会资料选编——1984年9月，山西省在离石县召开座谈会，总结交流各地蓄水聚肥改土耕作法(即抗旱丰产沟)试验推广经验。1984年12月，会议资料编辑委员会将材料选编成册，共40篇，约25万字。(6)陕北地区淤地坝坝系布设利用经验交流会议资料汇编——1984年9月，黄委会在陕西省绥德县主持召开会议，总结交流坝系布设利用经验。1985年5月黄委会绥德水保站将交流资料汇编成册，共24篇，约20万字。(7)全国梯田学术讨论会论文汇编——1985年5月，中国农学会土壤肥料研究会和四川省水利电力厅在四川省江油县联合召开全国梯田学术讨论会。1986年6月，中国农学会土肥研究会、黄委会和四川省水利电力厅，把会议的学术论文、科研报告和调查总结等汇编成册，共79篇，约30万字。其中黄河流域提交的论文占1/3。

3.国际学术会议专辑。80年代后期和90年代初期，在黄河流域召开过五次与水土保持有关的国际学术会议，会议主办单位编印的论文集有：(1)国际沙棘学术交流会论文集——1989年10月，中国水土保持学会沙棘专业委员会、黄委会、陕西省科学技术委员会联合主持在西安召开国际沙棘学术交流会，参加会议的有中国、苏联、美国、芬兰、德国、匈牙利、捷克、波兰、挪威等9个国家的代表，共提交91篇论文。会议秘书处将收到的论文编成文集，有中文、英文两个版本，其中中文版约45万字，主要内容有：沙棘资源调查、沙棘良种培育、沙棘栽培技术、沙棘开发利用(包括医药、食品、饮料、化装品等)。(2)中国黄土高原地区环境治理与资源开发国际科学讨论会论文集(英文版)——1991年9月，中科院综考会在西安召开中国黄土高原地区环境治理与资源开发国际科学讨论会，参加会议的美国、英国、澳大利亚等国专家共提交论文13篇，中国专家共提交论文75篇，会议主办单位编印了论文集，共约35万英文字符。主要内容有：综合开发战略、自然环境与评价、土壤侵蚀及其控制、自然资源评价、小流域综合治理、遥感技术及地理信息系统的应用等。(3)土壤侵蚀与土地管理地理信息系统国际学术讨论会论文集——1992年6月，山西省科委、水利厅，中科院地理所及黄委会共同主持，在太原召开土壤侵蚀与土地管理信息系统国际学术讨论会，参加会议的中外专家共60人，提交论文28篇，约20万字(其中13篇外国专家的论文只刊印了中文摘要)。主要内容有:土壤侵蚀、遥感技术应用、地理信息系统、土壤侵蚀防治措施、水土保持规划等。

(四)科研成果专辑

1. 综合性科研成果专辑。据不完全统计,共有13种,约860多万字(见表7—20)。

表7—20　**综合性科研成果专辑情况表**

专辑名称	编著者	字数(万)	编辑(出版)时间(年.月)	主要内容
1942～1980年水土保持试验研究成果汇编	黄委会天水水土保持科学试验站	180	1981.8	包括水土流失规律,水土保持的工程措施、林草措施、耕作措施、小流域综合治理等
1950～1980年水土保持试验研究成果汇编	黄委会西峰水土保持科学试验站	150	1981.9	
1953～1980年水土保持试验研究成果汇编	黄委会绥德水土保持科学试验站	80	1982.9	
延安茶坊水土保持综合实验资料汇编	中科院西北水保研究所	10	1976.8	1973～1975年在延安地区安塞县茶坊水土保持综合实验基点的科研成果
西北水土保持研究所集刊	中科院西北水保研究所	100		该所从1985年6月开始,以本所研究成果为主分专题刊登的各方面研究报告,到1991年刊印10集,半数以上内容为水土保持或与之相关的研究成果
科学技术成果汇编	中科院西北水保研究所	40	1986.5	该所1956～1986年主要科研成果的背景、时间、方法、内容、结论
黄土丘陵沟壑区水土保持型生态农业研究	中科院西北水保研究所	70	1990.12	水土保持型生态农业、土壤侵蚀规律、水土流失综合治理与开发、效益监测体系与信息系统、林草植被建设与利用

续表 7—20

专辑名称	编著者	字数（万）	编辑（出版）时间（年.月）	主要内容
科技参考资料汇编	甘肃科学技术情报研究所、甘肃庆阳地区科技情报所、西峰水保试验站	25	1980.12	汇集了西峰水土保持科学试验站30年来的主要科研成果。内容有综合治理、径流泥沙、林园牧草、水利和田间工程
陕西省水土保持科学技术成果资料汇编	陕西省水土保持局	40	1982.10	流域治理与效益分析、水坠坝观测试验、筑坝淤地与用洪用沙、梯田建设与增产技术、种树种草与引种繁育
试验研究成果汇编	平凉地区水土保持试验站	15	1982	各项治理措施及其效益试验研究
甘肃省水土保持试验研究汇编	甘肃省水利厅水土保持局	65	1982.4	土壤侵蚀、径流泥沙、农田基本建设、生物措施、农业耕作措施、用洪用沙、综合治理
甘肃省水土保持试验研究成果汇编	甘肃水利厅水土保持局、甘肃科技情报研究所	35	1987.8	小流域综合治理、水土流失规律、水土保持植物措施、工程措施、耕作措施、资源的开发与利用、新技术在水土保持研究中的应用
长武王家沟高效生态经济系统综合研究	西北水保所李玉山、苏陕民等11人	50	1992	综合治理与研究、旱作农业丰产技术与原理、土壤水肥试验与应用、林果草业建设与研究、土壤侵蚀与水土保持、综合考察与规划

2.专题性科研成果专辑。择要列表记述如下（见表7——21）。

表7—21　**专题性科研成果专辑情况表**

专辑名称	编著者	字数（万）	编辑（出版）时间（年.月）	主要内容
黄河流域的降水	叶笃正、杨鉴初、高田禧	20	1956.8	年均降水及其特性、暴雨分析、不同地区降雨关系、干旱分析等
黄土基本性质的研究	中科院土木建筑研究所土力学研究室	20	1961.12	黄土结构、颗粒组成、物理化学及力学特性

续表 7—21

专辑名称	编著者	字数(万)	编辑(出版)时间(年.月)	主要内容
晋西黄土高原土壤侵蚀规律实验研究文集	山西水土保持研究所、中科院地理研究所、加拿大多伦多大学地理系	22	1990.7	自然因素对土壤侵蚀的影响、土壤结皮对产流产沙的影响、人为因素对土壤侵蚀的影响、重力侵蚀与地貌演变
黄土高原遥感调查试验研究	中科院自然资源综合考察委员会、遥感应用研究所等单位	40	1988.12	对航片、卫片等多种信息源的评价,图像处理方法,资源环境信息系统的建立,土地利用、土壤侵蚀、土地类型等系列图编制方法,成果分析
水土保持经济效益	黄委会水土保持处	70	1987.10	汇集水保各项治理措施单项效益与综合效益实例及水保经济效益计算方法研究论文110余篇
水土保持科技资料选编(小冠花专辑)	黄河中游治理局、陕西省小冠花综合利用科研协作组	14	1985.11	研究成果16篇,生产经验调查报告10篇
沙棘专辑	黄河中游治理局	15	1986.1	沙棘生物学生态学特性、经济价值及其利用、沙棘造林技术
沙棘资源选编	黄河中游治理局	15	1986.9	沙棘资源调查、开发利用及其前景、生物生态学特性、造林育苗技术
黄河中游水土保持林体系研究成果汇编	黄委会水土保持处	60	1986.11	不同类型区造林立地条件和适地适树研究、燃料林调查研究、灌木资源调查研究、水土保持人工林研究
榆林流动沙地飞播试验成果汇编	榆林地区治沙研究所、榆林地区飞播协作组	14	1985.8	技术总结14篇,包括固沙植物选择、种子处理、飞播量、播区规划、飞播效果等

续表 7—21

专辑名称	编著者	字数（万）	编辑(出版)时间(年.月)	主要内容
梯田高产稳产试验研究资料汇编	黄河中游基本农田高产稳产科研协作组	25	1977.12	梯田土壤肥力状况和培肥措施、肥料的改土增产效果、梯田灌溉、基本农田等
机械修梯田试验研究成果汇编(第一、二集)	黄河中游地区机械修梯田试验研究协作组	50	1977.10 1983.12	机修梯田的规划、设计、施工方法,机具研制
黄河泥沙研究报告选编	黄河泥沙研究工作协调小组	100	1978 1980	共5集,其中3、5两集40万字,汇集了水保措施中筑坝淤地和引洪漫地的实践经验和研究成果

(五)治理经验专辑

1. 治理典型经验专辑。据不完全统计,共17辑,约184万字(见表7—22)。

表 7—22

治理典型经验专辑情况表

专辑名称	编著者	字数（万）	编辑出版时间(年.月)	主要内容
改天换地	黄河中游水土保持委员会	3	1966.3	介绍米脂县高西沟等7个典型
水土保持工作典型经验汇编	黄河水利委员会	10	1973.9	介绍1973年4月黄河中游地区水保工作会议交流的18个治理典型
发扬大寨精神搞好水土保持	黄委会水土保持处、黄委会科技情报站	4 6	1974.10 1975.9	共两集,分别介绍了河曲县曲峪等水土保持治理典型
水土保持典型汇编材料	黄委会水土保持处	4	1979.8	介绍榆林、延安、庆阳、定西、天水、吕梁、忻州、临汾等地区水保治理典型
黄河中游地区水土保持四十例	黄委会水土保持处	13	1979.12	按不同类型区介绍黄河上中游各省(区)水土保持治理典型经验

续表 7—21

专辑名称	编著者	字数（万）	编辑（出版）时间（年.月）	主要内容
黄河中游地区水土保持十五例	黄委会水土保持处	5	1980.12	按丘陵区、高塬区、土石山区、风沙区等不同类型区，分别介绍了黄河中上游各省（区）水土保持治理典型经验
黄河中上游地区水土保持三十例	黄委会水土保持处	12	1982.7	
黄河中游水土保持典型经验汇编	黄河中游治理局	6	1984.5	本集为汇编第一辑《发展旱地农业、旱作农业的经验》，介绍20个典型
山塬水利技术经验	陕西省水利厅	4	1958.12	介绍陕西省山区、丘陵区、高塬区水土保持经验
山西省水土保持技术经验汇编	山西省水利厅水土保持局	28	1964.10	介绍山西省梯田、坝地、造林、种草等水土保持措施的典型经验
治山治水建设新山区——甘肃水土保持建设基本农田典型经验	甘肃省水土保持委员会办公室	5	1964.8	介绍西峰南小河沟、天水梁家坪、定西巉口、兰州寿山、民勤大坑等12个水土保持典型
农田基本建设部分典型展览简介	甘肃省水电局农田基建展览办公室	2	1973	介绍庆阳地区正宁县永正乡等水土保持治理典型
水土保持典型经验汇编	延安地区水电局	5	1974.5	介绍延安地区各县治坡、治塬、治沟和合理利用水沙资源的典型经验
水土保持工作经验汇编	延安地区水电局	6	1977.3	
治沙造林经验选编	宁夏农业科学研究所	10	1978.1	介绍陕北、甘肃、青海、宁夏、内蒙古等地治沙造林先进典型
水土保持典型经验汇编	青海省水利厅农田水利处	7	1981.9	介绍湟源县小高陵、湟中县坝沟村等水土保持先进典型
陕西无定河、黄甫川流域综合治理文件资料选编	陕西省无定河流域治理领导小组办公室	60	1988.7	介绍无定河、黄甫川流域一些县、乡、村和小流域水土保持治理的典型经验

2. 户包治理经验专辑。据不完全统计共有9辑，约70万字（见表7—23）。

表7—23

户包治理经验专辑情况表

专辑名称	编著者	字数（万）	编辑（出版时间）（年.月）	主要内容
黄河中游水土保持典型经验汇编	黄河中游治理局	8	1983.8	本集为汇编第二辑《水土保持责任制先进户联产承包治理经验》，介绍山西、内蒙古、青海等省（区）农民按户承包治理小流域的31个典型
以户承包治理小流域文稿选编	山西水土保持委员会办公室、山西水利厅水土保持局	4	1983.5	介绍省内户包治理典型
社员承包治理小流域典型事例	吕梁地区水土保持局	1	1983.2	介绍吕梁地区按户承包治理典型
雁北水土保持经验汇编——承包治理小流域责任制专辑	雁北行署水土保持委员会	1	1984.12	介绍左云、平鲁等地开展小流域按户承包治理经验
小流域治理撷英一百例	忻州地区水利水保局	18	1986.7	介绍该地区户包治理小流域的100个典型
户包治理小流域事例汇编	内蒙古自治区水利厅	4	1983.2	介绍该自治区48户承包治理小流域的典型经验
水土保持经验汇编——小流域治理典型专辑	内蒙古自治区水利局	7	1985.5	共计三集，介绍达拉特旗等地按户承包治理小流域的典型经验
水土保持典型经验汇编	伊克昭盟水土保持办公室	20	1984.3	介绍本地区100个户包小流域治理典型
陕西省水土保持责任制经验汇编（第四集）	陕西省水土保持局	7	1985	介绍延安、延长、绥德、吴旗、府谷等县28个承包治理小流域典型

五、科普读物

黄河流域各地开展水土保持中，编印的科普读物，按内容大致分两类：一是综合性的，比较全面地介绍水土流失危害、水土保持的作用及综合性水土保持措施；二是专题性的，着重介绍水土保持的某一单项措施的做法和效益。

（一）综合性科普读物

主要的有：1956年6月，中华全国科学技术普及协会出版、农业部土地管理局郑振源编写的《怎样保持水土》，约7000字；1955年7月，甘肃省农林厅编印的《水土保持技术传授参考资料》，约6万字；1956年9月，甘肃省农林厅水保局编印的《水土保持技术措施纲要初稿》，约3000字；1986年12月，应甘肃省水保局和甘肃省水利学校的邀请，黄河中游治理局刘万铨在甘肃省水利学校作了题为《浅谈水土保持科学》的报告，后由该校编印成册，约2万字。

80年代初期，黄河流域出现户包治理责任制后，有的省（区）编印了适应户包治理的科普读物有：1983年10月，山西人民出版社出版、山西省忻州地区水利局孙博源、陈满仓编写的《户包小流域技术问答》，约5万字；1984年10月，山西省水利厅水保局和山西省水保所编印的《户包治理小流域技术读物》，约20万字。

（二）专题性科普读物

据不完全统计共有26种，约99万字（见表7—24）。

表7—24　**专题性科普读物情况表**

读物名称	编著者	字数（万）	编辑（出版）时间（年.月）
坡耕地治理技术问答	甘肃省人民委员会水土保持局	3.7	1965.10 甘肃人民出版社
水平梯田	宝鸡市水土保持工作站	5	1974.10
关于水平梯田的几个技术问题	天水水土保持科学试验站	7	1974.11
机耕条田技术概要	宁夏水电局水科所	5	1976.6 宁夏人民出版社

续表 7—24

读物名称	编著者	字数（万）	编辑（出版）时间（年.月）
怎样打坝淤地	陶克	3	1951.4 西北人民出版社
怎样打坝填沟修梯田	榆林专员公署 水利水保局	1	1956.10
打淤地坝	清华大学水利系	8	1973.7 水利电力出版社
水坠坝	陕西省水土保持局	4	1972.11 陕西人民出版社
冲土水枪	陕西省水土保持局、 西北水土保持研究所	5	1977.11 水利电力出版社
引洪淤灌	清华大学水利系	4	1971.4 科学出版社
怎样修小水库	山东省水利厅	2	1956.12 山东人民出版社
黄河中游常见 水土保持树草	黄河中游治理局	7	1985.1
怎样造林	林业部造林局	1.2	1956 中国林业出版社
水土保持林	云南林学院、陕 西省水土保持局	6	1975.12 水利电力出版社
水土保持灌木栽培	高起江	3	1979.11 山西人民出版社
沙棘开发利用技术	陕西省陕北建设委员会	6	1985.10 陕西科技出版社
酸刺薪炭林营造技术	中国科协普及部、 中国林学会、甘肃 省科学技术协会 （陈杨钧、于倬德执笔）	1.5	1983.4
宝贝草——草木樨	天水水土保持 科学试验站	1	1958.9 甘肃人民出版社
草木樨	河南农林学院土壤 肥料研究所	6	1980.10 河南人民出版社

续表 7—24

读物名称	编著者	字数（万）	编辑（出版）时间（年.月）
内蒙古水土保持牧草	内蒙古自治区水利局	4	1987.12
固沙造林	林业部造林司	3	1960.2 中国林业出版社
陕北治沙	陕西榆林地区水利局 陕西省水土保持局	1.3	1975.3 陕西人民出版社
甘肃省沙漠与治理	甘肃省民勤治沙综合试验站	1.5	1975.2 甘肃人民出版社
固沙造林	李一功、李长发	6.5	1983.11 中国林业出版社
垄作区田——西北黄土坡地保土防冲增产简单有效的耕作方法	甘肃省陇南人民农林实验场	0.5	1951
草田轮作	陕西省水利厅、西北黄河工程局	2.4	1958.12 陕西人民出版社

第二节　影像宣传

黄河流域各省(区),在水土保持工作中,从领导机构到管理机构,在不同的时期,随着工作发展的需要,还采取编辑出版图片画册,摄制影片、电视片和录像片等形式,进行广泛的宣传。前者从50年代开始印制,后者从70年代以来普遍采用。

一、图片画册

50年代,在开展水土保持工作的初期,西北军政委员会和黄委会首先分别利用图片与绘制画图等形式进行宣传;此后有关单位和黄河流域各地水土保持工作部门,相继编辑出版一批图片集和画册。

这方面的主要情况见表7—25。

表 7—25

图片画册编辑出版情况表

名　称	编　辑　者	编辑(出版)时间(年.月)	主　要　内　容
黄　河(图片集)	黄河水利委员会	1956.4 河南人民出版社	全面反映黄河的自然面貌及治理情况，其中水土保持是重要的一部分
水土保持图解	西北军政委员会水利局	1954 西北人民出版社	用画图形式介绍水土保持措施的具体作法
水土保持(图片集)	国务院水土保持委员会	1958	共有照片 120 幅，介绍我国水土流失情况和建国后水土保持工作的成就，其中内容大部分是黄河流域的
陕西省水土保持技术	陕西省水利厅	1958	用画图形式对各项水保措施的技术规格和标准，作了明确的介绍
水利水保(图片集)	山西省临汾行署水利局	1983.11	共有照片 110 幅，介绍该地区水保措施和治理典型成果
无定河(图片集)	陕西省水土保持局、榆林地区水利水保局	1984.12 陕西人民美术出版社	共有照片 150 幅，反映了无定河流域水土保持治理面貌
黄河流域水土保持(图片集)	黄河水利委员会	1985.5 上海教育出版社	共有照片 200 幅，比较全面地反映黄河流域水土流失情况及治理成就
中国黄土高原土地资源(图片集)	中科院西北水土保持研究所	1986.8 陕西科技出版社	照片 300 多幅，以黄土高原防治水土流失，充分发挥土地的生产潜力为中心，系统地反映黄土高原地区土地资源情况
甘肃水土保持(图片集)	甘肃省水利厅水土保持局、甘肃省科学技术情报研究所	1986	照片 260 多幅，反映甘肃省水土流失情况和水土保持取得的成就
内蒙古水土保持灌木(图片集)	内蒙古自治区水利局	1986.12	照片 27 幅，介绍内蒙古自治区的自然条件和适宜的灌木树种

二、影视录像

(一)影片

主要有:《水土保持》——1954年中央电影局科学教育电影制片厂摄制,介绍古代黄土高原有茂密的森林和草原,由于毁林开荒等原因,植被破坏,水土流失日益严重及建国后开展水土保持的基本方法;《黄河在前进》——1976年1月西安电影制片厂摄制,是一部比较系统地介绍黄土高原水土保持的科教片,主要反映水土流失成因、危害、治理措施和成就;《黄河万里行》——1976年12月中央新闻纪录电影制片厂摄制,是一部较长的纪录片,全面反映了治黄成就,其中对黄河流域的水土保持活动和典型,进行了较多的介绍;《小流域综合治理》——1984年甘肃省科技情报所、西峰水保试验站等7个单位联合拍摄,北京科学教育电影制片厂加工制作,主要反映西峰南小河沟的综合治理经验和成果。此外,1976年、1987年,内蒙古自治区水利厅(局)先后摄制专题片《凉城县小窑沟流域》、《机械修梯田》;1971年、1977年,西安电影制片厂摄制《水坠坝》、《冲土水枪》、《吴堡县的水平梯田》、《靖边县杨桥畔大队》和《水平梯田》、《水平埝地》、《筑坝淤地》、《草木樨》、《柠条》、《刺槐》等水保系列片;1974年,中央新闻纪录电影制片厂在陕西拍摄《高山修梯田》、《治山治水造田忙》纪录片。这些影片都分别从一个侧面反映了水土保持治理活动或治理方法。

(二)电视片

主要有:1988年2月,中央电视台和日本广播协会(NHK)联合摄制的30集《黄河》,系统地反映了黄河流域的风土人情、生产建设和治黄成就,其中部分内容反映了水土保持成果;1986年,陕西省水保局和陕西电视台联合拍摄的《治理黄土高原的探讨》,介绍延安上砭沟小流域综合治理经验;1986年,陕西电视台摄制的《洛川塬治理》,介绍洛川塬区开展水土保持的成就;1987年8月,青海省水保局和青海电视台联合拍摄的《柴沟乡水土保持》,介绍民和县柴沟小流域综合治理的经验;1985年,宁夏回族自治区水利局拍摄的《造林种草》,介绍西吉县接受联合国粮农组织援助大面积造林种草的成果;1987年,陕西省榆林地区无定河流域治理指挥部、榆林电视台联合摄制的《灌木带》;1988年,河南省水利厅、洛阳电视台联合摄制的《济源水窖》和《嵩县坡改梯》等。

(三)录像片

从80年代中期以来,黄河中游治理局利用音像工具录制了一批介绍水土保持专项措施治理成效的录像片,收到了一定的效果。主要有:1986年录制的《沙棘》,介绍沙棘的经济价值、生态功能、资源调查和综合利用知识,以及各地沙棘研究的动态和产品开发信息;1990年录制的《绿色的希望——砒砂岩的沙棘》,介绍在水土流失严重的砒砂岩上,用种植沙棘进行治理的经验与效果。

为加强对新增水土流失预防治理的宣传,1986年录制《破碎山河》,反映黄河上中游水土流失区开矿、筑路、采石、建厂等,未妥善处理废土弃沙,加剧水土流失的情况;1988年录制《开矿不忘水土保持》,介绍山西省中条山铜矿在开矿的同时,搞好水土保持的经验;1989年录制《开发与忧患》,介绍晋陕蒙接壤地区煤田开发中,有的单位随意堆置倾倒废土、弃石、矿渣,造成严重水土流失的情况;1990年12月录制《腾飞中的黑三角》,介绍晋陕蒙接壤地区煤炭基地建设为该地区经济发展创造了优越的条件,同时告诫人们,这里属严重水土流失区,开矿不要忘记水土保持。

黄河流域各省(区)利用录像工具进行水土保持宣传已较为普遍,对无定河、三川河和定西县,以及试点小流域等重点治理流域和地区,配合治理工作,录制了治理成果与活动,起到推动作用。

第二十七章　国际交往

黄河流域的水土保持，民国时期即聘请国外专家来华考察研究，并派遣科技人员出国进修。建国以后，国际交往更多，促进了水土保持科学技术的发展。

第一节　外国专家来华

一、协助工作

(一)美国专家罗德民来华

1922 年 9 月，罗德民来到中国，在金陵大学任教。他认为"中国之忧患"的黄河为害，是由于水中有大量的泥沙，因此开始研究泥沙的来源及防治办法。1923 年罗德民到河南、山西、陕西省调查植被和水土流失情况。1924～1925 年在山西省沁源、方山、东寨(宁武)等县设置径流泥沙试验小区，进行不同植被条件下水土流失量的测定与试验研究工作，这在当时有首创性。1942 年国民政府黄河水利委员会邀请罗德民继续从事黄河流域水土保持的研究工作。1943 年 4 月，罗德民会同国民政府农林部与黄委会的科技人员，组成西北水土保持考察团，到陕西、甘肃、青海等省进行考察，起草了《西北水土保持考察报告》，指出水土流失的严重危害和防治水土流失的基本途径。他还协助我国在黄河流域筹建农林部天水水土保持实验区，兴办水土保持技术人员培训班，并拟定中国开展水土保持工作的设想，起草《农林部渭河上游水土保持十年计划方案》。根据罗德民的建议，1943 年，从美国运来一批仪器设备，在天水开展实验工作。他还建议农林部派遣科技人员去美国进修，为黄河流域开展水土保持科学研究，起了奠基作用。

(二)苏联专家组来华

1954 年，黄河规划委员会编制《黄河综合利用规划技术经济报告》，聘请苏联专家组指导。专家组具体指导水土保持规划工作的是苏联施工专家谢·斯·阿格拉柯夫,指导水土保持减沙效益计算的是苏联水文与水利计算专家维·安·巴赫卡洛夫。

(三)苏联水土保持专家扎斯拉夫斯基来华

1956年5月,M·H·扎斯拉夫斯基应水利部的邀请,来华协助研究水土保持工作,1958年10月回国,历时两年半。在此期间,他以黄河流域为工作重点,先后几次考察了水土流失严重的陕北、晋西、陇东、陇中等地的丘陵区、高塬区和风沙区。每次考察后,都写了考察报告;1958年回国时将这些报告汇总写成一本专著,题为《中国的土壤侵蚀及其防治》,黄河流域的水土流失情况和水土保持经验是其主要组成部分。对黄河流域的水土保持工作,他强调必须依靠群众,结合农业生产,采取综合性的治理措施。

扎斯拉夫斯基重视黄河流域水土保持科学研究、技术培训和有关基础工作。在深入到天水、西峰、绥德等水保站进行考察、了解试验研究进展情况时,对各试验站的课题设置、试验区布设、观测方法等提出了具体建议。1958年在他的指导下,组织有关人员编制《中国土壤侵蚀图及其有关资料》,为国家有关部门编制全国水土保持规划、合理利用土地、发展山区生产,提供了基础资料。他还积极建议举办黄河流域水土保持技术培训班,并亲自讲课,提高了黄河流域水土保持工作技术干部的科技水平。

(四)苏联科学院水土保持专家组来华

1957年,根据中苏科学技术合作协定,苏联科学院派出以阿尔曼德教授为首的专家组6人来华,与中国科学院有关部门的科技人员组成中苏联合考察队,在山西、陕西、甘肃、内蒙古等省(区)进行考察,完成了陕北绥德县韭园沟的支沟高舍窝沟和晋西离石县王家沟的支沟张家沟小流域的水土保持土地合理利用规划;还到风沙地区的宁夏中卫县、陕西榆林县、内蒙古乌审旗和杭锦旗4处进行重点考察。1958年,苏联专家组继续进行考察工作,完成了陕北洛川县(黄土高塬沟壑区)安民沟灯塔农业社二社和陇中定西县(黄土丘陵沟壑区)盐土岔沟榆河农业合作社的水土保持土地利用规划。此外,苏联专家在中国专家的协助下,在陕西省的府谷、吴旗、富县、黄陵、黄龙等县,甘肃省的武山、天水、西峰等县(市)和河南省的一些地区,作专业性或综合性的普查与访问,对引洮工程、三门峡泥沙问题、群众性水土保持工作等都提出建设性的意见。

(五)联合国粮农组织专家组来华

1981年3月,根据我国政府与联合国开发计划署签订的“西北黄土高原土地资源利用”项目文件，联合国粮农组织派专家组对黄土高原的陕西、山西等省进行水土保持实地考察。这次来华考察的专家有荷兰土壤和作物管理专家阿伦斯、英国土地利用与管理专家帕耐尔、美国林业与流域管理专家兹切克和水土保持及农业气象专家费尔图依森。专家组考察后，在西安举办了黄土高原土地资源利用培训班。

二、考察、进修

早在19世纪末和民国时期，都曾有国外专家、学者来华考察黄河流域的水土流失。建国后，由于我国水土保持工作的发展，国外专家来华进行水土保持科技考察的相应增多。50年代只有苏联等少数几个国家，80年代有欧洲、美洲、亚洲十几个国家和国际组织，据不完全据计，1978～1987年先后有47次。这些考察对增强科技交流，促进水土保持的发展，起了积极的推动作用。

来到黄河流域考察水土保持及其有关专业与科学（中国黄土、风沙区治理、干旱地区造林等）的国际组织有：联合国开发计划署、环境规划署、粮农组织、教科文组织、亚太经济组织，国际第四纪联合研究会、国际河流泥沙学术研讨会、东南亚国际发展研究中心等。来考察的国家有：美国、苏联、日本、加拿大、澳大利亚、罗马尼亚、保加利亚、德国、芬兰、比利时、瑞典、墨西哥、卢旺达、叙利亚、科威特、伊朗等近20个国家。考察较多的地方有：陕西米脂、绥德、洛川、淳化，山西离石、吉县、大宁，甘肃定西、西峰，宁夏固原、中卫、西吉等。

来华人员中，以业务进修为主的是荷兰凯利克大学人文地理土壤保持博士研究生范·胡佛和助手环境保护硕士研究生克林肯柏格。1986年5月，他们自筹经费来我国黄土高原地区进行业务进修，撰写题为《中国黄土高原的土壤侵蚀和土壤保持》的博士论文。在华期间，由蒋德麒、刘万铨向他们介绍陕西省和黄土高原水土保持情况，并解答提出的问题。然后去水土流失重点地区的淳化、延安、米脂、西峰等地进行实地考察，并参观了中科院西北水保所、延安地区水保所及西北林学院、西北农业大学。考察中就水土流失和水保科研等问题同各地水保技术人员进行了座谈，并用较多时间在米脂县深入水土保持施工现场和农民家庭进行了解。他们在华历时4个多月，完成了博士论文初稿，并对我国黄土高原的水土保持提出了一些积极的建议。

三、学术交流

80年代后期与90年代初期，在黄河流域的兰州、西安、太原等地，先后5次召开了与水土保持有关的国际学术会议，有20多个国家和国际组织的专家参加了学术交流。

（一）黄土地貌过程及灾害国际讨论会

1989年5月22日至6月5日，甘肃省科学院与国际地理联盟地貌委员会联合在兰州召开黄土地貌过程及灾害国际讨论会。参加会议的有中国、日本、美国、加拿大、澳大利亚、比利时、德国、意大利、匈牙利、以色列等17个国家的71位专家、学者。会议用约2/3的时间对黄土高原的水土流失与水土保持进行了实地考察，然后进行学术交流和讨论。考察地点有陕西省西安市、蓝田县、乾县，甘肃省泾川县、西峰市、兰州市、临夏自治州、会宁县，宁夏回族自治区固原县、西吉县，青海省循化县、西宁市、青海湖、龙羊峡等地，行程2000多公里。对沿途的自然地理、黄土地貌、水土流失和滑坡、泥石流等灾害情况、成因、发展规律等，进行了广泛的现场考察和研究，并对西峰市南小河沟和泾川县茜家沟的水土保持综合治理，进行了重点了解和分析。通过会议交流和讨论，代表们认为黄土高原地域辽阔，地貌变化复杂，水土流失等自然灾害十分严重，水土保持的减灾效果也很显著。国际地理联盟地貌委员会主席希克（A·P·Schick）认为，这是委员会历年来收获最大、最有意义的一次学术会议。

（二）国际沙棘学术交流会

1989年10月，由中国水土保持学会沙棘专业委员会、黄委会、陕西省科委联合主持，在西安召开国际沙棘学术交流会。武功农业科研中心协调委员会、陕西省沙棘开发利用办公室、山西省科技情报研究所和中科院西北高原生物研究所共同负责会议的具体筹办工作。参加会议的有中国、苏联、波兰、匈牙利4个国家从事农业、林业、医药、植物、水保等科研、教学部门的领导、专家、教授、科技工作者共93人。会议收到来自中国、苏联、芬兰、匈牙利、捷克、波兰、挪威、西德、美国等9个国家的论文、文摘和题录共152篇。

会议就沙棘的生理生化、栽培育种、水土保持、病虫防治、食品饮料、日用化学、医疗保健等众多学科领域的研究成果及进展，进行了广泛交流，同时展出了中国优质沙棘产品，放映了《中国的沙棘》录像片。这次会议不仅宣传了我国沙棘研究和开发利用的成就，扩大了我国的国际影响，显示了我国在沙棘育苗、飞播造林、沙棘油皂化和非皂化部分成分、浊型饮料生产工艺、化妆品研制和疗效观察、汁和叶超氧物歧化酶(SOD)和沙棘提取物对心血管功能的影响及抗癌作用等方面取得的成果，而且也了解了各国对沙棘研究开发利用的成果和研究方向。

会议建议，在中国建立一个国际沙棘研究开发中心，筹备处设在中国沙棘协调办公室。为了加强各国沙棘学者之间的科技学术交流，建议在中国创办的《沙棘》学术刊物上增加英文文摘，报导世界各国沙棘研究和开发信息。

(三)黄土高原农业系统国际学术会议

1991 年 8 月中旬，农业部主持在甘肃省兰州市召开黄土高原农业系统国际学术会议。参加会议的有澳大利亚、新西兰、欧共体农业技术中心、世界粮食计划署、联合国开发计划署的专家和我国黄土高原地区农、林、牧、水保、治沙、环保等有关部门及大专院校、科研单位的专家、学者、科技人员近 100 人。会议期间考察了甘肃省临洮县沿沟小流域水土保持综合治理典型，大会交流了 94 篇学术论文，并进行了分组讨论。会议认为：黄土高原地区农业发展的主要制约因素是干旱少雨和严重的水土流失，因此农业系统研究的重点应是认真搞好水土保持，为减轻水土流失、改善生态条件服务；同时要切实保护水资源，蓄好、管好、用好水资源，并要研究解决径流(旱作)农业、节水技术方面的问题。会议建议：为使黄土高原得到根本治理，把农业生产搞上去，国家应在水土保持和农业基础建设方面实行倾斜政策，增加投入；同时应加强技术服务，鼓励科技人员到农村中去；鉴于人口不断增多，而环境容量有限，必须强调控制人口，搞好计划生育。代表们认为，从沿沟小流域水土保持综合治理，看到了黄土高原的希望。

(四)中国黄土高原地区环境治理与资源开发国际科学讨论会

1991 年 9 月，中科院综考会主持，在北京—西安召开中国黄土高原地区环境治理与资源开发国际科学讨论会。会议代表共 81 人，其中有 5 名来自美国、英国、澳大利亚的专家，中国代表中有 3 名来自台湾省的专家、教授。9 月 1～11 日，代表们从北京出发，赴山西省原平、河曲，陕西省神木、榆林、延安等地，实地考察水土流失与水土保持，了解神府煤田开发对环境的影响。9 月 12～15 日，在西安进行学术交流，讨论了黄土高原综合开发战略、自然环境与评价、土壤侵蚀及其控制、自然资源的开发与利用、农林牧业发展措施、小流域综合治理以及遥感技术和地理信息系统的应用等 7 个专题。外国专家认为，中国黄土高原的治理，居国际水土保持的领先地位，希望今后进一步加强合作研究。台湾省的专家们表示，回去后要大力宣传黄土高原治理的成就，促进海峡两岸科学技术交流。中外专家一致认为：黄土高原的资源开发和环境治理，一定要从中国的国情出发，坚持合理利用与综合治理，大力发展农、林、牧、副业生产，使农民尽快脱贫致富。

（五）土壤侵蚀与土地管理地理信息系统国际学术讨论会

1992 年 6 月上旬，山西省科委、山西省水利厅、中科院地理所、黄委会和加拿大多伦多大学共同主办，在太原市召开土壤侵蚀与土地管理地理信息系统国际学术讨论会。出席会议的有美国、加拿大、澳大利亚、意大利、匈牙利等国专家 18 名，中国专家 42 名。会议进行了 3 天学术交流，并考察了离石、中阳、柳林 3 县的水土流失与水土保持。学术交流中，外国专家宣读论文 17 篇，国内专家宣读论文 23 篇。论文内容包括地理信息系统、土壤侵蚀预报、土地生产力评价、经济效益评价、土壤侵蚀机理与治理效益等。会议认为：利用微机建立地理信息系统，使之与土壤侵蚀模型、土地生产力模型、经济效益评价模型和决策支持系统等连接起来，构成土地管理地理信息系统，用于制定区域水土保持规划并检验治理方案的实施效果，是目前国际上流行的水保科研方法之一。会前 1985～1991 年，山西省水保所、中科院地理所与加拿大多伦多大学共同进行的黄上高原水土流失规律和土地管理地理信息系统合作研究，取得了丰硕的成果，为制定黄土高原水土保持规划和生产决策提供了科学依据，同时也指出了今后继续研究中应解决的问题。

第二节　派遣人员出国

一、协助工作

（一）援越工作组

1964 年 5～8 月，应越南国家科委的邀请，中国科学院派遣了水土保持援越工作组，由南京土壤所研究员席承藩任组长，黄委会水保处工程师刘万铨和西峰水保站工程师焦清泰为组员。在越南工作三个月，其中约有两个月时间考察了越南北方西部山区，重点研究解决由于陡坡开荒（种粮）引起水土流失的问题。考察期间，了解产生水土流失的原因，总结当地群众的水土保持经验，提出防治水土流失的措施。野外考察结束后，越南国家科委在河内举办了水土保持技术训练班，由中方讲授了水土流失规律、水土保持措施与规划、水土保持试验研究布设与方法及土壤分析等。回国前越南国家科委主任黎康向援越工作组成员赠送了胡志明纪念章。

(二)援古工作组

1971年,古巴科学院请求中国科学院援助建立一个水土保持研究所,中科院将任务落实给西北水保所。西北水保所派业务负责人山仑为组长,宝鸡峡工程管理局工程师刘万铨和外交部一名翻译参加,组成援古工作组,在古巴工作三个月。工作期间,以古巴东方省为重点,考察了古巴全国6个省和松树岛特区,根据古巴科学院的要求,着重研究了东方省缓坡(10度以下,但坡长很大)农耕地上水土流失的防治和在该省首府附近建立水土保持研究所的问题。考察结束时,提出了防治水土流失的措施和援建水土保持研究所的初步方案。经古巴科学院、中国科学院和外交部同意,1972年10月通过外交部,邀请古巴科学院领导来华签订援建协议。西北水保所成立援古办公室,积极进行援建准备。后因国际形势变化,1974年春外交部正式通知中科院,援建项目不再实施。

二、科技考察

(一)朝鲜“改造自然五大方针”考察

1977年8～9月,应朝鲜科学院地理研究所的邀请,中科院地理研究所派出考察组,赴朝鲜民主主义人民共和国考察金日成主席提出的“改造自然五大方针”——坡地修梯田、荒山绿化、山地建果园、旱地灌溉、围海造田。考察组由地理所自然地理研究室主任唐孝渭任组长,组员有地理所经济地理研究室助理研究员张豪希、西北水保所工程师刘万铨。在朝鲜北部工作三周,主要考察了“改造自然五大方针”的典型地区。考察主要收获是:了解到朝鲜对合理利用土地十分重视,经各级农业委员会研究确定的土地利用方式,非经主管部门批准不得任意改变;农业科研课题紧密结合生产,科研任务由农业委员会下达,科研部门承担,科研成果由农业委员会组织验收,验收合格者,由农业委员会通知生产单位推广应用。考察中了解到几项值得参考的技术:一是坡地修旱作梯田,不一定完全水平,把20～30度陡坡修成宽6～8米,保留2～3度缓坡斜面。因朝鲜普遍实行沟垄种植,缓坡加沟垄,也不产生水土流失。二是坡地建果园,普遍都修成台阶式窄梯田,以蓄水保土,提高产量。三是旱地灌溉大部分采用喷灌,在梯田区内建立了喷灌系统,对零星小块旱地,采用移动式喷灌机,既省水又提高灌溉质量。

（二）澳大利亚水土保持考察

1980年10月10日至31日，水利部组织考察组对澳大利亚进行了水土保持考察。考察组成员有水利部农水局水保处副处长郭廷辅、黄委会水科所吴以斆、广东省水电局刘全杰、山西省水利厅水保局张家齐。通过考察，学习了澳方的经验，为我国制定《水土保持工作条例》，加强工矿区水土流失的预防，制定水土保持技术标准、规范，提高科学管理水平，以及改善水保科研测试手段等提供了参考。考察期间，双方还洽谈了澳方专家来我国共同进行小流域综合治理规划、我国派员到澳学习人工模拟降雨研究水土流失规律和利用航测图片进行水土保持规划等项目的合作意向。

（三）美国小流域治理考察

1981年6月，根据中美农业协定的计划安排，水利部派出4人小组赴美国进行小流域治理考察。考察组成员有水利部农水局水保处副处长郭廷辅、黄委会水保处处长陈席珍、山西省水保所工程师曾伯庆等。先后考察了弗吉尼亚、田纳西、密西西比、衣阿华、内布拉斯加等5个州的9个水土保持大区、14个水土保持小区、6个科研单位、16条不同治理目的和治理措施的小流域，12个农牧场的水保措施。考察期间同水土保持、土壤、生物、地质、环境、经济、水文、资源保护、水利、农业等方面的专家、科学家193人，分别进行了座谈。考察历时一个月，对美国小流域治理现状和经验，以及水土保持研究水平有了初步的了解。

（四）美国半干旱黄土地区水土保持考察

根据我国政府与联合国开发计划署签订的项目，1981年6月17日至7月16日，以陕西省农科院副院长朱象三为团长、农业部科技司副司长王维琪为副团长，陕西省农业局副局长曾星伍、陕西省农科院土肥所所长黄自立、陕西省水保局工程师石丁为团员，西北农学院讲师亢树森为翻译，组成考察团，赴美国中部半干旱黄土地区考察土地资源利用和水土保持。考察主要收获是：了解到美国的水土保持机构四五十年来稳定发展，从中央到州、县及农民协会已形成完整的机构体系，是美国水土保持开展较好的基础；治理措施、规划等密切结合当地自然条件和社经实际，简单易行，严格按计划、规划完成任务，成效显著；科研、教学与推广有机结合，互相促进；国家投资比重大，一般为治理总投资的50%，个别高的可达75%，是取得治理成效的有力保证；政策符合实际，法令严明有力，如工矿、交通等建设必须进行水土保持，否则不能开工；水土保持在美国有较高的地位，农村水利（包括小水库、灌溉）、土壤、耕作、牧草等都包括在水土保持内容之内。

(五)澳大利亚水土保持考察

1982 年 10 月 13 日到 11 月 6 日,应澳大利亚新南威尔士州和维多利亚州土壤保持局的邀请,陕西省水保局组织水土保持考察团,对澳大利亚这两个州的水土保持进行考察。考察团由陕西省水保局局长曹廷甫带队,团员有郭志贤、周梦亮、贺玉邦和翻译董宪民。考察历时 25 天,先后考察了 8 个大区、16 个小区、4 个土壤保持科研中心、6 条流域治理、两个水库和一个灌区。考察团认为,澳大利亚土壤保持工作值得借鉴的主要经验和作法是:重视土壤保持,多方予以加强;服务于生产需要,开展科学研究;运用先进技术评价土地资源,做好土地规划利用;从实际出发,因地制宜地布设治理技术措施。

(六)新、澳土地资源合理利用考察

1983 年 3 月,中国土地资源利用考察组赴新西兰、澳大利亚进行土地资源合理利用考察。考察组一行 5 人,由陕西省农科院孙经文带队,组员有梅福生、高生悟、张永平和翻译亢树森。重点考察了水土保持、畜牧业以及农产品加工。新西兰的水土保持主要采取两项措施:一是植树造林。70 年代初,政府采取措施,鼓励农民植树造林,全国森林面积已占总土地面积的 26.3%,对保持水土起了显著作用。二是种草,既发展了畜牧业,又起到防止水土流失的作用。澳大利亚水土保持已形成比较完整的工作体系和许多行之有效的技术措施。不仅重视山区、丘陵、平原的水土保持,而且重视公路和矿区的水土保持。考察中见到一个大型露天煤矿和小锡矿,开采完后坑沟及时垫平,并盖土厚 30～60 厘米,施肥种草,两年即可恢复成为牧场。

(七)罗马尼亚水土保持考察

1984 年 9 月 13～27 日,中科院西北水保所所长杨文给与作物生态研究室主任卢宗凡,赴罗马尼亚进行水土保持考察。先后参观了别里巴尼一瓦斯鲁依水土保持科学中心站、灌溉与排水研究所、土壤与农业化学研究所等单位,并以《中国黄土高原的水土流失及其防治》为题,作了学术报告,进行交流。考察中了解到,罗马尼亚对土壤侵蚀过程的研究主要在坡耕地上,采用径流小区的方法,着重研究不同作物、不同坡长、不同耕作坡向对水土流失的影响;同时还研究坡面浅沟的形成过程。对不同坡度的耕地分别采取不同的防治侵蚀措施:在缓坡上采取牧草与粮食作物带状间作,中度坡上修梯田,陡坡上修窄梯田(4 米宽),并加牧草带状间作。同时对不同坡度的农地分别种植不同的作物,注意耕作技术,提高作物产量。

(八)加拿大水土保持考察

1985年9月,根据中科院地理所,山西省科委、水利厅、水保所与加拿大多伦多大学地理系签订的水土保持科学试验技术合作协议,由中科院地理所陈永宗、蔡强国,山西省科委贾云鹏、水利厅孙建轩、水保所曾伯庆等组成考察组,对加拿大进行水土保持考察。先后访问了多伦多、亚伯达、维多利亚、哥伦比亚等4所大学及加拿大联邦政府农业部、N·R·C科学院及艾德蒙顿环境保护所。考察期间交流了经验,对进一步扩大中加水土保持试验技术合作、利用微机系统研究土壤侵蚀规律等问题进行了商谈。确定中科院地理所、山西省水保所和加拿大多伦多大学地理系共同承担"黄土高原土壤侵蚀规律的研究"项目,试验区设在山西省离石县王家沟流域,每年7月间加拿大多伦多大学加籍华裔教授陆兆熊来华与中国科技人员共同工作一段时间。1990年完成项目工作,取得较好的成果。

(九)澳大利亚水土保持考察

1986年1月,根据中澳技术合作协定,水电部组织了考察组,对澳大利亚的水土保持工作进行考察。考察组成员有山西省水利厅副厅长李建国、水电部农水司水保处副处长刘春元、山西省水保所所长王福堂、吕梁地区水利水保局副局长霍兆林及翻译王贵平等5人。历时25天,考察了水土保持大区和小区、科研中心、小流域治理、水库建设和煤矿更新区等。了解到澳大利亚开发的历史仅200年,但由于过度砍伐林木和垦殖、放牧,导致了水土流失的发生和发展,特别是1920年和1930年两次红色尘沙暴,严重危害了南部各州的农田作物、水利工程和城乡居民,从而引起了各方面对土壤保护的重视,有关部门相继制定了《禁止破坏森林》、《禁止放火燎荒》和《治理沙漠法》。1938年在联邦和各州部长会议上,决定成立各州水土保持机构,并制订土壤保持法。1946年又建立联邦土壤保持常设委员会,以协调各州与联邦政府间的活动,同时政府每年还给各州拨出专款,对土壤侵蚀治理和科学研究予以支持。在科研体制上,联邦科学研究部门与工业研究组织和各州的土壤保持部门都有着紧密的联系,上下形成一个稳定的科研体系。

(十)美国盐渍化与水土流失治理考察

根据中美农业科技合作协议,中美双方分别于1986年8月、9月派出各自的"盐渍化与水土流失控制"考察组访问对方国家。8月中方考察组一行6人,由水电部水科院和黄委会等单位组成。在美期间,考察组分为"水土流失治理"与"盐渍化防治"两个专业组分别进行考察。水土流失治理组由水电部水科院副院长张启舜、泥沙研究所副所长缪集泉和黄委会水保处副处长牟金泽3人组成。考察历时23天,对美国的水土保持情况有了进一步的了解:美国是世界上土壤侵蚀较严重的国家,也是水土流失治理较好的国家,但至今仍有1/3以上的作物地,2/3的林地和3/4的草地与牧场需要采取水土保持措施。

(十一)美国土壤侵蚀与泥沙控制技术考察

1987年6月,根据中美科技合作协议,水电部派遣土壤侵蚀与泥沙控制技术考察组访问美国。考察组一行3人,成员有黄委会水保处副处长牟金泽,国际泥沙培训中心周志德,西峰水保站站长常茂德。考察历时28天,了解到美国很早就开始实行以流域为单元的水土流失治理,实行联邦、州、县、农场主匹配投资,建立不同等级的资源保护示范农场和资源保护管理示范流域。为研究土壤侵蚀规律,开展流域综合治理,美国在全国不同地区都设有各种类型和规模的科学试验研究所(站),组成一套比较完整的水土保持试验研究体系。

(十二)日本沙棘加工工艺设备考察

1988年4月,山西省沙棘办公室副主任孙建轩带队,全国沙棘办公室顾问孙培恕、轻工部日化所高级工程师束瑞信、右玉县沙棘饮料厂厂长谢云鹏参加,赴日本考察沙棘加工工艺设备,历时15天,对日方21个科研单位和生产厂家进行考察和技术洽谈。考察中了解到,1986年根据协议,日方从山西购进沙棘浓缩原汁,生产出中国沙棘饮料,认定营养成分丰富;三菱株式会社把从山西进口的沙棘油分送给油脂、食品、日化、医药等部门进行化验分析,并试制产品;中国沙棘饮料虽然营养丰富,但适口性较差;日本制作饮料用水十分讲究,一般要经过沙层过滤、活性炭脱臭,脱脂棉再过滤、杀菌等多道工序;工艺和设备成熟,生产设备和测验手段先进。

(十三)美国矿区水土保持技术考察

1988年9月16日至10月2日,陕西省水保局组织美国矿区水土保持技术考察团,一行4人,由陕西省水保局局长马学飞带队,成员有副局长王正秋、科教处处长刘德久,翻译林利菲,对美国中西部地区的矿区复垦技术以及矿区周围环境的水土保持治理进行考察。重点考察了美国最大的俄中、雷明两个煤炭公司和15个煤矿开采区,一个膨润土矿,一个铀矿的复垦现场以及北鸽子、玫瑰湖两个小流域治理典型。通过考察,对美国复垦技术的发展过程、现状和管理有所了解,为黄河流域开矿新增水土流失的防治,提供了参考。

(十四)尼泊尔沙棘考察

应国际山地综合发展中心的邀请,水利部中国水利实业开发总公司和外事司组织中国沙棘代表团一行3人，于1991年11月25日至12月5日访问了国际山地综合发展中心（设在尼泊尔首都加德满都），并在尼泊尔的博卡拉和姆斯塘两个地区进行了实地考察。代表团成员有：黄河中游治理局副局长于倬德（团长）、中国水利实业开发总公司计财处处长程学楷、全国沙棘协调办公室卢顺光。访问期间主要进行了三项工作：一是考察了尼泊尔的柳叶沙棘资源，二是与山地中心共同举办了沙棘学术讨论会和沙棘产品展览会，三是探讨与山地中心和尼泊尔王国在沙棘领域的合作意向。经商谈，主要形成以下几个意向：1992年，由山地中心出资，在中国举办一期沙棘技术培训班；山地中心将邀请中国沙棘代表团到巴基斯坦举办沙棘学术讨论会和展览会；帮助中国筹建沙棘科研培训中心；尼方希望中国政府在援助尼泊尔的计划中安排沙棘初步加工项目。

三、参加学术会议

（一）国际土壤保持学术讨论会

1980年7月在英国伦敦锡尔索国立农业工程学院召开，参加会议的有35个国家的135名代表。我国派水利部农水司戚赉棣、黄委会绥德水保站谭节升、陕西省水保局蒋德麒和中科院西北水保所方正三参加。提交了蒋德麒等的《无定河流域的水土流失与水土保持》和方正三的《黄土高原的梯田》学术论文。会议提出，水土保持是个世界性的问题，对世界粮食生产的未来极为重要，关系到国家的兴衰，民族的存亡，乃至人类的生存。会议对水土保持措施与土壤流失模式进行新的评价，并着重讨论了应用于实践的问题和解决的途径。会议论文汇集成《土壤保持的问题与展望》，由中科院西北水保所组织翻译出版。

（二）亚太区侵蚀及泥沙输移国际学术讨论会

1981年1月在新西兰赖斯特切奇市召开，有15个国家的110位代表参加。我国派黄委会水科所孟庆枚参加，并提交与牟金泽合写的《论泥沙输移比》论文。会议讨论了高原地区没有资料情况下侵蚀量的估算方法、泥沙的输移方式、陡坡地侵蚀的防治措施。

（三）第12届国际土壤会议

1982年2月在印度新德里召开，中科院南京土壤所、西北水保所及黄委会等单位共14人参加，浙江农业大学校长朱祖课任团长，黄委会派华绍祖参加。会议分别从土壤物理、土壤化学、土壤技术、土壤沙化、盐渍化及土壤保持等不同专业进行交流，呼吁要“拯救我们的土壤”(Save our soil)。

(四)国际土壤保持问题与展望学术讨论会

1983年1月在美国檀香山举行，有26个国家149人参加。我国派水电部农水司水保处高博文和黄委会水保处华绍祖参加会议，并提交《黄河中游黄土丘陵沟壑区的治理与利用》论文。在这次会议上正式成立国际土壤保持组织(ISCO)和世界水土保持协会(WASWC)以及国际情报资料网。这些国际合作机构的建立，对促进国际土壤保持科学技术的交流与合作具有历史性的意义。

(五)国际土壤侵蚀泥石流及灾害防治学术讨论会

1985年9月在日本筑波科学城召开，会议由日本砂防学会主办，联合国粮农组织、国际林学研究组织联合会、国际水文科学协会等赞助。有19个国家的192名代表参加会议，我国派3名代表，黄河中游治理局孟庆枚参加。会议讨论了土壤侵蚀及其影响因素、小流域产沙和输沙模型、泥石流的产生流变特性及结构、滑坡灾害及防治措施等内容。我国提交有《中国黄土区的泥石流活动及其防治》等6篇论文。

(六)第四届国际土壤保持会议

1985年11月在委内瑞拉的马腊凯召开，有32个国家的211位代表出席，我国派水电部方华荣和西北水保所唐克丽、巨仁等4名代表参加。会议由美洲国家农业合作中心(IICA)、国际土壤学会(ISCS)、世界水土保持协会(WASWC)、美国土壤学会(SCSA)发起，国际土壤保持组织(ISCO)、委内瑞拉土壤学会共同举办。会议的中心议题为“保持水土，防止粮食短缺”。

(七)第13届国际土壤学会

1986年8月在联邦德国的汉堡会议中心召开，有82个国家的1253人出席了会议，我国代表团由38人组成，提交论文39篇，在会上宣读了20篇。中科院西北水保所朱显谟、唐克丽参加。中国代表团以土壤技术分支学科为中心，组织了题为《中国农业土壤集约化耕作》的专题报告会，向与会代表介绍了中国在土壤研究方面的成就，并展出黄土高原土地资源及整治的图片。

(八)流域泥沙递送国际学术讨论会

1986年8月由国际大陆侵蚀委员会和美国新墨西哥大学共同主办，在美国新墨西哥州阿尔布克市的新墨西哥大学举行。出席这次会议的有英国、美国、加拿大、澳大利亚、波兰、印度等近70名代表。我国派黄委会牟金泽参加，会议就侵蚀与泥沙递送问题进行了广泛的交流和讨论。

(九)流域开发与管理国际会议。

1986年11月17～23日,联合国教科文组织东南亚科技办事处在泰国召开流域开发与管理会议,由国际水文计划泰国全国委员会主办。泰国、印度尼西亚、菲律宾、马来西亚等国家派了代表,中国、南朝鲜和日本派出观察员。黄河中游治理局派科技处王正杲参加。会议交流并讨论了关于流域治理的综合途径。从会议上了解到,国外对流域治理十分强调综合开发利用,针对复杂的流域条件,因地制宜地采取特殊的方式进行开发与治理。

(十)第五届国际土壤保持会议

1988年1月18～26日在泰国曼谷召开。出席这次会议的代表共338名,来自41个国家。中国出席的代表共18名,其中大陆10名,台湾省8名。中国大陆共提交论文16篇,其中大会报告4篇。这次会议的特点是亚、非、拉国家出席的代表较多,提交论文也多,共76篇,占论文总数的50%。会议的中心议题是“为子孙后代保持土地”。从交流的论文中了解到,有关土壤侵蚀的成因、土壤流失预报的基础研究、遥感等新技术的应用研究,都有新的进展。

(十一)香根草国际研讨会

1992年4月13～16日,世界银行与马来西亚橡胶研究所在马来西亚首都吉隆坡召开,参加会议的有美国、英国、澳大利亚、新西兰、印度、泰国、斯里兰卡、越南、埃塞俄比亚等11个国家,近90名代表。我国派黄委会牟金泽参加。会议期间考察了马来西亚香根草试验基地和推广应用示范区,马、中、印、澳、美等国代表介绍了本国香根草种植情况和经验,并对香根草的发展前景交换了意见。

四、业务进修

(一)40年代

1.1944年,甘肃省政府选派甘肃省农业改进所技正陈迟前往美国农林部土壤保持局实习2年。为保证该员回国后仍在甘肃省服务,出国前陈迟立据,研习完后3年内不承应他处的聘任。

2.1945年6月,根据美国专家罗德民的建议,国民政府农林部天水水土保持实验区先后派任承统、傅焕光等人到美国实习水土保持。在美国农业部土壤保持局的安排下,分期派往美国7个大区所设各分局实习,实习期间傅焕光以天水水土保持实验区主任和顾问的身份,赴华盛顿参加联合国召开的国际森林会议和在加拿大别克城召开的联合国粮食会议。

3.1945年黄委会派吴以敩赴美国进行水土保持进修。在美国农业部土壤保持局副局长罗德民的帮助下,先到陆军工程兵匹克斯堡水道试验站,进修水土保持试验方法和学习黄土筑坝勘测设计施工及现场观测,为期3个月。后又到美国农业部土壤保持局所属的各水土保持区试验推广站实习,并参加了为期6个月的水土保持培训班。学习结束后,考察了美国西部垦殖局主办的大坝和灌溉工程,1946年底回国。

4.1946年12月,国民政府资源委员会派中央农业实验所简任技正蒋德麒去美国参加扬子江发展规划工作,后因缺乏经费工作中断,蒋德麒就利用在美的机会,自费进行水土保持学习和考察。1947年在美国土壤保持局所属的水文试验站,用半工半读的办法,学习试验小区及小流域径流泥沙、土壤水分的观测,并参加了美国农业部土壤保持局主办的土壤保持学习班,学习土壤调查和农场规划。1948年,到华盛顿州立农学院和土壤保持试验站,学习水土保持基础知识和试验研究技术,并赴美国西部和西南部进行水土保持考察。蒋德麒在美国期间参加了联合国粮农组织的《土壤保持——世界性的研究》一书编写,负责编写有关中国水土保持部分。1949年2月回国。

(二)80年代

1.1984年10月至1986年10月,中科院西北水保所派李锐前往澳大利亚联邦科学工业研究组织水土资源所进修遥感技术及其在土地资源研究中的应用。在澳期间学习了水土保持基础理论专业知识,还同大卫·贾普博士领导的研究小组合作完成陆地卫星资料在水库泥沙来源调查中的应用和黄土高原地形复杂区遥感资料计算机分类技术的研究。这两项研究的部分成果在1986年北京国际遥感学术讨论会交流后,引起了同行的关注。特别是对水土保持研究中应用遥感资料提供了较好的方法。在此基础上,西北水保所与澳方商定进一步合作,将已有成果推广到整个黄土高原。

2.1985年9月,中科院西北水保所派姜永清前往美国马里兰州伯茨威尔美国农业部所辖农业研究中心水文实验室,进修遥感技术在水土保持及土壤侵蚀研究中的应用。1986年9月回国。

3.1985年3月至1987年1月,中科院西北水保所派梁一民赴美国科罗拉多州立大学草原系进修草地生态,并与威廉·朗诺斯教授合作开展了矮草草原试验区5种植物群落水分利用率研究,从生态角度探讨草地生产力与群落结构、水分利用的关系,以及草地在维持生态平衡和水土保持方面的作用。

4.1985年5月19～31日，联合国粮农组织与芬兰在尼泊尔首都加德满都举办亚太地区流域治理培训班，我国派两名科技人员参加，其中一名是《中国水土保持》编辑部王晶。学习的主要内容有流域调查与评价，流域规划与实施，流域治理中有关方针、政策和法规。学习期间王晶介绍了黄河流域的水土保持情况。

5.1990年6月25日至7月21日，亚洲湿亚热带地区水土保持网络(ASOCON)在菲律宾举办水土保持农业体系培训班，培训班的主要目的是帮助其成员国学习用水土保持农业体系方法评估个体农民的自然、社会经济条件；解决个体农民开展水土保持问题；为科研及推广部门提供应向农民推广的水土保持技术和需要进一步研究的课题。我国派4名学员参加。黄委会水保处王晶担任中国学员领队。学习期间王晶被吸收为世界水土保持协会(WASWC)会员。

6.1991年8月5日至9月2日，水利部派黄河中游治理局何兴照和水利部计划司胡朝光，赴美国华盛顿世界银行总部，学习计算机项目分析软件，以配合黄土高原水土保持申请世界银行贷款项目的准备工作，用科学的方法进行项目分析。在世界银行专家吴作遥和格登·泰姆普先生的指导下，先后学习了成本分析、农户模型和项目管理三个项目分析软件以及窗口和数据处理两个支持软件。通过学习，掌握了项目成本概算、使用计划和经费筹措计划的计算方法；了解了项目经济效益和财务效益的分析计算方法和理论；掌握了项目时间安排、项目进度监测及确定项目关键途径的原理和方法。这些软件在黄河中游治理局主持进行的世界银行贷款项目可行性研究中得到应用，符合世行要求。

责任编辑　张素秋
责任校对　刘　迎
封面设计　孙宪勇
版式设计　胡颖珺

黄河志

（共十一卷）

黄河大事记
黄河流域综述
黄河水文志
黄河勘测志
黄河科学研究志
黄河规划志
黄河防洪志
黄河水土保持志
黄河水利水电工程志
黄河河政志
黄河人文志

河南人民出版社

ISBN 978-7-215-10560-7

9 787215 105607 >

本卷定价：240.00元